G.-H. Schildt
Grundlagen der Impulstechnik

Moeller

Leitfaden der Elektrotechnik

Herausgegeben von
Professor Dr.-Ing. Hans Fricke
Technische Universität Braunschweig
Professor Dr.-Ing. Heinrich Frohne
Universität Hannover
Professor Dr.-Ing. Karl-Heinz Löcherer
Universität Hannover
Professor Dr.-Ing. Paul Vaske †

Band XIII Grundlagen der Impulstechnik

B. G. Teubner Stuttgart

Grundlagen der Impulstechnik

Von Dr.-Ing. Gerhard-Helge Schildt
o. Univ.-Professor an der
Technischen Universität Wien

Mit 364 Bildern, 9 Tafeln und 34 Beispielen

B. G. Teubner Stuttgart 1987

CIP-Kurztitelaufnahme der Deutschen Bibliothek

Leitfaden der Elektrotechnik / Moeller. Hrsg. von Hans Fricke ... - Stuttgart : Teubner

NE: Moeller, Franz [Begr.]; Fricke, Hans [Hrsg.]

Bd. 13. Schildt, Gerhard Helge: Grundlagen der Impulstechnik. - 1987

Schildt, Gerhard-Helge:
Grundlagen der Impulstechnik / von Gerhard-Helge Schildt.
Stuttgart : Teubner, 1987.
(Leitfaden der Elektrotechnik ; Bd. 13)
ISBN-13: 978-3-519-06412-1 e-ISBN-13: 978-3-322-84861-1
DOI: 10.1007/978-3-322-84861-1

Umschlaggestaltung: M. Koch, Reutlingen

Vorwort

Die Impulstechnik spielt heute in der gesamten Elektrotechnik, insbesondere in der Datentechnik und Automatisierungstechnik, eine bedeutende Rolle. Kenntnisse über die Grundlagen impulsförmiger Vorgänge sowie die Fähigkeit zur Dimensionierung impulsverarbeitender Schaltungen sind Grundvoraussetzungen für jeden, der auf diesem Gebiet erfolgreich tätig sein will. Das vorliegende Buch „Grundlagen der Impulstechnik" als Bestandteil der Lehrbuchreihe „Leitfaden der Elektrotechnik" soll die erforderlichen Grundlagen vermitteln. Es wendet sich dabei sowohl an Studierende der Elektrotechnik als auch an bereits in der Praxis tätige Ingenieure, die an impulstechnischen Aufgabenstellungen arbeiten. Zur Bearbeitung des Stoffes werden keine besonderen mathematischen Kenntnisse vorausgesetzt. Wo jedoch spezielle mathematische Verfahren benötigt werden, wird in die Berechnungsverfahren - soweit zur Lösung impulstechnischer Aufgabenstellungen erforderlich - eingeführt.

Das Buch behandelt in den Abschnitten 1 bis 3 die allgemeinen Grundlagen der Impulstechnik, die mit Hilfe mathematischer Verfahren (Fourierreihenentwicklung, Laplace- und Fouriertransformation) beschrieben werden. Neben einer Einführung in die Bedeutung und die Kenngrößen der Impulstechnik werden Impulsfunktionen im Zeit- und Frequenzbereich dargestellt sowie die Impulsverformung durch lineare Übertragungsnetzwerke betrachtet.

Die Abschnitte 4 bis 6 befassen sich anwendungsbezogen mit der Impulsausbreitung auf elektrischen Leitungen, der Abtasttechnik, verschiedenen Pulsmodulationsverfahren, dem Einfluß nichtlinearer Bauelemente auf die Übertragung und Verformung von Impulsen durch elektrische Netzwerke.

Der Abschnitt 7 behandelt schwerpunktmäßig Schaltungen der Impulstechnik wie Begrenzer-, Klemm-, Komparator- und Torschaltungen, Kippstufen, Impulsgeneratoren und Impulszähler. Da technologisch bedingte Einzelheiten verschiedener Schaltkreisfamilien durch die rasche Weiterentwicklung der Halbleiter- und Digitaltechnik in immer kürzeren Zeitabschnitten in ihrer Bedeutung veralten, wurde besonderer Wert darauf gelegt, bei einem Buch über die Grundlagen der Impulstechnik ohne die Betrachtung technologisch bedingter Besonderheiten von speziellen Schaltkreisfamilien auszukommen. Die in den einzelnen Abschnitten dargestellten Zusammenhänge werden durch die beigegebenen Beispiele vertieft, deren Bearbeitung durch einen ausführlichen Anhang unterstützt wird.

Der Verfasser dankt den Herausgebern des „Leitfadens der Elektrotechnik“ für die Aufnahme seines Buches in diese bekannte Lehrbuchreihe. Sein besonderer Dank gilt Herrn Prof. Dr.-Ing. H. Fricke für seine intensive Betreuung und die zahlreichen hilfreichen Ratschläge bei der Erstellung dieses Buches. Nicht zuletzt gilt sein Dank auch dem Verlag für das verständnisvolle Eingehen auf die Wünsche des Verfassers und für die Betreuung bei der Entstehung und Gesamtgestaltung des Buches.

Braunschweig, im Frühjahr 1987 Gerhard H. Schildt

Inhalt

3 Impulsverformung durch lineare Übertragungsnetzwerke

4 Impulse auf Leitungen

5 Pulsmodulation

6 Einfluß nichtlinearer Bauelemente

Anhang

1 Bedeutung und Kenngrößen der Impulstechnik

Die rasche Weiterentwicklung der Nachrichtentechnik und hier besonders der Digitaltechnik, die hohen Genauigkeitsansprüchen gerecht wird (s. Band X)[1]), ließ in den vergangenen Jahren ein neues Signalverarbeitungsverfahren entstehen, das unter dem Begriff Impulstechnik innerhalb kurzer Zeit sowohl in die industrielle als auch in die kommerzielle Elektronik vorgedrungen ist. Bei der Entwicklung technischer Systeme stößt man bereits im 19. Jahrhundert auf Lösungsverfahren mit impulsförmigen Vorgängen: So z. B. eine Lochkartensteuerung für einen Webstuhl von Jaquard (1808) sowie die Telegraphie, bei der von Beginn an Impulse zur Nachrichtenübertragung eingesetzt wurden. Im Zusammenhang mit der leitungsgebundenen Nachrichtenübertragung durch Telegraphie berichtete Lord Kelvin 1854 erstmals über Probleme der Impulsverformung bei der Seekabel-Telegraphie. Kelvin untersuchte damals zusammen mit dem bekannten Mathematiker Stokes die Einflüsse der Übertragungsgeschwindigkeit auf die Impulsverformung beim Telegraphieren. Dabei wurde deutlich, daß Induktivitäts- und Kapazitätsbeläge der verwendeten Leitungen eine Veränderung der gesendeten Rechteckimpulse verursachten. Ebenso spielt die Impulstechnik im Bereich der Vermittlungstechnik eine bedeutsame Rolle, wo impulsgesteuerte Wähler Verbindungen herstellen. Aber auch im Bereich der Übertragungstechnik finden Impulsverfahren als Pulsmodulationstechnik Verwendung. Diese Modulationsverfahren stellen eine leistungsfähige Alternative zur Trägerfrequenztechnik dar. Als besonders leistungsfähig hat sich die Pulscodemodulation (PCM) erwiesen. Für deren Entwicklung leisteten vor allem die Veröffentlichungen von Shannon über die Kanalkapazität gestörter Nachrichtenkanäle und Küpfmüller über die Systemtheorie der elektrischen Nachrichtenübertragung die entscheidenden Beiträge. Vor und während des zweiten Weltkrieges entstand als Anwendung der Impulstechnik die Radartechnik. Hierbei werden Objekte durch Laufzeitmessungen von Impulsen geortet. Erste deutsche Forschungsarbeiten über die Echoauswertung zur Distanzmessung mit gebündelten elektromagnetischen Wellen wurden bei der Nachrichtenmittel-Versuchsanstalt unter der Leitung von Kühnhold durchgeführt. Die Brauchbarkeit dieses Ortungsverfahrens konnte in der Kieler Förde mit Schiffsversuchen nachgewiesen werden. Verstärkten Eingang fand die Impulstechnik auf den Gebieten der Rechner-

---

[1]) Zusammenstellung der Leitfadenbände siehe Anzeigenteil

technik und der digitalen Meßtechnik, wo Vorgänge des Abzählens vorherrschen. Da zur Bearbeitung vielstelliger Daten große Impulsmengen erforderlich sind, andererseits Daten innerhalb vorgegebener Wartezeiten erfaßt und verarbeitet werden sollen, strebt man in der Impulstechnik immer kürzere Anstiegszeiten und Impulsdauer an. In der zerstörungsfreien Werkstoffprüfung setzt man Ultraschall-Analyseverfahren zum Aufspüren von Lunkern und Gasblasen in Gußteilen wie auch zum Auffinden von Gefügeinhomogenitäten in Schweißnähten ein. Hierbei wird periodisch mit einem Ultraschallwandler ein Impuls - bestehend aus einigen Schwingungszügen - auf eine Werkstoffoberfläche übertragen. Der Schallimpuls durchläuft die Werkstoffprobe und wird zwischen den Grenzflächen mehrfach reflektiert. Durch den Vergleich des Sendeimpulses mit den verschiedenen Echosignalen kann auf Werkstoffinhomogenitäten geschlossen werden. Die Aufzählung weiterer bedeutsamer Anwendungen der Impulstechnik läßt sich nahezu beliebig ausdehnen, so auch für zahlreiche Impulsverfahren auf dem Gebiet der Fernsehtechnik. Davon soll jedoch in diesem Rahmen abgesehen werden.
Die Vielzahl möglicher Anwendungen für impulsverarbeitende Systeme macht eine möglichst umfassende Darstellung erforderlich, die sich nicht an speziellen Systemen, sondern an den Grundlagen der Impulstechnik orientieren muß. Daher werden in den folgenden Abschnitten Erzeugung, Übertragung und Verarbeitung von elektrischen Impulsen behandelt.

1.1 Definition eines Impulses

Nach DIN 5488 versteht man unter einem elektrischen Impuls einen Vorgang mit beliebigem zeitlichen Verlauf einer physikalischen Größe, deren Augenblickswert innerhalb einer beschränkten Zeitspanne Werte aufweist, die von null verschieden sind.

1.2 Impulsformen

Impulse können verschiedene zeitliche Verläufe haben. Einige Impulsformen werden in den folgenden Bildern einander gegenübergestellt. Bild **1.1** zeigt verschiedenartige Verläufe des einseitigen Impulses, also eine Impulsform, deren Augenblickswert während der gesamten Dauer keinen Polaritätswechsel erfährt. Der einseitige Impuls kann, wenn Verwechslungen ausgeschlossen sind, auch kurz Impuls genannt werden. Bild **1.2** zeigt den zweiseitigen Impuls oder Wechselimpuls. Ein Impuls, dessen Augenblickswert während der gesamten Dauer einen Polaritätswechsel erfährt, wobei das Integral zwischen dem Kurvenzug und der Zeitachse null ist, wird als zweiseitiger Impuls be-

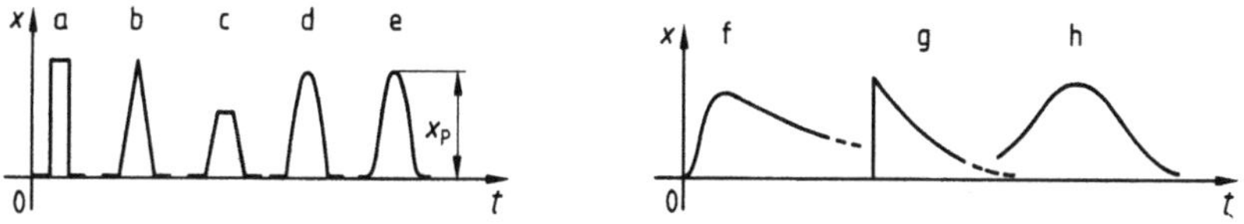

1.1 Verläufe des einseitigen Impulses nach DIN 5488
Rechteckimpuls (a), Dreieckimpuls (b), Trapezimpuls (c), Sinusimpuls (d), Sinusquadratimpuls (e), ungleich an- und abklingender Impuls (f), Exponentialimpuls (g), Gaußimpuls (h)

zeichnet und kann als differenzierte Impulsfunktion des einseitigen Impulses aufgefaßt werden. Der sinusförmige Schwingungsimpuls, auch kurz Schwingungsimpuls genannt, ist nach Bild 1.3 ein sinusförmiger, amplitudenmodulierter Vorgang mit verschiedenartigem Hüllkurvenverlauf. Besondere Bedeutung für die Impulstechnik hat der Diracimpuls, der als Grenzfall des einseitigen Impulses für abnehmende Impulsdauer aufgefaßt werden kann. Dabei entsteht der Nadel- bzw. Stoßimpuls dadurch, daß ausgehend von einem

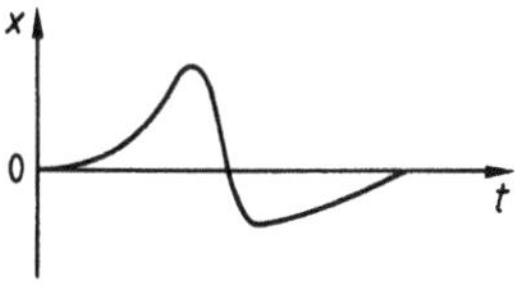

1.2 Zweiseitiger Impuls

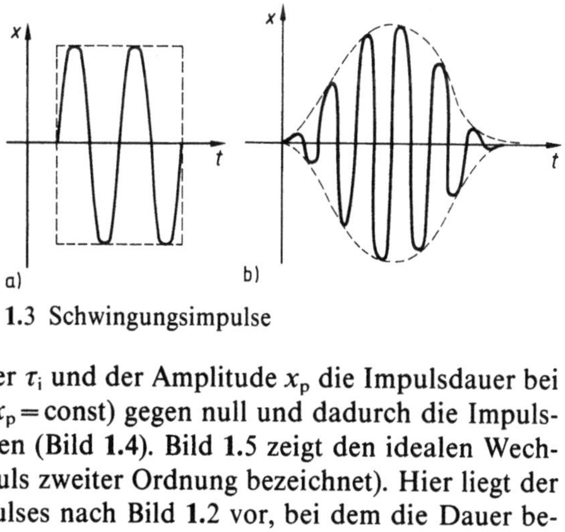

1.3 Schwingungsimpulse

Rechteckimpuls der Impulsdauer τ_i und der Amplitude x_p die Impulsdauer bei konstanter Impulszeitfläche ($\tau_i x_p = \text{const}$) gegen null und dadurch die Impulsamplitude gegen unendlich gehen (Bild 1.4). Bild 1.5 zeigt den idealen Wechselimpuls (auch als idealer Impuls zweiter Ordnung bezeichnet). Hier liegt der Grenzfall des zweiseitigen Impulses nach Bild 1.2 vor, bei dem die Dauer be-

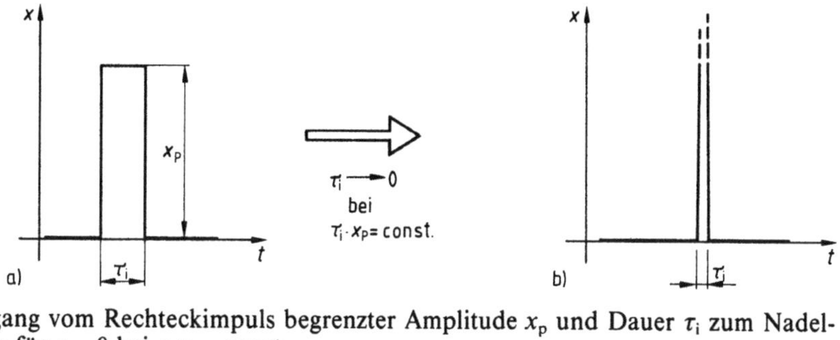

1.4 Übergang vom Rechteckimpuls begrenzter Amplitude x_p und Dauer τ_i zum Nadelimpuls für $\tau_i \rightarrow 0$ bei $\tau_i x_p = \text{const}$

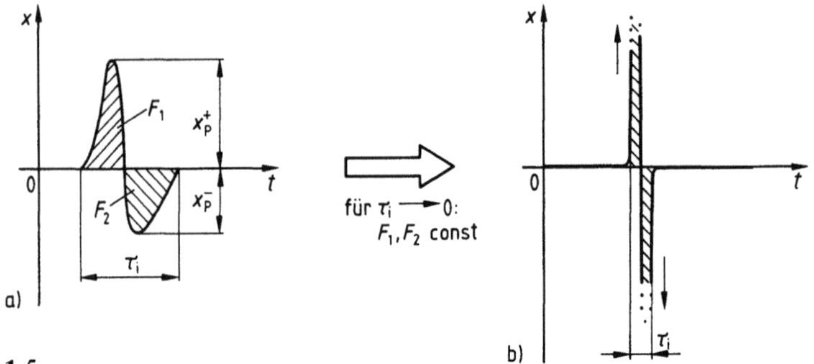

1.5
Übergang vom zweiseitigen Impuls mit den Amplituden x_p^+ und x_p^- und der Gesamtdauer τ_i zum idealen Wechselimpuls durch $\tau_i \to 0$ bei konstanten Flächen F_1 und F_2

liebig klein und die Impulsamplitude beliebig groß werden, so daß die vom Kurvenzug umfaßten Flächen oberhalb und unterhalb der Zeitachse den gleichen endlichen Wert behalten. Weitere Impulsarten finden sich im Anhang unter A **1**.1. Die Tafeln zeigen angenäherte Kurvenverläufe von Impulsen.

1.3 Impulskenngrößen

Die mathematische Beschreibung impulsförmiger Vorgänge erfordert eine eindeutige Festlegung von Impulskenngrößen. Es wird zwischen Kenngrößen von Impulsen und Impulsfolgen unterschieden.

1.3.1 Impuls

In Abschn. 1.2 wurde eine Klassifikation typischer Impulsverläufe vorgenommen. Anhand von Einzelimpulsen werden folgende Kenngrößen eingeführt:

Impulsdauer. Für diese Kenngröße finden sich in der Literatur unterschiedliche Definitionen. Im Fall einer Rechteckfunktion nach Bild **1.6**a liegt die Impulsdauer τ_i eindeutig fest. Bei einem verformten Impuls nach Bild **1.6**b hinge-

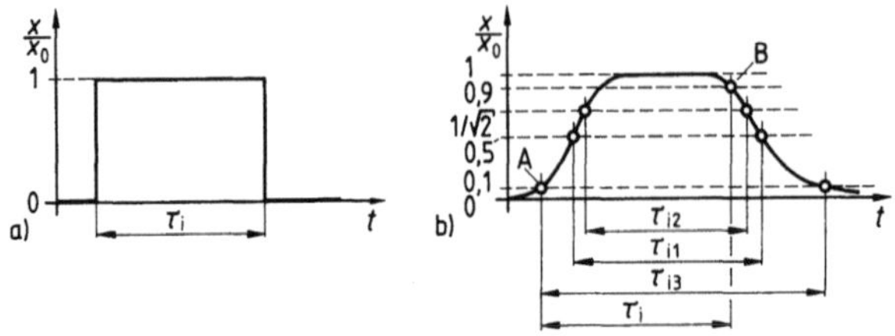

1.6 Festlegung der Impulsdauer beim idealen Rechteckimpuls (a), beim Impuls mit verschliffenen Flanken und den Kennpunkten A und B für τ_i

gen muß eine besondere Festlegung getroffen werden. Einer Definition der Impulsdauer τ_{i1} liegt die Bestimmung der 50%-Punkte zugrunde. Eine andere Definition legt die Impulsdauer τ_{i2} durch die anstiegsseitigen und abstiegsseitigen Halbwerte der Leistung fest. Diese leistungsbezogene Definition erweist sich jedoch in der praktischen Impulsmeßtechnik als ungeeignet. Eine weitere Definition der Impulsdauer τ_{i3} ist durch die 10%-Punkte des Impulsverlaufs gegeben. Diese Größe wird auch als Bodenbreite bezeichnet. Schließlich kann man noch die Punkte der steilsten Tangenten an den Impulsverlauf zur Festlegung der Impulsdauer τ_{i4} heranziehen. Erfahrungsgemäß weichen diese Zeitpunkte nur selten wesentlich von den 50%-Punkten ab. Der Wert τ_{i4} ist daher in Bild **1.6**b nicht eingetragen. Außerdem stößt die genaue Bestimmung der Punkte maximaler absoluter Steigung der Tangenten an einen Impulsverlauf auf meßtechnische Schwierigkeiten. Abweichend von den bisher betrachteten Definitionen für die Impulsdauer soll folgende Definition gelten:

Die Impulsdauer τ_i wird unabhängig von Übergangszeiten der ansteigenden und abfallenden Flanke als Zeit vom Beginn der ansteigenden Flanke (10%-Wert, Punkt A in Bild **1.6**b) bis zum Beginn der abfallenden Flanke (90%-Wert, Punkt B in Bild **1.6**b) festgelegt.

Nach dieser Definition ist die Impulsdauer solange von den Übergangszeiten unabhängig, wie die Übergangszeit für die ansteigende Flanke kleiner oder höchstens gleich der Impulsdauer τ_i ist.

Anstiegszeit. Die Zeit, die die ansteigende Flanke eines Impulses benötigt, um von 10% auf 90% des Endwertes anzusteigen (Index r für engl. ‚to rise' = sich erheben), ist die Anstiegszeit t_r (Bild **1.7**). Die 10%- und 90%-Werte werden gewählt, weil die Übergänge zwischen der Impulssohle *IS* bzw. dem Impulsdach *ID* und der Flanke abgerundet sind. Bei den 10%- und 90%-Punkten erhält man definierte Schnittpunkte, während sich bei 0% bzw. 100% des Endwertes die Schnittpunkte nicht genau bestimmen lassen. Die Anstiegszeit t_r ist eine der wichtigsten Kenngrößen in der Impulstechnik. Je kürzer die Anstiegszeit einer impulsverarbeitenden Schaltung sein soll, desto höher sind die Anforderungen, die an dieses Netzwerk zu stellen sind.

IS Impulssohle,
ID Impulsdach

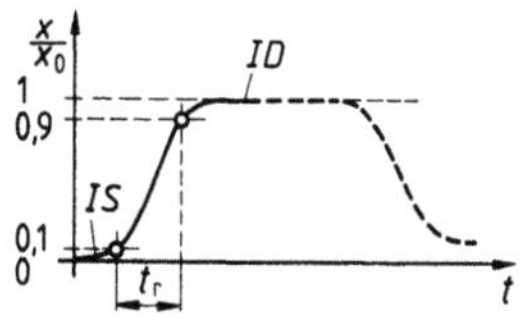

1.7 Festlegung der Anstiegszeit t_r

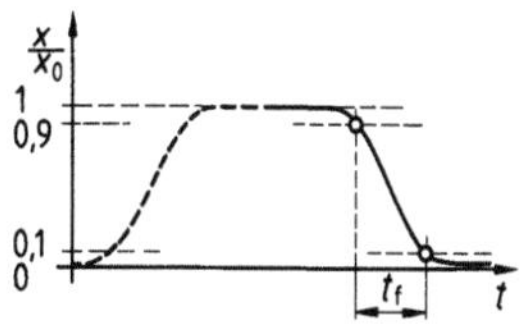

1.8 Festlegung der Abfallzeit t_f

Abfallzeit. Die Zeit, die die abfallende Flanke eines Impulses benötigt, um von 90% auf 10% des Endwertes abzufallen (Index f für engl. ‚to fall' = fallen), ist die Abfallzeit t_f (Bild **1.8**). Diese Definition entspricht der für die Anstiegszeit.

Ausgleichszeit. Die Tangente im Wendepunkt an die Impulsflanke legt die Ausgleichszeit t_G durch die Schnittpunkte mit der Impulssohle *IS* und dem Impulsdach *ID* fest (Bild **1.9**).

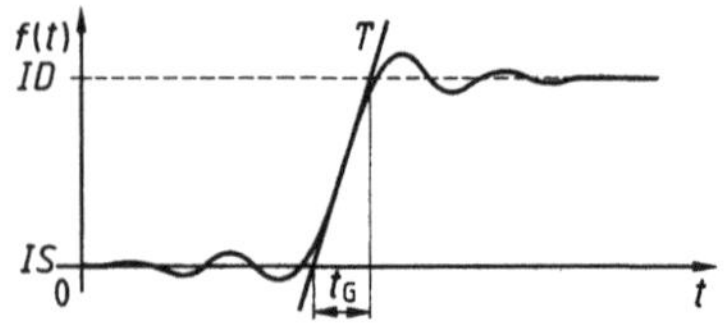

1.9 Festlegung der Ausgleichszeit t_G durch die Wendetangente

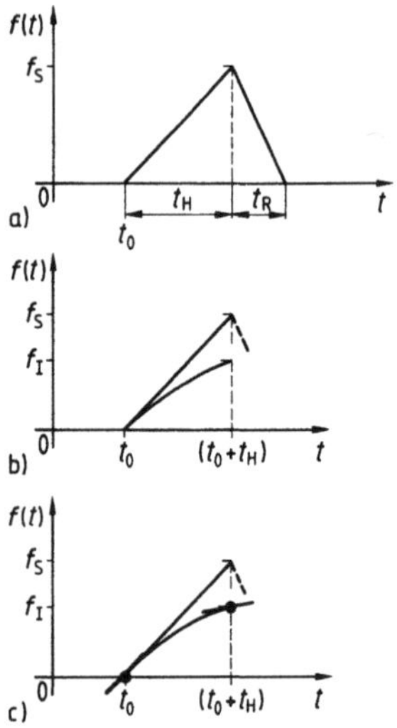

1.10
Idealer Dreieckimpuls (a), ideale und reale Anstiegsrampen (b) und (c)
t_0 Anfangszeitpunkt
t_H Hinlaufzeit
t_R Rücklaufzeit
f_S Soll-Endwert
f_I Ist-Endwert

Linearitätsfehler. Ein idealer Dreieckimpuls nach Bild **1.10**a besteht aus einer bei $t=t_0$ beginnenden, linearen Anstiegsrampe mit $\mathrm{d}f(t)/\mathrm{d}t=\mathrm{const}_1$ für $t_0 \leqq t \leqq t_0+t_H$ während der Hinlaufzeit t_H sowie einer linear abfallenden Rampe mit $\mathrm{d}f(t)/\mathrm{d}t=\mathrm{const}_2$ für $t_0+t_H \leqq t \leqq t_0+t_H+t_R$ während der Rücklaufzeit t_R. Als Sonderfall des Dreieckimpulses entsteht der Sägezahnimpuls für $t_R \to 0$. In praktischen Schaltungen interessiert besonders die Linearität der ansteigenden Flanke, da diese vielfach aus der exponentiell ansteigenden Ladespannung eines über einen Widerstand aufgeladenen Kondensators gewonnen wird und damit zwangsläufig nichtlinear ist. Ein Linearitätsfehler kann wie folgt beschrieben werden: Der Rampenfehler ε ergibt sich nach Bild **1.10**b aus der Differenz des Soll-Endwertes f_S und dem Ist-Endwert f_I der Rampe bezogen auf den Soll-Endwert f_S als

$$\varepsilon = \frac{f_S - f_I}{f_S}. \tag{1.1}$$

Der Steigungsfehler β berechnet sich nach Bild **1.10**c aus der Differenz der Steigungen der Tangenten an die Rampe zu den Zeitpunkten t_0 und t_0+t_H bezogen auf die Anfangssteigung zur Zeit t_0 als

$$\beta = \frac{\left.\frac{\mathrm{d}f}{\mathrm{d}t}\right|_{t_0} - \left.\frac{\mathrm{d}f}{\mathrm{d}t}\right|_{t_0+t_H}}{\left.\frac{\mathrm{d}f}{\mathrm{d}t}\right|_{t_0}}. \tag{1.2}$$

So ist der Steigungsfehler β z.B. für die Ablenkspannung in Fernsehgeräten $\leqq 10^{-1}$, bei Radaranlagen $\leqq 10^{-2}$ und bei zeitbestimmenden Meßschaltungen $\leqq 10^{-4}$.

1.3.2 Impulsfolge

Unter einer Impulsfolge versteht man einen unendlich andauernden, periodischen Vorgang, der aus einer Folge von gleichen Impulsen besteht (DIN 5488). Die Periodizität der Einzelimpulse innerhalb der Impulsfolge wird mit der Periodendauer T_0 als Impulsabstand und n als beliebige ganze Zahl durch $f(t)=f(t+nT_0)$ beschrieben. Eine Impulsfolge wird auch kurz als Puls bezeichnet. Die Kenngrößen einer Impulsfolge sind in Bild **1**.11 angegeben. Dort ist eine Impulsfolge dargestellt, wie sie z.B. beim Oszillographieren zeitabhängiger physikalischer Vorgänge entsteht.

1.11
Impulsfolge $f(t)=x$
x_0 stationärer Endwert
τ_i Impulsdauer
τ_p Impulspause
T_0 Periodendauer

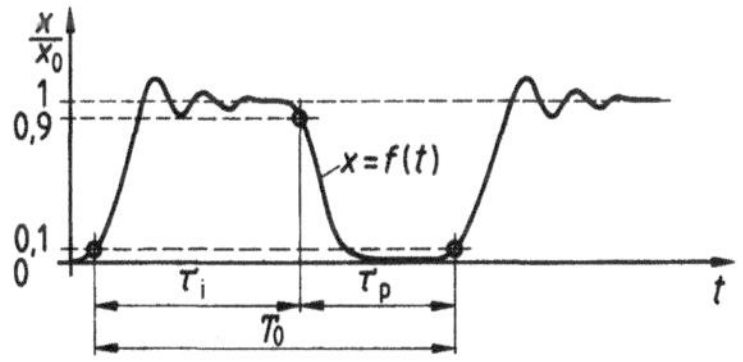

Impulsdauer, Impulspause, Periodendauer. Man erkennt in Bild **1**.11 die Impulsdauer τ_i und die Impulspause τ_p, deren Summe die Periodendauer

$$T_0=\tau_i+\tau_p \tag{1.3}$$

ergibt.

Impulsfolgefrequenz. Die Impulsfolgefrequenz f_0 einer periodischen Impulsfolge ist

$$f_0=1/T_0\,. \tag{1.4}$$

Tastgrad. Der Tastgrad g ist definiert als

$$g=\tau_i/T_0\,. \tag{1.5}$$

Die folgenden Kenngrößen beschreiben nicht mehr nur die Form von Impulsen, sondern die Wirkung von Impulsfolgen in elektrischen Netzwerken. Diese Kenngrößen sollen dabei so vereinbart werden, daß sie nicht nur für deterministische (vorherbestimmte), sondern auch für stochastische (zufällige) impulsförmige Vorgänge gültig sind.

Lineare Mittelwerte. Geht man vom Spannungsstoß als Integral über dem Spannungsverlauf $u(t)$ im Zeitbereich t_1 bis t_2 bzw. vom Stromstoß als elektrische Ladung aus

$$\Phi_{12} = \int_{t_1}^{t_2} u\,dt \quad \text{bzw.} \quad Q_{12} = \int_{t_1}^{t_2} i\,dt \tag{1.6}$$

und verändert die Integrationsgrenzen so, daß die Zeitdifferenz $t_2 - t_1$ gleich der Periodendauer T_0 wird und dividiert anschließend den Wert des Integrals durch die Periodendauer, so erhält man nach DIN 5483 die linearen Mittelwerte (s. Band I, Teil 1) für die Spannung und den Strom

$$\bar{u} = \frac{1}{T_0} \int_{t_0}^{t_0+T_0} u\,dt \quad \text{bzw.} \quad \bar{i} = \frac{1}{T_0} \int_{t_0}^{t_0+T_0} i\,dt\,. \tag{1.7}$$

Für die Größen u und i ist der zeitliche Verlauf der betrachteten Impulsfolge einzusetzen. Wie man jedoch schon an einer einfachen Rechteck-Impulsfolge erkennt, ist diese Funktion nur stückweise stetig. Zur Berechnung der Integrale ist erforderlich, daß die stückweise stetige Funktion innerhalb des Integrationsintervalls nur endlich viele Unstetigkeitsstellen aufweist. Die Integration wird dann abschnittsweise durchgeführt.

Beispiel 1.1. Der lineare Mittelwert der Spannung einer Rechteck-Impulsfolge $u(t)$ mit den Spannungswerten $u_1 = U_0$, $u_2 = 0$ und dem Tastgrad g_0 ist zu bestimmen.

Die periodische Rechteckfunktion wird im Zeitbereich durch

$$u(t) = \begin{cases} u_1 = U_0 & \text{für} \quad 0 \leqq t \leqq \tau_i \\ u_2 = 0 & \text{für} \quad \tau_i < t < T_0 \end{cases}$$

dargestellt (Bild 1.12). Die Auswertung des Integrals nach Gl. (1.7) ergibt

$$\bar{u} = \frac{1}{T_0} \int_0^{T_0} u\,dt = \frac{1}{T_0} \left[\int_0^{\tau_i} U_0\,dt + \int_{\tau_i}^{T_0} 0\,dt \right] = U_0 \frac{\tau_i}{T_0} = U_0 g_0\,.$$

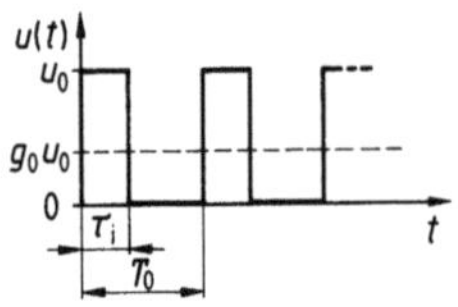

1.12
Rechteckimpulsfolge
τ_i Impulsdauer
T_0 Periodendauer
g_0 Tastgrad

Gleichrichtwert. Der Gleichrichtwert oder zeitliche Mittelwert einer vollweggleichgerichteten Impulsfolge mit dem Spannungsverlauf $u(t)$ bzw. Stromverlauf $i(t)$ kann in der Form angegeben werden (s. Band I, Teil 1)

$$\overline{|u|} = \frac{1}{T_0} \int_0^{T_0} |u|\,dt \quad \text{bzw.} \quad \overline{|i|} = \frac{1}{T_0} \int_0^{T_0} |i|\,dt\,. \tag{1.8}$$

Beispiel 1.2. Es ist der Gleichrichtwert des Stromes einer alternierenden Rechteck-Impulsfolge mit den Strömen $i_1 = I_0$, $i_2 = 0$ und $i_3 = -I_0$ für einen Tastgrad $g = g_0$ zu ermitteln, wenn von Vollweggleichrichtung ausgegangen wird. Der Stromverlauf wird im Zeitbereich beschrieben durch

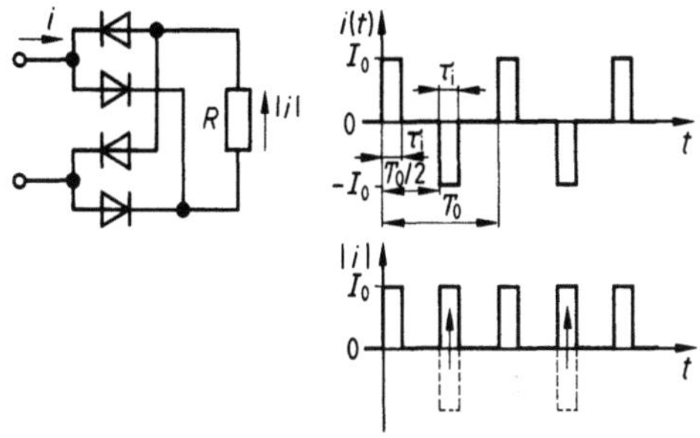

1.13
Vollweggleichrichtung einer alternierenden Impulsfolge

$$i(t) = \begin{cases} i_1 = I_0 & \text{für} \quad 0 < t \leqq \tau_i \\ i_2 = 0 & \text{für} \quad \tau_i < t \leqq T_0/2 \\ i_3 = -I_0 & \text{für} \quad T_0/2 < t \leqq T_0/2 + \tau_i \\ i_4 = 0 & \text{für} \quad T_0/2 + \tau_i < t \leqq T_0 \,. \end{cases}$$

Nach Gl. (1.8) wird

$$\overline{|i|} = \frac{1}{T_0} \left[\int_0^{\tau_i} I_0 \, dt + \int_{\tau_i}^{T_0/2} 0 \, dt + \int_{T_0/2}^{T_0/2 + \tau_i} I_0 \, dt + \int_{T_0/2 + \tau_i}^{T_0} 0 \, dt \right]$$

$$= \frac{1}{T_0} (I_0 \tau_i + I_0 \tau_i) = 2 I_0 \frac{\tau_i}{T_0} = 2 I_0 g_0 \,.$$

Effektivwert. Der Effektivwert einer Impulsfolge wird analog zu den Effektivwerten der Wechselstromtechnik gebildet. So ist nach Band I, Teil 1 die Wärmewirkung eines elektrischen Stromes dem Quadrat des Stromes

$$I^2 = \frac{1}{T_0} \int_{-T_0/2}^{T_0/2} i^2(t) \, dt \tag{1.9}$$

proportional. Danach können die quadratischen Mittelwerte für den Strom und die Spannung

$$I = \sqrt{\frac{1}{T_0} \int_{-T_0/2}^{T_0/2} i^2(t) \, dt} \quad \text{bzw.} \quad U = \sqrt{\frac{1}{T_0} \int_{-T_0/2}^{T_0/2} u^2(t) \, dt} \tag{1.10}$$

gebildet werden, die als Effektivwerte bezeichnet werden. In der angelsächsischen Literatur ist die Bezeichnung root-mean-square-value (rms) gebräuchlich.

Effektivwert einer nichtperiodischen Folge von Einzelimpulsen. Der Effektivwert eines Signalverlaufes $f(t)$ ist

$$\sqrt{\overline{f^2(t)}} = \sqrt{\lim_{T' \to \infty} \frac{1}{T'} \int_{-\frac{T'}{2}}^{\frac{T'}{2}} f^2(t) \, dt} \,. \tag{1.11}$$

Der Effektivwert einer nichtperiodischen Folge von Einzelimpulsen wird näherungsweise dadurch gebildet, daß man für T' eine hinreichend lange Zeit (jedoch $T' < \infty$) setzt.

Scheitelfaktor. Dem aus der angloamerikanischen Literatur bekannten Signalkennwert Crestfaktor entspricht der Begriff Scheitelfaktor ξ. Man versteht darunter den Quotienten aus dem Signalspitzenwert und dem Effektivwert einer Impulsfolge. Allgemein hat man zwischen positiven und negativen Impulsamplituden zu unterscheiden. Entsprechend muß man sich bei einer alternierenden Impulsfolge auf einen der beiden Amplitudenwerte beziehen. Es ist üblich, bei der Bildung des Scheitelfaktors die Absolutbeträge der Amplituden zu verwenden und auf den größeren der beiden Beträge zu normieren. Damit ist der Scheitelfaktor

$$\xi = \frac{x_0}{X} = \frac{x_0}{\sqrt{\frac{1}{T_0} \int\limits_0^{T_0} x^2 \, \mathrm{d}t}}, \tag{1.12}$$

wobei für $x(t)$ sowohl $u(t)$ als auch $i(t)$ einer Impulsfolge gesetzt werden kann. Weichen der Strom- und Spannungsverlauf in einer impulsverarbeitenden Schaltung voneinander ab, so unterscheiden sich ebenfalls die Scheitelfaktoren ξ_u und ξ_i.

Formfaktor. Der Formfaktor F stellt entsprechend Band I, Teil 1 das Verhältnis von Effektivwert U bzw. I zum Gleichrichtwert $\overline{|i|}$ bzw. $\overline{|u|}$ dar. Der Formfaktor F dient der Beurteilung impulsförmiger Vorgänge und kann für die Spannung als

$$F_\mathrm{U} = \frac{U}{\overline{|u|}} = \frac{\sqrt{\frac{1}{T_0} \int\limits_0^{T_0} u^2 \, \mathrm{d}t}}{\frac{1}{T_0} \int\limits_0^{T_0} |u| \, \mathrm{d}t} \tag{1.13}$$

und für den Strom als

$$F_\mathrm{I} = \frac{I}{\overline{|i|}} = \frac{\sqrt{\frac{1}{T_0} \int\limits_0^{T_0} i^2 \, \mathrm{d}t}}{\frac{1}{T_0} \int\limits_0^{T_0} |i| \, \mathrm{d}t} \tag{1.14}$$

angegeben werden. Der Wert des Formfaktors kann ebenso wie der des Scheitelfaktors zwischen 1 und ∞ liegen.

1.4 Elementare Impulsfunktionen

Im Abschn. 1.2 werden die zeitlichen Verläufe verschiedener Einzelimpulse dargestellt. Um die Übertragungseigenschaften elektrischer Netzwerke bei einer impulsförmigen Anregung rechnerisch angeben zu können, muß zuvor die Vielfalt der in praktischen Schaltungen auftretenden Impulsformen auf elementare Impulsfunktionen wie Sprung-, Stoß- und Rampen-/Keilfunktion zurückgeführt werden. Diese elementaren Impulsformen, aus denen spezielle Impulse oder Impulsfolgen zusammengesetzt werden können, sollen zunächst betrachtet werden.

1.4.1 Sprungfunktion

Die Sprungfunktion $s(t)$ wurde von K. Küpfmüller eingeführt und definiert als

$$s(t)=\begin{cases}0 & \text{für} \quad -\infty<t<0 \\ A & \text{für} \quad t\geqq 0\end{cases} \tag{1.15}$$

mit der Stufenhöhe A (Bild **1**.14a). Die Normierung auf A führt zur Einheitssprungfunktion

$$\sigma(t)=\frac{s(t)}{A}=\begin{cases}0 & \text{für} \quad -\infty<t<0 \\ 1 & \text{für} \quad t\geqq 0\end{cases} \tag{1.16}$$

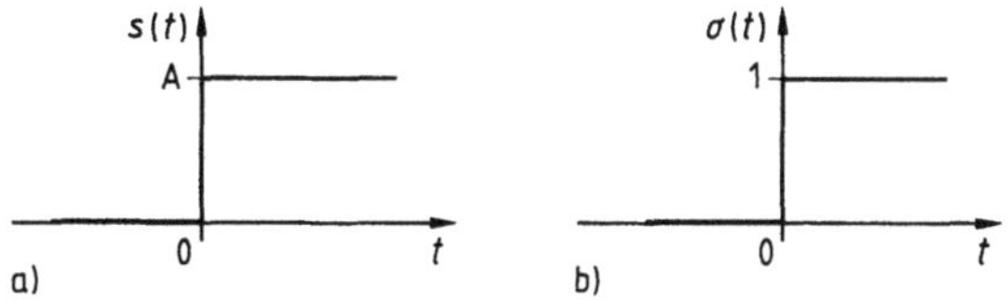

1.14
Sprungfunktion $s(t)$ (a), Einheitssprungfunktion $\sigma(t)$ (b)

nach Bild **1**.14b. Die Einheitssprungfunktion ist eine mathematische Funktion ohne physikalische Einheit. Dadurch ist offengelassen, ob der zu beschreibende Vorgang z.B. einen Strom, eine Spannung oder eine mechanische Auslenkung bedeutet. Die Funktion $\sigma(t)$ hat den Funktionswert null für negative Zeiten, springt zum Zeitpunkt $t=0$ von 0 auf 1 mit unendlich großer Flankensteilheit (Unstetigkeitsstelle) und behält diesen Wert für alle positiven Zeiten bei. Die Einheitssprungfunktion $\sigma(t)$ wird auch Schaltfunktion genannt, da z.B. das plötzliche Schließen eines offenen Gleichstromkreises ohne Energiespeicher durch einen Schalter einen Spannungssprung im geschlossenen Stromkreis von null auf den Endwert U_0 an den Verbraucherklemmen bewirkt.

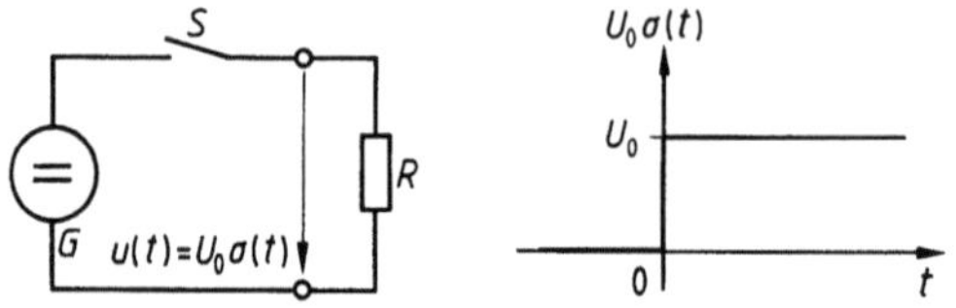

G Gleichstromgenerator,
S Schalter,
R Widerstand

1.15 Schaltspannungsverlauf im Gleichstromkreis ohne Energiespeicher

Der zeitliche Verlauf der Spannung ist daher durch $u(t)=U_0\sigma(t)$ gegeben, wobei die Funktion $\sigma(t)$ die Schalthandlung beschreibt. Bild **1.**15 zeigt einen entsprechenden Gleichstromkreis zusammen mit dem Schaltspannungsverlauf.

Verschobene Einheitssprungfunktion. Findet ein Einheitssprung nicht zum Zeitpunkt $t=0$, sondern zu einem beliebigen Zeitpunkt t_0 statt, so geht die zugehörige Einheitssprungfunktion $\sigma(t)$ durch Verschiebung längs der Zeitachse in $\sigma(t-t_0)$ über (Bild **1.**16). Diese um t_0 verschobene Einheitssprungfunktion hat die Werte

$$\sigma(t-t_0)=\begin{cases}0 & \text{für} \quad t<t_0\\ 1 & \text{für} \quad t\geqq t_0\,.\end{cases} \tag{1.17}$$

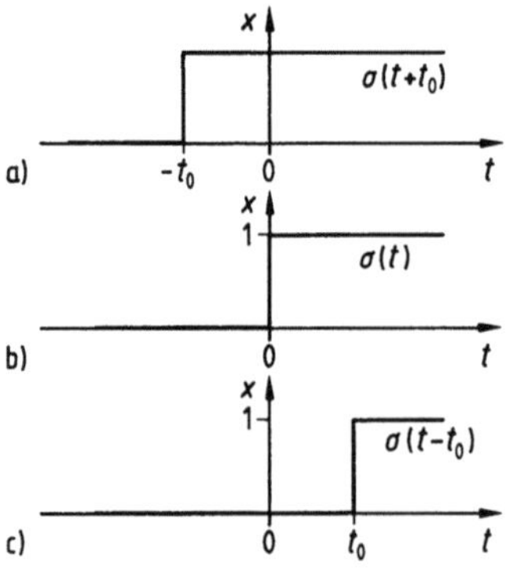

1.16 Zeitverschobene Einheitssprungfunktion bei $t=-t_0$ (a), $t=0$ (b) und $t=t_0$ (c)

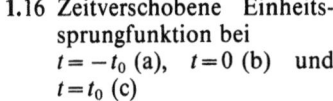

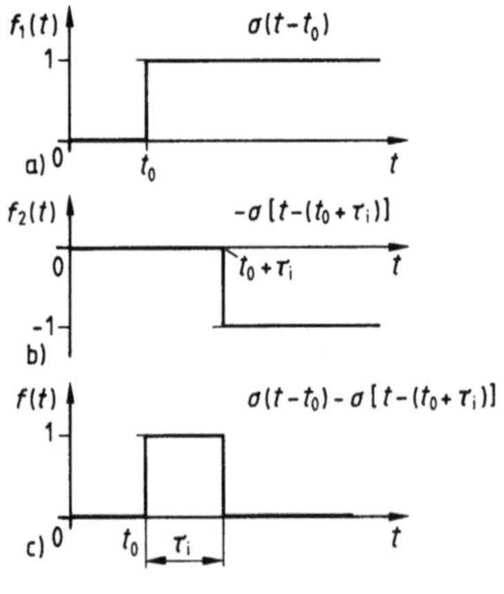

1.17 Rechteckimpulsfunktion $f(t)$ (c) zusammengesetzt aus zwei zeitlich verschobenen Einheitssprungfunktionen $f_1(t)$ (a) und $f_2(t)$ (b)

Rechteckimpuls aus zwei Sprungfunktionen. Die Erzeugung eines einmaligen idealen Rechteckimpulses (ohne Überschwinger und mit unendlich großer Flankensteilheit) kann durch lineare Überlagerung zweier verschobener Sprungfunktionen erklärt werden. Wie Bild **1.**17 zeigt, entsteht durch die Addition eines positiv gerichteten Sprunges zur Zeit t_0 (Bild **1.**17 a) und eines negativ gerichteten Sprunges zur Zeit $t_0 + \tau_i$ (Bild 1.17b) ein idealer Rechteckimpuls der Dauer τ_i. Die Verwendung der elementaren Sprungfunktion $\sigma(t-t_0)$ ist nicht auf die Beschreibung einmaliger Rechteckimpulse beschränkt, sondern sie ermöglicht auch die Berechnung allgemeiner rechteckförmiger Vorgänge. Dies ist deshalb wichtig, weil sprungartige Spannungsverläufe in vielen Bereichen der Elektrotechnik eine bedeutende Rolle spielen, so z. B. die rechteckförmigen Signale in der Digitaltechnik. Die physikalische Betrachtung realer Schaltvorgänge zeigt jedoch, daß es solche idealen Sprungvorgänge nicht gibt, da die stets vorhandenen Energiespeicher Induktivität und Kapazität unendlich große Flankensteilheiten verhindern. Für die idealisierende Beschreibung physikalischer Vorgänge sind die elementaren Impulsfunktionen aber ein wichtiges mathematisches Hilfsmittel.

Beispiel 1.3. Analogschalter nach Bild 1.18 sind Anordnungen zum gesteuerten Schalten beliebiger zeitkontinuierlicher Signale. Die Festlegung zulässiger Signalhübe geht auf die Signalbegrenzung zurück. Überschreitet die zu schaltende Eingangsspannung $u_1(t)$ die jeweilige Versorgungsspannung, so ergibt sich aus diesem Anstoßen an die Versorgungsspannung der zulässige verzerrungsfreie Betriebsbereich $-U_B \leqq u_1(t) \leqq +U_B$. Die Arbeitsweise eines Analogschalters kann mathematisch durch multiplikative Verknüpfung der zu schaltenden Signalfunktion $u_1(t)$ mit der Schaltfunktion $\sigma(t)$ beschrieben werden. Eine eingeprägte sinusförmige Eingangsspannung $u_1(t) = \hat{u}_1 \sin(\omega t + \varphi_0)$ mit dem Scheitelwert $\hat{u}_1$, der Kreisfrequenz ω und der Anfangsphase φ_0 soll durch ein amplitudendiskretes Steuersignal $u_{St}(t)$ mit den Signalwerten

$$u_{St}(t) = \begin{cases} U_0 & \text{für leitend} \\ 0 & \text{für sperrend} \end{cases}$$

zur Zeit t_1 ein- und zur Zeit $t_2 > t_1$ ausgeschaltet werden. Das Ausgangssignal $u_2(t)$ des Analogschalters S ist mathematisch zu beschreiben und zu skizzieren.

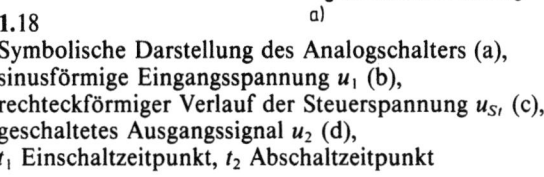

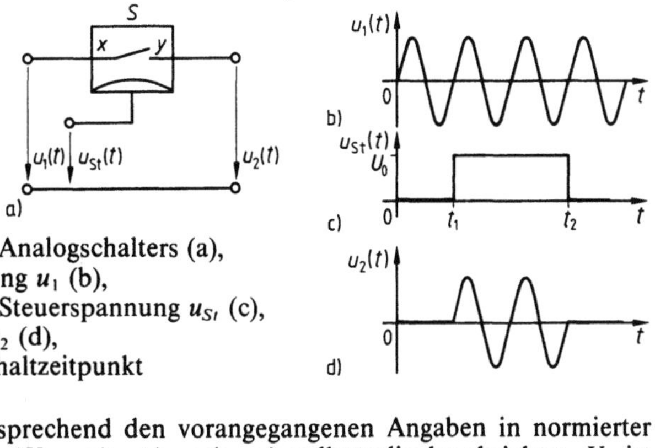

1.18
Symbolische Darstellung des Analogschalters (a), sinusförmige Eingangsspannung u_1 (b), rechteckförmiger Verlauf der Steuerspannung u_{St} (c), geschaltetes Ausgangssignal u_2 (d), t_1 Einschaltzeitpunkt, t_2 Abschaltzeitpunkt

Die Schalthandlung wird entsprechend den vorangegangenen Angaben in normierter Form durch die Funktion $u_{St}/U_0 = \sigma(t-t_1) - \sigma(t-t_2)$ vollständig beschrieben. U_0 ist dabei der amplitudendiskrete Schaltpegel, der allein von der technologischen Ausführung des Analogschalters abhängt. Die Spannung u_{St} kann je nach logischer Zuordnung entweder den leitenden oder den sperrenden Zustand des Analogschalters herbeiführen. Daher können für die weitere Signalbeschreibung die Größen u_{St} und U_0 fortgelassen werden, da allein die Schaltfunktion interessiert. Die multiplikative Verknüpfung der

Schaltfunktion mit dem Eingangssignal führt zu dem gesuchten Ausgangssignal des Analogschalters

$$\begin{aligned} u_2(t) &= u_1(t)\,[\sigma(t-t_1)-\sigma(t-t_2)] \\ &= \hat{u}\,\sin(\omega t+\varphi_0)\,[\sigma(t-t_1)-\sigma(t-t_2)]\,. \end{aligned}$$

Die angegebenen Signalverläufe sind in Bild **1**.18b bis d dargestellt.

Beispiel 1.4. Für den Betrieb von Kennlinienschreibern ist die Erzeugung eines Treppenspannungssignals erforderlich, um zeitlich nacheinander verschiedene Arbeitspunkte als Wertepaare von z. B. Spannung und Strom für ein Ausgangskennlinienfeld eines Transistors zu durchfahren. Mit zeitlich verschobenen Sprungfunktionen ist ein Treppenspannungssignal u_{Tr} mit n Stufen, der Stufenbreite T_S und dem Spannungsendwert U_0 zu beschreiben.

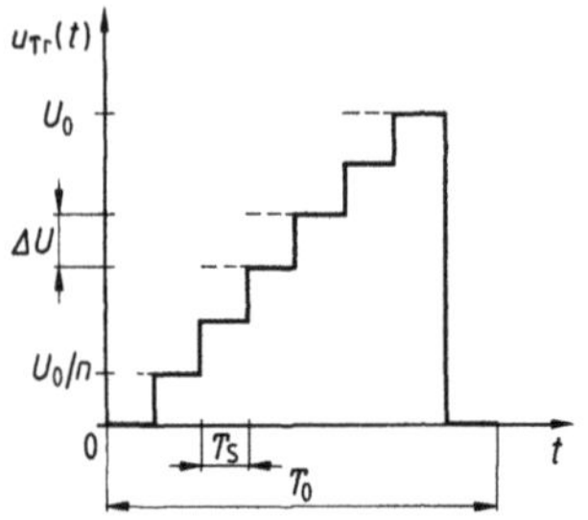

1.19
Zeitlicher Verlauf eines Treppenspannungssignals
U_0 Spannungsendwert, n Stufenzahl, $U = U_0/n$ Spannungssprung je Stufe, T_S zeitliche Stufenbreite, $T_0 = (n+1)\,T_S$ Periodendauer des Treppenspannungssignals

Bild **1**.19 zeigt den zeitlichen Verlauf des Treppenspannungssignals. Der idealisierte zeitliche Verlauf mit unendlich großer Flankensteilheit beim Stufenübergang wird durch die Spannungsfunktionen

$$\begin{aligned} u_{Tr} &= \frac{U_0}{n}\,\sigma(t-T_S)+\frac{U_0}{n}\,\sigma(t-2\,T_S)+\cdots+\frac{U_0}{n}\,\sigma(t-n\,T_S)-U_0\sigma[t-(n+1)\,T_S] \\ &= \left[\frac{U_0}{n}\sum_{i=1}^{n}\sigma(t-i\,T_S)\right]-U_0\sigma[t-(n+1)\,T_S] \end{aligned}$$

beschrieben. Dabei ist U_0 der Spannungsendwert des Treppenspannungssignals, n die Stufenzahl und i der Summationsindex. Das Treppenspannungssignal u_{Tr} kann also durch eine Summe von zeitlich verschobenen Sprungfunktionen dargestellt werden. Ein realer Treppenspannungsgenerator liefert natürlich nur Signalübergänge mit endlicher Flankensteilheit, so daß für den Signalverlauf im Zeitbereich statt Sprung- besser Rampenfunktionen, wie sie im Abschn. 1.4.3 behandelt werden, anzusetzen sind.

1.4.2 Stoßfunktion

Die Stoßfunktion $d(t)$ kann nach Bild **1**.20 aus einem idealen Rechteckimpuls abgeleitet werden. Der Rechteckimpuls habe nach Bild **1**.20a die Amplitude U_{0i} und die Impulsdauer τ_i. Verringert man nun die Impulsdauer τ_i und fordert dabei die Einhaltung der Flächenbedingung (das bedeutet, daß die Impulsfläche $U_{0i}\tau_i = \text{const}$ bleibt), so nimmt die Impulsamplitude U_{0i} umgekehrt proportional mit der abnehmenden Impulsdauer τ_i zu. Die Grenzbe-

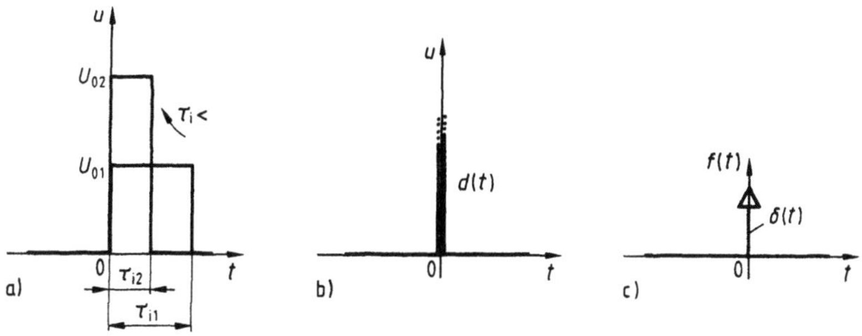

1.20 Ableitung der Stoßfunktion $d(t)$ (b), aus einem Rechteckimpuls (a) durch Grenzwertbildung $\tau_i \to 0$ unter Einhaltung der Flächenbedingung $U_0 \tau_i = \text{const}$ ($U_{01} \tau_{i1} = U_{02} \tau_{i2}$ mit $\tau_{i1} > \tau_{i2}$), symbolische Darstellung (c)

trachtung für $\tau_i \to 0$ führt schließlich zu einer unendlich großen Impulsamplitude. Damit nimmt die Stoßfunktion $d(t)$ für $\tau_i = 0$ den Wert ∞ an und ist nach Bild 1.20b für alle anderen Zeiten null. Es kann daher definiert werden

$$d(t) = \begin{cases} 0 & \text{für } t \neq 0 \\ \infty & \text{für } t = 0 \,. \end{cases} \tag{1.18}$$

Für die Impulszeitfläche - auch als Impulsmoment bezeichnet - ergibt sich

$$\int_{-\infty}^{t} d(t)\,\mathrm{d}t = \begin{cases} 0 & \text{für } t < 0 \\ U_{0i}\tau_i & \text{für } t \geqq 0 \,. \end{cases} \tag{1.19}$$

Eine ideale Stoßfunktion kann physikalisch nicht realisiert werden. Für experimentelle Untersuchungen beschränkt man sich auf einen Impuls endlicher Höhe und Impulsdauer. Dabei braucht die Impulsdauer zeitlich nur so kurz zu sein, daß die zugehörige Spektralfunktion den interessierenden Frequenzbereich ausreichend überdeckt.

Diracstoß, Einheitsstoß. Die auf den Wert der Impulsfläche bezogene Stoßfunktion wird Einheitsstoß oder Diracfunktion genannt. Diese Diracfunktion wird im folgenden mit $\delta(t)$ bezeichnet und hat die Funktionswerte

$$\delta(t) = \frac{d(t)}{U_{0i}\tau_i} = \begin{cases} 0 & \text{für } t \neq 0 \\ \infty & \text{für } t = 0 \,. \end{cases} \tag{1.20}$$

Die Diracfunktion kann als Grenzwert

$$\delta(t) = \lim_{\tau_i \to 0} \frac{1}{\tau_i} [\sigma(t+\tau_i) - \sigma(t)] = \sigma'(t)$$

beschrieben werden und stellt damit die Ableitung der Einheitssprungfunktion

$\sigma(t)$ dar. Für das Impulsmoment k der Diracfunktion $\delta(t)$ als normierte Stoßfunktion gilt

$$k = \int_{-\infty}^{t} \delta(t)\,\mathrm{d}t = \begin{cases} 0 & \text{für} \quad t<0 \\ 1 & \text{für} \quad t \geqq 0\,. \end{cases} \tag{1.21}$$

Dabei ist zu beachten, daß die Diracfunktion $\delta(t)$ die Einheit s^{-1} hat. Wegen der unendlich großen Amplitude von $\delta(t)$ wird für den Einheitsstoß $\delta(t)$ eine symbolische Darstellung nach Bild 1.20c vereinbart.

Verschobene Diracfunktion. Die Funktion $\delta(t)$ kann längs der Zeitachse verschoben werden. Es gilt dann

$$\delta(t-t_0) = \begin{cases} 0 & \text{für} \quad t \neq t_0 \\ \infty & \text{für} \quad t = t_0 \end{cases} \tag{1.22}$$

mit

$$\int_{-\infty}^{t} \delta(t-t_0)\,\mathrm{d}t = \begin{cases} 0 & \text{für} \quad t<t_0 \\ 1 & \text{für} \quad t \geqq t_0\,. \end{cases} \tag{1.23}$$

Die Diracfunktion $\delta(t)$ ist ein wertvolles Hilfsmittel zur Beschreibung von Abtastverfahren. Multipliziert man z. B. eine Zeitfunktion $f(t)$ mit der verschobenen Diracfunktion $\delta(t-t_0)$, so ist das Produkt $f(t)\,\delta(t-t_0)$ zu allen Zeiten null außer zum Zeitpunkt t_0. Die Impulsfläche des Produktes nimmt dabei den Wert der Funktion $f(t_0)$ an der Stelle t_0, also den Abtastwert $f(t_0)$, an:

$$\int_{-\infty}^{+\infty} f(t)\,\delta(t-t_0)\,\mathrm{d}t = \int_{-\infty}^{+\infty} f(t_0)\,\delta(t-t_0)\,\mathrm{d}t = f(t_0) \underbrace{\int_{-\infty}^{+\infty} \delta(t-t_0)\,\mathrm{d}t}_{=1} = f(t_0)\,. \tag{1.24}$$

1.4.3 Rampenfunktion

Das Zeitintegral der Einheitssprungfunktion $\sigma(t)$ führt zur Rampenfunktion $r(t)$, die auch als Keilfunktion oder Anstiegsfunktion bezeichnet wird

$$r(t) = \int_{0}^{t} \sigma(\mu)\,\mathrm{d}\mu = \begin{cases} t & \text{für} \quad t \geqq 0 \\ 0 & \text{für} \quad t<0\,. \end{cases} \tag{1.25}$$

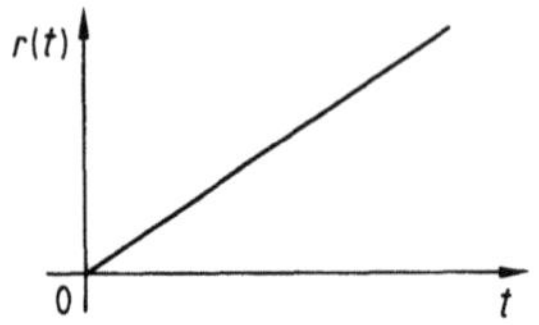

1.21 Rampen- oder Keilfunktion $r(t)$

Bild 1.21 zeigt die Rampenfunktion $r(t)$, wie sie z. B. am Ausgang eines Miller-Integrators abgegriffen werden kann.

1.5 Stoßantwort-, Sprungantwort-, Anstiegsantwortfunktion für lineare Übertragungssysteme

Die Zusammenhänge zwischen den in Abschn. 1.4 betrachteten elementaren Impulsfunktionen sind leicht zu erkennen, da von der Diracfunktion $\delta(t)$ ausgehend durch einmalige Integration über die Zeit t die Einheitssprungfunktion $\sigma(t)$ und durch nochmalige Integration die Rampen- oder Keilfunktion $r(t)$ entsteht. Bild 1.22 verdeutlicht diese Zusammenhänge. Die elementaren Impulsfunktionen werden auch als Testfunktionen oder Anregungsfunktionen bezeichnet, da mit ihnen impulsverarbeitende Netzwerke in ihrem Übertragungsverhalten eindeutig beschrieben werden können.

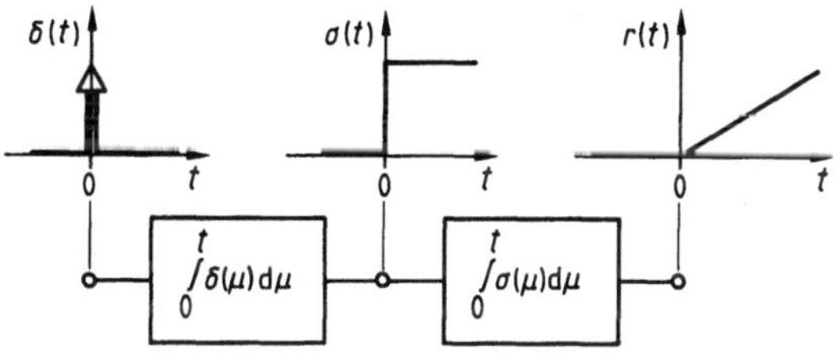

1.22
Zusammenhang zwischen Diracfunktion $\delta(t)$, Einheitssprungfunktion $\sigma(t)$ und Rampenfunktion $r(t)$

Die Zuordnungen zwischen den Anregungsfunktionen und den Antwortfunktionen eines impulsübertragenden Netzwerkes gehen aus Bild 1.23 hervor. Dabei wird einschränkend angenommen, daß nur quellenlose, lineare und zeitunabhängige Übertragungssysteme (abgekürzt: *QLZ*-Systeme) betrachtet werden.

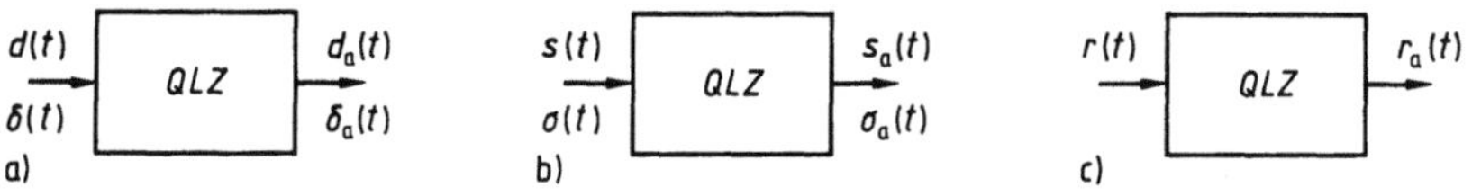

1.23 Zuordnung von Anregungs- und Antwortfunktionen:

Stoßfunktion $d(t)$	Stoßantwortfunktion $d_a(t)$ (a)
Einheitsstoßfunktion $\delta(t)$	Einheitsstoßantwortfunktion $\delta_a(t)$
Sprungfunktion $s(t)$	Sprungantwortfunktion $s_a(t)$ (b)
Einheitssprungfunktion $\sigma(t)$	Einheitssprungantwortfunktion $\sigma_a(t)$
Rampenfunktion $r(t)$	Anstiegsantwortfunktion $r_a(t)$ (c)

Quellenlose, lineare und zeitunabhängige Systeme. Ein System ist quellenlos, wenn seine Ausgangsgröße $f_2(t)=0$ ist, solange seine Eingangsgröße $f_1(t)$ ebenfalls null ist.

$$f_1(t)=0 \rightarrow f_2(t)=0 \tag{1.26}$$

Die Linearität eines Systems wird folgendermaßen definiert: Verursacht eine Eingangsfunktion $f_1(t)$ die Ausgangsfunktion $f_2(t)$ und eine andere Eingangsfunktion $f_1^*(t)$ eine Ausgangsfunktion $f_2^*(t)$, d.h.

$$f_1(t) \rightarrow f_2(t)$$

und

$$f_1^*(t) \rightarrow f_2^*(t)\,,$$

so bewirkt die Linearkombination der Eingangsfunktionen die Linearkombination der Ausgangsfunktionen

$$a f_1(t) + b f_1^*(t) \rightarrow a f_2(t) + b f_2^*(t)\,. \tag{1.27}$$

Hierbei sind a und b reelle Faktoren.

Der Begriff Linearität bedeutet damit, daß die Systemreaktion der Anteile der Eingangsgröße ausgangsseitig überlagert werden können. Es gilt somit das Überlagerungsgesetz (Superpositionsprinzip).

Ein System ist zeitunabhängig, wenn es sich zu allen Zeiten t gleich verhält: Verursacht die Eingangsfunktion $f_1(t)$ die Ausgangsfunktion $f_2(t)$, d.h. $f_1(t) \rightarrow f_2(t)$, dann soll auch $f_1(t-t_0) \rightarrow f_2(t-t_0)$ gelten, wobei t_0 eine beliebige konstante Zeitverschiebung ist.

Impulsantwortfunktion. Wird ein Übertragungsnetzwerk mit einer Impulsfunktion $d(t)$ angeregt, so entsteht ausgangsseitig die Impulsantwortfunktion $d_a(t)$. Die Normierung der eingangsseitigen Impulsfunktion $d(t)$ führt auf die Einheitsstoßfunktion $\delta(t)$, der ausgangsseitig die Einheitsstoßantwortfunktion $\delta_a(t)$[1]) zugeordnet wird (Bild **1.23** a).

Sprungantwortfunktion. Die Reaktion eines linearen Übertragungssystems bei Anregung durch eine Sprungfunktion $s(t)$ wird durch die Sprungantwortfunktion $s_a(t)$ beschrieben. Der Einheitssprungfunktion $\sigma(t)$ entspricht ausgangsseitig die Einheitssprungantwortfunktion $\sigma_a(t)$ (Bild **1.23** b).

Anstiegsantwortfunktion. Die Anregung eines linearen Übertragungssystems mit einer Rampen- bzw. Keilfunktion $r(t)$ führt zur Anstiegsantwortfunktion $r_a(t)$ (Bild **1.23** c).

Jede dieser drei Antwortfunktionen beschreibt allein die Übertragungseigenschaften eines elektrischen QLZ-Netzwerkes eindeutig.

---

[1]) Die Einheitsstoßantwortfunktion $\delta_a(t)$ wird in Band I, Teil 1 als Gewichtsfunktion $g(t)$ bezeichnet.

2 Impulsfunktionen im Zeit- und Frequenzbereich

Impulsfunktionen können nach verschiedenen Kriterien klassifiziert werden. Tafel 2.1 gibt eine Gliederung für Impulsfunktionen wieder. Wertkontinuierlich sind Impulsfunktionen, deren Funktionswerte alle Werte eines Kontinuums innerhalb eines vorgegebenen Intervalls annehmen können.

Tafel 2.1 Klassifizierung von Impulsfunktionen

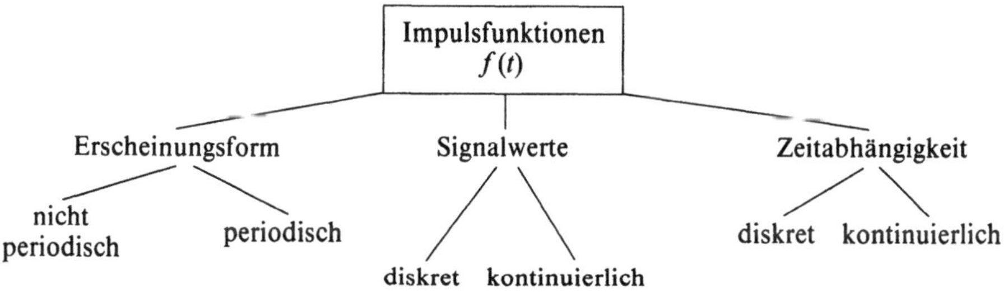

Wertdiskret sind solche Impulsfunktionen, für die nur endlich viele oder abzählbar unendlich viele Werte existieren.

Zeitkontinuierlich sind Funktionen, bei denen der Zeitparameter innerhalb eines Intervalls alle Werte eines Kontinuums annehmen kann.

Zeitdiskrete Impulsfunktionen sind Funktionen, deren Signalwerte nur zu bestimmten Zeitpunkten über eine Folge von Zeitintervallen definiert sind.

Die vorgenommene Einteilung kann auf periodische und nichtperiodische Impulsfunktionen erweitert werden. Im folgenden werden zeitlich kontinuierliche Impulsfunktionen untersucht.

2.1 Fourierentwicklung periodischer Impulsfunktionen

Besondere Bedeutung hat die von Fourier begründete Funktionentheorie, nach der sich periodische Funktionen in unendliche trigonometrische Reihen entwickeln lassen. Wiederholt sich ein zeitkontinuierlicher Vorgang $f(t)$ unbeschränkt mit der Periode $T_0 = 1/f_0 = 2\pi/\omega_0$, so gilt, daß dieser Vorgang aus ei-

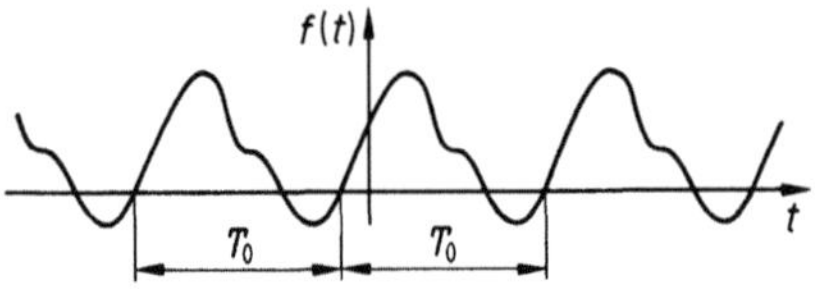

2.2 Zeitkontinuierliche und periodische Funktion $f(t)$

ner unendlichen Summe von sinus- und cosinusförmigen Teilschwingungen zusammengesetzt werden kann. Die Frequenzen dieser Teilschwingungen sind ganzzahlige Vielfache der Grundfrequenz f_0, wobei das Verhältnis von Teil- zu Grundschwingungsfrequenz nach DIN 1311 die Ordnungszahl ν der Teilschwingung darstellt. Bild **2.2** zeigt als Beispiel einen zeitkontinuierlichen und periodischen Vorgang $f(t)$. Eine Funktion $f(t)$ ist periodisch, wenn $f(t+\nu T_0)=f(t)$ gilt. Sie kann durch eine reelle Reihenentwicklung

$$f(t)=a_0+\sum_{\nu=1}^{\infty} a_\nu \cos(\nu\omega_0 t)+\sum_{\nu=1}^{\infty} b_\nu \sin(\nu\omega_0 t) \tag{2.1}$$

mit der Kreisfrequenz $\omega_0=2\pi f_0=2\pi/T_0$ und den Fourierkoeffizienten a_ν und b_ν beschrieben werden. In Gl. (2.1) stellt a_0 den Gleichanteil der Funktion $f(t)$ dar, während die Anteile, die aus

$$\sum_{\nu=1}^{\infty} a_\nu \cos(\nu\omega_0 t) \tag{2.2}$$

hervorgehen, als gerade Funktionsanteile und die aus

$$\sum_{\nu=1}^{\infty} b_\nu \sin(\nu\omega_0 t) \tag{2.3}$$

hervorgehen, als ungerade Funktionsanteile bezeichnet werden. Jede Funktion $f(t)$ kann nach

$$f(t)=f_G(t)+f_U(t) \tag{2.4}$$

in eine gerade Funktion $f_G(t)$ und eine ungerade Funktion $f_U(t)$ zerlegt werden. Dabei sind

$$f_G(t)=f_G(-t) \quad \text{und} \quad f_U(t)=-f_U(-t). \tag{2.5}$$

Gl. (2.1) kann durch Umrechnung von reellen trigonometrischen Funktionen wie $\cos(\nu\omega_0 t)$ bzw. $\sin(\nu\omega_0 t)$ in Hyperbelfunktionen mit komplexem Argument wie $\cosh(\mathrm{j}\,\nu\omega_0 t)$ bzw. $\sinh(\mathrm{j}\,\nu\omega_0 t)$ in die folgende Form überführt werden. So sind nach [5][1])

$$\cos(z)=\cosh(\mathrm{j}z) \quad \text{und} \quad \sin(z)=-\mathrm{j}\sinh(\mathrm{j}z). \tag{2.6}$$

[1]) Die Nummer [5] bezieht sich auf das Schrifttumsverzeichnis im Anhang.

Die Substitution $z = \nu\omega_0 t$ führt auf

$$f_\nu(t) = \frac{a_\nu}{2}(e^{j\nu\omega_0 t} + e^{-j\nu\omega_0 t}) + \frac{b_\nu}{2}(e^{j\nu\omega_0 t} - e^{-j\nu\omega_0 t})$$

$$= \frac{1}{2}(a_\nu - j b_\nu)\, e^{j\nu\omega_0 t} + \frac{1}{2}(a_\nu + j b_\nu)\, e^{-j\nu\omega_0 t}. \tag{2.7}$$

Gl. (2.7) setzt sich aus zwei Produkten zusammen. Jedes Produkt erhält einen komplexen Vorfaktor, den komplexen Fourierkoeffizienten, und eine Exponentialfunktion. Führt man

$$\underline{c}_\nu = \frac{1}{2}(a_\nu - j b_\nu) \tag{2.8}$$

$$\underline{c}_{-\nu} = \frac{1}{2}(a_\nu + j b_\nu) \tag{2.9}$$

als komplexe Fourierkoeffizienten ein, so entsteht aus Gl. (2.7)

$$f_\nu(t) = \underline{c}_\nu\, e^{j\nu\omega_0 t} + \underline{c}_{-\nu}\, e^{-j\nu\omega_0 t}. \tag{2.10}$$

Für die Amplitude des komplexen Zeigers $\underline{c}_\nu$ gilt

$$|\underline{c}_\nu| = \frac{1}{2}\sqrt{a_\nu^2 + b_\nu^2}. \tag{2.11}$$

Die Phasenlage der Teilschwingung ist durch

$$\tan\varphi_\nu = \frac{b_\nu}{a_\nu} = \frac{j(\underline{c}_\nu - \underline{c}_{-\nu})}{\underline{c}_\nu + \underline{c}_{-\nu}} \tag{2.12}$$

gegeben. Formal tritt im zweiten Ausdruck der Gl. (2.10) eine negative Kreisfrequenz $-\omega_0$ auf. Da jedoch nach Bild 2.3 der Zeitwert der Summe aus den beiden umlaufenden Zeigern

$$\frac{1}{2}(a_\nu - j b_\nu)\, e^{j\nu\omega_0 t} \tag{2.13}$$

und

$$\frac{1}{2}(a_\nu + j b_\nu)\, e^{-j\nu\omega_0 t} \tag{2.14}$$

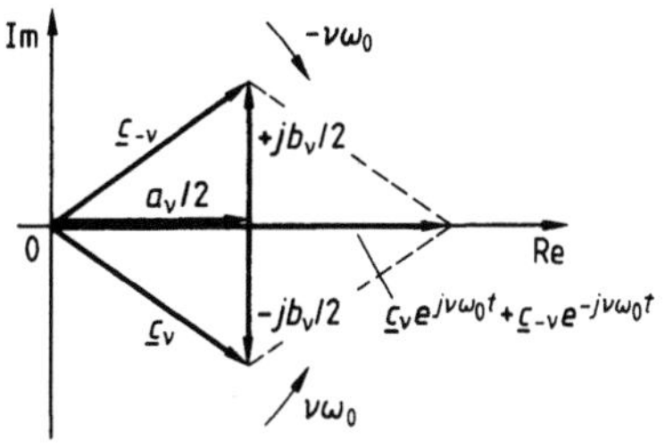

2.3
Konjugiert komplexes Zeigerpaar $\underline{c}_\nu$ und $\underline{c}_{-\nu}$ mit entgegengesetztem Drehsinn. Der Zeitwert als komplexe Summe $\underline{c}_\nu e^{j\nu\omega_0 t} + \underline{c}_{-\nu} e^{-j\nu\omega_0 t}$ ist stets reell

stets auf der reellen Achse liegt, hat die Einführung negativer Frequenzen in der komplexen Ebene nur eine rechnerische Bedeutung. Für eine Impulsfunktion $f(t)$ gilt daher mit Gl. (2.10)

$$f(t) = c_0 + \sum_{\nu=1}^{\infty} (\underline{c}_\nu \, e^{j\nu\omega_0 t} + \underline{c}_{-\nu} \, e^{-j\nu\omega_0 t}) \tag{2.15}$$

bzw. nach Verändern der Summationsgrenzen

$$f(t) = \sum_{\nu=-\infty}^{\infty} \underline{c}_\nu \, e^{j\nu\omega_0 t}. \tag{2.16}$$

Um die eingeführten Fourierkoeffizienten $\underline{c}_\nu$ zu berechnen, multipliziert man beide Seiten der Gl. (2.16) mit $e^{-j\mu\omega_0 t}$ und integriert die gesamte Gleichung über eine Periodendauer T_0, dann wird

$$\int_{t_0}^{t_0+T_0} f(t) \, e^{-j\mu\omega_0 t} \, dt = \int_{t_0}^{t_0+T_0} \sum_{\nu=-\infty}^{+\infty} \underline{c}_\nu \, e^{j(\nu-\mu)\omega_0 t} \, dt. \tag{2.17}$$

Die rechte Seite der Gl. (2.17) kann durch folgende Fallbetrachtung vereinfacht werden, indem die Summation aufgeteilt wird:

1. Fall: $\nu = \mu$; der Exponent hat den Wert null. Es entsteht das Integral

$$\int_{t_0}^{t_0+T_0} \underline{c}_\nu \, dt = T_0 \underline{c}_\nu . \tag{2.18}$$

2. Fall: $\nu \neq \mu$; es ergibt sich

$$\int_{t_0}^{t_0+T_0} e^{j(\nu-\mu)\omega_0 t} \, dt = \left. \frac{e^{j(\nu-\mu)\omega_0 t}}{j(\nu-\mu)\omega_0} \right|_{t_0}^{t_0+T_0} = 0 \tag{2.19}$$

wegen der Periodizität der trigonometrischen Funktionen mit T_0. Daher weist die rechte Seite der Gl. (2.17) nur für $\nu = \mu$ einen von null verschiedenen Wert auf. Mit dem Ergebnis aus Fall 1 ist somit

$$\underline{c}_\nu = \frac{1}{T_0} \int_{t_0}^{t_0+T_0} f(t) \, e^{-j\nu\omega_0 t} \, dt \tag{2.20}$$

für $\nu = 0, \pm 1, \pm 2, \ldots$. Diese Zuordnung zwischen einer Zeitfunktion $f(t)$ und den Fourierkoeffizienten $\underline{c}_\nu$ ist umkehrbar; so kann aus einem vorgegebenen Linienspektrum nach Gl. (2.16) die zugehörige Zeitfunktion

$$f(t) = \sum_{\nu=-\infty}^{\infty} \underline{c}_\nu \, e^{j\nu\omega_0 t}$$

errechnet werden. Allgemein gilt, daß eine periodische Zeitfunktion stets mit einem Linienspektrum verknüpft ist. Gl. (2.16) und (2.20) stellen die Zuordnung zwischen einer Funktion $f(t)$ im Zeitbereich und den Fourierkoeffizienten $\underline{c}_\nu$ im Frequenzbereich her. Solche Zuordnungen werden auch als Korrespondenzen durch das Symbol $\circ\!\!-\!\!\!-\!\!\bullet$ bezeichnet. Während der linke Kreis funktionale Zusammenhänge im Zeitbereich kennzeichnet, weist der ausgefüllte Kreis auf Funktionen im Bild- bzw. Frequenzbereich hin. Die Gln. (2.16) und (2.20) werden daher wie folgt zugeordnet:

$$f(t)=\sum_{\nu=-\infty}^{\infty}\underline{c}_\nu\,\mathrm{e}^{\mathrm{j}\nu\omega_0 t}\quad\circ\!\!-\!\!\!-\!\!\bullet\quad \underline{c}_\nu=\frac{1}{T_0}\int_{t_0}^{t_0+T_0} f(t)\,\mathrm{e}^{-\mathrm{j}\nu\omega_0 t}\,\mathrm{d}t$$

←Zeitbereich→ ←Frequenzbereich→

Dabei gilt $T_0\omega_0=2\pi$. Für das Rechnen mit der Fourierreihe seien noch weitere, nützliche Beziehungen angeführt, die hier jedoch nicht bewiesen werden sollen.

Verschiebungssatz. Der Verschiebungssatz beschreibt die Auswirkung einer zeitlichen bzw. spektralen Verschiebung einer Funktion f bzw. eines Linienspektrums auf $\underline{c}_\nu$. Es gelten

$$f(t-t_0)\quad\circ\!\!-\!\!\!-\!\!\bullet\quad \underline{c}_\nu\,\mathrm{e}^{-\mathrm{j}\nu\omega_0 t_0} \tag{2.21}$$

für eine Verschiebung im Zeitbereich um t_0 und

$$f(t)\,\mathrm{e}^{\mathrm{j}2\pi\Delta f t}\quad\circ\!\!-\!\!\!-\!\!\bullet\quad \underline{c}_{(\nu-\Delta f/f_0)} \tag{2.22}$$

für eine Verschiebung im Spektral- bzw. Frequenzbereich um Δf.

Differentiation. Eine wertvolle Hilfe bei der Berechnung der Fourierkoeffizienten $\underline{c}_\nu$ einer periodischen Funktion $f(t)$ ist der Differentiationssatz

$$\frac{\mathrm{d}f(t)}{\mathrm{d}t}\quad\circ\!\!-\!\!\!-\!\!\bullet\quad \mathrm{j}\nu\omega_0\underline{c}_\nu\,. \tag{2.23}$$

Integration. Ein entsprechender Zusammenhang existiert für die Integration im Zeitbereich.

$$\int_0^t f(\mu)\,\mathrm{d}\mu\quad\circ\!\!-\!\!\!-\!\!\bullet\quad \frac{1}{\mathrm{j}\nu\omega_0}\underline{c}_\nu\qquad(\underline{c}_0=0) \tag{2.24}$$

Um den Zusammenhang zwischen Zeit- und Spektralbereich deutlich zu machen, zeigt Bild **2.4** die Gegenüberstellung von Zeit- und Frequenzfunktion für eine einfache Sinusschwingung. Der Funktion $f(t)=\sin(\omega_0 t)$ entspricht eine diskrete Linie an der Stelle ω_0 in der Spektraldarstellung.

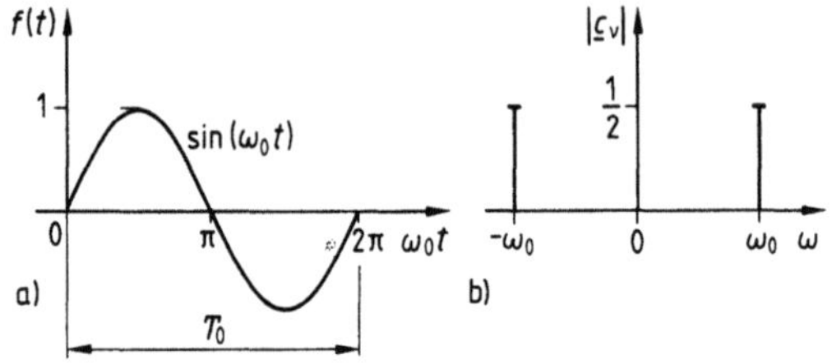

2.4
Zeit- (a) und Spektraldarstellung (b) für $f(t)=\sin(\omega_0 t)$

Mit Hilfe der Eulerschen Formel [5] kann Gl. (2.20) in Bestimmungsgleichungen mit reellen Funktionen überführt werden. Man erhält nach Trennung von Real- und Imaginärteil die folgenden Koeffizienten

$$a_0 = \frac{1}{T_0} \int_{t_0}^{t_0+T_0} f(t)\,\mathrm{d}t \qquad (\nu=0) \tag{2.25}$$

$$a_\nu = \frac{2}{T_0} \int_{t_0}^{t_0+T_0} f(t)\cos(\nu\omega_0 t)\,\mathrm{d}t \qquad (\nu=1,2,3,\ldots) \tag{2.26}$$

$$b_\nu = \frac{2}{T_0} \int_{t_0}^{t_0+T_0} f(t)\sin(\nu\omega_0 t)\,\mathrm{d}t \qquad (\nu=1,2,3,\ldots). \tag{2.27}$$

Die reelle Fourierreihe enthält den Gleichanteil a_0 und die Koeffizienten a_ν für Cosinus- bzw. b_ν für Sinusfunktionen, so daß gilt

$$f(t)=a_0 + \sum_{\nu=1}^{\infty} [a_\nu \cos(\nu\omega_0 t) + b_\nu \sin(\nu\omega_0 t)]\,. \tag{2.28}$$

Die additive Überlagerung der Teilschwingungen als Fourier-Synthese stellt eine Näherung einer periodischen Funktion $f(t)$ durch ein trigonometrisches Polynom dar. Diese Näherung wird nach Gl. (2.28) um so genauer, je mehr Glieder der Reihe bei der Berechnung berücksichtigt werden. Gl. (2.25) bis (2.27) sind für numerische Berechnungen auf Datenverarbeitungsanlagen sehr geeignet. Für praktische Anwendungen kann eine Fourier-Reihe meist schon nach einigen Gliedern abgebrochen werden. Bild 2.5 zeigt beispielhaft, wie die ersten 9 Teilschwingungen i_1 bis i_9 schon mit guter Annäherung eine rechteckige Stromschwingung i ergeben. Für viele Auswertungen können Teilschwingungen mit einer Ordnungszahl $\nu > 9$ vernachlässigt werden.

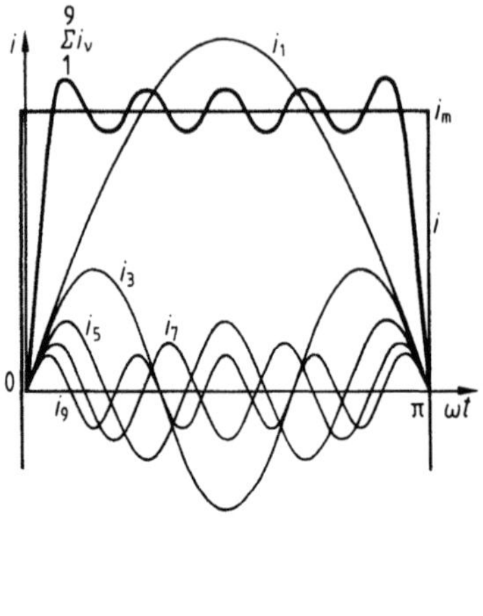

2.5
Fourier-Synthese einer rechteckigen Stromkurve mit den Komponenten i_1 bis i_9 und der Stromsumme $i = \sum_{\nu=1}^{9} i_\nu$

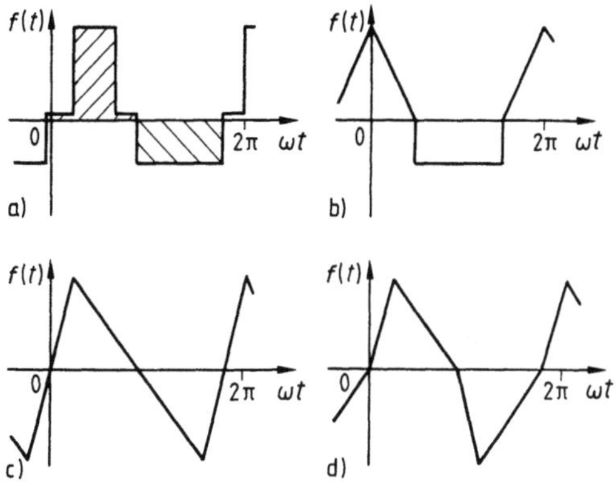

2.6
Sonderfälle von Zeitfunktionen $f(t)$
Gleichstromfreier Wechselvorgang (a), gerade (b), ungerade (c) und alternierende (d) Zeitfunktion

Reiner Wechselvorgang. Wenn nach Bild **2.**6a positive und negative Halbschwingungen einer periodischen Zeitfunktion $f(t)$ jeweils gleiche Flächen einschließen, wird der lineare Mittelwert (Gleichanteil) $a_0 = 0$.

Gerade Zeitfunktion. Gilt für eine vorgegebene Zeitfunktion $f(t) = f(-t)$, so sind alle Fourierkoeffizienten $b_\nu = 0$; es treten nur Cosinusglieder in der Fourierreihe auf (Bild **2.**6b).

Ungerade Zeitfunktion. Gilt für eine vorgegebene Zeitfunktion $f(t) = -f(-t)$, so sind alle Fourierkoeffizienten $a_\nu = 0$, es treten nur Sinusglieder in der Fourierreihe auf (Bild **2.**6c).

Alternierende Zeitfunktion. Gilt für eine vorgegebene Zeitfunktion $f(t) = -f(t + T_0/2)$ entsprechend Bild **2.**6d, so liegt eine alternierende Zeitfunktion vor. Es verschwinden die Fourierkoeffizienten a_ν und b_ν für alle geraden Ordnungszahlen ν, und es treten damit nur ungerade Ordnungszahlen auf.

Für Fourier-Analysen nach Gl. (2.20) oder Gl. (2.25) bis (2.27) für periodische Impulsfunktionen erweist es sich als Erleichterung des Rechengangs, das Koordinatensystem so zu wählen, daß entweder alle a_ν oder alle b_ν verschwinden. Im folgenden werden vier Beispiele für die Fourier-Analyse von periodischen Impulsfunktionen angeführt. Weitere Fourierentwicklungen finden sich im Anhang A**2.**1.1.

2.1.1 Rechteckschwingung

Bild **2.**7a zeigt die bekannte, für viele Vorgänge der Impulstechnik bedeutsame Rechteckschwingung. Diese Funktion ist durch

$$f(t) = \begin{cases} 1 & \text{für} \quad n T_0 \leqq t \leqq T_0/2 + n T_0 \\ 0 & \text{für} \quad T_0/2 + n T_0 < t < (n+1) T_0 \end{cases} \tag{2.29}$$

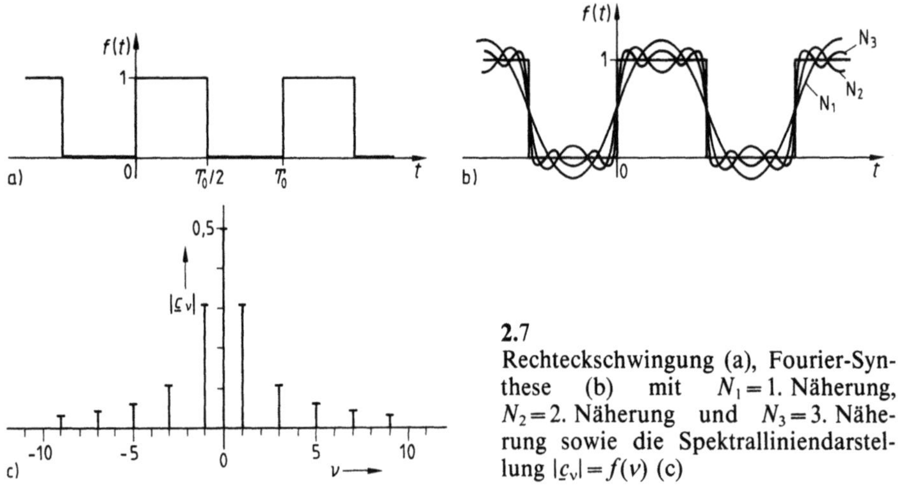

2.7
Rechteckschwingung (a), Fourier-Synthese (b) mit $N_1=1$. Näherung, $N_2=2$. Näherung und $N_3=3$. Näherung sowie die Spektrallliniendarstellung $|\underline{c}_\nu|=f(\nu)$ (c)

mit $n=0, \pm 1, \pm 2, \ldots$ eindeutig beschrieben. Nach Gl. (2.20) sind die komplexen Fourierkoeffizienten

$$\underline{c}_\nu = \frac{1}{T_0}\left[\int_0^{T_0/2} 1\,\mathrm{e}^{-\mathrm{j}\nu\omega_0 t}\,\mathrm{d}t + \int_{T_0/2}^{T_0} 0\,\mathrm{e}^{-\mathrm{j}\nu\omega_0 t}\,\mathrm{d}t\right]$$

$$= \frac{1}{T_0}\int_0^{T_0/2} \mathrm{e}^{-\mathrm{j}\nu\omega_0 t}\,\mathrm{d}t = \frac{1}{\mathrm{j}\,2\pi\nu}[1-(-1)^\nu]. \tag{2.30}$$

Der Faktor $[1-(-1)^\nu]$ ist für alle geradzahligen Ordnungszahlen $\nu=\pm 2, \pm 4, \ldots$ null; für alle ungeradzahligen $\nu=\pm 1, \pm 3, \ldots$ nimmt der Klammerausdruck den Wert 2 an. Wegen $\underline{c}_\nu = \frac{1}{2}(a_\nu - \mathrm{j}b_\nu)$ und $a_\nu=0$ für alle geradzahligen Werte von $\nu \neq 0$ ergibt sich

$$-\mathrm{j}\,\frac{b_\nu}{2} = -\mathrm{j}\,\frac{1}{2\pi\nu}\,2 \quad \text{bzw.} \quad b_\nu = \frac{2}{\nu\pi}$$

für $\nu=\pm 1, \pm 3, \pm 5, \ldots$. Der Gleichanteil wird nach Gl. (2.25)

$$a_0 = \frac{1}{T_0}\int_0^{T_0} f(t)\,\mathrm{d}t = \frac{1}{T_0}\left[\int_0^{T_0/2} 1\,\mathrm{d}t + \int_{T_0/2}^{T_0} 0\,\mathrm{d}t\right] = \frac{1}{2}.$$

Man erhält so nach Gl. (2.28) die reelle Fourierreihe

$$f(t) = \frac{1}{2} + \frac{2}{\pi}\left[\sin(\omega_0 t) + \frac{1}{3}\sin(3\,\omega_0 t) + \ldots\right]. \tag{2.31}$$

Bild **2.7** b zeigt die Fourierentwicklung der Rechteckschwingung und Bild **2.7** c die Spektrallliniendarstellung $|\underline{c}_\nu|=f(\nu)$.

2.1.2 Sägezahnschwingung

Eine Sägezahnschwingung sei durch die Funktion

$$f(t)=\frac{2}{T_0}(t-nT_0) \quad \text{für} \quad -\frac{T_0}{2}+nT_0 \leqq t < \frac{T_0}{2}+nT_0 \tag{2.32}$$

für $n=0, \pm 1, \pm 2, \ldots$ entsprechend Bild **2.**8a gegeben. Gl. (2.20) liefert die komplexen Fourierkoeffizienten

$$\underline{c}_\nu=\frac{1}{T_0}\int_{-T_0/2}^{T_0/2}\frac{2}{T_0}\,t\,\mathrm{e}^{-\mathrm{j}\nu\omega_0 t}\,\mathrm{d}t=\mathrm{j}\,\frac{(-1)^\nu}{\nu\pi} \tag{2.33}$$

bzw.

$$\frac{1}{2}(a_\nu-\mathrm{j}b_\nu)=\mathrm{j}\,\frac{(-1)^\nu}{\nu\pi}.$$

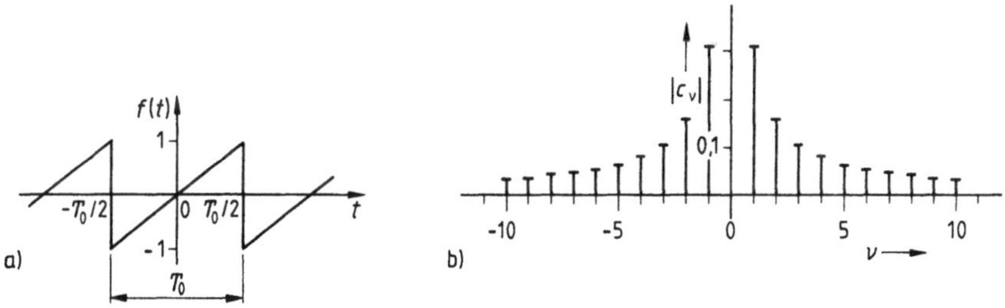

2.8 Sägezahnschwingung (a) und zugehöriges Linienspektrum $|\underline{c}_\nu|$ (b)

Danach sind alle Koeffizienten $a_\nu=0$ für $\nu=1, 2, 3, \ldots$, während sich für die Koeffizienten

$$b_\nu=\frac{2}{\nu\pi}(-1)^{\nu+1}$$

ergibt. Der Gleichanteil ist

$$a_0=\frac{1}{T_0}\int_{-T_0/2}^{T_0/2}2\,\frac{1}{T_0}\,t\,\mathrm{d}t=0.$$

Daher erhält man die Fourierreihe

$$f(t)=\frac{2}{\pi}\left[\sin(\omega_0 t)-\frac{1}{2}\sin(2\omega_0 t)+\frac{1}{3}\sin(3\omega_0 t)-\frac{1}{4}\sin(4\omega_0 t)+\ldots\right]$$

$$=\frac{2}{\pi}\sum_{\nu=1}^{\infty}(-1)^{\nu+1}\,\frac{1}{\nu}\sin(\nu\omega_0 t). \tag{2.34}$$

Bild **2.**8b zeigt die zugehörigen Spektrallinien.

2.1.3 Pulsfolge

Sie besteht aus einer periodischen Folge von idealen Rechteckimpulsen mit der Impulsdauer τ_i, der Impulsfolgefrequenz f_0 und dem Tastgrad $g=\tau_i/T_0$ (Bild 2.9a). Diese Pulsfolge $f(t)$ ist gegeben durch

$$f(t)=\begin{cases}1 & \text{für } -\frac{\tau_i}{2}+nT_0 \leqq t \leqq \frac{\tau_i}{2}+nT_0\\[2ex] 0 & \text{für } +\frac{\tau_i}{2}+nT_0 < t < -\frac{\tau_i}{2}+(n+1)T_0\end{cases} \tag{2.35}$$

mit $n=0, \pm 1, \pm 2, \ldots$. Die komplexen Fourierkoeffizienten lauten

$$\underline{c}_\nu=\frac{1}{T_0}\int_{-\frac{\tau_i}{2}}^{+\frac{\tau_i}{2}} 1\,\mathrm{e}^{-\mathrm{j}\nu\omega_0 t}\,\mathrm{d}t=\frac{\tau_i}{T_0}\,\frac{\sin\left(\nu\pi\frac{\tau_i}{T_0}\right)}{\nu\pi\frac{\tau_i}{T_0}}$$

bzw. mit $\mathrm{si}(x)=\sin(x)/x$ ([29]) und dem Tastgrad $g=\tau_i/T_0$

$$\underline{c}_\nu=g\,\mathrm{si}(\nu\pi g). \tag{2.36}$$

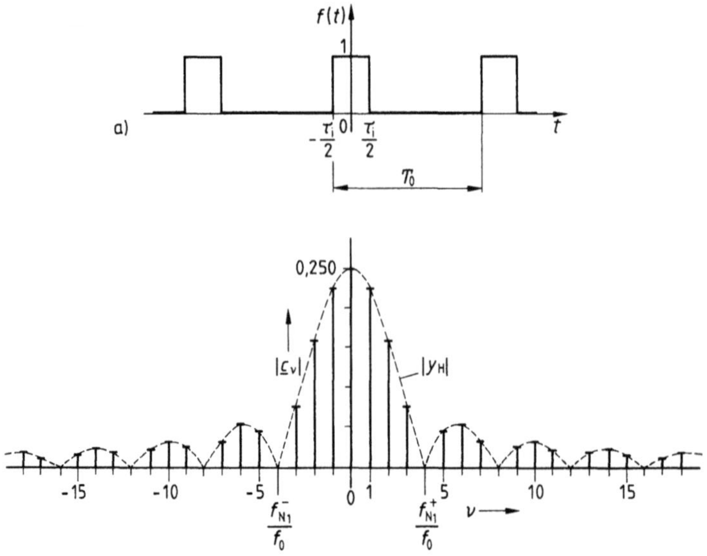

2.9 Impulsfolge (a) und Linienspektrum $|\underline{c}_\nu|$ für $g_0=0{,}25$ (b) mit dem Betrag der Hüllkurve $|y_H|=g_0\,|\mathrm{si}(\pi f \tau_i)|$ und der Nullstellenfrequenz f_{N1}

Da die betrachtete Pulsfolge $f(t)$ bei dieser Wahl des Koordinatensystems eine gerade Funktion ist, fallen alle b_ν fort. Das bedeutet für die Fourierkoeffizienten

$$a_\nu = 2g\,\mathrm{si}(\nu\pi g),$$
$$b_\nu = 0,$$
$$a_0 = g.$$

Die Fourierreihe der Pulsfolge $f(t)$ ist daher

$$f(t) = g\left[1 + 2\sum_{\nu=1}^{\infty} \mathrm{si}(\nu\pi g)\cos(\nu\omega_0 t)\right]. \tag{2.37}$$

Das Linienspektrum der Impulsfolge $f(t)$ für einen Tastgrad von $g_0 = 0{,}25$ zeigt Bild **2.**9b. Eine Diskussion des Linienspektrums in Abhängigkeit der Parameter Impulsdauer τ_i und Impulsfolgefrequenz $f_0 = 1/T_0$ ist an dieser Stelle sinnvoll, da grundsätzliche Zusammenhänge zwischen Impulsdauer, Impulsfolgefrequenz und Bandbreitenbedarf erkennbar werden.

Der Verlauf der Hüllkurve $y_H(f)$ wird bestimmt, indem man vom diskreten Vielfachen der Frequenz νf_0 auf eine kontinuierliche Frequenz f übergeht. Man findet für diese Hüllkurve nach Gl. (2.8)

$$y_H = \frac{\tau_i}{T_0}\,\mathrm{si}(\pi f \tau_i). \tag{2.38}$$

Die Berechnung der Nullstellen mit der Nullstellenfrequenz f_N im Linienspektrum

$$\mathrm{si}(\pi f_N \tau_i) = \frac{\sin(\pi f_N \tau_i)}{\pi f_N \tau_i} = 0 \quad \text{mit } f_N \neq 0$$

führt zur ersten Nullstelle $f_{N_1}^+$ bzw. $f_{N_1}^-$ (Bild **2.**9b) bei $\pi f_{N_1}\tau_i = \pi$ bzw. $f_{N_1} = 1/\tau_i$. Man erkennt, daß für die vorliegende spektrale Verteilung der Hauptanteil der Energie im Bereich $-1/\tau_i \leqq f \leqq +1/\tau_i$ auftritt. Der Bandbreitenbedarf wird also näherungsweise durch den Kehrwert der Impulsdauer $1/\tau_i$ bestimmt. Das bedeutet: Je kleiner die Impulsdauer τ_i ist, desto größer ist der Bandbreitenbedarf durch die Pulsfolge $f(t)$. Weiter geht eine Variation von τ_i in die Amplitudenverhältnisse über den Tastgrad g ein. Eine Vergrößerung der Impulsfolgefrequenz $f_0 = 1/T_0$ führt zu einem Zusammenrücken benachbarter Spektrallinien und zur Verringerung der Einzelamplituden.

2.1.4 Alternierende Pulsfolge

Sie ist durch die Funktion

$$f(t)=\begin{cases} -1 & \text{für} \quad -\frac{1}{2}(T_0+\tau_i)+nT_0 \leqq t \leqq -\frac{1}{2}(T_0-\tau_i)+nT_0 \\ 0 & \text{für} \quad -\frac{1}{2}(T_0-\tau_i)+nT_0 < t < -\frac{\tau_i}{2}+nT_0 \\ +1 & \text{für} \quad -\frac{\tau_i}{2}+nT_0 \leqq t \leqq +\frac{\tau_i}{2}+nT_0 \\ 0 & \text{für} \quad \frac{\tau_i}{2}+nT_0 < t < \frac{1}{2}(T_0-\tau_i)+nT_0 \\ -1 & \text{für} \quad \frac{1}{2}(T_0-\tau_i)+nT_0 \leqq t \leqq \frac{1}{2}(T_0+\tau_i)+nT_0 \end{cases} \tag{2.39}$$

gegeben und in Bild **2**.10a dargestellt. Da die alternierende Pulsfolge gleiche Flächenanteile im positiven und negativen Funktionsbereich hat, verschwindet der Gleichanteil a_0. Bei dieser Wahl des Koordinatensystems sind alle $b_\nu=0$. Nach Gl. (2.20) berechnet man die komplexen Fourierkoeffizienten

$$\underline{c}_\nu=\frac{1}{T_0}\left[\int\limits_{-\frac{\tau_i}{2}}^{\frac{\tau_i}{2}} e^{-j\nu\omega_0 t}\,dt-\int\limits_{\frac{1}{2}(T_0-\tau_i)}^{\frac{1}{2}(T_0+\tau_i)} e^{-j\nu\omega_0 t}\,dt\right]$$

$$=\frac{\sin\left(\nu\omega_0\frac{\tau_i}{2}\right)}{\nu\pi}\left(1-e^{-j\nu\omega_0\frac{T_0}{2}}\right)=\frac{\sin\left(\nu\omega_0\frac{\tau_i}{2}\right)}{\nu\pi}[1-(-1)^\nu]. \tag{2.40}$$

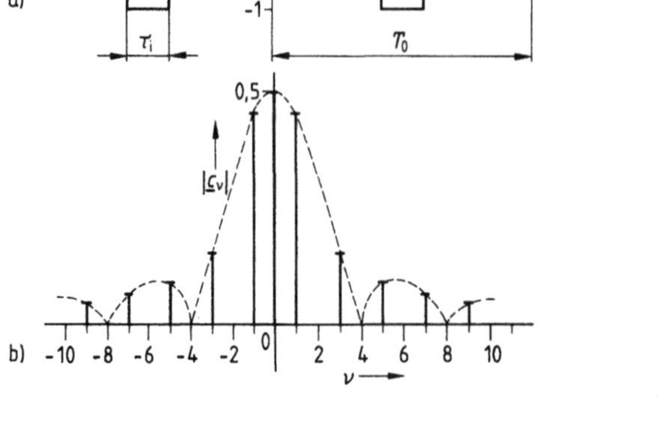

2.10
Alternierende Pulsfolge (a) und Linienspektrum $|\underline{c}_\nu|$ für $g_0=0{,}25$ (b)

Der Faktor $[1-(-1)^\nu]$ ist null für alle geradzahligen ν, für ungeradzahliges ν jedoch 2. Damit wird

$$\underline{c}_\nu = \frac{1}{2}(a_\nu - \mathrm{j}b_\nu) = \frac{2}{\nu\pi}\sin\left(\nu\pi\frac{\tau_\mathrm{i}}{T_0}\right) = 2g\,\mathrm{si}(\nu\pi g)$$

bzw.

$$a_\nu = 4g\,\mathrm{si}(\nu\pi g),\qquad b_\nu = 0,\ a_0 = 0 \quad \text{für} \quad \nu = 1, 3, 5, \ldots .$$

Die Fourierreihe der alternierenden Pulsfolge ist

$$f(t) = 4g \sum_{\nu=1,3,5,\ldots}^{\infty} \mathrm{si}(\nu\pi g)\cos(\nu\omega_0 t). \tag{2.41}$$

In Bild **2.**10b ist das Linienspektrum für einen Tastgrad von $g_0 = 0{,}25$ aufgetragen.

Im Anhang finden sich in A 2.1.1 zusammengefaßt die Berechnungsformeln für Fourierreihen periodischer Funktionen.

Beispiel 2.1. Für die periodischen Funktionen $f_1(t) = \cos(\omega_0 t)$ und $f_2(t) = \sin(\omega_0 t)$ mit der Kreisfrequenz ω_0 sollen die Fourierkoeffizienten $\underline{c}_\nu$ berechnet und die Linienspektren aufgetragen werden. Aus den Zeitfunktionen $f_1(t)$ und $f_2(t)$ kann bereits abgelesen werden, daß sie spektral nur eine Frequenzkomponente bei $|\omega| = \omega_0 = 2\pi f_0$ enthalten. Diese Aussage soll rechnerisch nachvollzogen werden.

Für $f_1(t) = \cos(\omega_0 t)$ berechnen sich die Fourierkoeffizienten nach Gl. (2.20) mit $\omega_0 = 2\pi f_0 = 2\pi/T_0$ als

$$\underline{c}_\nu = \frac{1}{T_0}\int_0^{T_0} \cos(\omega_0 t)\,\mathrm{e}^{-\mathrm{j}\nu\omega_0 t}\,\mathrm{d}t.$$

Ersetzt man die Zeitfunktion durch Exponentialfunktionen als $\cos(\omega_0 t) = 1/2[\exp(\mathrm{j}\omega_0 t) + \exp(-\mathrm{j}\omega_0 t)]$, so wird

$$\underline{c}_\nu = \frac{1}{2T_0}\int_0^{T_0} [\mathrm{e}^{\mathrm{j}(1-\nu)\omega_0 t} + \mathrm{e}^{-\mathrm{j}(1+\nu)\omega_0 t}]\,\mathrm{d}t.$$

Zur Berechnung des Integrals können zwei Lösungswege beschritten werden.

1. Lösungsweg: Berechnung des Integrals mit Hilfe der sogenannten ‚Orthogonalitätsbeziehung'

$$\int_0^T \mathrm{e}^{(\mathrm{j}2\pi\nu t)/T}\,\mathrm{d}t = \begin{cases} 0 & \text{für} \quad \nu \neq 0 \\ T & \text{für} \quad \nu = 0. \end{cases}$$

Diese Orthogonalitätsbeziehung kann wie folgt bewiesen werden

$$\int_0^T \mathrm{e}^{(\mathrm{j}2\pi\nu t)/T}\,\mathrm{d}t = \left.\frac{\mathrm{e}^{\mathrm{j}2\pi\nu t/T}}{(\mathrm{j}2\pi\nu)/T}\right|_0^T = \frac{T}{\mathrm{j}2\pi}\left(\frac{\mathrm{e}^{\mathrm{j}2\pi\nu}-1}{\nu}\right).$$

Der Wert des Integrals wird durch eine Fallunterscheidung bezüglich ν bestimmt.

1. Fall: $\nu=0$: $\int_0^T e^{(j2\pi\nu t)/T}\,dt = \frac{T}{j2\pi}\cdot\frac{j2\pi\, e^{j2\pi 0}}{1} = T$

2. Fall: $\nu \neq 0$: $\int_0^T e^{(j2\pi\nu t)/T}\,dt = \frac{T}{j2\pi}\cdot\frac{1-1}{\nu} = 0$

Ersetzt man im Integral für die Fourierkoeffizienten $(1-\nu)$ durch μ bzw. $(1+\nu)$ durch μ^*, so kann auf die Integralsumme die Orthogonalitätsbeziehung angewandt werden

$$\underline{c}_\nu = \frac{1}{2T_0}\int_0^{T_0} e^{j\mu\omega_0 t}\,dt = \begin{cases} 0 & \text{für } \mu \neq 0 \text{ bzw. } \nu \neq 1 \\ \frac{1}{2} & \text{für } \mu = 0 \text{ bzw. } \nu = 1 \end{cases}$$

und

$$\underline{c}_\nu = \frac{1}{2T_0}\int_0^{T_0} e^{j\mu^*\omega_0 t}\,dt = \begin{cases} 0 & \text{für } \mu^* \neq 0 \text{ bzw. } \nu \neq -1 \\ \frac{1}{2} & \text{für } \mu^* = 0 \text{ bzw. } \nu = -1. \end{cases}$$

Damit werden die Fourierkoeffizienten

$$\underline{c}_\nu = \begin{cases} 0 & \text{für } \nu \neq 1 \text{ und } \nu \neq -1 \\ \frac{1}{2} & \text{für } \nu = 1 \text{ und } \nu = -1. \end{cases}$$

2. Lösungsweg: Die direkte Berechnung des Integrals liefert

$$\underline{c}_\nu = \frac{1}{4\pi j}\left[\frac{e^{j(1-\nu)2\pi}-1}{1-\nu} - \frac{e^{-j(1+\nu)2\pi}-1}{1+\nu}\right].$$

Aus der Fallunterscheidung für ν folgen die Ergebnisse für die Fourierkoeffizienten $\underline{c}_\nu$ durch Grenzwertbildung

1. Fall: $\nu = 1$, $\underline{c}_{+1} = 1/2$
2. Fall: $\nu = -1$, $\underline{c}_{-1} = 1/2$
3. Fall: $\nu \neq 1$ und $\nu \neq -1$, $\underline{c}_\nu = 0$.

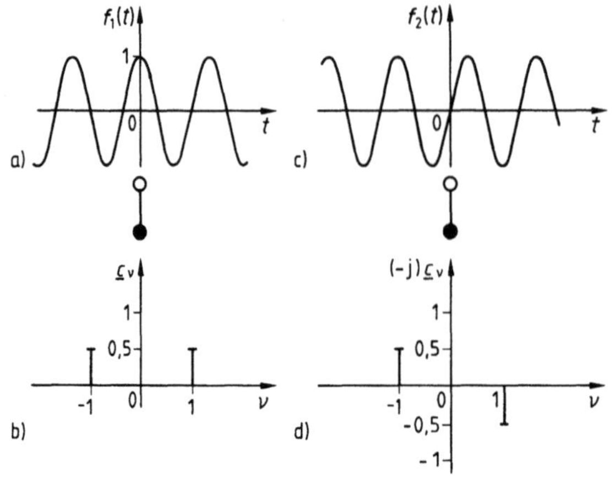

2.11
Zeitfunktion $f_1(t) = \cos(\omega_0 t)$ (a), Linienspektrum $|\underline{c}_\nu|$ der Cosinusschwingung (b), Zeitfunktion $f_2(t) = \sin(\omega_0 t)$ (c) und Linienspektrum $|\underline{c}_\nu|$ der Sinusschwingung (d)

Für die Funktion $f_2(t)=\sin(\omega_0 t)$ ergibt sich bei entsprechender Berechnung für die Fourierkoeffizienten

1. Fall: $\nu=\ 1$, $\quad \underline{c}_{+1}=-\frac{1}{2}\mathrm{j}$

2. Fall: $\nu=-1$, $\quad \underline{c}_{-1}=\ \frac{1}{2}\mathrm{j}$

3. Fall: $\nu\neq\ 1$ und $\nu=-1$, $\quad \underline{c}_\nu=0$.

Bild **2**.11 zeigt beide Zeitfunktionen $f_1(t)$ und $f_2(t)$ zusammen mit ihren Linienspektren. Man erkennt, daß eine Cosinusschwingung der Frequenz $1/T_0$ durch ein symmetrisches, bei den Frequenzen $\pm 1/T_0$ liegendes Linienpaar und die Sinusfunktion durch ein antiparalleles Linienpaar im Frequenzbereich dargestellt werden können.

Beispiel 2.2. Als Ergänzung zum Beispiel 1.3 wird ein Analogschalter S betrachtet, der mit einem Steuersignal u_{St} am Eingang *St* mit der Impulsfolgefrequenz $f_0=1/T_0$ und dem Tastgrad $g=0{,}25$ eine Sinusspannung $u_{\mathrm{E}}(t)=\hat{u}\sin(\omega_1 t)$ am Eingang *E* in den Nulldurchgängen periodisch so schaltet, daß der am Ausgang *A* entstehende Schwingungsimpuls genau $z=5$ Schwingungen enthält (Bild **2**.12). Die Forderung nach Schaltzeitpunkten genau in den Nulldurchgängen ist deshalb sinnvoll, da auf diese Weise Amplitudensprünge zu den Schaltzeitpunkten vermieden werden. Das Linienspektrum des periodischen Schwingungsimpulses ist zu bestimmen.

Das Ausgangssignal des Analogschalters *S* ist in normierter Form

$$f(t)=\begin{cases}\sin(\omega_1 t) & \text{für } -\frac{\tau_i}{2}+nT_0\leqq t\leqq\frac{\tau_i}{2}+nT_0\\[2ex] 0 & \text{für } \frac{\tau_i}{2}+nT_0<t<-\frac{\tau_i}{2}+(n+1)T_0\end{cases}$$

mit $n=0, \pm 1, \pm 2, \pm 3, \dots$.

Dabei sollen als Randbedingungen $zT_1=\tau_i$ und $\omega_1=2\pi f_1$ gelten. Die Berechnung der Fourierkoeffizienten $\underline{c}_\nu$ führt auf

$$\underline{c}_\nu=\frac{1}{T_0}\int\limits_{-\frac{\tau_i}{2}}^{\frac{\tau_i}{2}}\sin(\omega_1 t)\,\mathrm{e}^{-\mathrm{j}\nu\omega_0 t}\,\mathrm{d}t$$

$$=\frac{1}{2}(a_\nu-\mathrm{j}b_\nu)=\frac{\tau_i}{2\mathrm{j}T_0}\left\{\mathrm{si}\left[(\omega_1-\nu\omega_0)\frac{\tau_i}{2}\right]-\mathrm{si}\left[(\omega_1+\nu\omega_0)\frac{\tau_i}{2}\right]\right\}.$$

Die Aufspaltung in Real- und Imaginärteil liefert die Koeffizienten

$$a_\nu=0$$

$$b_\nu=\frac{\tau_i}{T_0}\left\{\mathrm{si}\left[(\omega_1-\nu\omega_0)\frac{\tau_i}{2}\right]-\mathrm{si}\left[(\omega_1+\nu\omega_0)\frac{\tau_i}{2}\right]\right\}$$

für $\nu=\pm 1, \pm 2, \pm 3, \dots$.

Der Gleichanteil ist

$$a_0=\frac{1}{T_0}\int\limits_{-\frac{\tau_i}{2}}^{\frac{\tau_i}{2}}f(t)\,\mathrm{d}t=\frac{1}{T_0}\int\limits_{-\frac{\tau_i}{2}}^{\frac{\tau_i}{2}}\sin(\omega_1 t)\,\mathrm{d}t=0.$$

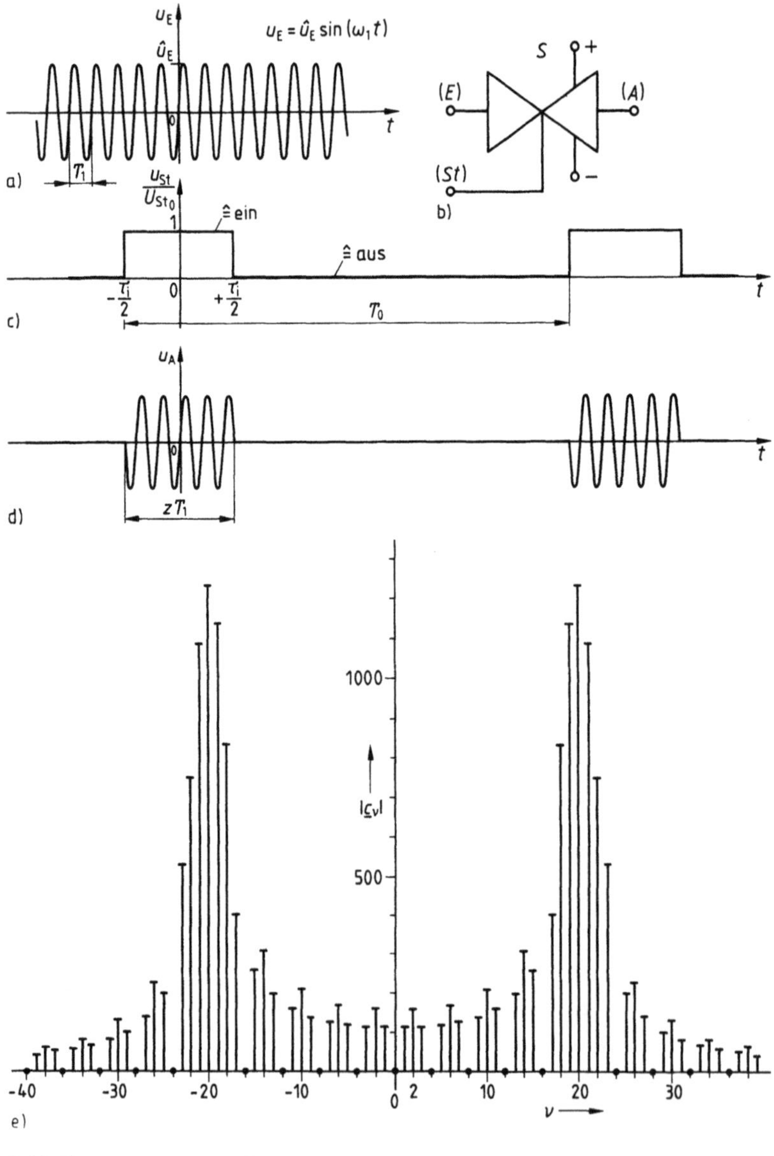

2.12 Spannung $u_E(t) = \hat{u}_E \sin(\omega_1 t)$ (a) am Eingang *E* des Analogschalters *S* (b), Verlauf der Steuerspannung u_{St} am Steueranschluß *St* in normierter Darstellung (c) und Spannung $u_A(t)$ am Ausgang *A* (d) sowie Linienspektrum $|\underline{c}_\nu|\, 10^2$ (e)

Mit $\omega_1 \tau_i/2 = \pi z$ und $z\,T_1 = \tau_i$ sind die Fourierkoeffizienten

$$b_\nu = -\frac{2g}{z\pi}(-1)^z \frac{\sin(\nu\pi g)}{1-\left(\nu\frac{g}{z}\right)^2}.$$

Die Fourierreihe für das Ausgangssignal des Analogschalters ist daher

$$f(t) = -\frac{2g}{z\pi}(-1)^z \sum_{\nu=1}^{\infty} \frac{\sin(\nu\pi g)}{1-\left(\nu\frac{g}{z}\right)^2} \sin(\nu\omega_0 t).$$

Die über der Ordnungszahl ν aufgetragenen Beträge $|\underline{c}_\nu|$ ergeben das Betragslinienspektrum für die periodisch geschaltete Sinusschwingung nach Bild **2.**12e.

2.2 Fourierentwicklung nichtperiodischer Impulsfunktionen

Ebenso wie periodische Impulsfolgen lassen sich auch nichtperiodische Impulsfunktionen mit einer Überlagerung von Sinus- und Cosinusschwingungen beschreiben. Um dies zu veranschaulichen, wird zunächst von einer periodischen Pulsfolge $f(t)$ nach Abschn. 2.1.3 ausgegangen. Bild **2.**13a zeigt noch einmal die Pulsfolge als Zeitfunktion und daneben das Linienspektrum. Die Linien des Spektrums haben darin den Abstand $\Delta f = f_0$. Die periodische Pulsfolge läßt sich in einen einmaligen Impuls überführen, indem man die Periodendauer T_0 gegen unendlich gehen läßt.

Man erkennt aus Bild **2.**13a bis c, daß die einzelnen Impulse mit wachsender Periodendauer weiter auseinanderrücken. Im Grenzfall für $T_0 \to \infty$ entsteht ein

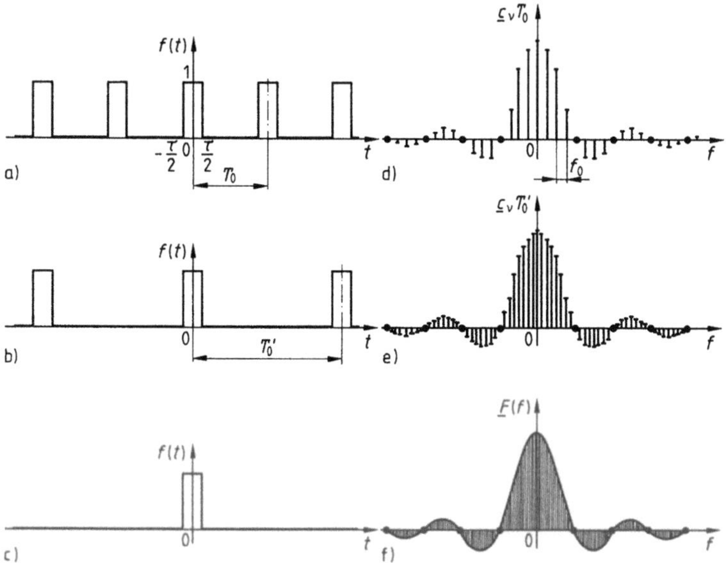

2.13 Herleitung der Spektralfunktion $\underline{F}(f)$ für eine nichtperiodische Impulsfunktion (c). Der Übergang von T_0 (a) auf $T_0' = 2T_0$ (b) und $T_0 \to \infty$ (c) bewirkt ein Zusammenrücken der Spektrallinien ((d) bis (f))

einmaliger Impuls (Bild **2.**13 c), der auf die Impulsdauer τ_i zeitlich begrenzt ist.

Es ist nun zu analysieren, was bei diesem Grenzübergang für $T_0 \to \infty$ mit der spektralen Darstellung geschieht. Man erkennt anhand der Bilder **2.**13 d und e, daß sich der Frequenzabstand Δf benachbarter Spektrallinien umgekehrt proportional zur Periodendauer T_0 verhält und damit diese Linien bei wachsendem T_0 dichter zusammenrücken. So wird z. B. der Wert des Frequenzabstandes Δf halbiert, wenn die Periodendauer von T_0 auf $T_0' = 2\,T_0$ verdoppelt wird.

Betrachtet man die Fourierkoeffizienten $\underline{c}_\nu$ nach Gl. (2.20) bei einer bestimmten Frequenz

$$f = \nu \Delta f = \nu f_0 = \frac{\nu}{T_0} = \text{const}\,, \tag{2.42}$$

so ergibt sich, daß der Wert des Integrals in Gl. (2.20)

$$\underline{c}_\nu = \frac{1}{T_0} \int\limits_{t_0}^{t_0+T_0} f(t)\, \mathrm{e}^{-\mathrm{j}2\pi\nu f_0 t}\, \mathrm{d}t$$

konstant bleibt. Dies gilt, da im Exponenten das Produkt νf_0 nach Voraussetzung gleich bleibt. Außerdem ist für den einmaligen Impuls vorausgesetzt worden, daß die Zeitfunktion $f(t)$ außerhalb der Impulsdauer τ_i verschwindet, so daß eine Vergrößerung der Grenzen des Integrals ($T_0 \to \infty$) den Wert des Integrals nicht mehr verändert. Geht man damit von einem konstanten Wert des Integrals bei einer vorgegebenen Frequenz für $T_0 \to \infty$ aus, so folgt, daß das Produkt $\underline{c}_\nu T_0$ ebenfalls konstant sein muß. Daraus leitet sich ab, daß bei einer Vergrößerung von T_0 die Fourierkoeffizienten $\underline{c}_\nu$ kleiner werden und dichter aufeinander folgen. Daher sind beim Grenzübergang $T_0 \to \infty$ nicht die Fourierkoeffizienten $\underline{c}_\nu$ allein, sondern ihre auf die Frequenz bezogene spektrale Dichte $(\underline{c}_\nu/\Delta f)$ bzw. $(\underline{c}_\nu T_0)$ zu betrachten. Als Grenzwert stellt sich ein endlicher Wert

$$\lim_{T_0 \to \infty} (\underline{c}_\nu T_0) = \lim_{\Delta f \to 0} \left(\frac{\underline{c}_\nu}{\Delta f}\right) = \underline{F}(f) \tag{2.43}$$

ein. Somit tritt an die Stelle der diskreten Linien $\underline{c}_\nu$ eine kontinuierliche Spektralfunktion $\underline{F}(f)$ (vergl. Bild **2.**13 f). Mit Gl. (2.42) und (2.43) entsteht aus Gl. (2.20) das e r s t e F o u r i e r s c h e I n t e g r a l

$$\underline{F}(f) = \int\limits_{-\infty}^{\infty} f(t)\, \mathrm{e}^{-\mathrm{j}2\pi f t}\, \mathrm{d}t\,. \tag{2.44}$$

Erweitert man Gl. (2.16) mit dem Spektrallinienabstand Δf, so erhält man

$$f(t) = \sum_{\nu=-\infty}^{+\infty} \frac{\underline{c}_\nu}{\Delta f} e^{j\nu 2\pi f_0 t} \Delta f. \tag{2.45}$$

Mit Gl. (2.43) wird daraus das zweite Fouriersche Integral

$$f(t) = \int_{-\infty}^{+\infty} \underline{F}(f) e^{j2\pi f t} df, \tag{2.46}$$

wobei Δf durch die Infinitesimalgröße df und die Summe durch ein Integral ersetzt wurden.

Die beiden Integralgleichungen (2.44) und (2.46) stellen den Zusammenhang zwischen der Zeitfunktion $f(t)$ und ihrer Spektralfunktion $\underline{F}(f)$ her. Mit Gl. (2.44) kann man eine Funktion $f(t)$, auch wenn sie nur stückweise stetig ist, d.h., endlich viele Sprungstellen aufweist, und im Wertevorrat beschränkt ist, analytisch darstellen. Das zweite Fouriersche Integral nach Gl. (2.46) liefert den Übergang von der Spektral- zur Zeitfunktion. Oftmals wird eine Schreibweise verwendet, die sich auf die Kreisfrequenz ω bezieht. Dann lauten wegen $df = d\omega/2\pi$ die Transformationsgleichungen

$$\underline{F}(\omega) = \int_{t=-\infty}^{\infty} f(t) e^{-j\omega t} dt \tag{2.47}$$

$$f(t) = \frac{1}{2\pi} \int_{\omega=-\infty}^{\infty} \underline{F}(\omega) e^{j\omega t} d\omega. \tag{2.48}$$

Diese beiden Gleichungen können auch als Abbildung einer Funktion im Zeitbereich in den Frequenzbereich und umgekehrt aufgefaßt werden. Diese Transformation wird durch ein Integral bewirkt. Unter einer Transformation versteht man allgemein die Zuordnung von Elementen einer Menge zu Elementen einer anderen Menge. Man erhält eine Funktionaltransformation, wenn diese Elemente Funktionen sind, wenn also einer Menge von Funktionen eine andere Menge von Funktionen zugeordnet wird. Eine solche Funktionaltransformation wird durch die Gl. (2.47) beschrieben. Sie heißt Fouriertransformation. Durch sie wird einer bestimmten Menge von Zeitfunktionen, für die die Transformation definiert ist, eine Menge von Spektralfunktionen zugeordnet. Man spricht von der Fouriertransformation als einer Integraltransformation. Dabei ist das Fourierintegral nur eine von vielen Integraltransformationen. Sie ist durch die Kernfunktion $e^{j\omega t}$ gekennzeichnet. Zur Kennzeichnung der Fouriertransformation wird das Symbol $\mathcal{F}\{f(t)\}$ eingeführt, indem definiert wird

$$\underline{F}(\omega) = \mathcal{F}\{f(t)\} = \int_{-\infty}^{\infty} f(t) e^{-j\omega t} dt \tag{2.49}$$

bzw. als inverse Transformation

$$f(t) = \mathfrak{F}^{-1}\{\underline{F}(\omega)\} = \frac{1}{2\pi} \int_{-\infty}^{\infty} \underline{F}(\omega)\, \mathrm{e}^{\mathrm{j}\omega t}\, \mathrm{d}\omega . \tag{2.50}$$

Im Zusammenhang mit Transformationen wird häufig der Begriff Abbildung gebraucht, ein anschaulicher, aus der Geometrie entnommener Begriff. Eine Abbildung liegt vor, wenn durch eine Abbildungsvorschrift den Punkten eines Originalraums die Punkte eines Bildraums zugeordnet werden. So kann eine Funktionaltransformation als Abbildung eines Funktionsraums auf einen anderen Funktionsraum aufgefaßt werden. Bei der Fouriertransformation wird demnach eine Zeitfunktion $f(t)$ aus dem Originalraum auf eine Spektralfunktion $\underline{F}(\omega)$ abgebildet. Bei bekannter Bildfunktion ist durch Gl. (2.48) die Originalfunktion $f(t)$ berechenbar. Dieser Zusammenhang kann folgendermaßen dargestellt werden:

Originalraum	Bildraum
(Originalbereich, Zeitbereich)	(Bildbereich, Spektralbereich)

$$f(t) \underset{\text{inverse Fouriertransformation}}{\overset{\text{Fouriertransformation}}{\rightleftarrows}} \underline{F}(\omega)$$

Die Fouriertransformation kann im Bereich der Impulstechnik dazu eingesetzt werden, eine Signalfunktion aus dem Zeit- in den Frequenzbereich zu transformieren, im Frequenzbereich die erforderlichen Berechnungen durchzuführen und die Lösungsfunktion anschließend aus dem Frequenz- in den Zeitbereich zurückzutransformieren. Dieses auf den ersten Blick umständliche Verfahren hat deshalb Vorteile, da bei vielen Berechnungen die Lösung im Frequenzbereich erheblich einfacher zu ermitteln ist als direkt im Zeitbereich.

Als hinreichende Bedingung für die Existenz des Fourierintegrals gilt, daß das Integral

$$I = \int_{-\infty}^{\infty} |f(t)|\, \mathrm{d}t \tag{2.51}$$

einen endlichen Wert haben muß. Daher muß die Betragsfunktion $|f(t)|$ im Unendlichen verschwinden $\left(\lim\limits_{t \to \infty} f(t) = 0\right)$, andernfalls divergiert das Integral nach Gl. (2.51). Ist diese hinreichende Bedingung erfüllt, gilt: Wenn eine Impulsfunktion $f(t)$ im Unendlichen verschwindet, existiert auch die Fouriertransformierte $\mathfrak{F}\{f(t)\}$. Eine notwendige Bedingung für die Durchführbarkeit der Fouriertransformation existiert jedoch nicht. Der Nachweis dieser Aussage wird aus Gründen der erforderlichen, umfangreichen mathematischen Darstellung hier nicht geführt.

Die Spektralfunktion $\underline{F}(\omega)$ ist im allgemeinen komplex. Daher gilt:

$$\underline{F}(\omega)=|\underline{F}(\omega)|\,e^{j\varphi(\omega)}=\mathrm{Re}\{\underline{F}(\omega)\}+j\,\mathrm{Im}\{\underline{F}(\omega)\}\,. \tag{2.52}$$

Für die Auswertung von $\underline{F}(\omega)$ nach Gl. (2.52) kann zwischen folgenden Darstellungsformen gewählt werden: 1. nach Betrag $|\underline{F}(\omega)|$ und Phase $\varphi(\omega)$, 2. nach Realteil $\mathrm{Re}\{\underline{F}(\omega)\}$ und Imaginärteil $\mathrm{Im}\{\underline{F}(\omega)\}$ sowie 3. als Ortskurve $\underline{F}(\omega)$ in der komplexen Ebene. In Bild **2.14** sind diese Darstellungsformen für eine Funktion $\underline{F}(\omega)=1/(\alpha+j\omega)$ einander gegenübergestellt.

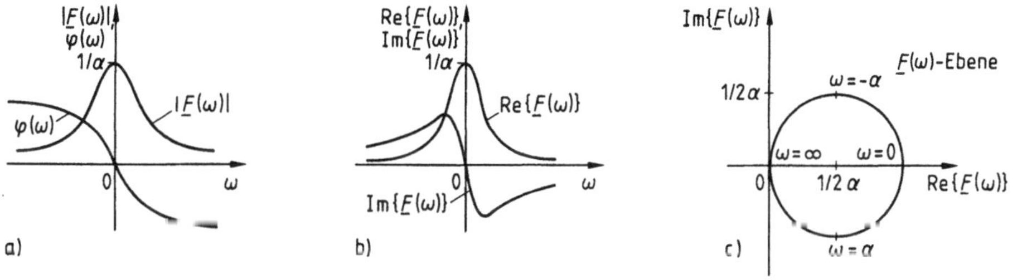

a) Betrags- und Phasendarstellung

$$\underline{F}(\omega)=\underbrace{\frac{1}{\sqrt{\alpha^2+\omega^2}}}_{|\underline{F}(\omega)|}\,e^{-j\arctan\left(\frac{\omega}{\alpha}\right)}$$

b) Real- und Imaginärteil

$$\underline{F}(\omega)=\underbrace{\frac{\alpha}{\alpha^2+\omega^2}}_{\mathrm{Re}\{\underline{F}(\omega)\}}+j\underbrace{\frac{(-\omega)}{\alpha^2+\omega^2}}_{\mathrm{Im}\{\underline{F}(\omega)\}}$$

c) Ortskurve in der komplexen $\underline{F}(\omega)$-Ebene

$$\underline{F}(\omega)=\frac{1}{\alpha+j\omega}$$

2.14 Darstellungsformen für $\underline{F}(\omega)$

Außerdem gilt für die Betragsfunktion

$$|\underline{F}(\omega)|=\sqrt{[\mathrm{Re}\{\underline{F}(\omega)\}]^2+[\mathrm{Im}\{\underline{F}(\omega)\}]^2} \tag{2.53}$$

und für die Phasenfunktion

$$\varphi(\omega)=\arctan[\mathrm{Im}\{\underline{F}(\omega)\}/\mathrm{Re}\{\underline{F}(\omega)\}]. \tag{2.54}$$

Dabei ist die Betragsfunktion eine gerade und die Phasenfunktion eine ungerade Funktion.

Eigenschaften der Fouriertransformation. Es sollen ohne Beweis einige Regeln für die Anwendung der Fouriertransformation angegeben werden, die gegebenenfalls zur Vereinfachung von Rechnungen führen.

Gerade Signalfunktion. Ist die zu transformierende Funktion $f(t)$ gerade, d.h. $f(t)=f(-t)$, dann ist die Transformierte

$$\underline{F}(\omega)=\mathcal{F}\{f(t)\}=\mathcal{F}\{f(-t)\}=\int_{-\infty}^{+\infty} f(-t)\,e^{-j\omega t}\,dt.$$

Die Substitution $t' = -t$ liefert mit $\mathrm{d}t' = -\mathrm{d}t$

$$\underline{F}(\omega) = -\int_{+\infty}^{-\infty} f(t')\,\mathrm{e}^{\mathrm{j}\omega t'}\,\mathrm{d}t' = \underline{F}(-\omega). \tag{2.55}$$

Ungerade Signalfunktion. Für eine ungerade Signalfunktion $f(t) = -f(-t)$ gilt

$$\underline{F}(\omega) = \mathfrak{F}\{f(t)\} = \mathfrak{F}\{-f(-t)\} = -\int_{-\infty}^{+\infty} f(-t)\,\mathrm{e}^{-\mathrm{j}\omega t}\,\mathrm{d}t.$$

Die Substitution $t' = -t$ liefert mit $\mathrm{d}t' = -\mathrm{d}t$

$$\underline{F}(\omega) = \int_{+\infty}^{-\infty} f(t')\,\mathrm{e}^{\mathrm{j}\omega t'}\,\mathrm{d}t' = -\underline{F}(-\omega). \tag{2.56}$$

Linearität. Die Fouriertransformation ist eine lineare Transformation, so daß mit den reellen, konstanten Koeffizienten a und b gilt

$$\mathfrak{F}\{a f_1(t) + b f_2(t)\} = a\,\mathfrak{F}\{f_1(t)\} + b\,\mathfrak{F}\{f_2(t)\}. \tag{2.57}$$

Die Eigenschaft der Linearität begründet die besondere Bedeutung der Fouriertransformation für einmalige, impulsförmige Vorgänge.

Maßstabsänderung. Einer Maßstabsänderung um den Faktor a im Zeitbereich entspricht eine umgekehrt proportionale Maßstabsänderung im Frequenzbereich

$$\mathfrak{F}\{f(a\,t)\} = \frac{1}{a}\underline{F}\left(\frac{\omega}{a}\right). \tag{2.58}$$

Zeitverschiebung. Wird eine Impulsfunktion $f(t)$ längs der Zeitachse um die Zeit t_0 verzögert, so geht $f(t)$ in $f(t-t_0)$ über. Dann gilt die Korrespondenz

$$f(t-t_0) \circ\!\!-\!\!\bullet \int_{-\infty}^{\infty} f(t-t_0)\,\mathrm{e}^{-\mathrm{j}\omega t}\,\mathrm{d}t.$$

Die Substitution $t - t_0 = \Theta$ bzw. $\mathrm{d}t = \mathrm{d}\Theta$ ergibt

$$f(t-t_0) \circ\!\!-\!\!\bullet \int_{-\infty}^{\infty} f(\Theta)\,\mathrm{e}^{-\mathrm{j}\omega(\Theta+t_0)}\,\mathrm{d}\Theta = \mathrm{e}^{-\mathrm{j}\omega t_0} \underbrace{\int_{-\infty}^{\infty} f(\Theta)\,\mathrm{e}^{-\mathrm{j}\omega\Theta}\,\mathrm{d}\Theta}_{\underline{F}(\omega)}$$

$$f(t-t_0) \circ\!\!-\!\!\bullet\ \mathrm{e}^{-\mathrm{j}\omega t_0}\,\underline{F}(\omega). \tag{2.59}$$

Der Ausdruck $\exp(-\mathrm{j}\omega t_0)$ wird Verschiebungsfaktor und Gl. (2.59) Verschiebungssatz genannt.

Differentiation der Zeitfunktion. Für die Fouriertransformierte einer differenzierten Zeitfunktion folgt aus Gl. (2.48)

$$\dot{f}(t) = \frac{\mathrm{d}f(t)}{\mathrm{d}t} = \frac{1}{2\pi} \int_{\omega=-\infty}^{\infty} (\mathrm{j}\omega)\, \underline{F}(\omega)\, \mathrm{e}^{\mathrm{j}\omega t}\, \mathrm{d}\omega ,$$

wobei der Faktor $(\mathrm{j}\omega)$ der inneren Ableitung von $\mathrm{e}^{\mathrm{j}\omega t}$ entstammt.
Daraus läßt sich die Korrespondenz

$$\dot{f}(t) \circ\!\!-\!\!\bullet\; (\mathrm{j}\omega)\, \underline{F}(\omega) \tag{2.60}$$

bzw.

$$f^{(n)}(t) \circ\!\!-\!\!\bullet\; (\mathrm{j}\omega)^n\, \underline{F}(\omega) \tag{2.61}$$

ableiten.

Differentiation der Spektraldichtefunktion. Der Differentialquotient $\mathrm{d}\underline{F}(\omega)/\mathrm{d}\omega$ liefert nach Gl. (2.47) unmittelbar

$$\frac{\mathrm{d}\underline{F}(\omega)}{\mathrm{d}\omega} = \int_{t=-\infty}^{\infty} (-\mathrm{j}t)\, f(t)\, \mathrm{e}^{-\mathrm{j}\omega t}\, \mathrm{d}t$$

und daraus die Korrespondenz

$$(-\mathrm{j}t)\, f(t) \;\circ\!\!-\!\!\bullet\; \frac{\mathrm{d}\underline{F}(\omega)}{\mathrm{d}\omega} \tag{2.62}$$

bzw.

$$(-\mathrm{j}t)^n f(t) \;\circ\!\!-\!\!\bullet\; \frac{\mathrm{d}^{(n)} \underline{F}(\omega)}{\mathrm{d}\omega^n} . \tag{2.63}$$

Faltung im Zeit- und Frequenzbereich. Besondere Bedeutung für die Impulsverformung durch elektrische Netzwerke hat die Operation der Faltung. Sie wird wie folgt eingeführt: Gegeben seien zwei Signalfunktionen $f_1(t)$ und $f_2(t)$. Für das Faltungsprodukt der beiden Funktionen soll das Verknüpfungssymbol $*$ vereinbart werden (gesprochen: f_1 gefaltet mit f_2). Die Faltung zweier Funktionen f_1 und f_2 ist definiert als

$$f_1(t) * f_2(t) = \int_{-\infty}^{\infty} f_1(\tau) f_2(t-\tau)\, \mathrm{d}\tau . \tag{2.64}$$

Die Faltung ist kommutativ, d.h., es gilt

$$f_1 * f_2 = f_2 * f_1 . \tag{2.65}$$

Weiterhin gilt das assoziative Gesetz

$$(f_1 * f_2) * f_3 = f_1 * (f_2 * f_3) . \tag{2.66}$$

Multiplikation und Faltung sind zueinander duale Operationen bezüglich des Zeit- und Frequenzbereiches. Danach sind

$$f_1(t)*f_2(t) = \int_{-\infty}^{\infty} f_1(\tau) f_2(t-\tau)\,\mathrm{d}\tau \;\circ\!\!-\!\!\bullet\; \underline{F}_1(\omega)\underline{F}_2(\omega) \tag{2.67}$$

Faltung im Zeitbereich ○—● Multiplikation im Frequenzbereich

und

$$f_1(t) f_2(t) \;\circ\!\!-\!\!\bullet\; \underline{F}_1(\omega)*\underline{F}_2(\omega) = \int_{-\infty}^{\infty} \underline{F}_1(\varphi)\underline{F}_2(\omega-\varphi)\,\mathrm{d}\varphi\,. \tag{2.68}$$

Multiplikation im Zeitbereich ○—● Faltung im Frequenzbereich

Jede Signalfunktion $f(t)$ läßt sich in einen
- reellen, geraden Anteil f_{RG},
- reellen, ungeraden Anteil f_{RU},
- imaginären, geraden Anteil f_{IG} und einen
- imaginären, ungeraden Anteil f_{IU} zerlegen. Die Fouriertransformierte $\mathcal{F}\{f(t)\} = \underline{F}(\omega)$ liefert nach [9] folgende Zuordnungen zwischen den Funktionsanteilen im Zeit- und Frequenzbereich

$$f(t) = f_{\mathrm{RG}} + f_{\mathrm{RU}} + \mathrm{j}f_{\mathrm{IG}} + \mathrm{j}f_{\mathrm{IU}}$$

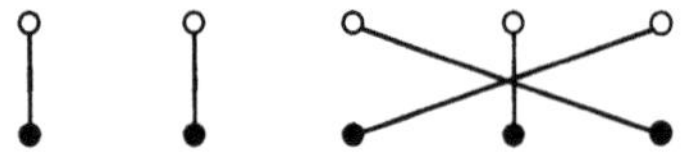

$$\underline{F}(\omega) = F_{\mathrm{RG}} + F_{\mathrm{RU}} + \mathrm{j}F_{\mathrm{IG}} + \mathrm{j}F_{\mathrm{IU}}\,.$$

Danach gehört zu jedem reellen $f(t)$ (gerader und ungerader Funktionsanteil) im Frequenzbereich ein komplexes $\underline{F}(\omega)$ mit geradem Realteil F_{RG} und ungeradem Imaginärteil F_{IU}. Eine Übersicht der mathematischen Zusammenhänge zwischen Original-(Zeit-)bereich und Bild-(Frequenz-)bereich findet man im Anhang unter A 2.2.

Parsevalsches Theorem. Bildet man für eine Impulsfunktion $f(t)$ das Integral $\int_{-\infty}^{\infty} |f(t)|^2\,\mathrm{d}t$, so kann es bei geeigneter Normierung der eingesetzten Funktion als Energie W des impulsförmigen Vorganges aufgefaßt werden (z. B.: $f(t) = u(t)$ am Widerstand ‚1', Normierung). Es läßt sich zeigen, daß sowohl im Zeitbereich als auch im Frequenzbereich folgende physikalisch sinnvolle Aussage gemacht werden kann:

$$\begin{aligned} W = \int_{-\infty}^{\infty} |f(t)|^2\,\mathrm{d}t &= \int_{-\infty}^{\infty} f(t)f(t)\,\mathrm{d}t = \int_{-\infty}^{\infty} f(t)\frac{1}{2\pi}\int_{-\infty}^{\infty} \underline{F}(\omega)\,\mathrm{e}^{\mathrm{j}\omega t}\,\mathrm{d}\omega\,\mathrm{d}t \\ &= \frac{1}{2\pi}\int_{-\infty}^{\infty} \underline{F}(\omega) \underbrace{\int_{-\infty}^{\infty} f(t)\,\mathrm{e}^{\mathrm{j}\omega t}\,\mathrm{d}t}_{\underline{F}(-\omega)}\,\mathrm{d}\omega \end{aligned} \tag{2.69}$$

Es ist nun noch zu zeigen, daß $\underline{F}(-\omega)=\underline{F}^*(\omega)$ gilt, wobei $\underline{F}^*(\omega)$ die konjugiert komplexe Funktion im Frequenzbereich ist. Eine reelle Impulsfunktion $f(t)$ läßt sich in einen reellen, geraden und einen reellen, ungeraden Funktionsanteil zerlegen

$$\begin{array}{ccccc} f(t) & = & f_{\mathrm{RG}} & + & f_{\mathrm{RU}} \\ \circ\!\!-\!\!\bullet & & \circ\!\!-\!\!\bullet & & \circ\!\!-\!\!\bullet \\ \underline{F}(\omega) & = & F_{\mathrm{RG}} & + & \mathrm{j}F_{\mathrm{IU}}\ . \end{array}$$

Wendet man die Zerlegung in geraden und ungeraden Funktionsanteil auf $\underline{F}(-\omega)$ an, so entsteht $\underline{F}(-\omega)=F_{\mathrm{RG}}(-\omega)+\mathrm{j}F_{\mathrm{IU}}(-\omega)$. Für den geraden Funktionsanteil gilt $\underline{F}(-\omega)=\underline{F}(\omega)$, für den ungeraden Anteil $F_{\mathrm{IU}}(-\omega)=-\underline{F}(\omega)$. Hiermit wird $\underline{F}(-\omega)=F_{\mathrm{RG}}(\omega)-\mathrm{j}F_{\mathrm{IU}}(\omega)=\underline{F}^*(\omega)$. In Gl. (2.69) kann also $\underline{F}(-\omega)$ durch $\underline{F}^*(\omega)$ ersetzt werden. Die Gl. (2.69) wird dementsprechend überführt in

$$W=\frac{1}{2\pi}\int_{-\infty}^{\infty}\underline{F}(\omega)\,\underline{F}^*(\omega)\,\mathrm{d}\omega=\frac{1}{2\pi}\int_{-\infty}^{\infty}|\underline{F}(\omega)|^2\,\mathrm{d}\omega. \qquad (2.70)$$

Das Ergebnis dieser Rechnung kann wie folgt zusammengefaßt werden:

Die Energie eines einmaligen Impulses kann sowohl durch Integration über das Quadrat des Betrages der Impulsfunktion $|f(t)|^2$ als auch durch Integration über das Quadrat der Amplitudendichten $|\underline{F}(\omega)|^2$ errechnet werden.

Es gilt daher das Parsevalsche Theorem

$$\int_{-\infty}^{\infty}|f(t)|^2\,\mathrm{d}t=\frac{1}{2\pi}\int_{-\infty}^{\infty}|\underline{F}(\omega)|^2\,\mathrm{d}\omega. \qquad (2.71)$$

$|\underline{F}(\omega)|^2$ wird auch als spektrale Energiedichte bezeichnet.

2.2.1 Diracfunktion

Nach [29] korrespondiert ein Gleichanteil $f(t)=1$ im Zeitbereich für $-\infty\leqq t\leqq\infty$ mit der Diracfunktion $2\pi\delta(\omega)$ im Frequenzbereich entsprechend Bild **2.**15a und b. Es gilt

$$1 \circ\!\!-\!\!\bullet\ 2\pi\delta(\omega). \qquad (2.72)$$

Dieser Gleichanteil kann ein Gleichstrom oder eine Gleichspannung sein. Die Frequenz dieses physikalischen Vorganges ist null. Auf einen mathematischen Beweis dieser Korrespondenz wird an dieser Stelle wegen der umfangreichen

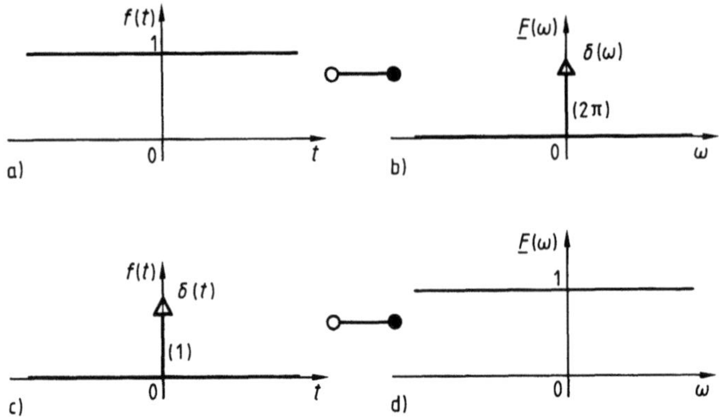

2.15 Korrespondenzen zwischen Gleichanteil im Zeitbereich (a) und Diracimpuls im Frequenzbereich (b) bzw. Diracimpuls im Zeitbereich (c) und Gleichanteil im Frequenzbereich (d)

mathematischen Betrachtungen im Interesse der Übersichtlichkeit verzichtet[1]). Die Fouriertransformation folgt dem Dualitätsprinzip: Korrespondenzen zwischen dem Zeit- und dem Frequenzbereich sind umkehrbar. So korrespondiert dual zu Gl. (2.72) ein Gleichanteil $F(\omega)=1$ im Frequenzbereich mit einer Diracfunktion $\delta(t)$ im Zeitbereich entsprechend Bild **2.**15 c und d. Es gilt

$$\delta(t) \circ\!\!-\!\!\bullet\ 1\,. \tag{2.73}$$

Ein Gleichanteil im Frequenzbereich bedeutet ein weißes Spektrum, d. h., längs der Frequenzachse sind alle Frequenzen mit gleicher Amplitude im Gesamtsignal enthalten. Ein solches weißes Spektrum wird durch einen einmaligen Diracimpuls mit unendlich großer Amplitude und Flankensteilheit verursacht.

Bild **2.**15 zeigt die Korrespondenz zwischen Diracfunktion und Gleichanteil im Zeit- und Frequenzbereich. Dargestellt sind die Impulsfunktionen $f(t)$ im Zeitbereich und die zugehörigen spektralen Amplitudendichten $\underline{F}(\omega)$.

2.2.2 Sprungfunktion

Die Berechnung der Fouriertransformierten der Sprungfunktion $\mathcal{F}\{\sigma(t)\}$ erweist sich als schwierig, da die hinreichende Bedingung für die Existenz des Fourierintegrals nach Gl. (2.51) nicht erfüllt ist. Das Integral $I=\int_{-\infty}^{+\infty}|f(t)|\,\mathrm{d}t$

[1]) In zahlreichen Literaturstellen finden sich Ansätze zur Berechnung der Fouriertransformierten $\mathcal{F}\{\delta(t)\}$. Die angestrebten Ergebnisse werden in den meisten Fällen durch Vertauschung von Integration und Grenzwertbildung herbeigeführt. Die Berechtigung dieser Vertauschung wird dabei in der Regel nicht bewiesen.

hat keinen endlichen Wert, da $\sigma(t)=1$ für $0 \leqq t \leqq \infty$ ist. Daher wird zunächst die Signumfunktion eingeführt.

Signumfunktion. Sie ist definiert als

$$\operatorname{sgn}[f(t)] = \begin{cases} +1 & \text{für} \quad f(t)>0 \\ 0 & \text{für} \quad f(t)=0 \\ -1 & \text{für} \quad f(t)<0\,. \end{cases} \tag{2.74}$$

In diesem Zusammenhang wird die Funktion $\operatorname{sgn}(t)$ betrachtet (Bild **2**.16). Für die Fouriertransformierte $\mathcal{F}\{\operatorname{sgn}(t)\}$ wird behauptet, daß die Korrespondenz $\operatorname{sgn}(t) \circ\!\!-\!\!\bullet\ 2/(\mathrm{j}\omega)$ gilt. Der Beweis wird durch Rücktransformation aus dem Frequenz- in den Zeitbereich geführt.

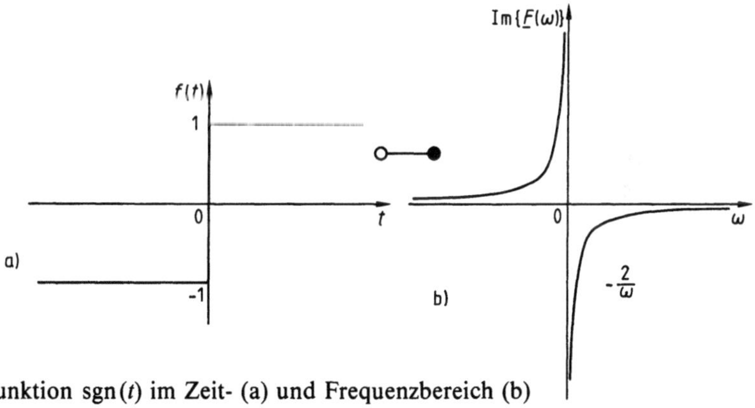

2.16 Signumfunktion $\operatorname{sgn}(t)$ im Zeit- (a) und Frequenzbereich (b)

Mit Gl. (2.48) wird

$$f(t) = \frac{1}{2\pi} \int_{-\infty}^{\infty} \frac{2}{\mathrm{j}\omega} \mathrm{e}^{\mathrm{j}\omega t}\, \mathrm{d}\omega$$

$$= \frac{1}{\pi} \left[\int_{-\infty}^{\infty} \left(\frac{\cos(\omega t)}{\mathrm{j}\omega} + \frac{\sin(\omega t)}{\omega} \right) \mathrm{d}\omega \right].$$

Diese Aufspaltung dieses Integrals führt auf die Einzelintegrale

$$I_1 = \int_{-\infty}^{\infty} \frac{\cos(\omega t)}{\omega}\, \mathrm{d}\omega \quad \text{und} \quad I_2 = \int_{-\infty}^{\infty} \frac{\sin(\omega t)}{\omega}\, \mathrm{d}\omega.$$

Das Integral I_1 läßt sich umschreiben in:

$$I_1 = \underbrace{\int_{-\infty}^{0} \frac{\cos(\omega t)}{\omega}\, \mathrm{d}\omega}_{I_{11}} + \underbrace{\int_{0}^{\infty} \frac{\cos(\omega t)}{\omega}\, \mathrm{d}\omega}_{I_{12}}.$$

Für I_{12} wird substituiert: $\omega = -\omega'$ bzw. $\mathrm{d}\omega = -\mathrm{d}\omega'$. Damit wird

$$I_1 = \int_{-\infty}^{0} \frac{\cos(\omega t)}{\omega}\,\mathrm{d}\omega + \int_{0}^{-\infty} \frac{\cos(\omega' t)}{\omega'}\,\mathrm{d}\omega'$$

$$= \int_{-\infty}^{0} \frac{\cos(\omega t)}{\omega}\,\mathrm{d}\omega - \int_{-\infty}^{0} \frac{\cos(\omega' t)}{\omega'}\,\mathrm{d}\omega'.$$

Aufgrund der Substitution $\omega = -\omega'$ besitzt die Integrationsvariable ω' den gleichen Wertevorrat wie ω. Daher erhalten beide Teilintegrale den gleichen Wert und ihre Differenz wird $I_1 = 0$. Damit vereinfacht sich $f(t)$ zu

$$f(t) = \frac{1}{\pi} \int_{-\infty}^{\infty} \frac{\sin(\omega t)}{\omega}\,\mathrm{d}\omega = \frac{2}{\pi} \int_{0}^{\infty} \frac{\sin(\omega t)}{\omega}\,\mathrm{d}\omega = \begin{cases} 1 & \text{für } t > 0 \\ -1 & \text{für } t < 0. \end{cases}$$

Nach [5] gilt $\int_{0}^{\infty} \frac{\sin(\omega t)}{\omega}\,\mathrm{d}\omega = \begin{cases} \frac{\pi}{2} & \text{für } t > 0 \\ -\frac{\pi}{2} & \text{für } t < 0 \end{cases}$, so daß $f(t) = \begin{cases} 1 & \text{für } t > 0 \\ 0 & \text{für } t = 0 \\ 1 & \text{für } t < 0 \end{cases}$

wird.

Die Rücktransformation von $\mathcal{F}\{\mathrm{sgn}(t)\} = 2/(\mathrm{j}\omega)$ führt also wieder nach Gl. (2.74) auf die Signumfunktion $\mathrm{sign}(t)$. Damit konnte nachgewiesen werden, daß die Korrespondenz

$$\mathrm{sgn}(t) \circ\!\!-\!\!\bullet\ 2/(\mathrm{j}\omega) \qquad (2.75)$$

gilt.

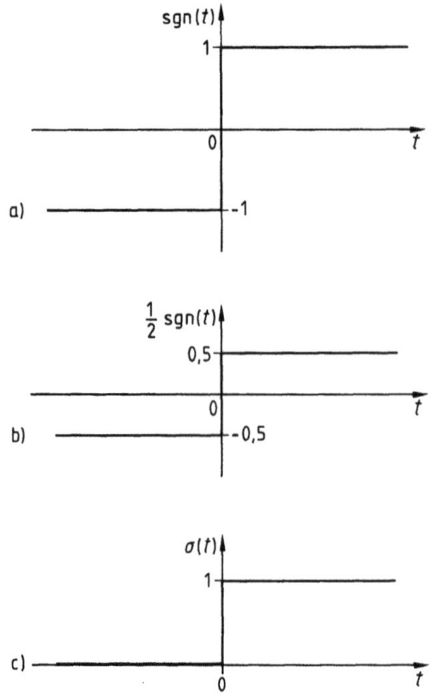

2.17
Entwicklung der Sprungfunktion $\sigma(t)$ aus der Signumfunktion $\mathrm{sgn}(t)$ (a) durch Multiplikation mit (1/2) (b) und Addition von (1/2) zu $\sigma(t) = (1/2)/[1 + \mathrm{sgn}(t)]$ (c)

Sprungfunktion. Durch Multiplikation mit einer reellen Zahl und Addition einer Konstanten geht die Signumfunktion sgn(t) in die Sprungfunktion $\sigma(t)$ über. Es ist nämlich

$$\frac{1}{2}\,\mathrm{sgn}(t)+\frac{1}{2}=\frac{1}{2}\,[1+\mathrm{sgn}(t)]=\sigma(t), \tag{2.76}$$

wie aus Bild **2.**17 ersichtlich ist.

Gl. (2.76) besteht aus einem reellen, geraden Funktionsanteil $f_{\mathrm{R,G}}=1/2$ und einem reellen, ungeraden Funktionsanteil $f_{\mathrm{R,U}}=(1/2)\,\mathrm{sgn}(t)$. Mit Gl. (2.72) und (2.75) kann transformiert werden

$$\begin{array}{rccc} \sigma(t) = & \dfrac{1}{2} & + & \dfrac{1}{2}\,\mathrm{sgn}(t) \\ & \| & & \| \\ & f_{\mathrm{RG}} & & f_{\mathrm{RU}} \\ & \circ\!\!-\!\!\bullet & & \circ\!\!-\!\!\bullet \\ & F_{\mathrm{RG}} & & F_{\mathrm{IU}} \\ & \| & & \| \\ \mathcal{F}\{\sigma(t)\} = & \pi\delta(\omega) & + & \dfrac{1}{\mathrm{j}\omega}\,. \end{array}$$

Dadurch entsteht

$$\sigma(t)\ \circ\!\!-\!\!\!-\!\!\bullet\ \pi\delta(\omega)+\frac{1}{\mathrm{j}\omega}\,. \tag{2.77}$$

Damit korrespondiert die Sprungfunktion $\sigma(t)$ mit einem komplexen Amplitudendichtespektrum entsprechend Bild **2.**18.

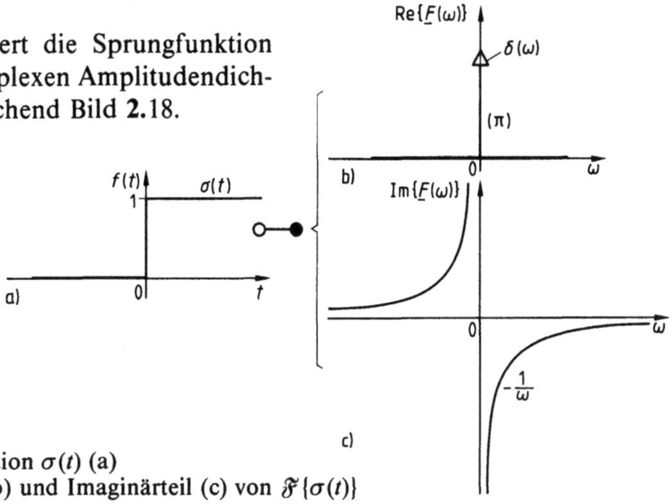

2.18
Sprungfunktion $\sigma(t)$ (a)
und Real- (b) und Imaginärteil (c) von $\mathcal{F}\{\sigma(t)\}$

Beispiel 2.3. Der exponentiell abklingende Nadelimpuls sei durch die folgende Impulsfunktion $f(t)$ gegeben

$$f(t)=\begin{cases} 0 & \text{für} \quad -\infty \leqq t<0 \\ c\,\mathrm{e}^{-at} & \text{für} \quad 0 \leqq t \leqq \infty \end{cases} = \sigma(t)\,c\,\mathrm{e}^{-at}.$$

Die Funktion $f(t)$ ist null für negative Zeiten, springt zur Zeit $t=0$ auf den Wert c und klingt anschließend exponentiell ab. Die Faktoren a und c legen den speziellen Funktionsverlauf fest und werden für dieses Beispiel reell angenommen. Damit die hinreichende Bedingung für die Existenz der Fouriertransformierten nach Gl. (2.51) erfüllt ist, muß $a>0$ sein. Die Fouriertransformierte des Exponentialimpulses ist zu berechnen, im Zeit- und Frequenzbereich sind die zueinander korrespondierenden Funktionen graphisch darzustellen.

Nach Gl. (2.47) ist

$$\underline{F}(\omega)=c\int_{-\infty}^{\infty}\mathrm{e}^{-at}\,\mathrm{e}^{-\mathrm{j}\omega t}\,\mathrm{d}t=c\int_{0}^{\infty}\mathrm{e}^{-(a+\mathrm{j}\omega)t}\,\mathrm{d}t=\frac{c}{a+\mathrm{j}\omega}.$$

Die Impulsfunktion $f(t)$ des exponentiell abklingenden Nadelimpulses korrespondiert mit einem komplexen Spektrum. Für die Darstellung der Fouriertransformierten im Bildbereich bieten sich zwei Möglichkeiten an: $\underline{F}(\omega)$ kann sowohl als Betragsfunktion $|\underline{F}(\omega)|=\dfrac{c}{\sqrt{a^2+\omega^2}}$ zusammen mit der Phasenfunktion $\varphi(\omega)=-\arctan(\omega/a)$ aus $\tan\varphi=\mathrm{Im}\{\underline{F}(\omega)\}/\mathrm{Re}\{\underline{F}(\omega)\}$ wie auch als Realteil $\mathrm{Re}\{\underline{F}(\omega)\}=\dfrac{ac}{a^2+\omega^2}$ und Imaginärteil $\mathrm{Im}\{\underline{F}(\omega)\}=-\dfrac{a\omega}{a^2+\omega^2}$ (s. im Anhang unter A 2.3) aufgetragen werden (Bild **2.**19).

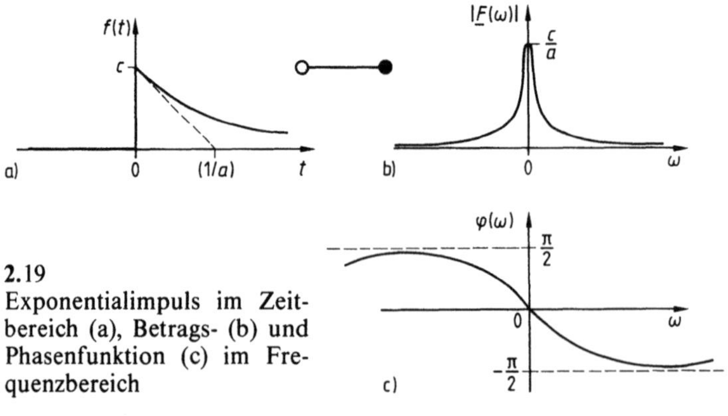

2.19
Exponentialimpuls im Zeitbereich (a), Betrags- (b) und Phasenfunktion (c) im Frequenzbereich

Beispiel 2.4. Es ist die spektrale Amplitudendichte $\underline{F}(\omega)$ für eine einmalig symmetrisch getastete Cosinusschwingung mit der Amplitude 1 und der Kreisfrequenz ω_0 zu ermitteln. Die Schwingung wird zum Zeitpunkt $t_1=-T$ ein- und zum Zeitpunkt $t_2=T$ ausgeschaltet. Für den Sonderfall $T=5\,T_0$ mit $T_0=2\pi/\omega_0$ als Schwingungsdauer der Cosinusschwingung soll $\underline{F}(\omega)$ aufgetragen werden.

Die zugehörige Impulsfunktion $f(t)$ wird durch

$$f(t)=\begin{cases} \cos(\omega_0 t) & \text{für} \quad |t|\leqq T \\ 0 & \text{für} \quad |t|\geqq T \end{cases}$$

beschrieben. Für die cos-Funktion wird die Schreibweise mit Exponentialfunktionen gewählt, um die Fourierintegration zu erleichtern. Danach ist $\cos(\omega t) = (e^{j\omega t} + e^{-j\omega t})/2$. Nach Gl. (2.47) berechnet sich die Fouriertransformierte zu

$$\underline{F}(\omega) = \frac{1}{2} \int_{-T}^{T} (e^{j\omega_0 t} + e^{-j\omega_0 t})\, e^{-j\omega t}\, dt = \frac{1}{2} \left[\int_{-T}^{T} e^{j(\omega_0 - \omega)t}\, dt + \int_{-T}^{T} e^{-j(\omega_0 + \omega)}\, dt \right].$$

Mit $\frac{1}{2}(e^{jx} - e^{-jx}) = \sinh(jx) = j\sin(x)$ wird

$$\underline{F}(\omega) = \frac{\sin[(\omega_0 + \omega)T]}{\omega_0 + \omega} - \frac{\sin[(\omega_0 - \omega)T]}{\omega_0 - \omega}.$$

Die Korrespondenz zwischen $f(t)$ und $\underline{F}(\omega)$ zeigt Bild **2**.20.

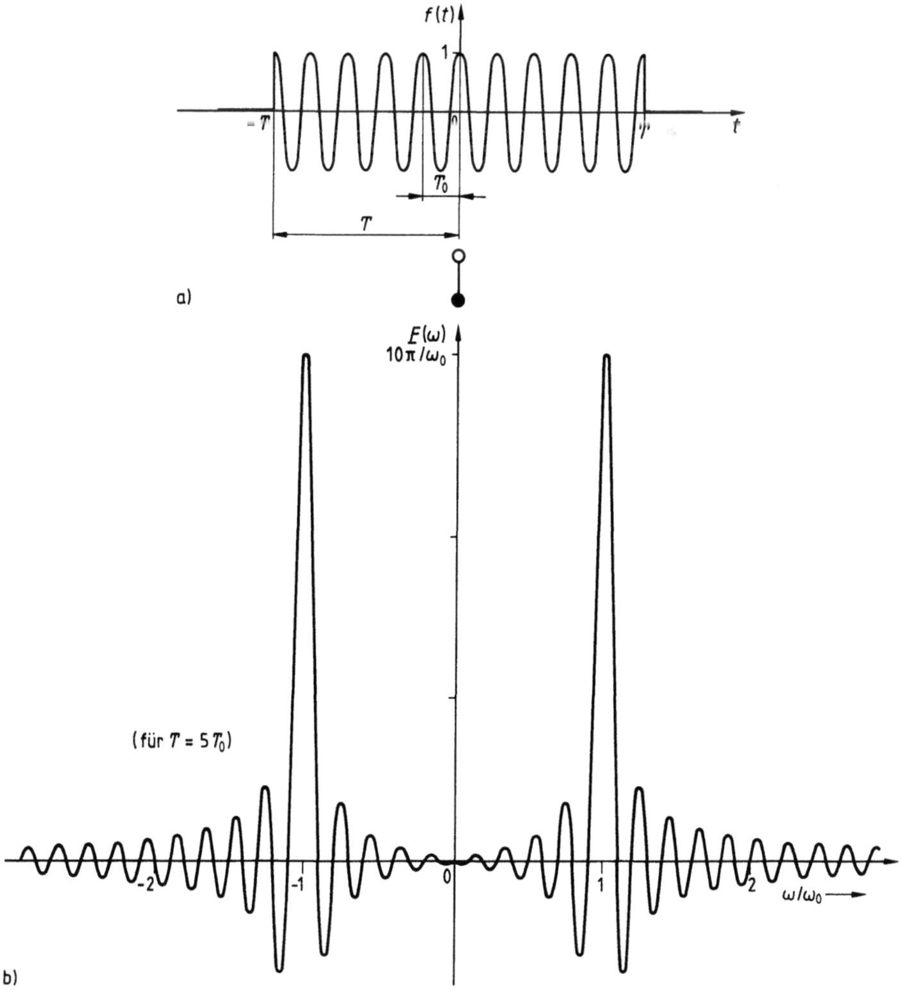

2.20 Symmetrisch getastete Cosinusschwingung (a) und $\underline{F}(\omega)$ (b)

2.2.3 Rechteckimpuls

Ein idealer Rechteckimpuls ist durch die Impulsfunktion

$$f(t) = \begin{cases} 0 & \text{für} \quad -\infty \leqq t < -\dfrac{\tau_i}{2} \\ 1 & \text{für} \quad -\dfrac{\tau_i}{2} \leqq t \leqq \dfrac{\tau_i}{2} \\ 0 & \text{für} \quad \dfrac{\tau_i}{2} < t \leqq \infty \end{cases} \tag{2.78}$$

gegeben. Die zugehörige Spektralfunktion ist

$$\begin{aligned} \underline{F}(\omega) &= \int\limits_{-\tau_i/2}^{\tau_i/2} \mathrm{e}^{-\mathrm{j}\omega t}\,\mathrm{d}t = \left.\frac{\mathrm{e}^{-\mathrm{j}\omega t}}{-\mathrm{j}\omega}\right|_{-\tau_i/2}^{\tau_i/2} \\ &= \frac{2}{\omega}\sin\left(\omega\frac{\tau_i}{2}\right) = \tau_i\,\mathrm{si}\left(\omega\frac{\tau_i}{2}\right) \end{aligned} \tag{2.79}$$

(Bild **2**.21).

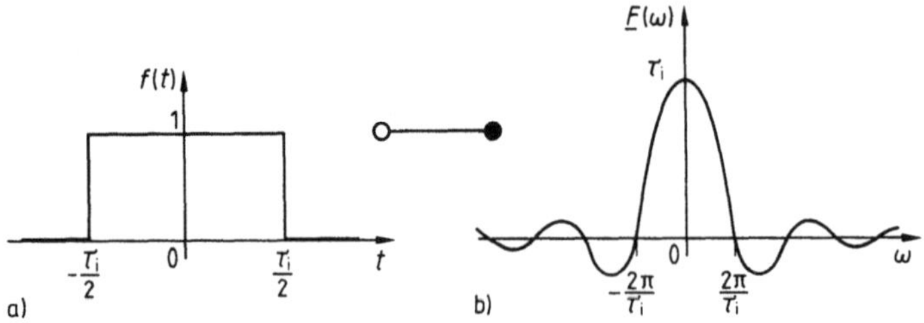

2.21 Rechteckimpulsfunktion $f(t)$ (a) und $\underline{F}(\omega)$ (b)

Beispiel 2.5. Es ist die Fouriertransformierte des Cosinusimpulses zu bestimmen. Die Form dieses Impulses sei durch die Impulsfunktion

$$f_C(t) = \begin{cases} 0 & \text{für} \quad -\infty \leqq t \leqq -\tau_i \\ \frac{1}{2}[1+\cos(\omega_0 t)] & \text{für} \quad -\tau_i \leqq t \leqq \tau_i \\ 0 & \text{für} \quad \tau_i \leqq t \leqq \infty \end{cases}$$

mit $\omega_0 = 2\pi f_0 = 2\pi/(2\tau_i) = \pi/\tau_i$ so vorgegeben, daß sich nach Gl. (1.6) Impulsflächengleichheit für den Cosinusimpuls $f_C(t)$ mit der Rechteckimpulsfunktion $f_R(t)$ nach Abschn. 2.2.3 ergibt:

$$\int\limits_{-\tau_i/2}^{\tau_i/2} f_R(t)\,\mathrm{d}t = \int\limits_{-\tau_i}^{\tau_i} f_C(t)\,\mathrm{d}t = \tau_i\,.$$

Die Verläufe der Beträge beider spektralen Amplitudendichtefunktionen sind miteinander zu vergleichen.

Nach Gl. (2.47) wird

$$\underline{F}(\omega) = \int_{-\infty}^{\infty} \frac{1}{2}[1+\cos(\omega_0 t)]\,\mathrm{e}^{-\mathrm{j}\omega t}\,\mathrm{d}t$$

$$= \frac{1}{2}\int_{-\tau_i}^{\tau_i} [1+\cos(\omega_0 t)]\,\mathrm{e}^{-\mathrm{j}\omega t}\,\mathrm{d}t$$

$$= \frac{1}{2}\int_{-\tau_i}^{\tau_i} \mathrm{e}^{-\mathrm{j}\omega t}\,\mathrm{d}t + \frac{1}{4}\int_{-\tau_i}^{\tau_i} \mathrm{e}^{\mathrm{j}(\omega_0-\omega)t}\,\mathrm{d}t + \frac{1}{4}\int_{-\tau_i}^{\tau_i} \mathrm{e}^{-\mathrm{j}(\omega_0+\omega)t}\,\mathrm{d}t$$

$$= \frac{\tau_i}{2}\{2\,\mathrm{si}(\omega\tau_i) + \mathrm{si}[(\omega_0-\omega)\tau_i] + \mathrm{si}[(\omega_0+\omega)\tau_i]\}\,.$$

Wegen $\omega_0\tau_i = 2\pi\tau_i/T_0 = \pi$ wird

$$\underline{F}(\omega) = \frac{\tau_i}{2}[2\,\mathrm{si}(\omega\tau_i) + \mathrm{si}(\pi-\omega\tau_i) + \mathrm{si}(\pi+\omega\tau_i)]\,.$$

Der Ausdruck $\mathrm{si}(\pi-u)+\mathrm{si}(\pi+u)$ kann ersetzt werden durch $2\,\mathrm{si}(u)\Big/\left[\left(\frac{\pi}{u}\right)^2-1\right]$. $\underline{F}(\omega)$ vereinfacht sich zu

$$\underline{F}(\omega) = \frac{\sin(\omega\tau_i)}{\omega\left[1-\left(\frac{\omega\tau_i}{\pi}\right)^2\right]}\,.$$

In Bild 2.22 sind die spektralen Amplitudendichten für den Rechteckimpuls nach Abschn. 2.2.3 und den Cosinusimpuls aufgetragen. Man erkennt deutlich den höheren Bandbreitenbedarf des Rechtecksignals im Vergleich zum Spektrum des Cosinusimpulses, dessen Amplitudendichte für $f > 1/\tau_i$ schnell abklingt.

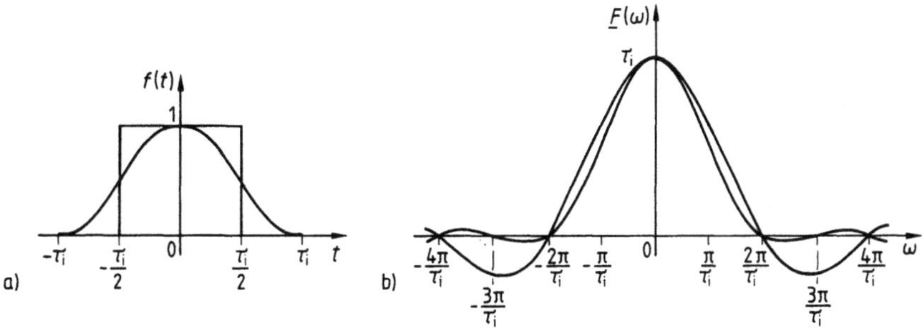

2.22 Cosinusimpuls und impulsflächengleicher Rechteckimpuls im Zeit- (a) und Frequenzbereich (b)

2.2.4 si-Impuls

Es wird eine Impulsfunktion betrachtet, deren zeitlicher Verlauf durch die si-Funktion mit der Kreisfrequenz $\omega_0 = 2\pi f_0$ als

$$f(t) = \mathrm{si}(\omega_0 t) = \frac{\sin(\omega_0 t)}{\omega_0 t} \tag{2.80}$$

für $-\infty \leqq t \leqq \infty$ gegeben ist. Dann korrespondieren

$$f(t) \circ\!\!-\!\!\bullet\, \underline{F}(\omega) = \int_{-\infty}^{\infty} \frac{\sin(\omega_0 t)}{\omega_0 t} \mathrm{e}^{-\mathrm{j}\omega t} \mathrm{d}t .$$

Die Zerlegung der Exponentialfunktion $\mathrm{e}^{-\mathrm{j}\omega t}$ in Real- und Imaginärteil führt auf

$$\underline{F}(\omega) = \int_{-\infty}^{\infty} \frac{\sin(\omega_0 t)\cos(\omega t)}{\omega_0 t} \mathrm{d}t - \mathrm{j} \int_{-\infty}^{\infty} \frac{\sin(\omega_0 t)\sin(\omega t)}{\omega_0 t} \mathrm{d}t .$$

Der Imaginärteil entfällt, da der Integrand eine ungerade Funktion ist. Da der Integrand des Realteils eine gerade Funktion ist, können aus Symmetriegründen auch die Integrationsgrenzen wie folgt verändert werden:

$$\underline{F}(\omega) = 2 \int_{0}^{\infty} \frac{\sin(\omega_0 t)\cos(\omega t)}{\omega_0 t} \mathrm{d}t .$$

Für dieses Integral findet sich in [5] als Lösung

$$\int_{0}^{\infty} \frac{\sin(\mu x)\cos(\nu x)}{x} \mathrm{d}x = \begin{cases} \dfrac{\pi}{2} & \text{für} \quad \mu > \nu > 0 \\ 0 & \text{für} \quad \nu > \mu > 0 . \end{cases}$$

Damit wird

$$\underline{F}(\omega) = \frac{2}{\omega_0} \begin{Bmatrix} \dfrac{\pi}{2} \\ 0 \end{Bmatrix} = \begin{cases} \dfrac{\pi}{\omega_0} & \text{für} \quad |\omega| < \omega_0 \\ 0 & \text{für} \quad |\omega| > \omega_0 . \end{cases} \tag{2.81}$$

Bild **2**.23 zeigt die si-Impulsfunktion im Zeit- und Frequenzbereich.

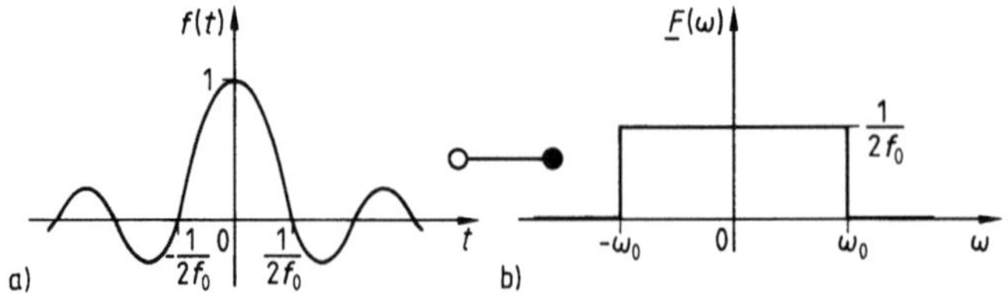

2.23
si-Impuls im Zeit- (a) und Frequenzbereich (b)

Mit Hilfe frequenzverschobener Sprungfunktionen kann $\underline{F}(\omega)$ auch als

$$\underline{F}(\omega) = \frac{\pi}{\omega_0} [\sigma(\omega + \omega_0) - \sigma(\omega - \omega_0)]$$

geschrieben werden.

2.2.5 Gaußimpuls

Als Impulsfunktion $f(t)$ wird der Gaußimpuls betrachtet. Er wird durch die Gaußfunktion

$$f(t) = \mathrm{e}^{-\frac{1}{2}\left(\frac{t}{\tau}\right)^2} \tag{2.82}$$

entsprechend Bild 2.24 eindeutig beschrieben. Gegenüber dem Cosinusimpuls nach Beispiel 2.5 zeichnet sich der Gaußimpuls durch einen unendlich breiten Impulsfuß aus, obwohl der Funktionswert für große Werte von $|t|$ rasch gegen null strebt. Die Fouriertransformierte des Gaußimpulses berechnet sich als

$$\underline{F}(\omega) = \int_{-\infty}^{\infty} \mathrm{e}^{-\frac{1}{2}\left(\frac{t}{\tau}\right)^2} \mathrm{e}^{-\mathrm{j}\omega t}\,\mathrm{d}t = \int_{-\infty}^{\infty} \mathrm{e}^{-\frac{1}{2}\left(\frac{t}{\tau}\right)^2 - \mathrm{j}\omega t}\,\mathrm{d}t.$$

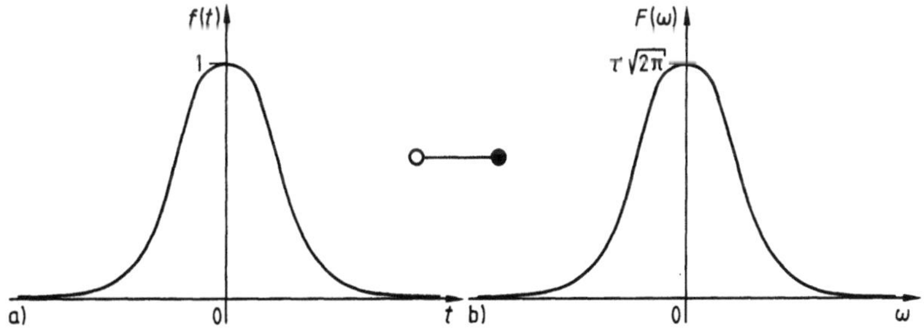

2.24 Gaußimpuls im Zeit- (a) und Frequenzbereich (b)

Das Integral kann berechnet werden, indem der Exponent zu einem vollständigen Quadrat ergänzt wird. Mit

$$-\frac{1}{2}\left(\frac{t}{\tau}\right)^2 - \mathrm{j}\omega t = \left(\frac{\mathrm{j}}{\sqrt{2}}\,\frac{t}{\tau} - \frac{1}{\sqrt{2}}\,\omega\tau\right)^2 - \frac{1}{2}\,\omega^2\tau^2$$

lautet das Integral

$$\underline{F}(\omega) = \mathrm{e}^{-\frac{1}{2}\omega^2\tau^2} \int_{-\infty}^{\infty} \mathrm{e}^{\left(\frac{\mathrm{j}}{\sqrt{2}}\,\frac{t}{\tau} - \frac{1}{\sqrt{2}}\omega\tau\right)^2}\,\mathrm{d}t.$$

Die Substitution

$$\frac{\mathrm{j}}{\sqrt{2}}\,\frac{t}{\tau} - \frac{1}{\sqrt{2}}\,\omega\tau = \frac{\mathrm{j}}{\sqrt{2}}\,\frac{t'}{\tau}$$

führt auf

$$\underline{F}(\omega) = \mathrm{e}^{-\frac{1}{2}\omega^2\tau^2} \int_{-\infty}^{\infty} \mathrm{e}^{-\frac{1}{2}\left(\frac{t'}{\tau}\right)^2}\,\mathrm{d}t' = \tau\sqrt{2\pi}\,\mathrm{e}^{-\frac{1}{2}\omega^2\tau^2}. \tag{2.83}$$

Die Spektralfunktion eines Gaußimpulses ist wieder eine Gaußfunktion. Zeit- und Frequenzfunktion haben also bis auf eine Maßstabsänderung die gleiche Form. Man nennt derartige Funktionen bezüglich der Fouriertransformation selbstreziprok.

Beispiel 2.6. In der trägerfrequenten Übertragungstechnik kommt häufig der Schwingungsimpuls vor. Er entsteht durch Multiplikation einer Trägerschwingung der Trägerkreisfrequenz ω_T und einem modulierenden Signal $f_m(t)$ (z. B. eine Gaußfunktion), so daß der Schwingungsimpuls z. B. durch $f(t) = f_m(t)\sin(\omega_T t)$ beschrieben werden kann. Bild 2.25a zeigt als Beispiel den zeitlichen Verlauf eines modulierenden Signals $f_m(t)$ zusammen mit der Spektralfunktion $\underline{F}_m(\omega)$. Schreibt man die Sinusfunktion in Exponentialfunktionen um, so erhält man

$$f(t) = f_m(t)\,\frac{1}{2j}\,(e^{j\omega_T t} - e^{-j\omega_T t})\,.$$

Nach Gl. (2.47) ergibt sich

$$\underline{F}(\omega) = \frac{1}{2j}\int_{-\infty}^{\infty} f_m(t)\,e^{-j(\omega-\omega_T)t}\,dt - \frac{1}{2j}\int_{-\infty}^{\infty} f_m(t)\,e^{-j(\omega+\omega_T)t}\,dt\,.$$

Das bedeutet für die Fouriertransformierte $\underline{F}_m(\omega)$ des modulierenden Signals $f_m(t)$ eine Kreisfrequenzschiebung um ω_T bzw. $(-\omega_T)$. Daher wird

$$\underline{F}(\omega) = j\,\frac{1}{2}\,[\underline{F}_m(\omega+\omega_T) - \underline{F}_m(\omega-\omega_T)]\,.$$

Bild 2.25a und b zeigen die Korrespondenz zwischen dem modulierenden Signal $f_m(t)$

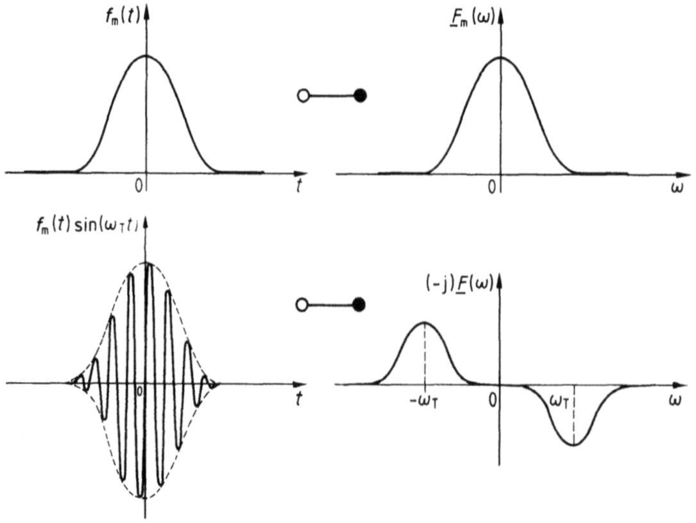

2.25 Modulierendes Signal $f_m(t)$ im Zeit- (a) und $\underline{F}_m(\omega)$ im Frequenzbereich (b), Schwingungsimpuls im Zeit- (c) und Frequenzbereich (d)

und der Fouriertransformierten $\underline{F}_m(\omega)$. Man erkennt, daß die Fouriertransformierte $\underline{F}_m(\omega)$ des modulierenden Signals $f_m(t)$ mit jeweils halber Amplitude symmetrisch zu den Trägerfrequenzen $\pm\omega_T$ liegt und damit einer Modulation im Zeitbereich eine Verschiebung im Frequenzbereich entspricht.

2.2.6 Endliche Anzahl von Impulsen

Eine endliche Anzahl von Impulsen soll entsprechend Bild **2**.26 aus N gleichen Einzelimpulsen, die alle um die Zeit T gegeneinander verschoben sein sollen, zusammengesetzt werden. Hinsichtlich der Einzelimpulse wird vorausgesetzt, daß sie sich nicht überlappen sollen und daß jeder Einzelimpuls zeitlich begrenzt sein soll (d.h.: endliche Impulsdauer τ_i).

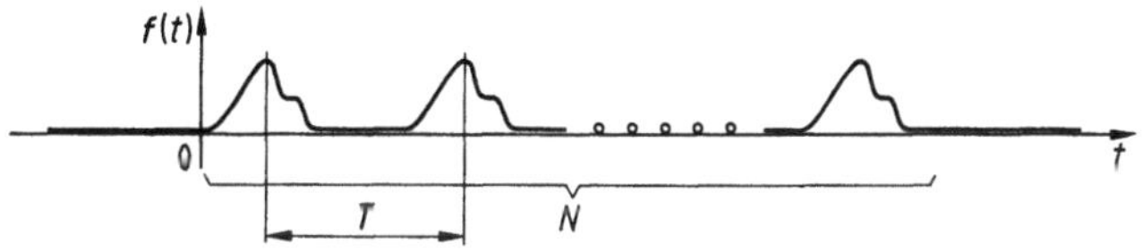

2.26
Endliche Anzahl N von Impulsen

Bezeichnet man die Impulsfunktion des Einzelimpulses mit $f_1(t)$ und die Gesamtimpulsfunktion – bestehend aus N gleichen Impulsen – mit $f(t)$, dann ist

$$f(t) = \sum_{i=0}^{N-1} f_1(t - iT). \tag{2.84}$$

Mit Hilfe des Verschiebungssatzes nach Gl. (2.59) ergibt sich für den i-ten Einzelimpuls

$$f_1(t-iT) \circ\!\!-\!\!\bullet\ e^{-j\omega iT}\underline{F}_1(\omega)$$

mit $\underline{F}_1(\omega)$ als Fouriertransformierte des Einzelimpulses. Für N Impulse erhält man

$$f(t) \circ\!\!-\!\!\bullet\ \underline{F}_1(\omega)\,[1 + e^{-j\omega T} + e^{-j\omega 2T} + \ldots + e^{-j\omega(N-1)T}]$$

bzw.

$$f(t) \circ\!\!-\!\!\bullet\ \underline{F}_1(\omega)\sum_{i=0}^{N-1} e^{-j\omega iT} = \underline{F}_1(\omega)\,\underline{F}_W(\omega).$$

Die Spektralfunktion $\underline{F}(\omega)$ der endlichen Anzahl von Impulsen kann als Produkt aus der Spektralfunktion des Einzelimpulses $\underline{F}_1(\omega)$ und dem Faktor $\underline{F}_W(\omega)$ aufgefaßt werden, der die endliche Wiederholung der Einzelimpulse zum Ausdruck bringt. $\underline{F}_W(\omega)$ stellt eine endliche geometrische Reihe mit dem konstanten Quotienten $q = e^{-j\omega T}$ dar. Die Summe dieser geometrischen Reihe ist

$$\underline{F}_W(\omega) = \frac{1 - e^{-j\omega NT}}{1 - e^{-j\omega T}}.$$

Damit wird

$$\underline{F}(\omega) = \underline{F}_1(\omega)\,\frac{1-\mathrm{e}^{-\mathrm{j}\omega NT}}{1-\mathrm{e}^{-\mathrm{j}\omega T}} = \underline{F}_1(\omega)\,\frac{\sin\left(\dfrac{N\omega T}{2}\right)}{\sin\left(\dfrac{\omega T}{2}\right)}\,\mathrm{e}^{-\mathrm{j}\frac{N-1}{2}\omega T} \tag{2.85}$$

bzw.

$$|\underline{F}(\omega)| = |\underline{F}_1(\omega)|\,\left|\frac{\sin\left(\dfrac{N\omega T}{2}\right)}{\sin\left(\dfrac{\omega T}{2}\right)}\right|.$$

$\underline{F}_1(\omega)$ als Fouriertransformierte des Einzelimpulses stellt die Einhüllende von $\underline{F}(\omega)$ dar.

Beispiel 2.7. Für eine Impulsgruppe - bestehend aus $N=3$ einzelnen Rechteckimpulsen der Amplitude 1 und dem Tastgrad $g=1/3$ - ist der Betrag der spektralen Amplitudendichte $|\underline{F}(\omega)|$ zu bestimmen und zeichnerisch darzustellen.

Die Fouriertransformierte des Einzelimpulses ist nach Gl. (2.79) $\underline{F}_1(\omega)=\tau_\mathrm{i}\,\mathrm{si}\left(\omega\,\dfrac{\tau_\mathrm{i}}{2}\right)$. Für $\underline{F}(\omega)$ erhält man nach Gl. (2.85)

$$\underline{F}(\omega)=\tau_\mathrm{i}\,\mathrm{si}\left(\omega\,\frac{\tau_\mathrm{i}}{2}\right)\frac{\sin\left(\dfrac{3}{2}\,\omega T\right)}{\sin\left(\dfrac{1}{2}\,\omega T\right)}\,\mathrm{e}^{-\mathrm{j}\omega T}$$

bzw. für den Betrag

$$|\underline{F}(\omega)|=\tau_\mathrm{i}\left|\mathrm{si}\left(\omega\,\frac{\tau_\mathrm{i}}{2}\right)\frac{\sin\left(9\,\dfrac{\omega\tau_\mathrm{i}}{2}\right)}{\sin\left(3\,\dfrac{\omega\tau_\mathrm{i}}{2}\right)}\right|.$$

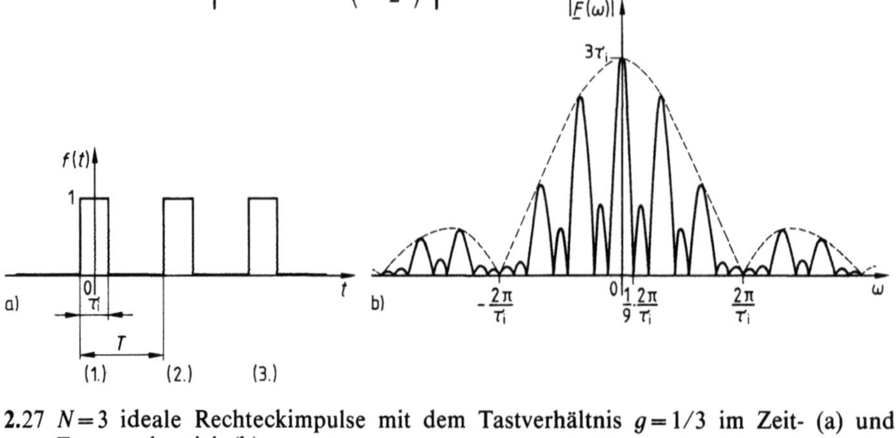

2.27 $N=3$ ideale Rechteckimpulse mit dem Tastverhältnis $g=1/3$ im Zeit- (a) und Frequenzbereich (b)

Die Impulsgruppe aus $N=3$ Rechteckimpulsen und der Betrag der spektralen Amplitudendichte $\underline{F}(\omega)$ sind in Bild 2.27 gegenübergestellt.

Man erkennt die Betragsfunktion der spektralen Amplitudendichte des Einzelimpulses $|\underline{F}_1(\omega)|$ als Hüllkurve des Betragsspektrums $|\underline{F}(\omega)|$. Außerdem ist $\underline{F}(0)$ der Anzahl der Einzelimpulse proportional ($\underline{F}(0)=N\tau_i$). Die erste Nullstelle f_{N1} des Spektrums liegt bei $f_{N1}=1/(NT)$ bzw. $\omega_{N1}=2\pi/(9\tau_i)$.

2.2.7 Bestimmung der Frequenzfunktion durch Differentiation im Zeitbereich

Der praktische Umgang mit der Fouriertransformation wird durch die Kenntnis der Spektren einiger elementarer Funktionen und Theoreme über elementare Operationen mit Signalen und ihre Spektren für geradlinig geknickte Impulsfunktionen erleichtert. Mit der Korrespondenz $\delta(t) \circ\!\!-\!\!\bullet\ 1$ nach Gl. (2.73) kann man weitere Korrespondenzen ohne direkte Anwendung der Fourierintegrale bestimmen, indem man die folgenden Eigenschaften der Fouriertransformation benutzt:

Linearität der Fouriertransformation. Danach gilt, daß eine additive Überlagerung $\sum_i c_i f_i(t)$ von Zeitfunktionen $c_i f_i(t)$ mit den Koeffizienten c_i im Zeitbereich ebenfalls einer additiven Überlagerung $\sum_i c_i \underline{F}_i(\omega)$ von Frequenzfunktionen $c_i \underline{F}_i(\omega)$ im Frequenzbereich entspricht

$$\sum_i c_i f_i(t) \circ\!\!-\!\!\bullet \sum_i c_i \underline{F}_i(\omega).$$

Differentiation im Zeitbereich. Für die n-fache Differentiation einer Impulsfunktion $f(t)$ gilt die Korrespondenz

$$f^{(n)}(t) = \frac{\mathrm{d}^{(n)} f(t)}{\mathrm{d}t^n} \circ\!\!-\!\!\bullet (\mathrm{j}\omega)^n \underline{F}(\omega).$$

Verschiebung im Zeitbereich. Die zeitliche Verschiebung einer Impulsfunktion $f(t)$ um t_0 als $f(t-t_0)$ korrespondiert nach Gl. (2.59) mit $\mathrm{e}^{-\mathrm{j}\omega t_0}\underline{F}(\omega)$

$$f(t-t_0) \circ\!\!-\!\!\bullet \mathrm{e}^{-\mathrm{j}\omega t_0}\underline{F}(\omega).$$

Diese Eigenschaften der Fouriertransformation werden im folgenden angewandt. Es gilt folgender Satz:

Eine geradlinig-geknickte Impulsfunktion $f(t)$ läßt sich durch mehrfache Differentiation in eine Impulsgruppenfunktion $f^{(n)}(t)$ überführen, so daß mit den oben angeführten Eigenschaften der Fouriertransformation die Frequenzfunktion $\underline{F}(\omega)$ bestimmt werden kann.

Eine Impulsfunktion $f(t)$ kann durch einen geradlinig geknickten Kurvenzug (Polygonzug) angenähert werden, wie aus Bild 2.28a ersichtlich ist. Die zweifache Differentiation der Polygonfunktion $f_P(t)$ nach der Zeit führt über $\dot{f}_P(t)$ (Bild 2.28b) zur Funktion $\ddot{f}_P(t)$ (Bild 2.28c). Diese zweite Ableitung kann durch eine endliche Anzahl n_0 zeitlich verschobener Diracimpulse mit dem jeweiligen Impulsmoment k_i und der zugehörigen zeitlichen Verschiebung t_i beschrieben werden:

$$\ddot{f}_P(t) = \sum_{i=1}^{n_0} k_i\,\delta(t-t_i). \tag{2.86}$$

Die Fouriertransformierte $\mathfrak{F}\{f_P(t)\}$ folgt daraus nach Gl. (2.61)

$$(j\omega)^2\,\mathfrak{F}\{f_P(t)\} \;\bullet\!\!-\!\!\!-\!\!\circ\; \sum_{i=1}^{n_0} k_i\,\delta(t-t_i)$$

bzw.

$$(j\omega)^2\,\mathfrak{F}\{f_P(t)\} = \sum_{i=1}^{n_0} k_i\,e^{-j\omega t_i}$$

$$\underline{F}(\omega) \cong \mathfrak{F}\{f_P(t)\} = -\frac{1}{\omega^2}\sum_{i=1}^{n_0} k_i\,e^{-j\omega t_i}. \tag{2.87}$$

Auf diese Weise kann $\underline{F}(\omega)$ durch eine einfache Summe von Exponentialfunktionen angenähert werden. Der Vergleich mathematischer Ausdrücke im Frequenzbereich und die daraus folgende Rückrechnung auf die Frequenzfunktion $\underline{F}(\omega) = \mathfrak{F}\{f(t)\}$ durch die Division durch $(j\omega)^2 = -\omega^2$ bedeutet im Zeitbereich eine zweimalige Rückintegration. Das beschriebene Verfahren kann an-

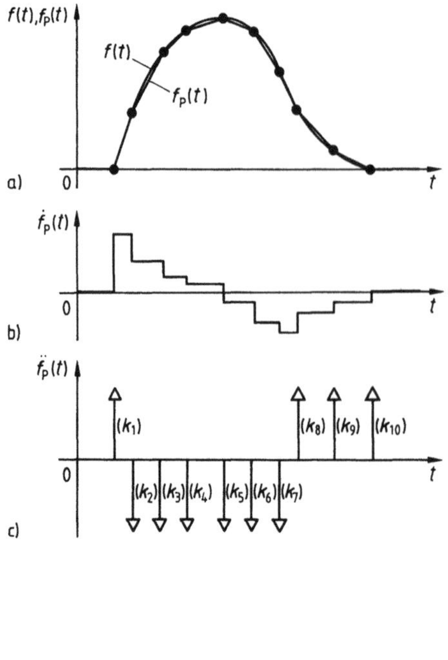

2.28
Annäherung einer beliebigen Zeitfunktion $f(t)$ durch eine Polygonfunktion $f_P(t)$ (a), 1. Ableitung $\dot{f}_P(t)$ (b) und 2. Ableitung der Polygonfunktion $\ddot{f}_P(t)$ (c)

gewandt werden, wenn die ursprüngliche Impulsfunktion $f(t)$ (vergl. Bild **2**.28a) integrierbar ist. Für die Integrierbarkeit einer Zeitfunktion gilt folgender Satz:

Ist der Integrand (die zu integrierende Funktion) stetig, dann existiert das Integral; d.h., jede stetige Funktion ist integrierbar.

Das Integral besteht ebenso, wenn die zu integrierende Funktion $f(t)$ in einem abgeschlossenen Intervall $[a, b]$ endlich viele Unstetigkeitsstellen hat, die Funktionswerte an diesen Stellen jedoch endlich sind.

Beispiel 2.8. Gegeben sei eine Impulsfunktion $f(t)$ für einen einmaligen, dreieckförmigen Impuls nach Bild **2**.29a. Die Impulsfunktion $f(t)$ ist durch

$$f(t) = \begin{cases} 1 - \dfrac{|t|}{T_1} & \text{für} \quad |t| \leqq T_1 \\ 0 & \text{für} \quad |t| \geqq T_1 \end{cases}$$

beschrieben. Die Fouriertransformierte $\underline{F}(\omega)$ der Impulsfunktion $f(t)$ soll durch mehrfache Differentiation nach der Zeit bestimmt werden.

Nach zweimaliger Differentiation im Zeitbereich (vergl. Bild **2**.29b, c) erhält man drei Diracimpulse mit den zugehörigen Impulsmomenten, deren Fouriertransformierte nach Gl. (2.73) und (2.59) leicht angegeben werden können:

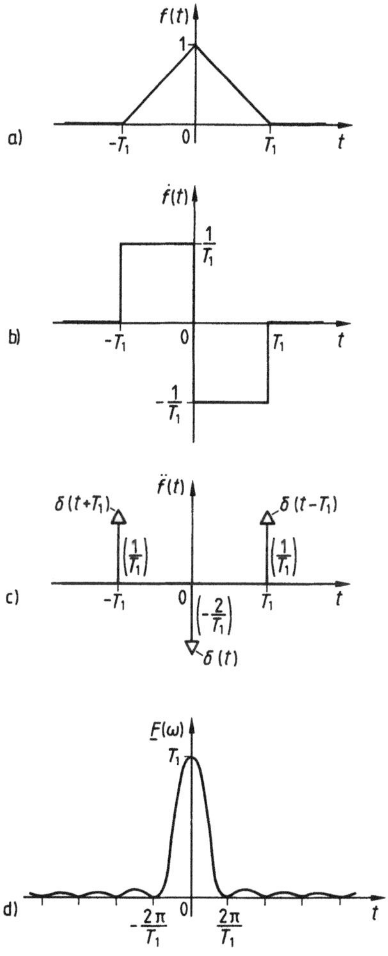

2.29
Einmaliger Dreieckimpuls $f(t)$ (a), 1. Ableitung $\dot{f}(t)$ (b), 2. Ableitung $\ddot{f}(t)$ (c) und die Fouriertransformierte $\underline{F}(\omega)$ (d)

$$\ddot{f}(t) = \frac{1}{T_1}\,\delta(t+T_1) - \frac{2}{T_1}\,\delta(t) + \frac{1}{T_1}\,\delta(t-T_1)$$

$$\circ\!\!-\!\!\bullet$$

$$(\mathrm{j}\omega)^2\,\underline{F}(\omega) = \frac{1}{T_1}\,\mathrm{e}^{+\mathrm{j}\omega T_1} - \frac{2}{T_1}\,1 + \frac{1}{T_1}\,\mathrm{e}^{-\mathrm{j}\omega T_1}$$

$$= -\frac{1}{\omega^2 T_1}\,(\mathrm{e}^{\mathrm{j}\omega T_1} + \mathrm{e}^{-\mathrm{j}\omega T_1} - 2)\,.$$

Mit $(e^{j\omega T_1}+e^{-j\omega T_1})/2=\cosh(j\omega T_1)=\cos(\omega T_1)$ wird

$$\underline{F}(\omega) = -\frac{2}{\omega^2 T_1}[\cos(\omega T_1)-1].$$

Die trigonometrische Umformung mit $\cos(2\alpha)=1-2\sin^2\alpha$ liefert

$$\underline{F}(\omega) = \frac{4\sin^2(\omega T_1/2)}{\omega^2 T_1}.$$

Bild (**2**.29d) zeigt die Amplitudendichtefunktion $\underline{F}(\omega)$ des einmaligen Dreieckimpulses.

Die bisher untersuchten Impulsfunktionen führen zu folgenden Erkenntnissen:

Ein Impuls von endlicher Länge belegt stets ein unendlich breites Frequenzband. Eine Spektralfunktion von endlicher Breite ist stets mit einem unendlich langen Zeitvorgang verknüpft. Abgerundete Spektralfunktionen führen auf Impulsformen mit wesentlich geringerem Vor- und Nachschwingen als scharf begrenzte Spektralfunktionen. Die Verringerung der Vor- und Nachschwingerscheinungen muß durch eine Vergrößerung der Breite des Frequenzbandes erkauft werden. In vielen Bereichen der Impulstechnik ist man bestrebt, möglichst rasch abklingende Impulse zu verwenden, ohne daß dafür ein übermäßig breites Frequenzband benötigt wird. Einen guten Kompromiß dafür stellt die Gauß-Funktion dar, die diesen einander widerstrebenden Forderungen am besten gerecht wird. Sie beschränkt in bestmöglicher Art zugleich die Impulsdauer und das belegte Frequenzband. In der Impulstechnik wird daher im allgemeinen angestrebt, mit Impulsen zu arbeiten, die der Form der Gauß-Kurve unter Beachtung des technischen Aufwandes möglichst nahekommen. Im Anhang finden sich unter A2.2 eine Zusammenstellung von Theoremen der Fouriertransformation sowie zahlreiche Korrespondenzen für Zeit- und Frequenzfunktionen üblicher Impulsformen.

3 Impulsverformung durch lineare Übertragungsnetzwerke

In diesem Abschnitt soll die Übertragung einzelner Impulse und periodischer Impulsfolgen über elektrische Netzwerke behandelt werden. Die Betrachtungen über die dabei auftretenden Verformungen sollen auf quellenlose, lineare und zeitinvariante Netzwerke (*QLZ*-Netzwerke nach Abschn. 1.5) beschränkt werden. Die physikalischen Zusammenhänge können durch die Netzwerktheorie, bei der man sich ein elektrisches Übertragungssystem aus einer Kombination idealisierter Bauelemente aufgebaut vorstellt, oder die Systemtheorie, bei der man nur die Ausgangsgröße als Reaktion des Systems auf die Eingangsgröße betrachtet, beschrieben werden.

3.1 Übertragungsfaktor

Die Eingangsfunktion $x_1(t)$ wird beim Durchgang durch ein *QLZ*-System in die Ausgangsfunktion $x_2(t)$ überführt (Bild **3**.1). Die Übertragungseigenschaften des *QLZ*-Systems bestimmen dabei den Grad der Verformung eingangsseitiger Impulsverläufe. Für die Bestimmung der Ausgangsfunktion $x_2(t)$ sind zwei Wege möglich:

1. In der Netzwerktheorie wird bei bekanntem Aufbau des Netzwerkes dessen Übertragungsverhalten mit Hilfe der Gleichungen

$$u_R = R i_R, \tag{3.1}$$

$$u_L = -L \frac{di_L}{dt} \tag{3.2}$$

und

$$i_C = C \frac{du_C}{dt} \tag{3.3}$$

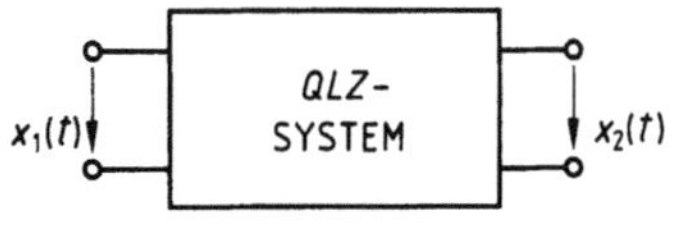

3.1
Ein- und Ausgangsimpulsfunktionen $x_1(t)$ und $x_2(t)$ am *QLZ*-Netzwerk

beschrieben. Dabei entstehen aus Maschen- und Knotenpunktsgleichungen Differentialgleichungen, die mit den entsprechenden Randbedingungen zu lösen sind.

2. Ein Lösungsverfahren der Systemtheorie besteht darin, die Impulsverformung durch ein *QLZ*-System im Frequenzbereich zu berechnen. Dabei wird

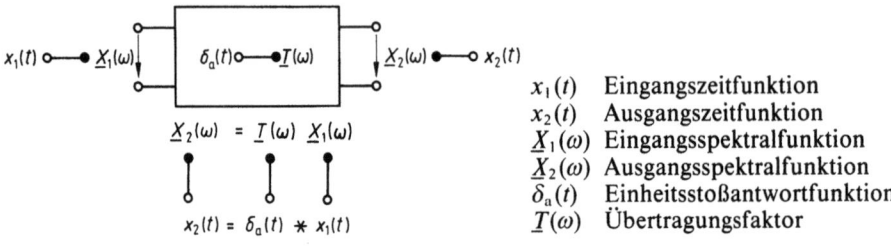

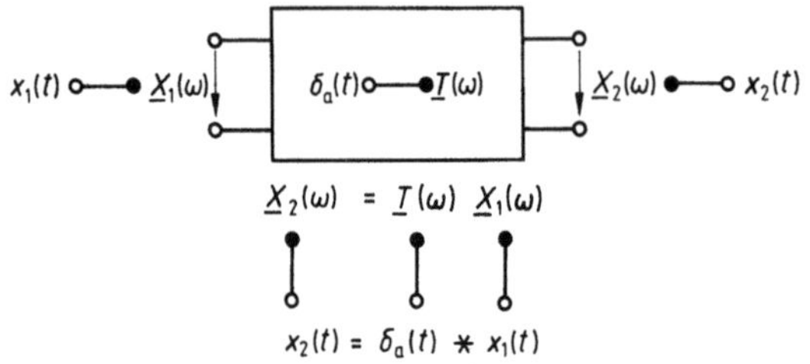

$x_1(t)$ Eingangszeitfunktion
$x_2(t)$ Ausgangszeitfunktion
$\underline{X}_1(\omega)$ Eingangsspektralfunktion
$\underline{X}_2(\omega)$ Ausgangsspektralfunktion
$\delta_a(t)$ Einheitsstoßantwortfunktion
$\underline{T}(\omega)$ Übertragungsfaktor

3.2 Zur Definition des Übertragungsfaktors $\underline{T}(\omega)$

das Übertragungsverhalten des *QLZ*-Systems durch die Eingangs- und Ausgangsfunktionen $\underline{X}_1$ und $\underline{X}_2$ vollständig beschrieben. Nach Bild 3.2 gilt für den Übertragungsfaktor $\underline{T}$ des *QLZ*-Systems

$$\underline{T} = \frac{\underline{X}_2}{\underline{X}_1}, \tag{3.4}$$

wobei $\underline{T}$ nur vom Aufbau des Übertragungssystems abhängt. Der Übertragungsfaktor $\underline{T}$ ist im allgemeinen eine komplexe Funktion der Frequenz und kann auch in der Form

$$\underline{T} = T\,\mathrm{e}^{\mathrm{j}\arctan\{\mathrm{Re}[\underline{T}(\omega)]/\mathrm{Im}[\underline{T}(\omega)]\}} \tag{3.5}$$

geschrieben werden. Besitzen zwei Übertragungssysteme den gleichen Übertragungsfaktor $\underline{T}$, so verhalten sich diese Systeme bei beliebigen Eingangsfunktionen gleich. Bei einem vorgegebenen *QLZ*-System kann die Spektralfunktion $\underline{X}_2$ am Ausgang aus der Spektralfunktion $\underline{X}_1$ am Eingang nach

$$\underline{X}_2 = \underline{T}\,\underline{X}_1 \tag{3.6}$$

berechnet werden. Wendet man die inverse Fouriertransformation nach Gl. (2.48) auf Gl. (3.6) an, so erhält man für die Ausgangszeitfunktion

$$x_2(t) = \mathfrak{F}^{-1}\{\underline{X}_2(\omega)\} = \frac{1}{2\pi}\int_{-\infty}^{+\infty} \underline{X}_2(\omega)\,\mathrm{e}^{\mathrm{j}\omega t}\,\mathrm{d}\omega$$

$$= \frac{1}{2\pi}\int_{-\infty}^{\infty} \underline{X}_1(\omega)\,\underline{T}(\omega)\,\mathrm{e}^{\mathrm{j}\omega t}\,\mathrm{d}\omega. \tag{3.7}$$

Um die Ausgangszeitfunktion $x_2(t)$ als Systemreaktion zu bestimmen, wird mit Gl. (3.4) der Umweg über den Frequenzbereich beschritten. Auf diese Weise ist es möglich, für eine Eingangszeitfunktion $x_1(t)$ durch Transformation in den Frequenzbereich, Multiplikation mit dem Übertragungsfaktor nach Gl. (3.4) und anschließender Rücktransformation in den Zeitbereich die Ausgangszeitfunktion $x_2(t)$ zu bestimmen. Wird auf ein *QLZ*-System eingangsseitig eine Diracfunktion $\delta(t)$ (s. Abschn. 1.4.2) gegeben, dann ergibt sich mit der Korrespondenz $\delta(t)$ ○—● 1 nach Gl. (2.73) für $x_2(t)$ als Einheitsstoßantwortfunktion

$$\delta_a(t) = \frac{1}{2\pi} \int_{-\infty}^{+\infty} 1 \cdot \underline{T}(\omega)\, e^{j\omega t}\, d\omega = \frac{1}{2\pi} \int_{-\infty}^{+\infty} \underline{T}(\omega)\, e^{j\omega t}\, d\omega. \tag{3.8}$$

Damit konnte gezeigt werden, daß die Korrespondenz

$$\delta_a(t) \quad ○\!\!—\!\!● \quad \underline{T}(\omega) \tag{3.9}$$

gilt, d. h., der Übertragungsfaktor $\underline{T}(\omega)$ und die Einheitsstoßantwortfunktion $\delta_a(t)$ sind zueinander Fouriertransformierte[1]). Bild 3.2 zeigt die Zusammenhänge für ein *QLZ*-System mit dem Übertragungsfaktor $\underline{T}(\omega)$ und den Eingangs- und Ausgangsfunktionen im Zeit- und Frequenzbereich. Eine gleichwertige Beschreibung der Systemreaktion läßt sich auch im Zeitbereich durchführen.

Gibt man auf den Eingang des Systems als Testfunktion eine Stoßfunktion oder eine Sprungfunktion, so kann das System durch die ausgangsseitige Antwortfunktion charakterisiert werden. Ausgehend von Gl. (3.4) gilt die Korrespondenz

$$\underline{X}_2(\omega) = \underline{T}(\omega)\, \underline{X}_1(\omega)$$

●
|
○

$$x_2(t) = \frac{1}{2\pi} \int_{-\infty}^{+\infty} \underline{X}_2(\omega)\, e^{j\omega t}\, d\omega = \frac{1}{2\pi} \int_{-\infty}^{+\infty} \underline{T}(\omega)\, \underline{X}_1(\omega)\, e^{j\omega t}\, d\omega. \tag{3.10}$$

Mit Hilfe von Gl. (2.47) kann $\underline{X}_1(\omega)$ durch $\int_{\tau'=-\infty}^{+\infty} x_1(\tau')\, e^{-j\omega\tau'}\, d\tau'$ mit der Hilfsvariablen τ' ersetzt werden, so daß für

$$x_2(t) = \frac{1}{2\pi} \int_{\omega=-\infty}^{+\infty} \underline{T}(\omega) \int_{\tau=-\infty}^{+\infty} x_1(\tau')\, e^{-j\omega\tau'}\, d\tau'\, e^{j\omega t}\, d\omega$$

$$= \frac{1}{2\pi} \int_{\omega=-\infty}^{+\infty} \underline{T}(\omega) \int_{\tau=-\infty}^{+\infty} x_1(\tau')\, e^{-j\omega\tau'}\, e^{j\omega t}\, d\tau'\, d\omega$$

entsteht. Für Übertragungsfaktoren $\underline{T}(\omega)$ mit der Eigenschaft der Linearität nach Abschn. 1.5 kann die Reihenfolge der Integrationen vertauscht werden

$$x_2(t) = \int_{\tau=-\infty}^{+\infty} x_1(\tau')\, \frac{1}{2\pi} \int_{\omega=-\infty}^{+\infty} \underline{T}(\omega)\, e^{j\omega(t-\tau')}\, d\omega\, d\tau'.$$

[1]) Nach DIN 19229 ist die Funktion $\underline{T}(\omega)$ als Fouriertransformierte der Gewichtsfunktion $g(t)$ der Frequenzgang $\underline{F}$.

Der Ausdruck $\frac{1}{2\pi}\int\limits_{\omega=-\infty}^{+\infty} \underline{T}(\omega)\,\mathrm{e}^{\mathrm{j}\omega(t-\tau')}\,\mathrm{d}\omega$ kann nach Gl. (2.48) als in den Zeitbereich zurücktransformierte Einheitsstoßantwortfunktion $\delta_a(t-\tau')$ aufgefaßt werden. Dadurch entsteht nach Gl. (2.64)

$$x_2(t) = \int\limits_{\tau=-\infty}^{+\infty} x_1(\tau')\,\delta_a(t-\tau')\,\mathrm{d}\tau'. \qquad (3.11)$$

Das bedeutet, daß die Ausgangszeitfunktion $x_2(t)$ durch die Operation der Faltung der Eingangszeitfunktion $x_1(t)$ mit der Einheitsstoßantwortfunktion $\delta_a(t)$ direkt im Zeitbereich ermittelt werden kann. Damit konnte gezeigt werden, daß der Multiplikation im Frequenzbereich die Faltung im Zeitbereich entspricht.

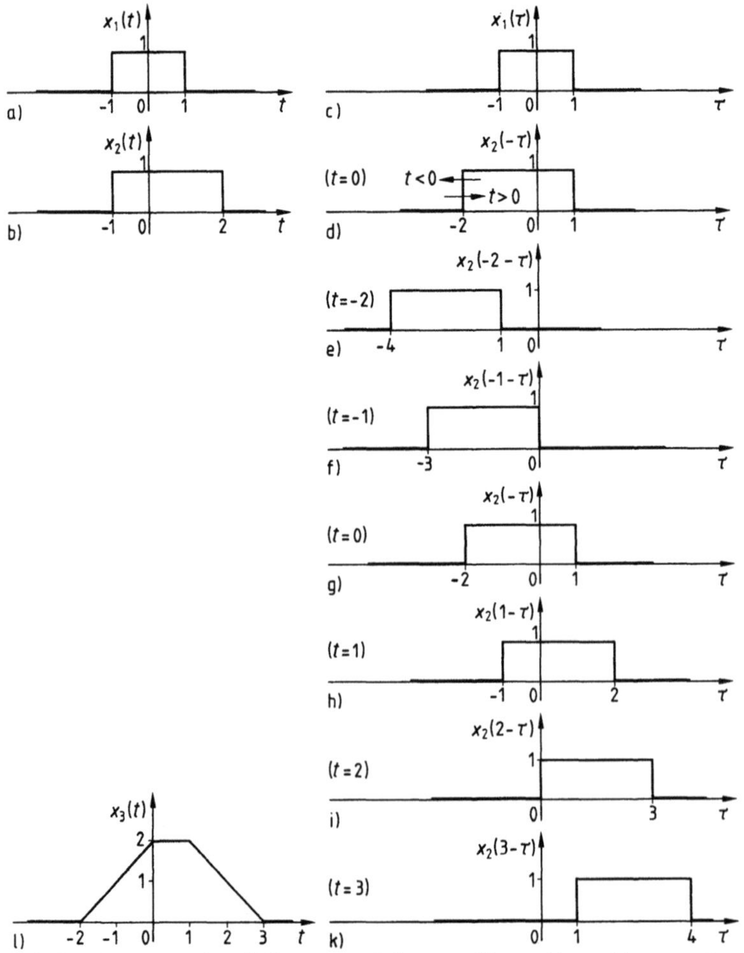

3.3 Bestimmung des Faltungsproduktes $x_3(t)=x_1(t)*x_2(t)$ aus den Zeitfunktionen $x_1(t)$ (a) und $x_2(t)$ (b), $x_1(\tau)$ (c), an der τ-Achse gespiegelte Funktion $x_2(-\tau)$ (d), mit dem Parameter t verschobene Funktionen $x_2(t-\tau)$ (e) bis (k), Faltungsprodukt $x_3(t)$ (l)

Beispiel 3.1. Zwei Zeitfunktionen $x_1(t)$ und $x_2(t)$ nach Bild **3.**3a und b sollen miteinander gefaltet werden. Das Faltungsprodukt $x_3(t)=x_1(t)*x_2(t)$ ist zeichnerisch zu bestimmen.

Entsprechend der Faltungsvorschrift nach Gl. (2.64)

$$x_1(t)*x_2(t) = \int_{-\infty}^{\infty} x_1(\tau)x_2(t-\tau)\,d\tau$$

wird die Hilfsvariable τ eingeführt. Das bedeutet für $x_1(t)$ den Übergang auf $x_1(\tau)$ (Bild **3.**3c) und für $x_2(t)$ eine Spiegelung an der Ordinate wegen des negativen Arguments $(-\tau)$ bezüglich der τ-Achse (Bild **3.**3d) mit t als Parameter. Für Werte von $t>0$ tritt eine Verschiebung der Funktion $x_2(t-\tau)$ nach rechts und für $t<0$ nach links auf (Bild **3.**3d). Der Parameter t wird nun kontinuierlich variiert (Bilder **3.**3e bis k), und die Teilprodukte über t werden als Faltungsprodukt $x_3(t)=x_1(t)*x_2(t)$ aufgetragen (Bild **3.**3l).

Beispiel 3.2. Ein lineares Übertragungsnetzwerk mit dem Übertragungsfaktor $\underline{T}(\omega)$ hat eine Einheitsstoßantwortfunktion $\delta_a(t)$ nach Bild **3.**4a. Das System wird durch einen Spannungsverlauf

$$u_1(t) = \begin{cases} 0 & \text{für} \quad t<0 \\ U_0 & \text{für} \quad 0 \leqq t \leqq \dfrac{T}{4} \\ 0 & \text{für} \quad t > \dfrac{T}{4} \end{cases}$$

entsprechend Bild **3.**4b angeregt. Der Verlauf der Ausgangsspannung $u_2(t)$ ist zu bestimmen. Nach Gl. (3.4) ist $\underline{X}_2(\omega)=\underline{T}(\omega)\underline{X}_1(\omega)$. Da der Übertragungsfaktor $\underline{T}(\omega)$ mit der Einheitsstoßantwortfunktion $\delta_a(t)$ korrespondiert (Gl. (3.9)), ist die Ausgangsspannung

$$u_2(t) = \int_{-\infty}^{\infty} \delta_a(\tau)u_1(t-\tau)\,d\tau.$$

Das Faltungsprodukt $u_2(t)$ kann nach Bild **3.**4c zeichnerisch bestimmt werden.

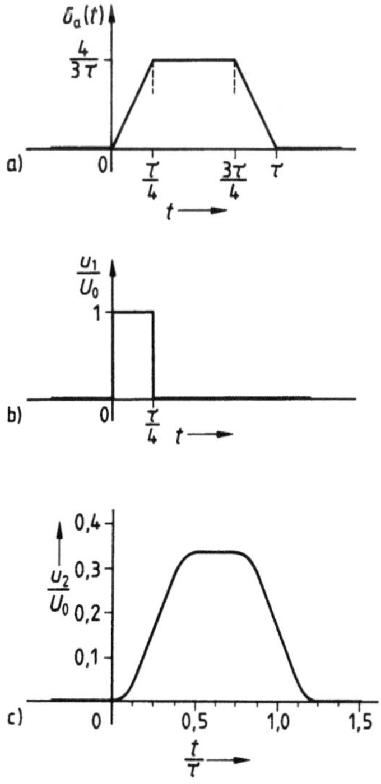

3.4
Bestimmung der Ausgangszeitfunktion $u_2(t)$ (c) aus der Eingangszeitfunktion $u_1(t)$ (b), beide in normierter Darstellung, durch Faltung mit der Einheitsstoßantwortfunktion $\delta_a(t)$ (a)

Um im folgenden Verformungen von Impulsen durch Übertragungssysteme beurteilen zu können, ist zuvor die Beschreibung von verzerrungsfreien Übertragungssystemen erforderlich. Ein System ist verzerrungsfrei, wenn das Eingangssignal $x_1(t)$ und das Ausgangssignal $x_2(t)$ der Gleichung

$$x_2(t) = T_0\,x_1(t-t_0) \tag{3.12}$$

genügen. Das bedeutet, daß die Amplituden von $x_1(t)$ mit einem konstanten, frequenzunabhängigen Faktor T_0 multipliziert werden und x_2 um die konstante und frequenzunabhängige Laufzeit t_0 des Systems gegenüber x_1 verzögert wird. Soll der Betrag des Übertragungsfaktors $|\underline{T}_0| = T_0$ frequenzunabhängig sein, so entsteht durch Rücktransformation des konstanten Produktes $T_0 \cdot 1$ aus dem Frequenzbereich bei Berücksichtigung der Laufzeit t_0 durch das Übertragungssystem die Einheitsstoßantwortfunktion $\delta_a(t) = T_0\,\delta(t-t_0)$. Wie bereits gezeigt wurde, geht die Ausgangszeitfunktion $x_2(t)$ durch Faltung der Eingangszeitfunktion $x_1(t)$ mit der Einheitsstoßantwortfunktion $\delta_a(t)$ des Übertragungssystems hervor, so daß die Korrespondenz

$$x_2(t) = x_1(t) * T_0\,\delta(t-t_0)$$

$$\underline{X}_2(\omega) = \underline{X}_1(\omega) \cdot \underbrace{T_0\;\mathrm{e}^{-\mathrm{j}\omega t_0}}_{\underline{T}(\omega)}$$

gilt. Danach lautet der Übertragungsfaktor eines verzerrungsfreien Systems

$$\underline{T}(\omega) = T_0\,\mathrm{e}^{-\mathrm{j}\omega t_0}. \tag{3.13}$$

Dabei gelten für den Betrag $T = T_0 = \text{const}$ und den Phasenverlauf $\varphi(\omega) = \arctan\{\mathrm{Re}[\underline{T}(\omega)]/\mathrm{Im}[\underline{T}(\omega)]\} = -\omega t_0$ (Bild **3.5**). Außer dem Betrags- und Phasenverlauf können zur Beschreibung der Eigenschaften allgemeiner *QLZ*-Systeme noch folgende Größen herangezogen werden:

Das Dämpfungsmaß

$$a(\omega) = -20\lg|\underline{T}(\omega)|\ \mathrm{dB} = -\ln|\underline{T}(\omega)|\ \mathrm{Np}, \tag{3.14}$$

das Phasenmaß

$$b(\omega) = -\varphi(\omega), \tag{3.15}$$

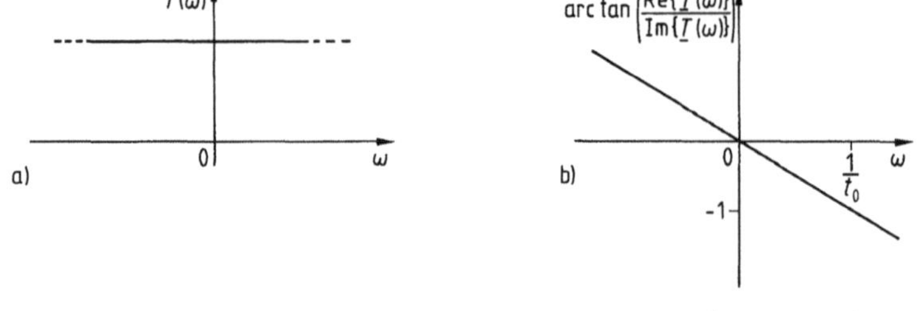

3.5 Betragsverlauf $T(\omega)$ (a) und Phasenverlauf $\arc\tan\left\{\frac{\mathrm{Re}[\underline{T}(\omega)]}{\mathrm{Im}\,[\underline{T}(\omega)]}\right\}$ (b) eines verzerrungsfreien Übertragungssystems die Phasenlaufzeit

$$t_\varphi = b(\omega)/\omega \tag{3.16}$$

und die Gruppenlaufzeit

$$t_g = \mathrm{d}b(\omega)/\mathrm{d}\omega\,. \tag{3.17}$$

Danach hat ein verzerrungsfreies Übertragungssystem ein über der Kreisfrequenz ω konstantes Dämpfungsmaß $a = \mathrm{const}$ sowie konstante Phasen- und Gruppenlaufzeit ($t_\varphi = t_g$). *QLZ*-Systeme, die von diesen idealen Übertragungseigenschaften abweichen, übertragen Impulse nicht verzerrungsfrei. Man spricht in diesem Zusammenhang von linearen Signalverzerrungen und unterscheidet dabei Amplituden- und Phasenverzerrungen (s. Band XI).

3.2 Impulsverformung durch Systeme mit idealisierten Übertragungsfaktoren

In diesem Abschnitt soll die Verformung von Impulsen durch Systeme mit idealisierten Übertragungsfaktoren berechnet werden. Um einige typische Impulsverformungen durch Übertragungssysteme zu beschreiben, werden einschränkend nur solche Übertragungsfaktoren betrachtet, bei denen sich nur der Betrag, nicht aber die Phase ändert. Insbesondere sollen die Einheitsstoß- und Einheitssprungantwortfunktionen für den idealen Tiefpaß und ein Netzwerk mit Gaußschem Übertragungsfaktor berechnet werden.

3.2.1 Idealer Tiefpaß

Es wird ein Übertragungssystem mit rechteckförmiger Frequenzbandbegrenzung nach Bild 3.6a betrachtet, dessen Übertragungsfaktor normiert durch

$$\underline{T}(\omega) = \begin{cases} 1\,\mathrm{e}^{-\mathrm{j}\omega t_0} & \text{für} \quad |\omega| \leqq \omega_g \\ 0 & \text{für} \quad |\omega| > \omega_g \end{cases} \tag{3.18}$$

mit

$$|\underline{T}(\omega)| = \begin{cases} 1 & \text{für} \quad |\omega| \leqq \omega_g \\ 0 & \text{für} \quad |\omega| > \omega_g \end{cases} \tag{3.19}$$

und

$$\varphi(\omega) = -\omega t_0 \tag{3.20}$$

beschrieben wird. Dieses Übertragungssystem besitzt eine rechteckige Durchlaßkurve und einen linearen Phasenverlauf. Dabei ist t_0 die frequenzunabhän-

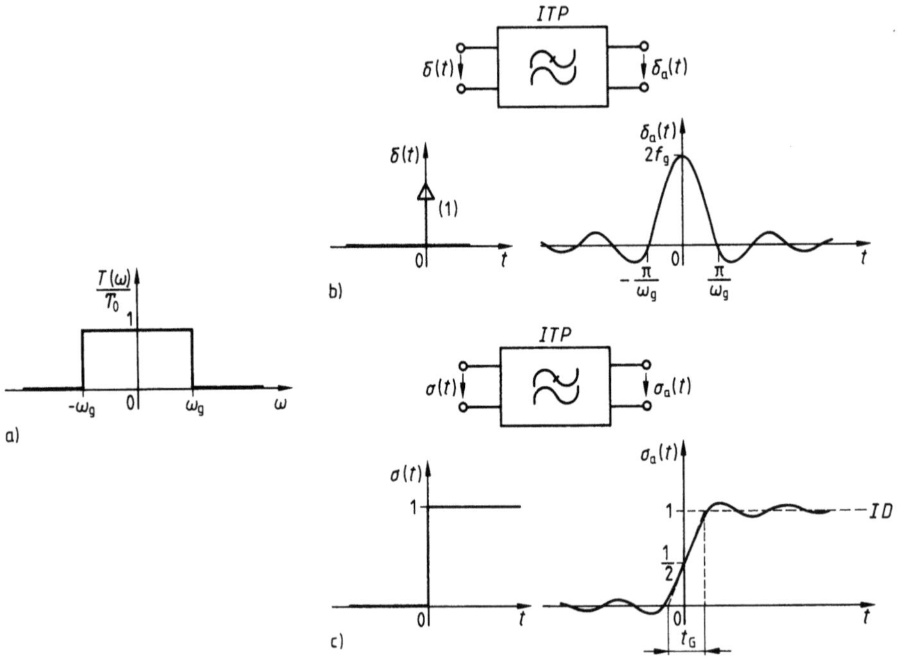

3.6 Betrag des Übertragungsfaktors $T(\omega)$ des idealen Tiefpasses *ITP* in normierter Darstellung (a), Einheitsstoßanregung $\delta(t)$ und Einheitsstoßantwortfunktion $\delta_a(t)$ (b), Einheitssprunganregung $\sigma(t)$ und Einheitssprungantwortfunktion $\sigma_a(t)$ mit der Ausgleichszeit t_G (c)

gige Laufzeit des Übertragungssystems. Es wird als ideales Tiefpaßsystem bezeichnet.

Einheitsstoßantwortfunktion. Bei Anregung mit der Einheitsstoßfunktion $\delta(t)$ lautet die Einheitsstoßantwortfunktion

$$\delta_a(t) = \frac{1}{2\pi} \int_{-\infty}^{+\infty} \underline{T}(\omega) \cdot 1 \cdot e^{j\omega t} \, d\omega = \frac{1}{2\pi} \int_{-\omega_g}^{\omega_g} e^{-j\omega t_0} e^{j\omega t} \, d\omega$$

$$= \frac{1}{2\pi} \left. \frac{e^{j\omega(t-t_0)}}{j(t-t_0)} \right|_{-\omega_g}^{+\omega_g} = \frac{1}{\pi} \omega_g \operatorname{si}[\omega_g(t-t_0)] \,. \tag{3.21}$$

Bild 3.6b zeigt den Verlauf der Einheitsstoßantwortfunktion. Wird der ideale Tiefpaß durch den Diracimpuls als den kürzestmöglichen Impuls mit unendlich großer Amplitude und dem Impulsmoment 1 angeregt, so wird dieser auf die endliche Amplitude $\omega_g/\pi = 2f_g$ bedämpft und gemäß der si-Funktion, die für $-\infty \leqq \omega \leqq +\infty$ definiert ist, unendlich verbreitert. Der Abstand der ersten beiden Nullstellen beträgt $2\pi/\omega_g$. Zwischen diesen beiden Nullstellen weist die Einheitsimpulsantwortfunktion $\delta_a(t)$ eine größere Energie auf als zwischen je zwei anderen, benachbarten Nullstellen.

Einheitssprungantwortfunktion. Wird auf den Eingang des idealen Tiefpasses eine Einheitssprungfunktion $\sigma(t)$ gegeben, so ist die Einheitssprungantwortfunktion

$$\sigma_a(t) = \int_{-\infty}^{t} \delta_a(z)\,dz = \int_{-\infty}^{t} \frac{1}{\pi}\,\omega_g\,\mathrm{si}[\omega_g(z-t_0)]\,dz.$$

Mit $\omega_g(z-t_0)=r$ und $dz=dr/\omega_g$ wird

$$\sigma_a(t) = \frac{1}{\pi}\int_{-\infty}^{t} \mathrm{si}(r)\,dr = \frac{1}{\pi}\left[\int_{-\infty}^{0} \mathrm{si}(r)\,dr + \int_{0}^{\omega_g(t-t_0)} \mathrm{si}(r)\,dr\right]$$

für $t \geqq t_0$. Nach [5] sind

$$\int_{-\infty}^{0} \mathrm{si}(r)\,dr = \int_{-\infty}^{0} \frac{\sin(r)}{r}\,dr = \frac{\pi}{2}$$

und

$$\int \mathrm{si}(r)\,dr = \int \frac{\sin(r)}{r}\,dr = \mathrm{Si}(r) \quad ^1).$$

Damit wird

$$\sigma_a(t) = \frac{1}{2} + \frac{1}{\pi}\,\mathrm{Si}[\omega_g(t-t_0)] \quad \text{für} \quad t \geqq t_0. \tag{3.22}$$

Die Einheitsstoß- und die Einheitssprungantwortfunktion nach Bild **3.6** b und c weisen starkes Überschwingen auf. Ursache dafür ist der rechteckige Verlauf der Durchlaßkurve an der Bandgrenze. Überschwinger können dadurch vermieden werden, daß man dem Übertragungsfaktor einen stetigen, abgerundeten Verlauf gibt. Die Verläufe der Einheitsstoß- und Einheitsstoßantwortfunktion zeigen, daß die mathematische Behandlung des idealen Tiefpasses Ergebnisse liefert, die der praktischen Erfahrung in wesentlichen Punkten widersprechen, da kein kausales System vorliegt. So ist z. B. die Einheitsstoßantwortfunktion bereits bei negativen Zeiten verschieden von null, obgleich die Anregung mit $\delta(t)$ erst zum Zeitpunkt $t=0$ stattfindet. Bei realen Netzwerken sind der Übertragungsfaktor und die Laufzeit von Signalen durch das Netzwerk so miteinander verknüpft, daß die Zeitfunktion am Ausgang in einem kausalen Zusammenhang zur eingangsseitigen Anregung steht. Dennoch lassen sich aus der mathematischen Behandlung des idealen Tiefpasses gültige Beziehungen für die A n s t i e g s z e i t und die A u s g l e i c h s z e i t in Abhängigkeit von der Grenzfrequenz ableiten.

---

1) Die Funktion $\mathrm{Si}(x) = \int \frac{\sin(u)}{u}\,du$ heißt Integralsinus und kann Tabellenbüchern entnommen werden. Im Anhang A 3.2 sind eine Tabelle und Funktionsverläufe wiedergegeben.

Anstiegszeit. Aus der Einheitssprungantwortfunktion $\sigma_a(t)$ nach Gl. (3.22) kann für $\sigma_a(t_1)=0{,}1$ und $\sigma_a(t_2)=0{,}9$ mit Hilfe des Anhangs A3.2 entsprechend Abschn. 1.3.1 die Anstiegszeit t_r berechnet werden. Es sind mit $t \geqq t_0$

$$\sigma_a(t_1)=0{,}1=\frac{1}{2}+\frac{1}{\pi}\,\mathrm{Si}(\omega_g t_1)$$

und

$$\sigma_a(t_2)=0{,}9=\frac{1}{2}+\frac{1}{\pi}\,\mathrm{Si}(\omega_g t_2)\,.$$

Für die Anstiegszeit $t_r=t_2-t_1$ ergibt sich

$$t_r \cong \frac{0{,}45}{f_g}\,. \tag{3.23}$$

Ausgleichszeit beim idealen Tiefpaß. Die Ausgleichszeit t_G wird definiert als die Zeitdauer der in Bild **3**.6c eingetragenen begrenzten Rampenfunktion (s. Abschn. 1.3), deren Steigung gleich der maximalen Steigung der Einheitssprungantwortfunktion $\mathrm{d}\sigma_a/\mathrm{d}t|_{max}$ im Wendepunkt bei $t=0$ ist und deren Höhe den Wert $\lim\limits_{t\to\infty}\sigma_a(t)=1$ (Impulsdach *ID*) aufweist. Die Steigung der Tangente im Wendepunkt bei $t=0$ ist

$$\left.\frac{\mathrm{d}\sigma_a(t)}{\mathrm{d}t}\right|_{t=0}=\delta_a(0)=\frac{1}{\pi}\,\omega_g=2f_g\,. \tag{3.24}$$

Aus Bild **3**.6c kann die Steigung der begrenzten Rampenfunktion abgelesen werden als

$$\left.\frac{\mathrm{d}\sigma_a(t)}{\mathrm{d}t}\right|_{t=0}=\frac{1}{t_G}\,. \tag{3.25}$$

Aus der Gleichsetzung von (3.24) mit (3.25) folgt

$$t_G=\frac{1}{2f_g}\,. \tag{3.26}$$

Die Ausgleichszeit t_G hängt also nur von der Grenzfrequenz ab und ist umgekehrt proportional zur Breite des Übertragungsfrequenzbereiches. Eine zulässige Ausgleichszeit von 1 µs erfordert danach einen Übertragungsfrequenzbereich von mindestens 500 kHz. Gl. (3.26) ist für die Impulstechnik bei Tiefpaßverhalten der übertragenden Netzwerke deshalb von grundlegender Bedeutung, weil sie die Verformung sprungartiger Anregungsfunktionen abzuschätzen gestattet. Die Gl. (3.26) wird auch als Zeitgesetz der Nachrichtenübertragung bezeichnet. Es besagt, daß zum formgetreuen Übertragen von zeitabhängigen Nachrichtensignalen eine Mindestbandbreite des Übertragungssystems zur Verfügung stehen muß, die um so größer sein muß, je kürzer die Dauer der zu übertragenden Signale ist.

3.2.2 Gaußscher Übertragungsfaktor

In diesem Abschnitt soll ein System mit einem Gaußschen Übertragungsfaktor nach Bild 3.7c betrachtet werden. Dabei wird die vereinfachende Annahme getroffen, daß der Übertragungsfaktor $\underline{T}(\omega)$ durch eine lineare Phasenbeziehung und durch die Betragsfunktion in normierter Form (mit $T_0 = 1$) als

$$|\underline{T}(\omega)| = \mathrm{e}^{-\left(\frac{\omega}{\omega_B}\right)^2 \ln 2} \tag{3.27}$$

mit der Kreisbezugsfrequenz ω_B gegeben sei. Der Beiwert des Exponenten ist dabei so gewählt, daß nach Bild 3.7c an der Stelle $\omega = \omega_B$ der Wert des normierten Übertragungsfaktors $\underline{T}(\omega_B) = 1/2$ beträgt.

Die Kreisbezugsfrequenz ω_B kennzeichnet damit die Halbwertsbreite des frequenzabhängigen Übertragungsfaktors an der 6 dB-Grenze. Überschwingungen am Ausgang eines *QLZ*-Systems können dadurch vermieden werden, daß der Übertragungsfaktor $\underline{T}(\omega)$ einen abgerundeten Verlauf erhält. Der Gaußsche Übertragungsfaktor stellt bezüglich dieser Anforderung ein Optimum dar, wie durch die nachfolgende Berechnung der Einheitsimpulsantwortfunktion $\delta_a(t)$ und der Einheitssprungantwortfunktion $\sigma_a(t)$ gezeigt wird.

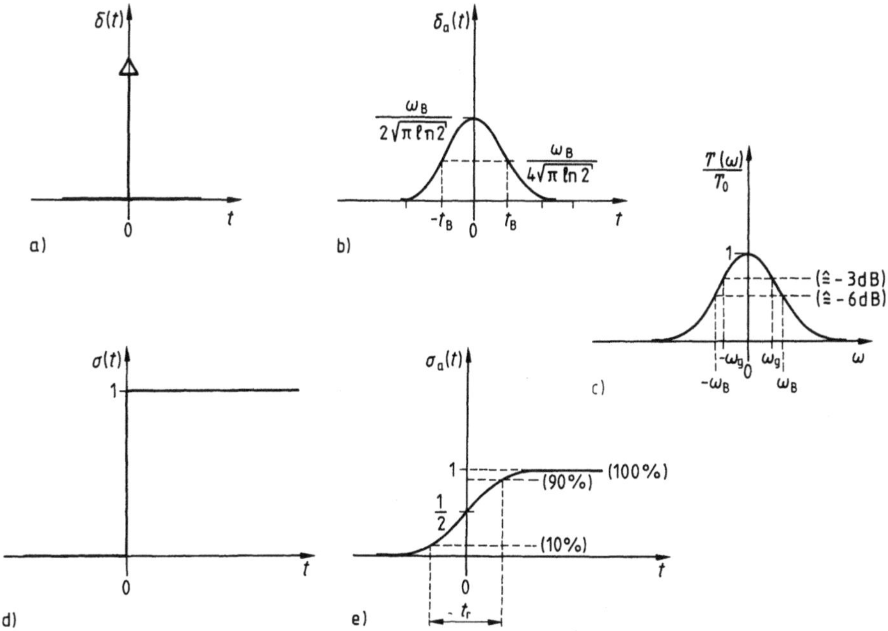

3.7 Diracfunktion $\delta(t)$ als Anregungsfunktion (a), Einheitsstoßantwortfunktion $\delta_a(t)$ (b), Verlauf des Gaußschen Übertragungsfaktors $T(\omega)$ in normierter Darstellung (c), Einheitssprungfunktion $\sigma(t)$ als Anregungsfunktion (d) und Einheitssprungantwortfunktion $\sigma_a(t)$ (e)

Einheitsstoßantwortfunktion. Bei Anregung des Netzwerkes mit der Einheitsstoßfunktion $\delta(t)$ (Diracfunktion) nach Bild **3.7**a ist nach Gl. (3.8) die Ausgangszeitfunktion

$$\delta_a(t) = \frac{1}{2\pi} \int_{-\infty}^{\infty} \underline{T}(\omega)\, e^{j\omega t}\, d\omega = \frac{1}{2\pi} \int_{-\infty}^{\infty} e^{-\left(\frac{\omega}{\omega_B}\right)^2 \ln 2}\, e^{j\omega t}\, d\omega .$$

Analog zur Berechnung der Fouriertransformierten des Gaußimpulses in Abschn. 2.2.5 führt die Umschreibung des Exponenten als quadratische Ergänzung auf

$$-\left(\frac{\omega}{\omega_B}\right)^2 \ln 2 + j\omega t = \left[j\left(\frac{\omega}{\omega_B}\right)\sqrt{\ln 2} + \frac{t\omega_B}{2\sqrt{\ln 2}}\right]^2 - \frac{t^2\omega_B^2}{4\ln 2} .$$

Damit wird

$$\delta_a(t) = \frac{1}{2\pi}\, e^{-\frac{t^2\omega_B^2}{4\ln 2}} \int_{-\infty}^{\infty} e^{\left[j\left(\frac{\omega}{\omega_B}\right)\sqrt{\ln 2} + \frac{t\omega_B}{2\sqrt{\ln 2}}\right]^2}\, d\omega .$$

Die Substitution

$$j\left(\frac{\omega}{\omega_B}\right)\sqrt{\ln 2} + \frac{t\omega_B}{2\sqrt{\ln 2}} = j\left(\frac{\omega'}{\omega_B}\right)\sqrt{\ln 2}$$

bzw.

$$d\omega' = d\omega$$

führt auf

$$\delta_a(t) = \frac{1}{2\pi}\, e^{-\frac{t^2\omega_B^2}{4\ln 2}} \int_{-\infty}^{\infty} e^{-\frac{\ln 2}{\omega_B^2}\omega'^2}\, d\omega' .$$

Das in $\delta_a(t)$ enthaltene Integral kann nach [5] als

$$\int_0^{\infty} e^{-a^2x^2}\, dx = \frac{\sqrt{\pi}}{2a} \quad \text{für} \quad a>0$$

unter Beachtung der Integrationsgrenzen gelöst werden. Es gilt dann

$$\int_{-\infty}^{\infty} e^{-a^2\omega'^2}\, d\omega' = \int_{\omega'=-\infty}^{\omega'=0} e^{-a^2\omega'^2}\, d\omega' + \int_{\omega'=0}^{\omega'=\infty} e^{-a^2\omega'^2}\, d\omega' .$$

Mit der Substitution $-u = \omega'$ bzw. $du = -d\omega'$ wird

$$\int_{\omega'=0}^{\omega'=\infty} e^{-a^2\omega'^2}\, d\omega' - \int_{u=\infty}^{u=0} e^{-a^2u^2}\, du = 2\int_{\omega'=0}^{\omega'=\infty} e^{-a^2\omega'^2}\, d\omega' = \frac{\sqrt{\pi}\,\omega_B}{\sqrt{\ln 2}} ,$$

so daß sich für die Einheitsstoßantwortfunktion

$$\delta_a(t) = \frac{1}{2\pi} \frac{\sqrt{\pi}\,\omega_B}{\sqrt{\ln 2}}\, e^{-\frac{t^2\omega_B^2}{4\ln 2}} = \frac{\omega_B}{2\sqrt{\pi \ln 2}}\, e^{-\left(\frac{t}{t_B}\right)^2 \ln 2} \tag{3.28}$$

mit

$$t_B = \frac{2\ln 2}{\omega_B} \tag{3.29}$$

berechnet. Die Amplitude beträgt $\delta_a(0) = \dfrac{\omega_B}{2\sqrt{\pi \ln 2}}$. Die Einheitsstoßantwortfunktion $\delta_a(t)$ eines Netzwerkes mit Gaußschem Übertragungsfaktor ist wieder eine Gaußfunktion (vergl. Gl. (3.27) mit (3.28)).

Einheitssprungantwortfunktion. Die Einheitssprungantwortfunktion $\sigma_a(t)$ des Gaußschen Tiefpaßsystems läßt sich aus der Einheitsstoßantwortfunktion $\delta_a(t)$ durch die Integration $\sigma_a(t) = \int_{-\infty}^{t} \delta_a(z)\,dz$ mit z als Integrationsvariable ermitteln

$$\sigma_a(t) = \frac{\omega_B}{2\sqrt{\pi \ln 2}} \int_{-\infty}^{t} e^{-\left(\frac{z}{t_B}\right)^2 \ln 2}\, dz. \tag{3.30}$$

Mit der Substitution $\frac{z}{t_B}\sqrt{\ln 2} = u$ bzw. $dz = \frac{t_B}{\sqrt{\ln 2}}\,du$ wird

$$\sigma_a(t) = \frac{1}{\sqrt{\pi}} \int_{-\infty}^{\frac{\sqrt{\ln 2}}{t_B} t} e^{-u^2}\, du.$$

Das in Gl. (3.30) der Form nach enthaltene Integral $\frac{2}{\sqrt{\pi}} \int_0^x e^{-\eta^2}\, d\eta$ mit der Integrationsvariablen η heißt Gaußsche Fehlerfunktion (s. Anhang A3.1). Damit wird

$$\sigma_a(t) = \frac{1}{2}\left[1 + \frac{2}{\sqrt{\pi}} \int_0^{\frac{\sqrt{\ln 2}}{t_B} t} e^{-u^2}\, du\right] = \frac{1}{2} + \frac{1}{2}\operatorname{erf}\left(\frac{t}{t_B}\sqrt{\ln 2}\right). \tag{3.31}$$

Bild 3.7d zeigt die Einheitssprungfunktion $\sigma(t)$ als Anregungsfunktion und Bild 3.7e den Verlauf der Einheitssprungantwortfunktion $\sigma_a(t)$. Die Funktion $\sigma_a(t)$ nach Gl. (3.31) strebt wertmäßig rasch und ohne Überschwingen auf den Endwert zu, zeitlich betrachtet vergeht jedoch eine unendlich lange Zeit für diesen Ausgleichsvorgang wegen der Einschränkungen bezüglich des Übertragungsfaktors, da nur Amplituden- und nicht Phasenverzerrungen betrachtet wurden. Die Funktion $\sigma_a(t)$ wird an keiner Stelle negativ.

Anstiegszeit. Für die Einheitssprungantwortfunktion nach Gl. (3.31) läßt sich mit Hilfe des Anhangs A 3.1 nach Abschn. 1.3.1 die Anstiegszeit

$$t_r = \frac{0{,}481}{f_B} \cong \frac{0{,}34}{f_g} \tag{3.32}$$

mit der Bezugsfrequenz f_B an der 6 dB-Grenze und der Grenzfrequenz f_g an der 3 dB-Grenze angeben. Sie ist die kürzeste Anstiegszeit ohne Überschwingen. Dieser Zusammenhang ist für den Entwurf und die Dimensionierung eines impulsverarbeitenden Übertragungssystems mit Gaußschem Übertragungsfaktor von großer Bedeutung, um zeitliche Vorhersagen für die Anstiegs- oder Abfallflanken machen zu können.

Vergleich der Anstiegszeiten. Aus den Gl. (3.23) und (3.32) für die Anstiegszeiten beim idealen Tiefpaß und beim Gaußschen Übertragungssystem kann als Näherung eine für die Praxis bedeutende Beziehung abgeleitet werden. Üblicherweise liegen Übertragungssysteme vor, dessen Übertragungsfaktor zwischen der des idealen Tiefpasses und des Gaußschen Übertragungsfaktors verläuft. Dann gilt dafür näherungsweise

$$t_r \cong \frac{0{,}34 \cdots 0{,}45}{f_g}\,. \tag{3.33}$$

Gl. (3.33) sagt jedoch nichts darüber aus, wie kurz ein Rechteckimpuls minimal sein darf, um am Ausgang des Übertragungssystems noch als rechteckförmiger Impuls erkennbar zu sein. Geht man davon aus, daß das Dach des Ausgangsimpulses, das durch die endliche Anstiegszeit t_r gegenüber dem ursprünglichen Rechteckimpuls verkürzt wird, wenigstens eine Breite von $1{,}5\,t_r$ haben soll, damit die Ausgangssignalform noch als Rechteckform erkannt werden kann, so muß der kürzeste Rechteckimpuls entsprechend Abschn. 1.3.1 eine Mindestlänge von $\tau_{i,\,min} = 2{,}5\,t_r$ haben. Daraus folgt nach Gl. (3.33)

$$\tau_{i,\,min} = 2{,}5\,\frac{0{,}34 \cdots 0{,}45}{f_g} = \frac{0{,}85 \cdots 1{,}13}{f_g} \approx \frac{1}{f_g}\,. \tag{3.34}$$

Beispiel 3.3. Ein Impulsverstärker mit einem Übertragungsfaktor, der einem idealen Tiefpaß nahekommt, hat eine obere Grenzfrequenz $f_g = 2$ MHz. Wie groß sind die Anstiegszeit t_r und die minimale Impulsdauer $\tau_{i,\,min}$, damit bei eingangsseitig rechteckförmiger Anregung ausgangsseitig noch ein Rechteckimpuls erkannt werden kann?

Die Anstiegszeit t_r beträgt nach Gl. (3.23) näherungsweise

$$t_r \cong \frac{0{,}45}{f_g} = \frac{0{,}45}{2}\,10^{-6}\,\text{s} = 225\,\text{ns}\,.$$

Die minimale Impulsdauer $\tau_{i,\,min}$ ist nach Gl. (3.34) angenähert

$$\tau_{i,\,min} \approx \frac{1}{f_g} = \frac{1}{2}\,10^{-6}\,\text{s} = 500\,\text{ns}\,.$$

3.3 Impulsverhalten passiver Netzwerke

In diesem Abschnitt wird das Zeitverhalten von *QLZ*-Systemen für Eingangssignale beschrieben, die erst für $t>0$ existieren. Diese Aufgabenstellung ist für die Abschätzung bedeutend, wie ein vorgegebener Impuls beim Durchlaufen eines Übertragungssystems verformt wird. In vielen Fällen ist eine solche Verformung unerwünscht, dann spricht man von Impulsverzerrung; in anderen Fällen ist eine Verformung beabsichtigt, dann spricht man von einer Impulsformung. Bei der Beschreibung des Impulsverhaltens passiver Netzwerke unterscheidet man Netzwerke mit einem und mit mehreren Energiespeichern. Für die mathematische Behandlung der Impulsverformung ist die Einheitsstoßantwortfunktion $\delta_a(t)$ besonders geeignet, da sie nach Gl. (3.9) mit dem Übertragungsfaktor $\underline{T}(\omega)$ korrespondiert. Für meßtechnische Untersuchungen der Impulsverformung ist dagegen besser die Sprungantwortfunktion $s_a(t)$ bzw. die Einheitssprungantwortfunktion $\sigma_a(t)$ geeignet, da sich die Sprungfunktion $s(t)$ als Anregungsfunktion besonders einfach realisieren läßt. Die Sprungantwortfunktion $s_a(t)$ ist meßtechnisch einfacher aufzunehmen als der Übertragungsfaktor $\underline{T}(\omega)$ als Frequenzcharakteristik eines Übertragungssystems. Die Sprungantwortfunktion $s_a(t)$ gestattet die Beurteilung des Übertragungsverhaltens eines Netzwerkes im Zeitbereich.

3.3.1 Übergang zur Laplacetransformation

Für die rechnerische Behandlung der Impulsverformung erweist sich die Fouriertransformation dann als schwierig anzuwenden, wenn das Fourierintegral nicht konvergiert. Mit Hilfe der Laplacetransformation lassen sich diese Schwierigkeiten vermeiden. In den vorangegangenen Abschnitten wurden allgemein Zeitfunktionen betrachtet, die im Bereich $-\infty<t<+\infty$ von null verschiedene Werte annehmen konnten. Auf dem Gebiet der Impulstechnik interessieren vor allem Zeitfunktionen, die erst zu einer bestimmten Zeit - dem Einschaltzeitpunkt - beginnen und dann bis $t\to+\infty$ betrachtet werden. Der zeitliche Bezug kann durch geeignete Wahl des Koordinatensystems so hergestellt werden, daß die Zeitfunktion $f(t)=0$ für $t<0$ ist. In dem Fourierintegral nach Gl. (2.47)

$$\mathcal{F}\{f(t)\} = \underline{F}(\omega) = \int_{-\infty}^{\infty} f(t)\,\mathrm{e}^{-\mathrm{j}\omega t}\,\mathrm{d}t$$

liefert der Integrand für $-\infty<t<0$ keinen Beitrag, so daß für

$$\underline{F}(\omega) = \int_{t=0}^{\infty} f(t)\,\mathrm{e}^{-\mathrm{j}\omega t}\,\mathrm{d}t \qquad (3.35)$$

geschrieben werden kann. Die inverse Transformation lautet dann

$$\frac{1}{2\pi} \int_{\omega=-\infty}^{\infty} \underline{F}(\omega)\, e^{j\omega t}\, d\omega = \begin{cases} f(t) & \text{für} \quad t \geqq 0 \\ 0 & \text{für} \quad t < 0 . \end{cases} \tag{3.36}$$

Man kann nun die Konvergenz des Integrals $\int_{-\infty}^{\infty} f(t)\, e^{-j\omega t}\, dt$ dadurch erzwingen, daß man statt der Integrandenfunktion $f(t)$ die Funktion $f(t)\, e^{-\sigma t}$ mit der Dämpfungsgröße $\sigma > 0$ einführt. Bei der Fouriertransformation nach Gl. (2.47) ist diese Betrachtungsweise nicht sinnvoll, da für negative Werte von t die Integrandenfunktion größer würde und damit die Konvergenz des Integrals nicht möglich wäre. Damit entsteht die Integralfunktion

$$\underline{F}(\sigma, j\omega) = \underline{F}(\sigma + j\omega) = \int_{t=0}^{\infty} f(t)\, e^{-\sigma t}\, e^{-j\omega t}\, dt = \int_{t=0}^{\infty} f(t)\, e^{-(\sigma + j\omega)t}\, dt . \tag{3.37}$$

Selbst wenn die Zeitfunktion $f(t)$ eine Exponentialfunktion mit einem reellen Exponenten $a > 0$ ist, braucht für die Berechnung des Integrals nach Gl. (3.37) nur $\sigma > a$ gewählt werden, um die Konvergenz des Integrals wegen $\lim_{t \to \infty} f(t)\, e^{-\sigma t} = 0$ mit $\sigma > a$ zu erzwingen. Zeitfunktionen, die für $t \to +\infty$ schneller als exponentiell wachsen, kommen in der angewandten Impulstechnik i. allg. nicht vor. Für die inverse Transformation wird dann geschrieben

$$\frac{1}{2\pi j} \int_{\omega=-\infty}^{\infty} \underline{F}(\sigma, j\omega)\, e^{j\omega t}\, d\omega = \begin{cases} f(t)\, e^{-\sigma t} & \text{für} \quad t \geqq 0 \\ 0 & \text{für} \quad t < 0 \end{cases}$$

bzw.

$$\frac{1}{2\pi j} \int_{\omega=-\infty}^{\infty} \underline{F}(\sigma, j\omega)\, e^{(\sigma + j\omega)t}\, d\omega = \begin{cases} f(t) & \text{für} \quad t \geqq 0 \\ 0 & \text{für} \quad t < 0 . \end{cases} \tag{3.38}$$

In Gl. (3.37) und (3.38) tritt stets die komplexe Summe $(\sigma + j\omega)$ auf, so daß für diese als Rechengröße die neue komplexe Variable

$$\underline{s} = \sigma + j\omega \tag{3.39}$$

eingeführt werden kann. Dadurch gewinnt man Integrale, die mit den üblichen Verfahren der Integralrechnung gelöst werden können, obgleich das Argument komplex ist. Die durch die folgenden Gleichungen

$$\underline{F}(\underline{s}) = \int_{0}^{\infty} f(t)\, e^{-\underline{s}t}\, dt = \mathscr{L}\{f(t)\} \tag{3.40}$$

$$\bullet\!\!-\!\!\circ$$

$$\left.\begin{matrix} f(t) & \text{für} & t > 0 \\ 0 & \text{für} & t < 0 \end{matrix}\right\} = \frac{1}{2\pi j} \int_{\sigma - j\infty}^{\sigma + j\infty} \underline{F}(\underline{s})\, e^{\underline{s}t}\, d\underline{s} = \mathscr{L}^{-1}\{\underline{F}(\underline{s})\} \tag{3.41}$$

bestimmte Transformation heißt nach ihrem Entdecker Laplacetransformation mit dem Laplaceoperator $\mathcal{L}\{\ldots\}$. Zur Vereinfachung der Schreibweise soll $\underline{s}$ als komplexes Argument künftig nur noch als s - d.h., ohne Unterstreichung - geschrieben werden. Die Laplacetransformation kann somit als Sonderfall der Fouriertransformation aufgefaßt werden, umgekehrt stellt die Fouriertransformation eine Verallgemeinerung der Laplacetransformation dar. Mathematische Operationen im Zeitbereich korrespondieren mit entsprechenden Operationen im Bild- bzw. Frequenzbereich. Im Anhang A3.3 sind die wesentlichen Korrespondenzen von Rechenoperationen dargestellt, und die Korrespondenzen für häufig vorkommende Funktionen finden sich im Anhang unter A3.4. Für eine Vertiefung der Zusammenhänge zur Laplacetransformation wird auf [4] und [41] verwiesen.

Für Anwendungen der Laplacetransformation interessiert die Dimension der Laplacetransformierten. Die unabhängige Variable $s=\sigma+\mathrm{j}\omega$ hat die Dimension einer Kreisfrequenz und damit die Einheit s^{-1}. Der Faktor e^{-st} ist dimensionslos. Durch die Integration im Zeitbereich, die eine Aufsummierung infinitesimal kleiner Elemente $f(t)\,\mathrm{e}^{-st}\,\mathrm{d}t$ bedeutet, kommt zur Dimension der Zeitfunktion $f(t)$ noch die Dimension des Differentials $\mathrm{d}t$ hinzu. Die Laplacetransformierte einer Spannungsfunktion $u(t)$ hat demnach die Einheit Vs, die Laplacetransformierte einer Stromfunktion $i(t)$ die Einheit As einer Ladung.

3.3.1.1 Verschiebungssatz. Mit Hilfe des Verschiebungssatzes (s. Anhang A3.3) ergibt sich für eine um t_0 verschobene Zeitfunktion $f(t-t_0)$

$$\mathcal{L}\{f(t-t_0)\} = \int_{t_0}^{\infty} f(t-t_0)\,\mathrm{e}^{-st}\,\mathrm{d}t = \int_{t_0}^{\infty} f(t-t_0)\,\mathrm{e}^{-[(t-t_0)+t_0]s}\,\mathrm{d}t.$$

Die Substitution $u=t-t_0$ bzw. $\mathrm{d}u=\mathrm{d}t$ führt auf

$$\mathcal{L}\{f(t-t_0)\} = \mathrm{e}^{-st_0}\int_{0}^{\infty} f(u)\,\mathrm{e}^{-su}\,\mathrm{d}u = \mathrm{e}^{-st_0}\,\mathcal{L}\{f(t)\}$$

und damit auf den Verschiebungssatz

$$f(t-t_0) \circ\!\!-\!\!\bullet\ \mathrm{e}^{-st_0}\,\mathcal{L}\{f(t)\}. \tag{3.42}$$

3.3.1.2 Differentiation im Zeitbereich. Mit der Definitionsgleichung der Laplacetransformation wird

$$\mathcal{L}\{f'(t)\} = \int_{0}^{\infty} f'(t)\,\mathrm{e}^{-st}\,\mathrm{d}t = \lim_{t_0\to 0}\int_{t_0}^{\infty} f'(t)\,\mathrm{e}^{-st}\,\mathrm{d}t. \tag{3.43}$$

Wenn die Ableitung $f'(t)$ für alle $t>0$ existiert, das Laplaceintegral $\int_0^\infty f'(t)\,e^{-st}\,dt$ konvergiert und der Grenzwert

$$\lim_{t\to+\infty} f(t) = f(+0) \tag{3.44}$$

bei rechtsseitiger Annäherung an die Grenze besteht, führt die partielle Integration von Gl. (3.43) auf

$$\begin{aligned}\mathscr{L}\{f'(t)\} &= \lim_{t_0\to+0}\left\{[e^{-st}f(t)]_{t_0}^{\infty} + s\int_{t_0}^{\infty} f(t)\,e^{-st}\,dt\right\}\\ &= -\lim_{t_0\to+0} f(t_0) + s\,\mathscr{L}\{f(t)\} = s\,\mathscr{L}\{f(t)\} - f(+0)\,.\end{aligned} \tag{3.45}$$

Der Differentiation einer Zeitfunktion $f(t)$ entspricht im Frequenzbereich einer Multiplikation der Laplacetransformierten der Zeitfunktion $f(t)$ mit der komplexen Frequenzvariablen s abzüglich des rechtsseitigen Grenzwertes der Zeitfunktion $f(+0)$ (vergl. Anhang A3.3).

3.3.1.3 Laplacetransformierte elementarer Impulsfunktionen. Es sollen nun die Laplacetransformierten der elementaren Impulsfunktionen nach Abschn. 1.4 betrachtet werden.

Einheitssprungfunktion. Zur Bestimmung der Frequenzfunktion $\mathscr{L}\{\sigma(t)\}$ wendet man Gl. (3.40) an.

$$\mathscr{L}\{\sigma(t)\} = \int_0^\infty e^{-st}\,dt = \left.\frac{e^{-st}}{-s}\right|_0^\infty = \frac{1}{s} \tag{3.46}$$

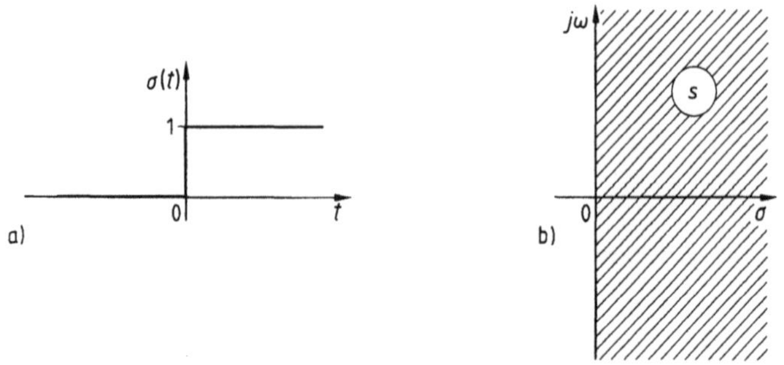

3.8 Einheitssprungfunktion $\sigma(t)$ (a), Konvergenzhalbebene (b)

Dabei wird vorausgesetzt, daß der Grenzwert

$$\lim_{t\to\infty} e^{-st} = \lim_{t\to\infty} e^{-(\sigma+j\omega)t} = 0$$

ist, wenn $\sigma > 0$ gewählt wird. Für die Einheitssprungfunktion konvergiert das Laplaceintegral somit für alle s-Werte, deren Realteile $\sigma > 0$ sind. Das dadurch bestimmte Gebiet in der komplexen s-Ebene heißt die Konvergenzhalbebene (Bild **3**.8). Es gilt somit die Korrespondenz

$$\sigma(t) \circ\!\!-\!\!\bullet \frac{1}{s}. \tag{3.47}$$

Diracfunktion. Um die Laplacetransformierte der Diracfunktion $\mathcal{L}\{\delta(t)\}$ zu bestimmen, geht man von der Darstellung der Stoßfunktion nach Abschn. 1.4.2 aus. Die Diracfunktion $\delta(t)$ kann als Grenzwert

$$\delta(t) = \lim_{\tau_i\to 0} \frac{1}{\tau_i}[\sigma(t) - \sigma(t-\tau_i)]$$

aufgefaßt werden. Dann ist nach Gl. (3.47)

$$\mathcal{L}\{\delta(t)\} = \lim_{\tau_i\to 0} \frac{1}{\tau_i}\left[\frac{1}{s} - \frac{e^{-s\tau_i}}{s}\right] = \frac{1}{s} \lim_{\tau_i\to 0} \frac{1-e^{-s\tau_i}}{\tau_i}.$$

Die Grenzwertbestimmung ergibt für

$$\lim_{\tau_i\to 0} \frac{1-e^{-s\tau_i}}{\tau_i} = \lim_{\tau_i\to 0} s\,e^{-s\tau_i} = s. \tag{3.48}$$

Damit ergibt sich die wichtige Korrespondenz

$$\delta(t) \circ\!\!-\!\!\bullet 1 \tag{3.49}$$

entsprechend Bild **3**.9.

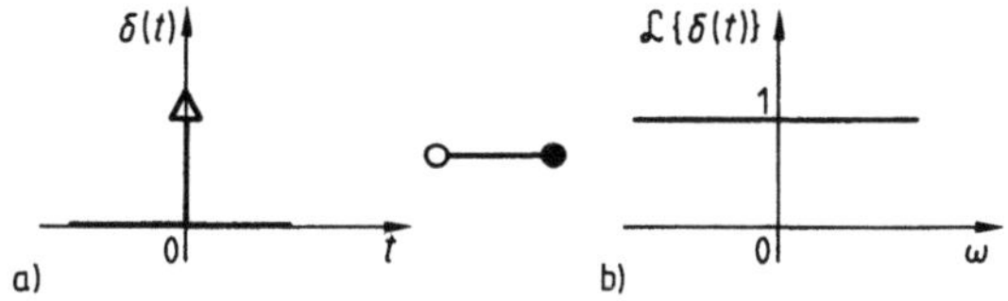

3.9 Diracfunktion $\delta(t)$ (a), Laplacetransformierte der Diracfunktion $\mathcal{L}\{\delta(t)\}$ (b)

Rampen- oder Keilfunktion. Die Laplacetransformierte der Rampen- oder Keilfunktion

$$f(t) = \begin{cases} 0 & \text{für} \quad t<0 \\ t & \text{für} \quad t \geqq 0 \end{cases}$$

berechnet sich als

$$\mathcal{L}\{f(t)\} = \mathcal{L}\{t\} = \int_0^\infty t\,\mathrm{e}^{-st}\,\mathrm{d}t$$

$$= t\,\frac{\mathrm{e}^{-st}}{-s}\bigg|_0^\infty + \frac{1}{s}\int_0^\infty \mathrm{e}^{-st}\,\mathrm{d}t = -\frac{1}{s^2}\,\mathrm{e}^{-st}\bigg|_0^\infty = \frac{1}{s^2}\,. \tag{3.50}$$

Entsprechend Bild **3**.10 lautet die Korrespondenz

$$t \circ\!\!-\!\!\!-\!\!\bullet \frac{1}{s^2} \quad \text{für} \quad \mathrm{Re}\{s\}>0\,.$$

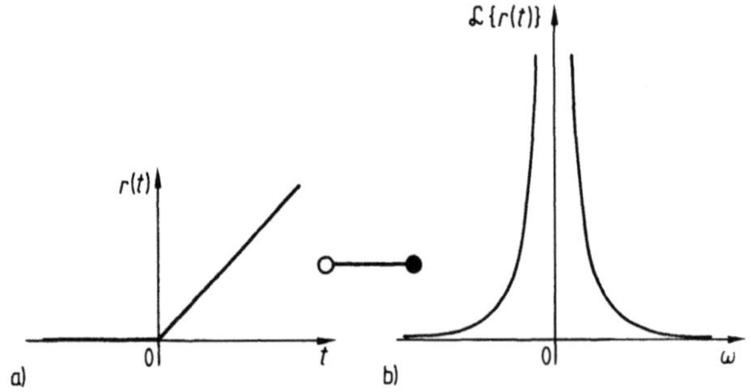

3.10
Rampen- bzw. Keilfunktion $r(t)$ (a), Laplacetransformierte der Rampenfunktion $\mathcal{L}\{r(t)\}$ (b)

3.3.1.4 Bestimmung der Systemantwortfunktion. Die Ausgangszeitfunktion $x_2(t)$ eines linearen Übertragungssystems ist mittelbar durch die Übertragungsfunktion $\underline{F}(s)$ mit der Eingangszeitfunktion $x_1(t)$ nach Bild **3**.11 verknüpft. Dabei stellt die Übertragungsfunktion $\underline{F}(s)$ das Verhältnis der Spektraldichten von Eingangs- zu Ausgangsgröße dar (s. Band I, Teil 1). Dann ist das Ausgangssignal im Bildbereich $\underline{X}_2(s)=\underline{F}(s)\,\underline{X}_1(s)$ mit den Korrespondenzen $\underline{X}_1(s) \bullet\!\!-\!\!\!-\!\!\circ x_1(t)$ und $\underline{X}_2(s) \bullet\!\!-\!\!\!-\!\!\circ x_2(t)$. Die Übertragungsfunktionen passiver RLC-Netzwerke sind gebrochen rationale Funktionen in s. Ein- und Ausgangssignal des Übertragungssystems müssen nicht notwendigerweise von gleicher Dimension sein. Es ist durchaus möglich, eine Übertragungsfunktion z. B. als $\underline{F}(s) = \mathcal{L}\{i(t)\}/\mathcal{L}\{u(t)\}$ zu beschreiben. In der Regelungstechnik treten dabei die verschiedensten Dimensionen auf (s. Band I, Teil 1).

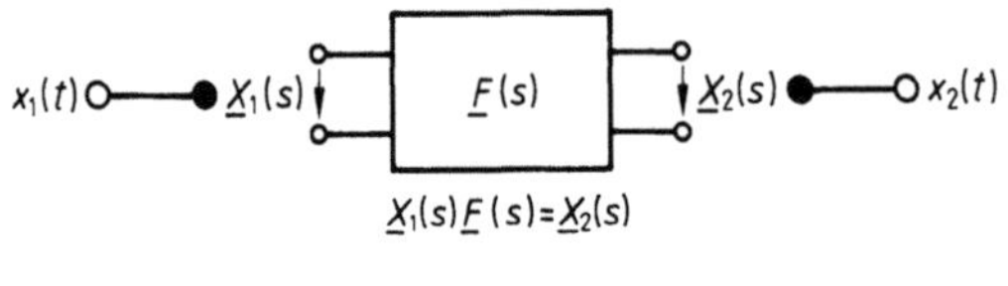

3.11
Zusammenhang zwischen Eingangs- und Ausgangsfunktion im Original- und Bildbereich für ein *QLZ*-System mit der Übertragungsfunktion $\underline{F}(s)$

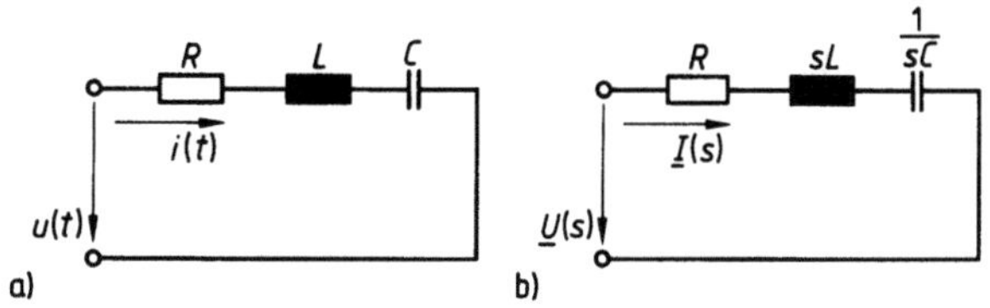

3.12
Netzwerk im Originalbereich (a) und im Bildbereich (b)

Betrachtet man eine Reihenschaltung aus einem Wirkwiderstand R, einer Kapazität C und einer Induktivität L nach Bild 3.12a im Originalbereich, wobei die Schaltung für $t<0$ ohne Anregungsfunktion sein soll, so liefert der Spannungsumlauf

$$R\,i(t)+\frac{1}{C}\int_0^t i(\tau)\,\mathrm{d}\tau+L\,\frac{\mathrm{d}i(t)}{\mathrm{d}t}=u(t). \tag{3.51}$$

Die Differentiation der Gl. (3.51) nach der Zeit führt auf

$$R\,\frac{\mathrm{d}i(t)}{\mathrm{d}t}+\frac{1}{C}\,i(t)+L\,\frac{\mathrm{d}^2 i(t)}{\mathrm{d}t}=\frac{\mathrm{d}u(t)}{\mathrm{d}t}.$$

Wendet man darauf den Differentiationssatz nach Gl. (3.45) bzw. den Anhang A3.3 an, so erhält man für $f(+0)=f'(+0)=0$

$$R\,s\,\underline{I}(s)+\frac{1}{C}\,\underline{I}(s)+L\,s^2\,\underline{I}(s)=s\,\underline{U}(s).$$

Für $s \neq 0$ ist

$$R\,\underline{I}(s)+\frac{1}{s\,C}\,\underline{I}(s)+s\,L\,\underline{I}(s)=\underline{U}(s)$$

$$\left(R+\frac{1}{s\,C}+s\,L\right)\underline{I}(s)=\underline{U}(s). \tag{3.52}$$

Es ist zweckmäßig, den einzelnen Elementen der Reihenschaltung symbolische Widerstände im Bildbereich nach Tafel 3.13 zuzuordnen. Mit Hilfe dieser symbolischen Widerstände geht damit auch die Betrachtung von Netzwerken

Tafel 3.13 Symbolische Widerstände $\underline{Z}_\mathrm{R}$, $\underline{Z}_\mathrm{C}$ und $\underline{Z}_\mathrm{L}$

Bauelement	Spannungsabfall im Zeitbereich	Spannungsabfall im Frequenzbereich	Symbolischer Widerstand
R	$u_\mathrm{R}(t)=R\,i(t)$	$\underline{U}_\mathrm{R}(s)=R\,\underline{I}_\mathrm{R}(s)$	$\underline{Z}_\mathrm{R}=R$
C	$u_\mathrm{C}(t)=\frac{1}{C}\int_0^t i_\mathrm{C}(\tau)\,\mathrm{d}\tau$	$\underline{U}_\mathrm{C}(s)=\frac{1}{s\,C}\,\underline{I}_\mathrm{C}(s)$	$\underline{Z}_\mathrm{C}=\frac{1}{s\,C}$
L	$u_\mathrm{L}(t)=L\,\frac{\mathrm{d}i_\mathrm{L}(t)}{\mathrm{d}t}$	$\underline{U}_\mathrm{L}(s)=s\,L\,\underline{I}(s)$	$\underline{Z}_\mathrm{L}=s\,L$

aus dem Original-(Zeit-)bereich in den Bild-(Frequenz-)bereich über, wie die Gegenüberstellung in Bild 3.12 zeigt. Das Originalnetzwerk wird so in ein Bildnetzwerk mit den entsprechenden Bildströmen, Bildspannungen und symbolischen Widerständen überführt, für die formal die gleichen Gesetze - wie z. B. die Kirchhoffschen Gesetze - gelten. Dabei wird davon ausgegangen, daß durch geeignete Anfangsbedingungen Bestandteile der Differentialgleichung im Original-(Zeit-)bereich für $f(+0)$ und $f'(+0)$ verschwinden. Dann kann auf das Aufstellen der Differentialgleichungen im Originalbereich und deren Transformation in den Bildbereich verzichtet werden, und die Gleichungen des Bildbereiches können unmittelbar anhand der vorliegenden Schaltung aufgestellt werden.

Beispiel 3.4. Für die in Bild 3.14 dargestellten Übertragungssysteme sollen die Übertragungsfunktionen $\underline{F}(s) = \mathcal{L}\{u_2(t)\}/\mathcal{L}\{u_1(t)\} = \underline{U}_2(s)/\underline{U}_1(s)$ bei ausgangsseitigem Leerlaufbetrieb des jeweiligen Netzwerkes bestimmt werden.

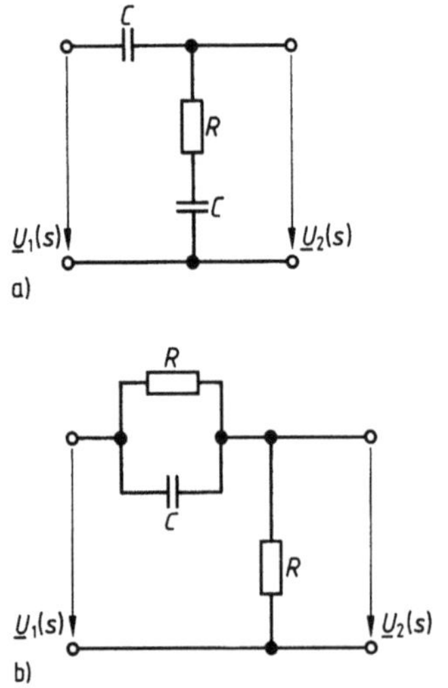

3.14 Passive Übertragungssysteme bei ausgangsseitigem Leerlauf

Für das in Bild 3.14a dargestellte Netzwerk ergibt sich

$$\underline{F}(s) = \frac{\underline{U}_2(s)}{\underline{U}_1(s)} = \frac{R + \dfrac{1}{sC}}{R + \dfrac{2}{sC}} = \frac{sCR+1}{sCR+2},$$

für das Netzwerk nach Bild 3.14b findet man

$$\frac{\underline{U}_2(s)}{\underline{U}_1(s)} = \frac{R}{R + \dfrac{R\dfrac{1}{sC}}{R + \dfrac{1}{sC}}} = \frac{sCR+1}{sCR+2}.$$

Die beiden betrachteten Übertragungsnetzwerke haben also die gleiche Übertragungsfunktion und stimmen damit in ihrem Übertragungsverhalten überein.

Beispiel 3.5. Für das Übertragungssystem von Bild 3.15 soll die Übertragungsfunktion bei ausgangsseitigem Leerlaufbetrieb des Netzwerkes berechnet werden.

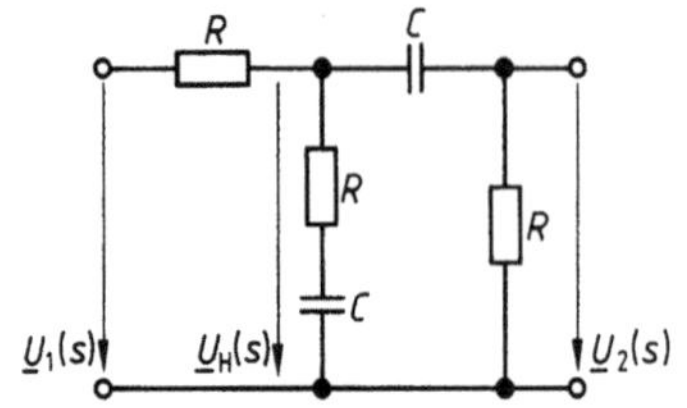

3.15 Passives Übertragungssystem bei ausgangsseitigem Leerlauf

Durch Spannungsteilung findet man für die hilfsweise eingeführte Spannung $\underline{U}_H$

$$\frac{\underline{U}_H(s)}{\underline{U}_1(s)} = \frac{R + \dfrac{1}{sC}}{3R + \dfrac{1}{sC}}.$$

Die Ausgangsspannung $\underline{U}_2(s)$ erhält man wiederum durch Spannungsteilung

$$\frac{\underline{U}_2(s)}{\underline{U}_\mathrm{H}(s)} = \frac{R}{R + \frac{1}{sC}}.$$

Dann ist

$$\underline{F}(s) = \frac{\underline{U}_2(s)\,\underline{U}_\mathrm{H}(s)}{\underline{U}_\mathrm{H}(s)\,\underline{U}_1(s)} = \frac{\underline{U}_2}{\underline{U}_1} = \frac{sCR}{3sCR+1}.$$

3.3.2 Passive Netzwerke mit einem Energiespeicher

Die Impulsverformung durch Netzwerke mit einem Energiespeicher kann entweder durch ein Tiefpaß- oder ein Hochpaßverhalten des Übertragungssystems beschrieben werden. Ein Tiefpaß verschleift sprungartige Signale, da er die im Spektrum enthaltenen hohen Frequenzanteile nicht oder nur gedämpft überträgt. Ein Hochpaß wiederum läßt Gleichanteile nicht passieren. Ideale Rechteckimpulse werden dadurch so verformt, daß sowohl die Flankensteilheit abnimmt als auch Dachschrägen auftreten. Als Energiespeicher kommen Kapazitäten oder Induktivitäten in Betracht. Im einfachsten Fall bestehen Netzwerke aus einem Wirk- und einem Blindwiderstand. Bild 3.16 zeigt, wie durch Vertauschen der Lage des Wirk- und Blindwiderstandes aus einem Tiefpaß ein Hochpaß und aus einem Hochpaß ein Tiefpaß wird.

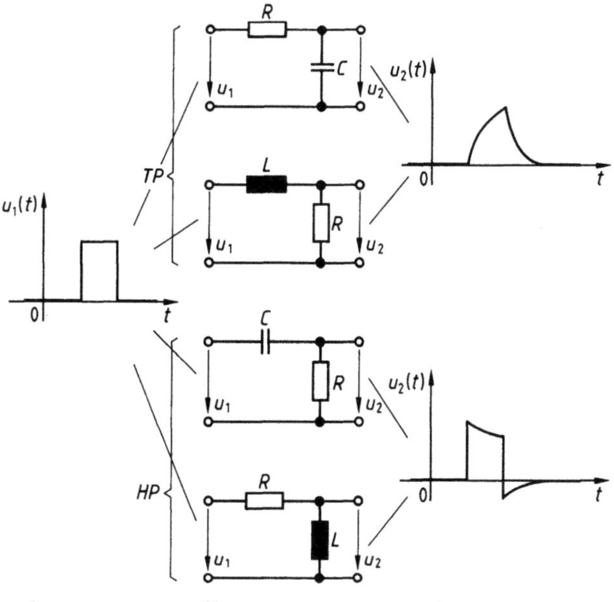

3.16 Hoch- und Tiefpaßschaltungen (b) mit der Anregungsfunktion $u_1(t)$ (a) und den Antwortfunktionen $u_2(t)$ (c)

3.3.2.1 Impulsverformung durch Tiefpaßglieder. Aus der vorangegangenen Gegenüberstellung möglicher RC- und RL-Kombinationen mit jeweils einem Energiespeicher wird deutlich, daß sowohl eine RC-Schaltung mit einer Kapazität C im Querzweig als auch eine RL-Schaltung mit einer Induktivität L im Längszweig Tiefpaßverhalten aufweisen. Mit der symbolischen Darstellung im Bildbereich ergeben sich für die Übertragungsfunktionen nach Bild 3.17a

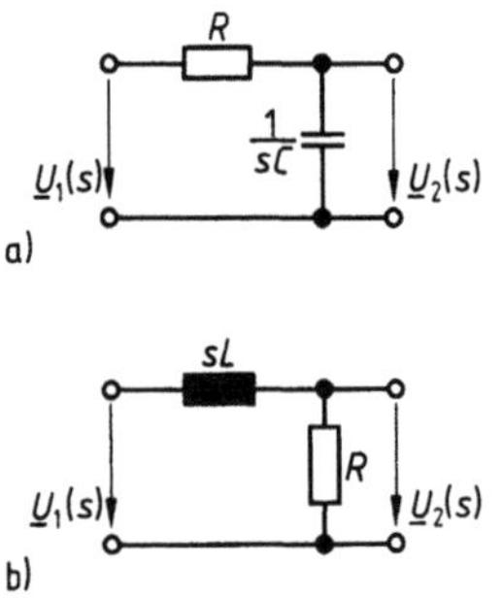

3.17
Tiefpaß aus R und C (a), Tiefpaß aus L und R (b) im Bildbereich

$$\frac{\underline{U}_2}{\underline{U}_1} = \frac{\frac{1}{sC}}{R + \frac{1}{sC}} = \frac{1}{sCR+1} \tag{3.53}$$

und nach Bild 3.17b

$$\frac{\underline{U}_2}{\underline{U}_1} = \frac{R}{R+sL} = \frac{1}{1+s\frac{L}{R}}. \tag{3.54}$$

Wird nun für beide Übertragungsfunktionen nach Gl. (3.53) und (3.54) die Zeitkonstante

$$\tau = RC \quad \text{bzw.} \quad \tau = \frac{L}{R} \tag{3.55}$$

eingeführt, so entsteht eine verallgemeinerte Übertragungsfunktion für einen Tiefpaß mit einem Energiespeicher

$$\underline{F}(s) = \frac{1}{1+s\tau}. \tag{3.56}$$

Tiefpaß als Integrator. Gl. (3.56) läßt sich in die Form $\underline{F}(s) = \frac{1}{\tau}\Big/\left(\frac{1}{\tau}+s\right)$ überführen. Für $\frac{1}{\tau} \ll s$ gilt die Näherung $\underline{F}(s) \approx \frac{1}{\tau}\frac{1}{s}$. Entsprechend dem Anhang A3.3 korrespondiert eine Multiplikation mit $(1/s)$ im Bildbereich mit einer Integration im Originalbereich. Daher können Tiefpässe für Impulsfolgen mit hochfrequenten Signalanteilen als Integrierglied verwendet werden.

Eine für praktische Anwendungen ausreichende integrierende Wirkung der Tiefpaßschaltung erreicht man, wenn die Zeitkonstante des Integriergliedes als $\tau \geqq 5\,\tau_i$ gewählt wird.

Grenzfrequenz des Tiefpasses. An der -3 dB-Grenze ist der Betrag der Übertragungsfunktion auf das $1/\sqrt{2}$-fache abgefallen, so daß

$$\frac{1}{\sqrt{2}} = \frac{1}{\sqrt{1+\omega_g^2\tau^2}}$$

gilt. Daraus bestimmt man die Kreisgrenzfrequenz $\omega_g = 1/\tau$ bzw. die Grenzfrequenz

$$f_g = 1/(2\pi\tau). \tag{3.57}$$

Einheitsimpulsantwort. Wird ein Tiefpaß im energielosen Anfangszustand mit der Übertragungsfunktion $\underline{F}(s)$ nach Gl. (3.56) mit einer Einheitsstoßfunktion $\delta(t)$ eingangsseitig angeregt, so ist wegen $x_1(t)=\delta(t) \circ\!\!-\!\!\bullet\, 1=\underline{X}_1(s)$ die Ausgangsfunktion im Bildbereich $\underline{X}_2(s)=1/(1+s\tau)$ und korrespondiert mit der Einheitsimpulsantwortfunktion

$$\delta_a(t) = \frac{1}{\tau}\,e^{-t/\tau}. \tag{3.58}$$

Bild 3.18 zeigt die Ein- und Ausgangsfunktion.

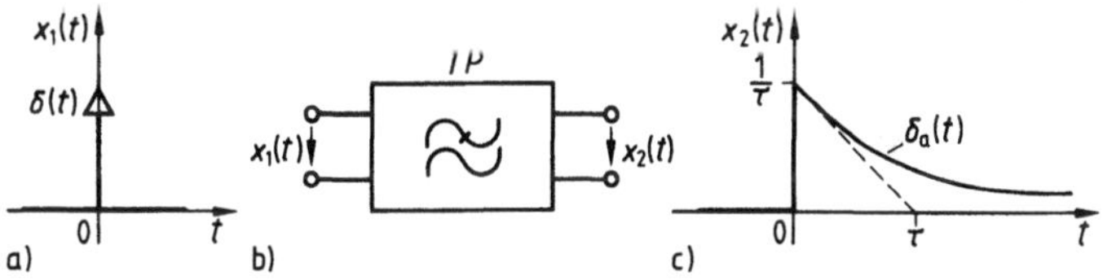

3.18 Einheitsstoßfunktion $\delta(t)$ (a), Tiefpaß *TP* (b) und Einheitsstoßantwortfunktion $\delta_a(t)$ (c)

Einheitssprungantwort. Die eingangsseitige Anregung des Tiefpasses im energielosen Anfangszustand mit einer Einheitssprungfunktion

$x_1(t)=\sigma(t) \circ\!\!-\!\!\bullet\, \frac{1}{s} = \underline{X}_1(s)$ führt auf

$$\underline{X}_2(s) = \frac{1}{s(1+s\tau)} \quad \bullet\!\!-\!\!\circ \quad \sigma_a(t) = 1 - e^{-t/\tau} \tag{3.59}$$

entsprechend Bild 3.19.

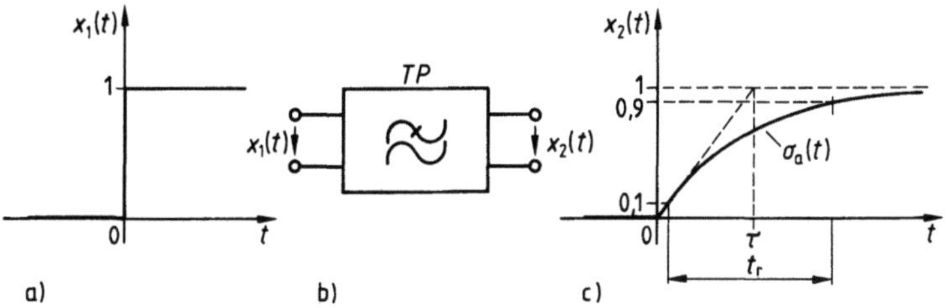

3.19 Einheitssprungfunktion $\sigma(t)$ (a), Tiefpaß *TP* (b), Einheitssprungantwortfunktion $\sigma_a(t)$ mit der Anstiegszeit t_r und der Zeitkonstante τ (c)

Anstiegszeit. Aus der Einheitssprungantwortfunktion $\sigma_a(t)$ kann entsprechend der Definition nach Abschn. 1.3.1 die Anstiegszeit t_r unmittelbar berechnet werden. In Bild 3.19 gilt in den 10%- und 90%-Punkten der Antwortfunktion

$$10\%: \quad 0{,}1 = 1 - \mathrm{e}^{-t_1/\tau}$$

und

$$90\%: \quad 0{,}9 = 1 - \mathrm{e}^{-t_2/\tau}.$$

Daraus erhält man die Anstiegszeit $t_r = t_2 - t_1 = \tau(\ln 0{,}9 - \ln 0{,}1)$ näherungsweise als

$$t_r \approx 2{,}2\,\tau. \tag{3.60}$$

Wird Gl. (3.57) in Gl. (3.60) eingesetzt, so erhält man einen wichtigen Zusammenhang zwischen Anstiegszeit t_r und Grenzfrequenz f_g beim Tiefpaß

$$t_r \approx \frac{0{,}35}{f_g}. \tag{3.61}$$

Dieser einfache Zusammenhang ist besonders bedeutend für die Dimensionierung eines Tiefpaßsystems mit der Grenzfrequenz f_g bezüglich der auftretenden Impulsverformung.

Einzelner Rechteckimpuls. Ein einzelner, einseitiger Rechteckimpuls kann nach Abschn. 1.4.1 aus zwei zeitlich verschobenen Sprungfunktionen zusammengesetzt werden. Entsprechend kann die Ausgangsfunktion des Tiefpasses auch als Überlagerung der zeitlich verschobenen Sprungantworten aufgefaßt werden. Für den einzelnen Rechteckimpuls mit der Impulsdauer $\tau_i > 0$ gilt bei Anwendung des Verschiebungssatzes im Zeitbereich

$$x_1(t) = \sigma(t) - \sigma(t - \tau_i) \quad \circ\!\!-\!\!\!-\!\!\bullet \quad \underline{X}_1(s) = \frac{1}{s}(1 - \mathrm{e}^{-\tau_i s}). \tag{3.62}$$

Mit der Übertragungsfunktion $\underline{F}(s) = 1/(1 + s\tau)$ wird

$$\underline{X}_2(s) = \frac{1}{s(1 + s\tau)}(1 - \mathrm{e}^{-\tau_i s})$$

$$\bullet\!\!-\!\!\!-\!\!\circ$$

$$x_2(t) = (1 - \mathrm{e}^{-t/\tau}) - \begin{cases} 0 & \text{für} \quad t < \tau_i \\ [1 - \mathrm{e}^{-(t-\tau_i)/\tau}] & \text{für} \quad t \geqq \tau_i . \end{cases} \tag{3.63}$$

Trägt man die Antwortfunktion $x_2(t)$ in Bild 3.20 für verschiedene Verhältnisse von τ_i/τ auf, so werden die Verformungen eines einzelnen Rechteckimpulses durch einen Tiefpaß sichtbar. Für $\tau_i \gg \tau$ bleibt die Impulsform näherungsweise erhalten. Für $\tau_i \ll \tau$ entsteht ein nahezu linearer Anstieg bis auf einen Endwert,

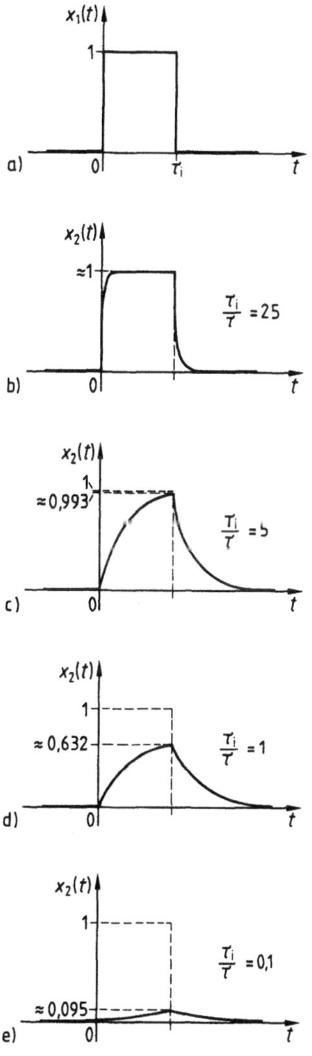

3.20
Einzelner Rechteckimpuls als Anregungsfunktion (a), Antwortfunktionen für $\tau_i/\tau=25$ (b), $\tau_i/\tau=5$ (c), $\tau_i/\tau=1$ (d) und $\tau_i/\tau=0{,}1$ (e)

der klein gegen die Anregungsamplitude ist. Danach fällt die Kurve mit der Zeitkonstanten τ asymptotisch gegen null ab. Damit nimmt das Maß der Impulsverformung mit wachsender Zeitkonstanten τ gegenüber der Impulsdauer τ_i zu, und die Impulsflanken werden flacher. Für eine möglichst verzerrungsfreie Übertragung durch den Tiefpaß muß also das Verhältnis $\tau_i/\tau \gg 1$ sein.

Rechteckimpulsfolge. Im folgenden soll die Verformung einer Rechteckimpulsfolge untersucht werden. Aus Gründen der Übersichtlichkeit wird an dieser Stelle auf eine ausführliche Berechnung der Antwortfunktion verzichtet.

Bild 3.21 zeigt den Einschwingvorgang bei der Übertragung einer bei $t=0$ eingeschalteten, einseitigen Rechteckimpulsfolge der Periodendauer T_0 durch einen Tiefpaß mit einem Energiespeicher. Man erkennt, daß sich für $t \gg T_0$ ein eingeschwungener (stationärer) Zustand einstellt, in dem die Ausgangsfunktion $x_2(t)$ gleichmäßig um einen Mittelwert $x_{2,\,\mathrm{stat}}$ als Gleichanteil schwankt. Während des Einschwingvorganges fließt jeweils während der Impulszeiten der Dauer τ_i mehr Energie in den Energiespeicher als in den Pausenzeiten der Dauer τ_p abfließt, bis sich schließlich im Energiespeicher ein stationärer Gleichgewichtszustand einstellt und der Einschwingvorgang als praktisch beendet angesehen werden kann. Es läßt sich zeigen, daß die Eckpunkte der Ausgangsfunktion $x_2(t)$ auf den einhüllenden Exponentialkurven

$$x_{2,\,\max}(t) = \hat{x}_{2,\,\max}\left(1 - \mathrm{e}^{-\frac{t+\tau_p}{\tau}}\right) \tag{3.64}$$

und

$$x_{2,\,\min}(t) = \hat{x}_{2,\,\min}\left(1 - \mathrm{e}^{-t/\tau}\right) \tag{3.65}$$

liegen. Darin sind τ die Zeitkonstante des Tiefpasses, τ_p die Pausendauer und

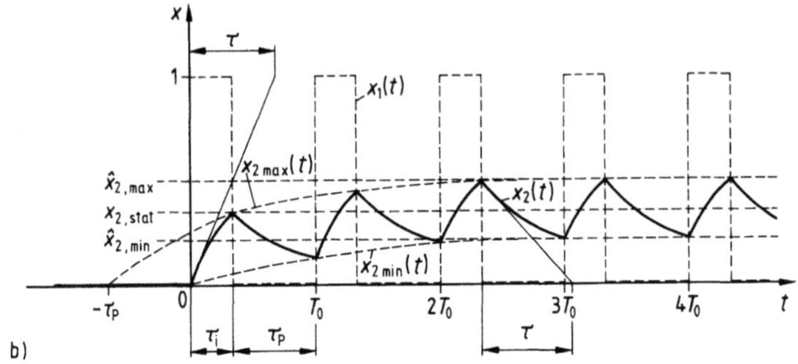

3.21 Einschwingvorgang bei der Übertragung einer zur Zeit $t=0$ eingeschalteten, einseitigen Rechteckimpulsfolge der Periodendauer $\underline{T}_0$ über einen Tiefpaß mit einem Energiespeicher mit τ_i Impulsdauer, τ_p Pausendauer, $f_0=1/T_0$ Impulsfolgefrequenz, $x_1(t)$ Eingangsfunktion, $x_2(t)$ Ausgangsfunktion, τ Zeitkonstante des Tiefpasses, $x_{2,max}(t)$ Einhüllende der oberen Spitzenwerte von $x(t)$, $x_{2,min}(t)$ Einhüllende der unteren Spitzenwerte von $x_2(t)$, $x_{2,stat}$ Mittelwert der Ausgangsfunktion $x_2(t)$, $\hat{x}_{2,max}$ Amplitude von $x_{2,max}(t)$ und $\hat{x}_{2,min}$ Amplitude von $x_{2,min}(t)$

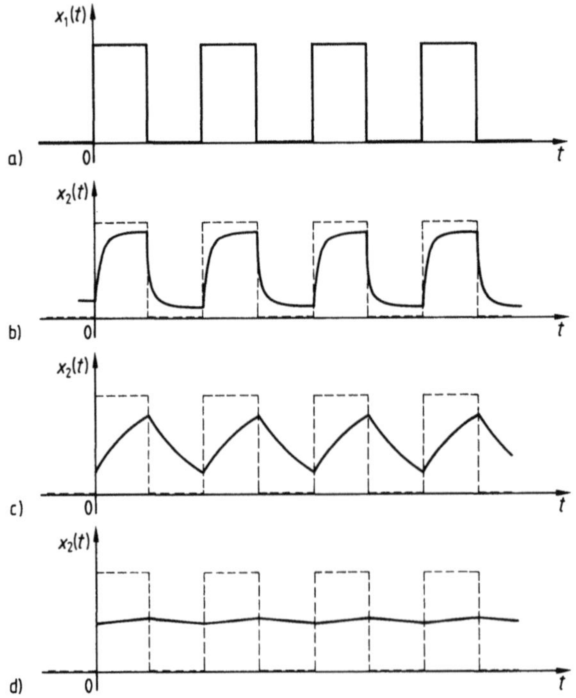

3.22 Verformung einer einseitigen Rechteckimpulsfolge mit dem Tastgrad g_0 (a) im stationären Zustand für verschiedene Zeitkonstanten $\tau=0{,}1\,\tau_i$ (b), $\tau=\tau_i$ (c) und $\tau=10\,\tau_i$ (d)

die Amplituden

$$\hat{x}_{2,\max} = \frac{1-e^{-\tau_i/\tau}}{1-e^{-T_0/\tau}} \tag{3.66}$$

und

$$\hat{x}_{2,\min} = \frac{1-e^{-\tau_i/\tau}}{1-e^{-T_0/\tau}}\, e^{-\tau_p/\tau}. \tag{3.67}$$

Für $t \gg T_0$ ergeben sich beim Anlegen einer einseitigen Rechteckimpulsfolge nach Bild **3**.22a an den Eingang eines Tiefpasses mit einem Energiespeicher verschiedene Verläufe für die Antwortfunktion in Abhängigkeit von der Zeitkonstanten τ (Bild **3**.22b bis d).

Anstiegsantwort. Wird auf einen Tiefpaß mit einem Energiespeicher und der Zeitkonstanten τ eine Rampen- bzw. Keilfunktion $x_1(t)=kt$ (vergl. Abschn. 1.4.3) gegeben, so läßt sich mit der Korrespondenz

$$x_1(t)=kt \quad \circ\!\!-\!\!\!-\!\!\bullet \quad k\frac{1}{s^2}=\underline{X}_1(s) \tag{3.68}$$

und der Übertragungsfunktion $\underline{F}(s)=1/(1+s\tau)$ die Anstiegsantwort im Bildbereich als

$$\underline{X}_2(s) = \frac{k}{s^2(1+s\tau)} \tag{3.69}$$

angeben. Die Partialbruchzerlegung und anschließende Rücktransformation führen auf

$$\underline{X}_2(s)=k\left(\frac{1}{s^2}-\tau\frac{1}{s}+\tau^2\frac{1}{1+s\tau}\right)$$

$$\bullet\!\!-\!\!\!-\!\!\circ$$

$$x_2(t)=k(t-\tau\sigma(t)+\tau e^{-t/\tau}). \tag{3.70}$$

Die Anstiegsantwortfunktion $x_2(t)$ ist in Bild **3**.23 dargestellt. Man erkennt einen Anstiegsfehler, da für $t \gg \tau$ das Ausgangssignal an der Stelle $t=t_0$ um $x_1(t_0)-x_2(t_0)$ zu klein ist.

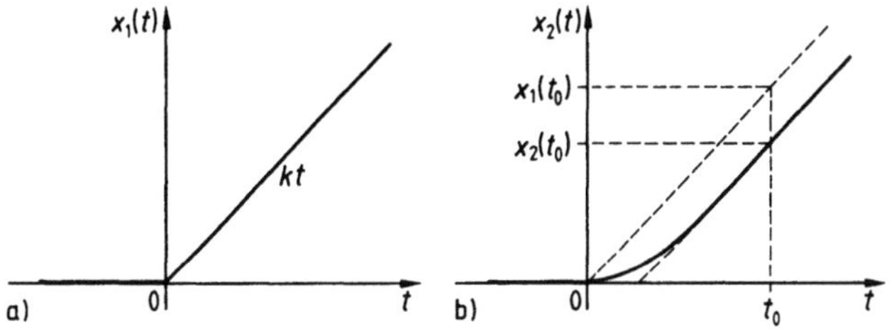

3.23 Rampen- bzw. Keilfunktion $x_1(t)=kt$ (a), Anstiegsantwortfunktion $x_2(t)$ des Tiefpasses (b)

3.3.2.2 Impulsverformung durch Hochpaßglieder. Bild 3.24 zeigt zwei Hochpaßschaltungen mit jeweils einem Energiespeicher. In der Schaltung nach Bild 3.24a liegt eine Kapazität im Längsweg, deren komplexer Widerstand $1/(sC)$ mit abnehmender Frequenz zunimmt, und in der Schaltung nach Bild 3.24b liegt eine Induktivität im Querpfad, deren komplexer Querleitwert $(-\mathrm{j})/(\omega L)$ ebenfalls mit abnehmender Frequenz zunimmt. Das bedeutet für beide Schaltungsanordnungen: Gleichanteile werden überhaupt nicht übertragen, Eingangssignale niedriger Frequenz werden gedämpft, während Signale mit hoher Frequenz praktisch ungedämpft an den Ausgang gelangen. Mit der symbolischen Darstellung im Bildbereich ergeben sich für die Übertragungsfunktionen nach Bild 3.24a

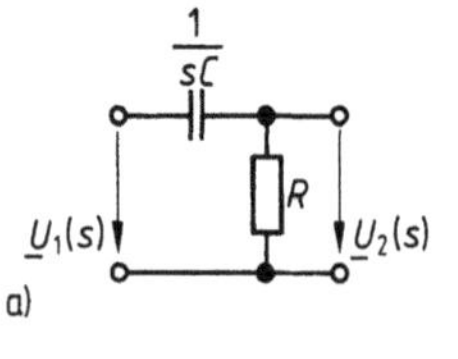

$$\underline{F}(s)=\frac{\underline{U}_2(s)}{\underline{U}_1(s)}=\frac{sRC}{sRC+1} \tag{3.71}$$

und nach Bild 3.24b

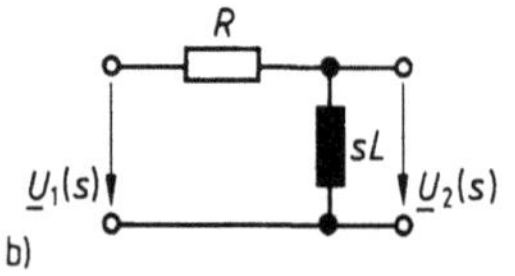

$$\underline{F}(s)=\frac{\underline{U}_2(s)}{\underline{U}_1(s)}=\frac{s\dfrac{L}{R}}{1+s\dfrac{L}{R}}\,. \tag{3.72}$$

3.24
Hochpaß mit C und R (a), mit R und L (b) im Bildbereich

In Gl. (3.71) und (3.72) wird die Zeitkonstante des Hochpasses entsprechend Gl. (3.55) als $\tau=RC$ bzw. $\tau=L/R$ eingeführt. Damit entsteht die allgemeine Übertragungsfunktion eines Hochpasses mit einem Energiespeicher

$$\underline{F}(s)=\frac{s}{s+\dfrac{1}{\tau}}\,. \tag{3.73}$$

Der Hochpaß als Differenzierglied. Für niedrige Frequenzen gilt wegen $s \ll 1/\tau$ die Näherung $\underline{F}(s)\approx s\tau$. Einer Multiplikation mit der komplexen Variablen s im Bildbereich entspricht nach Anhang A3.3 eine Differentiation im Originalbereich. Daher können, wie nachfolgend erläutert wird, solche Schaltungen als Differenzierglieder eingesetzt werden. Eine für praktische Anwendungen ausreichende differenzierende Wirkung der Hochpaßschaltung ist dann gegeben, wenn das Verhältnis von Zeitkonstante des Hochpasses τ zur Impulsdauer τ_i als $\tau \leqq \tau_i/10$ gewählt wird.

Grenzfrequenz des Hochpasses. An der -3 dB-Grenze gilt für den Betrag der Übertragungsfunktion

$$\frac{1}{\sqrt{2}}=\frac{\omega_g}{\sqrt{\omega_g^2+\frac{1}{\tau^2}}}. \tag{3.74}$$

Daraus bestimmt man die Kreisgrenzfrequenz $\omega_g = 1/\tau$ bzw. die Grenzfrequenz

$$f_g = 1/(2\pi\tau) \tag{3.75}$$

mit dem gleichen Ergebnis wie in Gl. (3.57) für die Grenzfrequenz des Tiefpasses.

Einheitsimpulsantwort. Wird ein Hochpaß mit einem Energiespeicher im energielosen Anfangszustand mit einer Einheitsimpulsfunktion $\delta(t)$ eingangsseitig angeregt, so ist mit Gl. (3.73) wegen $x_1(t)=\delta(t) \circ\!\!-\!\!\bullet\; 1=\underline{X}_1(s)$ die Ausgangsfunktion im Bildbereich

$$\underline{X}_2(s)=\frac{s}{s+\frac{1}{\tau}}. \tag{3.76}$$

Die Rücktransformation von $\underline{X}_2(s)$ kann berechnet werden, indem nach Anhang A3.3 auf die Differentiation im Bildbereich zurückgegriffen wird. Danach gilt die Korrespondenz

$$\frac{\mathrm{d}\underline{X}(s)}{\mathrm{d}s} \bullet\!\!-\!\!\circ\; -t x(t).$$

Wendet man diese Korrespondenz auf Gl. (3.76) an, so erhält man

$$\begin{aligned} \frac{1}{\tau}\frac{1}{\left(s+\frac{1}{\tau}\right)^2} &= \frac{\mathrm{d}\underline{X}_2}{\mathrm{d}s} \bullet\!\!-\!\!\circ\; -t x_2(t) \\ \frac{1}{\tau}\frac{1}{\left(s+\frac{1}{\tau}\right)^2} & \begin{cases} \bullet\!\!-\!\!\circ\; -\tau t x_2(t) \\ \bullet\!\!-\!\!\circ\; t\,\mathrm{e}^{-t/\tau} \end{cases} \end{aligned} \tag{3.77}$$

Für $t \neq 0$ ist $x_2(t)=\delta_a(t)=-\frac{1}{\tau}\mathrm{e}^{-t/\tau}$ (Bild **3.25**).

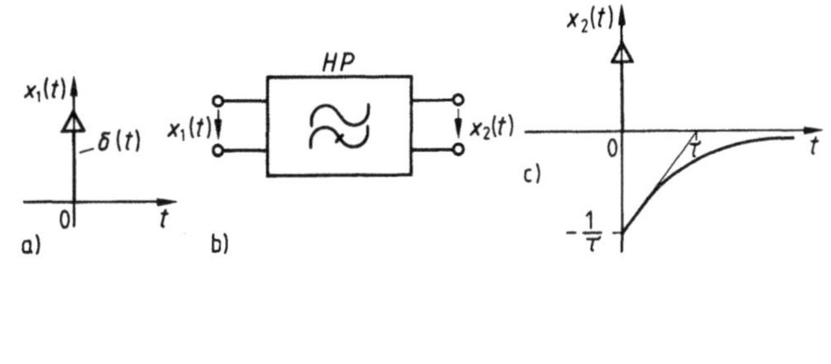

3.25
Einheitsstoßfunktion $\delta(t)$ (a), Hochpaß *HP* (b) und Einheitsstoßantwortfunktion $\delta_a(t)$ (c)

Einheitssprungantwort. Die eingangsseitige Anregung des Hochpasses im energielosen Anfangszustand mit einer Einheitssprungfunktion

$$x_1(t) = \sigma(t) \circ\!\!-\!\!\bullet \frac{1}{s} = \underline{X}_1(s)$$

führt auf

$$\underline{X}_2(s) = \frac{\tau}{1+s\tau} \bullet\!\!-\!\!\circ x_2(t) = \sigma_a(t) = e^{-t/\tau}. \tag{3.78}$$

Die Sprungfunktion $x_1(t) = \sigma(t)$ wird im Einschaltaugenblick ($t=0$) in voller Höhe übertragen, da sich der Energieinhalt des Speichers im Hochpaß nicht sprunghaft ändern kann (Bild **3**.26). In der Schaltung nach Bild **3**.24a wirken die Kapazität C zur Zeit $t=0$ als Kurzschluß und in der Schaltung nach Bild **3**.24b die Induktivität L wie ein unendlich großer Widerstand.

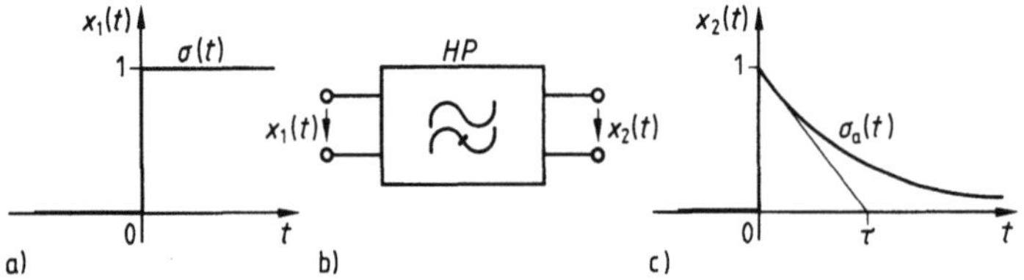

3.26 Einheitssprungfunktion $\sigma(t)$ (a), Hochpaß *HP* (b), Einheitssprungantwortfunktion $\sigma_a(t)$ (c)

Anstiegszeit. Die Anstiegszeit der Sprungantwortfunktion $\sigma_a(t)$ des Hochpasses mit einem Energiespeicher ist theoretisch null.

Abfallzeit. Es tritt eine Abfallzeit t_f auf, die von der gleichen Größe wie die Anstiegszeit des entsprechenden Tiefpasses ist (vergl. Gl. (3.61)). Sie wird entsprechend Abschn. 3.3.2.1 aus den 10%- und 90%-Punkten bestimmt und beträgt $t_f \approx 2{,}2\,\tau$.

Einzelner Rechteckimpuls. Ein einzelner, einseitiger Rechteckimpuls wird wiederum als aus zwei zeitlich verschobenen Sprungfunktionen zusammengesetzt aufgefaßt. Für einen einzelnen, einseitigen Rechteckimpuls mit $\tau_i > 0$ nach Gl. (3.62) und die Übertragungsfunktion $\underline{F}(s) = s/(s+1/\tau)$ ist die Ausgangsfunktion

$$\underline{X}_2(s) = \frac{1}{s+\frac{1}{\tau}} - \frac{1}{s+\frac{1}{\tau}}\,e^{-s\tau_i}$$

$$\bullet\!\!-\!\!\circ$$

$$x_2(t) = e^{-t/\tau} - \begin{cases} 0 & \text{für } t < \tau_i \\ e^{-(t-\tau_i)/\tau} & \text{für } t \geqq \tau_i. \end{cases} \tag{3.79}$$

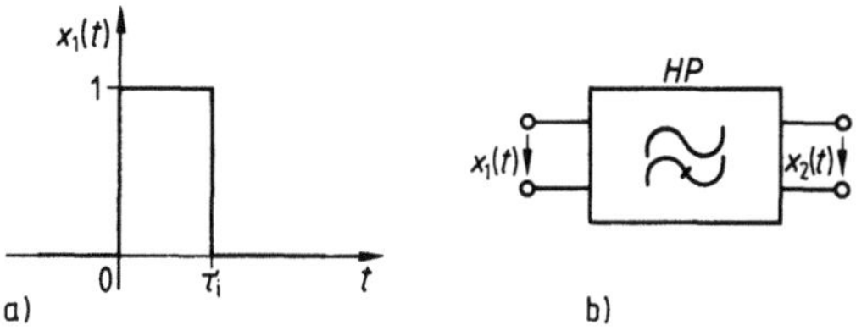

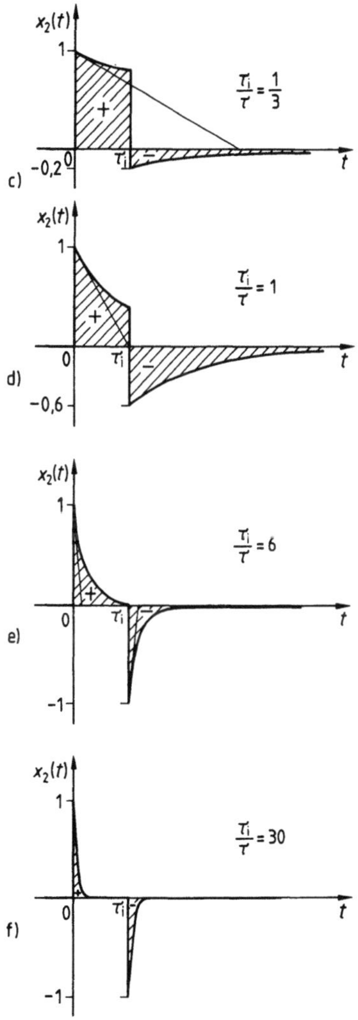

3.27
Einzelner, einseitiger Rechteckimpuls (a), Hochpaß *HP* (b), Antwortfunktion für $\tau_i/\tau = 1/3$ (c), Antwortfunktion für $\tau_i/\tau = 1$ (d), Antwortfunktion für $\tau_i/\tau = 6$ (e) und Antwortfunktion für $\tau_i/\tau = 30$ (f)

Anhand des Bildes 3.27 erkennt man, daß mit zunehmendem Verhältnis von Impulsdauer τ_i zur Zeitkonstanten τ des Hochpasses die Impulsverformung zunimmt. Weiter nimmt die Ausgangsfunktion für $t > \tau_i$ negative Werte an. Die in Bild 3.27 schraffierten positiven und negativen Flächen müssen deshalb gleich groß sein, da ein Hochpaß keinen Gleichanteil übertragen kann und somit der zeitliche Mittelwert der Antwortfunktion null ist. Für $\tau_i \gg \tau$ wird die Wirkung des Hochpasses als Differenzierglied deutlich. Differenziert man einen idealen, einseitigen Rechteckimpuls nach Bild 3.28a, so erhält man nach Bild 3.28b als abgeleitete Funktion Diracimpulse. Die ansteigende Flanke von $x_1(t)$ liefert einen positiven, die abfallende Flanke einen negativen Diracimpuls. Die waagerechten Funktionsanteile von $x_1(t)$ ergeben beim Differenzieren den Wert null. In praktischen Schaltungen mit unvermeidbaren Querkapazitäten, die ihnen ein Tiefpaßverhalten mit der Zeitkonstanten τ_{TP} verleihen, treten nur vorverzerrte Impulsflanken entsprechend Bild 3.28c in der Form $x_1(t) = 1 - \exp(-t/\tau_{TP})$ auf. Die Differentiation solcher vorverzerrten Flanken durch einen Hochpaß mit der Zeitkonstanten τ_{HP} führt auf

$$x_2(t) = \tau_{HP} \frac{\mathrm{d}x_1(t)}{\mathrm{d}t} = \frac{\tau_{HP}}{\tau_{TP}} \mathrm{e}^{-t/\tau_{TP}} \qquad (3.80)$$

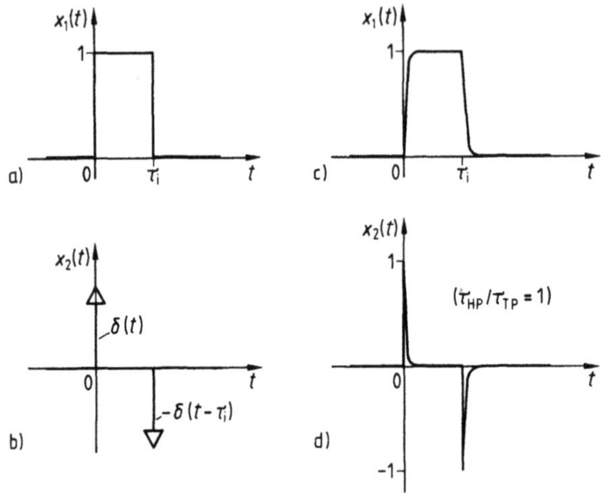

3.28
Einseitiger Rechteckimpuls (a) und dessen Ableitungsfunktion (b), vorverzerrter einseitiger Rechteckimpuls (c) und dessen Ableitungsfunktion für $\tau_{HP}/\tau_{TP}=1$ (d)

mit der Anfangsamplitude $x_2(0)=\tau_{HP}/\tau_{TP}$. Nur für $\tau_{HP}/\tau_{TP}=1$ sind die entstehenden Nadelimpulse nach Bild **3**.28d so groß wie die eingangsseitigen Sprungamplituden. Da Hochpaßschaltungen nur für $\tau_i \gg \tau_{HP}$ eine hinreichende Differentiation des Eingangssignals bewirken, werden solche Schaltungen besser als quasi-differenzierende Schaltungen bezeichnet.

Rechteckimpulsfolge. Gibt man beginnend mit $t=0$ eine periodische Folge von einseitigen Rechteckimpulsen $f_1(t)$ mit der Impulsdauer τ_i, der Pulsfolgefrequenz $f_0=1/T_0$ und der normierten Amplitude 1 auf den Eingang eines Hochpasses mit einem Energiespeicher, so beobachtet man einen zeitlichen Verlauf des Ausgangssignals $x_2(t)$ entsprechend Bild **3**.29. Alle Spannungssprünge wer-

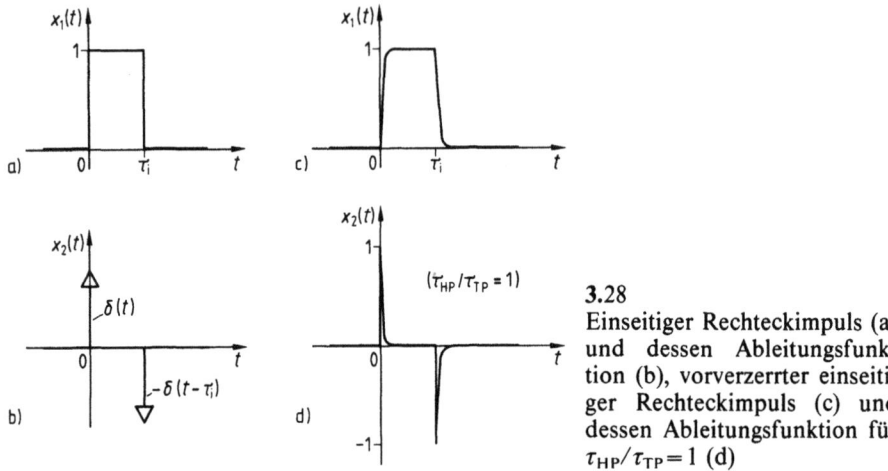

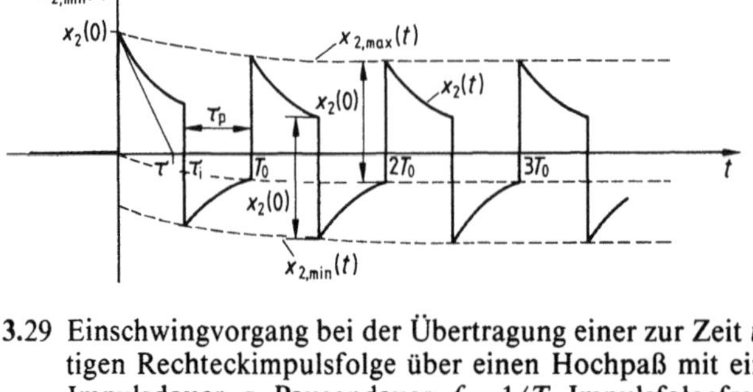

3.29 Einschwingvorgang bei der Übertragung einer zur Zeit $t=0$ eingeschalteten, einseitigen Rechteckimpulsfolge über einen Hochpaß mit einem Energiespeicher mit τ_i Impulsdauer, τ_p Pausendauer, $f_0=1/T_0$ Impulsfolgefrequenz, $x_2(t)$ Ausgangsfunktion, τ Zeitkonstante des Hochpasses, $x_{2,max}(t)$ Einhüllende der oberen Spitzenwerte von $x_2(t)$, $x_{2,min}(t)$ Einhüllende der unteren Spitzenwerte von $x_2(t)$, $\hat{x}_{2,max}$ Amplitude von $x_{a,max}(t)$ und $\hat{x}_{2,min}$ Amplitude von $x_{1,min}(t)$

den im Sprungaugenblick in voller Höhe übertragen. Dabei stellt sich - genau wie beim Tiefpaß - nach einiger Zeit ein stationärer Zustand ein. Wegen $\lim_{s \to 0} \underline{F}(s) = \underline{F}(0) = 0$ nach Gl. (3.73) wird kein Gleichanteil übertragen. Die ausgangsseitige Impulsfolge pendelt sich so ein, daß die Impulsflächen über der Nullinie dem Betrage nach gleich den Impulsflächen unter der Nullinie sind. Die Spitzenwerte dieses Einschwingvorganges liegen ebenso wie beim Tiefpaß auf einhüllenden Exponentialkurven mit den Funktionen

$$x_{2,\,\max}(t) = \hat{x}_{2,\,\max} + (1 - \hat{x}_{2,\,\max})\,\mathrm{e}^{-t/\tau} \tag{3.81}$$

und

$$x_{2,\,\min}(t) = \hat{x}_{2,\,\min}\,[1 - \mathrm{e}^{-(t+\tau_p)/\tau}] \tag{3.82}$$

mit

$$\hat{x}_{2,\,\max} = \frac{1 - \mathrm{e}^{-\tau_p/\tau}}{1 - \mathrm{e}^{-T_0/\tau}} \tag{3.83}$$

und

$$\hat{x}_{2,\,\min} = -\frac{1 - \mathrm{e}^{-\tau_i/\tau}}{1 - \mathrm{e}^{-T_0/\tau}}\,. \tag{3.84}$$

Die Amplituden $\hat{x}_{2,\,\max}$ und $\hat{x}_{2,\,\min}$ legen den zeitlichen Verlauf des Ausgangssignals für den eingeschwungenen Zustand ($t \gg \tau$) fest. Wie man aus Gl. (3.83) und (3.84) erkennt, hängen $\hat{x}_{2,\,\max}$ und $\hat{x}_{2,\,\min}$ von τ_i, τ_p und T_0 ab. Stellt man auf einem Oszilloskop, dessen Vertikalverstärker Hochpaßverhalten aufweist, eine periodische Pulsfolge mit einem Tastgrad g_0 dar und ändert sprunghaft g_0 in g_0', so ‚schwimmt' das Oszillogramm in eine neue stationäre Lage gegenüber der Nullinie so ein, da der arithmetische Mittelwert wiederum null ist.

Anstiegsantwort. Wird auf einen Hochpaß mit einem Energiespeicher und der Zeitkonstanten τ beginnend bei $t = 0$ eine Rampen- bzw. Keilfunktion $f_1(t) = kt$ gegeben, so kann mit Gl. (3.68) und der Übertragungsfunktion $\underline{F}(s)$ entsprechend Gl. (3.73) die Anstiegsantwort als

$$\underline{X}_2(s) = k \frac{1}{s\left(s + \dfrac{1}{\tau}\right)}$$

$$\bullet\!\!-\!\!\circ$$

$$x_2(t) = k\tau(1 - \mathrm{e}^{-t/\tau}) \tag{3.85}$$

berechnet werden. Die Anstiegsantwortfunktion ist in Bild **3.**30 dargestellt. Der Ausdruck $(1 - \mathrm{e}^{-t/\tau})$ aus Gl. (3.85) läßt sich in eine Reihe entwickeln. Bei der Mitnahme der Glieder bis zur zweiten Ordnung ergibt sich

$$(1 - \mathrm{e}^{-t/\tau}) \approx \frac{t}{\tau}\left(1 - \frac{t}{2\tau}\right).$$

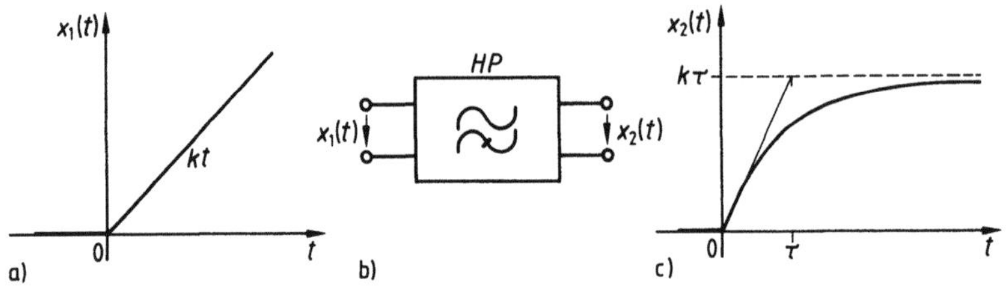

3.30 Rampen- bzw. Keilfunktion $x_1(t)=kt$ (a), Hochpaß HP (b), Anstiegsantwortfunktion $x_2(t)$ (c)

Der zweite Faktor beschreibt die Abweichung vom linearen Verlauf gegenüber dem linearen Eingangssignal. Die relative Abweichung $\Delta x_2/x_2$ beträgt damit

$$\left|\frac{\Delta x_2(t)}{x_2(t)}\right| = \frac{t}{2\tau} \quad \text{für} \quad t \ll \tau.$$

Lineare Rampenfunktionen kommen in Zeitablenkstufen von Oszilloskopen vor. Ist z. B. ein Ablenksignal für die Dauer von 5 ms durch einen Hochpaß mit dem Ziel der Gleichanteilentkopplung zu übertragen, und soll dabei der relative Fehler $\leqq 1\%$ sein, so können die Zeitkonstante τ sowie die Grenzfrequenz f_g des erforderlichen Hochpasses wie folgt bestimmt werden: $5\,\text{ms}/2\tau = 10^{-2}$ bzw. $\tau = 250$ ms und $f_g = 1/(2\pi\tau) \approx 0{,}64$ Hz.

Beispiel 3.6. Für die in Bild 3.31a dargestellte RC-Schaltung mit Hochpaßverhalten soll die Einheitssprungantwortfunktion $\sigma_a(t)$ berechnet und für das Verhältnis $R_1 = 3R_2$ unter Angabe der charakteristischen Funktionswerte skizziert werden.

Für die gegebene Schaltung wird zuerst die Übertragungsfunktion $\underline{F}(s)$ aufgestellt. Danach ist

$$\underline{F}(s) = \frac{\underline{U}_2(s)}{\underline{U}_1(s)} = \frac{R_2}{\dfrac{R_1 \dfrac{1}{sC}}{R_1 + \dfrac{1}{sC}} + R_2} = \frac{R_2}{R_1 + R_2} \; \frac{1 + \dfrac{R_1 + R_2}{R_2} s\tau}{1 + s\tau}.$$

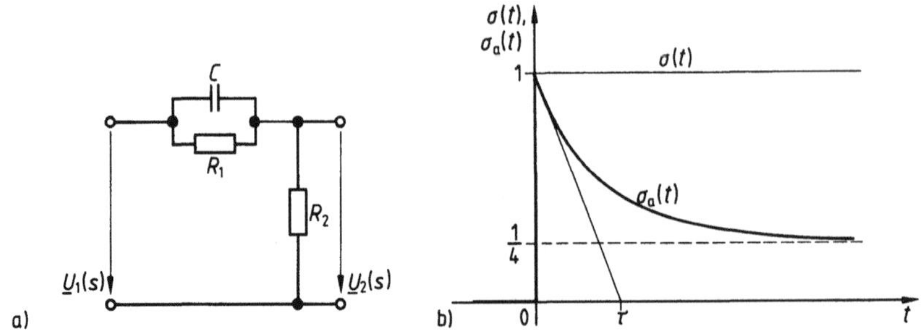

3.31 Hochpaß aus C, R_1 und R_2 (a), Einheitssprungantwortfunktion $\sigma_a(t)$ (b)

Mit der Zeitkonstanten $\tau = \frac{R_1 R_2}{R_1 + R_2} C$ und dem Vorfaktor $a = \frac{R_1 + R_2}{R_2}$ mit $0 \leqq a \leqq 1$ wird $\underline{F}(s) = \frac{1}{a} \frac{1 + as\tau}{1 + s\tau}$. Die Eingangsfunktion ist $x_1(t) = \sigma(t) \circ\!\!-\!\!\bullet \frac{1}{s} = \underline{X}_1(s)$.

Daraus ergibt sich die Ausgangsfunktion

$$\underline{X}_2(s) = \frac{1}{a} \left[\frac{1}{s(1+s\tau)} + \frac{a\tau}{1+s\tau} \right]$$

$$\bullet\!\!-\!\!\circ$$

$$x_2(t) = \frac{1}{a} [(1 - e^{-t/\tau}) + a e^{-t/\tau}] = \frac{R_2}{R_1 + R_2} \left(1 + \frac{R_1}{R_2} e^{-t/\tau} \right)$$

mit $x_2(0) = 1$ und $\lim\limits_{t \to \infty} x_2(t) = \frac{R_2}{R_1 + R_2} = \frac{1}{4}$. Der Verlauf der Einheitssprungantwortfunktion $\sigma_a(t)$ ist in Bild 3.31b mit den charakteristischen Werten skizziert.

Anwendung. Eine typische Anwendung für Differenzier- und Integrierglieder bilden Schaltungen zur Selektion bestimmter Impulsarten aus einer Folge verschiedenartiger Impulsgruppen. Dabei eignen sich Tiefpässe als Integrierschaltungen zur Aussiebung breiter Impulse mit kurzen Impulspausen und Hochpässe als quasi-differenzierende Schaltungen zur Aussiebung von kurzen Impulsen mit langen Impulspausen. So wird bei der Fernsehübertragung die empfängerseitige Bild- und Zeilensynchronisation durch ein Impulsformat nach Bild 3.32a ermöglicht, das während des Strahlrücklaufes übertragen wird. Während die Zeilenfrequenz durch 3 µs lange Impulse *ZS* mit Pausen von ≈ 64 µs synchronisiert wird, wird die Bildsynchronisation durch eine endliche Anzahl breiter Impulse *BS* mit kurzen Pausen bewirkt, die kohärent in das Impulsformat der Zeilensynchronimpulse eingefügt sind. Im Fernsehempfänger müssen diese beiden typischen Impulsgruppen voneinander getrennt werden und der Zeilenkippstufe sowie der Bildkippstufe zugeführt werden. Eine geeignete Schaltung ist in Bild 3.32d dargestellt. Am Kollektorkreis des Transistors *T* werden ein Tiefpaß *TP* mit der Zeitkonstanten $\tau_{TP} \approx 50$ µs und ein Hochpaß mit der Zeitkonstanten $\tau_{HP} \approx 0{,}25$ µs angekoppelt. Der Hochpaß - bestehend aus einer CR-Schaltung mit $C = 50$ pF und $R = 5$ kΩ - als quasi-differenzierende Schaltung liefert aus dem Impulsgemisch (*ZS* und *BS*) schmale positive und negative Nadelimpulse. Die in Bild 3.32b mit einem Kreuz gekennzeichneten Nadelimpulse werden zur Synchronisation der Zeilenkippstufe herangezogen, während der Tiefpaß als kettenförmiges Integrierglied aus der endlichen Anzahl von Bildsynchronimpulsen *BS* ein Synchronsignal nach Bild 3.32c für die Bildkippstufe liefert. Der ‚hahnenkammartige' Verlauf entsteht durch das stufenweise Ansteigen des Integratorausgangssignals, da die Zeitkonstante jedes einzelnen Integriergliedes der Kette mit $R = 10$ kΩ und $C = 5$ nF als $\tau_{TP,\,einzel} = 50$ µs etwa doppelt so groß ist wie die Impulsdauer der einzelnen Bildsynchronimpulse. Zur Verbesserung der integrierenden Wirkung sind in dieser Schaltung drei einzelne Tiefpässe hintereinandergeschaltet.

Impulsverhalten des realen Spannungsteilers. Im Anschluß an die Behandlung der Impulsverformung durch Hoch- und Tiefpaßsysteme soll das Impulsverhalten eines realen Spannungsteilers untersucht werden. Ein rein ohmscher Spannungsteiler weist frequenzunabhängiges Übertragungsverhalten auf. Die-

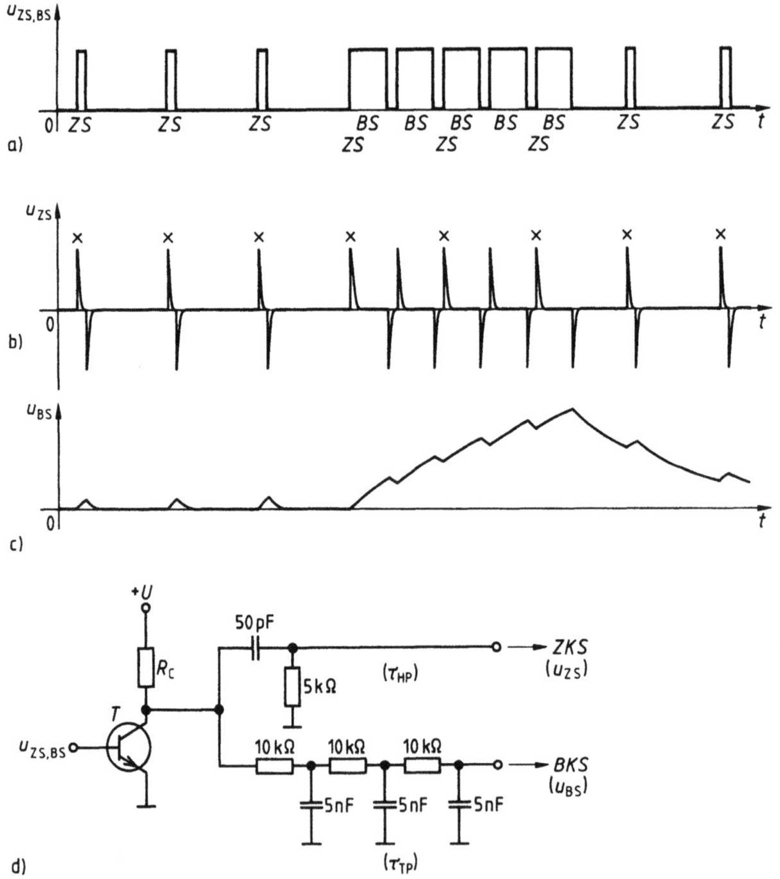

3.32 Impulsformat $u_{ZS,BS}(t)$ mit Zeilensynchronimpulsen *ZS* und Bildsynchronimpulsen *BS* (a), Nadelimpulse $u_{ZS}(t)$ am Ausgang des Hochpasses mit $\tau_{HP} \approx 0{,}25$ µs zur Synchronisation der Zeilenkippstufe (*ZKS*) (b), kammartiges Synchronsignal $u_{BS}(t)$ am Ausgang des Tiefpasses mit $\tau_{TP} \approx 50$ µs zur Synchronisation der Bildkippstufe (*BKS*) (c), Schaltung zur Impulstrennung von $u_{ZS,BS}$ in u_{ZS} und u_{BS} (d)

ses ideale Übertragungsverhalten tritt in praktischen Schaltungsanordnungen wegen unvermeidbarer Schalt- und Querkapazitäten nicht auf, die in der Regel zu Tiefpaßverhalten führen. Ein kapazitiv belasteter Spannungsteiler aus R_1, R_2 und C_2 nach Bild **3.33** a stellt einen Tiefpaß mit der Zeitkonstanten $\tau = \frac{R_1 R_2}{R_1 + R_2} C_2$ dar. Mit Hilfe einer zusätzlichen Kapazität C_1, die zu R_1 nach Bild **3.33** b parallel geschaltet wird, kann die frequenzbandbegrenzende Wirkung der Kapazität C_2 kompensiert werden, so daß der so entstandene $R_1 C_1$-$R_2 C_2$-Spannungsteiler z. B. Rechteckimpulse unverzerrt übertragen kann. Das bedeutet, daß die Übertragungsfunktion $\underline{F}(s)$ für ein Netzwerk nach Bild **3.33** b

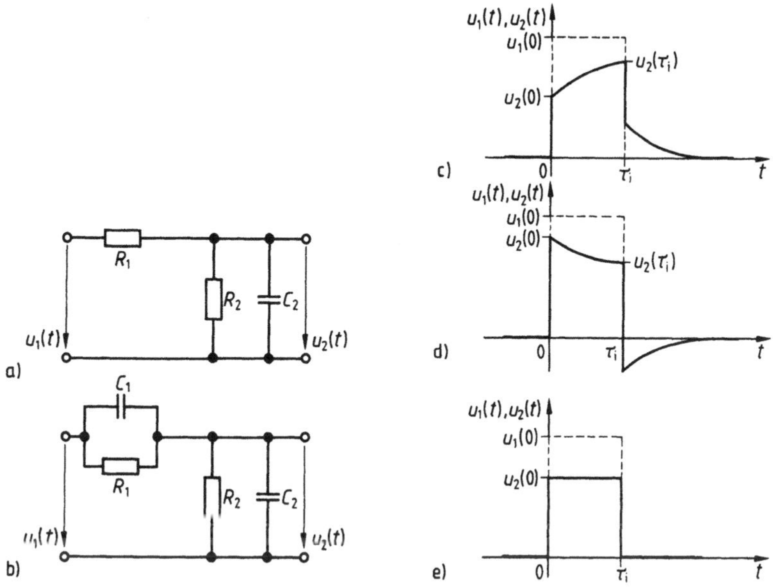

3.33 Spannungsteiler mit ausgangsseitiger, kapazitiver Belastung durch C_2 (a), kompensierbarer Spannungsteiler mit zusätzlicher Kapazität C_1 (b), Verzerrung eines einseitigen Rechteckimpulses bei Unterkompensation ($R_1 C_1 < R_2 C_2$) (c), Überkompensation ($R_1 C_1 > R_2 C_2$) (d), unverzerrte Impulsform bei Kompensation ($R_1 C_1 = R_2 C_2$) (e)

frequenzunabhängig wird. Für die Übertragungsfunktion $\underline{F}(s)$ erhält man

$$\underline{F}(s) = \frac{\underline{U}_2(s)}{\underline{U}_1(s)} = \frac{\dfrac{R_2 \dfrac{1}{s C_2}}{R_2 + \dfrac{1}{s C_2}}}{\dfrac{R_1 \dfrac{1}{s C_1}}{R_1 + \dfrac{1}{s C_1}} + \dfrac{R_2 \dfrac{1}{s C_2}}{R_2 + \dfrac{1}{s C_2}}} = \frac{R_2 (s R_1 C_1 + 1)}{R_1 (s R_2 C_2 + 1) + R_2 (s R_1 C_1 + 1)}. \tag{3.86}$$

$\underline{F}(s)$ wird frequenzunabhängig, wenn

$$R_1 C_1 = R_2 C_2 = \tau \tag{3.87}$$

gesetzt wird.

$$\underline{F}(s) = \frac{R_2 (s\tau + 1)}{R_1 (s\tau + 1) + R_2 (s\tau + 1)} = \frac{R_2}{R_1 + R_2} \tag{3.88}$$

Dieser Zusammenhang kann physikalisch anhand der Übertragung eines Spannungssprunges beschrieben werden. Im Augenblick des eingangsseitigen Sprunges bei ungeladenen Kapazitäten und innenwiderstandsloser Spannungsquelle am Eingang bestimmen die Kapazitäten das Teilungsverhältnis als $u_2(0)=u_1(0)\,C_1/(C_1+C_2)$. Für $t\to\infty$ fließen durch C_1 und C_2 keine Ströme mehr, und das Teilungsverhältnis ist $u_2(\infty)=u_1(\infty)R_2/(R_1+R_2)$. In angewandten Schaltungen wie z. B. beim Tastkopf des Oszilloskops verwendet man für C_1 üblicherweise eine einstellbare Kapazität, damit der Spannungsteiler auf veränderliche kapazitive Belastungsverhältnisse eingestellt werden kann, um so die Frequenzunabhängigkeit des Übertragungsverhaltens wiederherzustellen. Der Einfluß von C_1 auf die Verformung eines einseitigen Rechteckimpulses ist in den Bildern **3.**33c bis e dargestellt. Ist C_1 zu klein, tritt ein Unterschwingen auf, da die Zeitkonstante R_2C_2 größer als R_1C_1 ist und damit das Tiefpaßverhalten überwiegt. Der Spannungsteiler wird dann als unterkompensiert bezeichnet. Ist C_1 zu groß, so tritt ein Überschwingen auf, da $R_1C_1>R_2C_2$ ist und damit das Hochpaßverhalten überwiegt. Der Spannungsteiler wird dann als überkompensiert bezeichnet. Nur wenn die Bedingung nach Gl. (3.87) erfüllt ist, wird eine verzerrungsfreie Übertragung erreicht.

Beispiel 3.7. Ein Tastkopf für ein Oszilloskop soll so dimensioniert werden, daß sich eine Spannungsteilung von 1:10 bei unverzerrter Übertragung ergibt. Der Eingangswiderstand des Oszilloskops ist komplex und wird nach Herstellerangaben als Parallelschaltung des Eingangswiderstandes $R_{SC}=10\,\mathrm{M\Omega}$ und der Eingangskapazität $C_{SC}=10\,\mathrm{pF}$ aufgefaßt. Der Tastkopf besteht aus der abgeschirmten Parallelschaltung von Vorwiderstand R_V und parallel geschaltetem Trimmer mit der Kapazität C_V sowie einem $l=1{,}1\,\mathrm{m}$ langen Koaxialkabel mit dem Kapazitätsbelag von $C'=30\,\mathrm{pF/m}$. Unter der Voraussetzung, daß mit diesem Tastkopf nur Spannungen mit Wellenlängen oszillographiert werden, die sehr viel kleiner als die Länge des verwendeten Kabels sind, sollen R_V und C_V bestimmt werden (Bild **3.**34).

Im kompensierten Zustand des Tastkopfes gelten folgende Beziehungen

$$\frac{1}{10}=\frac{R_{SC}}{R_V+R_{SC}}$$

und

$$\tau=R_V C_V=R_{SC}(C_{SC}+lC').$$

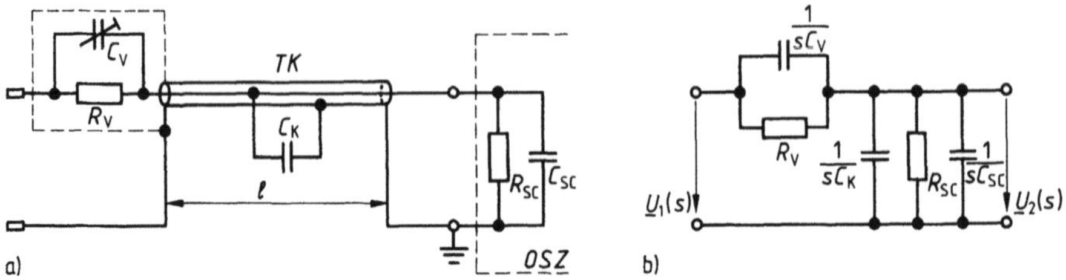

3.34 Schaltungsanordnung mit Tastkopf *TK* und Oszilloskop *OSZ* (a), Ersatzschaltbild (b) der Anordnung mit R_V Vorwiderstand, C_V Kompensationskapazität, C_K Kabelkapazität, R_{SC} Eingangswiderstand und C_{SC} Eingangskapazität des Oszilloskops

Daraus erhält man für $R_V = 9\,\mathrm{M\Omega}$ und $C_V \approx 4{,}78$ pF. Für die Kompensationskapazität C_V kann damit ein 10 pF-Trimmer gewählt werden.

3.3.3 Passive Netzwerke mit komplementären Energiespeichern

In impulsverarbeitenden Schaltungen kommen häufig Anordnungen vor, die außer Widerständen und Kapazitäten noch Induktivitäten enthalten. Dadurch treten schwingungsfähige Schaltungen auf. In diesem Abschnitt werden sowohl ein RLC-Glied als auch Schaltungen mit Impulsübertragern betrachtet.

3.3.3.1 Impulsverformung am Schwingkreis. Aus der Vielfalt möglicher RLC-Kreise soll hier auf eine Parallelschaltung aus R, L und C nach Bild 3.35 eingegangen werden, um die wesentlichen Grundlagen der Impulsverformung an einem Schwingkreis bei Anregung durch eine Stoß-, Sprung- und Rampen- bzw. Keilfunktion deutlich zu machen. Mit der symbolischen Darstellung im Bildbereich ergibt sich für die Funktion des komplexen Widerstandes $\underline{Z}(s)$ des RLC-Parallelschwingkreises

$$\underline{Z}(s) = \frac{1}{\frac{1}{R} + \frac{1}{sL} + sC} = \frac{sL}{s^2 LC + s\frac{L}{R} + 1}. \qquad (3.89)$$

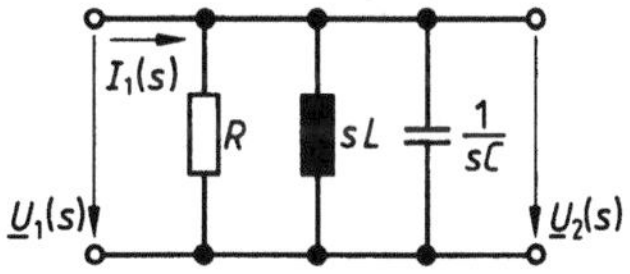

3.35
RLC-Parallelschwingkreis

Führt man die Kreisresonanzfrequenz $\omega_0 = 1/\sqrt{LC}$ und die Dämpfung $D = L\omega_0/(2R)$ als den Schwingkreis kennzeichnende Größen ein, so geht Gl. (3.89) über in

$$\underline{Z}(s) = \frac{sL}{s^2\frac{1}{\omega_0^2} + s\frac{2D}{\omega_0} + 1}. \qquad (3.90)$$

Die Funktion $\underline{Z}(s)$ hat die Polstellen

1. im Fall der periodischen Dämpfung für $D < 1$

$$s_1 = -D\omega_0 + \mathrm{j}\omega_0\sqrt{1-D^2} \qquad (3.91)$$

und

$$s_2 = -D\omega_0 - \mathrm{j}\omega_0\sqrt{1-D^2}. \qquad (3.92)$$

Das bedeutet für Einschwingvorgänge das Auftreten periodischer Funktionsanteile mit anfänglichem Überschwingen, die jedoch insgesamt gedämpft verlaufen und

2. im Fall der aperiodischen Dämpfung für $D>1$

$$s_1 = -D\omega_0 + \omega_0\sqrt{D^2-1} \tag{3.93}$$

und

$$s_2 = -D\omega_0 - \omega_0\sqrt{D^2-1}\,. \tag{3.94}$$

In diesem Fall besteht der Einschwingvorgang aus einem gedämpften zeitlichen Verlauf ohne periodische Funktionsanteile und Überschwingen. Dieser Verlauf kann auch als Kriechvorgang bezeichnet werden.

Von besonderem Interesse für die Impulsverformung am Schwingkreis ist der sogenannte aperiodische Grenzfall. Dabei entsteht eine gerade noch überschwingfreie Antwortfunktion. Dies ist für $D=1$ gegeben, da der Radikand in s_1 bzw. s_2 verschwindet. Dadurch werden die Polstellen $s_1=s_2=s_0=-\omega_0$ gleich. Bei periodischer Dämpfung wird

$$\underline{Z}(s) = \frac{s\omega_0^2 L}{(s-s_1)(s-s_2)} \qquad (D<1) \tag{3.95}$$

und im aperiodischen Grenzfall

$$\underline{Z}(s) = \frac{s\omega_0^2 L}{(s-s_0)^2} \qquad (D=1)\,. \tag{3.96}$$

Bei der Berechnung der Antwortfunktion ergeben sich nach Gl. (3.95) und Gl. (3.96) für die Rücktransformation die folgenden Partialbruchzerlegungen

$$\underline{Z}(s) = \omega_0^2 L\left[\frac{s_1}{s_1-s_2}\cdot\frac{1}{s-s_1} - \frac{s_2}{s_1-s_2}\cdot\frac{1}{s-s_2}\right] \tag{3.97}$$

für $D<1$ und

$$\underline{Z}(s) = \omega_0^2 L\left[\frac{s_0}{(s-s_0)^2} + \frac{1}{s-s_0}\right] \tag{3.98}$$

für $D=1$.

Impulsantwort. Als Anregungsfunktion wird die Stoßfunktion $\mathrm{d}(t)=Q_0\,\delta(t)$ mit dem Impulsmoment $\int_{-\infty}^{\infty}\mathrm{d}(t)\,\mathrm{d}t = I_0\tau_i = \text{const}$ als Ladung Q_0 für $t\geqq 0$ angenommen. Dann gilt die Korrespondenz

$$\mathrm{d}(t) = Q_0\,\delta(t) \quad \circ\!\!-\!\!\!-\!\!\bullet \quad Q_0 = \underline{X}_1(s) \tag{3.99}$$

mit der Anregungsfunktion $\underline{X}_1(s)$ im Bildbereich. Dann ist die Ausgangsspannung als Antwortfunktion bei periodischer Dämpfung mit Gl. (3.97) und Gl. (3.99)

$$\underline{U}_2(s)=\underline{Z}(s)\underline{X}_1(s)=\frac{Q_0\omega_0 L}{2\mathrm{j}\sqrt{1-D^2}}\left(s_1\frac{1}{s-s_1}-s_2\frac{1}{s-s_2}\right) \tag{3.100}$$

$$\bullet\!\!-\!\!\circ$$

$$u_2(t)=\frac{Q_0\omega_0^2 L}{\sqrt{1-D^2}}e^{-D\omega_0 t}\left[\sqrt{1-D^2}\cos(\omega_0\sqrt{1-D^2}\cdot t)-D\sin(\omega_0\sqrt{1-D^2}\cdot t)\right] \tag{3.101}$$

mit $u_2(0)=Q_0\omega_0^2 L=\dfrac{Q_0}{C}$ für $D<1$. Im aperiodischen Grenzfall ergibt sich mit Gl. (3.98) und Gl. (3.99) die Korrespondenz

$$\underline{U}_2(s)=Q_0\omega_0^2 L\left[(-\omega_0)\frac{1}{(s+\omega_0)^2}+\frac{1}{s+\omega_0}\right] \tag{3.102}$$

$$\bullet\!\!-\!\!\circ$$

$$u_2(t)=Q_0\omega_0^2 L e^{-\omega_0 t}(1-\omega_0 t) \tag{3.103}$$

für $D=1$. Bild **3**.36 zeigt die Impulsantwortfunktion bei periodischer Dämpfung ($D=0{,}1$) und im aperiodischen Grenzfall ($D=1$).

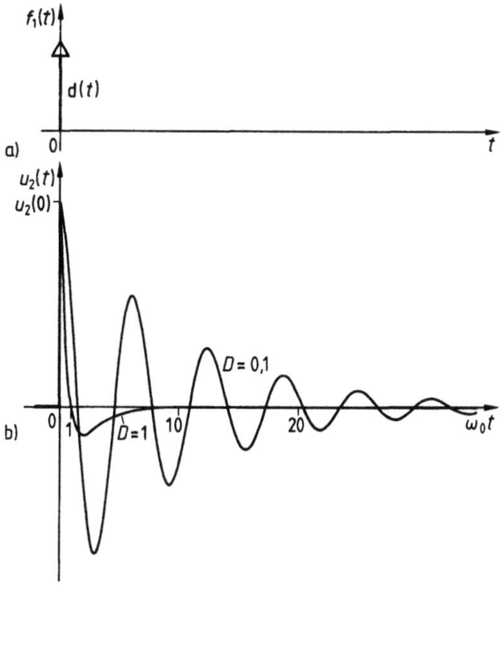

3.36
Stoßfunktion $d(t)$ (a),
Stoßantwortfunktion $u_2(t)=d_u(t)$ (b)

Sprungantwort. Der Parallelschwingkreis nach Bild 3.35 wird durch eine Sprungfunktion mit dem Stromverlauf

$$i_1(t) = I_0 \sigma(t) \circ\!\!-\!\!\bullet \; I_0 \cdot \frac{1}{s} = \underline{I}_1(s) \tag{3.104}$$

angeregt. Dann ist die Ausgangsspannung bei periodischer Dämpfung mit den Gln. (3.95) und (3.104)

$$\underline{U}_2(s) = \underline{Z}(s)\,\underline{I}_1(s) = \frac{I_0 \omega_0^2 L}{s_1 - s_2}\left(\frac{1}{s - s_1} - \frac{1}{s - s_2}\right) \tag{3.105}$$

$$\bullet\!\!-\!\!\circ$$

$$u_2(t) = \frac{I_0 \omega_0 L}{\sqrt{1 - D^2}}\, e^{-D\omega_0 t} \sin(\omega_0 \sqrt{1 - D^2} \cdot t) \tag{3.106}$$

mit $u_2(0) = 0$, $u_2(\infty) = 0$ und $\dfrac{\mathrm{d}u_2(0)}{\mathrm{d}t} = I_0 \omega_0^2 L$ für $D < 1$.

Im aperiodischen Grenzfall ergibt die Verknüpfung von Gl. (3.98) und Gl. (3.105)

$$\underline{U}_2(s) = I_0 \omega_0^2 L \left[\frac{s_0}{s(s - s_0)^2} + \frac{1}{s(s - s_0)}\right] \tag{3.107}$$

$$\bullet\!\!-\!\!\circ$$

$$u_2(t) = I_0 \omega_0^2 L t e^{-\omega_0 t} \tag{3.108}$$

mit $u_2(0) = 0$, $u_2(\infty) = 0$ und $\dfrac{\mathrm{d}u_2(0)}{\mathrm{d}t} = I_0 \omega_0^2 L$ für $D = 1$. Die Sprungantwortfunktionen nach Gl. (3.106) und Gl. (3.108) sind in Bild 3.37 für periodische Dämpfung ($D = 0{,}1$) und im aperiodischen Grenzfall ($D = 1$) dargestellt. Aus Bild 3.37b erkennt man für den periodisch gedämpften Verlauf, daß nach dem Abklingen des Einschwingvorganges nach etwa 5 Schwingungen die Ausgangsspannung gegen null geht, da die Induktivität L im Querpfad für die inzwischen als Gleichstrom erscheinende Anregungsfunktion einen Kurzschluß darstellt. Aus dem Verlauf im aperiodischen Grenzfall mit $D = 1$ kann abgeleitet werden, daß die Schaltung nach Bild 3.35 bei geeigneter Dimensionierung zur Erzeugung eines Impulses aus einer ansteigenden Flanke einer eingangsseitigen Sprungfunktion eingesetzt werden kann. Allerdings weist das Maximum des erzeugten Impulses eine zeitliche Verzögerung um $1/\omega_0 = \sqrt{LC}$ gegenüber der ansteigenden Flanke der eingangsseitigen Impulsfunktion auf.

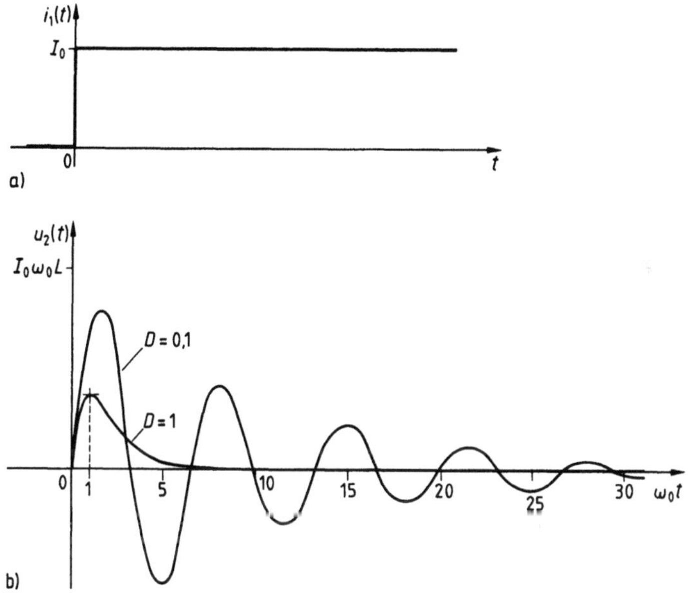

3.37 Sprungfunktion $i_1(t) = I_0 \sigma(t)$ (a), Sprungantwortfunktion $u_2(t) = s_a(t)$ für $D = 0{,}1$ und $D = 1$ (b)

Anstiegsantwort. Auf den Eingang des RLC-Parallelschwingkreises wird ein rampen- bzw. keilförmiger Stromverlauf

$$i_1(t) = \frac{I_1}{T_1} t \circ\!\!-\!\!\bullet \frac{I_1}{T_1} \frac{1}{s^2} = \underline{I}_1(s) \tag{3.109}$$

gegeben, wobei der Strom $i(t)$ in der Zeit T_1 auf den Stromwert I_1 linear ansteigen soll. Dann wird die Ausgangsspannung bei periodischer Dämpfung mit Hilfe der komplexen Widerstandsfunktion $\underline{Z}(s)$ nach Gl. (3.95)

$$\underline{U}_2(s) = \frac{I_1 \omega_0^2 L}{T_1} \frac{1}{s(s-s_1)(s-s_2)}.$$

Die Partialbruchzerlegung und die anschließende Rücktransformation führen auf

$$\underline{U}_2(s) = \frac{I_1 \omega_0^2 L}{T_1} \left[\frac{1}{s s_1 s_2} - \frac{1}{s_1(s_2-s_1)(s-s_1)} + \frac{1}{s_2(s_2-s_1)(s-s_2)} \right] \tag{3.110}$$

$$\bullet\!\!-\!\!\circ$$

$$u_2(t) = \frac{I_1 L}{T_1} \left[1 - e^{-D\omega_0 t} \cos(\omega_0 \sqrt{1-D^2} \cdot t) - \frac{D}{\sqrt{1-D^2}} e^{-D\omega_0 t} \sin(\omega_0 \sqrt{1-D^2} \cdot t) \right] \tag{3.111}$$

mit $u_2(0)=0$, $\frac{\mathrm{d}u_2(0)}{\mathrm{d}t}=0$ und $u_2(\infty)=I_1 L/T_1$. Die Extremwerte der Antwortfunktion liegen bei $(\omega_0 t)_E=k\pi/\sqrt{1-D^2}$ für $k=0, 1, 2, 3, \ldots$.

Im aperiodischen Grenzfall ($D=1$) ergibt die Verknüpfung der Gl. (3.109) mit Gl. (3.96)

$$\underline{U}_2(s)=\frac{I_1\omega_0^2 L}{T_1}\,\frac{1}{s(s-s_0)^2} \qquad (3.112)$$

$$u_2(t)=\frac{I_1 L}{T_1}[1-(1+\omega_0 t)\,e^{-\omega_0 t}] \qquad (3.113)$$

mit $u_2(0)=0$, $\frac{\mathrm{d}u_2(0)}{\mathrm{d}t}=0$ und $u_2(\infty)=I_1 L/T_1$ für $D=1$.

Extremwerte existieren nicht. Bild 3.38 zeigt die Anstiegsantwortfunktionen für den periodisch gedämpften Fall für $D=0{,}1$ sowie für den aperiodischen Grenzfall mit $D=1$. Man erkennt, daß nach dem Abklingen des Einschwingvorganges die Ausgangsspannung $u_2(t)$ des RLC-Parallelschwingkreises einem konstanten Endwert zustrebt, der in Abhängigkeit von der Dämpfung unterschiedlich schnell eingenommen wird.

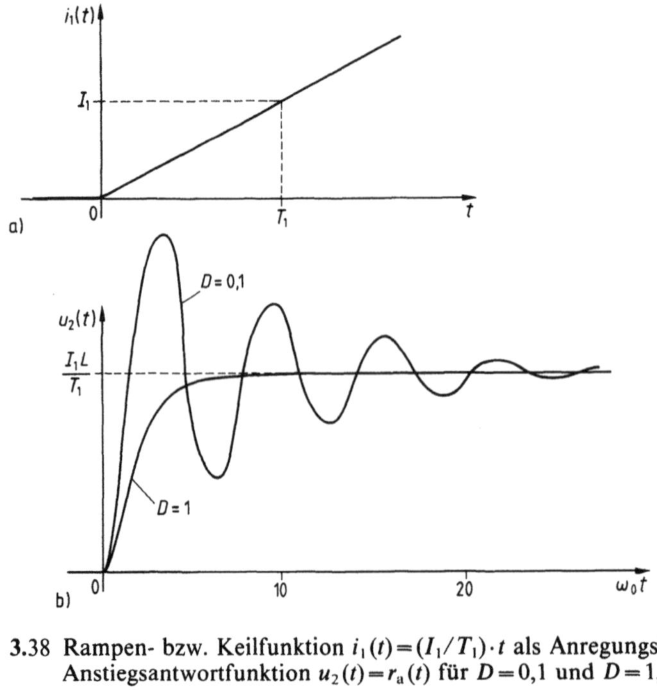

3.38 Rampen- bzw. Keilfunktion $i_1(t)=(I_1/T_1)\cdot t$ als Anregungsfunktion (a), Anstiegsantwortfunktion $u_2(t)=r_a(t)$ für $D=0{,}1$ und $D=1{,}0$ (b)

3.3.3.2 Impulsverformung am Übertrager. Übertrager finden in der Impulstechnik vielseitige Anwendungen, z. B. zur Potentialtrennung von Stromkreisen, Spannungs-, Strom- und Widerstandstransformation, Umkehr der Impulspolarität, Umwandlung von Eintaktsignalen in Gegentaktsignale durch eine Sekundärwicklung mit Mittelanzapfung. Im folgenden sollen die Ursachen auftretender Impulsverzerrungen am Übertrager untersucht werden. Dabei wird zunächst von einem idealisierten Übertrager ohne Kupfer- und Eisenverluste sowie ohne Streukapazitäten nach Bild **3**.39a ausgegangen. Die Punkte an der Primär- und Sekundärseite zeigen an, welche Anschlüsse Signalverläufe gleicher Polarität führen. Die Ersatzschaltung dieses idealisierten Übertragers zeigt Bild **3**.39b. Sie kann durch folgende Zweitorgleichungen beschrieben werden: Die Spannungen u_1 und u_2 sind durch das Übersetzungsverhältnis $\ddot{u}$ miteinander verknüpft durch

$$u_1(t) = \ddot{u}\, u_2(t), \tag{3.114}$$

entsprechend die Ströme

$$i_1(t) = \frac{1}{\ddot{u}}\, i_2(t). \tag{3.115}$$

Die Übertragungsfunktion ist

$$\underline{F}(s) = \underline{U}_2(s)/\underline{U}_1(s). \tag{3.116}$$

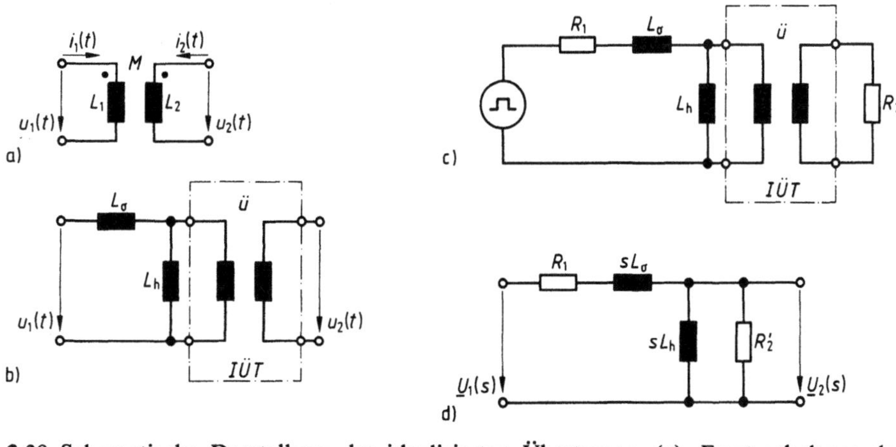

3.39 Schematische Darstellung des idealisierten Übertragers (a), Ersatzschaltung des verlustlosen, kapazitätsfreien Impulsübertragers mit dem idealen verlustlosen und streuungsfreien Übertrager *IÜT* (b), Ersatzschaltung des Impulsübertragers im Betrieb an einem Impulsgenerator und bei ausgangsseitiger Belastung durch R_2 (c), Ersatzschaltung mit den auf die Primärseite umgerechneten Größen R_2' und $\underline{U}_2'(s)$ im Bildbereich ohne den idealen Übertrager *IÜT* (d)

Das Übersetzungsverhältnis $\ddot{u}$ ist durch die primäre und sekundäre Windungszahl N_1 und N_2 sowie durch den Streufaktor σ bei mittleren Betriebsfrequenzen als

$$\ddot{u} = \frac{N_1}{N_2}\sqrt{1-\sigma} \tag{3.117}$$

festgelegt. Die Zusammenhänge zwischen primärer Induktivität L_1, sekundärer Induktivität L_2, Hauptinduktivität L_h, Streuinduktivität L_σ und der Gegeninduktivität M sind

$$M = \sqrt{L_1 L_2}\,, \tag{3.118}$$

$$L_\sigma = \sigma L_1 = L_1 - \frac{M^2}{L_2} \tag{3.119}$$

und

$$L_h = \frac{M^2}{L_2} = (1-\sigma)L_1\,. \tag{3.120}$$

Betrachtet man den Betrieb des Impulsübertragers an einem Impulsgenerator mit Innenwiderstand und einem ausgangsseitigen Lastwiderstand, so entsteht eine Ersatzschaltung nach Bild **3.**39c. Darin sollen R_1 für den Innenwiderstand des Impulsgenerators und den primären Wicklungswiderstand und R_2 für den Lastwiderstand zuzüglich des sekundären Wicklungswiderstandes stehen. Dabei wurde in der Ersatzschaltung das Verhalten des realen Impulsübertragers weiter angenähert, da die primären und sekundären Wicklungswiderstände mit einbezogen wurden. Eisenverluste und Streukapazitäten bleiben weiterhin unberücksichtigt. Rechnet man nach Gl. (3.114) und Gl. (3.115) den Widerstand R_2 als $R_2' = \ddot{u}^2 R_2$ und die Ausgangsspannung $U_2' = \ddot{u}\, U_2$ auf die Primärseite um und läßt zur Vereinfachung den idealen Übertrager *IÜT* fort, so erhält man im Bildbereich eine Anordnung nach Bild **3.**39d. Die Übertragungsfunktion $\underline{F}(s)$ kann dadurch bestimmt werden, daß einzeln verschiedene Frequenzbetriebsbereiche betrachtet werden.

Tiefe Frequenzen. Für tiefe Frequenzen kann L_σ vernachlässigt werden, da $\omega L_\sigma \ll R_1 + R_2'$ ist. Damit entsteht die Ersatzschaltung nach Bild **3.**40a. Die Übertragungsfunktion $\underline{F}_t(s)$ für tiefe Frequenzen berechnet sich aus

$$\frac{\underline{U}_2'(s)}{\underline{U}_1(s)} = \frac{\ddot{u}\,\underline{U}_2(s)}{\underline{U}_1(s)} = \frac{\dfrac{R_2' s L_h}{R_2' + s L_h}}{R_1 + \dfrac{s R_2' L_h}{R_2' + s L_h}}$$

bzw.

$$\frac{\underline{U}_2(s)}{\underline{U}_1(s)} = \frac{1}{\ddot{u}} \cdot \frac{s R_2' L_h}{R_1 R_2' + s L_h (R_1 + R_2')}$$

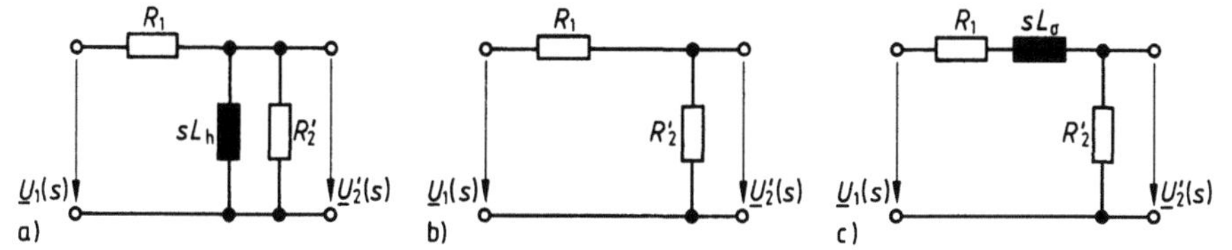

3.40 Ersatzschaltung im Bildbereich für tiefe Frequenzen ($\omega L_\sigma \ll R_1 + R_2'$) (a), für mittlere Frequenzen (L_σ und L_h vernachlässigt) (b), für hohe Frequenzen ($\omega L_h \gg R_2'$) (c)

mit der Zeitkonstanten τ_t für das Übertragungsverhalten des Impulsübertragers bei tiefen Frequenzen

$$\tau_t = L_h \frac{R_1 + R_2'}{R_1 R_2'} \tag{3.121}$$

als

$$\underline{F}_t(s) = \frac{1}{ü} \cdot \frac{R_2'}{R_1 + R_2'} \cdot \frac{s}{s + \frac{1}{\tau_t}}. \tag{3.122}$$

Vergleicht man Gl. (3.122) mit Gl. (3.73), so stellt man fest, daß die Übertragungsfunktion $\underline{F}_t(s)$ für Betrieb bei tiefen Frequenzen die eines Hochpasses mit der Grenzfrequenz $f_{g,u} = 1/(2\pi\tau_t)$ ist.

Mittlere Frequenzen. Bei Betrieb des Übertragers bei mittleren Frequenzen können die Streuinduktivität L_σ sowie die Hauptinduktivität L_h vernachlässigt werden. Dadurch entsteht eine Ersatzschaltung nach Bild 3.40b. Dann ist die Übertragungsfunktion für mittlere Frequenzen

$$\underline{F}_m(s) = \frac{R_2'}{ü(R_1 + R_2')}. \tag{3.123}$$

Hohe Frequenzen. Bei hohen Frequenzen ist der Widerstand $\omega L_h \gg R_2'$, so daß der Nebenschluß durch die Hauptinduktivität L_h vernachlässigt werden kann. Das führt auf eine vereinfachte Ersatzschaltung entsprechend Bild 3.40c. Dann ist die Übertragungsfunktion für hohe Frequenzen mit der Zeitkonstanten

$$\tau_h = \frac{L_\sigma}{R_1 + R_2'} \tag{3.124}$$

$$\underline{F}_h(s) = \frac{1}{ü} \cdot \frac{R_2'}{R_1 + R_2'} \cdot \frac{\frac{1}{\tau_h}}{\frac{1}{\tau_h} + s}. \tag{3.125}$$

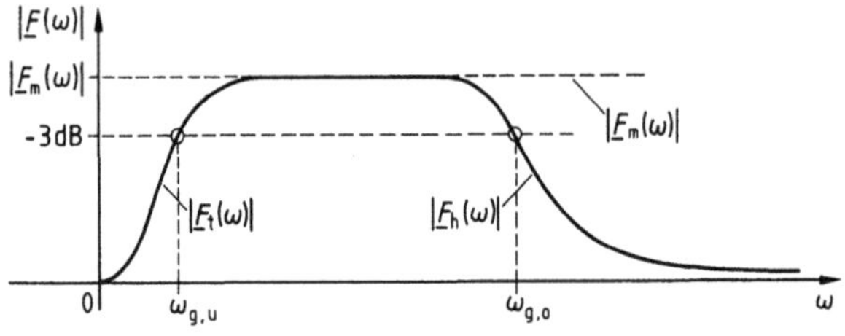

3.41 Betrag der Übertragungsfunktion $|\underline{F}(\omega)|$ über der Kreisfrequenz ω mit den Kreisgrenzfrequenzen $\omega_{g,u}=2\pi f_{g,u}$ und $\omega_{g,o}=2\pi f_{g,o}$ mit den Funktionsanteilen $|\underline{F}_t(\omega)|$, $|\underline{F}_m(\omega)|$ und $|\underline{F}_h(\omega)|$

Vergleicht man Gl. (3.125) mit Gl. (3.56), so erkennt man, daß das Übertragungsverhalten bei hohen Frequenzen das eines Tiefpasses mit der Grenzfrequenz $f_{g,o}=1/(2\pi\tau_h)$ ist. Aus Gl. (3.122) und Gl. (3.125) kann geschlossen werden, daß das Übertragungsverhalten des Impulsübertragers im gesamten Frequenzbereich dem eines Bandpasses entspricht. Dabei kann der Verlauf des Betrages der Übertragungsfunktion $|\underline{F}(\omega)|$ des Impulsübertragers als Funktion der Kreisfrequenz ω in Bild **3.41** näherungsweise skizziert werden.

Da $\underline{F}_t(s)$ für hohe Frequenzen und $\underline{F}_h(s)$ für tiefe Frequenzen gegen die Übertragungsfunktion $\underline{F}_m(s)$ für mittlere Frequenzen streben, kann die Übertragungsfunktion $\underline{F}(s)$ des Übertragers im gesamten Frequenzbereich durch

$$\underline{F}(s) \approx \underline{F}_m(s)\,\frac{\underline{F}_h(s)}{\underline{F}_m(s)}\,\frac{\underline{F}_t(s)}{\underline{F}_m(s)} = \frac{1}{\underline{F}_m(s)}\,\underline{F}_h(s)\,\underline{F}_t(s) \tag{3.126}$$

angenähert werden. Setzt man in Gl. (3.126) die Gl. (3.122) und Gl. (3.125) ein, dann lautet die zusammengesetzte Übertragungsfunktion

$$\underline{F}(s) \approx \frac{1}{\ddot{u}}\cdot\frac{R_2'}{L_\sigma}\cdot\frac{s}{\left(s+\dfrac{1}{\tau_t}\right)\left(s+\dfrac{1}{\tau_h}\right)}. \tag{3.127}$$

Für die zusammengesetzte Übertragungsfunktion $\underline{F}(s)$ nach Gl. (3.127) werden nachfolgend die Stoßantwort, die Sprungantwort und die Anstiegsantwort berechnet.

Stoßantwort. Mit der Anregungsfunktion $d(t)=Q_0\,\delta(t)$ ○—● $Q_0=\underline{X}_1(s)$ erhält man

$$\underline{U}_2(s) \approx \frac{1}{\ddot{u}}\cdot\frac{Q_0 R_2'}{L_\sigma}\cdot\frac{s}{\left(s+\dfrac{1}{\tau_t}\right)\left(s+\dfrac{1}{\tau_h}\right)} \tag{3.128}$$

●—○

$$u_2(t) \approx \frac{1}{\ddot{u}}\cdot\frac{Q_0 R_2'}{L_\sigma}\cdot\frac{\tau_t\tau_h}{\tau_t-\tau_h}\cdot\left(\frac{1}{\tau_h}e^{-t/\tau_h}-\frac{1}{\tau_t}e^{-t/\tau_t}\right). \tag{3.129}$$

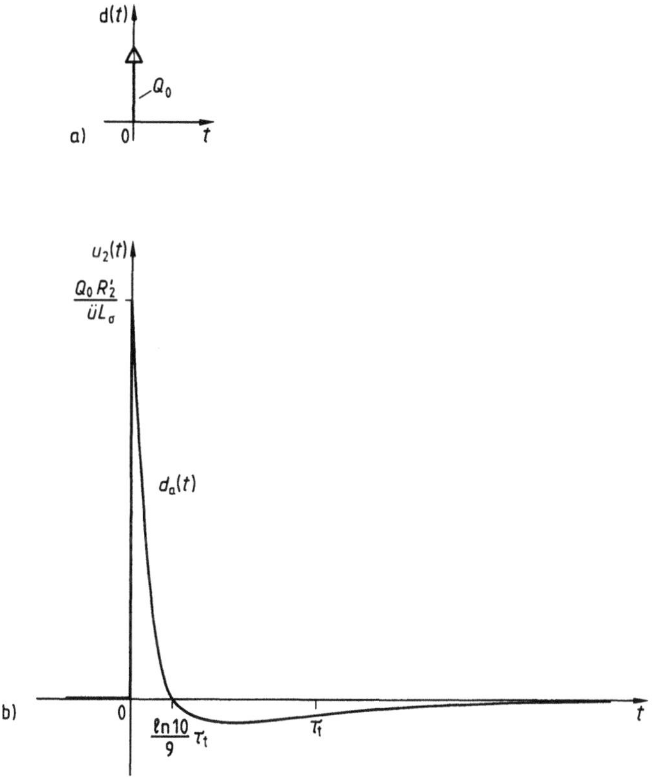

3.42 Stoßfunktion $d(t) = Q_0\,\delta(t)$ (a), Stoßantwortfunktion $u_2(t) = d_a(t)$ für $k = \tau_t/\tau_h = 10$ (b)

Für das Verhältnis τ_t zu τ_h wird der Faktor $k = \tau_t/\tau_h$ als Maß für die Breitbandigkeit des Übertragers eingeführt. In Abhängigkeit von k ergeben sich verschiedene Verläufe der Stoßantwortfunktion. Bild **3.**42 zeigt die Stoßantwortfunktion für $k = 10$.

Sprungantwort. Mit der Anregungsfunktion $u_1(t) = U_0\,\sigma(t) \circ\!\!-\!\!\bullet\; U_0 \cdot \frac{1}{s} = \underline{U}_1(s)$ wird

$$\underline{U}_2(s) \approx \frac{U_0 R'_2}{\ddot{u} L_\sigma} \cdot \frac{1}{\left(s + \frac{1}{\tau_t}\right)\left(s + \frac{1}{\tau_h}\right)} \tag{3.130}$$

$$u_2(t) \approx \frac{U_0 R'_2}{\ddot{u} L_\sigma} \cdot \frac{\tau_t \tau_h}{\tau_t - \tau_h} \cdot \left(e^{-t/\tau_t} - e^{-t/\tau_h}\right) \tag{3.131}$$

mit $u_2(0) = 0$. Für verschiedene Faktoren $k = 10$, 100, 1000 sind die Sprungantwortfunktionen in Bild **3.**43 dargestellt. Übliche Impulsübertrager weisen k-Werte zwischen 100 und 10000 auf.

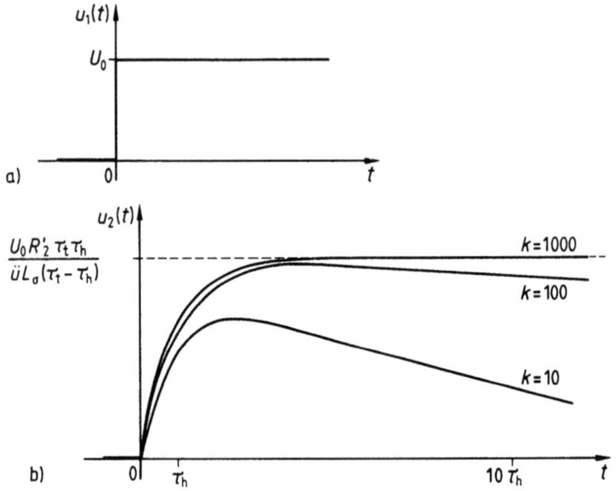

3.43 Sprungfunktion $u_1(t) = U_0\sigma(t)$ (a), Sprungantwortfunktion $u_2(t) = s_a(t)$ für $k = \tau_t/\tau_h = 10$, 100, 1000 (b)

Anstiegsantwort. Für die Rampen- bzw. Keilfunktion als Anregungsfunktion $u_1(t) = U_1(t/T_1) \circ\!\!-\!\!\bullet\; U_1/(T_1 s^2) = \underline{U}_1(s)$ ergibt sich

$$\underline{U}_2(s) \approx \frac{U_1 R_2'}{\ddot{u}\, T_1 L_\sigma} \cdot \frac{1}{s\left(s + \dfrac{1}{\tau_t}\right)\left(s + \dfrac{1}{\tau_h}\right)} \tag{3.132}$$

$$u_2(t) \approx \frac{U_1 R_2'}{\ddot{u}\, T_1 L_\sigma} \cdot \frac{\tau_t \tau_h}{\tau_t - \tau_h} \cdot \left[\tau_t\left(1 - e^{-t/\tau_t}\right) - \tau_h\left(1 - e^{-t/\tau_h}\right)\right] \tag{3.133}$$

mit $u_2(0) = 0$ und $u_2(\infty) = U_1 R_2' \tau_t \tau_h / (\ddot{u}\, T_1 L_\sigma)$. Bild 3.44 zeigt mit $k = \tau_t/\tau_h$ als Parameter für $k = 10$ und $k = 100$ die Anstiegsantwortfunktionen $u_2(t)$.

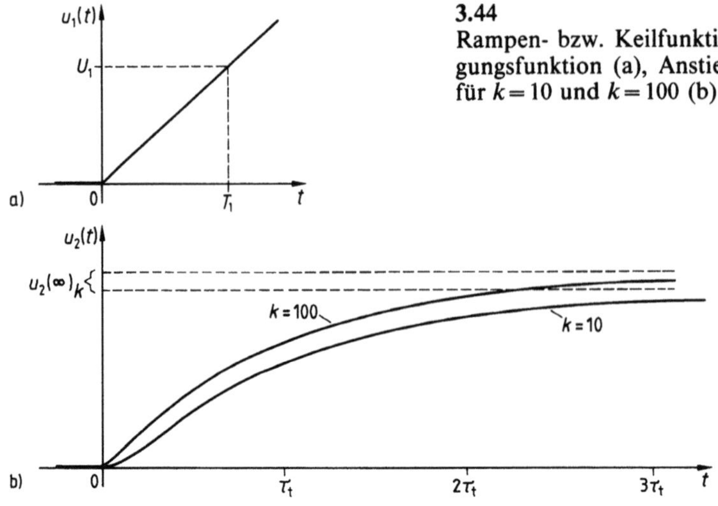

3.44 Rampen- bzw. Keilfunktion $u_1(t)$ als Anregungsfunktion (a), Anstiegsantworten $u_2(t)$ für $k = 10$ und $k = 100$ (b)

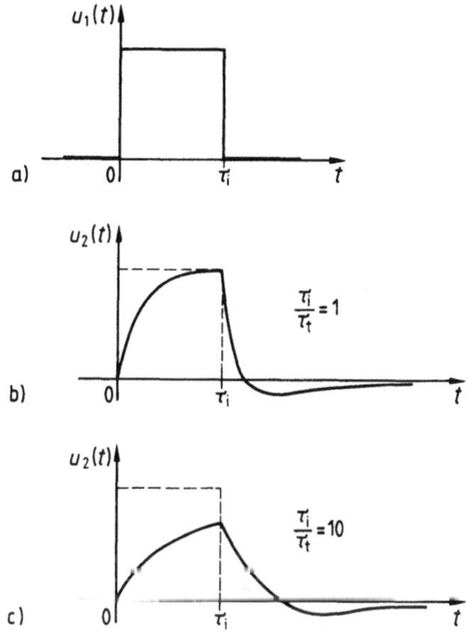

3.45
Einseitiger Rechteckimpuls der Impulsdauer τ_i (a), Verformung des Rechteckimpulses für ein Verhältnis von $\tau_i/\tau_t=1$ (b) und $\tau_i/\tau_t=10$ (c) bei $k=\tau_t/\tau_h=100$ als Maß für die Breitbandigkeit des Übertragers

Rechteckimpuls. Unter Verzicht auf umfangreiche Rechnungen wird die Verformung von einseitigen Rechteckimpulsen durch den Impulsübertrager zeichnerisch dargestellt. Dabei nimmt die Verformung des Rechteckimpulses mit zunehmender Bandbreite des Übertragers wie in Bild **3**.45 skizziert ab.

Impulsverformung bei kapazitiver Belastung. Wird abweichend von der bisherigen Darstellung die unvermeidliche Wicklungskapazität des Übertragers berücksichtigt oder tritt am Übertragerausgang zusätzlich zu R_2 noch eine kapazitive Last auf, so entsteht zusammen mit den Induktivitäten L_σ und L_h des Übertragers eine schwingungsfähige Schaltung. Vereinfachend kann die Wicklungskapazität sowie eine ausgangsseitige Kapazität in einer Kapazität C_2 entsprechend Bild **3**.46a zusammengefaßt werden. Die Umrechnung von R_2 und C_2 auf die Primärseite des Übertragers führt auf eine Anordnung nach Bild **3**.46b. Auf das Übertragungsverhalten des Übertragers hat die umgerechnete Kapazität $C_2'=C_2/\ddot{u}^2$ bei tiefen und mittleren Frequenzen einen verhältnismäßig geringen Einfluß, so daß die Übertragungsfunktionen $\underline{F}_t(s)$ nach Gl. (3.122) und $\underline{F}_m(s)$ nach Gl. (3.123) weiterhin gelten. Für hohe Frequenzen gilt jedoch eine Ersatzschaltung nach Bild **3**.46c unter Fortlassung des idealen Übertragers *IÜT* im Bildbereich, so daß man abweichend von Gl. (3.125) für die Übertragungsfunktion bei hohen Frequenzen

$$\underline{F}_h(s)=\frac{1}{\ddot{u}}\cdot\frac{\dfrac{\dfrac{1}{sC_2'}R_2'}{sC_2'+R_2'}}{R_1+sL_\sigma+\dfrac{\dfrac{1}{sC_2'}R_2'}{\dfrac{1}{sC_2'}+R_2'}}=\frac{1}{\ddot{u}L_\sigma C_2'}\cdot\frac{1}{s^2+s\,\dfrac{C_2'R_1R_2'+L_\sigma}{L_\sigma C_2'R_2'}+\dfrac{R_1+R_2'}{L_\sigma C_2'R_2'}} \tag{3.134}$$

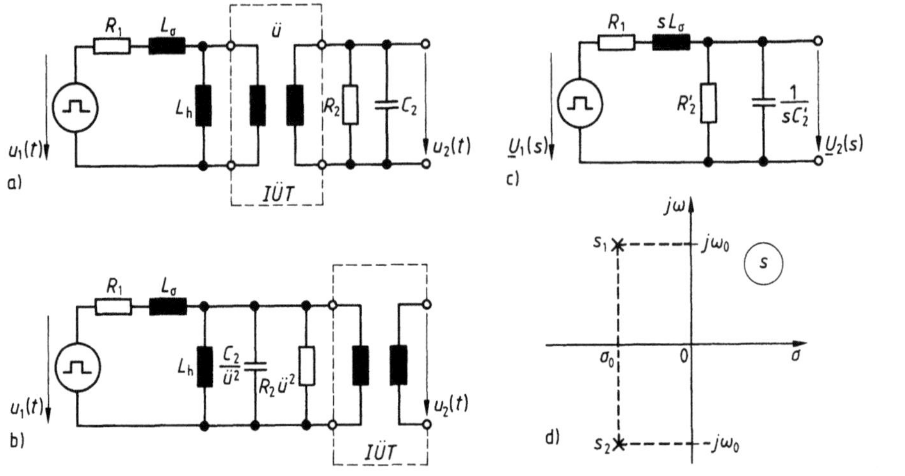

3.46 Ersatzschaltbild des Impulsübertragers mit ausgangsseitiger Kapazität C_2 (a), Ersatzschaltbild mit umgerechneten Lastwiderständen $R_2' = \ddot{u}^2 R_2$ und $C_2' = C_2/\ddot{u}^2$ (b), Ersatzschaltbild im Bildbereich ohne idealen Übertrager *IÜT* (c), Polstellenplan bei kapazitiver Last (d)

ermittelt. Diese veränderte Übertragungsfunktion ist wiederum in Gl. (3.126) einzufügen, um das Übertragungsverhalten im gesamten Frequenzbereich als $\underline{F}(s)$ näherungsweise zu beschreiben. Es läßt sich zeigen, daß der Anteil $\underline{F}_h(s)$ nach Gl. (3.134) konjugiert komplexe Pole der Form $s_1 = \sigma_0 + j\omega_0$ und $s_2 = \sigma_0 - j\omega_0$ entsprechend dem Polstellenplan in Bild 3.46d enthält. Das bedeutet für die Impulsverformung durch den Übertrager, daß sich den Antwortfunktionen zusätzlich gedämpfte Schwingungen überlagern. Bild 3.47 zeigt an einem Beispiel den typischen Verlauf der Ausgangsspannung, wenn ein Übertrager mit zu berücksichtigender ausgangsseitiger Kapazität durch einen einseitigen Rechteckimpuls angeregt wird.

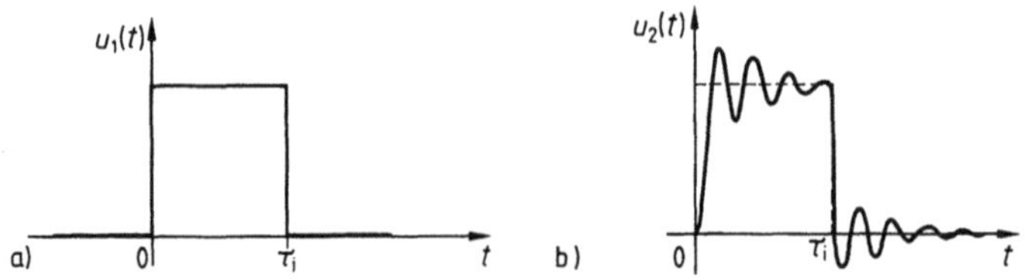

3.47 Einseitiger Rechteckimpuls $u_1(t)$ der Dauer τ_i (a), Antwortfunktion $u_2(t)$ bei kapazitiver Belastung (b)

4 Impulse auf Leitungen

Die Impulsübertragung über elektrische Leitungen ist ein wesentliches Teilgebiet der Nachrichtentechnik. Die Verformung von Impulsen bei der Übertragung auf Leitungen wird durch die Frequenzabhängigkeit der Laufzeit und Dämpfung verursacht.

4.1 Grundlagen der Impulsausbreitung auf Leitungen

Eine Leitung der Länge l kann als Serienschaltung von unendlich vielen Leitungselementen der Länge dx aufgefaßt werden. Ein solches Leitungselement enthält im Längszweig die Reihenschaltung eines Wirkwiderstandes und einer Induktivität sowie im Querzweig die Parallelschaltung einer ohmschen Ableitung und einer Kapazität (Bild **4**.1). Wirkwiderstand, Induktivität, Ableitung und Querkapazität werden zur Kennzeichnung einer aus Hin- und Rückleitung bestehenden Doppelleitung auf die Länge bezogen und jeweils als Leitungsbelag (s. Band XI) bezeichnet. Nach DIN 1344 werden folgende Bezeichnungen festgelegt:

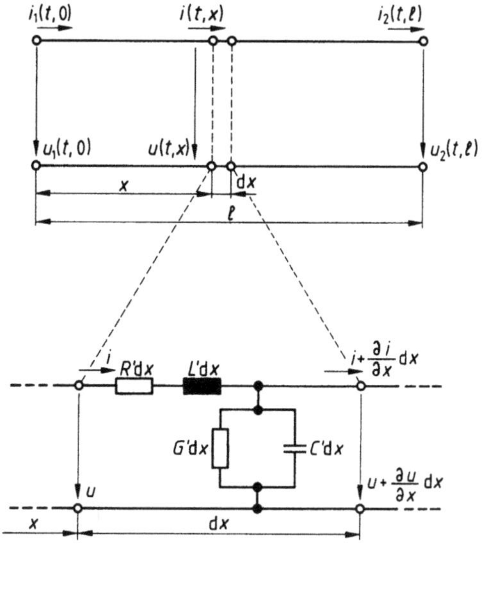

4.1
Ersatzschaltbild eines differentiellen Leitungselementes der Länge dx an der Stelle x der homogenen Leitung der Länge l mit dem Widerstandsbelag R', Induktivitätsbelag L', Ableitungsbelag G' und Kapazitätsbelag C'

Induktivitätsbelag L' für die auf die Länge bezogene Induktivität der Leitung;
Widerstandsbelag R' für den in Reihe zu L' liegenden, auf die Länge bezogenen Verlustwiderstand der Leitung;
Kapazitätsbelag C' für die auf die Länge bezogene Kapazität der Leitung;
Ableitungsbelag G' für den parallel zu C' liegenden, auf die Länge bezogenen Verlustleitwert der Leitung.

4.1.1 Leitungsgleichungen

Aus dem Ersatzschaltbild in Bild **4.**1 läßt sich ein Gleichungssystem entwickeln, das die Vorgänge auf einer Leitung sowohl im eingeschwungenen als auch im nicht-eingeschwungenen Zustand beschreibt. Die Spannung $u(t,x)$ und der Strom $i(t,x)$ sind Funktionen von Zeit und Ort. Am Anfang der Leitung liege die Spannung $u_1(t,0)$ bei $x=0$, die den Strom $i_1(t,0)$ bei $x=0$ in das Leitungselement treibt. Am Ende der Leitung bei $x=l$ fließe der Strom $i_2(t,l)$ aus der Leitung heraus bei einer Ausgangsspannung $u_2(t,l)$. Nach dem Gesetz der Spannungssumme (s. Band I, Teil 1) gelten für das differentielle Leitungselement

$$u = L'\,\mathrm{d}x\,\frac{\partial i}{\partial t} + R'\,\mathrm{d}x\; i + u + \frac{\partial u}{\partial x}\,\mathrm{d}x$$

bzw.

$$0 = L'\,\mathrm{d}x\,\frac{\partial i}{\partial t} + R'\,\mathrm{d}x\; i + \frac{\partial u}{\partial x}\,\mathrm{d}x$$

und

$$-\frac{\partial u}{\partial x} = L'\,\frac{\partial i}{\partial t} + R' i. \tag{4.1}$$

Diese partielle Differentialgleichung verknüpft die räumliche Spannungsänderung $\partial u/\partial x$ mit der zeitlichen Stromänderung[1]) $\partial i/\partial t$. Nach dem Gesetz der Stromsumme (s. Band I, Teil 1) gelten im Knoten am Querabzweig nach Bild **4.**1

$$i = C'\,\mathrm{d}x\,\frac{\partial u}{\partial t} + G'\,\mathrm{d}x\; u + i + \frac{\partial i}{\partial x}\,\mathrm{d}x$$

bzw.

$$0 = C'\,\mathrm{d}x\,\frac{\partial u}{\partial t} + G'\,\mathrm{d}x\; u + \frac{\partial i}{\partial x}\,\mathrm{d}x$$

und

$$-\frac{\partial i}{\partial x} = C'\,\frac{\partial u}{\partial t} + G' u. \tag{4.2}$$

---

[1]) Da Spannung und Strom von Zeit und Ort abhängen, wird die partielle Schreibweise $\partial/\partial x$ bzw. $\partial/\partial t$ benutzt.

Gl. (4.2) verknüpft die räumliche Stromänderung $\partial i/\partial x$ mit der zeitlichen Spannungsänderung $\partial u/\partial t$. Gl. (4.1) und (4.2) beschreiben die Wellenausbreitung auf einer Leitung in allgemeiner Form für zeitlich beliebig verlaufende Spannungen und Ströme.

4.1.2 Allgemeine Lösungen der Leitungsgleichungen

Der nicht-eingeschwungene Zustand elektrischer Leitungen bei impulsförmiger Anregung bzw. Schaltvorgängen ist von großer Bedeutung. In der Starkstromtechnik interessieren Ausgleichsvorgänge auf Leitungen als Folge von Schaltvorgängen im Leitungsnetz und in der Nachrichtentechnik die Verformung von Impulsen auf Leitungen z. B. beim Einsatz von Pulsmodulationsverfahren.

Geht man von der vereinfachenden Annahme einer verlustlosen Leitung mit $R'=0$ und $G'=0$ aus, so entstehen nach Gl. (4.1)

$$-\frac{\partial u}{\partial x}=L'\frac{\partial i}{\partial t} \tag{4.3}$$

und aus Gl. (4.2)

$$-\frac{\partial i}{\partial x}=C'\frac{\partial u}{\partial t}. \tag{4.4}$$

Bildet man in Gl. (4.3) und (4.4) durch partielle Differentiation jeweils den partiellen Differentialquotienten $\frac{\partial i}{\partial x\,\partial t}$, so erhält man

$$-\frac{\partial^2 u}{\partial x^2}=L'\frac{\partial i}{\partial t\,\partial x} \tag{4.5}$$

und

$$-\frac{\partial i}{\partial x\,\partial t}=C'\frac{\partial^2 u}{\partial t^2}. \tag{4.6}$$

Die Elimination von $\frac{\partial i}{\partial x\,\partial t}$ liefert die allgemeine Wellengleichung

$$\frac{\partial^2 u}{\partial x^2}=L'C'\frac{\partial^2 u}{\partial t^2}. \tag{4.7}$$

Sie beschreibt Wellenausbreitungen aller Art. Ihre allgemeine Lösung wurde zuerst von d'Alembert (1717–1783) gefunden[1]).

[1]) Es ist bedeutsam, daß d'Alembert die Wellengleichung (Gl. (4.7)) für die Wellenausbreitung auf einer schwingenden Saite löste, und daß die Lösung der Differentialgleichung von so allgemeiner Bedeutung war, daß sie auch für die Wellenausbreitung auf elektrischen Leitungen angewandt werden konnte.

Sie lautet

$$\underline{u}(t, x) = \underline{u}_{\text{einf.}}(x - v_\text{p} t) \pm \underline{u}_{\text{refl.}}(x + v_\text{p} t). \tag{4.8}$$

Jede Teilfunktion erfüllt für sich – die einfallende Spannungswelle $\underline{u}_{\text{einf.}}(x - v_\text{p} t)$ und die reflektierte Spannungswelle $\underline{u}_{\text{refl.}}(x + v_\text{p} t)$ – die Differentialgleichung Gl. (4.7). Für die Stromverteilung gilt entsprechend mit einfallender und reflektierter Welle

$$\underline{i}(t, x) = \frac{1}{\underline{Z}_\text{L}} \underline{u}_{\text{einf.}}(x - v_\text{p} t) - \frac{1}{\underline{Z}_\text{L}} \underline{u}_{\text{refl.}}(x + v_\text{p} t). \tag{4.9}$$

Die Wellenformen der einfallenden und reflektierten Welle können dabei beliebig sein. Sie werden vom eingespeisten Signalverlauf und den Anfangs- und Randbedingungen bestimmt. Die Gln. (4.8) und (4.9) enthalten die Argumente $(x - v_\text{p} t)$ für eine in positive x-Richtung laufende und $(x + v_\text{p} t)$ für eine in negative x-Richtung laufende Welle. Die darin auftretende Größe v_p wird als Phasengeschwindigkeit eingeführt. Darunter versteht man die Ausbreitungsgeschwindigkeit einer konstanten Wellenphase längs einer Leitung. Das Verhältnis von Spannung und Strom eines Wellentyps (hinlaufende oder reflektierte Welle) wird durch den Wellenwiderstand $\underline{Z}_\text{L}$ der Leitung bestimmt.

$$\frac{\underline{u}_{\text{einf.}}}{\underline{i}_{\text{einf.}}} = \underline{Z}_\text{L} \tag{4.10}$$

Nimmt man den Strom in Ausbreitungsrichtung (für wachsende x-Werte) positiv an, so ist die reflektierte Stromwelle bei Ausbreitung entgegen der Ausbreitungsrichtung negativ zu zählen. Entsprechend gilt

$$\frac{\underline{u}_{\text{refl.}}}{-\underline{i}_{\text{refl.}}} = \underline{Z}_\text{L}. \tag{4.11}$$

Durch die lineare Verknüpfung von Spannungs- und Stromverteilung über den Wellenwiderstand $\underline{Z}_\text{L}$ haben die Spannungs- und Stromverteilung eines Wellentyps jeweils die gleiche Form abgesehen von Änderungen der Amplituden- und Phasenverhältnisse. Bild **4.2** veranschaulicht das Fortschreiten einer Wanderwelle als sich auf der Leitung ausbreitende Spannungs- und Stromverteilung allgemeiner Impulsform in der Art von Momentaufnahmen.

Man erkennt die Ausbreitung einer Wanderwelle bestehend aus hinlaufender und reflektierter Spannungs- und Stromverteilung. Die Spannungsverteilung $\underline{u}_{\text{einf.}}(t, x)$ und Stromverteilung $\underline{i}_{\text{einf.}}(t, x)$ haben sich nach der Zeit t_0 entsprechend dem Argument $(x - v_\text{p} t)$ in positiver x-Richtung um die Strecke $x_0 = v_\text{p} t_0$ verschoben. Die als Teillösung auftretende reflektierte Spannungs- und Stromverteilung breitet sich ebenfalls mit der Phasengeschwindigkeit v_p, jedoch in

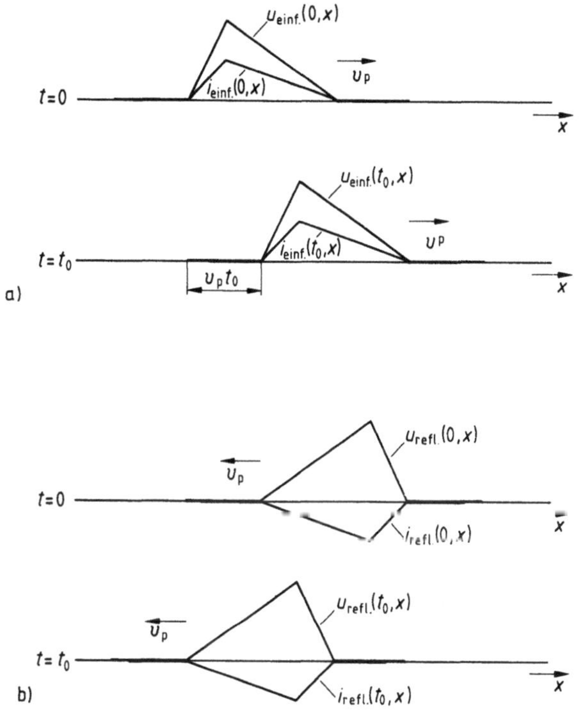

4.2
Ausbreitung einer Wanderwelle mit einfallender (a) und reflektierter (b) Spannungs- und Stromverteilung bei $t=0$ und $t=t_0$ mit der Phasengeschwindigkeit v_p auf einer Leitung mit offenem Leitungsende

umgekehrter Richtung aus. Entsprechend Gl. (4.11) hat die reflektierte Stromverteilung $\underline{i}_{refl.}$ ein negatives Vorzeichen. Wegen $x-v_p t=x+x_0-v_p(t+t_0)$ hat das Argument der Spannungs- bzw. Stromverteilung denselben Wert, wenn man zu einem späteren Zeitpunkt $(t+t_0)$, aber auch an einem um die Strecke $x_0=v_p t_0$ weiter zu positiven x-Werten liegenden Ort die Leitung betrachtet. Daraus leitet sich die für eine Wellenausbreitung charakteristische Verschiebungseigenschaft von Wanderwellen auf Leitungen ab.

4.1.3 Übertragungsfunktion der Leitung

Zur Berechnung der Impulsverformung auf einer Leitung benötigt man die Übertragungsfunktion $\underline{F}(s)$ dieser Leitung. Setzt man für die Übertragungsfunktion $\underline{F}(s)$ Zeitunabhängigkeit (Stationarität) voraus, kann eine für den eingeschwungenen Zustand[1]) ermittelte Übertragungsfunktion $\underline{F}(s)$ auch zur

[1]) Der eingeschwungene Zustand liegt vor, wenn Ausgleichsvorgänge auf der Leitung mit hinreichender Genauigkeit als beendet angesehen werden können. Wird z. B. an den Anfang einer Leitung eine sinusförmige Spannung gelegt, dann sind im eingeschwungenen Zustand an allen Stellen der Leitung Spannung und Strom ebenfalls sinusförmig.

Berechnung der Impulsverformung im nicht-eingeschwungenen Zustand herangezogen werden. Für das Gleichungssystem - bestehend aus Gl. (4.1) und (4.2) - werden daher zunächst die Lösungsfunktionen bestimmt. Betrachtet man nur den mit der Kreisfrequenz ω eingeschwungenen Zustand, so kann durch Trennung (Separierung) der Variablen x und t aus dem Lösungsansatz $\underline{u}(t,x)$ der Periodizitätsfaktor $e^{j\omega t}$ abgespalten werden. Daher setzt man an

$$\underline{u}(t,x)=\underline{U}(x)\,e^{j\omega t} \tag{4.12}$$

und

$$\underline{i}(t,x)=\underline{I}(x)\,e^{j\omega t}. \tag{4.13}$$

Mit diesen Ansätzen liefern die Gl. (4.1) und (4.2) die Beziehungen

$$-\frac{d\underline{U}(x)}{dx}\,e^{j\omega t}=j\omega L'\underline{I}(x)\,e^{j\omega t}+R'\underline{I}(x)\,e^{j\omega t};$$

für $e^{j\omega t}\neq 0$ wird

$$-\frac{d\underline{U}(x)}{dx}=j\omega L'\underline{I}(x)+R'\underline{I}(x)=(j\omega L'+R')\,\underline{I}(x) \tag{4.14}$$

und

$$-\frac{d\underline{I}(x)}{dx}\,e^{j\omega t}=j\omega C'\underline{U}(x)e^{j\omega t}+G'\underline{U}(x)\,e^{j\omega t};$$

für $e^{j\omega t}\neq 0$ wird

$$-\frac{d\underline{I}(x)}{dx}=j\omega C'\underline{U}(x)+G'\underline{U}(x)=(j\omega C'+G')\,\underline{U}(x). \tag{4.15}$$

Aus den Gl. (4.14) und (4.15) lassen sich entweder Spannung oder Strom eliminieren. Dadurch entstehen gewöhnliche Differentialgleichungen zweiter Ordnung

$$\frac{d^2\underline{U}(x)}{dx^2}=(R'+j\omega L')(G'+j\omega C')\,\underline{U}(x) \tag{4.16}$$

und

$$\frac{d^2\underline{I}(x)}{dx^2}=(R'+j\omega L')(G'+j\omega C')\,\underline{I}(x). \tag{4.17}$$

Der Faktor $(R'+j\omega L')$ stellt den resultierenden Längswiderstandsbelag und $(G'+j\omega C')$ den resultierenden Querleitwertbelag dar. Das Produkt wird durch eine von x unabhängige komplexe Konstante

$$\underline{\gamma}=\sqrt{(R'+j\omega L')(G'+j\omega C')}=\alpha+j\beta \tag{4.18}$$

ersetzt, wobei α der Real- und β der Imaginärteil des komplexen Ausbreitungskoeffizienten $\underline{\gamma}$ sind. Der Dämpfungskoeffizient α beschreibt die Amplitudenabnahme und der Phasenkoeffizient β die Phasenwinkeländerung einer sich auf der Leitung ausbreitenden Welle (s. Band XI). Die Größen α, β und $\underline{\gamma}$ sind ebenso wie die Beläge im differentiellen Ersatzschaltbild der Leitung auf die Leitungslänge l bezogene Werte. Damit werden das Dämpfungsmaß

$$a = \alpha \cdot l, \tag{4.19}$$

das Phasenmaß

$$b = \beta \cdot l \tag{4.20}$$

und das Übertragungsmaß

$$\underline{g} = \underline{\gamma} \cdot l. \tag{4.21}$$

Die Phasengeschwindigkeit ist die Ausbreitungsgeschwindigkeit einer konstanten Wellenphase auf einer Leitung (s. Band XI)

$$v_p = \omega / \beta. \tag{4.22}$$

Ist β proportional zu ω, dann ist $v_p = \text{const}$ und damit unabhängig von der Frequenz (keine Dispersion). Meist ist jedoch β nicht proportional zu ω, so daß dann die Phasengeschwindigkeit v_p frequenzabhängig wird, d.h., daß die Phasen der Wellenfronten verschiedener Frequenz sich mit verschiedener Geschwindigkeit auf einer Leitung ausbreiten.

Teillösungen $\underline{U}_{T1}$ und $\underline{U}_{T2}$ der Differentialgleichung (4.16)

$$\frac{d^2 \underline{U}(x)}{dx^2} = \underline{\gamma}^2 \underline{U}(x)$$

sind $\underline{U}_{T1} = \underline{a}_1 e^{\underline{\gamma} \cdot x}$ und $\underline{U}_{T2} = \underline{a}_2 e^{-\underline{\gamma} \cdot x}$ mit den noch zu bestimmenden komplexen Koeffizienten $\underline{a}_1$ und $\underline{a}_2$, deren Summe auf die vollständige Lösung für den Spannungsverlauf längs der Leitung führt

$$\underline{U}(x) = \underline{a}_1 e^{\underline{\gamma} \cdot x} + \underline{a}_2 e^{-\underline{\gamma} \cdot x}. \tag{4.23}$$

Die Differentiation $d\underline{U}(x)/dx$ der Gl. (4.23) eingesetzt in Gl. (4.14) führt auf die Lösung für den Stromverlauf $\underline{I}(x)$ längs der Leitung

$$\underline{I}(x) = -\frac{\underline{\gamma}}{R' + j\omega L'} (\underline{a}_1 e^{\underline{\gamma} \cdot x} - \underline{a}_2 e^{-\underline{\gamma} \cdot x}). \tag{4.24}$$

Setzt man in Gl. (4.24) die Gl. (4.18) ein, so ergibt sich

$$\underline{I}(x) = -\sqrt{\frac{G'+\mathrm{j}\omega C'}{R'+\mathrm{j}\omega L'}}\,(\underline{a}_1 e^{\underline{\gamma}\cdot x} - \underline{a}_2 e^{-\underline{\gamma}\cdot x}). \tag{4.25}$$

Ergänzend zu den Gl. (4.10) und (4.11) wird der Wellenwiderstand $\underline{Z}_\mathrm{L}$ definiert als

$$\underline{Z}_\mathrm{L} = \sqrt{\frac{R'+\mathrm{j}\omega L'}{G'+\mathrm{j}\omega C'}}, \tag{4.26}$$

so daß für den Strom

$$\underline{I}(x) = -\frac{1}{\underline{Z}_\mathrm{L}}(\underline{a}_1 e^{\underline{\gamma}\cdot x} - \underline{a}_2 e^{-\underline{\gamma}\cdot x}) \tag{4.27}$$

geschrieben werden kann. Die komplexen Koeffizienten $\underline{a}_1$ und $\underline{a}_2$ können durch Vorgabe der Anfangs- oder Endwerte von Spannungen bzw. Strömen einer Leitung bestimmt werden. Hier wird angenommen, daß die Endwerte von Spannung und Strom am Leitungsende gegeben sind. Für eine Leitung der Länge l gelten wegen $x=l$ die Randbedingungen $\underline{U}(x)=\underline{U}(l)=\underline{U}_2$ und $\underline{I}(x)=\underline{I}(l)=\underline{I}_2$, so daß Gl. (4.23) und (4.27) umgeschrieben werden in

$$\underline{U}_2 = \underline{a}_1 e^{\underline{\gamma} l} + \underline{a}_2 e^{-\underline{\gamma} l} \tag{4.28}$$

$$-\underline{Z}_\mathrm{L}\underline{I}_2 = \underline{a}_1 e^{\underline{\gamma} l} - \underline{a}_2 e^{-\underline{\gamma} l}. \tag{4.29}$$

Daraus erhält man die komplexen Koeffizienten

$$\underline{a}_1 = \frac{\underline{U}_2 - \underline{Z}_\mathrm{L}\underline{I}_2}{2}\, e^{-\underline{\gamma} l} \quad \text{und} \quad \underline{a}_2 = \frac{\underline{U}_2 + \underline{Z}_\mathrm{L}\underline{I}_2}{2}\, e^{\underline{\gamma} l}$$

und damit die physikalische Form der Leitungsgleichungen

$$\underline{U}(x) = \frac{\underline{U}_2 + \underline{Z}_\mathrm{L}\underline{I}_2}{2}\, e^{\underline{\gamma}(l-x)} + \frac{\underline{U}_2 - \underline{Z}_\mathrm{L}\underline{I}_2}{2}\, e^{-\underline{\gamma}(l-x)} \tag{4.30}$$

$$\underline{I}(x) = \frac{(\underline{U}_2/\underline{Z}_\mathrm{L}) + \underline{I}_2}{2}\, e^{\underline{\gamma}(l-x)} - \frac{(\underline{U}_2/\underline{Z}_\mathrm{L}) - \underline{I}_2}{2}\, e^{-\underline{\gamma}(l-x)}. \tag{4.31}$$

Sind nur die Anfangs- und Endwerte wie hier bei der Berechnung der Übertragungsfunktion von Interesse, so können die Leitungsgleichungen von der physikalischen Form (Gl. (4.30) und (4.31)) in die mathematische Form umgeschrieben werden. Die Umordnung der Faktoren in Gl. (4.30) und (4.31) führt auf

$$\underline{U}(x) = \underline{U}_2 \frac{e^{\underline{\gamma}(l-x)} + e^{-\underline{\gamma}(l-x)}}{2} + \underline{Z}_\mathrm{L} \underline{I}_2 \frac{e^{\underline{\gamma}(l-x)} - e^{-\underline{\gamma}(l-x)}}{2} \tag{4.32}$$

$$\underline{I}(x) = \frac{\underline{U}_2}{\underline{Z}_\mathrm{L}} \frac{e^{\underline{\gamma}(l-x)} - e^{-\underline{\gamma}(l-x)}}{2} + \underline{I}_2 \frac{e^{\underline{\gamma}(l-x)} + e^{-\underline{\gamma}(l-x)}}{2}. \tag{4.33}$$

Mit Hyperbelfunktionen nach [5] erhält man

$$\underline{U}(x) = \underline{U}_2 \cosh[\underline{\gamma}(l-x)] + \underline{Z}_\mathrm{L} \underline{I}_2 \sinh[\underline{\gamma}(l-x)] \tag{4.34}$$

und

$$\underline{Z}_\mathrm{L} \underline{I}(x) = \underline{U}_2 \sinh[\underline{\gamma}(l-x)] + \underline{Z}_\mathrm{L} \underline{I}_2 \cosh[\underline{\gamma}(l-x)]. \tag{4.35}$$

Für $x=0$ entsteht mit $\underline{U}(x)=\underline{U}(0)=\underline{U}_1$ und $\underline{I}(x)=\underline{I}(0)=\underline{I}_1$ das Gleichungssystem

$$\underline{U}_1 = \underline{U}_2 \cosh(\underline{\gamma} l) + \underline{Z}_\mathrm{L} \underline{I}_2 \sinh(\underline{\gamma} l) \tag{4.36}$$

und

$$\underline{Z}_\mathrm{L} \underline{I}_1 = \underline{U}_2 \sinh(\underline{\gamma} l) + \underline{Z}_\mathrm{L} \underline{I}_2 \cosh(\underline{\gamma} l). \tag{4.37}$$

Der Betriebszustand einer Leitung und damit die Übertragungsfunktion ergeben sich aus dem Abschluß der Leitung mit dem Abschlußwiderstand $\underline{Z}_2=\underline{U}_2/\underline{I}_2$. In Abhängigkeit vom jeweiligen Betriebszustand kann die Übertragungsfunktion $\underline{F}(s)=\underline{U}_2(s)/\underline{U}_1(s)$ mit $s=\mathrm{j}\omega$ berechnet werden. Für den Betriebszustand können allgemein vier Fälle unterschieden werden:

1. Kurzschluß der Leitung.
Das bedeutet $\underline{Z}_2=0$ und damit $\underline{U}_2=0$. Damit wird $\underline{F}(s)=0$.

2. Angepaßter Abschlußwiderstand.
Anpassung am Ende der Leitung liegt vor, wenn $\underline{Z}_2=\underline{Z}_\mathrm{L}$ gewählt wird. Dann ist $\underline{Z}_2=\underline{U}_2/\underline{I}_2=\underline{Z}_\mathrm{L}$. Die reflektierte Welle verschwindet. Wird $\underline{U}_2=\underline{Z}_\mathrm{L}\underline{I}_2$ in Gl. (4.36) eingesetzt, so entsteht

$$\underline{F}(s) = \frac{1}{\cosh \underline{g} + \sinh \underline{g}} = \frac{2}{e^{\underline{g}} + e^{-\underline{g}} + e^{\underline{g}} - e^{-\underline{g}}} = e^{-\underline{g}}. \tag{4.38}$$

3. Nicht-angepaßter Abschlußwiderstand.
Der Abschluß einer Leitung wird allgemein als nicht-angepaßt bezeichnet, wenn $\underline{Z}_2 \neq \underline{Z}_\mathrm{L}$ und $0<|\underline{Z}_2| \leqq \infty$ gelten. Mit $\underline{Z}_2=\underline{U}_2/\underline{I}_2$ wird aus Gl. (4.36) die Übertragungsfunktion

$$\underline{F}(s) = \frac{1}{\cosh \underline{g} + \dfrac{\underline{Z}_\mathrm{L}}{\underline{Z}_2} \sinh \underline{g}}. \tag{4.39}$$

4. Leerlaufende Leitung
Bei leerlaufender Leitung ist $\underline{I}_2=0$. Aus Gl. (4.36) ergibt sich für die Übertragungsfunktion

$$\underline{F}(s)=\frac{1}{\cosh \underline{g}}. \tag{4.40}$$

Gl. (4.38) bis (4.40) geben die vom Betriebszustand der Leitung abhängige Übertragungsfunktion $\underline{F}(s)$ an, mit der das Impulsverhalten einer Leitung ermittelt werden kann.

4.1.4 Impulseinspeisungen in Leitungen

Bei der Einspeisung impulsförmiger Signale aus einem Impulsgenerator G_i in eine Leitung ist zu beachten, daß der Generator mit seinem Innenwiderstand R_i auf den Eingangswiderstand $\underline{Z}_1$ der Leitung arbeitet. Der Eingangswiderstand $\underline{Z}_1$ der Leitung bestimmt sich aus den Gl. (4.36) und (4.37)

$$\underline{Z}_1=\frac{\underline{U}_1}{\underline{I}_1}=\frac{\underline{U}_2\cosh \underline{g}+\underline{Z}_\mathrm{L}\underline{I}_2\sinh \underline{g}}{\dfrac{\underline{U}_2}{\underline{Z}_\mathrm{L}}\sinh \underline{g}+\underline{I}_2\cosh \underline{g}} \tag{4.41}$$

in Abhängigkeit vom Abschlußwiderstand $\underline{Z}_2$ mit $\underline{U}_2=\underline{Z}_2\underline{I}_2$ als

$$\underline{Z}_1=\underline{Z}_\mathrm{L}\frac{\underline{Z}_\mathrm{L}\sinh \underline{g}+\underline{Z}_2\cosh \underline{g}}{\underline{Z}_\mathrm{L}\cosh \underline{g}+\underline{Z}_2\sinh \underline{g}}. \tag{4.42}$$

Für den Sonderfall der leerlaufenden Leitung ($|\underline{Z}_2|\rightarrow\infty$) ist

$$\underline{Z}_{1\mathrm{l}}=\underline{Z}_\mathrm{L}\coth \underline{g} \tag{4.43}$$

und für die ausgangsseitig kurzgeschlossene Leitung ($\underline{Z}_2=0$) ist

$$\underline{Z}_{1\mathrm{k}}=\underline{Z}_\mathrm{L}\tanh \underline{g}. \tag{4.44}$$

Die Verknüpfung von Gl. (4.43) mit (4.44) führt auf eine Beziehung zur praktischen Berechnung des Wellenwiderstandes $\underline{Z}_\mathrm{L}$ aus dem eingangsseitigen Kurzschluß- und Leerlaufwiderstand als

$$\underline{Z}_\mathrm{L}=\sqrt{\underline{Z}_{1\mathrm{k}}\cdot\underline{Z}_{1\mathrm{l}}} \tag{4.45}$$

für eine passive, lineare Zweitorschaltung.

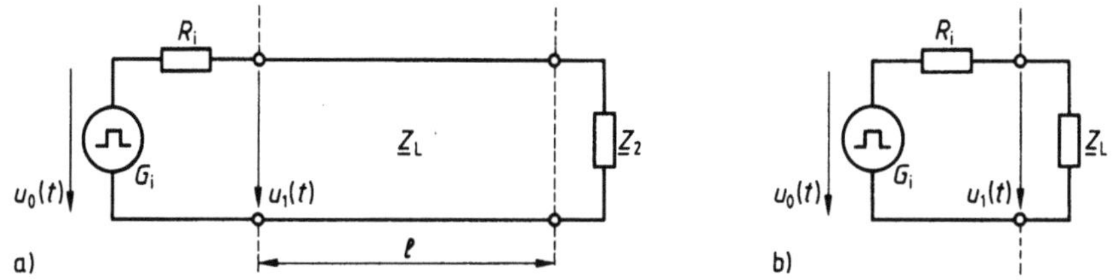

4.3 Impulseinspeisung durch einen Impulsgenerator G_i mit dem Innenwiderstand R_i in eine Leitung der Länge l mit dem Wellenwiderstand $\underline{Z}_L$ und dem Abschlußwiderstand $\underline{Z}_2$ (a), Ersatzschaltbild der Anordnung mit dem wirksamen Eingangswiderstand $\underline{Z}_1$ und den Impulsspannungen $u_0(t)$ und $u_1(t)$ (b)

Bild 4.3 zeigt eine Ersatzschaltung für die Impulseinspeisung. Danach kommt es zu einer Spannungsteilung der Generatorleerlaufspannung $u_0(t)$ zwischen dem Innenwiderstand R_i des Generators und dem Wellenwiderstand Z_l der Leitung. Die in die Leitung hineinlaufende Spannung ist damit

$$u_1(t) = u_0(t)\,\frac{\underline{Z}_L}{R_i + \underline{Z}_L}\,. \tag{4.46}$$

Komplexer Reflexionsfaktor. Die Ausbreitung von Spannungs- und Stromverteilungen auf Leitungen als Wanderwellen hängt vom Betriebszustand der Leitung ab. Dieser wird durch den komplexen Reflexionsfaktor $\underline{r}$ beschrieben. Nach Band XI bezeichnet er das Verhältnis der reflektierten zur einfallenden Welle. Für die Spannungsverteilungen auf der Leitung gilt an der Stelle x_0 für den auf die Spannung bezogenen Reflexionsfaktor

$$\underline{r}_u{}^{1)} = \frac{\underline{U}(x_0)_{\text{refl.}}}{\underline{U}(x_0)_{\text{einf.}}}, \tag{4.47}$$

entsprechend für die Stromverteilungen auf der Leitung an der Stelle x_0 für den auf den Strom bezogenen Reflexionsfaktor

$$\underline{r}_i = \frac{\underline{I}(x_0)_{\text{refl.}}}{\underline{I}(x_0)_{\text{einf.}}}. \tag{4.48}$$

Weiter gilt

$$\underline{r}_u = \frac{\underline{Z}_2 - \underline{Z}_L}{\underline{Z}_2 + \underline{Z}_L} = -\underline{r}_i \tag{4.49}$$

mit dem komplexen Abschlußwiderstand $\underline{Z}_2$ und dem Wellenwiderstand $\underline{Z}_L$

[1]) Der Index u kann fortgelassen werden, wenn feststeht, daß der Reflexionsfaktor eindeutig auf das Verhältnis der Spannungen bezogen wird.

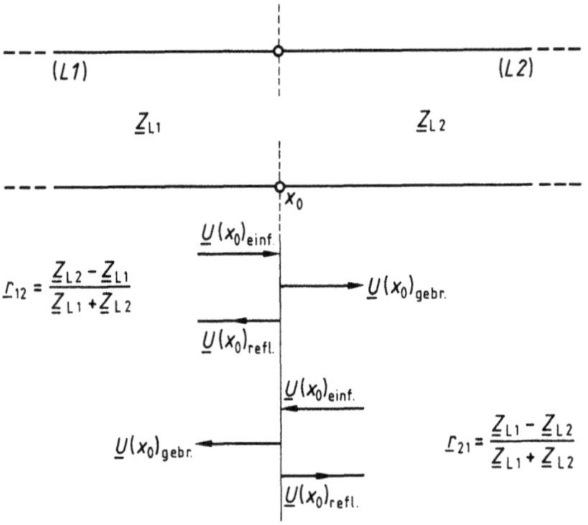

4.4
Stoßstelle x_0 zweier Leitungen *L1* und *L2* mit den Wellenwiderständen $\underline{Z}_{L1}$ und $\underline{Z}_{L2}$ mit der einfallenden Spannungswelle $\underline{U}(x_0)_{einf.}$, der reflektierten Spannungswelle $\underline{U}(x_0)_{refl.}$ und der gebrochenen Spannungswelle $\underline{U}(x_0)_{gebr.}$

der Leitung. Bei Reflexionen an Stoßstellen ist nach Bild **4.4** zu beachten, daß der Reflexionsfaktor richtungsabhängig ist. Bei der Bestimmung von $\underline{r}$ hat man der Ausbreitungsrichtung der betrachteten Welle zu folgen. So stellt der Wellenwiderstand $\underline{Z}_{L2}$ der Leitung *L2* den Abschlußwiderstand für die Leitung *L1* mit dem Wellenwiderstand $\underline{Z}_{L1}$ für eine von links nach rechts laufende Spannungsverteilung an der Stoßstelle x_0 dar, so daß $\underline{r}_{12}=(\underline{Z}_{L2}-\underline{Z}_{L1})/(\underline{Z}_{L1}+\underline{Z}_{L2})$ gilt. Für eine von rechts nach links auf die Stoßstelle zulaufende Spannungsverteilung ist entsprechend $\underline{r}_{21}=(\underline{Z}_{L1}-\underline{Z}_{L2})/(\underline{Z}_{L1}+\underline{Z}_{L2})$. Ausgezeichnete Fälle des Reflexionsfaktors $\underline{r}$ sind

$$\begin{array}{lllll} \underline{r}_u=+1 & \text{und} & \underline{r}_i=-1 & \text{für} & |\underline{Z}_2|=\infty \quad \text{(Leerlauf)} \\ \underline{r}_u=\ \ 0 & \text{und} & \underline{r}_i=\ \ 0 & \text{für} & \underline{Z}_2=\underline{Z}_L \quad \text{(Angepaßter Abschluß)} \\ \underline{r}_u=-1 & \text{und} & \underline{r}_i=+1 & \text{für} & \underline{Z}_2=0 \quad \text{(Kurzschluß)}. \end{array}$$

Soll auf einer Leitung nur die einfallende Welle auftreten, dann muß die Leitung entweder unendlich lang sein, so daß in endlicher Zeit keine Reflexion auftritt, oder es muß die am Leitungsende auftreffende Energie in einem Abschlußwiderstand vollständig absorbiert werden. Dies ist aber bei $\underline{Z}_2=\underline{Z}_L$ der Fall. Nach Gl. (4.49) wird bei angepaßtem Abschlußwiderstand $\underline{r}=0$.

Komplexer Transmissionsfaktor. Aus Bild **4.4** geht weiter hervor, daß eine auf eine Stoßstelle zulaufende Spannungsverteilung $\underline{U}(x_0)_{einf.}$ sowohl eine reflektierte Spannungsverteilung $\underline{U}(x_0)_{refl.}$ als auch eine gebrochene Spannungsverteilung $\underline{U}(x_0)_{gebr.}$ an der Stoßstelle auslöst. $\underline{U}(x_0)_{gebr.}$ ist dabei der Anteil der Spannungsverteilung, der über die Stoßstelle hinweg in die angeschlossene Leitung hineinläuft. Unter der Voraussetzung der Spannungsgleichheit an der Stoßstelle zwischen den Leitungen *L1* und *L2* mit den Wellenwiderständen $\underline{Z}_{L1}$ und $\underline{Z}_{L2}$ kann allgemein angesetzt werden

$$\underline{U}(x_0)_{einf.}+\underline{U}(x_0)_{refl.}=\underline{U}(x_0)_{gebr.}\,. \tag{4.50}$$

Mit Gl. (4.47) wird $\underline{U}_{\text{einf.}}+\underline{r}_{\text{u}}\,\underline{U}_{\text{einf.}}=\underline{U}_{\text{einf.}}(1+\underline{r}_{\text{u}})=\underline{U}_{\text{gebr.}}$. Als komplexer, spannungsbezogener Transmissionsfaktor wird

$$\underline{g}_{\text{Tr, u}}^{1)}=\frac{\underline{U}_{\text{gebr.}}}{\underline{U}_{\text{einf.}}}=1+\underline{r}_{\text{u}} \tag{4.51}$$

eingeführt. Gl. (4.49) in (4.51) eingesetzt führt auf

$$\underline{g}_{\text{Tr, u}}=\frac{2\underline{Z}_2}{\underline{Z}_2+\underline{Z}_{\text{L}}}. \tag{4.52}$$

Ebenso wie beim komplexen Reflexionsfaktor $\underline{r}$ als $\underline{r}_{\text{u}}$ bzw. $\underline{r}_{\text{i}}$ und $\underline{r}_{\text{u}}=-\underline{r}_{\text{i}}$ werden die komplexen Transmissionsfaktoren $\underline{g}_{\text{Tr, u}}$ und $\underline{g}_{\text{Tr, i}}$ bezüglich Spannung und Strom unterschieden. Deshalb ist

$$\underline{g}_{\text{Tr, i}}=1-\underline{r}_{\text{i}}. \tag{4.53}$$

Beispiel 4.1. Für eine Kabelverzweigung, die aus den verlustlosen Leitungsstücken *L1* bis *L3* mit dem Wellenwiderstand $\underline{Z}_{\text{L}}$ nach Bild **4.**5 zusammengesetzt ist und deren Enden jeweils angepaßt abgeschlossen sind, wird eine einfallende Spannungsverteilung $\underline{U}_{\text{einf.}}=\underline{U}_0$ bei *A* beliebiger Wellenform angenommen. Der an der Stoßstelle bei x_0 reflektierte Anteil $\underline{U}_{\text{refl.}}$ sowie die in jede Verzweigung (*L2* und *L3*) hineinlaufende gebrochene Spannungsverteilung $\underline{U}_{\text{gebr.}}$ ist zu berechnen. Für die errechneten Anteile ist eine Leistungsbilanz aufzustellen.

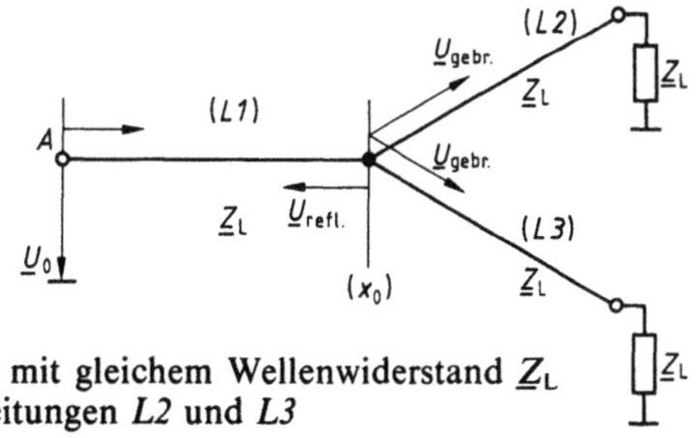

4.5
Kabelverzweigung aus drei Leitungen mit gleichem Wellenwiderstand $\underline{Z}_{\text{L}}$ und den angepaßt abgeschlossenen Leitungen *L2* und *L3*

Die Leitungsstücke *L2* und *L3* weisen bei x_0 jeweils den Eingangswiderstand $\underline{Z}_{\text{L}}$ auf, da jede Leitung ausgangsseitig mit ihrem Wellenwiderstand abgeschlossen ist. Damit kann als Ersatzschaltung angenommen werden, daß die Leitung *L1* bei x_0 mit der Parallelschaltung $\underline{Z}_{\text{L}}\|\underline{Z}_{\text{L}}=\underline{Z}_{\text{L}}/2$ abgeschlossen ist. Nach Gl. (4.49) ist der spannungsbezogene Reflexionsfaktor

$$\underline{r}_{\text{u}}(x_0)=\frac{\dfrac{\underline{Z}_{\text{L}}}{2}-\underline{Z}_{\text{L}}}{\dfrac{\underline{Z}_{\text{L}}}{2}+\underline{Z}_{\text{L}}}=-\frac{1}{3}.$$

[1]) Wenn feststeht, daß der Transmissionsfaktor auf Spannungen bezogen wird, kann der Index u fortgelassen werden, so daß $\underline{g}_{\text{Tr, u}}=\underline{g}_{\text{Tr}}$ ist.

Die reflektierte Spannungsverteilung ist $\underline{U}_{\text{refl.}} = -\frac{1}{3}\underline{U}_0$. Für die gebrochene Spannungsverteilung $\underline{U}_{\text{gebr.}}$, die jeweils in *L2* und *L3* hineinläuft, erhält man mit dem Transmissionsfaktor $\underline{g}_{\text{Tr, u}} = 2/3$ nach Gl. (4.51) $\underline{U}_{\text{gebr.}} = \frac{2}{3}\,U_0$.

$\underline{U}_{\text{einf.}}$, $\underline{U}_{\text{refl.}}$ und $\underline{U}_{\text{gebr.}}$ breiten sich auf den Leitungen *L1* bis *L3* aus, die jeweils den gleichen Wellenwiderstand besitzen. Daher kann folgende Leistungsbilanz aufgestellt werden:

$$\frac{\underline{U}^2_{\text{einf.}}}{\underline{Z}_{\text{L}}} = \left.\frac{\underline{U}^2_{\text{refl.}}}{\underline{Z}_{\text{L}}}\right|_{L1} + \left.\frac{\underline{U}^2_{\text{gebr.}}}{\underline{Z}_{\text{L}}}\right|_{L2} + \left.\frac{\underline{U}^2_{\text{gebr.}}}{\underline{Z}_{\text{L}}}\right|_{L3}$$

bzw.

$$\underline{U}^2_0 = \left(-\frac{1}{3}\right)^2 \underline{U}^2_0 + \left(\frac{2}{3}\right)^2 \underline{U}^2_0 + \left(\frac{2}{3}\right)^2 \underline{U}^2_0$$

$$1 = \frac{1}{9} + \frac{4}{9} + \frac{4}{9} = 1\,.$$

Die Bedingung der Leistungsgleichheit vor und nach dem Reflexions- bzw. Brechungsvorgang bei verlustlosen Leitungen ist erfüllt. Dadurch werden zugleich die getroffenen Festlegungen zum Reflexionsfaktor und Transmissionsfaktor physikalisch bestätigt.

4.2 Angepaßt abgeschlossene Leitungen

Das Impulsverhalten homogener[1]) Leitungen, die mit ihrem Wellenwiderstand abgeschlossen sind ($\underline{Z}_2 = \underline{Z}_{\text{L}}$) und daher reflexionsfrei arbeiten ($\underline{r} = 0$), wird für folgende Leitungstypen vorgestellt: die verzerrungsfreie Leitung, die Thomson-Leitung, die dämpfungsfreie (verlustlose) Leitung sowie die Laufzeitleitung.

Setzt man bei angepaßtem Abschlußwiderstand $\underline{U}_2 = \underline{Z}_{\text{L}}\underline{I}_2$ in Gl. (4.36) ein, so erhält man daraus nach Gl. (4.38) die Übertragungsfunktion einer Leitung für den Betriebsfall mit angepaßtem Abschluß $\underline{F}(s) = e^{-\underline{g}}$. Mit $\underline{F}(s)$ kann die Sprungantwortfunktion $\sigma_{\text{a}}(t)$ für den betreffenden Leitungstyp berechnet werden.

4.2.1 Verzerrungsfreie Leitung

Eine homogene Leitung mit einem differentiellen Leitungsersatzschaltbild nach Bild **4.6** überträgt beliebige impulsförmige Signale v e r z e r r u n g s f r e i,

[1]) Eine Leitung ist h o m o g e n, wenn das elektromagnetische Feld, das mit Strom und Spannung verknüpft ist, an allen Stellen der Leitung die gleichen Ausbreitungsbedingungen vorfindet, d.h. der Leiterabstand, der Leiterquerschnitt, die Leitfähigkeit der Leiter, die Dielektrizitätskonstante sowie die Permeabilität zwischen den Leitern längs der Leitung konstant sind (s. Band XI).

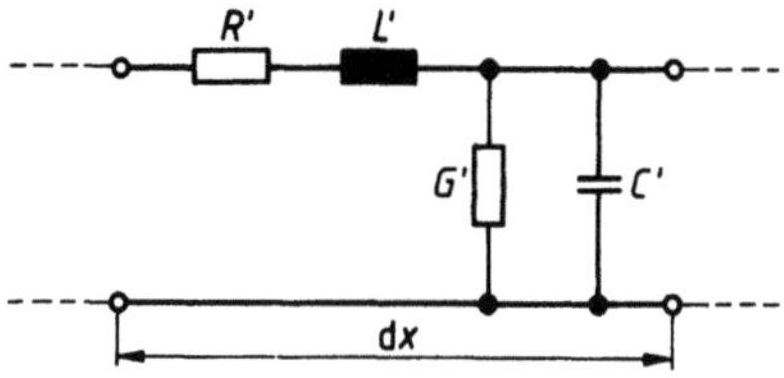

4.6
Differentielles Leitungsersatzschaltbild der verzerrungsfreien Leitung mit $R'/L' = G'/C' = \text{const}$

wenn die Bedingung

$$\frac{R'}{L'} = \frac{G'}{C'} \tag{4.54}$$

erfüllt ist. Den Wellenwiderstand berechnet man nach Gl. (4.26) als

$$\underline{Z}_{\mathrm{L}} = \sqrt{\frac{L'}{C'}}\,. \tag{4.55}$$

$\underline{Z}_{\mathrm{L}}$ ist reell. Der komplexe Ausbreitungskoeffizient ist nach Gl. (4.18)

$$\underline{\gamma} = \sqrt{(R' + \mathrm{j}\omega L')(G' + \mathrm{j}\omega C')}\,.$$

Führt man den konstanten, reellen Faktor $d = R'/L' = G'/C'$ in Gl. (4.54) ein, so ergibt sich

$$\underline{\gamma} = \sqrt{L'C'} \cdot \sqrt{\left(\frac{R'}{L'} + \mathrm{j}\omega\right)\left(\frac{G'}{C'} + \mathrm{j}\omega\right)} = \sqrt{L'C'} \cdot (d + \mathrm{j}\omega) \tag{4.56}$$

mit $\underline{\gamma} = \alpha + \mathrm{j}\beta$. Die Zerlegung in Real- und Imaginärteil ergibt

$$\alpha = R' \sqrt{\frac{C'}{L'}} = G' \sqrt{\frac{L'}{C'}} \tag{4.57}$$

und

$$\beta = \omega\sqrt{L'C'}\,. \tag{4.58}$$

Die Phasengeschwindigkeit v_{p} ist nach Gl. (4.22)

$$v_{\mathrm{p}} = \omega/\beta = 1/\sqrt{L'C'}\,. \tag{4.59}$$

Man erkennt, daß sowohl der Dämpfungskoeffizient α nach Gl. (4.57) als auch die Phasengeschwindigkeit v_{p} nach Gl. (4.59) frequenzunabhängig sind. Damit treten keine frequenzabhängigen Verzerrungen auf, d. h. ein impulsförmiges Signal wird in allen seinen Frequenzanteilen gleichförmig gedämpft und verzögert.

Nach Gl. (4.21) und (4.56) ist das Übertragungsmaß

$$\underline{g}=\underline{\gamma} l=l\sqrt{L'C'}\,(d+s)\,; \tag{4.60}$$

damit ergibt sich für die Übertragungsfunktion $\underline{F}(s)$ entsprechend Gl. (4.38)

$$\underline{F}(s)=e^{-\underline{g}}=e^{-\underline{\gamma} l}=e^{-l\sqrt{L'C'}\,(d+s)}\,. \tag{4.61}$$

$\underline{F}(s)$ kann umgeschrieben werden in

$$\underline{F}(s)=e^{-ld\sqrt{L'C'}}\,e^{-l\sqrt{L'C'}\,s}$$

mit dem Faktor $e^{-ld\sqrt{L'C'}}$ für die Amplitudendämpfung.

Gibt man auf den Eingang der verzerrungsfreien Leitung eine Einheitssprungfunktion $x_1(t)=\sigma(t)$ ○——● $\frac{1}{s}=\underline{X}_1(s)$, so ergibt sich für die Einheitssprungantwortfunktion $\sigma_a(t)$ mit $\underline{X}_2(s)=\underline{F}(s)\,\underline{X}_1(s)$

$$\underline{X}_2(s)=e^{-ld\sqrt{L'C'}}\cdot e^{-l\sqrt{L'C'}\cdot s}\cdot\frac{1}{s} \tag{4.62}$$

●
|
○

$$x_2(t)=\sigma_a(t)=\begin{cases}0 & \text{für}\quad t<l\sqrt{L'C'}\\ e^{-ld\sqrt{L'C'}}\,\sigma(t-l\sqrt{L'C'}) & \text{für}\quad t>l\sqrt{L'C'}\end{cases} \tag{4.63}$$

entsprechend Bild **4**.7.

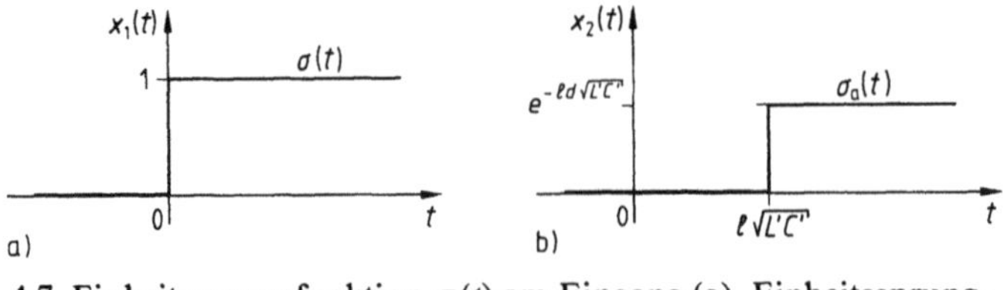

4.7 Einheitssprungfunktion $\sigma(t)$ am Eingang (a), Einheitssprungantwortfunktion $\sigma_a(t)$ am Ausgang (b) der verzerrungsfreien Leitung

Die Rücktransformation der Gl. (4.62) erweist sich als besonders einfach. Sie enthält einen reellen Vorfaktor $e^{-ld\sqrt{L'C'}}$, der in den Zeitbereich übernommen wird. Der restliche Anteil $(1/s)e^{-ld\sqrt{L'C'}\cdot s}$ ergibt rücktransformiert eine entsprechend dem Verschiebungssatz um die Zeit $l\sqrt{L'C'}$ verschobene Einheitssprungfunktion. Aus Bild **4**.7 geht hervor, daß die Einheitssprungfunktion unverzerrt übertragen wird. Zwar wird die Amplitude um den Faktor $e^{-ld\sqrt{L'C'}}$ bedämpft und die Antwortfunktion tritt erst nach einer Laufzeit von $l\sqrt{L'C'}$

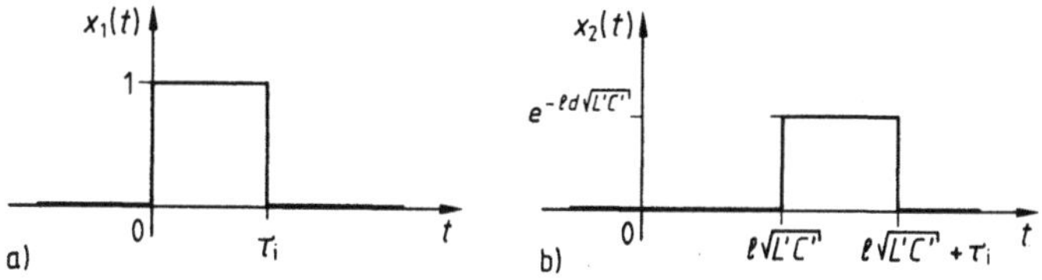

4.8 Idealer Rechteckimpuls am Eingang (a), am Ausgang (b) der verzerrungsfreien Leitung

am Leitungsende auf, aber die Impulsform bleibt dennoch erhalten. Nach Abschn. 1.4 läßt sich ein Rechteckimpuls aus zwei zeitlich verschobenen Sprungfunktionen zusammensetzen. Entsprechend erhält man am Leitungsende eine Signalform wie in Bild **4.8**.

4.2.2 Thomson-Leitung

Kabel, bei denen der Induktivitätsbelag L' und der Ableitungsbelag G' vernachlässigt werden können, werden auch als Thomson-Kabel oder -Leitung bezeichnet. Sie werden z. B. als lange Seekabel für Telegraphiebetrieb mit niedriger Telegraphiergeschwindigkeit eingesetzt. Die Vernachlässigung von L' und G' führt auf ein vereinfachtes differentielles Leitungsersatzschaltbild (Bild **4.9**).

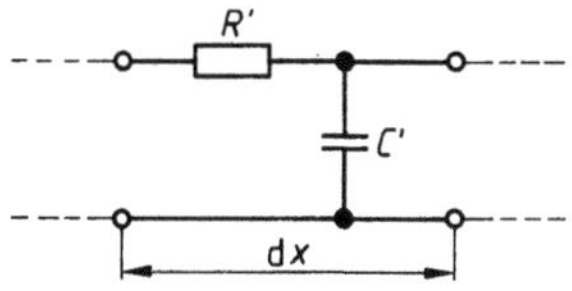

4.9
Differentielles Leitungsersatzschaltbild für die Thomson-Leitung mit $L'=0$ und $G'=0$

Nach Gl. (4.26) sind der Wellenwiderstand

$$\underline{Z}_L = \sqrt{\frac{R'}{\omega C'}}\, e^{-j\frac{\pi}{4}} \tag{4.64}$$

und der komplexe Ausbreitungskoeffizient nach Gl. (4.18)

$$\begin{aligned}\underline{\gamma} &= \sqrt{R' j\omega C'} = \sqrt{\omega R' C'}\cdot e^{j\frac{\pi}{4}}\\ &= \frac{1}{2}\sqrt{2}\,\sqrt{\omega R' C'}\cdot(1+j) = \alpha + j\beta\end{aligned} \tag{4.65}$$

mit

$$\alpha = \sqrt{\frac{\omega R' C'}{2}} \tag{4.66}$$

und

$$\beta = \sqrt{\frac{\omega R' C'}{2}}. \tag{4.67}$$

Die Phasengeschwindigkeit v_p ist nach Gl. (4.22)

$$v_p = \sqrt{\frac{2\omega}{R' C'}}. \tag{4.68}$$

Aus Gl. (4.21) und (4.65) ergibt sich das Übertragungsmaß

$$\underline{g} = \underline{\gamma} l = \sqrt{R' C' l^2} \cdot \sqrt{s} \tag{4.69}$$

und damit die Übertragungsfunktion $\underline{F}(s)$ nach Gl. (4.38)

$$\underline{F}(s) = e^{-\sqrt{s}\,\sqrt{R' C' l^2}}. \tag{4.70}$$

In Analogie zu einem aus diskreten Bauelementen R und C aufgebauten Tiefpaß wird die Zeitkonstante

$$\tau_T = R' C' l^2 \tag{4.71}$$

eingeführt. Weiter wird die Abkürzung $A = \sqrt{\tau_T}$ gewählt. Damit wird

$$\underline{F}(s) = e^{-A\sqrt{s}}. \tag{4.72}$$

Gibt man auf den Eingang der Thomson-Leitung eine Einheitssprungfunktion $x_1(t) = \sigma(t) \circ\!\!-\!\!\bullet \frac{1}{s} = \underline{X}_1(s)$, so ergibt sich für die Einheitssprungantwortfunktion $\sigma_a(t)$ mit $\underline{X}_2(s) = \underline{F}(s)\,\underline{X}_1(s)$

$$\underline{X}_2(s) = \frac{1}{s}\, e^{-A\sqrt{s}} \tag{4.73}$$

$$\bullet\!\!-\!\!\circ$$

$$x_2(t) = \sigma_a(t) = \operatorname{erfc}\left(\frac{A}{2\sqrt{t}}\right) = \operatorname{erfc} \frac{1}{2\sqrt{\dfrac{t}{\tau_T}}} \tag{4.74}$$

mit der komplementären Fehlerfunktion $\operatorname{erfc}(x) = 1 - \operatorname{erf}(x)$ (s. Anhang 3.1). Die Einheitssprungantwortfunktion $\sigma_a(t)$ ist in Bild **4**.10 dargestellt. Man erkennt eine Verformung der Flanke der Einheitssprungfunktion, die auffallende Ähnlichkeit mit der Impulsverformung durch Tiefpässe hat. Dies ist darin begründet, daß die Thomson-Leitung ein homogenes Tiefpaßsystem darstellt.

Weiter fällt auf, daß diese Leitung an ihrem Ausgang keine Laufzeit aufweist. Dies kann dadurch erklärt werden, daß eine Kettenschaltung von unendlich vielen RC-Gliedern zwischen Eingang und Ausgang über eine Reihenschaltung von frequenzunabhängigen (ohmschen) Widerständen im Längsweg eine direkte Verbindung schafft. Folglich ist eine sofortige Reaktion am Ausgang auf eine eingangsseitige Anregungsfunktion ohne Laufzeit zu erwarten.

Die Impulsverformung für einen Rechteckimpuls der Impulsdauer τ_i erhält man aus der Überlagerung zweier zeitlich versetzter Einheitssprungfunktionen um τ_i entsprechend Abschn. 1.4 als Überlagerung der zugeordneten Einheitssprungantwortfunktionen $\sigma_a(t)$ und $-\sigma_a(t-\tau_i)$. Bild **4**.11 zeigt den idealen Rechteckimpuls als eingangsseitige Anregungsfunktion und den verformten Rechteckimpuls für $\tau_i/\tau_T = 2$ in normierter Darstellung.

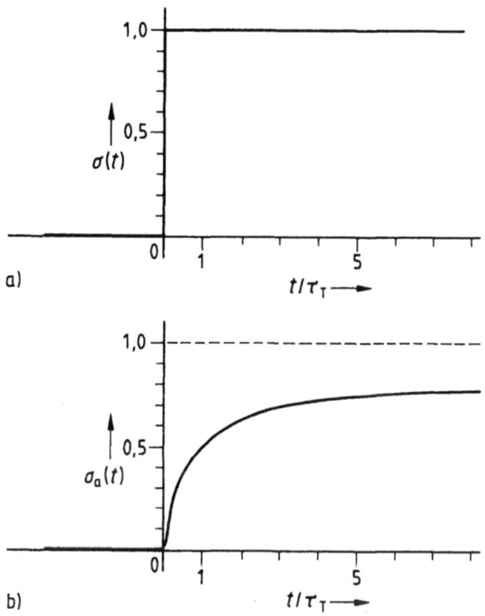

4.10
Einheitssprungfunktion $\sigma(t)$ am Eingang (a), Einheitssprungantwortfunktion $\sigma_a(t)$ am Ausgang (b) der Thomson-Leitung

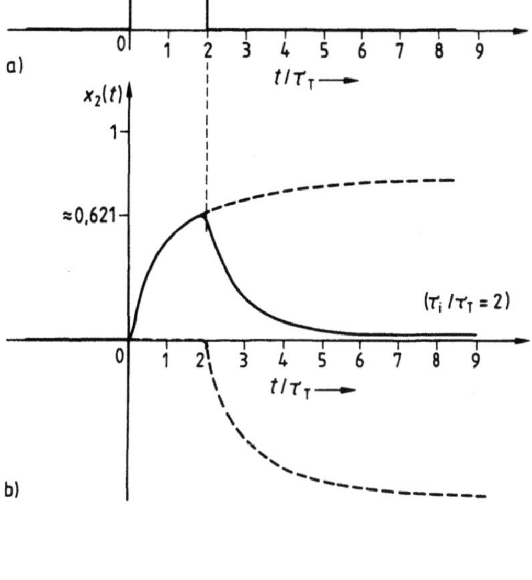

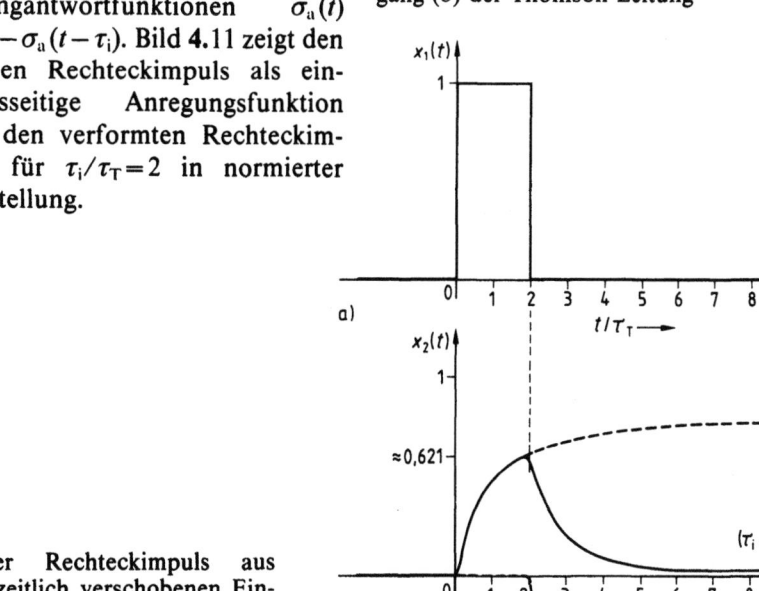

4.11
Idealer Rechteckimpuls aus zwei zeitlich verschobenen Einheitssprungfunktionen $\sigma(t)$ und $-\sigma(t-\tau_i)$ am Eingang (a), verformter Rechteckimpuls für $\tau_i/\tau_T = 2$ am Ausgang (b) der Thomson-Leitung

4.2.3 Dämpfungsfreie Leitung

Die dämpfungsfreie (auch verlustlose) Leitung geht aus der allgemeinen differentiellen Leitungsersatzschaltung nach Bild **4.**1 dadurch hervor, daß $R'=0$ und $G'=0$ gesetzt werden. Dadurch entsteht eine differentielle Ersatzschaltung nach Bild **4.**12. Nach Gl. (4.26) ist der Wellenwiderstand

$$\underline{Z}_{\mathrm{L}}=Z_{\mathrm{L}}=\sqrt{\frac{L'}{C'}} \tag{4.75}$$

reell. Der komplexe Ausbreitungskoeffizient ist nach Gl. (4.18)

$$\underline{\gamma}=\sqrt{\mathrm{j}\omega L'\mathrm{j}\omega C'}=\mathrm{j}\omega\sqrt{L'C'}=s\sqrt{L'C'}\,. \tag{4.76}$$

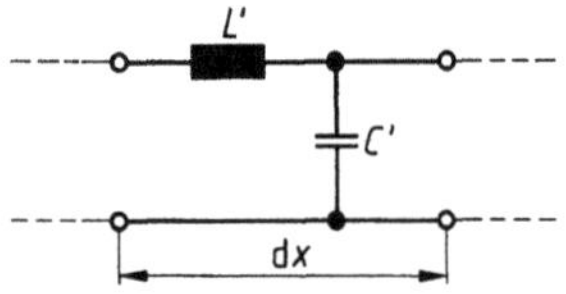

4.12
Differentielles Leitungsersatzschaltbild der dämpfungsfreien (verlustlosen) Leitung mit $R'=0$ und $G'=0$

Wegen $\underline{\gamma}=\alpha+\mathrm{j}\beta$ sind $\alpha=0$ und $\beta=\omega\sqrt{L'C'}$. Die Phasengeschwindigkeit v_{p} ist nach Gl. (4.22)

$$v_{\mathrm{p}}=\omega/\beta=1/\sqrt{L'C'}\,. \tag{4.77}$$

Für das Übertragungsmaß ergibt sich mit den Gl. (4.21) und (4.76)

$$\underline{g}=\underline{\gamma}l=sl\sqrt{L'C'}\,. \tag{4.78}$$

Damit ergibt sich für die Übertragungsfunktion $\underline{F}(s)$ nach Gl. (4.38)

$$\underline{F}(s)=e^{-sl\sqrt{L'C'}}. \tag{4.79}$$

Gibt man auf den Eingang der dämpfungsfreien Leitung eine Einheitssprungfunktion $x_1(t)=\sigma(t) \circ\!\!-\!\!\bullet \frac{1}{s}=\underline{X}_1(s)$, so ergibt sich für die Einheitssprungantwortfunktion $\sigma_{\mathrm{a}}(t)$ mit $\underline{X}_2(s)=\underline{F}(s)\,\underline{X}_1(s)$ mit Hilfe des Verschiebungssatzes (vergl. Anhang A3.3)

$$\underline{X}_2(s)=\frac{1}{s}\,e^{-sl\sqrt{L'C'}} \tag{4.80}$$

$\bullet\!\!-\!\!\circ$

$$x_2(t)=\sigma_{\mathrm{a}}(t)=\begin{cases}0 & \text{für}\quad t<l\sqrt{L'C'}\\ \sigma(t-l\sqrt{L'C'}) & \text{für}\quad t>l\sqrt{L'C'}\,.\end{cases} \tag{4.81}$$

Aus Gl. (4.81) folgt, daß eine Einheitssprungfunktion $\sigma(t)$ durch eine dämpfungsfreie, angepaßt abgeschlossene Leitung ohne Impulsverformung nach einer Laufzeit von

$$t_l = l\sqrt{L'C'} \tag{4.82}$$

am Leitungsende gemäß Bild 4.13 erscheint.

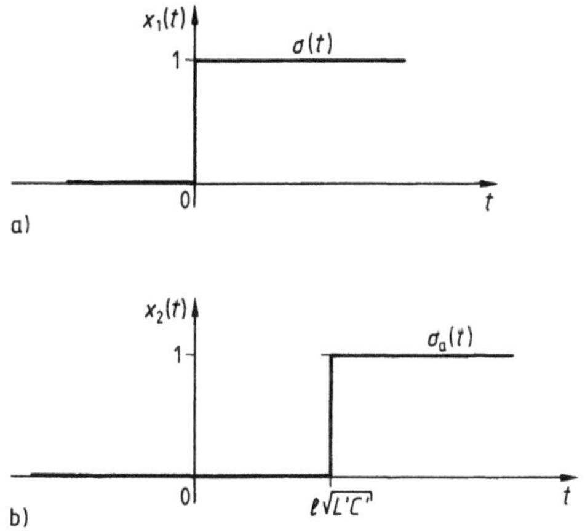

4.13 Einheitssprungfunktion $\sigma(t)$ am Eingang (a), Einheitssprungantwortfunktion $\sigma_a(t)$ am Ausgang (b) der dämpfungsfreien Leitung

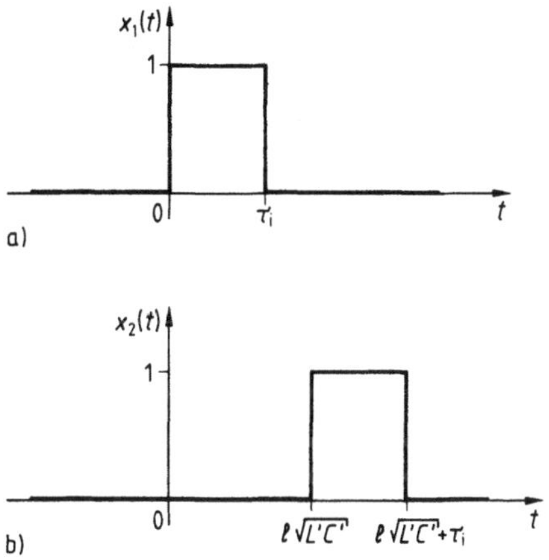

4.14 Idealer Rechteckimpuls der Impulsdauer τ_i am Eingang (a), unverformter und um $t_l = l\sqrt{L'C'}$ verzögerter Rechteckimpuls am Ausgang (b) der dämpfungsfreien Leitung

Ein Rechteckimpuls nach Bild 4.14 wird ebenso verzerrungsfrei, jedoch um die Laufzeit $t_l = l\sqrt{L'C'}$ verzögert übertragen.

4.2.4 Laufzeitleitung

In der Impulstechnik werden vielfach Einrichtungen benötigt, die einen Impuls verzerrungsfrei um die Zeit t_l verzögern. Laufzeitleitungen werden überall dort eingesetzt, wo ein räumliches Nebeneinander von Signalen in ein zeitliches Nacheinander und umgekehrt umgewandelt werden soll. Die Laufzeiten der Übertragungssysteme der elektrischen Nachrichtentechnik sind jedoch außerordentlich gering (Tafel 4.15, s. nächste Seite).

Beispiel 4.2. Eine dämpfungsfreie Leitung mit dem Induktivitätsbelag $L' = 4$ mH/km und dem Kapazitätsbelag $C' = 10$ nF/km soll zur Verzögerung von Impulsen eingesetzt werden. Mit welchem Widerstand ist die Leitung abzuschließen, um eine verzerrungsfreie Impulsübertragung zu bewirken? Wie groß ist die erforderliche Leitungslänge l_{erf}, um eine Laufzeit $t_l = 1$ µs zu erreichen?

Tafel **4.**15 Fortpflanzungsgeschwindigkeiten und Laufzeiten für 1000 km bei verschiedenen Übertragungsarten (nach Küpfmüller)

Übertragungsmittel	Fortpflanzungs-geschwindigkeit (km/s)	Laufzeit für 1000 km (ms)
Funkverbindung (vergleichsweise)	$300 \cdot 10^3$	3,3
Freileitung, Cu, bei 1 kHz	$290 \cdot 10^3$	3,5
Freileitung, Fe, bei 1 kHz	$140 \cdot 10^3$	7,1

Die Leitung ist mit ihrem Wellenwiderstand $\underline{Z}_L$ abzuschließen. Nach Gl. (4.75) gilt für die dämpfungsfreie Leitung

$$Z_L = \sqrt{\frac{L'}{C'}} = \sqrt{\frac{4 \cdot 10^{-3}\,\Omega^2\,\text{m}}{10 \cdot 10^{-9}\,\text{m}}} \approx 632\,\Omega\,.$$

Die Laufzeit auf der dämpfungsfreien Leitung ist nach Gl. (4.77) $t_l = l \cdot \sqrt{L'C'}$. Daraus errechnet sich die erforderliche Leitungslänge

$$l_{\text{erf.}} = \frac{t_l}{\sqrt{L'C'}} = \frac{1\,\mu\text{s}}{\sqrt{4 \cdot 10^{-3}\,\dfrac{\Omega\,\text{s}}{\text{km}} \cdot 10 \cdot 10^{-9}\,\dfrac{\text{s}}{\Omega\,\text{km}}}} \approx 158\,\text{m}\,.$$

Infolge der hohen Ausbreitungsgeschwindigkeit $v_p = 1/\sqrt{L'C'} \approx 1{,}58 \cdot 10^5$ m/s entsprechend Gl. (4.77) ist mit einer solchen Leitung eine erhebliche Kabellänge erforderlich, um eine Laufzeit von nur 1 µs zu erreichen. Dadurch ist die praktische Verwendbarkeit solcher Leitungen für Laufzeiten dieser Größenordnung in elektronischen Schaltungen ausgeschlossen.

Wie Beispiel **4.**2 zeigt, lassen sich mit verlustlosen, homogenen Leitungen übliche Verzögerungszeiten bis zu 1 µs kaum mit vertretbarem Aufwand realisieren. Es ist deshalb nach geeigneten Zweitorschaltungen zu suchen, die Impulse möglichst verzerrungsfrei mit einer vorgegebenen Laufzeit t_l übertragen. Besteht eine Laufzeitleitung abweichend von den bisher betrachteten, homogenen Leitungen aus n gleichartigen Zweitorelementen (s. Band XI), so ist auch der Ausdruck Laufzeitketten gebräuchlich.[1]) Das Impulsverhalten einer Laufzeitleitung wird als ideal angesehen, wenn 1. eine beliebige Impulsform verzerrungsfrei übertragen wird und 2. eine vorgegebene Laufzeit t_l unabhängig von der Impulsform eingehalten wird. Bild **4.**16 zeigt die Übertragung einer beliebigen Impulsfunktion $x_1(t)$ (Bild **4.**16a) über eine Laufzeitleitung *LL* mit dem Schaltzeichen nach Bild **4.**16b an den Ausgang nach der Laufzeit t_l (Bild **4.**16c). Nach Bild **4.**17 gelten für eine ideale Laufzeitleitung folgende Zusam-

[1]) Werden noch größere Laufzeiten bis zu 1000 µs benötigt, so verwendet man Ultraschall-Laufzeitleitungen mit piezoelektrischen Wandlern.

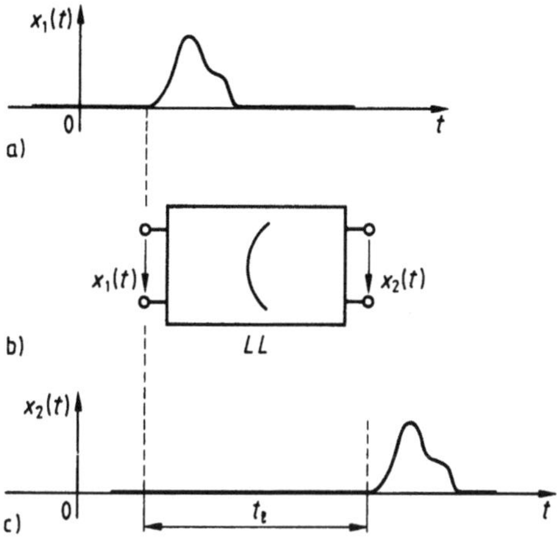

4.16
Eingangssignal $x_1(t)$ (a), Laufzeitleitung LL als Schaltzeichen (b), um t_l verzögertes Ausgangssignal $x_2(t)=x_1(t-t_l)$ (c)

menhänge: Die Eingangsfunktion $x_1(t)$ ○—● $\underline{X}_1(s)$ wird durch die ideale Laufzeitleitung so übertragen, daß am Ausgang $x_2(t)=x_1(t-t_l)$ verzerrungsfrei an-

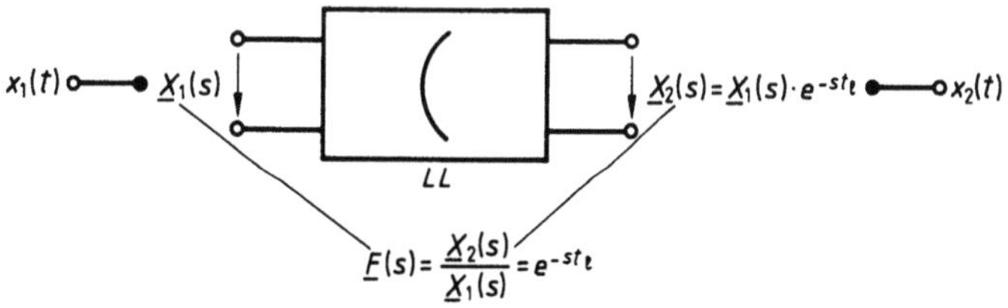

4.17 Ideale Laufzeitleitung LL als Zweitor mit der eingangsseitigen Impulsfunktion $x_1(t)$, der Ausgangsfunktion $x_2(t)=x_1(t-t_l)$ und der Übertragungsfunktion $\underline{F}(s)=e^{-st_l}$ mit der Laufzeit t_l

steht. Auf diese zeitliche Verschiebung wird im Bildbereich der Verschiebungssatz angewandt, so daß die Korrespondenz

$$x_2(t)=x_1(t-t_l) \quad ○\!\!-\!\!\!-\!\!● \quad \underline{X}_2(s)=\underline{X}_1(s)\,e^{-st_l} \tag{4.83}$$

gilt. Damit wird die Übertragungsfunktion einer idealen Laufzeitstufe

$$\underline{F}(s)=\frac{\underline{X}_2(s)}{\underline{X}_1(s)}=e^{-st_l}. \tag{4.84}$$

Der Amplitudengang ist $F=1$ und damit frequenzunabhängig. Der Phasengang ist $\varphi(\omega)=-t_l\omega$ (Bild **4**.18).

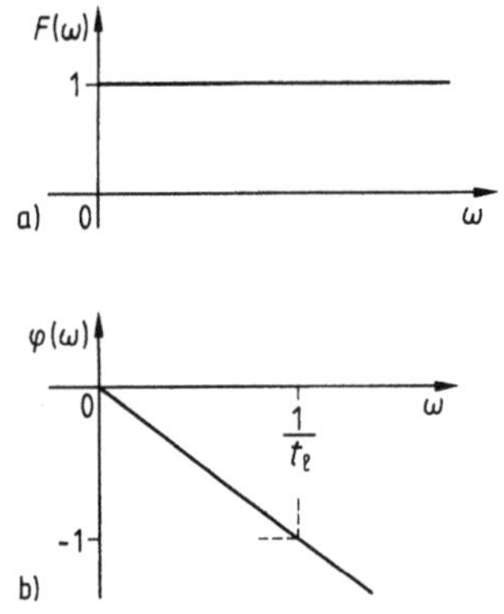

4.18
Amplitudengang $F(\omega)=1$ (a) und Phasengang $\varphi(\omega)=-t_l\omega$ (b) in Abhängigkeit von der Kreisfrequenz ω

4.2.4.1 Kettenleiter. Eine Laufzeitleitung kann durch einen Kettenleiter näherungsweise nachgebildet werden. Ein Kettenleiter entsteht, wenn mehrere Zweitore wie in Bild **4.**19 hintereinander geschaltet werden. Sind alle Zweitore gleich, so wird der Kettenleiter homogen genannt. Sind die einzelnen Zweitore zusätzlich noch richtungssymmetrisch (d. h. sie weisen die gleichen Übertragungseigenschaften in Vorwärts- und Rückwärtsrichtung auf), so entsteht ein richtungssymmetrischer Kettenleiter. Die folgenden Betrachtungen sollen sich auf richtungssymmetrische homogene Kettenleiter beschränken. Für eine Kettenschaltung aus n Kettengliedern mit dem Wellenwiderstand $\underline{Z}_L$ des einzelnen Kettengliedes gilt nach der Zweitortheorie (s. Band XI), daß sich die Übertragungsmaße $\underline{g}_1$ bis $\underline{g}_n$ der Kettenglieder zu

$$\underline{g}=\underline{g}_1+\underline{g}_2+\underline{g}_3+\ldots+\underline{g}_n \tag{4.85}$$

addieren. Bei gleichem Übertragungsmaß aller Kettenglieder wird wegen

$$\underline{g}_1=\underline{g}_2=\underline{g}_3=\ldots=\underline{g}_n \tag{4.86}$$

das gesamte Übertragungsmaß

$$\underline{g}=n\underline{g}_1. \tag{4.87}$$

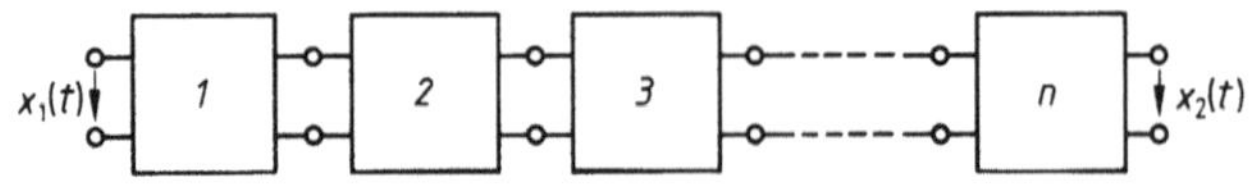

4.19 Kettenleiter aus n gleichen Kettengliedern

Bildet man einen homogenen Kettenleiter aus n gleichen Zweitoren nach Bild **4.**20a aus π-Schaltungen (s. Band XI) mit einer Induktivität L im Längsweg und zwei Kapazitäten zu je $C/2$ im Querweg, so entsteht eine n-gliedrige Laufzeitleitung wie in Bild **4.**20b und c. Nach Gl. (4.45) ist der Wellenwiderstand

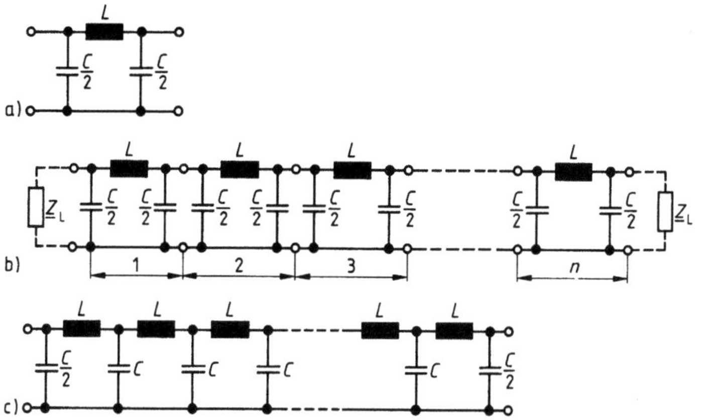

4.20 Richtungssymmetrisches Kettenglied als π-Schaltung aus der Induktivität L und je zwei Querkapazitäten $C/2$ (a), Kettenschaltung aus n gleichen Kettengliedern (b), Laufzeitleitung (c)

$\underline{Z}_L$ für ein Zweitor $\underline{Z}_L = \sqrt{\underline{Z}_{1k}\underline{Z}_{1l}}$. Für das π-Glied in Bild **4.**20a ermittelt man für den eingangsseitigen Kurzschlußwiderstand

$$\underline{Z}_{1k} = \frac{2j\omega L}{2-\omega^2 LC} \tag{4.88}$$

und für den eingangsseitigen Leerlaufwiderstand

$$\underline{Z}_{1l} = \frac{2j\omega L\left(1-\dfrac{2}{\omega^2 LC}\right)}{4-\omega^2 LC}. \tag{4.89}$$

Gl. (4.88) und (4.89) eingesetzt in Gl. (4.45) ergibt den Wellenwiderstand

$$\underline{Z}_L = \sqrt{\frac{L}{C}}\,\frac{1}{\sqrt{1-\dfrac{1}{4}\omega^2 LC}}. \tag{4.90}$$

$\underline{Z}_L$ ist solange reell, wie der Radikand größer gleich null ist. Dies ist im Frequenzbereich $0 \leqq \omega \leqq \omega_g$ mit

$$\omega_g = \frac{2}{\sqrt{LC}} \tag{4.91}$$

gültig. Die Kreisgrenzfrequenz ω_g begrenzt den Frequenzbereich für reellwertigen Wellenwiderstand $\underline{Z}_L$. In diesem Bereich ist nach der Theorie der Zweitore das Dämpfungsmaß $a(\omega)$ des π-Gliedes null. Damit geht diese Kreisgrenzfrequenz auf eine besondere Festlegung zurück und hat keine Beziehung zu der sonst üblichen Festlegung einer Grenzfrequenz durch eine Amplitudenabnahme um 3 dB. Normiert man die Kreisfrequenz ω in $\underline{Z}_\mathrm{L}(\omega)$ nach Gl. (4.90) durch Einführen des Frequenzverhältnisses

$$\eta = \frac{\omega}{\omega_\mathrm{g}}, \tag{4.92}$$

so erhält man für den Wellenwiderstand

$$\underline{Z}_\mathrm{L} = \sqrt{\frac{L}{C}}\,\frac{1}{\sqrt{1-\eta^2}}. \tag{4.93}$$

Bild 4.21 zeigt den Verlauf des Wellenwiderstandes $\underline{Z}_\mathrm{L}(\eta)$ im reellen Wertebereich.

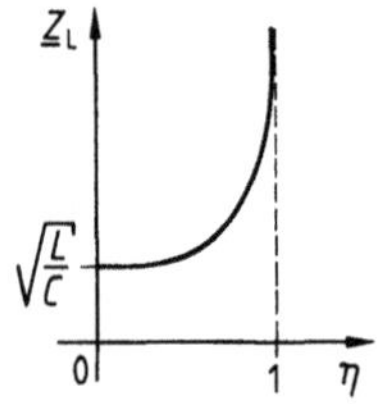

4.21
Verlauf des Wellenwiderstandes $\underline{Z}_\mathrm{L}(\eta)$ im reellwertigen Bereich $0 \leq \eta \leq 1$

4.2.4.2 Übertragungsfunktion der Laufzeitkette. Zur Berechnung der Übertragungsfunktion $\underline{F}(s)$ der gesamten Kettenschaltung nach Bild **4**.20c geht man davon aus, daß die Laufzeitkette sowohl eingangs- als auch ausgangsseitig mit ihrem Wellenwiderstand abgeschlossen ist, um einen reflexionsfreien Betrieb der Laufzeitleitung sicherzustellen. Es läßt sich zeigen, daß der Eingangswiderstand $\underline{Z}_1$ eines Kettengliedes nach Gl. (4.42) bei ausgangsseitigem Abschluß mit $\underline{Z}_\mathrm{L}$ wiederum $\underline{Z}_1 = \underline{Z}_\mathrm{L}$ ist. Bild **4**.22 zeigt das Ersatzschaltbild eines einzelnen Kettengliedes in Betrieb.

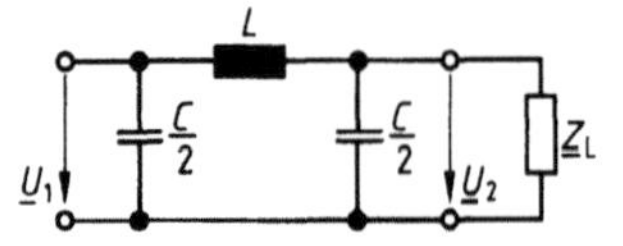

4.22
Kettenglied in π-Schaltung mit ausgangsseitigem Abschluß durch $\underline{Z}_\mathrm{L}$

Besteht die gesamte Laufzeitleitung mit der Übertragungsfunktion $\underline{F}(s)$ aus n gleichen Kettengliedern, so kann so vorgegangen werden, daß zunächst der Frequenzgang des einzelnen Kettengliedes $\underline{F}_1(\mathrm{j}\omega)$ ermittelt wird, um anschließend auf die Berechnung von $\underline{F}(s)$ überzugehen. Für die Anordnung nach Bild **4**.22 kann angesetzt werden

$$\underline{F}_1(\mathrm{j}\omega) = \frac{\underline{U}_2}{\underline{U}_1} = \frac{\dfrac{\dfrac{2}{\mathrm{j}\omega C}\underline{Z}_L}{\dfrac{2}{\mathrm{j}\omega C} + \underline{Z}_L}}{\mathrm{j}\omega L + \dfrac{\dfrac{2}{\mathrm{j}\omega C}\underline{Z}_L}{\dfrac{2}{\mathrm{j}\omega C} + \underline{Z}_L}}$$

$$= \frac{2\underline{Z}_L}{2\underline{Z}_L + 2\mathrm{j}\omega L - \omega^2 LC\underline{Z}_L} = \frac{1}{1 + \dfrac{\mathrm{j}\omega L}{\underline{Z}_L} - \dfrac{1}{2}\omega^2 LC}. \tag{4.94}$$

Mit $\eta = \omega/\omega_g$ wird $\underline{F}_1(\mathrm{j}\eta) = 1/(1 + \mathrm{j}2\eta\sqrt{1-\eta^2} - 2\eta^2)$. Entsprechend $s = \mathrm{j}\omega$ kann ersetzt werden

$$s^* = -\mathrm{j}\eta. \tag{4.95}$$

Damit wird

$$\underline{F}_1(s^*) = (\sqrt{1+s^{*2}} - s^*)^{-2}. \tag{4.96}$$

Geht man von der Übertragungsfunktion des einzelnen Kettengliedes $\underline{F}_1(s^*)$ auf die Übertragungsfunktion $\underline{F}(s^*)$ mit n Kettengliedern über, so wird

$$\underline{F}(s^*) = [\underline{F}_1(s^*)]^n = (\sqrt{1+s^{*2}} - s^*)^{-2n}. \tag{4.97}$$

4.2.4.3 Einheitsimpulsantwortfunktion. Nach Abschn. 3 korrespondiert die Einheitsimpulsantwortfunktion $\delta_a(t)$ mit der Übertragungsfunktion ($\delta_a(t)$ ○——● $\underline{F}(s)$). Die Berechnung der Einheitsimpulsantwortfunktion führt auf $\mathcal{L}^{-1}\{\underline{F}(s)\}$. In [28] findet sich die Korrespondenz

$$\nu t^{-1} a^\nu J_\nu(at) \quad ○\!\!—\!\!● \quad [\sqrt{s^2+a^2} - s]^\nu. \tag{4.98}$$

Mit der reellen Konstanten $a = 1$, $\nu = -2n$ und der Maßstabsveränderung $s^* = s/\omega_g$ im Bildbereich kann die Korrespondenz am Gl. (4.97) so angepaßt werden, daß man für die Einheitsimpulsantwortfunktion

$$\delta_a(t) = \frac{2n}{\omega_g t} J_{2n}(\omega_g t) \quad ○\!\!—\!\!● \quad (\sqrt{s^{*2}+1} - s^*)^{-2n} \tag{4.99}$$

erhält. Darin ist $J_{2n}(\omega_g t)$ die Besselfunktion 1. Art und $2n$-ter Ordnung mit dem Argument $(\omega_g t)$. Erläuterungen zu den Besselfunktionen 1. Art finden sich

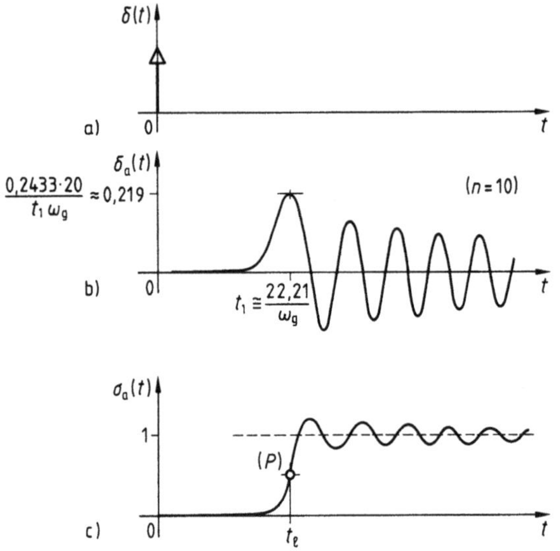

4.23
Diracfunktion $\delta(t)$ als eingangsseitige Anregungsfunktion der Laufzeitleitung (a), Einheitsimpulsantwortfunktion $\delta_a(t)$ (b), Einheitssprungantwortfunktion $\sigma_a(t)$ (c) aus $\delta_a(t)$ durch graphische Integration ermittelt

im Anhang A4.1. Man erkennt die Komplexität der Einheitsimpulsantwortfunktion, wenn man diese z. B. für $n=10$ Kettenglieder einer Laufzeitleitung im Zeitbereich angeben will, da $\delta_a(t)$ auf eine Besselfunktion 1. Art und 20. Ordnung führt.

Bild **4.**23 zeigt als Auswertung die Einheitsimpulsantwortfunktion $\delta_a(t)$ für $n=10$. Zur Auswertung der Besselfunktion 1. Art und 20. Ordnung wurden Tabellenwerke [1] herangezogen. Man erkennt, daß erst nach einer gewissen Zeit am Ausgang der Laufzeitleitung eine merkliche Auslenkung aus der Nullage auftritt. Das Ausgangssignal erreicht kurz danach ein erstes Maximum und pendelt von da ab mit abnehmender Amplitude und zunehmender Momentanfrequenz aus. Wertet man $J_{20}(\omega_g t)$ aus, so stellt man fest, daß die Nulldurchgänge für wachsendes Argument $\omega_g t$ immer dichter zusammenrücken. Wesentlich beim Einsatz einer Laufzeitleitung ist, daß im Gegensatz zur homogenen dämpfungsfreien Leitung mit den Belägen L' und C' ein Kettenleiter mit diskreten Induktivitäten L und Kapazitäten C sowie endlicher Kettengliederanzahl n zu erheblichen Impulsverformungen führt. Schon dadurch, daß $\underline{Z}_L$ frequenzabhängig ist, ist die Bedingung des angepaßten Abschlusses auch nur für eine bestimmte Frequenz erfüllt.

4.2.4.4 Einheitssprungantwortfunktion. Auf die Berechnung von $\sigma_a(t)$ soll hier verzichtet werden, da $\sigma_a(t) \circ\!\!-\!\!\bullet \frac{1}{s}\underline{F}(s)$ gilt und für diesen Ausdruck der Form $\frac{1}{s}(\sqrt{1+s^2}-s)^{-2n}$ in den angegebenen Korrespondenzsammlungen ([28], [8]) keine Rücktransformierte gefunden wird. Die Einheitssprungantwortfunktion $\sigma_a(t)$ kann jedoch zeichnerisch skizziert werden, indem man davon ausgeht, daß die Einheitsimpulsantwortfunktion $\delta_a(t)$ die erste Ableitung der Einheitssprungantwortfunktion $\sigma_a(t)$ ist. Weiter soll davon ausgegangen werden, daß alle Energiespeicher des Kettenleiters bei $t=0$ ungeladen sind und bei verlustlosen Bauelementen für L und C als Endwert $\lim_{t\to\infty} \sigma_a(t)=1$ erreicht wird. Auf diese Weise kann durch graphische Integration die Einheitssprungantwortfunktion $\sigma_a(t)$ näherungsweise bestimmt werden. Die Nulldurchgänge von $\delta_a(t)$ legen die Extremwerte von $\sigma_a(t)$ fest. Die Einheitssprungantwortfunktion $\sigma_a(t)$ ist in Bild **4**.23 c dargestellt.

4.2.4.5 Laufzeit. Im Zusammenhang mit Laufzeitleitungen muß noch auf die Schwierigkeit der Festlegung der erzielten Laufzeit t_l hingewiesen werden. Man kann festlegen, daß die Laufzeit t_l eines Signals durch eine Leitung allgemein die Zeit vom Beginn der eingangsseitigen Anregung zur Zeit $t=0$ bis zu dem Zeitpunkt t_l ist, bei dem die Antwortfunktion $f_2(t)$ zum ersten Mal von null verschieden ist. Dabei wird vorausgesetzt, daß alle Energiespeicher zur Zeit $t=0$ ungeladen sind. Wie man jedoch an der Einheitsimpulsantwortfunktion $\delta_n(t)$ der Laufzeitleitung aus n Kettengliedern erkennt, enthält sie die Besselfunktion $J_{2\nu}(\omega_g t)$. Die Auswertung für kleine Argumente zeigt, daß sich die Funktionswerte allmählich von der Nullinie entfernen. Daher kann die tatsächliche Laufzeit t_l nicht unmittelbar (z. B. als Achsenschnittpunkt) bestimmt werden. Auch die mathematische Vorgehensweise, eine Korrespondenz der Form $\underline{U}(s)\, e^{-st_l} \bullet\!\!-\!\!\circ\, u(t-t_l)$ bei der Rücktransformation aus dem Frequenz- in den Zeitbereich mit Hilfe des Verschiebungssatzes herbeizuführen, um so die Laufzeit t_l aus dem exponentiellen Faktor abzuspalten, gelingt selten (s. Abschn. 4.2.3). Abweichend von anderen Festlegungen soll hier unter der Laufzeit t_l die Zeit vom Beginn der eingangsseitigen Anregung durch eine Einheitssprungfunktion bei $t=0$ bis $t=t_l$ verstanden werden, wobei die Zeit t_l durch den Kurvenpunkt P größter Flankensteilheit der Sprungantwortfunktion bestimmt ist (Bild **4**.23 c).

Anwendung. Verzögerungsleitungen nach Abschn. 4.2.4 werden als n-gliedrige Kettenleiter aus diskreten Induktivitäten und Kapazitäten z. B. in der Meßtechnik in einem Oszilloskop eingesetzt. Bild **4**.24 zeigt ein Blockschaltbild eines Oszilloskops mit einer Lauf-

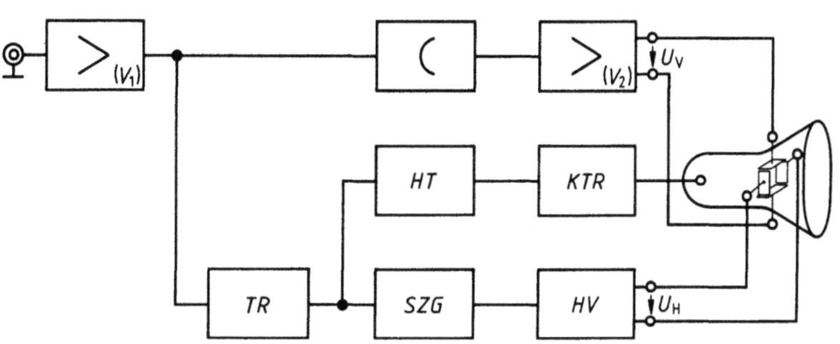

4.24 Blockschaltbild eines Oszilloskops mit einer Verzögerungsleitung zwischen dem Eingangs- (V_1) und Ausgangsverstärker (V_2), der Triggerstufe *Tr*, Helltaststufe *HT*, Kathodentreiberstufe *KTR*, dem Sägezahngenerator *SZG* und dem Horizontalverstärker *HV* mit der vertikalen (U_V) und horizontalen (U_H) Ablenkspannung zeitleitung zwischen den vertikalen Eingangs- und Ausgangsverstärkern V_1 und V_2. Das Ausgangssignal des vertikalen Eingangsverstärkers gelangt auf den Eingang der Verzögerungsleitung mit einer typischen Verzögerungszeit von 200 ns und einem Wellenwiderstand von etwa $\underline{Z}_L = 180\ \Omega$. Damit wird das Vertikalsignal um 200 ns verzögert an das Bildrohr gegeben, um indirekt einen zeitlichen Vorlauf für die Hellsteuerung des Bildrohrs an der Kathode zu schaffen und so das für die horizontale Ablenkung erforderliche Sägezahnsignal zu starten, bevor das Vertikalsignal das Bildrohr an den Ablenkplatten erreicht. Auf diese Weise wird die Darstellung von Impulsflanken mit großer Flankensteilheit ermöglicht.

4.2.4.6 Schaltungsanordnungen. Laufzeitleitungen als n-gliedrige Kettenglieder aus Induktivitäten und Kapazitäten nach Bild **4**.25a mit stufenweisen Signalabgriffen weisen Wellenwiderstände im Bereich von $50\ \Omega \leqq \underline{Z}_L \leqq 300\ \Omega$ auf. Sie müssen niederohmig durch Treiberstufen angesteuert werden, damit die Flankensteilheit der zu übertragenden Impulse nicht verschlechtert wird.

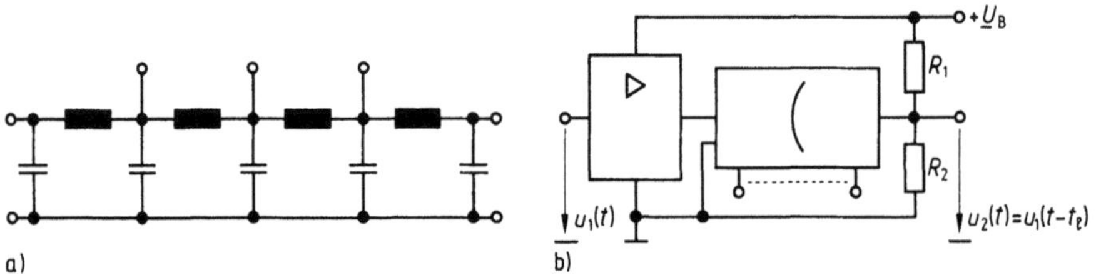

4.25 n-gliedriger Kettenleiter aus diskreten Induktivitäten und Kapazitäten mit $(n-1)$ Zwischenabgriffen (a), Beschaltung der Laufzeitleitung mit einem Treiberbaustein und dem ausgangsseitigen Abschlußwiderstand $\underline{Z}_2 = R_1 R_2/(R_1 + R_2)$ (b)

Um die Laufzeitleitung reflexionsfrei zu betreiben, muß sie eingangs- und ausgangsseitig mit ihrem Wellenwiderstand abgeschlossen werden. Der Wellenwiderstand $\underline{Z}_L$ ist jedoch nach Gl. (4.93) frequenzabhängig. In praktischen Schaltungen wählt man als Abschlußwiderstand ohmsche (frequenzunabhängige) Widerstände so aus, daß im interessierenden Frequenzbereich eine möglichst gute Anpassung erzielt wird. Der ausgangsseitige Abschlußwiderstand kann sowohl mit der Versorgungsspannung $+U_B$ als auch mit der Systemmasse verbunden werden. Eine mögliche Schaltung zur Herabsetzung der auftretenden Verlustleistung ist in Bild **4**.25b angegeben. Dabei wird der ausgangsseitige Abschlußwiderstand aus der Parallelschaltung von R_1 und R_2 gebildet ($\underline{Z}_2 = R_1 \| R_2 = R_1 R_2/(R_1 + R_2)$). Eine einfache Schaltungsanordnung zur Impulsverzögerung digitaler Signale ist in Bild **4**.26a wiedergegeben. Die gewünschte Verzögerung kann durch Umschaltung des Abgriffs an der Laufzeitleitung eingestellt werden. Der eingangsseitige Leitungstreiber *Tr1* invertiert das Eingangssignal. Durch die ausgangsseitige Treiberstufe *Tr2* wird die Invertierung des um die Zeit t_l verzögerten Signals wieder aufgehoben. Bei der Dimensionierung dieser Anordnung bezüglich der Laufzeit sind jedoch die typischen Laufzeiten der angeschlossenen Gatter zu berücksichtigen. Liegt die gewünschte Verzögerungszeit über der eines Verzögerungselementes, so besteht

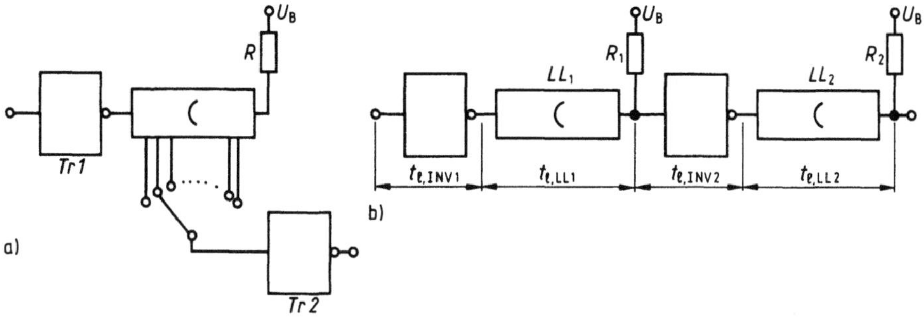

4.26 Impulsverzögerung für digitale Signale mit invertierenden Treiberstufen (a), Kaskadierung von Laufzeitleitungen mit zwischengeschaltetem invertierenden Treiber (b)

nach Bild 4.26b die Möglichkeit, die Verzögerungselemente in Reihe zu schalten. Die erreichte Verzögerungszeit setzt sich aus den typischen Laufzeiten der Inverter $t_{l,\,INV\,1,2}$ und den Laufzeiten $t_{l,\,LL\,1,2}$ der kaskadierten Laufzeitleitungen zusammen.

Aus den vorangegangenen Berechnungen von Antwortfunktionen am Ausgang von Leitungen geht hervor, daß trotz verhältnismäßig einfachem rechnerischen Ansatz im Bildbereich die Rücktransformation in den Zeitbereich oftmals auf Schwierigkeiten stößt. Für die Anwendungsfälle, in denen eine geschlossene analytische Lösung nicht möglich ist, kann auf ein Überlagerungsverfahren verwiesen werden, bei dem sich der Einsatz von Rechenanlagen als hilfreich erweist. Ausgehend vom komplexen Frequenzgang $\underline{F} = F \cdot e^{j\varphi(\omega)}$ mit dem Amplitudengang $F(\omega)$ und dem Phasengang $\varphi(\omega)$ nach Bild 4.27 kann eine eingangsseitige Impulsfunktion $x_1(t)$ zunächst nach Fourier entsprechend Abschn. 2 in das zugehörige Spektrum umgerechnet werden. Für die jeweilige Signalkomponente mit der Frequenz $(\nu\omega_0)$ werden Amplitude und Phasenwinkel der ausgangsseitigen Signalkomponente bestimmt und als Näherung eine endliche Anzahl von Signalkomponenten nach Betrag und Phase ausgangsseitig überlagert. Dieses Verfahren ist zwar aufwendig, erlaubt jedoch ein hohes Maß an rechnergestützter Signalbestimmung.

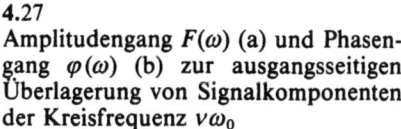

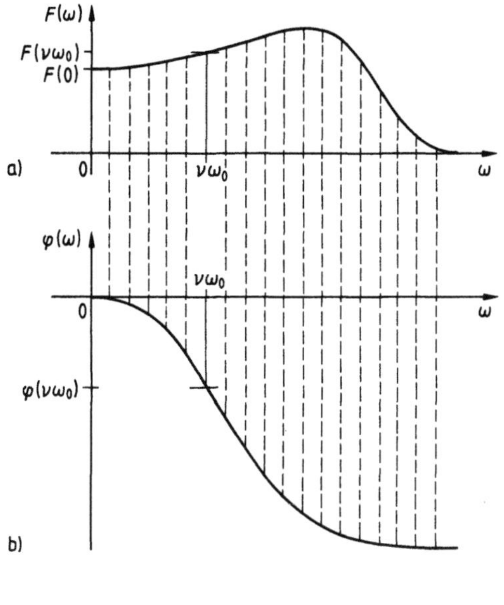

4.27
Amplitudengang $F(\omega)$ (a) und Phasengang $\varphi(\omega)$ (b) zur ausgangsseitigen Überlagerung von Signalkomponenten der Kreisfrequenz $\nu\omega_0$

4.3 Nicht-angepaßt abgeschlossene Leitungen

Während in Abschn. 4.2 grundsätzlich von einem angepaßten Abschlußwiderstand ($\underline{Z}_2 = \underline{Z}_L$) ausgegangen wurde, soll nun der Einfluß des Abschlußwiderstandes untersucht werden. Weiterhin ist jeweils zu betrachten, ob der Eingang der Leitung an den Generator angepaßt ist ($\underline{Z}_1 = R_i$). Zur Vereinfachung wird im folgenden eine dämpfungsfreie Leitung nach Abschn. 4.2.3 angenommen. Die Vereinfachung besteht darin, daß für diesen Fall 1. der Wellenwiderstand nach Gl. (4.75) $\underline{Z}_L = Z_L = \sqrt{L'/C'}$ reell, 2. der Dämpfungskoeffizient $\alpha = 0$ und 3. die Phasengeschwindigkeit $v_p = 1/\sqrt{L'C'}$ frequenzunabhängig sind. Bildet man für unterschiedliche Leitungsabschlüsse den Reflexionsfaktor nach Gl. (4.49), so können wegen des reellen Wellenwiderstandes $\underline{Z}_L = Z_L$ die Auswirkungen einer Fehlanpassung dann besonders einfach untersucht werden, wenn als Abschlußwiderstände ohmsche Widerstände gewählt werden und somit der Reflexionsfaktor $\underline{r} = r \neq f(\omega)$ reell und frequenzunabhängig wird. Damit kann auf die im allgemeinen Fall erforderliche Rücktransformation $u_{\text{refl.}}(t) = \mathfrak{L}^{-1}\{\underline{U}_{\text{refl.}}(s)\} = \mathfrak{L}^{-1}\{\underline{U}_{\text{einf.}}(s) \cdot \underline{r}(s)\}$ verzichtet werden. Sind der Abschluß einer Leitung oder die eingangsseitige Einspeisung fehlangepaßt, so treten Reflexionen auf. Das bedeutet, daß jeweils vom fehlangepaßten Leitungsende in entgegengesetzter Richtung eine reflektierte Welle ausgeht.

Wird eine dämpfungsfreie Leitung mit dem ohmschen Widerstand R abgeschlossen, so ist die reflektierte Welle ein formgetreues, um den Reflexionsfaktor $\underline{r} = r$ verkleinertes Abbild der einfallenden Welle. Es ist

$$\underline{r} = r = \frac{R - Z_L}{R + Z_L}. \tag{4.100}$$

Leerlauf am Leitungsende. Für eine Schaltungsanordnung nach Bild **4.**28 a sollen Spannungs- und Stromverläufe auf der Leitung in Abhängigkeit vom Leitungsabschluß betrachtet werden, wenn eingangsseitig angepaßt eine Spannung $u(t) = U_0 \sigma(t)$ angelegt wird. Nach Gl. (4.46) ist die einfallende Spannung $u_{\text{einf.}} = U_0 R_i/(R_i + Z_L) = U_0/2$. Die einfallende Spannungswelle trifft auf das

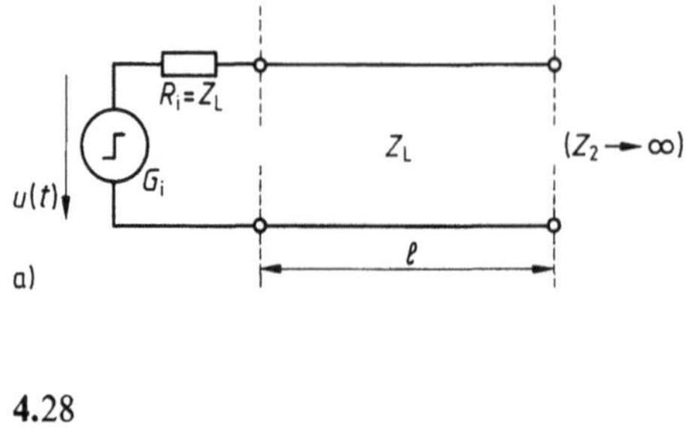

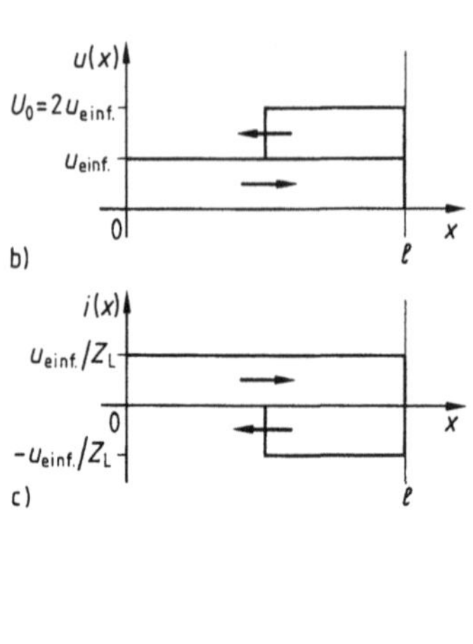

4.28
Einspeisung eines Spannungssprungs in eine leerlaufende Leitung (a), Spannungswelle $u(x)$ (b) und Stromwelle $i(x)$ (c) als Ausgleichsvorgang

leerlaufende Leitungsende mit dem Abschlußwiderstand $Z_2 = \infty$. Dadurch entsteht eine reflektierte Spannungswelle $u_{\text{refl.}} = r_u u_{\text{einf.}} = u_{\text{einf.}}(Z_2 - Z_L)/(Z_2 + Z_L) = u_{\text{einf.}}$, d.h., die Überlagerung von einfallender und reflektierter Spannungswelle führt zu einer Spannungsverdopplung. Die reflektierte Spannungswelle läuft zum Eingang zurück und wird dort wegen der eingangsseitigen Anpassung ohne Reflexion absorbiert. Ist die Laufzeit der Spannungswelle auf der Leitung t_l, so ist der Endzustand nach der Zeit $2t_l$ erreicht. Entsprechendes gilt für die mit der Spannungswelle über den Wellenwiderstand Z_L verknüpfte Stromwelle. Die einfallende Stromwelle hat die Amplitude $u_{\text{einf.}}/Z_L$; der ausgangsseitige Leerlauf bewirkt eine reflektierte Stromwelle $i_{\text{refl.}} = -u_{\text{einf.}}/Z_L$. Nach $t = 2t_l$ ist der Ausgleichsvorgang abgeschlossen, da die Überlagerung von einfallender und reflektierter Stromwelle an allen Stellen der Leitung null ist. Wegen der angepaßten Einspeisung wird die reflektierte Stromwelle vollständig absorbiert.

Kurzschluß am Leitungsende. Für die Schaltung nach Bild 4.29a mit ausgangsseitigem Kurzschluß ($Z_2 = 0$) kehren sich die Verhältnisse für die Spannungs- und Stromwelle bei gleicher Anregung mit einer Sprungfunktion gerade um. Für die reflektierte Spannungswelle ergibt sich $u_{\text{refl.}} = u_{\text{einf.}}(Z_2 - Z_L)/(Z_2 + Z_L) = -u_{\text{einf.}}$, d.h. die Spannungswelle wird mit umgekehrtem Vorzeichen reflektiert (Bild 4.29b). Die reflektierte Stromwelle ergibt sich als $i_{\text{refl.}} = -u_{\text{refl.}}/Z_L$. Durch den ausgangsseitigen Kurzschluß verdoppelt sich der ortsabhängige Stromwert durch die Überlagerung auf den Endwert $i = 2u_{\text{einf.}}/Z_L = U_0/Z_L$ (Bild 4.29c). Der Ausgleichsvorgang ist nach $t = 2t_l$ abgeschlossen, da die reflektierte Stromwelle $i_{\text{refl.}}$ an der eingangsseitig angepaßten Einspeisung ohne Reflexion absorbiert wird.

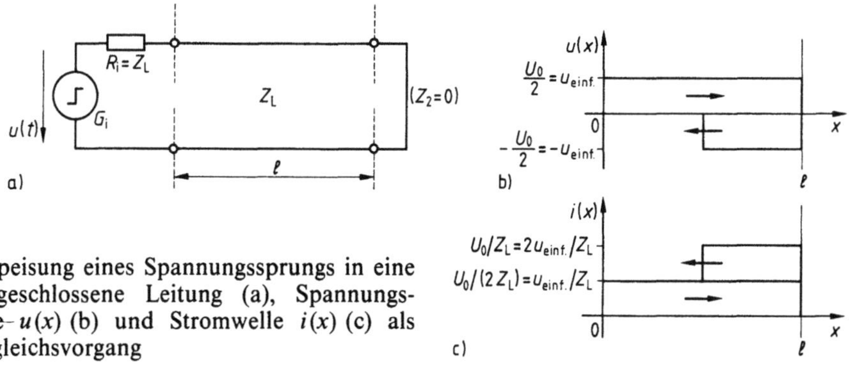

4.29
Einspeisung eines Spannungssprungs in eine kurzgeschlossene Leitung (a), Spannungswelle $u(x)$ (b) und Stromwelle $i(x)$ (c) als Ausgleichsvorgang

Reflexionen an ohmschen Leitungsabschlüssen. Eine Zusammenstellung von Reflexionen an ohmschen Leitungsabschlüssen auf einer dämpfungsfreien Leitung findet sich in Bild 4.30 für unterschiedliche Leitungsabschlüsse am Beispiel einer dreieckförmigen Spannungs- und Stromverteilung für die Betriebszustände Leerlauf ($R_2 = \infty$), angepaßter Abschluß ($R_2 = Z_L$) und Kurzschluß ($R_2 = 0$) jeweils kurz vor, während und nach der Reflexion.

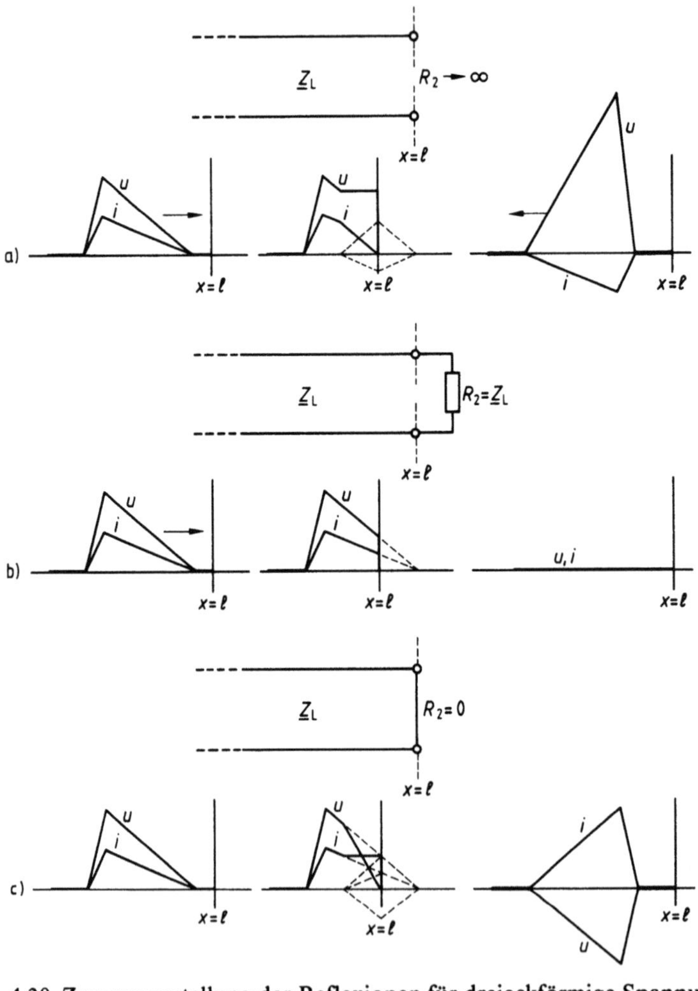

4.30 Zusammenstellung der Reflexionen für dreieckförmige Spannungsverteilung u und Stromverteilung i auf einer dämpfungsfreien Leitung für den Leerlaufbetrieb ($R_2 \to \infty$, $r_u = +1$, $r_i = -1$) (a), den Betrieb mit angepaßtem Abschlußwiderstand ($R_2 = Z_L$, $r_u = 0$, $r_i = 0$) (b) und im Kurzschlußbetrieb ($R_2 = 0$, $r_u = -1$, $r_i = +1$) (c) kurz vor, während und nach der Reflexion

Beispiel 4.3. Eine verlustlose, homogene Leitung der Länge l und der Laufzeit $t_l = 1\,\mu s$ nach Abschn. 4.2.3 hat den Wellenwiderstand $Z_L = 75\,\Omega$. Der eingangsseitige Impulsgenerator G_i ist an die Leitung angepaßt. Die Leitung ist mit dem Widerstand $R_2 = 50\,\Omega$ abgeschlossen (Bild 4.31a). Auf die Leitung wird zum Zeitpunkt $t = 0$ ein idealer Rechteckimpuls der Spannungsamplitude $U_0 = 5$ V und der unterschiedlichen Impulsdauer τ_{i1} bzw. τ_{i2} durch den Impulsgenerator G_i eingespeist. Für die beiden Fälle $\tau_{i1} = 400$ ns und $\tau_{i2} = 3\,\mu s$ ($\tau_{i2} > 2t_l$) sind die Spannungsverläufe $u(1{,}1\,\mu s; x)$, $u(1{,}3\,\mu s; x)$ und $u(1{,}5\,\mu s; x)$ über dem Ort x sowie die zeitlichen Spannungsverläufe am Ein- und Ausgang $u(t; 0)$ und $u(t; l)$ zu skizzieren.

Nach Gl. (4.46) berechnet sich die in die Leitung hineinlaufende Spannungswelle aus der Spannungsteilung zwischen Generatorinnenwiderstand R_i und Wellenwiderstand

Z_L der Leitung. Bei eingangsseitiger Anpassung $R_i = Z_L$ ist die Amplitude der hinlaufenden Spannungswelle $U_0/2$.

1. Fall: $\tau_{i1} = 400$ ns. Der eingespeiste, ideale Rechteckimpuls breitet sich mit der Amplitude $U_0/2$ auf der l langen Leitung in der Zeit $t_l = 1$ µs aus. Nach der einfachen Laufzeit t_l trifft die Vorderflanke auf das Leitungsende bei $x = l$. Wegen des nicht-angepaßten Abschlussses mit $R_2 \neq Z_L$ wird am Leitungsende eine reflektierte Spannungswelle ausgelöst. Sie ist durch den Reflexionsfaktor bei $x = l$ als $r_{(x=l)} = (R_2 - Z_L)/(R_2 + Z_L) = -0{,}2$ bestimmt. In den Teilbildern b bis d sind die ortsabhängigen Spannungsverläufe zu den Zeitpunkten 1,1 µs, 1,3 µs und 1,5 µs dargestellt. Die zeitabhängigen Spannungsverläufe am Leitungsanfang bei $x = 0$ und Leitungsende bei $x = l$ zeigen die Teilbilder e und f. Im $u(t; 0)$-Verlauf erkennt man den eingespeisten Rechteckimpuls mit der Impulsdauer τ_{i1} und nach der doppelten Laufzeit $2t_l$ den am Leitungsanfang eintreffenden reflektierten Rechteckimpuls mit der Amplitude $(-0{,}2)\cdot(U_0/2)$ (Bild **4**.31e). Beim Auftreffen des Rechteckimpulses auf das Leitungsende bei $x = l$ wird unmittelbar ein reflektierter Rechteckimpuls ausgelöst, der sich für die Dauer τ_{i1} dem einfallenden Rechteckimpuls überlagert (Bild **4**.31f).

2. Fall: $\tau_{i2} = 3$ µs. Gegenüber dem ersten Fall mit $\tau_{i1} = 400$ ns ist $\tau_{i2} > 2t_l$. Dadurch kommt es zu einer komplizierten Überlagerung von hin- und rücklaufendem Impuls auf der Leitung. Die ortsabhängigen Spannungsverläufe $u(1{,}1\ \mu s; x)$, $u(1{,}3\ \mu s; x)$ und $u(1{,}5\ \mu s; x)$ entstehen durch Überlagerung von hinlaufendem Impuls mit dem reflektierten Impuls (Bild **4**.31g bis i). Nach $t = 1{,}1$ µs hat sich der hinlaufende Impuls mit seiner ansteigenden Flanke bereits bis zum Ende bei $x = l$ ausgebreitet, und während 0,1 µs läuft die mit $r = -0{,}2$ reflektierte Impulsfront zurück in Richtung auf den Leitungsanfang bei $x = 0$. Da der eingespeiste Rechteckimpuls insgesamt länger andauert als die Laufzeit $t_l = 1$ µs der Leitung beträgt, liegt scheinbar für $t \geqq t_l$ die Überlagerung einer Gleichspannung $U_0/2$ mit der reflektierten Impulsamplitude $(-0{,}2)\cdot(U_0/2)$ vor.

Der reflektierte Impuls trifft nach doppelter Leitungslaufzeit $2t_l$ verzögert am Eingang bei $x = 0$ ein und wird dort wegen der Anpassung $R_i = Z_L$ vollständig absorbiert. Die abfallende Flanke nach $t = \tau_{i2} = 3$ µs kann nun als Überlagerung einer dauernd anliegenden Gleichspannung $U_0/2$ mit einem Spannungssprung der Form $(-U_0/2)\,\sigma(t - \tau_{i2})$ auf der Leitung behandelt werden. Dadurch ergibt sich für $t \geqq 5t_l = 5$ µs eine Kompensation der Spannung $u(t; 0)$ (Bild **4**.31k). Der zeitliche Spannungsverlauf $u(t; l)$ am Leitungsende leitet sich einfach aus der einmaligen Reflexion bei $x = l$ und der Überlagerung von hinlaufendem und reflektiertem Rechteckimpuls ab (Bild **4**.31 l).

Reflexionen an linearen Impedanzen. Wird eine verlustlose Leitung mit dem Wellenwiderstand Z_L und der Laufzeit t_l mit einer energielosen Induktivität L oder Kapazität C abgeschlossen, so kann die reflektierte Welle mit Hilfe des komplexen Reflexionsfaktors zunächst im Bildbereich berechnet werden. Der komplexe Reflexionsfaktor $\underline{r}_{(x=l)}$ am Leitungsende ergibt sich aus dem von s unabhängigen Wellenwiderstand Z_L und dem Abschlußwiderstand $\underline{Z}_2(s)$

$$\underline{r}_{(x=l)} = \frac{\underline{Z}_2(s) - Z_L}{\underline{Z}_2(s) + Z_L}\,. \tag{4.101}$$

Im Bildbereich ist die zurücklaufende Welle

$$\underline{U}_{\text{refl.}}(s) = \underline{r}_{(x=l)}\,\underline{U}_{\text{einf.}}(s)\,. \tag{4.102}$$

Aus der Rücktransformation in den Zeitbereich ermittelt man den zeitlichen Verlauf $u_{\text{refl.}}(t)$.

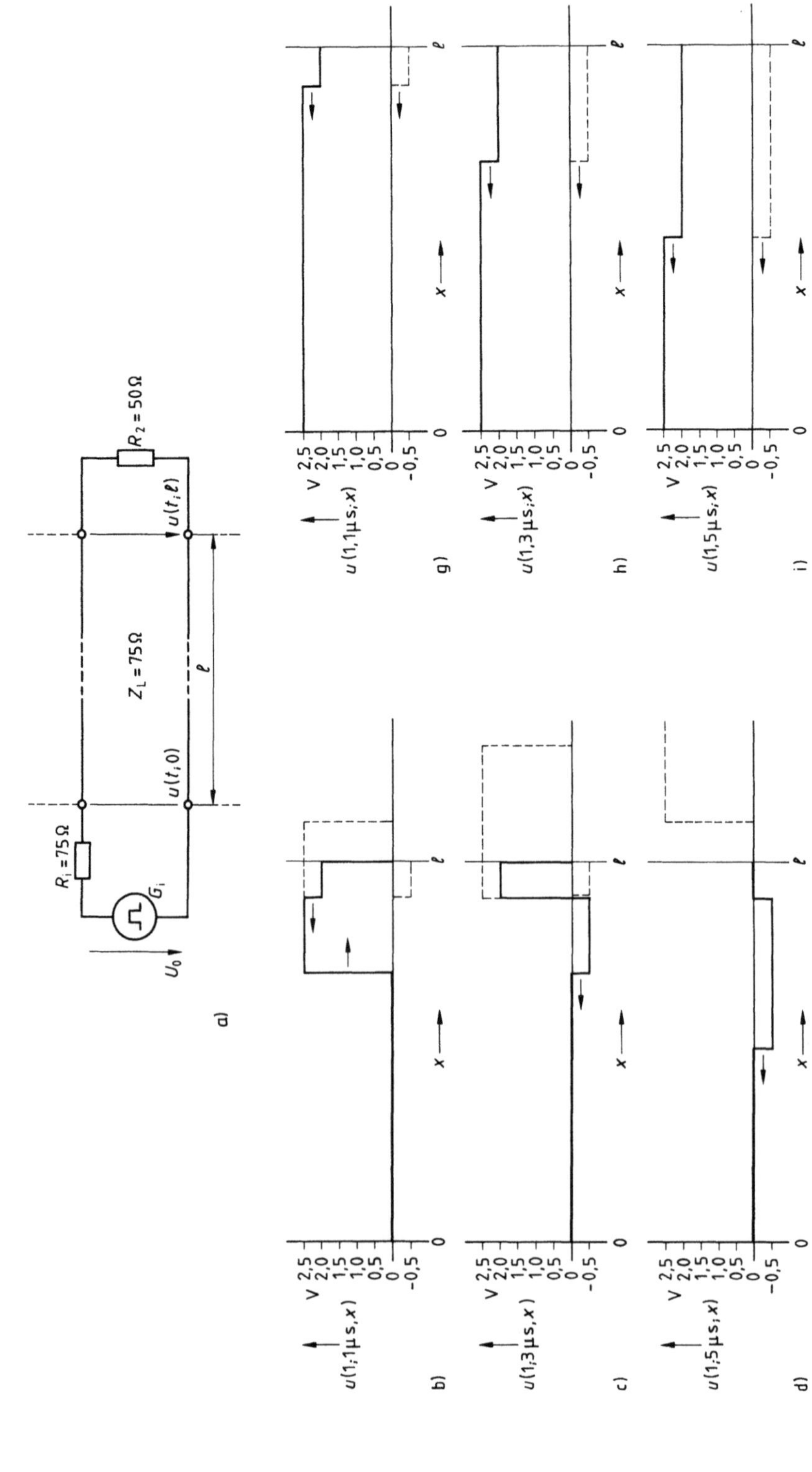
a)
$R_i = 75\,\Omega$
G_i
U_0
$u(t;0)$
$Z_L = 75\,\Omega$
ℓ
$u(t;\ell)$
$R_2 = 50\,\Omega$
b) $u(1;1\,\mu s,x)$
c) $u(1;3\,\mu s,x)$
d) $u(1;5\,\mu s;x)$
g) $u(1,1\,\mu s;x)$
h) $u(1,3\,\mu s;x)$
i) $u(1,5\,\mu s;x)$
V 2,5 2,0 1,5 1,0 0,5 0 -0,5
0
x
ℓ

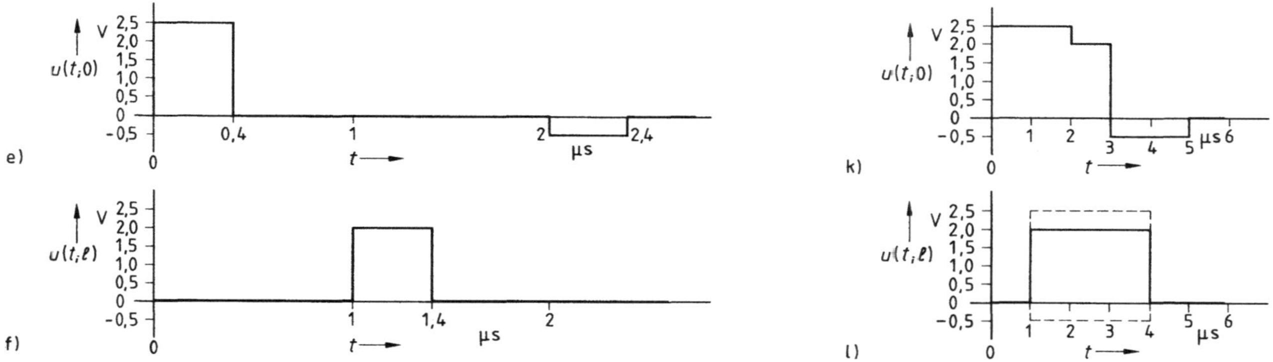

4.31 Einspeisung eines idealen Rechteckimpulses der Impulsdauer τ_i in eine verlustlose Leitung (a) mit den ortsabhängigen Spannungsverläufen

$$\left.\begin{array}{ll} u(1{,}1\,\mu s;x) & \text{(b)} \\ u(1{,}3\,\mu s;x) & \text{(c)} \\ u(1{,}5\,\mu s;x) & \text{(d)} \end{array}\right\} \text{ für } \tau_{i1}=400\text{ ns}, \qquad \left.\begin{array}{l} \text{(g)} \\ \text{(h)} \\ \text{(i)} \end{array}\right\} \text{ für } \tau_{i2}=3\,\mu s$$

und den zeitabhängigen Spannungsverläufen

$$\left.\begin{array}{ll} u(t;0) & \text{(e)} \\ u(t;l) & \text{(f)} \end{array}\right\} \text{ für } \tau_{i1}=400\text{ ns}, \qquad \left.\begin{array}{l} \text{(k)} \\ \text{(l)} \end{array}\right\} \text{ für } \tau_{i2}=3\,\mu s$$

Kapazität als Leitungsabschluß. Für einen Abschluß mit einer Kapazität C (Bild 4.32a) ist der komplexe Abschlußwiderstand $\underline{Z}_2(s)=1/(sC)$. Damit wird der Reflexionsfaktor am Leitungsende

$$\underline{r}_{(x=l)}=\frac{1-sCZ_L}{1+sCZ_L}. \tag{4.103}$$

Gibt man auf den Eingang der Leitung zur Zeit $t=0$ mit einem Impulsgenerator G_i bei eingangsseitiger Anpassung einen Spannungssprung $U_0\cdot\sigma(t)$, so läuft in die Leitung ein Spannungssprung $(U_0/2)\cdot\sigma(t)$ hinein. Dieser gelangt nach der Zeit $t=t_l$ als $(U_0/2)\cdot\sigma(t-t_l)$ an den ungeladenen Kondensator am Ende

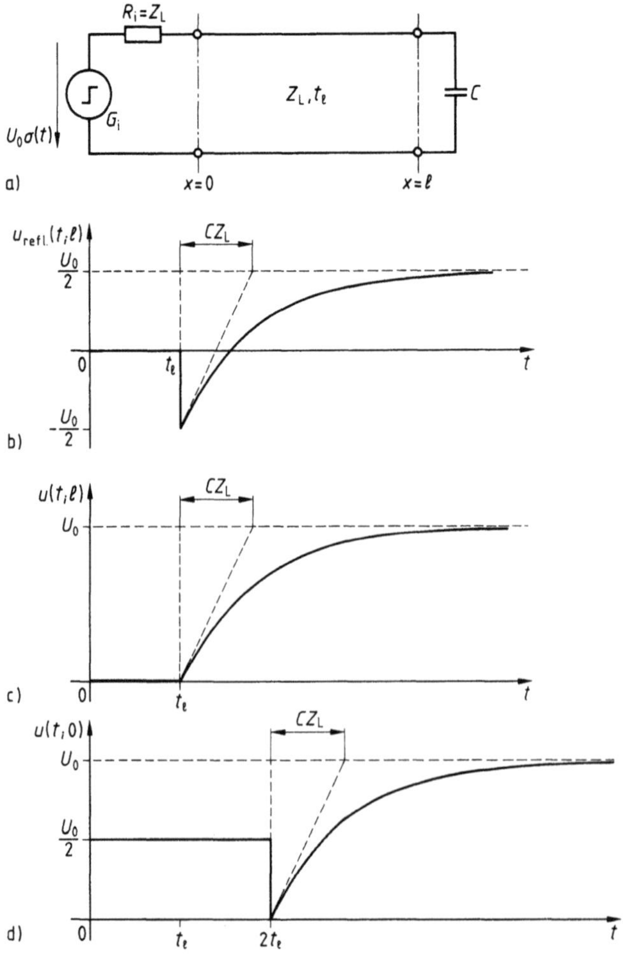

4.32 Abschluß einer verlustlosen Leitung mit dem Wellenwiderstand Z_L und der Laufzeit t_l mit einer Kapazität C (a), reflektierte Spannung $u_{refl}(t;l)$ am Leitungsende bei Einspeisung eines Spannungssprungs (b), Spannung $u(t;l)$ am Leitungsende (c) und Spannung $u(t;0)$ am Leitungsanfang (d)

der verlustlosen Leitung. Mit der Korrespondenz

$$\frac{U_0}{2}\cdot\sigma(t-t_l) \circ\!\!-\!\!\bullet \frac{U_0}{2}\cdot\frac{1}{s}\cdot e^{-st_l}$$

berechnet sich die reflektierte Spannungswelle $\underline{U}_{\text{refl.}}(s)$ im Bildbereich

$$\underline{U}_{\text{refl.}}(s;l) = \frac{U_0}{2}\cdot\frac{1}{s}\cdot e^{-st_l}\cdot\frac{\dfrac{1}{CZ_L}-s}{\dfrac{1}{CZ_L}+s}$$

$$u_{\text{refl.}}(t;l) = \frac{U_0}{2}\left[\sigma(t-t_l)-2e^{-(t-t_l)/(CZ_L)}\right] \quad \text{für} \quad t\geqq t_l. \tag{4.104}$$

Die Bilder **4.**32b bis d stellen die reflektierte Spannung $u_{\text{refl.}}(t;l)$ am Leitungsende (Bild **4.**32b), die Gesamtspannung $u(t;l)$ (Bild **4.**32c) als Überlagerung von hinlaufender und reflektierter Welle bei $x=l$ und $u(t;0)$ (Bild **4.**32d) am Leitungsanfang dar. Die Teilbilder **4.**32b bis d können wie folgt gedeutet werden: Im ersten Moment des am Leitungsende ankommenden Spannungssprungs wirkt der ungeladene Kondensator wie ein Kurzschluß, so daß für die ankommende Spannungswelle $u_{\text{einf.}}$ die Reflexion unter Kurzschlußbedingungen ($r=-1$) beginnt, während nach 4 bis 5 Zeitkonstanten $[(4\cdots5)CZ_L]$ der Kondensator C wie eine Unterbrechung wirkt ($r=+1$).

Induktivität als Leitungsabschluß. Für einen Abschluß der verlustlosen Leitung mit einer Induktivität L nach Bild **4.**33a ist der komplexe Abschlußwiderstand $\underline{Z}_2(s)=sL$. Der Reflexionsfaktor am Leitungsende ($x=l$) ist

$$\underline{r}_{(x=l)} = \frac{s-\dfrac{Z_L}{L}}{s+\dfrac{Z_L}{L}}. \tag{4.105}$$

Mit der gleichen eingangsseitigen Anregung $U_0\sigma(t)$ wie bei Abschluß der Leitung mit einer Kapazität berechnet sich die reflektierte Spannungswelle

$$\underline{U}_{\text{refl.}}(s;l) = \frac{U_0}{2}\cdot e^{-st_l}\cdot\left[-\frac{1}{s}+2\frac{1}{s+\dfrac{Z_L}{L}}\right]$$

$$u_{\text{refl.}}(t;l) = \frac{U_0}{2}\left[-\sigma(t-t_l)+2e^{-\frac{Z_L}{L}(t-t_l)}\right] \quad \text{für} \quad t\geqq t_l. \tag{4.106}$$

Die Teilbilder **4**.33b bis d zeigen die am Leitungsende reflektierte Spannung $u_{\text{refl.}}(t; l)$ (Bild **4**.33b), die Gesamtspannung $u(t; l)$ am Leitungsende (Bild **4**.33c) sowie am Leitungsanfang $u(t; 0)$ (Bild **4**.33d). Die Teilbilder b bis d können wie folgt erklärt werden: Im ersten Moment des am Leitungsende ankommenden Spannungssprungs wirkt die energielose Induktivität L wie ein Leerlauf, so daß für die ankommende Spannungswelle eine Reflexion unter Leerlaufbedingungen ($r = +1$) beginnt, während nach 4 bis 5 Zeitkonstanten $[(4 \cdots 5)\, Z_L/L)]$ die Induktivität L wie ein Kurzschluß wirkt ($r = -1$).

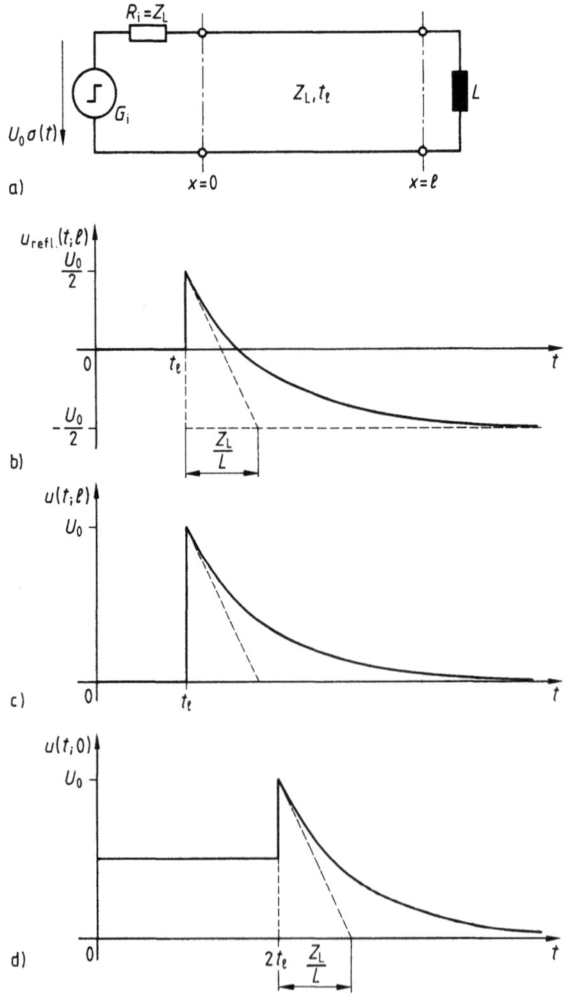

4.33 Abschluß einer verlustlosen Leitung mit dem Wellenwiderstand Z_L und der Laufzeit t_l mit einer Induktivität L (a), reflektierte Spannung $u_{\text{refl}}(t; l)$ am Leitungsende bei Einspeisung eines Spannungssprungs (b), Spannung $u(t; l)$ am Leitungsende (c) und Spannung $u(t; 0)$ am Leitungsanfang (d)

4.3.1 Mehrfachreflexionen an linearen Leitungsabschlüssen

Enthält eine Leitungsanordnung mehr als eine Fehlanpassung (z. B. durch zusätzliche Störstellen), so entstehen Mehrfachreflexionen. Für die graphische Darstellung von Spannungs- und Stromverläufen, die sich bei einmaligen Vorgängen auf Leitungen bei Mehrfachreflexionen ergeben, benutzt man das sog. Raum-Zeit-Diagramm[1]. Es ermöglicht durch seine zweidimensionale Darstellung das Zuordnen und Verfolgen zeitabhängiger Verläufe von elektrischen Größen an durch Ortskoordinaten bestimmten Leitungspunkten, die als Folge von Reflexionen mehrfach nacheinander von Spannungs- oder Stromverteilungen durchlaufen werden. Dabei werden dämpfungsfreie Leitungen und reelle Reflexionsfaktoren vorausgesetzt. Dadurch ändern sich die Impulsverläufe nur in der Amplitude. Am Anfang des Raum-Zeit-Diagramms wird in ein $x(t)$-Diagramm als Ausgangszustand der Verlauf eines bestimmten Spannungs- bzw. Stromwertes eingetragen, im allgemeinen der Beginn der zu betrachtenden Welle. An einer festen, jedoch frei wählbaren Ortskoordinate x_1 wird nun das Vorbeilaufen von Wellen registriert und in einem $u(t)$- bzw. $i(t)$-Diagramm parallel zur Zeitachse der $x(t)$-Darstellung eingetragen. Reflexionen an Stoßstellen oder fehlangepaßten Leitungsabschlüssen werden in das $x(t)$-Diagramm aufgenommen und führen so für eine Welle im $x(t)$-Diagramm zu einem Zick-Zack-Verlauf. Die Neigung der abschnittsweise geraden Linien entspricht der Ausbreitungsgeschwindigkeit der Welle. Passiert die betrachtete Welle den Ort x_1, so ändert sich der $u(t)$-Verlauf. Die folgenden Ausführungen sollen sich auf ohmsche Leitungsabschlüsse als eine Form des linearen Leitungsabschlusses beziehen.

In eine dämpfungsfreie Leitung mit dem Wellenwiderstand Z_L und der Phasengeschwindigkeit $v_p = 1/\sqrt{L'C'}$ (Bild **4**.34a) speist ein Generator G_i mit dem Innenwiderstand R_i eine Spannungswelle beliebiger Impulsform ein. Der vom Generator erzeugte Spannungsverlauf soll vereinfachend mit U_0 bezeichnet werden. Nach Gl. (4.46) ist die hinlaufende Spannungswelle $U^{(1)} = U_0 Z_L / (Z_L + R_i)$. Sie trifft nach der Laufzeit t_L auf das mit R_2 abgeschlossene Leitungsende. Bei Fehlanpassung ($R_2 \neq Z_L$) ist der Reflexionsfaktor $r(x_2) \neq 0$, so daß eine reflektierte Spannungswelle $U^{(2)} = r(x_2)\, U^{(1)}$ auf der Leitung zurückläuft. $U^{(2)}$ trifft bei $x = 0$ auf den Leitungsanfang. Liegt hier ebenfalls Fehlanpassung vor ($R_i \neq Z_L$), so wird wiederum eine reflektierte Spannungswelle $U^{(3)} = r(0)\, U^{(2)}$ ausgelöst. Sind die Reflexionsfaktoren an den Leitungsenden dem Betrage nach kleiner als *1* ($|r(0)| < 1$ und $|r(x_2)| < 1$), so entstehen unendlich viele hin- und herlaufende Teilwellen mit abnehmenden Amplituden bei wachsender Anzahl von Reflexionen. Bild **4**.34 zeigt die Leitungsanordnung und das Raum-Zeit-Diagramm in geometrischer Zuordnung mit den Zeitdiagramm-Auszügen $u(t)$ an den Stellen $x = 0$, $x = x_1$ und $x = x_2$.

---

[1]) Für das Raum-Zeit-Diagramm findet man in Band VI auch die Bezeichnung Wellengitter nach Bewley.

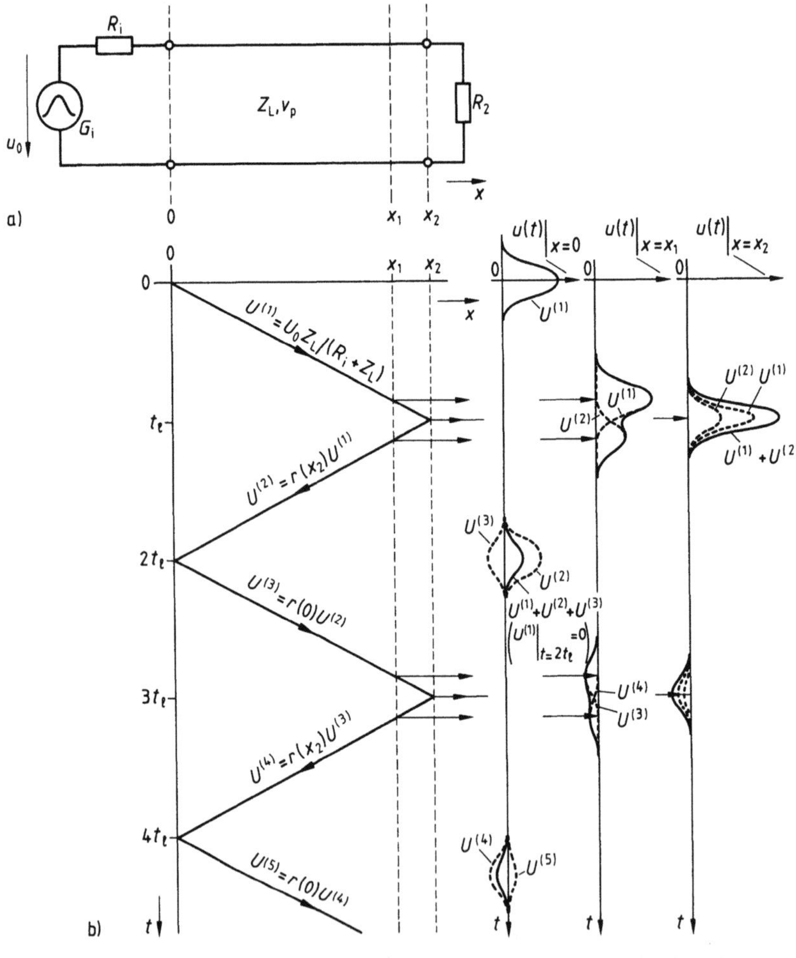

4.34 Einspeisung eines Impulses beliebiger Kurvenform durch den Generator G_i (fehlangepaßt) in eine Leitung der Länge x_2 mit dem Wellenwiderstand Z_L und der Ausbreitungsgeschwindigkeit v_p mit fehlangepaßtem Abschluß durch R_2 (a), Raum-Zeit-Diagramm mit den Spannungsverläufen $u(t)$ bei $x=0$, $x=x_1$ und $x=x_2$ (b)

Beispiel 4.4. Eine verlustlose, homogene Leitung mit dem Wellenwiderstand Z_L befindet sich im ungeladenen Zustand. Sie soll bei ausgangsseitigem Leerlauf zur Zeit $t=0$ mit einer idealen Gleichspannungsquelle (Innenwiderstand der Gleichspannungsquelle $R_i=0$) mit der Klemmenspannung U_0 durch Schließen des Schalters S über einen Zusatzwiderstand R_Z aufgeladen werden (Bild 4.35a). Für $t \geqq 0$ soll der Schalter S geschlossen bleiben. Bei eingangs- und ausgangsseitiger Fehlanpassung ($R_2=\infty$ und $R_Z \neq Z_L$) entstehen an jeder Stoßstelle neue Reflexionen, so daß sich unendlich viele Mehrfachreflexionen ergeben. Die Spannungsverläufe $u(t;0)$ am Eingang der Leitung ($x=0$) sind für die Widerstandsverhältnisse $R_Z=9\,Z_L$, $R_Z=Z_L$ und $R_Z=0{,}25\,Z_L$ zu ermitteln und graphisch darzustellen.

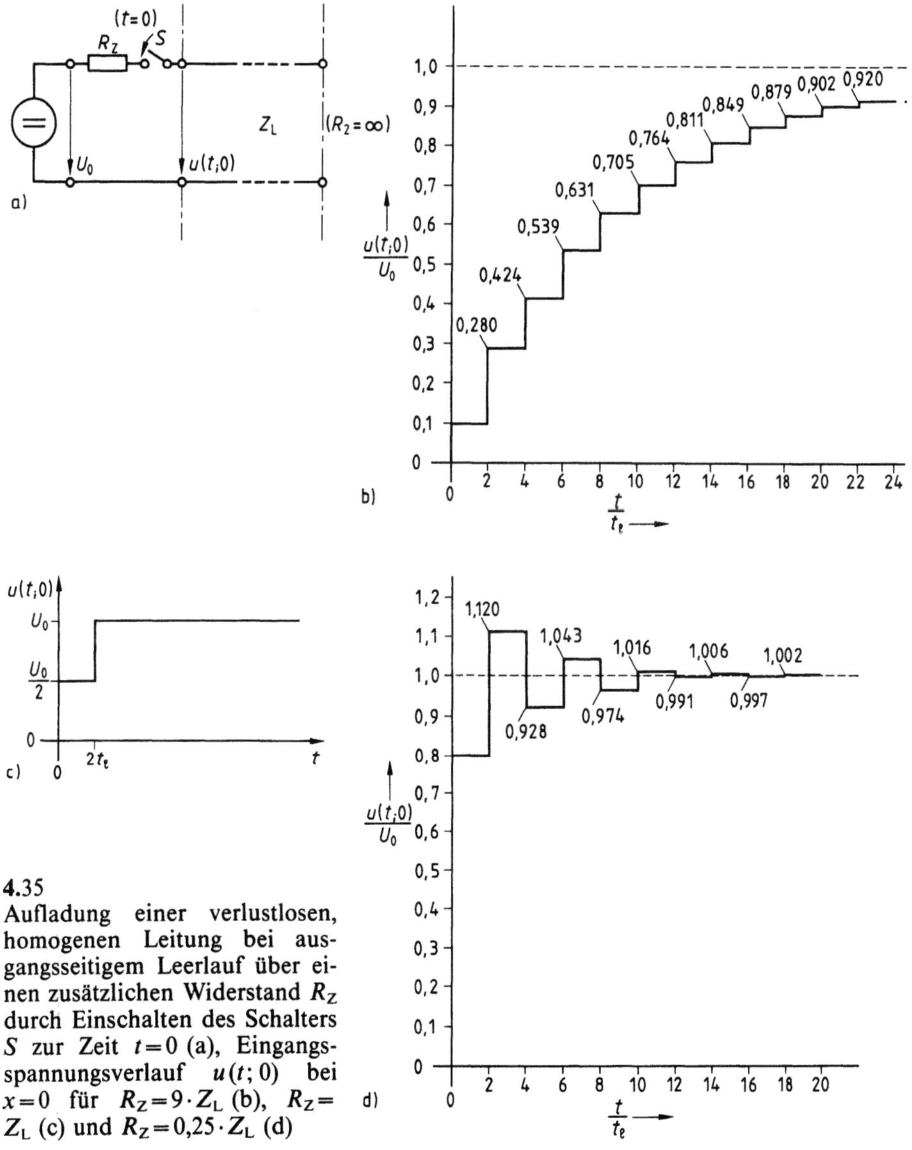

4.35
Aufladung einer verlustlosen, homogenen Leitung bei ausgangsseitigem Leerlauf über einen zusätzlichen Widerstand R_Z durch Einschalten des Schalters S zur Zeit $t=0$ (a), Eingangsspannungsverlauf $u(t;0)$ bei $x=0$ für $R_Z=9\cdot Z_L$ (b), $R_Z=Z_L$ (c) und $R_Z=0{,}25\cdot Z_L$ (d)

Der zeitliche Verlauf der Spannung $u(t;0)$ am Eingang der Leitung $(x=0)$ während des Ausgleichsvorganges hängt vom Verhältnis der Widerstände R_Z und Z_L ab. Für die Ausbreitung von Ausgleichsvorgängen auf der verlustlosen Leitung wird die Laufzeit t_l angenommen.

1. Fall: $R_Z=9\,Z_L$; nach Gl. (4.46) ist die zur Zeit $t=0$ in die Leitung hineinlaufende Spannungswelle

$$U_0\,\frac{Z_L}{R_Z+Z_L}=U_0\,\frac{Z_L}{9\,Z_L+Z_L}=0{,}1\,U_0\,.$$

Die in die Leitung hineingelaufene Welle trifft nach t_l auf das leerlaufende Leitungsende. Wegen $R_2 = \infty$ ist der Reflexionsfaktor

$$r_{(x=l)} = \lim_{R_2 \to \infty} \frac{R_2 - Z_L}{R_2 + Z_L} = 1 .$$

Die am Leitungsende reflektierte, zurücklaufende Welle hat die Amplitude $0{,}1\,U_0$. Zur Zeit $t = 2\,t_l$ trifft die rücklaufende Welle auf den Leitungsanfang bei $x = 0$ und findet dort den Abschlußwiderstand R_Z vor, da die Gleichspannungsquelle vereinfachend als innenwiderstandsfrei angenommen wurde. Es ergibt sich ein eingangsseitiger Reflexionsfaktor

$$r_{(x=0)} = \frac{R_Z - Z_L}{R_Z + Z_L} = \frac{9\,Z_L - Z_L}{9\,Z_L + Z_L} = 0{,}8 .$$

Daher läuft die Teilwelle $(0{,}1\,U_0)\,0{,}8 = 0{,}08\,U_0$ wieder in die Leitung hinein. Diese Betrachtung wird jeweils bei ganzzahligen Vielfachen von t_l an den Stellen $x = 0$ und $x = l$ wiederholt. Dadurch erhält man eine stufenweise Aufladung der Leitung wie in Bild **4**.35b. Der Ausgleichsvorgang kann mit einer Exponentialfunktion verglichen werden und ist theoretisch erst nach unendlich langer Zeit abgeschlossen.

2. Fall: $R_Z = Z_L$; die in die Leitung hineinlaufende Welle ist

$$U_0 \frac{Z_L}{R_Z + Z_L} = \frac{U_0}{2}$$

und trifft nach $t = t_l$ auf das leerlaufende Leitungsende mit $r_{(x=l)} = 1$. Die reflektierte Welle ist damit ebenfalls $U_0/2$. Sie trifft nach $t = 2\,t_l$ am Leitungsanfang ein. Hier erscheint R_Z als Abschlußwiderstand. Da $R_Z = Z_L$ ist, tritt keine eingangsseitige Reflexion auf, so daß der Ausgleichsvorgang nach $t = 2\,t_l$ abgeschlossen ist (Bild **4**.35c).

3. Fall: $R_Z = 0{,}25\,Z_L$; in die Leitung läuft eine Welle mit der Spannungsamplitude

$$U_0 \frac{Z_L}{R_Z + Z_L} = U_0 \frac{4}{5} = 0{,}8\,U_0$$

hinein. Die Reflexionsfaktoren am Anfang und Ende der Leitung sind $r_{(x=0)} = -0{,}6$ und $r_{(x=l)} = 1$. Die Auswertung zeigt Bild **4**.35d. Man erkennt aus dem Vergleich der Einschwingvorgänge, daß bei eingangsseitiger Anpassung der leerlaufenden Leitung der Ausgleichsvorgang in der kürzest möglichen Zeit von $2\,t_l$ abgeschlossen ist. Bei Fehlanpassung ergeben sich unendlich viele hin- und rücklaufende Teilwellen als Mehrfachreflexionen abnehmender Amplitude, so daß sich für $R_Z = 9\,Z_L$ ein etwa exponentieller Verlauf einstellt. In diesem Fall muß die Zeit $20\,t_l$ abgewartet werden, bis die Abweichung des Momentanwertes vom Endwert $\leqq 10\%$ ist. Für $R_Z = 0{,}25\,Z_L$ erhält man einen Einschwingvorgang, der auch Überschwinger aufweist. Solchen Überschwingerscheinungen ist besondere Aufmerksamkeit bei überspannungsempfindlichen Bauelementen zu schenken. Bereits nach $4\,t_l$ ist die Abweichung des Momentanwertes vom Endwert $\leqq 10\%$.

Eine Leitungsanordnung bestehe aus den Leitungen *L1* bis *L3* mit den Wellenwiderständen Z_{L1} bis Z_{L3} (Bild **4**.36a). Vereinfachend wird angenommen, daß die Phasengeschwindigkeiten in allen drei Leitungen gleich sein sollen ($v_{p1} = v_{p2} = v_{p3} = v_p$), so daß angeregte Teilwellen in der Zeit t_l die Strecke l entsprechend $v_p = l/t_l$ zurücklegen. Die auftretenden Reflexions- und Transmis-

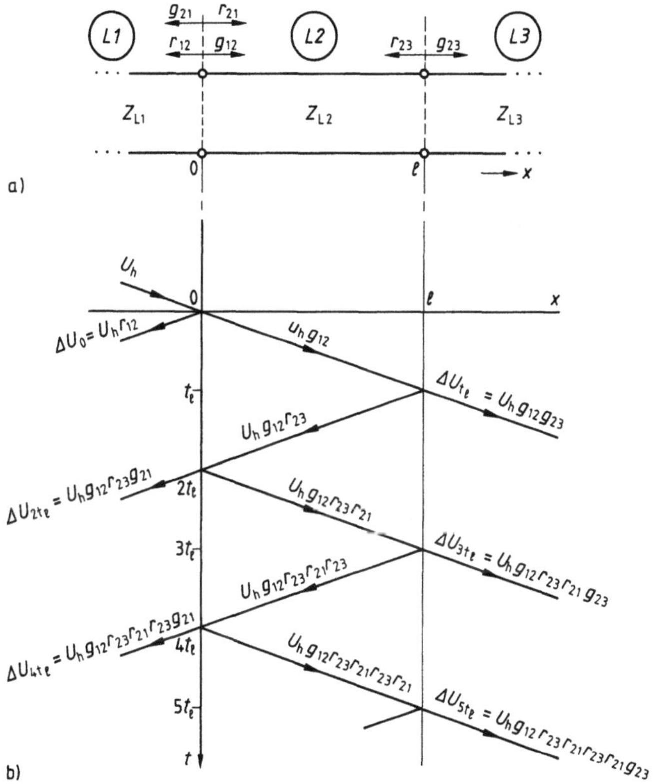

4.36 Leitungsanordnung aus drei Leitungen *L1* bis *L3* mit den Wellenwiderständen Z_{L1} bis Z_{L3} und den angetragenen Reflexions- und Transmissionsfaktoren (a), Raum-Zeit-Diagramm (b)

sionsfaktoren sind richtungsbezogen (durch die Reihung der Indizes) in vereinfachter Schreibweise in Bild **4.36**a angetragen. Bild **4.36**b zeigt das Raum-Zeit-Diagramm. Aus der Leitung *L1* kommend, trifft eine Spannungswelle beliebiger Impulsform (U_h) auf die Stoßstelle bei $x=0$. Dadurch werden eine reflektierte Spannungswelle $U_h r_{12}$ und eine gebrochene Spannungswelle $U_h g_{12}$ verursacht. Die gebrochene Teilwelle $U_h g_{12}$ erzeugt an der Stoßstelle bei $x=l$ eine gebrochene Teilwelle $U_h g_{12} g_{23}$ und eine reflektierte Teilwelle $U_h g_{12} r_{23}$, die ihrerseits an der Stoßstelle bei $x=0$ eine gebrochene Teilwelle $U_h g_{12} r_{23} g_{21}$ und eine reflektierte Teilwelle $U_h g_{12} r_{23} r_{21}$ verursacht. Die Reihenfolge der Reflexions- und Transmissionsfaktoren in den an die Teilwellen angetragenen Produkten soll die Folge der Reflexionen und Brechungen kennzeichnen, durch die die betreffende Teilwelle entstanden ist. Die aus der Leitung *L3* in die Leitungen *L1* und *L3* eintretenden Teilwellen sollen jeweils mit ΔU bezeichnet werden. Für die aus der Leitung *L2* in die Leitung *L1* eintretenden Teilwellen gilt

$$\Delta U_0 \cdot \sigma(t) + \Delta U_{2t_l} \cdot \sigma(t-2t_l) + \Delta U_{4t_l} \cdot \sigma(t-4t_l) + \dots$$
$$= \sum_{\nu=0}^{\infty} \Delta U_{2\nu t_l} \cdot \sigma(t-2\nu t_l). \qquad (4.107)$$

In gleicher Weise lassen sich die in die Leitung *L3* eintretenden Teilwellen angeben

$$\Delta U_{t_l}\cdot\sigma(t-t_l)+\Delta U_{3t_l}\cdot\sigma(t-3t_l)+\Delta U_{5t_l}(t-5t_l)+\dots$$
$$=\sum_{\nu=0}^{\infty}\Delta U_{(2\nu+1)t_l}\cdot\sigma[t-(2\nu+1)t_l]. \tag{4.108}$$

Die Teilwellen $\Delta U_{2t_l\nu}$ bzw. $\Delta U_{(2\nu+1)t_l}$ aus Gl. (4.107) und (4.108) sind in Bild 4.36 dargestellt.

Nimmt man zur Veranschaulichung für die aus Leitung *L1* kommende Spannungsverteilung $U_h=U_0\,\sigma(t)$ und $Z_{L1}=Z_{L2}=3\,Z_{L3}$ an, so ergeben sich die folgenden Reflexions- und Transmissionsfaktoren $r_{12}=-1/2$, $g_{12}=1/2$, $r_{21}=1/2$, $g_{21}=3/2$, $r_{23}=1/2$ und $g_{23}=3/2$. Mit diesen Werten erhält man folgende Näherungen

$$\frac{u(x=0;t)}{U_0}=\frac{1}{U_0}\sum_{\nu=0}^{\infty}\Delta U_{2\nu t_l}\cdot\sigma(t-2\nu t_l)\approx\left(1-\frac{1}{2}\right)\sigma(t)+\left(\frac{1}{2}\right)^2\frac{3}{2}\sigma(t-2t_l)$$
$$+\left(\frac{1}{2}\right)^4\frac{3}{2}\sigma(t-4t_l)+\left(\frac{1}{2}\right)^6\cdot\frac{3}{2}\sigma(t-6t_l)$$

und

$$\frac{u(x=l;t)}{U_0}=\frac{1}{U_0}\sum_{\nu=0}^{\infty}\Delta U_{(2\nu+1)t_l}\cdot\sigma[t-(2\nu+1)t_l]\approx\frac{3}{4}\sigma(t-t_l)+\frac{3}{4}\cdot\frac{1}{4}\sigma(t-3t_l)$$
$$+\frac{3}{4}\cdot\left(\frac{1}{4}\right)^2\sigma(t-5t_l)+\frac{3}{4}\cdot\left(\frac{1}{4}\right)^3\sigma(t-7t_l).$$

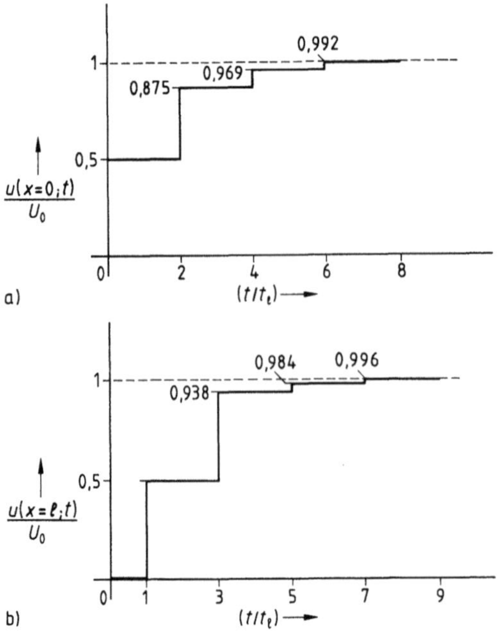

4.37
Ausgleichsvorgänge als normierte Spannungsverläufe
bei $x=0$ (a) und $x=l$ (b)

Bild **4**.37 zeigt die normierten Spannungsverläufe bei $x=0$ und $x=l$. Man erkennt die asymptotische Annäherung an den Endwert 1. Die Berechnung verläuft unverändert, wenn man eine andere Spannungsverteilung für U_h annimmt. Das Raum-Zeit-Diagramm ermöglicht eine vollständige Übersicht über Mehrfachreflexionen von allgemeiner Wellenform.

Beispiel 4.5. Zwei dämpfungsfreie Leitungen *L1* und *L2* mit den Längen l_1 und l_2 und unterschiedlichen Wellenwiderständen Z_{L1} und Z_{L2} sind an der Stoßstelle bei $x=l_1$ entsprechend Bild **4**.38a zusammengeschaltet. Die Kapazitätsbeläge der beiden Leitungen sind gleich ($C'_1=C'_2$). Außerdem ist $Z_{L2}=2Z_{L1}$. Der Innenwiderstand des einspeisenden Impulsgenerators G_i ist $R_i=Z_{L1}$. Damit liegt eingangsseitig Anpassung des Generators G_i an die Leitung *L1* vor. Die Leitung *L2* ist an ihrem rechten Ende mit dem Widerstand $Z_2=Z_{L1}$ abgeschlossen. An der Einspeisestelle bei $x=0$, der Stoßstelle $x=l_1$ und dem Abschluß von *L2* bei $x=(l_1+l_2)$ sind die Reflexions- und Transmissionsfaktoren anzuge-

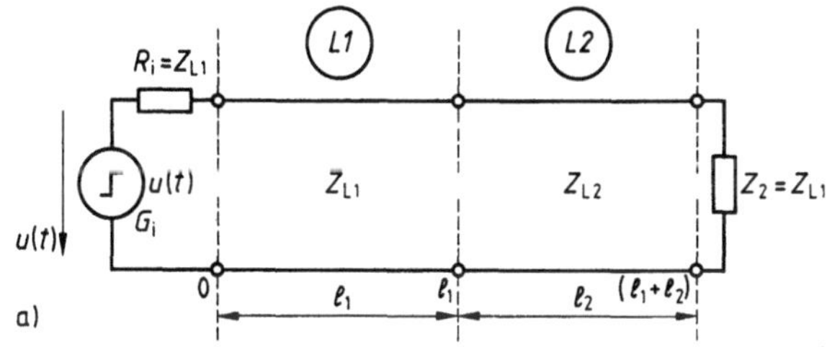

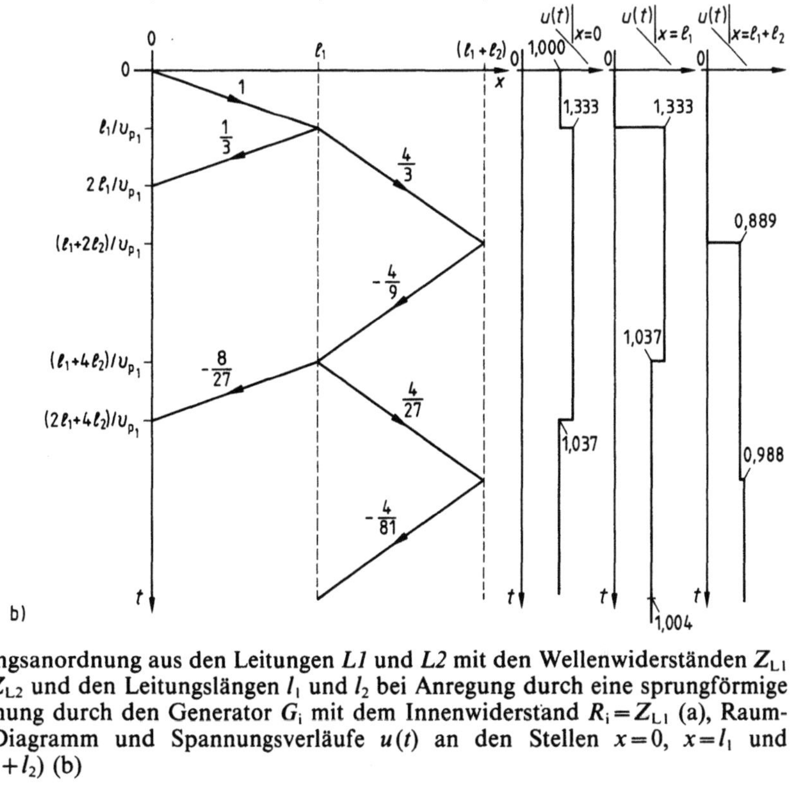

4.38 Leitungsanordnung aus den Leitungen *L1* und *L2* mit den Wellenwiderständen Z_{L1} und Z_{L2} und den Leitungslängen l_1 und l_2 bei Anregung durch eine sprungförmige Spannung durch den Generator G_i mit dem Innenwiderstand $R_i=Z_{L1}$ (a), Raum-Zeit-Diagramm und Spannungsverläufe $u(t)$ an den Stellen $x=0$, $x=l_1$ und $x=(l_1+l_2)$ (b)

ben. In welchem Verhältnis stehen die Ausbreitungsgeschwindigkeiten v_1 und v_2 auf den Leitungen *L1* und *L2* zueinander? Das Raum-Zeit-Diagramm ist zusammen mit den Auszügen der Spannungsverläufe $u(t)$ bei $x=0$, $x=l_1$ und $x=(l_1+l_2)$ zu skizzieren, wenn die Leitungen *L1* und *L2* über R_i bei $t=0$ durch den Impulsgenerator G_i mit der Spannung $u(t)=U_0\sigma(t)$ angeregt werden. Bei der Ausbreitung von Wanderwellen auf Leitungen teilt sich die Spannung so auf, wie die einfallende Welle die Widerstände 'vor sich sieht'. Für die Spannungsteilung ist demnach nicht der über die Stoßstelle hinweg nach links transformierte Widerstand Z_{L1} maßgebend sondern direkt der eingangsseitige Wellenwiderstand Z_{L1}. Mithin ist die Einspeisung angepaßt, so daß sich nach Gl. (4.46) die einfallende Spannungswelle auf der Leitung *L1* als $U^{(1)}=U_0/2$ berechnet. Im folgenden wird für die eingespeiste Welle die Normierung $U^{(1)}/(U_0/2)=1$ zur Vereinfachung der Darstellung im Raum-Zeit-Diagramm gewählt. Für die nach rechts laufende Welle der normierten Amplitude 1 kommt es an der Stoßstelle bei $x=l_1$ zu einer Reflexion mit $r_{12}(l_1)=1/3$. Die reflektierte Welle läuft zur Einspeisestelle zurück. Da der Innenwiderstand $R_i=Z_{L1}$ gleich dem Wellenwiderstand der Leitung *L1* ist, wird die auftreffende Spannungswelle vollständig absorbiert. Außer der Reflexion kommt es an der Stoßstelle bei $x=l_1$ zu einer Brechung mit einem Transmissionsfaktor $g_{Tr,12}(l_1)=4/3$. Der Index 12 gibt den Richtungsbezug für den Transmissionsfaktor an. Die mit $g_{Tr,12}(l_1)$ gebrochene Welle breitet sich in der Leitung *L2* in Richtung auf Z_2 aus und trifft bei $x=l_1+l_2$ auf den Abschlußwiderstand $Z_2=Z_{L1}$. Der Reflexionsfaktor am Leitungsende von *L2* ist $r_2(l_1+l_2)=-1/3$. Die bei '*2*' reflektierte Welle läuft auf die Stoßstelle bei '*1*' zu, wird dort mit $r_{21}(l_1)=-1/3$ reflektiert und mit $g_{Tr,21}(l_1)=2/3$ gebrochen. Nach Gl. (4.77) ist die Phasengeschwindigkeit in einer dämpfungsfreien Leitung $v_p=1/\sqrt{L'C'}$. Für das Verhältnis der Phasengeschwindigkeiten in den Leitungen *L1* und *L2* wird angesetzt $v_{p2}^2/v_{p1}^2=(L_1'C_1')/(L_2'C_2')$. Wegen $C_1'=C_2'$ ist $v_{p2}^2/v_{p1}^2=L_1'/L_2'$. Aus Gl. (4.75) folgt $Z_{L2}/Z_{L1}=L_2'/L_1'=4$. Damit wird $v_{p2}=v_{p1}/2$. Das bedeutet, daß die Phasengeschwindigkeit v_{p2} in Leitung *L2* halb so groß wie v_{p1} in der Leitung *L1* ist. Im Raum-Zeit-Diagramm wird dies durch die halbe Steigung der Ausbreitungslinie berücksichtigt. Die Spannungsverläufe $u(t)$ an den Stellen $x=0$, $x=l_1$ und $x=(l_1+l_2)$ werden durch additive Überlagerung aller angeregten Teilwellen konstruiert (Bild **4.38** b). Man erkennt an den Spannungsverläufen bei $x=0$ und $x=l_1$ ein anfängliches 'Überschwingen' und bei $x=l_1+l_2$ eine schrittweise Annäherung an den normierten Wert *1* für $t\to\infty$. Da die Leitungen *L1* und *L2* als dämpfungsfrei vorausgesetzt wurden, muß nach dem Abklingen der Einschwingvorgänge an den Stellen *0*, *1* und *2* der normierte Amplitudenwert *1* für $t\to\infty$ erreicht werden.

Beispiel 4.6. Auf einer gedruckten Schaltung befindet sich ein ECTL-Gatter (emitter-coupled-transistor-logic; s. Band X), das eine rampenförmige positive Ausgangsspannung $u_0(t)$ erzeugt (Bild **4.39**). Die Spannung $u_0(t)$ steigt in $t_0=1$ ns von 0% auf 100% an. Dabei soll angenommen werden, daß der Innenwiderstand des die Leitung treibenden ECTL-Gatters gleich dem Wellenwiderstand der angeschlossenen Leitung ist; diese besteht aus zwei Leiterbahnen der Länge $x_1=25$ cm und hat die Leitungsbeläge $L'=12$ nH/cm und $C'=0{,}534$ pF/cm. Diese Leitung soll ebenso wie das angeschlossene 50 Ω-Koaxialkabel vereinfachend als verlustfreie Leitung angenommen werden. Das $x_2=75$ cm lange 50 Ω-Koaxialkabel ist am anderen Ende mit einem ohmschen Widerstand von 150 Ω abgeschlossen. Das Koaxialkabel hat eine Laufzeit von 5 ns. Der Spannungsverlauf am Ende des Kabels bis 20 ns nach Impulsbeginn am ECTL-Gatter sowie ein Raum-Zeit-Diagramm sind zu skizzieren.

Für die Streifenleitung *L1* errechnet man eine Phasengeschwindigkeit von $v_{p1}=1/\sqrt{L'C'}=0{,}125\cdot 10^{11}$ cm/s. Die Front der angelegten rampenförmigen Spannung legt damit die Leitungslänge l_1 in $t_1=2$ ns zurück. Für den Wellenwiderstand ergibt sich aus $Z_{L1}=\sqrt{L'/C'}\approx 149{,}9\ \Omega$. In der weiteren Rechnung wird mit $Z_{L1}=150\ \Omega$ gearbeitet. Das angeschlossene Koaxialkabel weist eine Phasengeschwindigkeit von $v_{p2}=75$ cm/5 ns $=0{,}150\cdot 10^{11}$ cm/s auf. Der Wellenwiderstand Z_{L2} ist mit 50 Ω angegeben. Nimmt

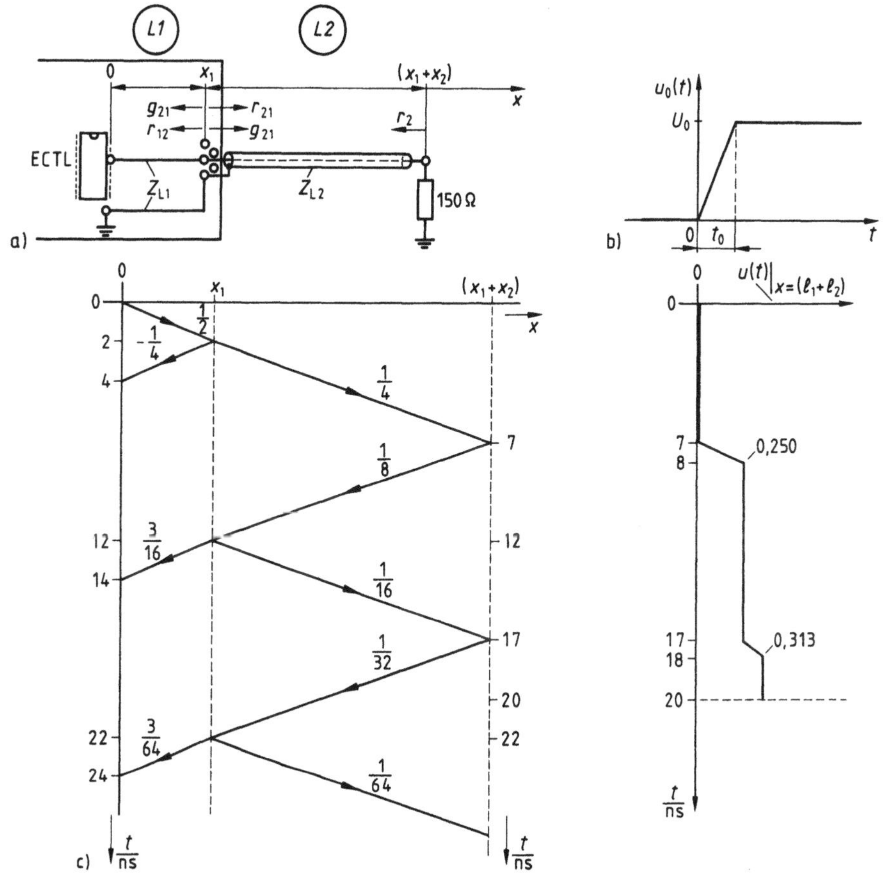

4.39 Druckschaltungsplatine mit einem ECTL-Gatter, einer Streifenleitung (Z_{L1}) der Länge x_1 auf der Platine und einem Koaxialkabel (Z_{L2}) der Länge x_2 sowie den angetragenen Reflexions- und Transmissionsfaktoren (a), rampenförmige Ausgangsspannung $u_0(t)$ mit $t_0 = 1$ ns für den Anstieg von 0% auf 100% des Endwertes (b), Raum-Zeit-Diagramm mit dem Spannungsverlauf $u(t)$ bei $x = (l_1 + l_2)$ (c)

man als Leerlaufspannung des Gatters die Funktion $u(t) = U_0 \cdot r(t)$ für $0 \leqq t \leqq t_0$ mit $t_0 = 1$ ns an, so tritt in die Leitung *L1* eine einfallende rampenförmige Spannung $u_{\text{einf.}} = (U_0/2)\, r(t)$ wegen der eingangsseitigen Anpassung ein. Die in Bild **4.**39a angetragenen Reflexions- und Transmissionsfaktoren sind

$$r_{12}(x_1) = \frac{50-150}{200} = -\frac{1}{2}; \quad g_{12}(x_1) = +\frac{1}{2};$$

$$r_2(x_1+x_2) = \frac{150-50}{200} = +\frac{1}{2};$$

$$r_{21}(x_1) = \frac{150-50}{200} = +\frac{1}{2}; \quad g_{21}(x_1) = +\frac{3}{2}.$$

Mit diesen Faktoren kann das Raum-Zeit-Diagramm maßstabsgerecht entworfen werden. Bild **4.**39c zeigt den Spannungsverlauf $u(t)$ an der Stelle $x = x_1 + x_2$.

4.3.2 Mehrfachreflexionen an nichtlinearen Leitungsabschlüssen

In der Digitaltechnik werden integrierte Schaltkreise eingesetzt, die sowohl eine nichtlineare Eingangskennlinie als auch eine nichtlineare Ausgangskennlinie haben, wie z. B. Gatter-Schaltungen (UND, ODER, NICHT, ...) mit Gegentaktausgangsstufen (Push-Pull-Stufen; Bild **4.**40 a) oder Multiemittertransistoren am Eingang (Bild **4.**40 b) (s. Band X). Diese Stufen weisen nichtlineare Widerstände NR_S für das sendende und NR_E für das empfangende Schaltglied auf, so daß Ersatzschaltungen wie in Bild **4.**40 b und d angenommen werden können. Werden zwei Gatter-Schaltungen mit nichtlinearer Eingangs- und Ausgangscharakteristik entsprechend Bild **4.**41 auf einer gedruckten Schaltung über Leiterbahnen zusammengeschaltet, dann kann wegen der Nichtlinearitäten die Impulsübertragung

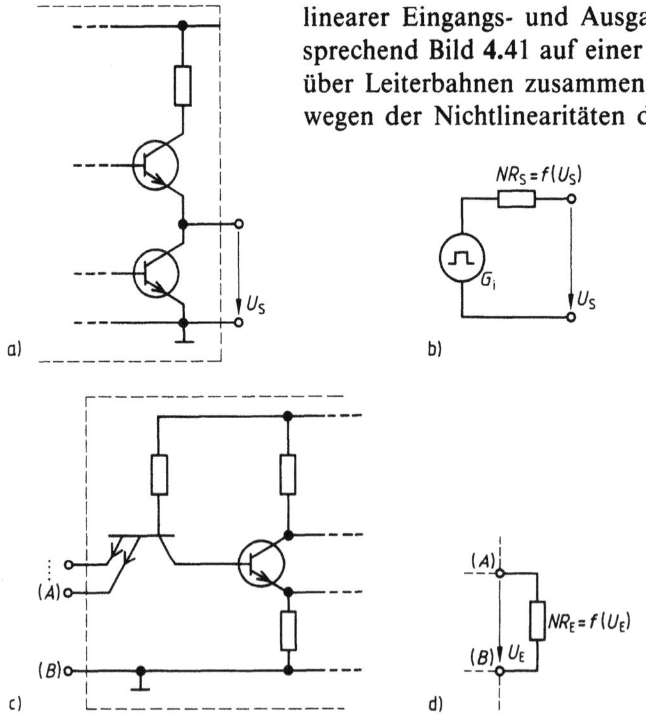

4.40 Push-Pull-Stufe (a), Ersatzschaltung der Push-Pull-Stufe (b), der Mehremittertransistor-Eingangsschaltung (c), der Mehremitterschaltung (d)

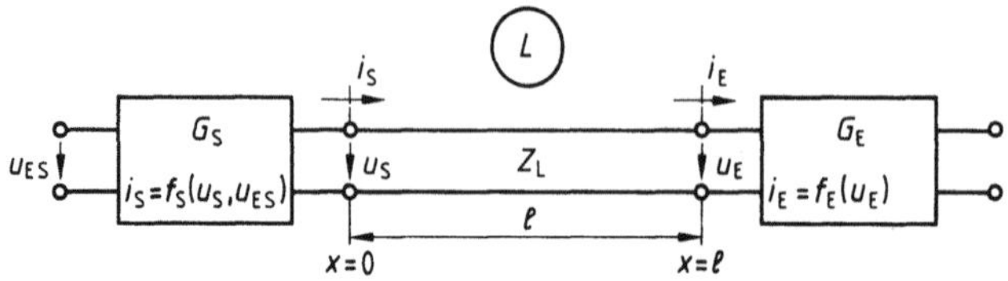

4.41 Zusammenschaltung eines sendenden Gatters G_S und eines empfangenden Gatters G_E über eine dämpfungsfreie Leitung der Länge l mit dem Wellenwiderstand Z_L sowie den nichtlinearen Kennlinienfunktionen

nicht mehr im Bildbereich mit anschließender Rücktransformation in den Zeitbereich nach Laplace berechnet werden. Das Problem läßt sich jedoch mit einem graphischen Verfahren nach Bergeron [31] lösen. Bild **4.**41 zeigt die Zusammenschaltung eines sendenden (G_S) mit einem empfangenden (G_E) Gatter über eine Leitung der Länge l.

Für positive Logik[1]) können die Ausgangskennlinien des sendenden Gatters G_S für die ausgangsseitigen Schaltzustände log. 1 und log. 0 zusammen mit der Eingangskennlinie für das empfangende Gatter G_E in ein gemeinsames i-/u-Diagramm entsprechend Bild **4.**42 eingetragen werden. Dann erkennt man die beiden stationären Arbeitspunkte A_0 und A_1 als Schnittpunkte der Eingangskennlinie von G_E mit den Ausgangskennlinien von G_S. Die Arbeitspunkt-Koordinaten sind die Spannungs- und Stromwerte nach vollständigem Abklingen der Ausgleichsvorgänge. Beim Schalten des Gatterbausteins von log. 0 nach log. 1 ist A_0 der Anfangs- und A_1 der Endpunkt des Schaltvorganges. Beim Schalten von log. 1 nach log. 0 ist A_1 der Anfangspunkt und A_0 der Endpunkt.

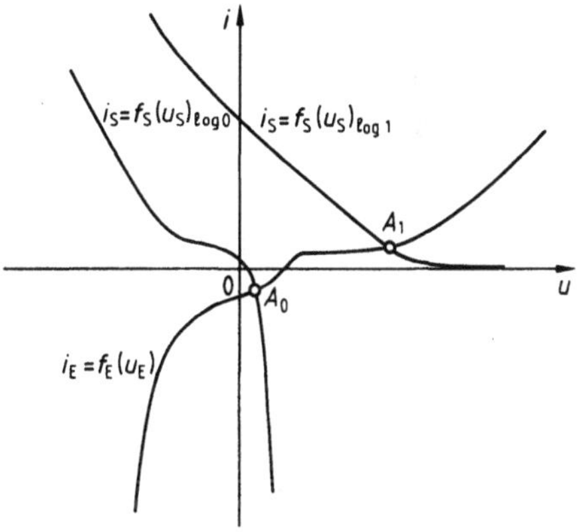

4.42
Ausgangskennlinien $i_S = f_S(u_S)|_{log. 0}$ und $i_S = f_S(u_S)|_{log. 1}$ eines sendenden Schaltgliedes für die Schaltzustände log. 0 und log. 1, Eingangskennlinie eines empfangenden Schaltgliedes, A_0 und A_1 als stationäre Punkte des 0- und 1-Zustandes

Ausgleichsvorgang. Bei der Einspeisung des Ausgangssignals des sendenden Gatters G_S in die Leitung der Länge l ist zunächst nur der Wellenwiderstand Z_L als Belastung wirksam. Das bedeutet, daß am Anfang der Leitung direkt nach dem Schaltvorgang des sendenden Gatters gilt

$$\frac{\Delta u_S}{\Delta i_S} = Z_L . \tag{4.109}$$

In Bild **4.**43 wird der dynamische Verlauf am Beispiel der abfallenden Flanke von log. 1 nach log. 0 erläutert. Der anfängliche stationäre Arbeitspunkt entsprechend Bild **4.**42 sei A_1. Unmittelbar nach dem Umschalten des sendenden Gatters G_S wird für den Zusammenhang zwischen Spannung und Strom am Ausgang von G_S die Ausgangskennlinie $i_S = f_S(u_S)|_{log. 0}$ maßgebend. Nach Gl. (4.109) kann der Zustandspunkt, der sich unmittelbar nach dem Schalten einstellt, nur der Punkt P_1 sein. Dieser bleibt für die doppelte Laufzeit der Leitung

[1]) $u = \begin{cases} +U_1 & \text{für log. 1} \\ +U_0 & \text{für log. 0} \end{cases}$ mit $U_1 > U_0$

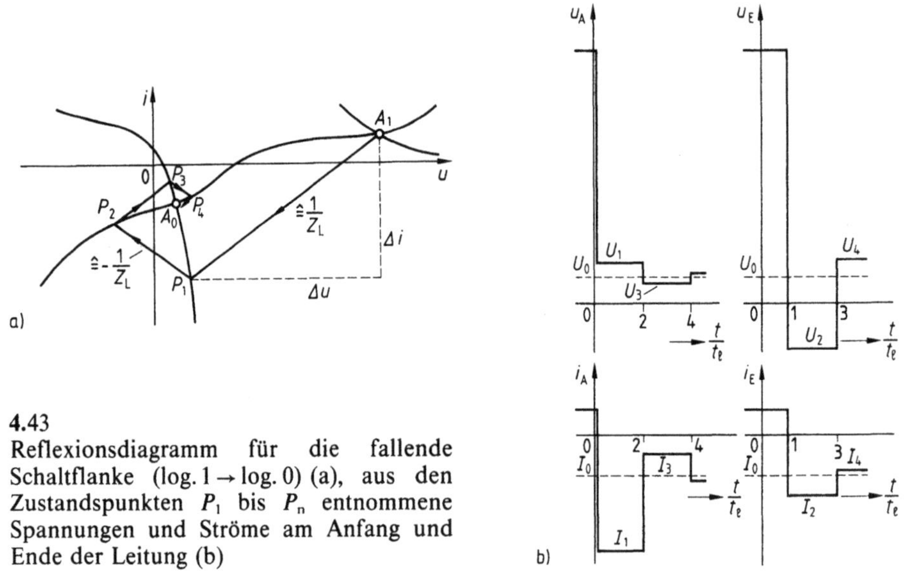

4.43
Reflexionsdiagramm für die fallende Schaltflanke (log. 1 → log. 0) (a), aus den Zustandspunkten P_1 bis P_n entnommene Spannungen und Ströme am Anfang und Ende der Leitung (b)

bestehen. Am Leitungsende bei $x=l$ gilt bis zur Zeit $t=t_l$ der Zustandspunkt A_1. Die dann ankommende Welle verschiebt den Zustandspunkt nach P_1. Bei $x=l$ überlagern sich die einfallende und die reflektierte Welle. Von P_1 aus muß noch die Wirkung der reflektierten Welle eingetragen werden, für die gilt

$$\frac{\Delta u}{\Delta i} = -Z_L. \tag{4.110}$$

Für die Überlagerung aus einfallender und reflektierter Welle bei $x=l$ muß die Eingangskennlinie $i_E=f_E(u_E)$ des empfangenden Gatters G_E gelten. Der sich bei $x=l$ zum Zeitpunkt $t=t_l$ einstellende Zustandspunkt P_2 ist deshalb in Richtung des Anstieges $(-1/Z_L)$ vom Punkt P_1 aus auf der Eingangskennlinie zu finden. Der Zustandspunkt P_2 bleibt während $t_l \leqq t \leqq 3t_l$ erhalten. Die Reflexion der nächsten von $x=0$ nach $x=l$ hinlaufenden Welle läßt sich in gleicher Weise bestimmen. Dadurch entsteht P_3 als nächster Zustandspunkt auf der Ausgangskennlinie von G_S für log. 0, der für $2t_l \leqq t \leqq 4t_l$ erhalten bleibt. Die Fortsetzung dieses graphischen Verfahrens liefert die Punktfolge $P_4, P_5, \ldots$, bis nach unendlich vielen weiteren Punkten $P_\infty = A_0$ wird. Die Zustandspunkte mit geradem Index liegen bei der gewählten Zählweise auf der Eingangskennlinie und gelten für das Ende der Leitung $(x=l)$. Die Zustandspunkte mit ungeradem Index liegen auf der Ausgangskennlinie des Gatters G_S für log. 0 und gelten für den Leitungsanfang $(x=0)$. Die Ausgangskennlinie für log. 1 wird bei diesem Verfahren nur einmal bei der Festlegung des Anfangszustandes (A_1) benutzt. Bei der graphischen Ermittlung des Ausgleichsvorganges für die ansteigende Flanke liegen die Zustandspunkte $P_1, P_3, P_5, \ldots$ mit ungeradem Index auf der Ausgangskennlinie für log. 1, während die Ausgangskennlinie für log. 0 nur für die Ermittlung des Anfangszustandes benötigt wird. Aus dem Zustandsdiagramm (Bild **4.**43 a) lassen sich die Ströme und Spannungen am Anfang ($x=0$) und am Ende ($x=l$) der Leitung entnehmen. In Abhängigkeit von der Laufzeit sind die zeitlichen Verläufe von $u_S(t)$, $i_S(t)$, $u_E(t)$ und $i_E(t)$ für eine dämpfungsfreie Leitung in Bild **4.**43 b dargestellt.

Beispiel 4.7. Für eine Schaltungsanordnung nach Bild **4.**44 a – bestehend aus zwei NAND-Gattern in TTL-Technik (s. Band X) und einer dämpfungsfreien Leitung mit dem Wellenwiderstand $Z_L = 120\,\Omega$ und einer Laufzeit $t_l \gg 10$ ns – sind für die in Bild **4.**44 b vorgegebenen Eingangs- und Ausgangskennlinien die Einschwingvorgänge für die abfallende Flanke (log. 1 nach log. 0) und für die ansteigende Flanke (log. 0 nach log. 1) graphisch zu ermitteln. Die Spannungsverläufe am Ende der Leitung bei $x=l$ (am Eingang des zweiten Gatters) sind zu skizzieren.

Für den stationären Zustand gibt es zwei Arbeitspunkte P_0 und P_1 als Schnittpunkte der Eingangskennlinie $i_E = f_E(u_E)$ des empfangenden Gatters mit den beiden Ausgangskennlinien des sendenden Gatters $i_S = f_S(u_S)_{\text{log. 0/log. 1}}$ (Bild **4.**44 b). Der Einschwingvorgang für die abfallende Flanke (log. 1 nach log. 0) wird dadurch bestimmt, daß man ausgehend vom stationären Arbeitspunkt P_1 nach Gl. (4.109) eine Gerade mit der Steigung $\Delta u/\Delta i = Z_L = 120\,\Omega$ in P_1 anträgt, die die Kennlinie $i_S = f_S(u_S)$ im Punkt A schneidet. Von A aus wird nach Gl. (4.110) eine Gerade mit der Steigung $\Delta u/\Delta i = -Z_L = -120\,\Omega$ angetragen, die die Eingangskennlinie $i_E = f_E(u_E)$ im Punkt B schneidet. Alle folgenden Kennlinienpunkte werden entsprechend ermittelt. Die in den Punkten $A, B, C, \ldots$ abgelesenen Spannungen werden über Vielfachen der Laufzeit t_l aufgetragen, so daß sich der Verlauf $u_l = f(t/t_l)$ für den Abschaltvorgang ergibt (Bild **4.**44 c). Die entsprechende graphische Konstruktion für den Einschaltvorgang zeigt Bild **4.**44 d.

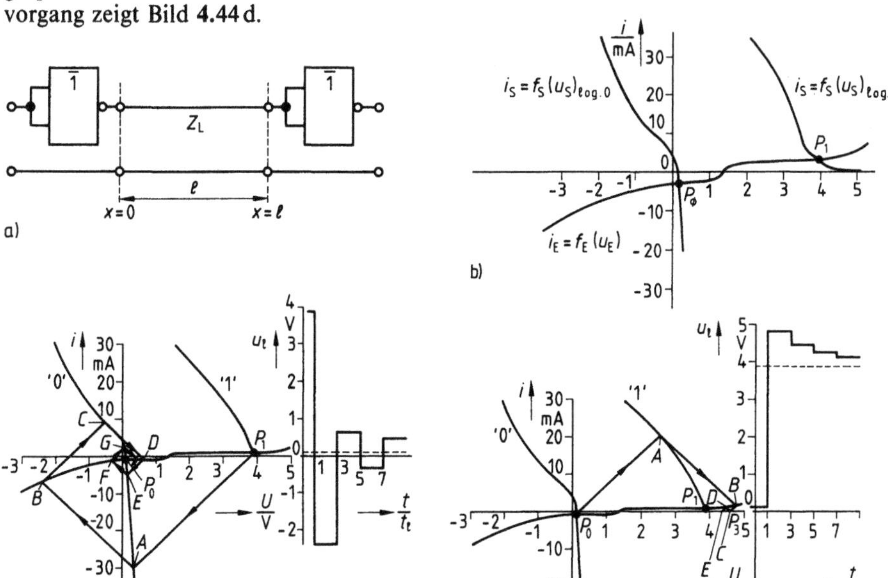

4.44 Schaltungsanordnung aus zwei NAND-Gattern und einer verbindenden Leitung (a), Eingangs- und Ausgangskennlinien (b), Spannungsverläufe u_l am Eingang des empfangenden Gatters für den Abschaltvorgang (c) und den Einschaltvorgang (d), t_l Laufzeit der verbindenden Leitung der Länge l

5 Pulsmodulation

Zeitdiskrete Pulsfolgen können als Träger von Information dienen. Dabei kann die Modulation wertkontinuierlich oder wertdiskret (quantisiert) durchgeführt werden. Unabhängig davon, ob bei der Pulsmodulation[1]) eine Amplituden-, Phasen- oder eine andersartige Modulation der Pulsfolge entsteht, ist die Grundlage aller Modulationsverfahren das Abtasttheorem für bandbegrenzte Signale (s. Band XI), da bei Pulsmodulationsverfahren dem modulierenden Signal mit der Abtastperiode T_a Werteproben entnommen werden. Diese Proben werden dann einem Puls als Modulationsträger bezüglich eines seiner Parameter aufmoduliert. Die Entnahme von Proben aus einer Signalfunktion $s(t)$ ist in Bild **5**.1 als Modell anschaulich dargestellt. Der mit der Abtastfrequenz $f_a = 1/T_a$ rotierende Schalter S verbindet den Generator G peri-

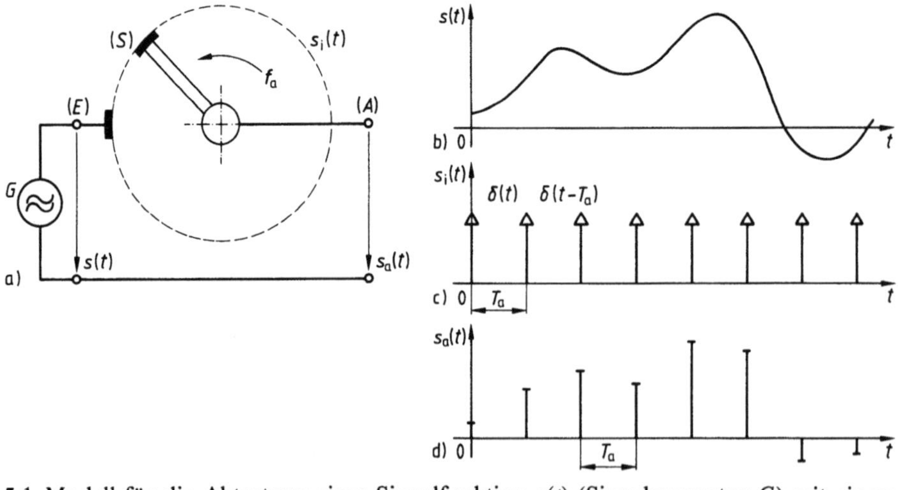

5.1 Modell für die Abtastung einer Signalfunktion $s(t)$ (Signalgenerator G) mit einem rotierenden Schalter S mit der Abtastfrequenz $f_a = 1/T_a$ (a), Signalfunktion $s(t)$ (b), Modulationsträgerfunktion $s_i(t)$ (c) und die Folge periodischer Abtastwerte $s(\nu T_a)$ (d)

---

[1]) Im Anfangsstadium dieser Technik war die Bezeichnung Impulsmodulation gebräuchlich. Aus dem angelsächsischen Sprachgebrauch wurde später die kürzere Bezeichnung Pulsmodulation übernommen. Nach der NTG-Empfehlung NTG 0103 ist Pulsmodulation ein Modulationsverfahren, bei dem als Modulationsträger ein Puls benutzt wird.

odisch mit dem Ausgang A (Bild **5**.1a). Bild **5**.1b zeigt als Beispiel eine wert- und zeitkontinuierliche Signalfunktion $s(t)$, der mit Hilfe der Abtastimpulse als Modulationsträgerfunktion $s_i(t)$ (Bild **5**.1c) periodisch Proben entnommen werden. Diese Proben bilden die abgetastete (pulsmodulierte) Signalfunktion $s_a(t)$ als zeitdiskrete Pulsfolge (Bild **5**.1d). Die Probenentnahme kann durch Multiplikation der Signalfunktion $s(t)$ mit der Pulsfunktion $s_i(t)$ für den Modulationsträger beschrieben werden. Danach ist das abgetastete Signal

$$s_a(t) = s(t)\, s_i(t). \tag{5.1}$$

Das pulsmodulierte Signal $s_a(t)$ stellt nach Gl. (5.1) eine zeitdiskrete Funktion dar, d.h., $s_a(t)$ ebenso wie $s_i(t)$ sind nur zu bestimmten Zeiten von null verschieden.

5.1 Abtasttechnik

Unter Abtastung versteht man die Umwandlung eines zeitkontinuierlichen in ein zeitdiskretes Signal. Nach Abschn. 1.4.2 kann die Diracfunktion zur Beschreibung von Abtastvorgängen benutzt werden. Im folgenden sollen zeitdiskrete Signale sowie das Abtasttheorem für frequenzbandbegrenzte Zeitfunktionen behandelt werden. Bild **5**.2 zeigt die Abtastung einer Signalfunktion $s(t)$ bezüglich ihrer Amplitudenwerte durch einen Diracimpuls $\delta(t-t_0)$ zur Zeit $t=t_0$ nach Gl. (5.1).

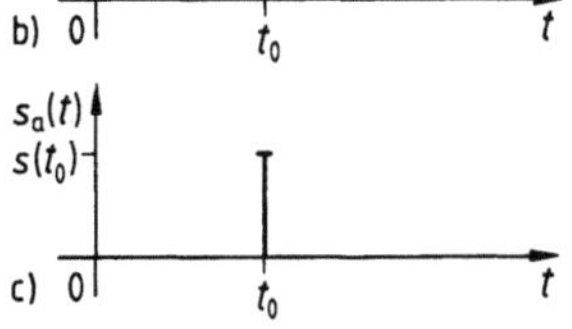

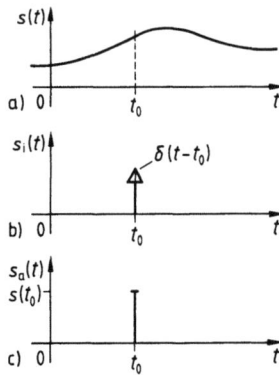

5.2
Abtastung einer Signalfunktion $s(t)$ (a) durch die Einheitsstoßfunktion zur Zeit $t=t_0$ (b) mit dem Abtastwert $s(t_0)$ (c)

5.1.1 Abtastwert

Summiert man die Produkte aus der Signalfunktion $s(t)$ und der Modulationsträgerfunktion $s_i(t) = \delta(t-t_0)$ in Abhängigkeit von der Zeit für $-\infty \leqq t \leqq +\infty$, so erhält man

$$\int_{-\infty}^{+\infty} s(t)\, s_i(t)\, dt = \int_{-\infty}^{+\infty} s(t)\, \delta(t-t_0)\, dt.$$

Da $\delta(t-t_0)$ für $t \neq t_0$ null ist, sind alle Teilprodukte des Integranden für $t \neq t_0$ null. Nur zur Zeit $t=t_0$ entsteht ein Beitrag für die Summation durch Integration. Daher kann geschrieben werden

$$\int_{-\infty}^{+\infty} s(t)\,\delta(t-t_0)\,\mathrm{d}t = \int_{-\infty}^{+\infty} s(t_0)\,\delta(t-t_0)\,\mathrm{d}t. \tag{5.2}$$

Dann aber kann $s(t_0)$ als konstanter Faktor, d.h. als Abtastwert, vor das Integral geschrieben werden:

$$\int_{-\infty}^{+\infty} s(t_0)\,\delta(t-t_0)\,\mathrm{d}t = s(t_0)\int_{-\infty}^{+\infty} \delta(t-t_0)\,\mathrm{d}t. \tag{5.3}$$

Für das in Gl. (5.3) enthaltene Integral kann nach Abschn. 1.4.2 entsprechend Gl. (1.23) der Wert 1 gesetzt werden. Daher erhält man

$$\int_{-\infty}^{+\infty} s(t)\,\delta(t-t_0)\,\mathrm{d}t = s(t_0)\underbrace{\int_{-\infty}^{+\infty} \delta(t-t_0)\,\mathrm{d}t}_{=1} = s(t_0). \tag{5.4}$$

In Gl. (5.4) ist $s(t_0)$ der Abtastwert der Signalfunktion $s(t)$ zur Zeit $t=t_0$.

5.1.2 Periodische Folge von Abtastwerten

Wird eine Signalfunktion $s(t)$ periodisch durch Diracimpulse abgetastet, so entsteht eine zeitdiskrete Folge von Abtastwerten $s(\nu T_a)$ als entnommene Proben mit der Laufvariablen $\nu=0, 1, 2, 3, \ldots$ und der Abtastperiode T_a (Bild **5.3**).

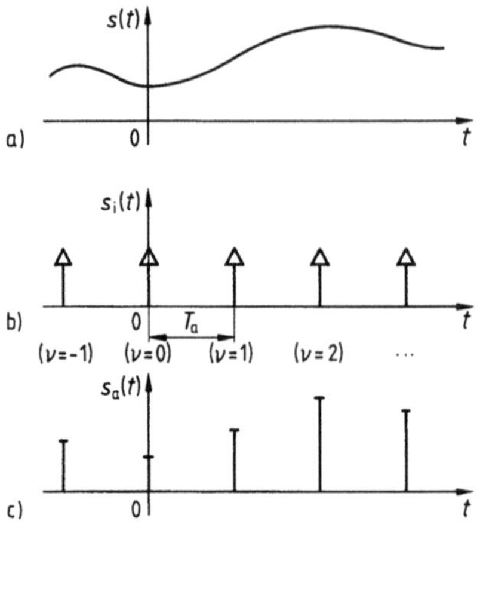

5.3
Signalfunktion $s(t)$ (a), Modulationsträgerfunktion $s_i(t) = \sum_{\nu=-\infty}^{\infty} \delta(t-\nu T_a)$ (b) und pulsmoduliertes Signal $s_a(t)$ (c)

Die Folge entnommener Proben stellt das pulsmodulierte Signal

$$s_a(t) = \underbrace{\sum_{\nu=-\infty}^{+\infty} \underbrace{\int_{-\infty}^{+} s(t)\,\delta(t-\nu T_a)\,\mathrm{d}t}_{\text{einzelner Abtastwert } s(\nu T_a)}}_{\text{Summe aller Abtastwerte für } -\infty \leqq \nu < +\infty}$$

dar.

5.1.3 Modulationsträgerfunktion

Der zeitliche Verlauf des Modulationsträgers wird durch die Form des Einzelimpulses, aus denen er zusammengesetzt ist, bestimmt. Anstelle von Diracimpulsen sind andere Impulsformen für die Abtastung möglich. Die einfachste Form des Einzelimpulses ist der einseitige Rechteckimpuls (Bild **5.4**a). Er wird bevorzugt zur Abtastung verwandt, da der Diracimpuls physikalisch nicht realisierbar ist. Neben dem einseitigen Rechteckimpuls können auch der Rechteck-Wechselimpuls (Bild **5.4**b) oder der Sinus-Wechselimpuls (Bild **5.4**c) aus Gründen der gleichstromfreien Impulsverarbeitung eingesetzt werden.

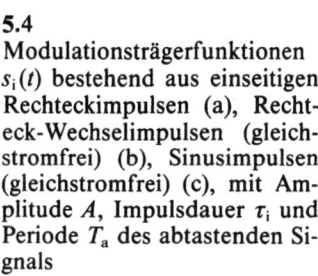

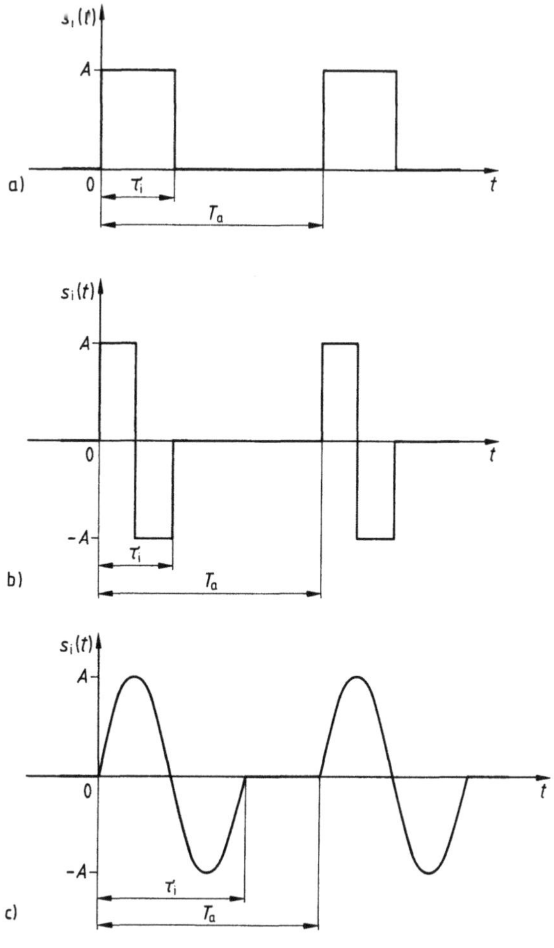

5.4
Modulationsträgerfunktionen $s_i(t)$ bestehend aus einseitigen Rechteckimpulsen (a), Rechteck-Wechselimpulsen (gleichstromfrei) (b), Sinusimpulsen (gleichstromfrei) (c), mit Amplitude A, Impulsdauer τ_i und Periode T_a des abtastenden Signals

5.1.4 Spektrum der Modulationsträgerfunktion

Reale Abtastimpulse können keine unendlich schmalen Impulse mit unendlich großer Amplitude (Diracimpulse) sein, die mit einem unendlich breiten Spektrum (s. Abschn. 2.2.1) verknüpft sind, sondern vielmehr Impulse mit endlicher Amplitude A und Impulsdauer τ_i, deren Spektrum im betrachteten Frequenzbereich hinreichend gleichförmig ist. Geht man damit, wie das bei den meisten Pulsmodulationsverfahren der Fall ist, von einseitigen Rechteckimpulsen als Abtastimpulse aus (Bild **5.**4a), so ist die Modulationsträgerfunktion

$$s_i(t) = A \sum_{\nu=-\infty}^{+\infty} [\sigma(t-\nu T_a) - \sigma(t-\tau_i-\nu T_a)] \tag{5.5}$$

entsprechend Abschn. 2.1.3 mit der Fourierreihe

$$|\underline{c}_\nu| = A\,\frac{\tau_i}{T_a}\left|\mathrm{si}\left(\nu\pi\,\frac{\tau_i}{T_a}\right)\right| = A\,g\,|\mathrm{si}(\nu\pi g)| \tag{5.6}$$

verknüpft. Bild **5.**5 zeigt die entstehenden Linienspektren $|\underline{c}_\nu|$ als Funktion der Pulsfolgefrequenz $f_a = 1/T_a$ mit dem Tastgrad $g = \tau_i/T_a$ als Parameter. Man erkennt, daß der Tastgrad g den Bandbreitenbedarf für eine Signalübertragung mit Pulsmodulation wesentlich beeinflußt. Ähnlich wie bei der Frequenzmodulation (s. Band XI) überträgt man auch bei der Pulsmodulation nicht die volle Bandbreite des Modulationsspektrums, sondern man beschneidet notwendigerweise das zu übertragende Frequenzband. Dabei muß man dann jedoch einen gewissen systembedingten Fehler bei der Signalübertragung in Kauf nehmen.

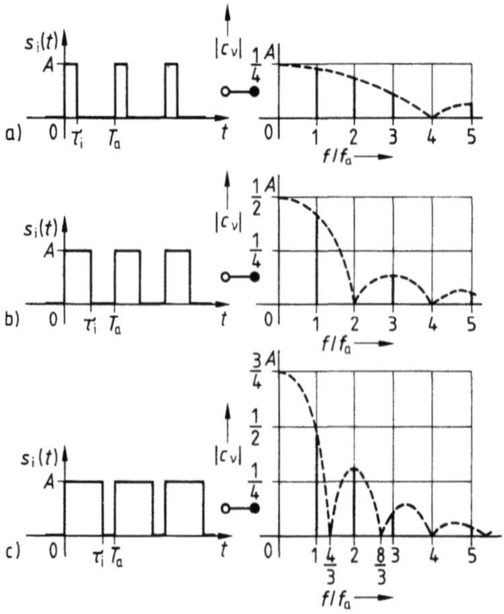

5.5 Abtastfunktionen $s_i(t)$ und korrespondierende Betragsspektren $|\underline{c}_\nu|$ (normiert) bei unterschiedlichen Tastgraden $g_1 = 1/4$ (a), $g_2 = 1/2$ (b) und $g_3 = 3/4$ (c)
T_a Impulsperiode, f_a Pulsfolgefrequenz, τ_i Impulsdauer, A Impulsamplitude, g Tastgrad

5.1.5 Zeitfilter

Netzwerke, deren Übertragungseigenschaften nur von der Zeit, nicht aber von der Amplitude oder Frequenz eines Signals abhängen, werden Zeitfilter genannt. In Anlehnung an das englische Wort gate werden Zeitfilter auch als Gatter bezeichnet. Zur Steuerung einer Signalfunktion bezüglich der Zeit t benötigt man neben dem Signaleingang für $s(t)$ einen Steuereingang (engl. gate control). Um das Signal $s(t)$ durch einen Schaltvorgang während der Zeit t beeinflussen zu können, ist die Festlegung eines Bezugszeitpunkts (z. B. $t=0$) erforderlich. Bei einmaligen Schaltvorgängen gilt der Zeitbereich für die Wirkung des Zeitfilters von $t=0$ bis $t=\infty$. Dagegen erstreckt sich der zeitliche Wirkungsbereich von Zeitfiltern bei Pulsmodulationsverfahren vorwiegend auf die Zeitdauer einer Abtastperiode T_a. Ebenso wie bei frequenzabhängigen Netzwerken unterscheidet man bei Zeitfiltern Hoch-, Tief- und Bandpässe. Bei einem Hochpaß wird ein zu schaltendes Signal $s(t)$ erst für $t \geqq t_0$ durchgeschaltet, beim Tiefpaß dagegen erfolgt eine Signaldurchschaltung an den Ausgang des Gatters nur für $t \leqq t_0$. Liegt ein Zeitfilter als Bandpaß vor, so wird eine Signalfunktion $s(t)$ für $t_1 \leqq t \leqq t_2$ an den Ausgang durchgeschaltet und für alle anderen Zeiten gesperrt. Die Funktion eines Zeitfilters kann durch eine Relaisschaltung nach Bild **5.**6a veranschaulicht werden. Während der Zeit $t_1 \leqq t \leqq t_2$ soll ein Relais R von einem Steuerstrom i_{St} durchflossen werden, so daß das Relais anzieht und der Arbeitskontakt r prellfrei geschlossen wird. In Bild **5.**6b bis d erkennt man die Arbeitsweise des Zeitfilters mit Bandpaßeigen-

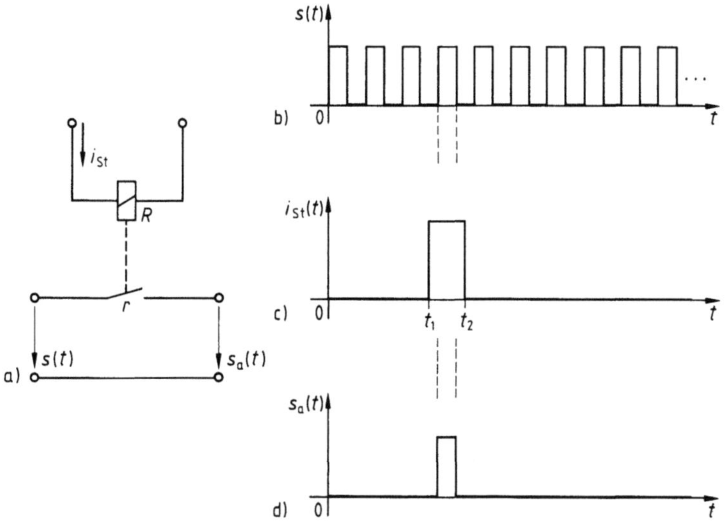

5.6 Zeitfilter mit Bandpaßcharakter zur Impulsselektion am Beispiel eines Relais R (a), der Signalfunktion $s(t)$ (b), dem zeitlichen Verlauf des Relaisspulenstroms $i_{St}(t)$ (c), Ausblendung eines Impulses aus $s(t)$ durch den gesteuerten Arbeitskontakt r als $s_a(t)$ (d)

schaften am Beispiel einer Impulsselektion. Die zeitliche Filterung analoger Signale kann durch Analogschalter (vgl. Abschn. 1) bewirkt werden, während digitale Signale mit UND-Gattern (logische Verknüpfung der Konjunktion) zeitlich zu beeinflussen sind.

5.1.6 Abtast- und Haltekreis

In der Pulstechnik werden die Amplituden der Abtastwerte einzelner Signale in zugeordneten Haltekreisen gespeichert und bis zum nachfolgenden Abtastzeitpunkt konstant gehalten. Zur Speicherung analoger Signalwerte ist im Prinzip ein gesteuerter Schalter und ein verlustloser Kondensator ausreichend. Solche Schaltungen sind als Abtast- und Haltekreise bekannt (engl. sample-and-hold). Bild **5**.7a zeigt die Prinzipschaltung. Legt man an den Eingang der Schaltung eine Signalfunktion $s(t)$ (Bild **5**.7b) und tastet diese mit der Modulationsträgerfunktion $s_i(t)$ (Bild **5**.7c) periodisch ab, so entsteht ein treppenförmiges Signal am Ausgang des Abtast- und Haltekreises $s_{AH}(t)$ (Bild **5**.7d). Sind der Signalgenerator G und der durch $s_i(t)$ gesteuerte Schalter nicht innenwiderstandsfrei, muß der Schalter S so lange geschlossen bleiben, bis der Umladevorgang des Haltekondensators C abgeschlossen ist. Dann besteht die Möglichkeit, den gespeicherten Signalwert zu einem späteren Zeitpunkt innerhalb einer Abtastperiode wieder auszulesen und weiter zu verarbeiten. Bild **5**.7e zeigt eine reale Abtast- und Halteschaltung, die der Anordnung in Bild **5**.7a

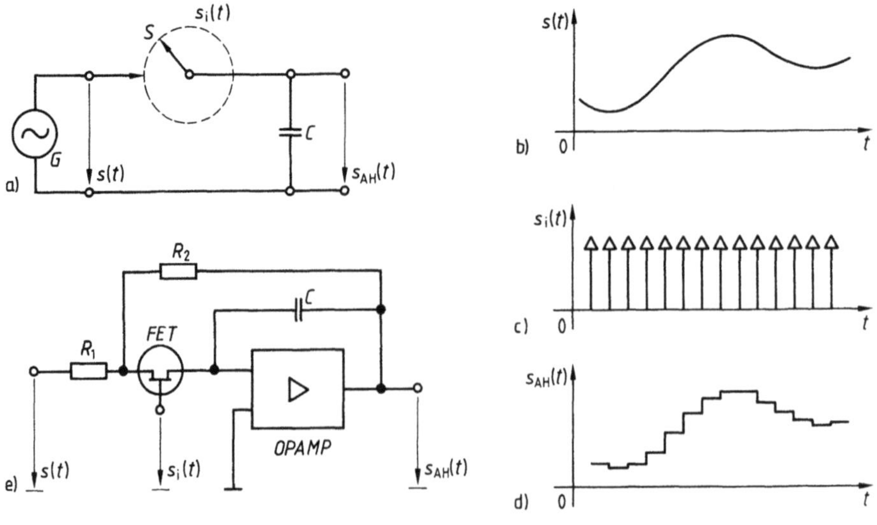

5.7 Prinzipschaltbild eines Abtast- und Haltekreises, bestehend aus einem idealen Abtaster S und dem verlustlosen Haltekondensator C (a), abzutastende Signalfunktion $s(t)$ (b), Modulationsträgerfunktion $s_i(t)$ (c), Signalfunktion am Ausgang des Abtast- und Haltekreises $s_{AH}(t)$ (d), reale Abtast- und Halteschaltung, bestehend aus Feldeffekttransistor FET und Operationsverstärker OPAMP (e)

entspricht. Sie enthält einen Feldeffekttransistor (FET) mit niederohmigem Durchlaßwiderstand zwischen Drain und Source und einen Integrator als Speicherelement, der aus einem Operationsverstärker mit hoher Leerlaufverstärkung und der Haltekapazität C im Gegenkopplungszweig besteht. Über den als Schalter wirkenden Feldeffekttransistor (s. Band XI und [37]) wird die Kapazität C während der Dauer τ_i des Abtastvorganges auf den anliegenden Augenblickswert des Signals mit kleiner Zeitkonstante aufgeladen. Bei $t=\tau_i$ wird der FET gesperrt, und der Haltekondensator entlädt sich mit großer Zeitkonstante über den Sperrwiderstand des FET und den Widerstand R_2 bis zum erneuten Schließen des FET-Schalters.

5.1.7 Abtastoszillographie

Periodische Spannungs- und Stromverläufe, die aufgrund ihrer Periodizität (Periodendauer T_0) auch als deterministische[1]) Signale bezeichnet werden, können in der Meßtechnik mit Hilfe der Abtastoszillographie[2]) zeitlich gedehnt dargestellt werden. Das Verfahren wird vorwiegend zur Aufzeichnung hochfrequenter periodischer Signale im GHz-Bereich eingesetzt. Es besteht darin, daß jeder einzelnen Periode T_0 der darzustellenden Funktion $s(t)$ durch Abtastung je ein Abtastwert entnommen wird. Verschiebt man dabei den Abtastzeitpunkt je Periode gegenüber dem Abtastzeitpunkt der vorangegangenen Periode um Δt, wobei $(T_0+\Delta t)$ etwas größer als T_0 sein soll, so wandert für $z=T_0/\Delta t$ der Abtastzeitpunkt innerhalb von z Signalperioden einmal vollständig mit dem Abstand $(T_0+\Delta t)$ durch den sich periodisch wiederholenden Signalverlauf. Die dabei abgegriffenen und für etwa eine Periodendauer gespeicherten Abtastwerte ergeben aneinandergereiht einen zeitlich um den Faktor z gedehnten Signalverlauf, der auf dem Bildschirm eines Oszilloskops mit entsprechend niedriger Grenzfrequenz wiedergegeben werden kann. Beträgt die Verschiebung der Abtastzeitpunkte bei Wahl von $z=100$ damit $\Delta t=T_0/z=T_0/100$, so erreicht der Abtastpunkt nach 100 Perioden auf dem Signal $s(t)$ wieder die gleiche Phasenlage. Die Frequenz der abgetasteten Funktion $s_a(t)$ ist $f_a=1/(T_0 z)=f_0/100$. Das bedeutet, daß mit einem Abtastsystem, das durch die obere Grenzfrequenz f_{og} gekennzeichnet ist, eine periodische Zeitfunktion mit dem Frequenzanteil $f_0=z f_{og}=100 f_{og}$ meßtechnisch erfaßt werden kann. Weist zum Beispiel der Y-Verstärker eines Oszilloskops eine obere Grenzfrequenz von 10 MHz auf, und man arbeitet mit Hilfe der Sampling-Technik mit $z=100$, so ist die höchste noch darstellbare Frequenz $f_{og,\,sampling}=100 f_{og}=$ 1 GHz.

---

[1]) deterministisch = vorherbestimmt (lat. determinare = begrenzen, bestimmen).
[2]) Die Abtastoszillographie wird auch als Sampling-Oszillographie bezeichnet. Der Ausdruck sampling ist aus dem Englischen abgeleitet, wobei to sample mit "eine Probe bzw. ein Muster entnehmen" zu übersetzen ist.

Die Festlegung der Abtastzeitpunkte wird dadurch erreicht, daß die Ablenksägezahnfunktion $s_{\mathrm{Abl}}(t)$ und eine sehr viel flacher verlaufende Sägezahnfunktion $s_{\mathrm{SZ}}(t)$ jeweils auf ihren positiven Flanken zum Schnitt gebracht werden (Bild **5.**8b). Die Schnittpunkte zwischen $s_{\mathrm{SZ}}(t)$ und $s_{\mathrm{Abl}}(t)$ legen die Abtastzeitpunkte fest. In diesem Fall wird von Diracimpulsen für die Abtastung ausgegangen. Man erkennt in Bild **5.**8c den stetigen Versatz zweier aufeinander folgender Diracimpulse. In Bild **5.**8d ist die Folge von Abtastwerten dargestellt, die zeitlich gedehnt eine Periode T_0 der Signalfunktion $s(t)$ wiedergibt. Neben der Festlegung der Abtastzeitpunkte benötigt man auch eine zeitliche Zwischenspeicherung eines Abtastwertes zwischen zwei aufeinanderfolgenden Abtastungen. Dazu wird ein Abtast- und Haltekreis nach Abschn. 5.1.6 einge-

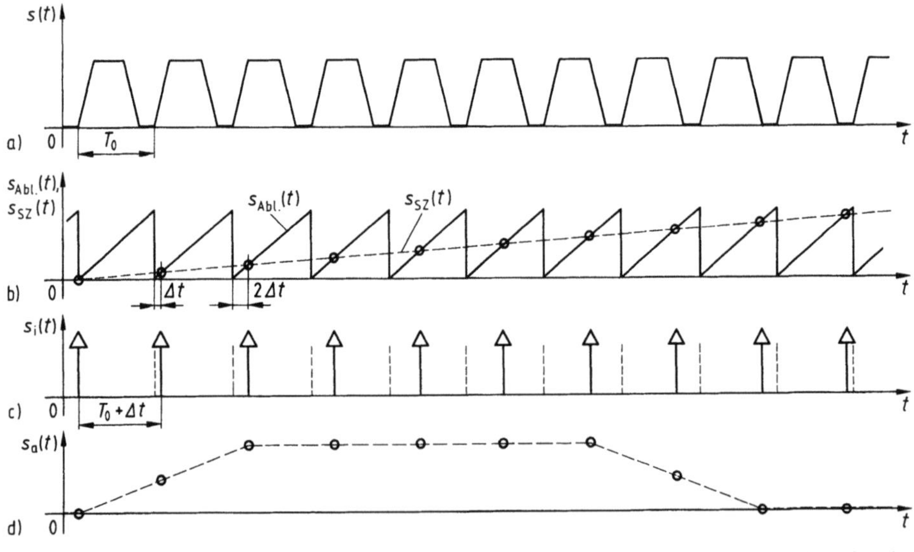

5.8 Signalfunktion $s(t)$ mit der Periode T_0 (a), Festlegung der Abtastzeitpunkte durch Schnitt der positiven Flanke des Ablenksignals $s_{\mathrm{Abl}}(t)$ mit einer zusätzlichen Sägezahnfunktion $s_{\mathrm{SZ}}(t)$ (b), Folge von Diracimpulsen als $s_{\mathrm{i}}(t)$ für die Abtastung (c) und Folge der Abtastwerte (d)

setzt. Dieser enthält einen Integrator, der als Signalspeicher arbeitet. Das Ausgangssignal des Signalspeichers wird dabei nicht auf den Wert null zurückgenommen, sondern verbleibt auf dem jeweils letzten Amplitudenwert, bis er durch den nächsten Abtastwert korrigiert wird. Das Speicherausgangssignal folgt damit den Abtastwerten bezüglich der Amplitude. Bild **5.**9 veranschaulicht die Abtastung und den Übergang von einem zum nächsten Abtastwert. Da jeder stationäre Zwischenwert durch einen Leuchtpunkt repräsentiert werden soll, müssen Anzeigen während des Übergangs von einem zum folgenden Amplitudenwert ausgeblendet werden. Dazu benutzt man entsprechend Bild **5.**9c eine Folge von Dunkeltastimpulsen (engl. blanking pulse), wobei jeder Dunkeltastimpuls vom übergeordneten Abtastimpuls (Bild **5.**9b) ausgelöst wird.

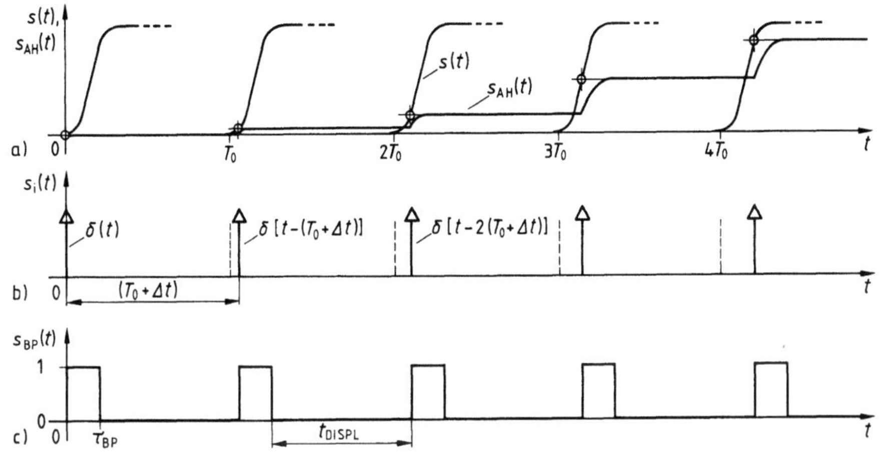

5.9 Verlauf der Signalfunktion $s(t)$ und des Signals am Ausgang des Abtast- und Haltekreises $s_{\mathrm{AH}}(t)$ (a), Abtastpuls (engl. sampling strobe pulse), bestehend aus Diracimpulsen (b) und Dunkeltaststeuersignal $s_{\mathrm{BP}}(t)$ (engl. blanking pulse) (c)

Auf diese Weise ist sichergestellt, daß die amplitudenmäßigen Übergänge nicht angezeigt werden. Hat der Dunkeltastimpuls die Impulsdauer τ_{BP} (blanking pulse), so bleibt für die Erzeugung eines den Abtastwert repräsentierenden Leuchtpunktes eine Anzeigezeit von $t_{\mathrm{DISPL}} = (T_0 + \Delta t - \tau_{\mathrm{BP}})$ übrig. Auf dem Bildschirm der Kathodenstrahlröhre wird je Abtastwert ein einzelner Leuchtpunkt (engl. dot) abgebildet, der die Amplitude des vorangegangenen Abtastwertes repräsentiert. Es wird also die Folge der Abtastwerte und nicht das aktuelle Eingangssignal zur Anzeige gebracht. Das gezeichnete Bild besteht damit aus einer endlichen Menge von Leuchtpunkten, wobei die Anzahl angezeigter Abtastwerte bezogen auf die Zeiteinheit als Punktdichte (engl. dot density) bezeichnet wird. Je höher die Punktdichte zur Darstellung einer vollständigen Periode oder ansteigenden/abfallenden Flanke einer darzustellenden Signalfunktion gewählt wird, desto größer ist die Zeit zur Rekonstruktion des Signalverlaufs.

5.1.8 Abtasttheorem

Die Grundlage aller Pulsmodulationsverfahren bildet das von C. E. Shannon formulierte Abtasttheorem (auch als Samplingtheorem bezeichnet). Die folgenden Betrachtungen sollen auf Abtastvorgänge im Zeitbereich beschränkt bleiben, obwohl Abtastvorgänge in entsprechender Weise auch im Frequenzbereich betrachtet werden können. Bild **5**.10 zeigt ein Modell für die Signalabtastung. Die Anordnung enthält einen Signalgenerator G, der ein wert- und zeitkontinuierliches Signal $s(t)$ erzeugt, das auf die Bandbreite B begrenzt ist. Ein

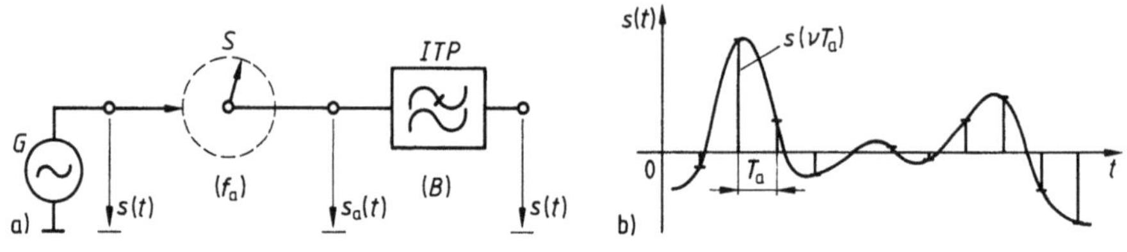

5.10 Modell der Signalabtastung (a), bestehend aus dem Signalgenerator G mit der Signalfunktion $s(t)$, dem rotierenden Schalter S mit der Abtastfrequenz $f_a = 1/T_a$ und dem idealen Tiefpaß *ITP* mit der Bandbreite B und Signalverlauf $s(t)$ mit den eingetragenen Abtastwerten $s(\nu T_a)$ (b)

idealer Abtaster[1]) S entnimmt diesem Signal periodisch mit der Abtastperiode $T_a = 1/f_a$ Signalproben (Abtastwerte). Dabei entsteht eine Folge äquidistanter Impulse bei ganzzahligen Vielfachen von T_a, deren Impulsflächen dem jeweiligen Abtastwert $s(\nu T_a)$ entsprechen. Aus dem wert- und zeitkontinuierlichen Signal $s(t)$ wird dadurch eine wertkontinuierliche und zeitdiskrete Funktion $s_a(t)$. Die periodische Folge von Abtastwerten wird dann einem idealen Tiefpaß *ITP* mit der Bandbreite B zugeführt, der aus den Abtastwerten die ursprüngliche Signalfunktion wiederherstellen soll.

Das Abtasttheorem für die Abtastung eines frequenzbandbegrenzten Signals im Zeitbereich lautet:

Ein auf die Bandbreite[2]) B begrenztes wert- und zeitkontinuierliches Signal $s(t)$ ist durch die zeitdiskreten, äquidistanten Abtastwerte $s(\nu T_a)$ mit $\nu = 0, 1, 2, 3, \ldots$ vollständig bestimmt, wenn die Bedingung für die Abtastung

$$f_a \geqq 2B \tag{5.7}$$

erfüllt ist.

Tastet man also eine auf $f = B$ bandbegrenzte Signalfunktion $s(t)$ mit einer Abtastfrequenz $f_a \geqq 2B$ ab und überträgt nur diese Abtastwerte $s(\nu T_a)$, so kann auf der Empfangsseite die ursprüngliche Funktion $s(t)$ durch einen idealen Tiefpaß der Bandbreite B verzerrungsfrei wieder rekonstruiert werden (s. Band XI)[3]). Bei der Abtastung ist es im übrigen gleichgültig, mit welcher Phasenlage die Signalfunktion $s(t)$ abgetastet wird, wenn nur die Bedingung $f_a \geqq 2B$ erfüllt

[1]) Unter einem idealen Abtaster soll ein Schalter verstanden werden, der belastungsfrei dem abzutastenden Signal $s(t)$ Proben entnimmt. Dabei soll die Dauer der Probenentnahme gegen null gehen, wie dies beim Abtasten mit Diracimpulsen der Fall wäre.

[2]) Die Signalfunktion $s(t)$ wird in diesem Zusammenhang als auf die Bandbreite B bandbegrenzt angesehen, wenn $s(t) = 0$ für $f > B$ gilt.

[3]) Die optische Wahrnehmung des menschlichen Auges bei der Betrachtung eines Kinofilms zeigt, daß mindestens etwa 24 Einzelbilder je Sekunde zur ruckfreien Darstellung bewegter Abläufe erforderlich sind. Es genügt also, von einem kontinuierlichen Bewegungsablauf nur eine gewisse Mindestanzahl von Augenblickszuständen zu übertragen. Die Zwischenzustände können durch das Tiefpaßsystem ‚optische Wahrnehmung' interpoliert werden.

ist (sog. Unschärferelation). Aufgrund des Abtasttheorems für Zeitfunktionen ist es möglich, Nachrichten für die Übertragung zeitlich zu bündeln. Für frequenzbandbegrenzte Signale genügt es, diesen Signalen im zeitlichen Abstand $T_a = 1/(2B)$ periodisch Proben (Abtastwerte) zu entnehmen und sie in Form kurzer Impulse zu übertragen. In die zeitliche Lücke zwischen zwei zu einem Signal gehörenden Impulsen können die zu weiteren Signalen gehörenden Impulse eingeschoben werden, so daß während dieser Zeit eine Reihe weiterer Signalwerte übertragen werden kann. Man bezeichnet diese Art der Vielfachübertragung als Zeitmultiplexverfahren, das durch zeitliche Impulsschachtelung bewirkt wird.

5.2 Pulsmodulationsverfahren

Von den verschiedenen Pulsmodulationsverfahren sollen hier nur einige grundsätzliche Verfahren näher betrachtet werden. Wie Tafel 5.11 zeigt, lassen sich wertkontinuierliche und wertdiskrete Pulsmodulationsverfahren unterscheiden. Ein wertkontinuierliches Pulsmodulationsverfahren liegt vor, wenn die Abtastwerte einem kontinuierlichen Wertebereich (z. B. als Amplituden) entstammen und auch kontinuierlich einem Parameter der Modulationsträgerfunktion aufmoduliert werden. Dagegen liegt ein wertdiskretes Pulsmodulationsverfahren vor, wenn die Abtastwerte zwar einem kontinuierlichen Wertebereich entstammen, dann jedoch quantisiert werden, um anschlie-

Tafel 5.11 Zeitdiskrete Modulationsarten (wertkontinuierlich und wertdiskret): PAM Pulsamplitudenmodulation, PPM Pulsphasenmodulation, PDM Pulsdauermodulation, PCM Pulscodemodulation

Verfahren	PAM	PPM	PDM	PCM
Zeitverlauf innerhalb der Abtastperiode $T_a = 1/f_a$	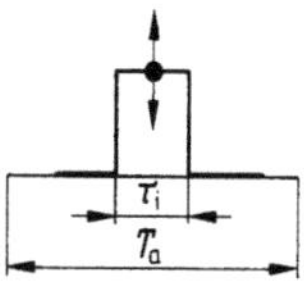	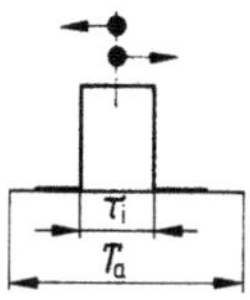	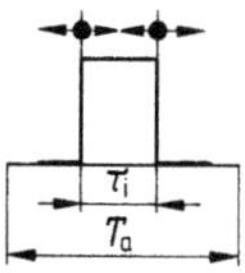	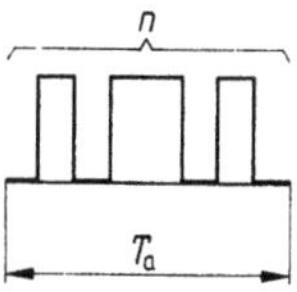
Anwendung	Übergangsmodulation in Pulsmodulationssystemen	Richtfunktechnik	Fernsteuertechnik, Fernwirktechnik	Fernwirktechnik, Telephonie, Telemetrie
Nachteile	Störanfälligkeit, Rahmennebensprechen	Störanfälligkeit, Synchronisation aufwendig	Störanfälligkeit	Hoher Bandbreitenbedarf
Modulationsart	– – – – – – – – – wertkontinuierlich	– – – – – – – – –		– –wertdiskret– –

ßend innerhalb eines diskreten Wertebereiches codiert und einem Modulationsträger aufmoduliert zu werden. Zu den wertkontinuierlichen Pulsmodulationsverfahren gehören die Pulsamplitudenmodulation (PAM), die Pulsphasenmodulation (PPM) und die Pulsdauermodulation (PDM), während die Pulscodemodulation (PCM) zu den wertdiskreten Pulsmodulationsverfahren zählt.

Bild 5.12a zeigt eine beliebige wert- und zeitkontinuierliche Signalfunktion $s(t)$. Diese wird durch eine Rechteckimpulsfolge als Modulationsträgerfunktion $s_i(t)$ mit der Periode T_a, der Impulsdauer τ_i und der Impulsamplitude A abgetastet (Bild 5.12b). Gegenüberstellend zeigen Bild 5.12c bis f modulierte Signale für PAM, PPM, PDM und PCM. Ändert man die Pulsamplitude A in Abhängigkeit von den Abtastwerten $s(\nu T_a)$, so entsteht Pulsamplitudenmodulation (Bild 5.12c); bei der Pulsphasenmodulation entspricht die zeitliche Verschiebung der Einzelimpulse gegenüber der Ruhelage dem Abtastwert $s(\nu T_a)$ der Signalfunktion (Bild 5.12d). Impulsamplitude A und Impulsdauer τ_i bleiben konstant und enthalten somit keine Information. Verändert man die Impulsdauer τ_i in Abhängigkeit von den Abtastwerten $s(\nu T_a)$, so liegt Pulsmodulation vor (Bild 5.12e). Um die Störanfälligkeit bei der Übertragung mit einem Pulsmodulationsverfahren gering zu halten, kann das Primärsignal $s(t)$ bezüglich seiner Abtastwerte zunächst quantisiert werden (d.h.: ein wert- und zeitkontinuierliches Signal wird in eine wert- und zeitdiskrete Treppenkurve umgesetzt). Der Quantisierung mit n Quantisierungsstufen (üblicherweise $10 \leqq n \leqq 100$) folgen eine Codierung der quantisierten Werte und anschließend die Übertragung der codierten Information über einen Nachrichtenkanal. Auf diese Weise entsteht die Pulscodemodulation.

Im folgenden werden die erwähnten Pulsmodulationsverfahren bezüglich ihrer Signalformate behandelt. Modulatoren und Demodulatoren werden mit Hilfe von Prinzipschaltbildern beschrieben. Ein Vergleich der Amplitudenspektren der verschiedenen Pulsmodulationsverfahren findet sich in [15].

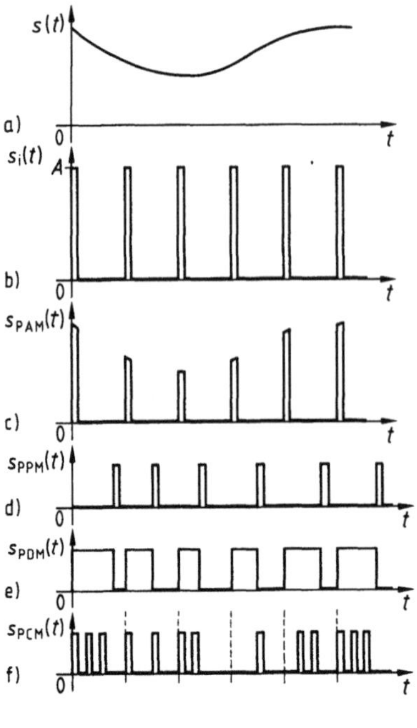

5.12
Signalfunktion $s(t)$ (a), Modulationsträgerfunktion $s_i(t)$ (b), amplitudenmodulierte Impulsfolge PAM (c), phasenmodulierte Impulsfolge PPM (d), dauermodulierte Impulsfolge PDM (e) und pulscodemoduliertes Signal PCM (f)

5.2.1 Pulsamplitudenmodulation

Die Abtastung der Signalschwingung $s(t)$ durch den Modulationsträger $s_i(t)$ führt bei konstanten Impulsabständen und modulationsabhängigen Impulsamplituden zur Pulsamplitudenmodulation. Dabei werden dem Signal $s(t)$ in Abständen der Abtastperiode T_a Abtastwerte entnommen. Jeder entnommene Abtastwert bestimmt unmittelbar die Amplitude eines zeitlich zugeordneten Impulses, dagegen bleiben die zeitliche Lage der Impulse sowie die Impulsdauer τ_i unbeeinflußt. Bei pulsamplitudenmodulierten Signalen unterscheidet man bipolare und unipolare PAM entsprechend Bild 5.13. Bipolare PAM entsteht dadurch, daß das Signal $s(t)$ keinen genügend großen Gleichstromanteil enthält, und damit positive und negative Funktionswerte auftreten, die durch PAM wertgetreu übertragen werden. Unterlegt man dem Signal $s(t)$ einen genügend großen Gleichanteil oder addiert man zum bipolaren PAM-Signal $s_{a,\,bip}(t)$ noch einen unmodulierten Träger ausreichender Impulsamplitude bei gleicher Zeitlage der Einzelimpulse, gleicher Abtastfrequenz $f_a = 1/T_a$ und Impulsform wie die Modulationsträgerfunktion $s_i(t)$, so können alle amplitudenmodulierten Impulse bezüglich ihrer Amplitude positiv gemacht werden. Dadurch entsteht ein unipolares PAM-Signal $s_{a,\,unip}(t)$.

5.2.1.1 Pulsamplitudenmodulation 1. Art (PAM$_1$). Einer Signalfunktion $s(t)$ sollen bei ganzzahligen Vielfachen von T_a Abtastwerte $s(\nu T_a)$ entnommen werden. Der Abtastwert bestimmt unmittelbar die Amplitude eines Rechteckimpulses der Impulsdauer τ_i. Durch die endliche Impulsdauer τ_i stimmt somit die Amplitude des Rechteckimpulses auf der Vorderflanke genau mit dem Abtastwert überein, während die Hinterflanke des Rechteckimpulses eine von der gewählten Impulsdauer τ_i abhängige Abweichung vom Funktionsverlauf von $s(t)$ aufweist (Bild 5.14).

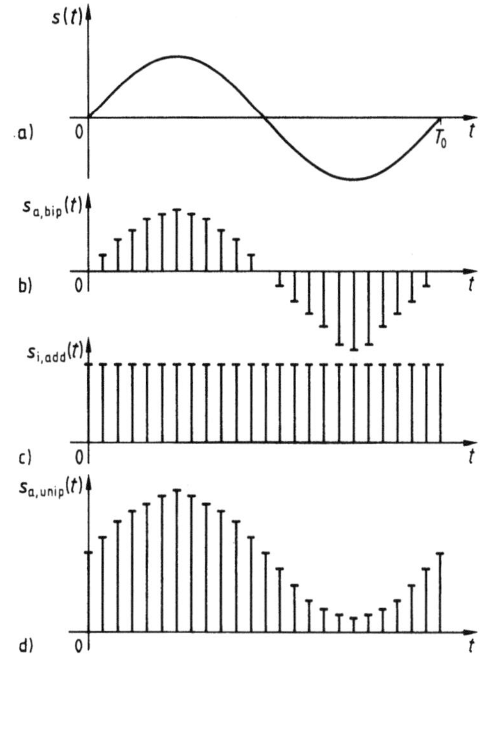

5.13
Signalfunktion $s(t)$ (a), bipolares pulsamplitudenmoduliertes Signal $s_{a,bip}(t)$ (b), zu addierende Modulationsträgerfunktion $s_{i,add}(t)$ mit gleicher Zeitlage der Einzelimpulse innerhalb der Abtastperiode T_a, gleicher Impulsfolgefrequenz $f_a = 1/T_a$ und gleicher Impulsform (c) und unipolares pulsamplitudenmoduliertes Signal $s_{a,unip}(t)$ (d)

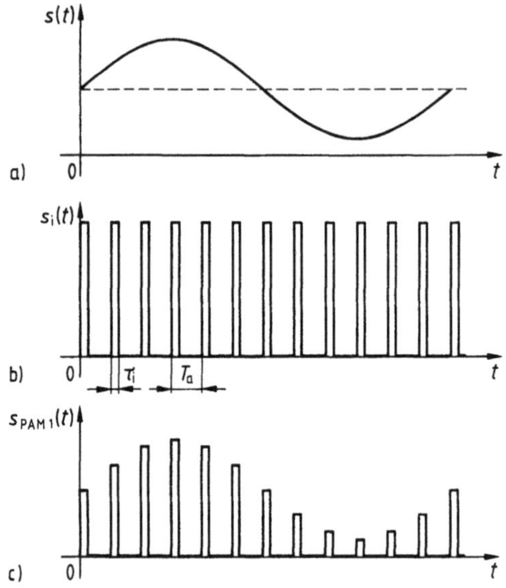

5.14
Signalfunktion $s(t)$ (a), Modulationsträgerfunktion $s_i(t)$ (b), PAM_1-Signalfunktion $s_{PAM1}(t)$ (c)

Je größer τ_i gewählt wird, desto größer ist in der Regel diese Amplitudenabweichung. Diese Art der Modulation wird als Pulsamplitudenmodulation 1. Art (PAM_1; engl. flat-top-sampling) bezeichnet.

Bild 5.15a zeigt eine Ersatzschaltung mit einem als widerstandslos angenommenen Signalgenerator ($R_i = 0$), zwei durch die Steuerfunktionen $s_{S1}(t)$ und $s_{S2}(t)$ betriebene Schalter S_1 und S_2 sowie einen verlustlosen Haltekondensator mit der Kapazität C. An der Vorderflanke des Modulationsträgerpulses wird für die Dauer t_{S1} der Schalter S_1 geschlossen, so daß der verlustlose Haltekondensator sprunghaft auf den entnommenen Amplitudenwert aufgeladen wird. Dabei wird $t_{S1} \ll \tau_i$ gewählt, um sicherzustellen, daß sich der entnommene Amplitudenwert während der Zeit t_{S1} praktisch nicht mehr ändert. Der Haltekondensator hält diesen Amplitudenwert während der Impulsdauer τ_i fest und wird nach Ablauf von τ_i durch den gesteuerten Schalter S_2 vollständig entladen. Die zeitliche Zuordnung der Steuerfunktionen $s_{S1}(t)$ und $s_{S2}(t)$ für die Schalter S_1 und S_2 gegenüber dem Modulationsträger wird entsprechend Bild 5.15b bis d festgelegt. Dieser Vorgang wiederholt sich mit der Abtastperiode T_a.

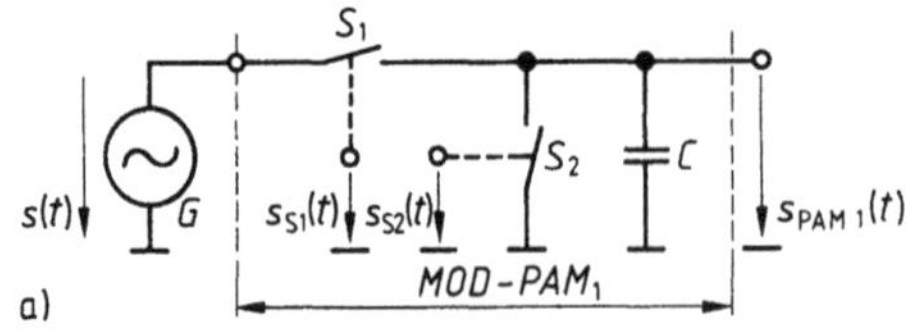

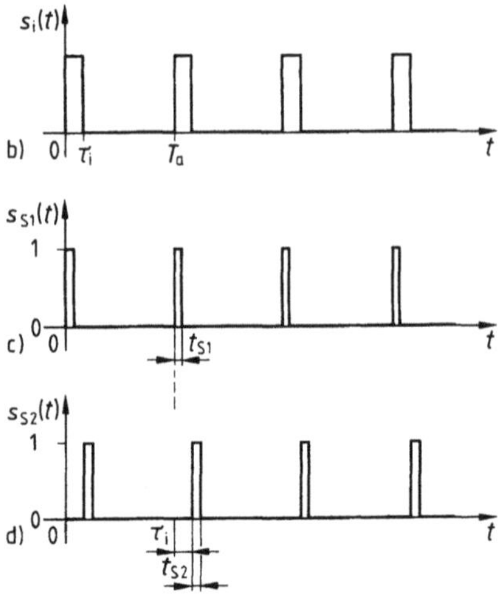

5.15
Ersatzschaltbild für einen PAM_1-Modulator mit dem Signalgenerator G ($R_i = 0$), den gesteuerten Schaltern S_1 und S_2 sowie dem verlustlosen Haltekondensator (a), Modulationsträgerfunktion $s_i(t)$ (b), Steuerfunktionen für die Schalter $s_{S1}(t)$ (c) und $s_{S2}(t)$ (d) (logisch 1 ≙ Schalter geschlossen, logisch 0 ≙ Schalter offen)

5.2.1.2 Pulsamplitudenmodulation 2. Art (PAM_2). Abweichend vom PAM_1-Signal folgt das PAM_2-Signal während der Zeit τ_i genau dem Signal $s(t)$. Das bedeutet, daß Amplitudenänderungen während der Impulsdauer τ_i vollständig übernommen werden. Bild **5.**16 zeigt die Vorgehensweise bei der Pulsmodulation 2. Art (PAM_2; engl. top-sampling). Bild **5.**16a zeigt eine Ersatzschaltung mit dem Signalgenerator (im Gegensatz zum PAM_1-Verfahren muß die Bedingung $R_i = 0$ nicht mehr erfüllt werden, da Auf- und Entladevorgänge nicht mehr erfolgen), einem gesteuerten Schalter S und dem Arbeitswiderstand R_a. Der Modulationsträgerfunktion $s_i(t)$ (Bild **5.**16c) folgend wird der Schalter S für die Dauer von τ_i geschlossen und damit die Signalfunktion an den Ausgang durchgeschaltet (Bild **5.**16d).

Sowohl bei PAM_1 als auch bei PAM_2 kann das Signal $s(t)$ durch Mittelwertbildung wiedergewonnen werden. Während beim PAM_2-Signal im Empfänger durch Mittelwertbildung das Signal $s(t)$ genau rekonstruiert werden kann, gelingt dies beim PAM_1-Signal nur näherungsweise.

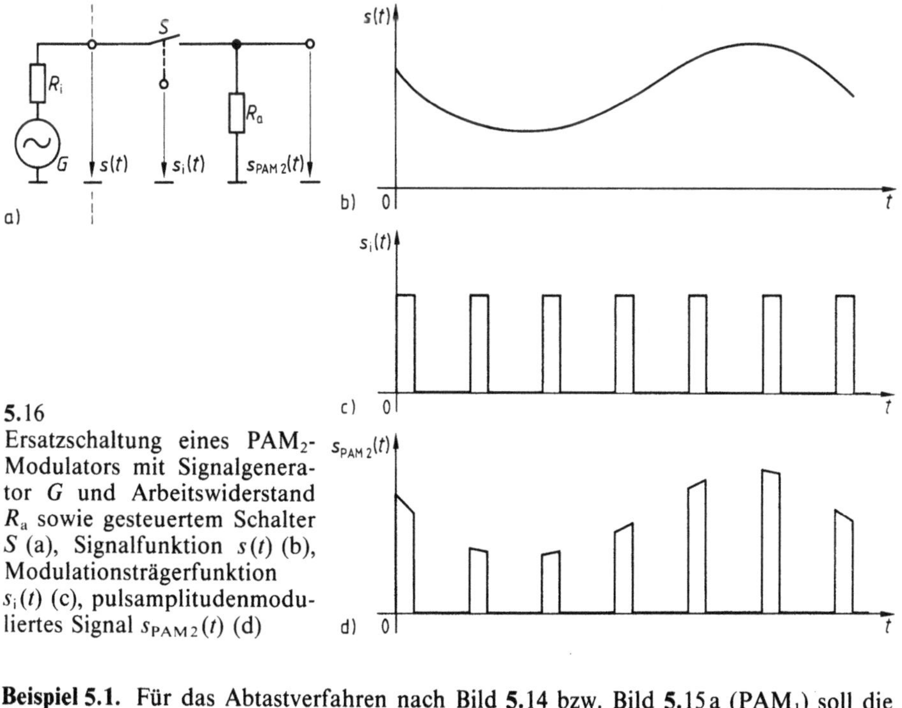

5.16
Ersatzschaltung eines PAM_2-Modulators mit Signalgenerator G und Arbeitswiderstand R_a sowie gesteuertem Schalter S (a), Signalfunktion $s(t)$ (b), Modulationsträgerfunktion $s_i(t)$ (c), pulsamplitudenmoduliertes Signal $s_{PAM2}(t)$ (d)

Beispiel 5.1. Für das Abtastverfahren nach Bild **5.**14 bzw. Bild **5.**15a (PAM_1) soll die Übertragungsfunktion $\underline{F}(s)$ bestimmt werden. Dazu ist zuvor die Entwicklung eines geeigneten Ersatzschaltbildes erforderlich. Man geht davon aus, daß eine Spannung $u_0(t)$ als Signalspannung durch einen Impuls abgetastet wird, der einem Diracimpuls ähnlich ist. Durch das Schließen des Schalters S_1 für die Dauer $t_{S1} \ll \tau_i$ gelangt der abgetastete Signalwert als Spannung $u_1(t)$ auf den Haltekondensator C (Integratorfunktion). Nach der Zeit τ_i wird durch den Schalter S_2 der Kondensator kurzgeschlossen. Diese beiden Signalverläufe können dadurch nachgebildet werden, daß man auf die Eingänge eines Operationsverstärkers mit der Spannungsverstärkung v_u die Spannungen $u_1(t)$ mit positivem Vorzeichen und $u_1(t-\tau_i)$ mit negativem Vorzeichen gibt. Dabei wird $u_1(t-\tau_i)$ aus $u_1(t)$ mittels einer Laufzeitleitung der Laufzeit $t_L=\tau_i$ abgeleitet. Dem Verstärker wird ein Integrator als Darstellung des Haltekondensators nachgeschaltet (Bild **5**.17a). Für das dargestellte Ersatzschaltbild soll der ausgangsseitige Spannungsverlauf $u_2(t)$ des Abtast- und Haltekreises qualitativ dargestellt werden, wenn auf den Eingang ein Impuls gegeben wird, der einem Diracimpuls ähnlich ist. Nimmt man einen solchen Impuls zur Zeit $t=0$ an, so erzeugt die Laufzeitleitung einen gleichartigen, um die Zeit τ_i verzögerten Impuls. An den Eingängen des Operationsverstärkers werden diese Impulse invertierend und nicht-invertierend bewertet, so daß nach Bild **5**.17b die Spannung $u_1(t)-u_1(t-\tau_i)$ entsteht. Der nachfolgende Integrator (Haltekondensator) übernimmt die Zwischenspeicherung der abgetasteten Spannung u_1, so daß sich eine rechteckförmige Spannung $u_2(t)$ mit der Amplitude u_1 einstellt (Bild **5**.17c). Wie lauten für die Ersatzschaltung nach Bild **5**.17a die Übertragungsfunktion $F(s)$ und der Amplitudengang $F(\omega)$?

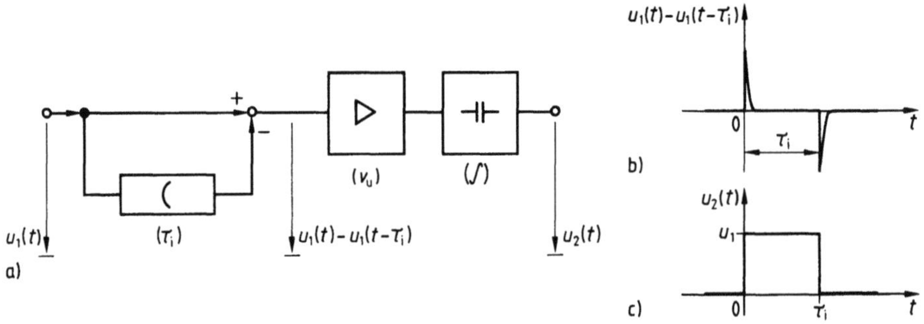

5.17 Ersatzschaltung des Abtast- und Haltekreises für PAM_1, bestehend aus Laufzeitleitung mit der Laufzeit $t_L=\tau_i$, idealem Verstärker (Spannungsverstärkung v_u) und idealem Integrator (a), abgetastete Spannungen $u_1(t)$ und $-u(t-\tau_i)$ (um τ_i verzögert) (b) sowie Spannung $u_2(t)$ am Ausgang des Abtast- und Haltekreises (c)

Die aus $u_0(t)$ abgetastete Spannung $u_1(t)$ korrespondiert mit $\underline{U}_1(s)$ im Bildbereich. Die Laufzeitleitung erzeugt die verzögerte Spannung $u_1(t-\tau_i) \circ\!\!-\!\!\bullet\, \underline{U}_1(s)\,e^{-s\tau_i}$. Unter Berücksichtigung der Vorzeichen liegt am Verstärkereingang die Spannung $u_1(t)-u_1(t-\tau_i) \circ\!\!-\!\!\bullet\, \underline{U}_1(s)(1-e^{-s\tau_i})$ an. Am Verstärkerausgang (Spannungsverstärkung v_u) entsteht die Spannung im Bildbereich $v_u\underline{U}_1(s)\;(1-e^{-s\tau_i})$. Diese Spannung wird dem Integrator (Haltekondensator) zugeführt. Die Integration wird nach Abschn. 3.3.2.1 mit der Zeitkonstante τ durch die Teilübertragungsfunktion $\underline{F}(s)=1/(\tau s)$ des Integratornetzwerks beschrieben, so daß am Ausgang des Integrators die Spannung $u_2(t) \circ\!\!-\!\!\bullet\, \underline{U}_2(s)$

$$u_2(t) \circ\!\!-\!\!\bullet\, \underline{U}_2(s) = \underbrace{\frac{1}{\tau\cdot s}}_{\text{Integrator-anteil}} \cdot \underbrace{v_u}_{\text{Spannungs-verstärkung}} \cdot \underline{U}_1(s)\underbrace{(1-e^{-s\tau_i})}_{\text{Laufzeit-leitung}}$$

errechnet wird. Daraus kann die Übertragungsfunktion

$$\underline{F}(s)=\frac{\underline{U}_2(s)}{\underline{U}_1(s)}=\frac{v_u}{\tau\cdot s}(1-e^{-s\tau_i})$$

ermittelt werden. Wegen $s=j\omega$ kann $\underline{F}(s)$ umgeschrieben werden in den Frequenzgang

$$\underline{F}(\mathrm{j}\omega) = v_\mathrm{u} \frac{\tau_\mathrm{i}}{\tau} \cdot \mathrm{si}\left(\frac{\omega \tau_\mathrm{i}}{2}\right) \mathrm{e}^{-\mathrm{j}\frac{1}{2}\omega\tau_\mathrm{i}}.$$

(Hinweis: Aus $\underline{F}(\mathrm{j}\omega)$ ist $\mathrm{e}^{-\mathrm{j}\frac{1}{2}\omega\tau_\mathrm{i}}$ auszuklammern). Daraus leitet sich der Amplitudengang

$$F(\omega) = \frac{v_\mathrm{u} \cdot \tau_\mathrm{i}}{\tau} \left| \mathrm{si}\left(\frac{\omega \tau_\mathrm{i}}{2}\right) \right|$$

ab.

5.2.1.3 Modulation. Um einen Modulationsträger bezüglich seiner Amplitude zu modulieren, können einfache Schaltungen verwendet werden. Als Modulator kann eine Diode dienen, von der angenommen werden soll, daß sie einen geradlinig geknickten Kennlinienverlauf aufweist. In der Schaltung nach Bild 5.18a werden die Impulse des Trägers moduliert, indem der Diode D die Modulationsträgerspannung $u_\mathrm{i}(t)$ über einen Impulstransformator Tr in Reihe mit der modulierenden Spannung $u(t)$ und eine Gleichspannung u_0 zur Arbeitspunkteinstellung zugeführt werden. Die Amplitudenmodulation zeigt Bild 5.18b. Die Gleichspannung u_0 soll dabei mindestens so groß wie die Amplitude der modulierenden Spannung sein. Die Modulation mit Hilfe einer nichtlinearen Kennlinie kann als Abbildung der Spannungssumme aus $[u(t) + u_\mathrm{i}(t) - u_0]$ an der geradlinig geknickten Diodenkennlinie erklärt werden. In der vorliegenden Schaltung folgen die Impulsdächer der Pulsfolge während der Impulsdauer τ_i der modulierenden Spannung $u(t)$. Mit dieser Anordnung kann Pulsamplitudenmodulation 2. Art bewirkt werden.

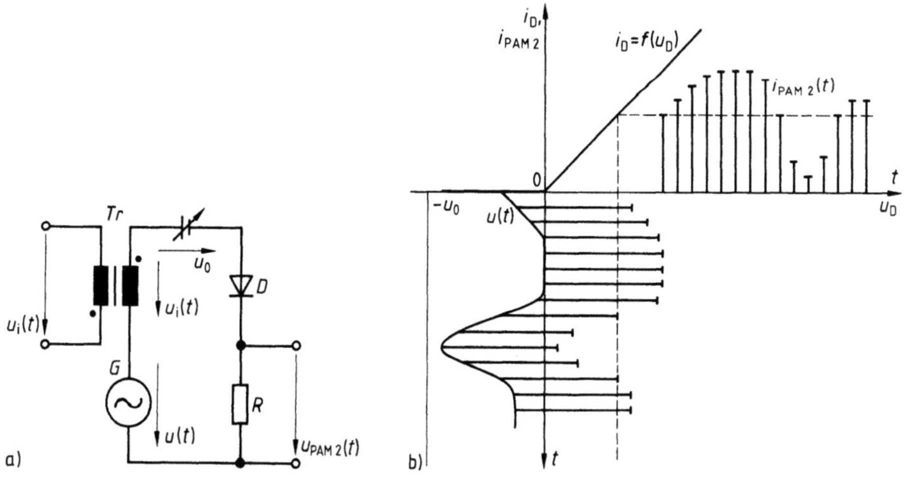

5.18 Pulsamplitudenmodulator für PAM_2 bestehend aus Diode D, Impulstransformator Tr zur Einkopplung der Modulationsträgerspannung $u_\mathrm{i}(t)$, dem Signalgenerator G mit der Spannung $u(t)$, einer einstellbaren Gleichspannungsquelle (u_0) und dem Arbeitswiderstand R (a) und Modulation an der geradlinig geknickten Diodenkennlinie $i_\mathrm{D} = f(u_\mathrm{D})$ (b)

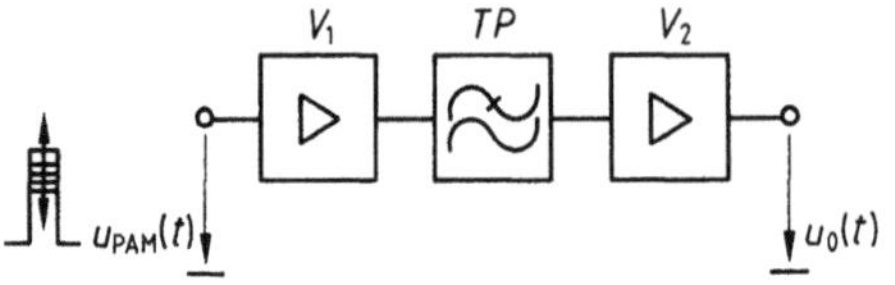

5.19
Demodulator für PAM-Signale, V_1 Entkopplungsverstärker, *TP* Tiefpaß der Bandbreite B_0, V_2 Ausgangsverstärker

5.2.1.4 Demodulation. Bild 5.19 zeigt eine Demodulatorschaltung. Über einen Entkopplungsverstärker V_1 wird die pulsamplitudenmodulierte Spannung u_{PAM} einem Tiefpaß *TP* mit der Grenzfrequenz $f_g = B_0$ zugeführt. Das aus dem Gesamtspektrum herausgefilterte Einzelspektrum erzeugt am Ausgang des Tiefpasses erfahrungsgemäß eine relativ kleine Ausgangsspannung, so daß ein zusätzlicher Verstärker V_2 einzusetzen ist, um $u_0(t)$ zu erhalten (s. Band XI).

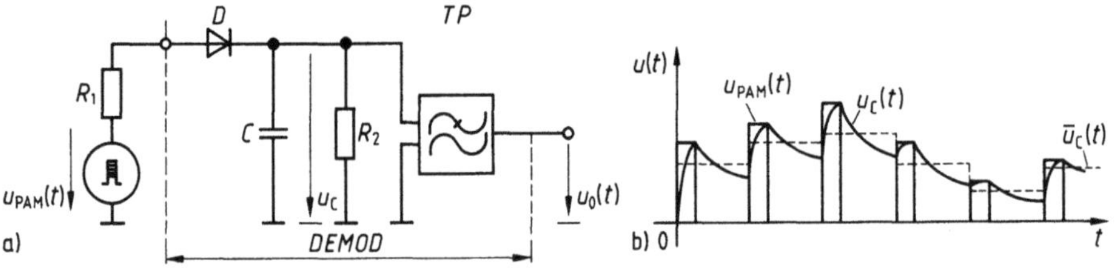

5.20 Demodulator mit Spitzengleichrichtung und Tiefpaß *TP* (a) sowie Verläufe der pulsamplitudenmodulierten Spannung $u_{PAM}(t)$, der Kondensatorspannung $u_C(t)$ und des zeitlichen Mittelwerts der Kondensatorspannung $\overline{u_C(t)}$ (b)

Eine andere Demodulatorschaltung, die mit Spitzengleichrichtung und Entladekreis arbeitet und damit eine höhere Ausgangsspannung abgibt, zeigt Bild 5.20a. Dabei wird eine Parallelschaltung aus R_2 und C über eine Diode D während des anliegenden Einzelimpulses des PAM-Signals so aufgeladen, daß die Kondensatorspannung $u_C(t)$ während der Impulsdauer τ_i des Einzelimpulses jeweils dessen Amplitudenwert erreicht. Dafür muß für die Zeitkonstante $\tau_1 = R_1 C$ bei der Aufladung innerhalb der Impulsdauer $\tau_i \geqq 4$ bis $5\,\tau_1$ angesetzt werden. Zur Zeit der Impulslücke (zwischen zwei aufeinanderfolgenden Einzelimpulsen) soll der Kondensator C mit einer größeren Zeitkonstante $\tau_2 = R_2 C$ entladen werden. Dabei wird τ_2 so gewählt, daß die Spannung $u_C(t)$ an der Kapazität C vor dem Eintreffen des nächsten Impulses unter dessen Amplitudenwert abgesunken ist. Die Auf- und Entladevorgänge zusammen mit dem Mittelwert der Kondensatorspannung zeigt Bild 5.20b. Mit Hilfe des Tiefpasses *TP* kann aus der Kondensatorspannung $u_C(t)$ die Spannung $u_0(t)$ herausgefiltert werden.

5.2.2 Pulsdauermodulation

Bei der Pulsdauermodulation wird die Impulsdauer der Impulse eines Modulationsträgers durch die Abtastwerte $s(\nu T_a)$ gesteuert. Pulsamplitude und Pulsfrequenz bleiben dabei unverändert. Bei konstanter Pulsamplitude wird der

Tastgrad τ_i/T_a entsprechend dem Abtastwert verändert. Im einfachsten Fall ist der Modulationsträger wieder wie auch bei PAM ein einseitiger Rechteckimpuls mit der unmodulierten Impulsdauer τ_{i0}. Wird nun τ_i eine Funktion des jeweiligen Abtastwertes, so kann die veränderliche Impulsdauer τ_i Werte von z.B. $\tau_{i0}=T_a/2$ (unmoduliert) bis zu den Extremwerten T_a oder null annehmen $(0 \leqq \tau_i(t) \leqq T_a)$ (Bild 5.21).

Nach Band XI ist der Modulationsgrad m das Verhältnis der maximalen Abweichung des Modulationsträgers vom unmodulierten Wert des Modulationsträgers bezogen auf den unmodulierten Wert des Modulationsträgers. Für die Pulsdauermodulation entsprechend Bild 5.21 bedeutet dies, daß die Abweichung $\Delta\tau_i(t)=\tau_i(t)-\tau_{i0}$ auf $\tau_{i0}=T_a/2$ als $m=[\tau_i(t)-\tau_{i0}]/\tau_{i0}$ bezogen wird. In den Grenzfällen (Bild 5.21b und c) beträgt der Modulationsgrad $m=(\tau_{i,\max}-\tau_{i0})/\tau_{i0}=(\tau_{i0}-\tau_{i,\min})/\tau_{i0}=1$.

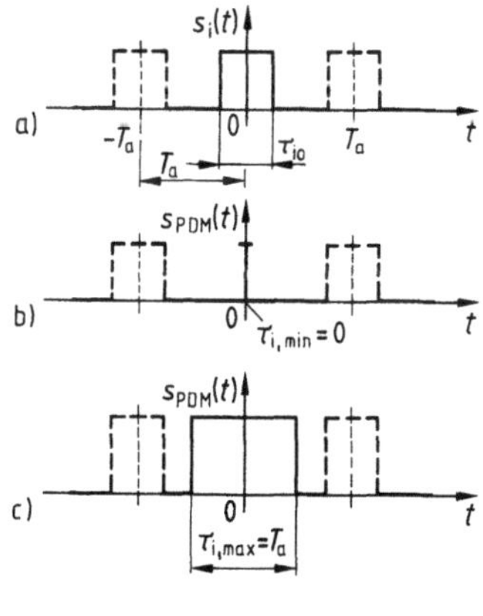

5.21
Modulationsträger $s_i(t)$ mit der Pulsperiode T_a (a), $s_{PDM}(t)$ mit $\tau_{i,\min}=0$ (b) und $s_{PDM}(t)$ mit $\tau_{i,\max}=T_a$ (c)

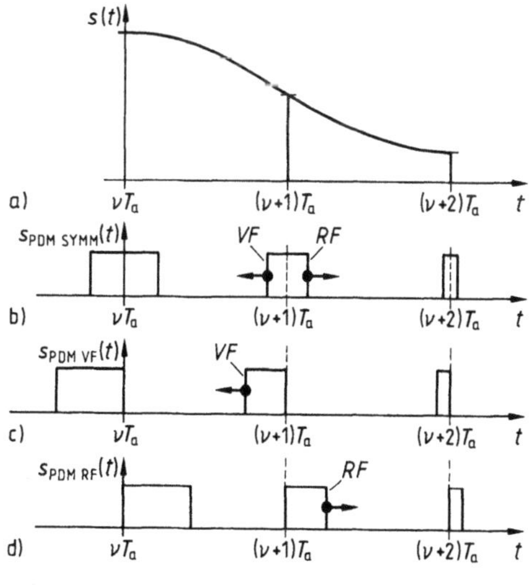

5.22
Modulierendes Signal $s(t)$ (a), symmetrisch moduliertes PDM-Signal $s_{PDM,SYMM}(t)$ (b), vorderflankenmoduliertes PDM-Signal $s_{PDM,VF}(t)$ (c) und rückflankenmoduliertes PDM-Signal $s_{PDM,RF}(t)$ (d)
VF Vorderflanke, *RF* Rückflanke

Bei Pulsdauermodulation können grundsätzlich drei verschiedene Arten unterschieden werden:

1. Symmetrische PDM. Beide Flanken eines Impulses ändern ihren Abstand symmetrisch gegenüber der Impulsmitte, d.h. sie bewegen sich gegenläufig. Diese Modulation kommt in der Praxis deshalb selten vor, da durch die veränderliche Zeitlage der Vorder- und Rückflanke der direkte Zeitbezug für die Demodulation verloren geht.

2. Vorderflanken-Modulation. Die Vorderflanke (*VF*) eines Impulses des Modulationsträgers wird in Abhängigkeit vom Abtastwert $s(\nu T_a)$ bezüglich ihrer Zeitlage verändert, während die Rückflanke (*RF*) zur Zeit $t = \nu T_a$ mit dem Abtastzeitpunkt zusammenfällt (unsymmetrische Modulation).

3. Rückflanken-Modulation. Die Rückflanke (*RF*) eines Impulses des Modulationsträgers wird in Abhängigkeit vom Abtastwert $s(\nu T_a)$ bezüglich ihrer Zeitlage verändert, während die Vorderflanke (*VF*) zur Zeit $t = \nu T_a$ mit dem Abtastzeitpunkt zusammenfällt (unsymmetrische Modulation).

Bild **5**.22 zeigt, wie aus einem beliebigen Signal $s(t)$ (Bild **5**.22a) die symmetrische PDM (Bild **5**.22b), die vorderflankenmodulierte PDM (Bild **5**.22c) und die rückflankenmodulierte PDM (Bild **5**.22d) abgeleitet werden.

5.2.2.1 Pulsdauermodulation 1. Art (PDM$_1$). Bei PDM$_1$ wird der Abtastwert $s(\nu T_a)$ der Signalfunktion $s(t)$ proportional in eine Impulsdauer τ_i so umgesetzt, daß die Kenntnis über den Abtastwert $s(\nu T_a)$ erst zur Zeit $t = \nu T_a + \tau_i[s(\nu T_a)]$ vorliegt. Dabei hängt τ_i von der Größe des jeweiligen Abtastwertes $s(\nu T_a)$ ab. In der englischsprachigen Literatur wird die PDM$_1$ mit dem Zusatz uniform sampling gekennzeichnet. Bild **5**.23 zeigt die Entwicklung eines PDM$_1$-Signals in Kombination mit Rückflankenmodulation.

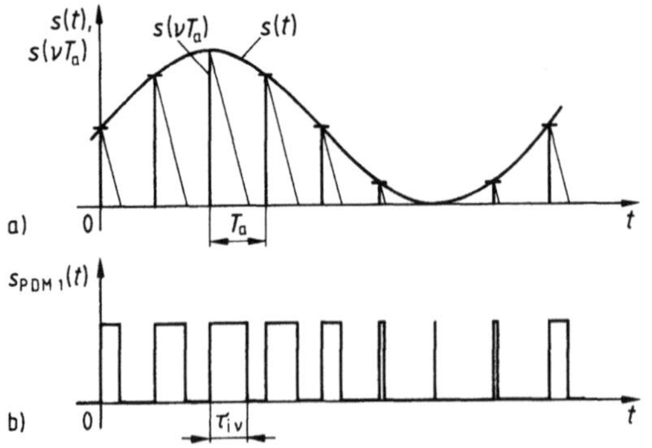

5.23
Signalfunktion $s(t)$ mit den Abtastwerten $s(\nu T_a)$ (a) und Umsetzung der Abtastwerte $s(\nu T_a)$ in rückflankenmodulierte Rechteckimpulse als $s_{PDM1}(t)$ $[\tau_{i,\nu} \sim s(\nu T_a)]$ (b)

5.2.2.2 Pulsdauermodulation 2. Art (PAM$_2$). Startet man einseitige Rechteckimpulse mit ihrer Vorderflanke jeweils zum Zeitpunkt $t = \nu T_a$ und läßt die Impulsdauer $\tau_i(t)$ so lange zunehmen, bis über einen Vergleich von Amplitudenwert der Signalfunktion $s(t)$ mit dem zu $\tau_i(t)$ gehörenden Amplitudenwert Gleichheit hergestellt ist, so liegt Pulsdauermodulation 2. Art (PDM$_2$) vor. Diese Modulation wird in der englischsprachigen Literatur mit natural sampling bezeichnet (Bild **5**.24). Die PDM hat durch die konstante Impulsamplitude störbefreiende Wirkung bei der Nachrichtenübertragung, jedoch nur dann, wenn die Störsignale die Impulsdauer nicht verändern. Somit ist die PDM gegenüber Änderungen der Zeitlage der Flanken empfindlich.

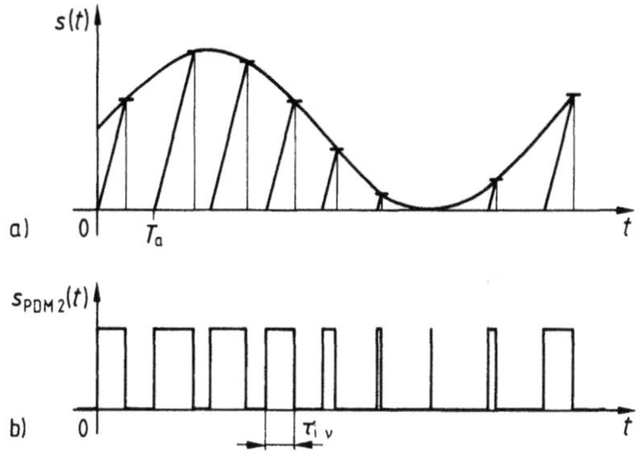

5.24
Signalfunktion $s(t)$ (a) und Festlegung der Impulsdauer $\tau_{i,\nu}$ durch Übereinstimmung von $s(t)$ mit einer τ_i-proportionalen Sägezahnfunktion (b)

5.2.2.3 Modulation. Pulsdauermodulation wird dadurch bewirkt, daß eine veränderbare Spannung u in eine Zeitdauer (Impulsdauer τ_i) umgesetzt wird. Die Umkehrung der Zuordnung von einer bestimmten Impulsdauer τ_i' führt zur Spannung u'. Diese umkehrbar eindeutige Zuordnung kann durch eine Modulationskennlinie $u = f(\tau_i)$ nach Bild **5.**25 angegeben werden, die im einfachsten Fall einen linearen Zusammenhang darstellt. Bild **5.**26 a zeigt ein Blockschaltbild für PDM_2.

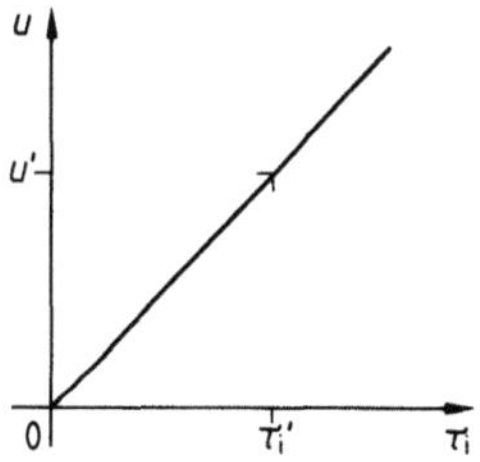

5.25 Modulationskennlinie $u = f(\tau_i)$ für PDM

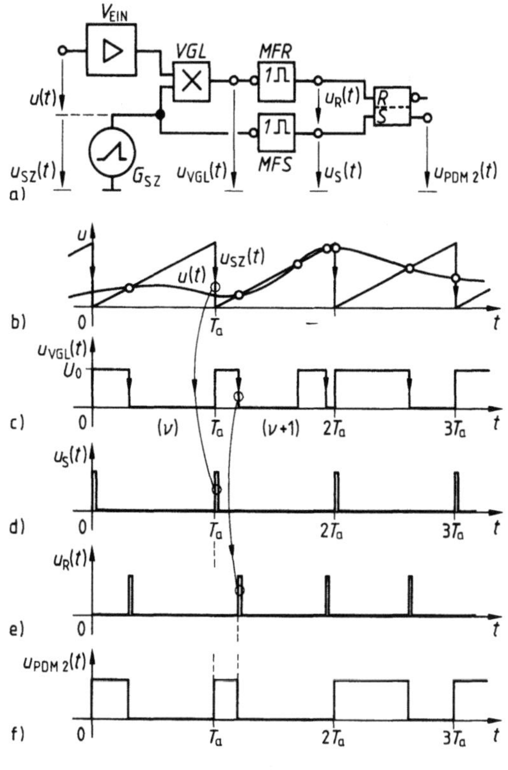

5.26
Modulator für PDM_2, bestehend aus Eingangsverstärker V_{EIN}, Sägezahngenerator G_{SZ}, Vergleicher *VGL*, monostabilen Kippstufen *MFS* und *MFR* für das Setzen und Rückstellen des RS-FF (a), modulierende Spannung $u(t)$ und Sägezahnspannung $u_{SZ}(t)$ (b), Vergleicherausgangsspannung $u_{VGL}(t)$ (c), Setzimpulse $u_S(t)$ (d), Rückstellimpulse $u_R(t)$ (e) und pulsdauermodulierte Spannung $u_{PDM2}(t)$ (f)

Die modulierende Spannung $u(t)$ wird durch den Eingangsverstärker V_{EIN} ($v_u = 1$) der Schaltung zugeführt, um eine Entkopplung gegenüber der speisenden Schaltung zu gewährleisten. Ein Sägezahngenerator G_{SZ} erzeugt eine mit der Abtastperiode T_a periodische Sägezahnspannung $u_{\text{SZ}}(t)$. Ein Vergleicher *VGL* (auch als Komparator zu bezeichnen) vergleicht die Spannungen $u(t)$ und $u_{\text{SZ}}(t)$ (Bild 5.26b) und leitet aus dem Vergleich der Momentanwerte beider Spannungen eine zweiwertige Ausgangsspannung

$$u_{\text{VGL}}(t) = \begin{cases} U_0 & \text{für} \quad u(t) \geqq u_{\text{SZ}}(t) \\ 0 & \text{für} \quad u(t) < u_{\text{SZ}}(t) \end{cases}$$

ab (Bild 5.26c). Der Verlauf von $u_{\text{VGL}}(t)$ entspricht im wesentlichen bereits der pulsdauermodulierten Spannung $u_{\text{PDM}_2}(t)$ (Bild 5.26f) bis auf die Periode $(\nu + 1)$, in der durch eine zusätzliche Schwankung von $u(t)$ noch zwei zusätzliche Schnittpunkte mit der Sägezahnspannung $u_{\text{SZ}}(t)$ angenommen werden sollen. Um zu gewährleisten, daß je Abtastperiode nur eine Spannungs-/Zeitumsetzung durchgeführt wird, wird die Anordnung nach Bild 5.26a mit der Eigenschaft eines Gedächtnisses versehen. In der Regel können zwar bei geeigneter Dimensionierung der Abtastfrequenz $f_a = 1/T_a$ auf der Grundlage des Abtasttheorems mit $f_a \geqq 2B$ (B Bandbreite des abzutastenden Signals) alle Schwankungen von $u(t)$ für die Demodulation (s. Band XI) hinreichend durch Abtastung erkannt werden; dennoch erweist es sich als sinnvoll, zusätzliche nicht-phasenstarre Impulse auszublenden. Das wird dadurch erreicht, daß aus der abfallenden Flanke von $u_{\text{SZ}}(t)$ zu Beginn jeder Periode T_a ein Setzimpuls $u_{\text{S}}(t)$ (Bild 5.26d) durch eine monostabile Kippstufe *MFS* abgeleitet wird, der einen Rückstell-Setz-Flip-Flop (RS-FF, s. Abschn. 7) aus der 0- in die 1-Lage bringt. Die zeitlich nächste abfallende Flanke der Vergleicherspannung $u_{\text{VGL}}(t)$ wird mit Hilfe der monostabilen Kippstufe *MFR* zum Rücksetzen des RS-FF's benutzt. Ein erneutes Setzen des RS-Flip-Flops kann erst wieder in der nächsten Periode stattfinden. Zusätzliche Rückstellimpulse innerhalb der gleichen Periode bleiben wirkungslos. Auf diese Weise wird sichergestellt, daß je Periode T_a nur eine Spannungs-/Zeitumsetzung durchgeführt wird, so daß bei zeitlich konstanter Vorderflanke die Zeitlage der Rückflanke mit dem abgetasteten Spannungswert von $u(t)$ zusammenfällt. Es liegt somit Pulsdauermodulation 2. Art in Kombination mit Rückflankenmodulation vor.

Eine einfache Schaltung zur Erzeugung von kurzen Rechteckimpulsen aus den Vorderflanken zeitlich lang andauernder negativer Spannungsimpulse zeigt Bild 5.27a. Der Transistor T befinde sich zunächst durch den eingeprägten Konstantstrom $i_B \approx (U_{B1} - 0{,}8\ \text{V})/R$ in der Sättigung. Der Transistor ist damit leitend und die Ausgangsspannung $u_3(t) = 0$. Nun gelangt auf die Basis ein negativer Spannungssprung $u_1(t)$ (Bild 5.27b). Dieser wird über den Koppelkondensator C auf die Basis des Transistors übertragen, so daß der Transistor gesperrt wird und die Ausgangsspannung $u_3(t) \approx +U_{B2}$ wird (Bild 5.27d). Der eingeprägte Strom i_B fließt nun solange in den Kondensator, bis der Transistor

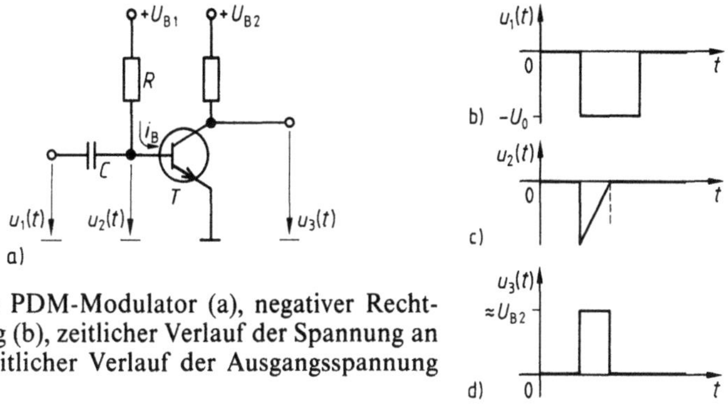

5.27
Transistorstufe *Tr* als PDM-Modulator (a), negativer Rechteckimpuls am Eingang (b), zeitlicher Verlauf der Spannung an der Basis $u_2(t)$ (c), zeitlicher Verlauf der Ausgangsspannung $u_3(t)$ (d)

wieder leitend wird, eine weitere Aufladung des Kondensators C verhindert, und am Ausgang $u_3(t) \approx 0$ ist. Man hat bei der Dimensionierung dafür Sorge zu tragen, daß die Rückflanke des Eingangsimpulses zu einem Zeitpunkt auftritt, zu dem der Transistor bereits wieder leitend ist, um eine Rückwirkung auf dic Basis zu vermeiden. Am Ausgang der Transistorstufe entsteht ein Rechteckimpuls mit der Impulsdauer τ_i, die durch die Beziehung $\tau_i \approx u_0 C/i_B$ angenähert werden kann. Da hierbei τ_i etwa proportional zu u_0 ist, kann die angegebene Schaltung dazu eingesetzt werden, ein PAM-Signal in ein PDM-Signal umzuwandeln (Bild **5**.28a bis c).

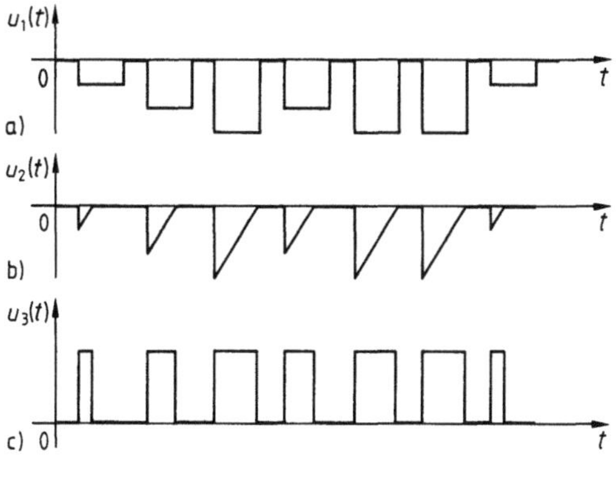

5.28
Folge von modulierten, negativen Rechteckimpulsen $u_1(t)$ am Eingang (a), zeitlicher Verlauf der Basisspannung entsprechend der Schaltung nach Bild **5**.27a (b), zeitlicher Verlauf der Ausgangsspannung $u_3(t)$ (c)

5.2.2.4 Demodulation. Die Demodulation eines PDM-Signals wird auf der Grundlage der Modulationskennlinie $u = f(\tau_i)$ durchgeführt. Jeweils zum Zeitpunkt $t = \nu T_a$ (Beginn einer neuen Periode) wird die Sägezahnspannung $u_{SZ}(t)$ gestartet und am Ende der Impulsdauer τ_i wieder gestoppt (Bild **5**.29). Die jeweils erreichten Endwerte der Sägezahnspannung stellen die Abtastwerte des modulierten Signals dar. Die Spannung $u(t)$ kann dann durch einen idealen Tiefpaß unter Einhaltung der Bedingungen des Abtasttheorems wiedergewonnen werden. Da die Nachricht über die Größe des Abtastwertes in der Impulsdauer τ_i des empfangenen Impulses und nicht in der Impulsamplitude

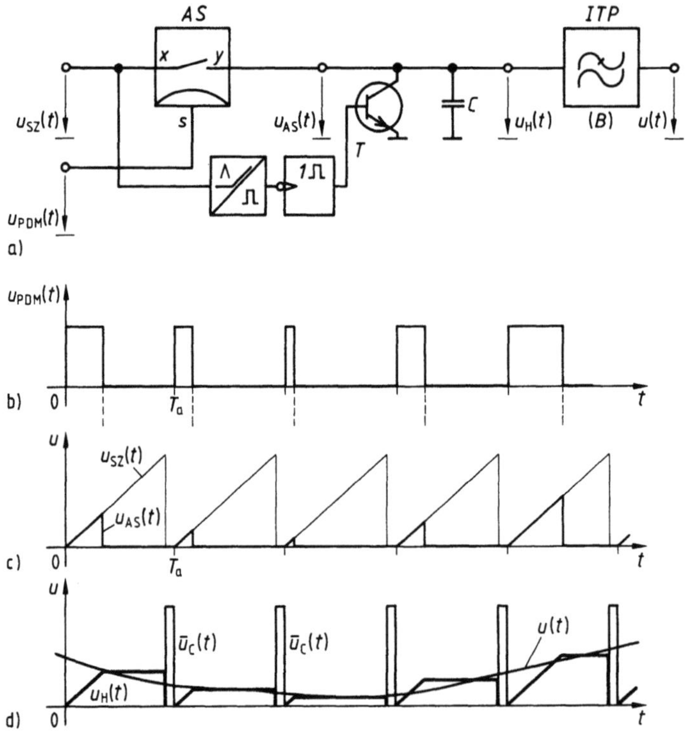

5.29 Prinzipschaltbild zur Demodulation einer pulsdauermodulierten Spannung $u_{PDM}(t)$, bestehend aus dem Analogschalter *AS*, einem Schmitt-Trigger mit einstellbarer Schaltschwelle, monostabiler Kippstufe, Transistorschalter *TrS*, Haltekondensator C und einem idealen Tiefpaß *ITP* (Bandbreite B) (a), pulsdauermodulierte Spannung $u_{PDM}(t)$ (b), Sägezahnspannung $u_{SZ}(t)$ und Ausgangsspannung des Analogschalters $u_{AS}(t)$ (c) sowie Pulsfolge zur periodischen Entladung des Haltekondensators $\bar{u}_C(t)$, Ausgangsspannung des Haltekreises $u_H(t)$ und demodulierte Spannung $u(t)$ (d)

steckt, wird die Demodulation durch Amplitudenschwankungen nicht beeinträchtigt. Daher kann ein Amplitudenfilter vorgesehen werden, das die Impulsamplituden auf vereinbarte Spannungswerte begrenzt und die Impulsflanken versteilert. Die Spannung $u_{PDM}(t)$ kann dazu benutzt werden, einen Analogschalter *AS* nach Bild **5.**29a für die Dauer τ_i leitend zu machen. Dadurch gelangt der durchgelassene Abschnitt der Sägezahnspannung an den Ausgang des Analogschalters (Bild **5.**29c) und kann hier anschließend durch einen Haltekreis mit der Haltekapazität *C* bis zur nächsten Periode als $u_H(t)$ zwischengespeichert werden (Bild **5.**29d). Allerdings muß durch einen phasenstarren Impuls mit $\bar{u}_C(t)$ vor dem Start der Sägezahnspannung der Haltekondensator *C* vollständig entladen werden. Dann entsteht am Ausgang des Haltekreises eine Spannung, aus der durch einen idealen Tiefpaß *ITP* der Bandbreite *B* die ursprüngliche Spannung $u_{ITP}(t) \approx u(t)$ rekonstruiert werden kann (Bild **5.**29d).

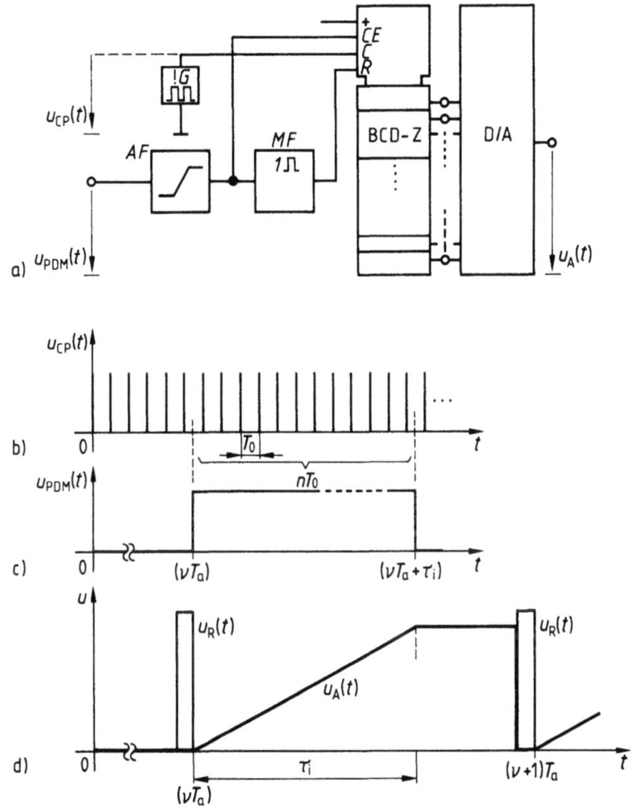

5.30 Prinzipschaltbild zur Demodulation einer pulsdauermodulierten Spannung $u_{PDM}(t)$, bestehend aus einem synchron anlaufenden astabilen Multivibrator, einem Amplitudenfilter *AF* mit symmetrischer Begrenzung, einer monostabilen Kippstufe zur Rücksetzung eines BCD-Zählers sowie eines D/A-Wandlers (a), Taktspannung $u_{CP}(t)$ (clock pulse) (b), pulsdauermodulierte Spannung $u_{PDM}(t)$ (c) und Ausgangsspannung des D/A-Wandlers $u_A(t)$ (d)

Eine weitere Möglichkeit der Demodulation besteht darin, mit dem PDM-Signal den Takteingang *C* eines BCD-Zählers[1]) über den Freigabeeingang *CE* zum Zählen periodischer Impulse während der veränderlichen Impulsdauer τ_i freizugeben (Bild **5**.30a). Ein nachgeschalteter D/A-Wandler (s. Band X) setzt das Zählergebnis in eine der Impulsdauer τ_i proportionale Ausgangsspannung um (Bild **5**.30b bis d). Die inkrementale Messung der Impulsdauer als ganzzahliges Vielfaches der Pulsperiode T_0 legt den systematischen, absoluten Meßfehler für τ_i von $1 \cdot T_0$ fest. Ein Verhältnis von $T_a/T_0 \geqq 2^8 = 256$ reicht für die meisten Anwendungen aus.

---

[1]) BCD = **b**inary-**c**oded-**d**igit

5.2.3 Pulsphasenmodulation

Bei der Pulsphasenmodulation (PPM) entspricht die zeitliche Verschiebung der Einzelimpulse des Modulationsträgers gegenüber der Ruhelage dem Abtastwert $s(\nu T_a)$. Bei PPM eilen die Einzelimpulse um die signalabhängige Verschiebung gegenüber der Ruhelage vor oder nach. Impulsamplitude und Impulsdauer sind konstant und enthalten keine Information. Die zeitliche Auslenkung der Impulse $\Delta\tau$ ist proportional zu den Abtastwerten der Signalfunktion. Der Modulationsvorgang kann durch die Gleichung

$$\Delta\tau(\nu T_a) = m\Delta T s(\nu T_a) \tag{5.8}$$

mit dem Modulationsgrad m (s. Band XI) und dem Zeithub ΔT beschrieben werden. Der Ansatz nach Gl. (5.8) ist in dieser Form physikalisch nicht realisierbar, da für mögliche negative Abtastwerte der modulierenden Signalfunktion $s(t)$ die zeitlich verschobenen Impulse vor dem Abtastzeitpunkt auftreten würden. Die Gl. (5.8) ist daher so umzugestalten, daß durch einen konstanten Zeitanteil die Impulse stets zu Zeiten $t \geqq \nu T_a$ auftreten. Dies wird in Gl. (5.9) erreicht.

$$\Delta\tau(\nu T_a) = \Delta T[1 + ms(\nu T_a)]\,. \tag{5.9}$$

Nimmt man z.B. für die modulierende Signalfunktion $s(t)$ eine Sinusfunktion mit der Kreisfrequenz ω_0 an, so wird mit $s(t) = \sin(\omega_0 t)$ nach Gl. (5.9) $\Delta\tau(\nu T_a) = \Delta T[1 + m\sin(\omega_0 \nu T_a)]$. Für $m = 1$ schwankt dann $\Delta\tau(\nu T_a)$ zwischen den Werten 0 und $2\,\Delta T$.

Zeithub. Die maximale zeitliche Auslenkung der Impulse eines Modulationsträgers gegenüber der Ruhelage heißt Zeithub (Bild **5**.31). Gegenüber der Ruhelage *RL* sind für die Positionierung des einzelnen Impulses des Modulationsträgers die zwei Extremlagen EL_1 und EL_2 möglich. Setzt man PPM in Zeitmultiplexsystemen mit z Kanälen ein, dann liegen der Zeithub ΔT und damit die Zeitlagen von EL_1 und EL_2 fest. Bei der Übertragung von z Kanälen steht jedem einzelnen Impuls ein Zeitraum von (T_a/z) für die Positionierung zur Verfügung. Damit kann auch der Zusammenhang zwischen der Impulsdauer τ_i und dem Zeithub ΔT in Abhängigkeit von der Kanalzahl z angegeben werden. Es ist nach Bild **5**.31

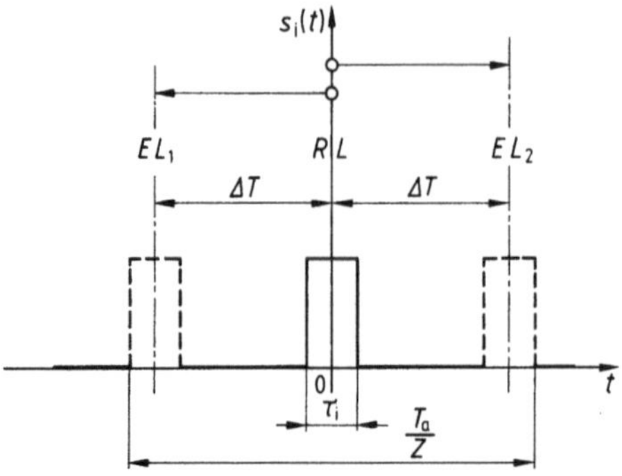

5.31 Zeithub ΔT bei PPM, *RL* Ruhelage (unmoduliert), $EL_{1,2}$ Extremlagen

$$\Delta T = \frac{1}{2}[(T_a/z) - \tau_i]\,. \tag{5.10}$$

Da die Abtastperiode T_a üblicherweise sehr viel größer als τ_i ist ($T_a \gg \tau_i$), gilt näherungsweise $\Delta T \approx T_a/(2z)$. Der Zeithub ΔT ist von τ_i praktisch unabhängig, wenn $(T_a/\tau_i) > 5z$ ist. Gl. (5.10) geht allerdings davon aus, daß in Zeitmultiplexsystemen benachbarte Kanäle direkt nebeneinander angeordnet werden können, andernfalls würden sich die Einzelimpulse benachbarter Kanäle modulationsabhängig überlappen. Das würde zu erheblichen Störungen bei der Demodulation führen.

5.2.3.1 Pulsphasenmodulation 1. Art (PPM$_1$). Bei PPM$_1$ werden die Abtastwerte $s(\nu T_a)$ der Signalfunktion $s(t)$ in Zeitverschiebungen $\Delta\tau(\nu T_a)$ der einzelnen Impulse so umgesetzt, daß zum Zeitpunkt des Auftretens des Einzelimpulses aus der Zeitdifferenz gegenüber der Ruhelage auf die Größe des Abtastwertes $s(\nu T_a)$ zur Zeit $t = \nu T_a$ geschlossen werden kann. Der Zeitpunkt der Kenntnis des Abtastwertes ist damit vom Abtastwert selbst abhängig. Diese Art der Modulation (PPM$_1$) wird im englischen Sprachgebrauch mit PPM-uniform sampling bezeichnet. Wie Bild 5.32 zeigt, wird der Abtastwert durch eine lineare Amplituden-/Zeit-Umsetzung in eine proportionale zeitliche Verschiebung der Einzelimpulse gegenüber den Referenzzeitpunkten des unmodulierten Trägersignals umgesetzt.

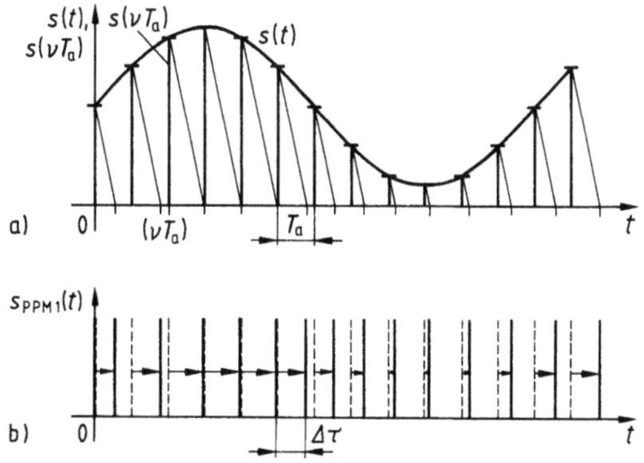

5.32
Signalfunktion $s(t)$ mit den Abtastwerten $s(\nu T_a)$ (a) und Umsetzung der Abtastwerte $s(\nu T_a)$ in das PPM$_1$-Signal $s_{PPM1}(t)$ für $\tau_i \ll T_a$ (b)

5.2.3.2 Pulsphasenmodulation 2. Art (PPM$_2$). Eine Variante gegenüber PPM$_1$, die verzerrungsfrei bezüglich der Rückgewinnung von $s(t)$ arbeitet, stellt die Pulsphasenmodulation 2. Art (PPM$_2$) dar. Während bei PPM$_1$ die Abtastwerte $s(\nu T_a)$ in eine zeitliche Verschiebung der Einzelimpulse gegenüber den Referenzzeitpunkten des Modulationsträgers umgesetzt werden, wird bei PPM$_2$ die zeitliche Verschiebung $\Delta\tau$ des Einzelimpulses gegenüber dem unmodulierten Träger so gewählt, daß sie proportional zu dem Momentanwert von $s(t)$ ist, der zum Zeitpunkt des Auftretens dieser Impulse beim modulierenden Signal $s(t)$ vorliegt. Bild 5.33 zeigt für PPM$_2$, wie periodisch durch den Modulationsträger eine Sägezahnfunktion gestartet wird, die die beliebige Signalfunktion $s(t)$ schneidet. Im Zeitpunkt der Übereinstimmung beider Funktionswerte wird der

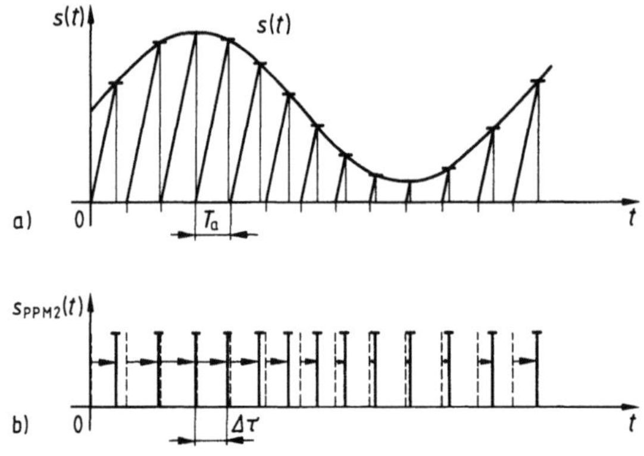

5.33
Signalfunktion $s(t)$ mit den periodisch gestarteten Sägezahnfunktionen (a) zur Umsetzung in ein PPM_2-Signal $s_{PPM2}(t)$ für $\tau_i \ll T_a$ (b)

modulierte Einzelimpuls positioniert. Man erkennt, daß dabei gegenüber PPM_1 die Abtastwerte nicht mehr konstante Abstände aufweisen. PPM_2 wird in der englischsprachigen Literatur mit PPM-natural sampling bezeichnet.

5.2.3.3 Modulation. Eine Prinzipschaltung zur direkten Modulation der Zeitlage einzelner Impulse zeigt Bild **5**.34. Die Modulationsträgerfunktion $s_i(t)$ besteht aus äquidistanten Einzelimpulsen, die auf den Eingang einer Laufzeitleitung LL gegeben werden. Deren Laufzeit t_l wird durch die Abtastwerte $s(\nu T_a)$ der modulierenden Signalfunktion $s(t)$ wertkontinuierlich durch den funktionellen Zusammenhang $t_l = f[s(\nu T_a)]$ bestimmt. Verändert man nun die Laufzeit der Einzelimpulse des Modulationsträgers in Abhängigkeit von den Abtastwerten $s(\nu T_a)$, so erhält man eine direkte Pulslagenmodulation (PPM). Solche kontinuierlich veränderbaren Laufzeitleitungen lassen sich mit Hilfe von ferromagnetischen und ferroelektrischen Werkstoffen (z. B. Ferrit und Bariumtita-

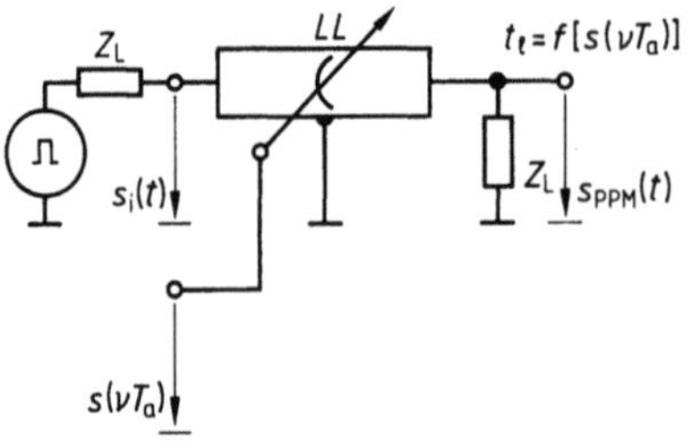

5.34
Direkte PPM mit Hilfe einer modulierbaren Laufzeitleitung LL mit $t_l = f[s(\nu T_a)]$, $\underline{Z}_L$ Wellenwiderstand der Laufzeitleitung, $s_i(t)$ Modulationsträgerfunktion, $s(\nu T_a)$ modulierende Abtastwerte, $s_{PPM}(t)$ pulsphasenmoduliertes Signal

nat) so aufbauen, daß unter dem Einfluß überlagerter magnetischer und elektrischer Felder der Induktivitätsbelag L' und der Kapazitätsbelag C' variabel sind. Damit läßt sich die Laufzeit t_l verändern. Diese direkte Methode der Zeitlagenmodulation (PPM) hat in der Gerätetechnik keine Verbreitung gefunden. Man macht vielmehr von dem Zusammenhang zwischen Pulsphasenmodulation und Pulsdauermodulation als indirektes Modulationsverfahren Gebrauch. Wie Bild **5**.35 zeigt, erzeugt man zunächst aus den Abtastwerten $s(\nu T_a)$ des Signalverlaufs $s(t)$ eine pulsdauermodulierte Impulsfolge und leitet

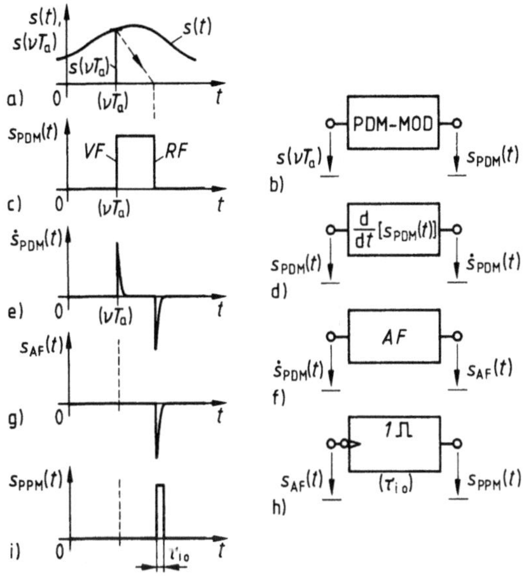

5.35
Signalfunktion $s(t)$ und ein Abtastwert $s(\nu T_a)$ zur Zeit $t = \nu T_a$ (a), PDM-Modulator (b), pulsdauermoduliertes Signal $s_{PDM}(t)$ mit Vorderflanke *VF* und Rückflanke *RF* (c), differenzierendes Netzwerk (d), differenziertes PDM-Signal $\dot{s}_{PDM}(t)$ (e), Amplitudenfilter *AF* zur Unterdrückung des positiven Nadelimpulses (f), Signal am Ausgang des Amplitudenfilters $s_{AF}(t)$ (g), monostabile Kippstufe zur getriggerten Erzeugung einseitiger Rechteckimpulse konstanter Impulsdauer $\tau_{i,0}$ (h) sowie PPM-Signal $s_{PPM}(t)$ (i)

dann durch Differentiation z. B. eines rückflankenmodulierten PDM-Signals $s_{PDM}(t)$ als $d[s_{PDM}(t)]/dt$ mit Hilfe einer monostabilen Kippstufe einen einseitigen Rechteckimpuls konstanter Impulsdauer $\tau_{i,0}$ ab.

5.2.3.4 Demodulation. Bild 5.36 zeigt ein Prinzipschaltbild für ein direktes PPM-Demodulationsverfahren. Eine pulsphasenmodulierte Spannung $u_{PPM}(t)$ soll ein ideales Relais R (prellfrei und verzögerungsfrei) im Takt der lagenmo-

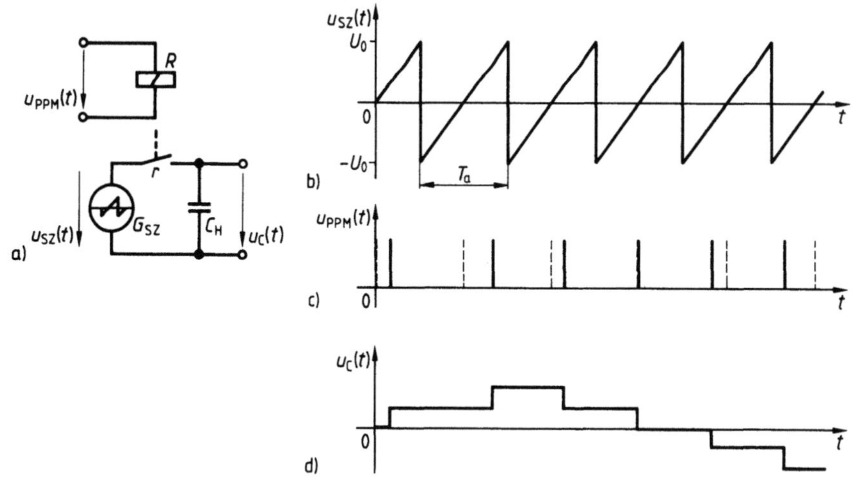

5.36 Prinzipschaltbild eines direkt arbeitenden PPM-Demodulators, bestehend aus idealem Relais R, Sägezahnspannungsgenerator G_{SZ} und Haltekondensator C_H (a), Sägezahnspannung $u_{SZ}(t)$ (b), pulsphasenmodulierte Spannung $u_{PPM}(t)$ mit positiven und negativen Zeitlagen der Einzelimpulse gegenüber den Referenzzeitpunkten (c), Kondensatorspannung $u_C(t)$ als Stufenspannung (d)

dulierten Einzelimpulse ansteuern (Bild 5.36a). Am Empfangsort (Demodulator) ist eine gleichstromfreie Sägezahnspannung $u_{SZ}(t)$ mit der Amplitude U_0 und der Abtastfrequenz $f_a = 1/T_a$ phasenrichtig zu erzeugen. Der Arbeitskontakt r schließt zum Zeitpunkt des Auftretens des Einzelimpulses für die Dauer $\tau_{i,0}$ und gibt damit den Momentanwert der Sägezahnspannung $u_{SZ}(t)$ auf den Haltekondensator C_H. Dabei soll davon ausgegangen werden, daß die Impulsdauer $\tau_{i,0}$ der Einzelimpulse sehr viel kleiner als die Abtastperiode T_a ist ($\tau_{i,0} \ll T_a$), um sicherzustellen, daß die Amplitudenänderung während der Impulsdauer $\tau_{i,0}$ vernachlässigt werden kann. Die Folge zeitlagenmodulierter Einzelimpulse (Bild 5.36c) wird so in die treppenförmige Kondensatorspannung $u_C(t)$ umgesetzt (Bild 5.36d). Darin sind die Umladezeitpunkte für den Haltekondensator C_H nicht periodisch sondern phasenmoduliert. Daher ist zu erwarten, daß im Amplitudenspektrum die Seitenbänder höherer Ordnung in das Basisband hineinreichen und dadurch nichtlineare Verzerrungen verursachen. Ein einfaches Herausfiltern des ursprünglichen Signalspektrums aus dem Gesamtspektrum mit einem Tiefpaß der Bandbreite B ist damit im Gegensatz zu PAM nicht mehr verzerrungsfrei möglich. Trennt man aus dem Amplitudenspektrum eines pulsphasenmodulierten Signals das Basisband um $f = 0$ Hz mit einem Tiefpaß ab, so läßt sich zeigen, daß dieses Band nicht die ursprüngliche Signalfunktion $s(t)$ sondern das differenzierte Signal $\dot{s}(t)$ enthält [9]. Daher demoduliert man üblicherweise ein PPM-Signal, indem man es zunächst in ein PDM-Signal umwandelt und dann die bereits beschriebenen Verfahren der Demodulation für PDM-Signale anwendet.

5.2.4 Pulscodemodulation

Bei der Pulscodemodulation (PCM) werden einer auf die Bandbreite B bandbegrenzten Signalfunktion $s(t)$ (wert- und zeitkontinuierlich) Abtastwerte $s(\nu T_a)$ (zeitdiskret und wertkontinuierlich) entnommen und nachfolgend auf eine endliche Zahl von Amplitudenstufen (wert- und zeitdiskret) quantisiert. Die durch endlich viele Amplitudenstufen angenäherten zeitdiskreten Abtastwerte werden dann in eine codierte Impulsfolge umgesetzt und zum Abtastzeitpunkt übertragen. Der Unterschied der Pulscodemodulation gegenüber den bisher behandelten Pulsmodulationsverfahren besteht darin, daß neben der Quantisierung der Zeit die Quantisierung der Amplitude tritt. Da die Abtastwerte in der Form digitaler Signale übertragen werden, spricht man auch von einem digitalen Modulationsverfahren. Der Vorteil dieses Pulsmodulationsverfahrens ist, daß Störsignale im Nachrichtenkanal die halbe Stufenamplitude bei der Quantisierung erreichen können, ohne daß der übertragene Amplitudenwert auf der Empfangsseite verfälscht wird (s. Band XI). PCM ist durch die folgenden Signalverarbeitungsschritte gekennzeichnet: Abtasten und Halten eines Signalwertes (z. B. durch einen sample-and-hold-Kreis), Quantisierung und Codierung.

5.2.4.1 Quantisierung. Tastet man ein wertkontinuierliches Signal (wie z. B. Sprache oder Musik) ab, so erhält man eine unendlich große Zahl von möglichen Amplitudenwerten für die Abtastwerte. Bei der Untersuchung der menschlichen Sinneswahrnehmung wurde jedoch festgestellt, daß jedes Sinnesorgan, das ein Signal empfängt, nur endlich viele Intensitätswerte unterscheiden kann. Ist der Intensitätsunterschied kleiner als ein bestimmter Grenzwert, so werden die unterschiedlichen Intensitäten als gleich groß empfunden. Durch den Verzicht auf eine nicht mehr wahrnehmbare Intensitätsauflösung ist es bei der Nachrichtenübertragung somit zulässig, z. B. alle Amplitudenwerte eines Amplitudenbereiches stellvertretend durch jeweils einen einzigen Amplitudenwert zu ersetzen. Quantisierung bedeutet damit, daß die Abtastwerte eines Signals nicht genau übertragen werden, sondern nur näherungsweise durch stellvertretende Amplitudenwerte (Bild 5.37). Die Abbildung eines größeren Spannungsbereiches auf endlich viele stellvertretende (repräsentative) Spannungswerte verdeutlicht Bild 5.38. Aus der Zuordnung der Eingangsspannung u_1 zur Ausgangsspannung u_2 des Quantisierers läßt sich die Quantisierungskennlinie konstruieren (Bild 5.39). Man erkennt, wie jeweils für einen

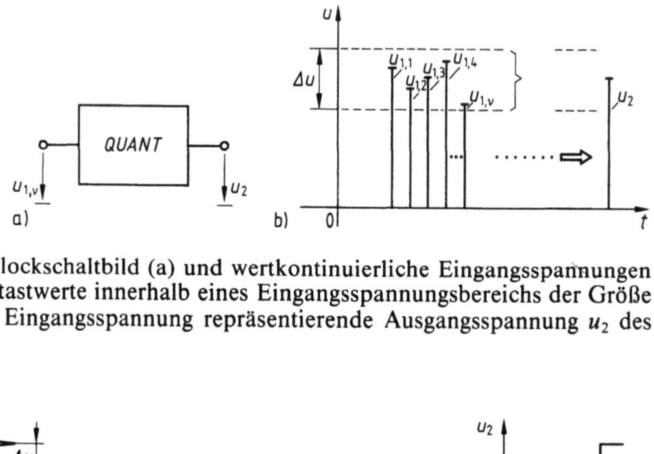

5.37 Quantisierer als Blockschaltbild (a) und wertkontinuierliche Eingangsspannungen $u_{1,1}$ bis $u_{1,\nu}$ als Abtastwerte innerhalb eines Eingangsspannungsbereichs der Größe Δu sowie die die Eingangsspannung repräsentierende Ausgangsspannung u_2 des Quantisierers (b)

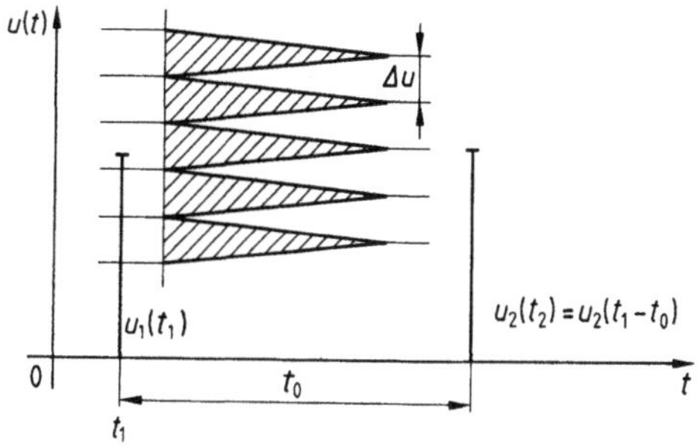

5.38
Abbildung der Eingangsspannung $u_1(t_1)$ in die quantisierte Spannung $u_2(t_1 - t_0)$ mit der Laufzeit t_0 für den Quantisierer

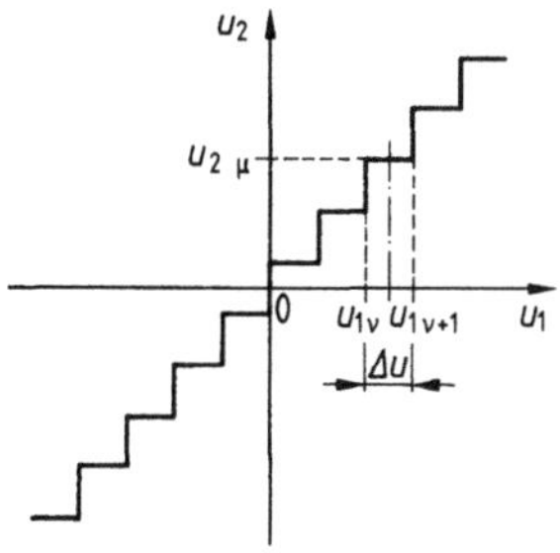

5.39
Nichtlineare Umsetzerkennlinie $u_2 = f(u_1)$ eines Quantisierers mit konstanter Stufenbreite Δu

Eingangsspannungsbereich von $u_{1\nu}$ bis $u_{1\nu+1}$ der Breite Δu der Ausgangsspannungswert $u_{2\mu}$ erzeugt wird. Jede Abtastspannung $u_1(\nu T_a)$ des Spannungsverlaufes $u_1(t)$ liegt in einem Spannungsbereich der Größe Δu, der sogenannten Quantisierungsstufe. Geht man davon aus, daß der eingangsseitige Aussteuerungsbereich $2\,U_0$ ist und alle Quantisierungsstufen Δu gleich groß sind[1]), dann wird der gesamte Aussteuerbereich $2\,U_0$ durch $n = 2\,U_0/\Delta u$ Quantisierungsstufen abgedeckt. Die Quantisierung einer periodischen Folge von Abtastwerten $u_1(\nu T_a)$ einer frequenzbandbegrenzten Spannung $u_1(t)$ erfolgt dadurch, daß die betreffende Abtastspannung $u_1(\nu T_a)$ durch die repräsentative Spannung $u_2(\nu T_a)$ des Quantisierers ersetzt wird. Der repräsentative Spannungswert $u_{2\mu}$ wird meist in die Mitte einer Quantisierungsstufe gelegt. Die Grenzen der Quantisierungsstufe heißen Entscheidungsschwellen, da an ihnen entschieden wird, welcher repräsentative Spannungswert $u_{2\mu}$ der Eingangsspannung $u_1(\nu T_a)$ zugeordnet wird. Wurden die Abtastwerte entsprechend dem Abtasttheorem der bandbegrenzten Signalfunktion entnommen, so kann aus den Spannungswerten $u_2(\nu T_a)$ durch einen Tiefpaß mit der Grenzfrequenz $1/(2\,T_a)$ die Spannung $u_2(t)$ gewonnen werden. Diese unterscheidet sich zu den Abtastzeitpunkten um den Amplitudenfehler

$$q(\nu T_a) = u_2(\nu T_a) - u_1\,(\nu T_a) \tag{5.11}$$

den sogenannten Quantisierungsfehler. Je größer man die Quantisierungsstufe wählt, desto größer wird auch der mögliche Quantisierungsfehler. Bild 5.40 zeigt den Quantisierungsvorgang. Der Aussteuerbereich ist in $n = 8$ gleich

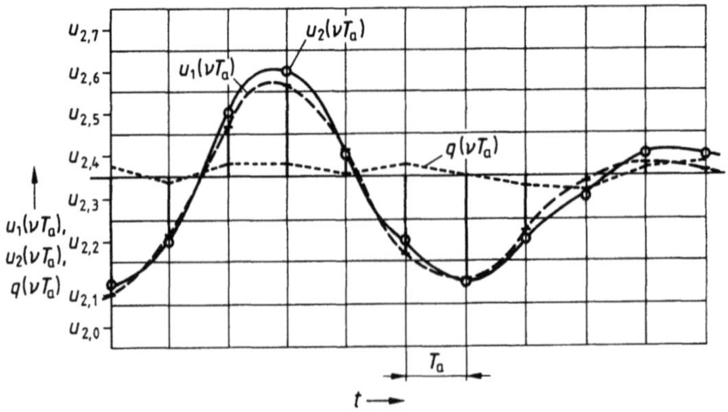

5.40 Abtastspannungen $u_1(\nu T_a)$ am Eingang des Quantisierers, Ausgangsspannung $u_2(\nu T_a)$ des Quantisierers, Quantisierungsfehler $q(\nu T_a)$
T_a Abtastperiode

[1]) Die Annahme gleich großer Quantisierungsstufen Δu ist dann sinnvoll, wenn erwartet werden kann, daß alle wertkontinuierlichen Abtastwerte mit gleicher Wahrscheinlichkeit auftreten.

große Quantisierungsstufen eingeteilt worden. Die jeweils eine Quantisierungsstufe der Breite Δu repräsentierenden Spannungen sind mit $u_{2,0}$ bis $u_{2,7}$ bezeichnet worden. Es wurde angenommen, daß die Spannungen $u_{2,0}$ bis $u_{2,7}$ jeweils in der Mitte der Quantisierungsstufe liegen. Die quantisierte Spannung $u_2(\nu T_a)$ weicht maximal von der vorgegebenen Abtastspannung $u_1(\nu T_a)$ um die halbe Quantisierungsstufe $(1/2)\Delta u$ ab. Der Quantisierungsfehler ist als $q(\nu T_a)$ in Bild **5**.40 eingetragen; er ist um so kleiner, je größer die Anzahl der Quantisierungsstufen n für einen vorgegebenen Aussteuerbereich ist. Treten die eingangsseitigen Abtastwerte (entsprechen einem PAM-Signal) mit ungleicher Wahrscheinlichkeit auf, so ist es mit dem Ziel der Minimierung des Quantisierungsfehlers sinnvoll, für häufig auftretende Abtastwerte kleine Quantisierungsstufen und für im Vergleich dazu seltener auftretende Abtastwerte größere Quantisierungsstufen vorzusehen. Das bedeutet, daß die Quantisierungskennlinie bei Kenntnis der Auftrittswahrscheinlichkeiten für die Abtastwerte entsprechend Bild **5**.41 umgeformt werden kann. Man bezeichnet diese Maßnahme der Kennlinienanpassung an die Statistik der auftretenden Abtastwerte als Kompandierung.

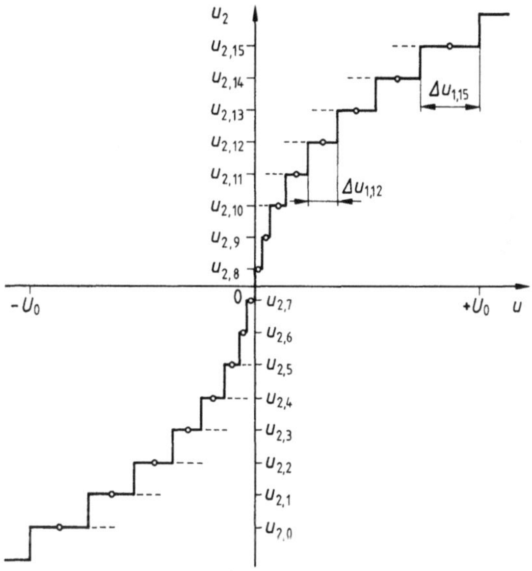

5.41 Kompandierte Quantisiererkennlinie mit veränderlicher Stufenbreite Δu_1

5.2.4.2 Codierung. Mit Hilfe der Quantisierung gelingt es, die wertkontinuierlichen Abtastwerte in eine endliche Zahl von quantisierten Amplituden umzuwandeln. Sollen z. B. 100 quantisierte Amplitudenwerte für die Übertragung codiert werden, so kommt man im Dezimalsystem mit zehn verschiedenen Codesymbolen aus, wobei je zwei zu einem Codewort zusammengefaßt werden. Eine Folge von z Codesymbolen bezeichnet man als Codewort. Auf diese Weise können quantisierte Amplituden mit den Codewörtern 00 ... 99 bezeichnet werden. Die umkehrbar eindeutige Zuordnung zwischen den quantisierten Amplituden und den Codewörtern ist der Code als Zuordnungsvorschrift. Allgemein lassen sich mit b Zeichen

$$n = b^z \tag{5.12}$$

quantisierte Amplitudenwerte verschlüsseln. Darin sind n die Anzahl der quantisierten Amplitudenwerte, b die Anzahl der auf dem Übertragungskanal dargestellten Zeichen und z die Anzahl der zu übertragenden Zeichen je codiertem Amplitudenwert (z wird auch als Codewortlänge bezeichnet). Für $b=10$ auf dem Übertragungskanal unterscheidbare Zeichen und eine Codewortlänge $z=2$ erhält man $n=10^2=100$ codierbare Amplitudenwerte. In den meisten Übertragungskanälen lassen sich jedoch wegen der dort auftretenden Störprozesse keine $b=10$ Zeichen sicher unterscheiden. Je niedriger die Anzahl b der unterscheidbaren Zeichen in einem Nachrichtenkanal ist, desto unanfälliger ist die Nachrichtenübertragung gegenüber Störungen. Abhängig von der Anzahl b der unterscheidbaren Zeichen bei der Codierung unterscheidet man binäre ($b=2$), ternäre ($b=3$), quaternäre ($b=4$), ... usw. Codes. Meistens wird für PCM-Systeme eine binäre Codierung ($b=2$) gewählt, so daß auf dem Nachrichtenkanal nur zwei unterscheidbare Signalzustände log. 0 und log. 1 darstellbar sein müssen. Dann ist nach Gl. (5.12) $n=2^z$ für die binäre PCM. Zeit- und wertdiskrete quantisierte Spannungen $u_{2\mu}(\nu T_a)$ werden codiert, indem man für jede quantisierte Spannung $u_{2\mu}$ ein Codewort der Codewortlänge z setzt. Mit der Anzahl der Quantisierungsstufen n steigt die erforderliche Codewortlänge z bei zweiwertigem Zeichenvorrat $b=2$ nach Gl. (5.12) als $z=\mathrm{ld}\,n$ an.

Bild 5.42 zeigt die Codierung. Die zeitdiskrete Folge von Abtastwerten $u(\nu T_a)$ ($\hat{=}$ PAM-Signal) (Bild 5.42a) wird durch Quantisierung in das quantisierte Signal $u_{2\mu}$ umgesetzt (Bild 5.42b). Den zeit- und wertdiskreten Spannungen $u_{2\mu}$ sind binäre Codewörter der Codewortlänge z zugeordnet, denen eine dezimale Numerierung entspricht. Anstelle der Spannungen $u_{2\mu}(\nu T_a)$ wird mit der z-

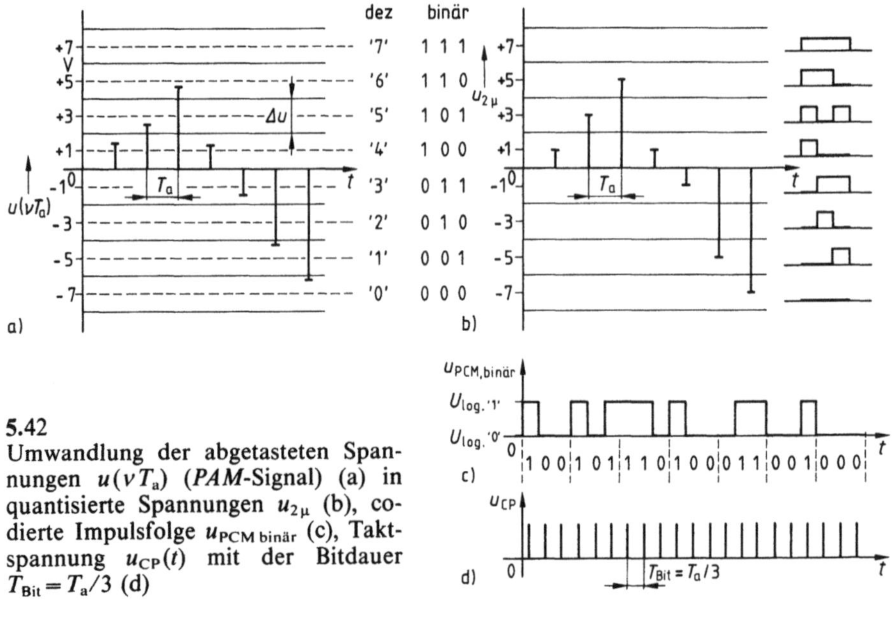

5.42
Umwandlung der abgetasteten Spannungen $u(\nu T_a)$ (*PAM*-Signal) (a) in quantisierte Spannungen $u_{2\mu}$ (b), codierte Impulsfolge $u_{\mathrm{PCM\,binär}}$ (c), Taktspannung $u_{\mathrm{CP}}(t)$ mit der Bitdauer $T_{\mathrm{Bit}}=T_a/3$ (d)

fachen Übertragungsgeschwindigkeit die Folge z-stelliger Codewörter übertragen. In Bild **5**.42b wird ein dreistelliger Binärcode verwendet, so daß z. B. der Spannungsbereich von -6 V bis -4 V durch den quantisierten Spannungswert -5 V vertreten und durch das binäre Codewort 001 eindeutig verschlüsselt würde. Bild **5**.42c zeigt die Folge z-stelliger Codewörter und Bild **5**.42d die zugehörige Taktspannung $u_{CP}(t)$ mit der Taktperiode $T_{Bit} = (1/3)\, T_a$.

5.2.4.3 Codierverfahren. Für die Codierung von wertkontinuierlichen Signalen sind eine Vielzahl von Codierverfahren bekannt. Drei grundlegende Verfahren werden im folgenden vorgestellt: die Zählmethode (engl. step-at-a-time), die Iterationsmethode (engl. bit-at-a-time) und die direkte Methode (engl. word-at-a-time). Bei der Beschreibung dieser Verfahren soll vereinfachend von binärer PCM ausgegangen werden.

Zählmethode. Bei der Zählmethode wird durch Abzählen festgestellt, wie oft man eine konstante Spannung von der Größe einer Quantisierungsstufe (Δu) übereinander stapeln muß, um den Wert einer vorgegebenen zeitdiskreten Spannung $u(\nu T_a)$ so zu erreichen, daß

$$\mu \cdot \Delta u \leqq u(\nu T_a) \tag{5.13}$$

und

$$u(\nu T_a) - \mu \Delta u < \Delta u \tag{5.14}$$

mit ganzzahligem μ gelten. Die Anzahl der notwendigen Additionsschritte wird dann codiert ausgegeben. Liegt in Gl. (5.14) Gleichheit vor $[\mu \cdot \Delta u = u(\nu T_a)]$, so sind genau μ Zählschritte erforderlich. Das Zählverfahren benötigt somit in Abhängigkeit von der Größe von $u(\mu T_a)$ maximal 2^z Schritte, die in einer Abtastperiode T_a zu durchlaufen sind. Dies erfordert sehr schnelle Codierschaltungen. Bild **5**.43 zeigt anschaulich das Zählverfahren, das man auch als Inkrementalverfahren bezeichnet.

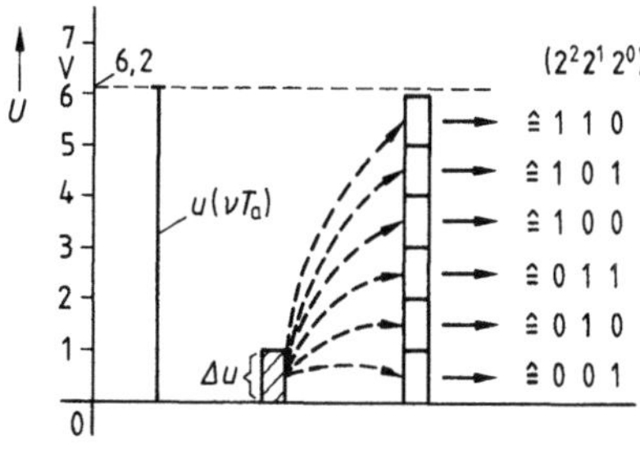

5.43
Zählmethode für die binäre Codierung der abgetasteten Spannung $u(\nu T_a) = 6{,}2$ V
1 Spannungsnormal
maximal 2^z Schritte (hier: 6 Schritte)

Iterationsmethode. Bei diesem Verfahren werden z Normale entsprechend den z Stellen eines Codewortes zur Verfügung gestellt, deren Größen sich wie $2^0 : 2^1 : 2^2 : 2^3 : \ldots : 2^{z-1}$ verhalten. Das kleinste Normal hat dabei die Größe einer Quantisierungsstufe. Nacheinander werden die Normale – mit dem größ-

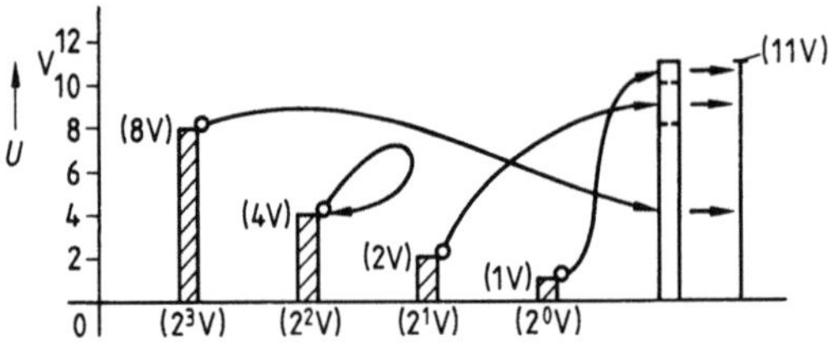

5.44
Iterationsmethode zur Codierung eines Spannungswertes durch ‚Abwiegen'
(Ergebnis der Wägung: $11\,V = 1\cdot 2^3\,V + 0\cdot 2^2\,V + 1\cdot 2^1\,V + 1\cdot 2^0\,V$),
z Spannungsnormale und z Schritte

ten beginnend – mit dem zu codierenden Spannungswert verglichen und jeweils angenommen (≙ logisch 1), wenn sie kleiner als der zu codierende Spannungswert sind und zurückgegeben (≙ logisch 0), wenn durch ihre Hinzunahme zum vorangegangenen Wert der zu codierende Spannungswert überschritten wird. Diese Wägeprozedur wird solange fortgesetzt, bis das kleinste Normal zur Wägung herangezogen worden ist. In jedem Fall sind *z* Wägeschritte erforderlich. Die Kombination der am Ende der Wägeprozedur ermittelten Normale ergibt das binäre Codewort. Das Verfahren kann auch anschaulich als Einschachtelungsverfahren bezeichnet werden. Bild **5**.44 zeigt das Wägeverfahren durch wiederholtes (iteratives) Vergleichen.

Bei dem in Bild **5**.45 dargestellten 7-bit-Codierer wird die zu codierende Spannung $u(\nu T_a)$ zunächst durch einen Abtast- und Haltekreis *AHK* in ihrem Wert konstant gehalten und auf den einen Eingang des Vergleichers *VGL* gegeben. Die Steuerschaltung veranlaßt nun, daß der Schalter S_1 geschlossen wird, während alle anderen Schalter S_2 bis S_7 geöffnet bleiben. Dadurch kommt es zur Spannungsteilung der Konstantspannung U_0 über die Widerstände R und R_0, so daß am Vergleichereingang *2* die Spannung $U_0 R_0/(R+R_0) \approx U_0 R_0/R$ mit $R \gg R_0$ anliegt. Ist die Spannung u_{AHK} am Ausgang des Abtast- und Haltekreises kleiner als die angebotene Vergleichsspannung, wird – vom Vergleicher veranlaßt – durch die Steuerschaltung der Schalter S_1 wieder geöffnet. Ist u_{AHK} größer als die angebotene Vergleichsspannung, bleibt S_1 geschlossen, und es wird zusätzlich der Schalter S_2 geschlossen. Dann ist die Vergleichsspannung $\approx U_0 \cdot 3R_0/(2R)$; wird dagegen der Schalter S_2 allein geschlossen, so beträgt die Vergleichsspannung $\approx U_0 R_0/(2R)$.

Die Wägeprozedur wird solange fortgesetzt, bis der letzte Schalter S_7 versuchsweise geschlossen wurde. Die Stellung der Schalter am Ende der Wägeprozedur ergibt das gesuchte Codewort im Binärcode.

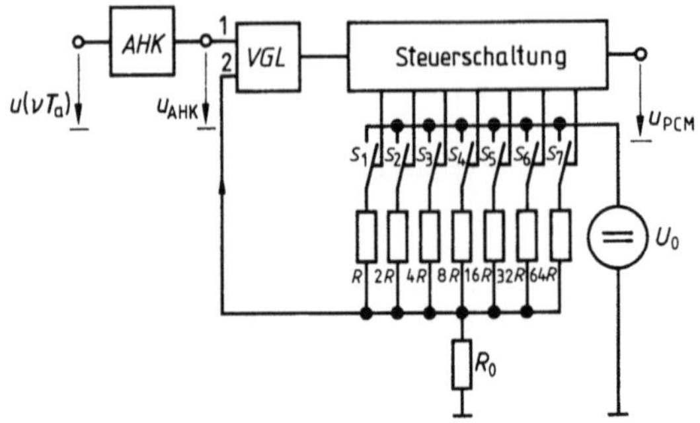

5.45
7-Bit-Codierer mit Steuerschaltung für die Schalter S_1 bis S_7 ($R_0 \ll R$)
AHK Abtast- und Haltekreis, *VGL* Vergleicher

Direkte Methode. Bei diesem Codierverfahren sind $2^z - 1$ Normale erforderlich, deren Größen den jeweiligen quantisierten Signalwerten entsprechen. Es wird dann in einem Schritt durch parallele Vergleiche festgestellt, welches Normal dem zu codierenden Signalwert entspricht. Zugleich wird das zugeordnete binäre Codewort ausgelöst. Da man grundsätzlich jedem Normal jedes Codewort zuordnen kann, ist der Code frei wählbar. Bild **5**.46 zeigt die Vorgehensweise bei der direkten Codiermethode. Man erkennt, daß das direkte Codierverfahren bei hohem Aufwand an Spannungsnormalen besonders schnell arbeitet, da für die Signalverarbeitung nur ein Arbeitsschritt benötigt wird. Nichtlineare Quantisierungskennlinien lassen sich durch unterschiedliche Größen der Quantisierungsstufen besonders einfach realisieren. Ähnlich läßt sich dieses Verfahren auch für die Decodierung einsetzen, indem abhängig vom empfangenen PCM-Codewort direkt das zugeordnete Spannungsnormal eingeschaltet wird.

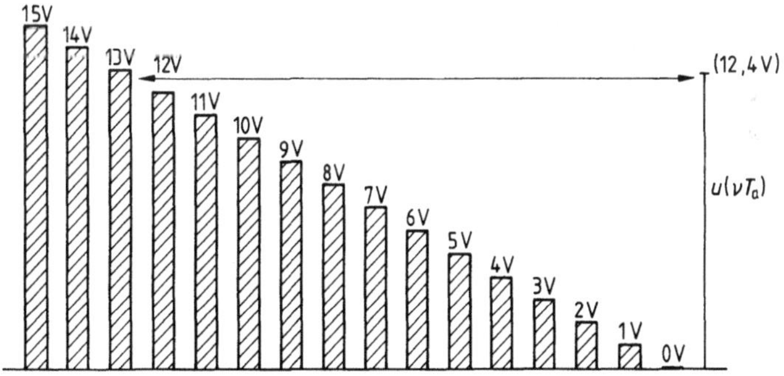

5.46 Direkte Codiermethode mit $2^z - 1$ Normalen in einem Schritt

Einen Vergleich der Codiermethoden bezüglich des Aufwandes an Normalen und der Anzahl der erforderlichen Arbeitsschritte zeigt Tafel **5**.47. Die Anzahl der Normale bestimmt im wesentlichen den gerätetechnischen Aufwand, während die Anzahl der Arbeitsschritte die Arbeitsgeschwindigkeit bei der Codierung festgelegt. Bezüglich dieser Kriterien stellt die Iterationsmethode einen Kompromiß dar; sie ist daher z. Zt. die gebräuchlichste Methode.

Tafel **5**.47 Vergleich der elementaren Codiermethoden bezüglich der Anzahl der Normale sowie der Arbeitsschritte

	Anzahl der Normale	Anzahl der Arbeitsschritte
Zählmethode	1	maximal 2^z
Iterationsmethode	z	z
Direkte Methode	$2^z - 1$	1

6 Einfluß nichtlinearer Bauelemente

Nichtlineare Bauelemente sind dadurch gekennzeichnet, daß die Übertragungskennlinie (bei einem Zweipol z. B. die Strom-Spannungs-Charakteristik) die Linearitätsbedingung des Netzwerks nach Gl. (1.27) nicht erfüllt. Bauelemente, deren Übertragungsverhalten nichtlinear ist, können durch nichtlineare Widerstände (*NLW*) beschrieben werden (Bild **6**.1a). Die Funktion $I = g(U)$ veranschaulicht einen nichtlinearen Kennlinienverlauf (Bild **6**.1b). Im folgenden werden die Schalteigenschaften von Dioden, bipolaren Transistoren und Feldeffekttransistoren bei impulsförmigen Vorgängen behandelt. Da integrierte Schaltkreise im wesentlichen aus den oben genannten Bauelementen zusammengesetzt sind, werden sie hier nicht gesondert behandelt. Für spezielle Bauelemente wie Thyristoren, Triacs und Diacs wird auf [37] verwiesen.

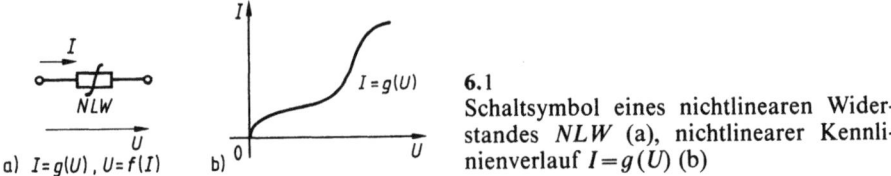

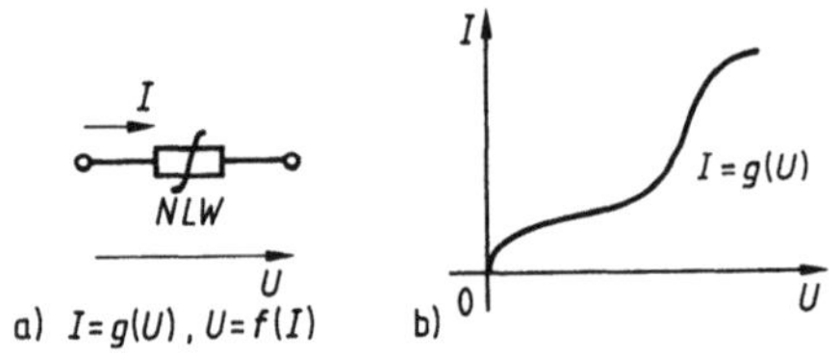

6.1
Schaltsymbol eines nichtlinearen Widerstandes *NLW* (a), nichtlinearer Kennlinienverlauf $I = g(U)$ (b)

6.1 Diode

Bezüglich impulstechnischer Anwendungen werden normale Halbleiterdioden und Schaltdioden für den Nanosekundenbereich unterschieden.

6.1.1 Halbleiterdiode

Ein häufig für Zwecke der Impulsformung eingesetztes nichtlineares Bauelement ist die Halbleiterdiode. Die Kenntnis des Leitungsmechanismus in der Halbleiterdiode wird an dieser Stelle vorausgesetzt [37]. Bild **6**.2 zeigt die statische Kennlinie eines idealen PN-Übergangs $I_D = f(U)$ für konstante Kristalltemperatur. Ein PN-Übergang wird als ideal angenommen, wenn nur in der als unendlich dünn angenommenen Sperrschicht unkompensierte Raumladungen vorhanden sind und das an die Sperrschicht beiderseitig angrenzende Halblei-

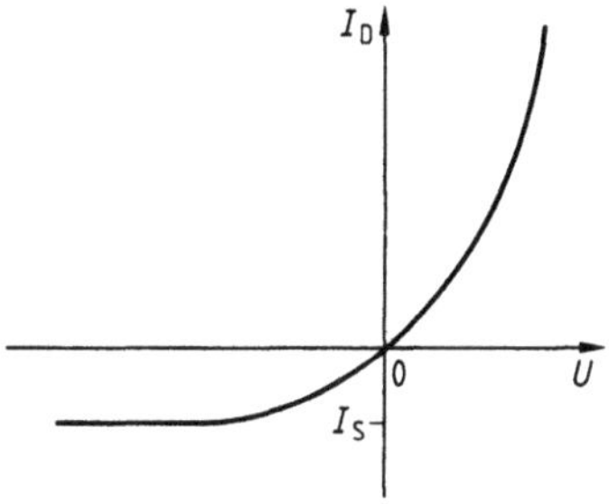

6.2
Statische Kennlinie $I_D(U)$ eines idealen PN-Übergangs mit dem Sättigungssperrstrom I_S

termaterial widerstandslos ist. Beim idealen PN-Übergang gilt für den Diodenstrom

$$I_D = I_S[\exp(U/U_T) - 1]. \tag{6.1}$$

Darin bedeuten I_D den Diodenstrom, U die angelegte Spannung, I_S den Sättigungssperrstrom und U_T die Temperaturspannung

$$U_T = kT/e. \tag{6.2}$$

Gl. (6.2) verknüpft die Boltzmann-Konstante $k = 1{,}38 \cdot 10^{-23}$ Ws/°K mit der Elementarladung $e = 1{,}6 \cdot 10^{-19}$ As und der absoluten Temperatur T. Treten in Netzwerken, die Halbleiterdioden enthalten, schnelle Änderungen von Strom und Spannung auf, so kann das Verhalten der Halbleiterdiode nicht mehr mit Hilfe der statischen Kennlinie hinreichend beschrieben werden. Bei Halbleiterdioden ist vielmehr zu beachten, daß in der Diode Minoritätsträgerladungen und Raumladungen auf- und abgebaut werden müssen. Diese Ladungen können nicht beliebig schnell verändert werden. Führt man mit einer Diode Schaltvorgänge durch, dann treten durch Kapazitäten der Diode bedingte Effekte auf, die im folgenden beschrieben werden. Dabei soll jedoch nur auf die spezifisch mit dem PN-Übergang verknüpften Kapazitäten eingegangen werden. Die Wirkung von Schalt- und Leitungskapazitäten wird hier nicht betrachtet.

6.1.1.1 Ersatzschaltung der Diode für das Schaltverhalten. Zur Beschreibung des Schaltverhaltens der Halbleiterdiode soll eine Ersatzschaltung angegeben

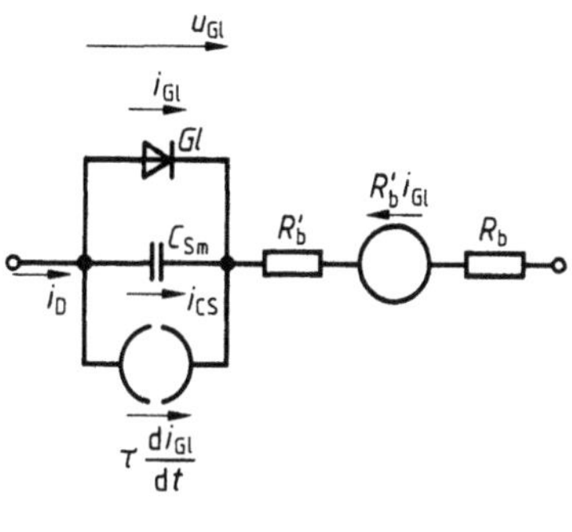

6.3
Ersatzschaltung zur Beschreibung des Schaltverhaltens einer Halbleiterdiode
i_D Diodenstrom, i_{Gl} Strom im Gleichrichter Gl, i_{CS} Strom in der Sperrschichtkapazität C_S, $\tau\, di_{Gl}/dt$ Strom in der Diffusionskapazität als stromgesteuerte Stromquelle, R_b Bahnwiderstand und R'_b Bahnwiderstand innerhalb der Diffusionslänge

werden, deren Elemente zwar die physikalischen Effekte qualitativ, jedoch nicht genau quantitativ wiedergeben. Die Ersatzschaltung ist durch einige Vereinfachungen gekennzeichnet, um eine überschlägige Berechnung des Schaltverhaltens zu ermöglichen (Bild **6**.3). Dabei geht man von einer Halbleiterdiode mit einem stark unsymmetrisch dotierten PN-Übergang entsprechend Bild **6**.4 aus, so daß bezüglich der Ausdehnung der Sperrschicht überschlägig nur das niedrig dotierte Bahngebiet betrachtet zu werden braucht. In der Ersatzschaltung (Bild **6**.3) soll das Gleichrichtersymbol *Gl* eine Halbleiterdiode darstellen, deren Strom-Spannungs-Kennlinie durch $I_{Gl} = I_S[\exp(U_{Gl}/U_T) - 1]$ entsprechend Gl. (6.1) gegeben sei. Im statischen Betriebsfall, der durch $\mathrm{d}i_{Gl}/\mathrm{d}t = 0$ gekennzeichnet werden kann, wird $I_D = I_{Gl}$.

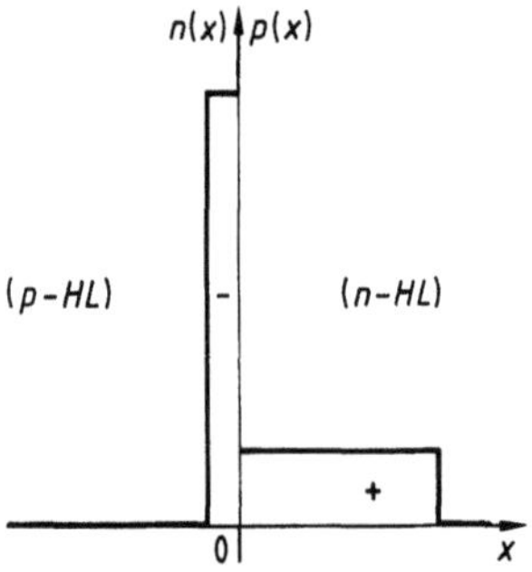

6.4
Minoritätsträgerkonzentrationen $n(x)$ und $p(x)$ im p- und n-Halbleiter für einen stark unsymmetrischen PN-Übergang

Sperrschichtkapazität. Wird eine Halbleiterdiode in Sperrichtung betrieben, so bildet sich in der Diode eine Sperrschicht aus. Liegt an der Diode eine Sperrspannung U_{Sp}, so stellt sich z. B. eine wie in Bild **6**.5 skizzierte Ausdehnung der Sperrschicht ein. Die Ausbildung der Sperrschicht läßt sich dadurch veranschaulichen, daß man Elektronenkonzentration $n(x)$ und Löcherkonzentration $p(x)$ über dem Ort x in ein gemeinsames Diagramm einträgt. Wird nun die über der Sperrschicht abfallende Sperrspannung U_{Sp} um $+\Delta U_{Sp}$ erhöht, vergrößert sich die räumliche Ausdehnung der Sperrschicht. Dabei hat die Sperrschicht eine zusätzliche Ladung $+\Delta Q$ aufgenommen. Man kann daher zur Veranschaulichung der Sperrschichtkapazität die Sperrschicht als Kondensator auffassen. In [37] findet man eine Ableitung für die Sperrschichtkapazität

$$C_S = A\sqrt{\frac{\varepsilon_r \varepsilon_0 e N_A N_D}{2(N_A + N_D)\,|U_R|}} \tag{6.3}$$

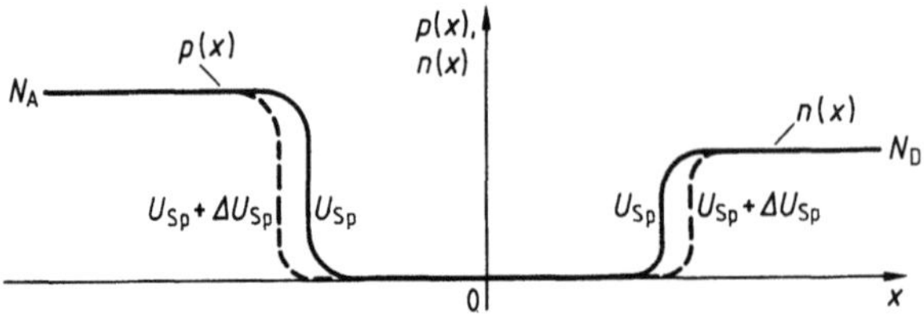

6.5 Elektronenkonzentration $n(x)$ und Löcherkonzentration $p(x)$ mit den Störstellenkonzentrationen N_A für Akzeptoren und N_D für Donatoren bei unterschiedlichen Sperrspannungen U_{Sp} (——) und $U_{Sp} + \Delta U_{Sp}$ (- - - -)

mit der Querschnittsfläche der Sperrschicht A, der Dielektrizitätskonstanten ε, der Elementarladung e, den Störstellenkonzentrationen N_A für die Akzeptoren und N_D für die Donatoren und der Sperrspannung U_R an den Diodenanschlüssen. Die Sperrschichtkapazität C_S kann zur Veranschaulichung mit der Kapazität eines Plattenkondensators verglichen werden. Dann ist

$$C_S = \varepsilon A / w \tag{6.4}$$

mit w als Ausdehnung der Sperrschicht im unsymmetrisch dotierten PN-Übergang. Aus Gl. (6.3) erkennt man, daß die Sperrschichtkapazität spannungsabhängig ist. Bild 6.6 zeigt einen realen Verlauf der Funktion $C_S(U)$. Für die Ersatzschaltung der Diode soll jedoch vereinfachend angenommen werden, daß die Sperrschichtkapazität C_S spannungsunabhängig sei. Dazu wird ein Mittelwert

$$C_{Sm} = \frac{1}{U_0} \int_{U_0}^{0} C_S(U)\,\mathrm{d}U \tag{6.5}$$

für den Sperrspannungsbereich $-U_0 \leqq U_R \leqq 0$ durch integrale Mittelwertbildung eingeführt.

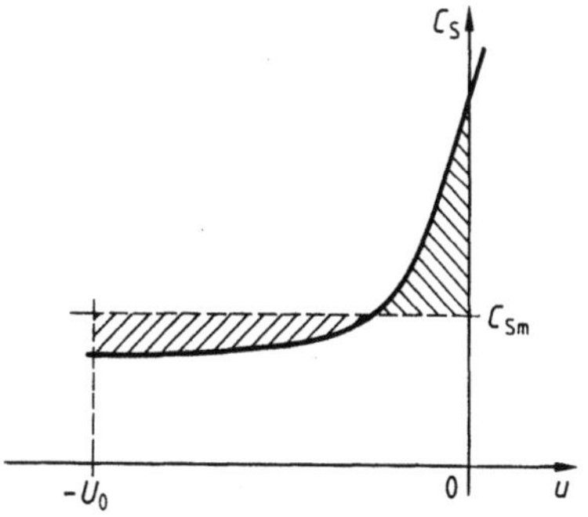

6.6
Verlauf der Sperrschichtkapazität C_S über der angelegten Spannung mit dem eingetragenen Mittelwert C_{Sm} für den Betriebsbereich $-U_0 < u < 0$

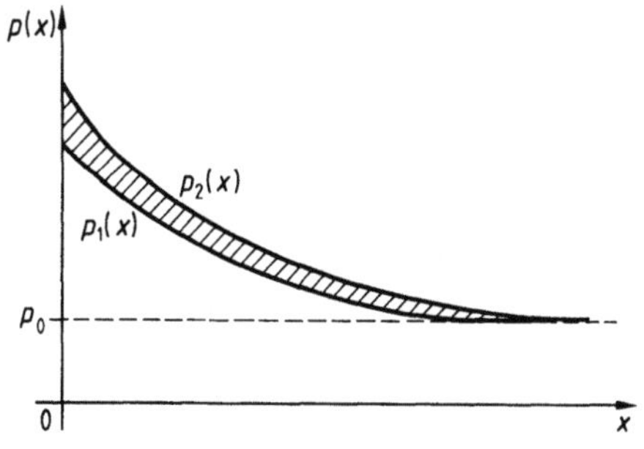

6.7
Minoritätsträgerkonzentration (Löcherkonzentration $p(x)$ im n-Halbleiter) mit den Verläufen $p_1(x)$ bei U_F und $p_2(x)$ bei $U_F + \Delta U_F$. p_0 Gleichgewichtswert der Löcherkonzentration

Diffusionskapazität. Im Durchlaßbetrieb der Diode tritt ein weiterer Ladungsträgerspeichervorgang auf. Bild 6.7 soll die auftretende Ladungsspeicherung veranschaulichen. Dazu wird die Minoritätsträgerkonzentration (hier z. B. die p-Konzentration im n-Halbleiter) über der örtlichen Ausdehnung x des PN-Übergangs aufgetragen. Wird an die Diode die Durchlaßspannung U_F angelegt, so bildet sich ein Konzentrationsgefälle $p_1(x)$ aus. Erhöht man die Durchlaßspannung U_F um ΔU_F, so vergrößert sich die Zahl der im PN-Übergang gespeicherten Minoritätsträger entsprechend dem Verlauf $p_2(x)$. Die Erhöhung der Durchlaßspannung um ΔU_F bewirkt damit eine Ladungszunahme um $+\Delta Q$, die der schraffierten Fläche zwischen $p_1(x)$ und $p_2(x)$ proportional ist. Das Verhalten des PN-Übergangs ist kapazitiv. Zur Beschreibung der Ladungsträgerspeicherung wird die Diffusionskapazität C_D eingeführt. Für niedrige Kreisfrequenzen mit $\omega \ll (1/\tau)$, wobei τ die Lebensdauer von Ladungen bis zur Rekombination ist, gilt nach [37]

$$C_D = \frac{e^2}{2kT} A L_p p_0 \exp\left(\frac{e U_{F-}}{kT}\right). \tag{6.6}$$

Darin bedeuten L_p die Diffusionslänge, p_0 den Gleichgewichtswert der Löcherkonzentration im n-Halbleiter und U_{F-} den Gleichanteil der Diodenspannung im Durchlaßbetrieb. Die Exponentialfunktion in Gl. (6.6) bestimmt den Wert der Diffusionskapazität C_D über den Arbeitspunkt auf der statischen Diodenkennlinie mittels des zeitunabhängigen Anteils der Diodenspannung in Durchlaßrichtung. Dabei ist L_p - anschaulich beschrieben - etwa die Strecke, die die Ladungsträger (hier Löcher) während ihrer Lebensdauer τ bis zur Rekombination im Halbleiter zurücklegen. Für hohe Kreisfrequenzen bei $\omega \gg 1/\tau$ ist

$$C_D = \frac{e^2}{2kT} A \sqrt{\frac{D_p}{\omega}} p_0 \exp\left(\frac{e U_{F-}}{kT}\right) \tag{6.7}$$

mit der Diffusionskonstanten D_p. Die Diffusionskapazität ist also bei hohen Frequenzen sowohl spannungs- als auch frequenzabhängig.

In der Ersatzschaltung (Bild 6.3) wird nicht direkt die Diffusionskapazität C_D eingetragen, sondern ersatzweise eine stromgesteuerte Stromquelle, die die Ladungsträgerspeicherung in der Diffusionskapazität nachbilden soll. Dabei wird der näherungsweise Ansatz gemacht, daß der Strom durch die Diffusionskapazität C_D der Stromänderung im Gleichrichter *Gl* proportional ist. Danach wird für den Strom der stromgesteuerten Stromquelle der Ansatz $\tau \, \mathrm{d}i_{Gl}/\mathrm{d}t$ in der Ersatzschaltung eingesetzt. Sie enthält außerdem den ohmschen Widerstand R_b, der die Zuleitungswiderstände und bei langen Bahngebieten auch die Bahnwiderstände berücksichtigt. Der Strom i_{Gl} im Gleichrichter *Gl* soll als reiner Diffusionsstrom angenommen werden. Das bedeutet, daß i_{Gl} im Bereich des PN-Übergangs keinen Spannungsabfall verursachen soll. Damit in der Ersatzschaltung ein derartiger Spannungsabfall nicht auftritt, wird ersatzweise eine vom Strom i_{Gl} gesteuerte Spannungsquelle als $i_{Gl} R_b'$ mit entgegengesetzter Polarität eingeführt, wobei R_b' den Bahnwiderstand im Diffusionsbereich berücksichtigt. Nachdem die Ersatzschaltung bezüglich ihrer Komponenten eingeführt ist, soll eine Gleichung aufgestellt werden, aus der das Schaltverhalten der Diode abgeleitet werden kann. Für den Diodenstrom ergibt sich aus der Stromaddition

$$i_D(t) = i_{Gl}(t) + C_{Sm} \frac{\mathrm{d}u_{Gl}(t)}{\mathrm{d}t} + \tau \frac{\mathrm{d}i_{Gl}(t)}{\mathrm{d}t}. \tag{6.8}$$

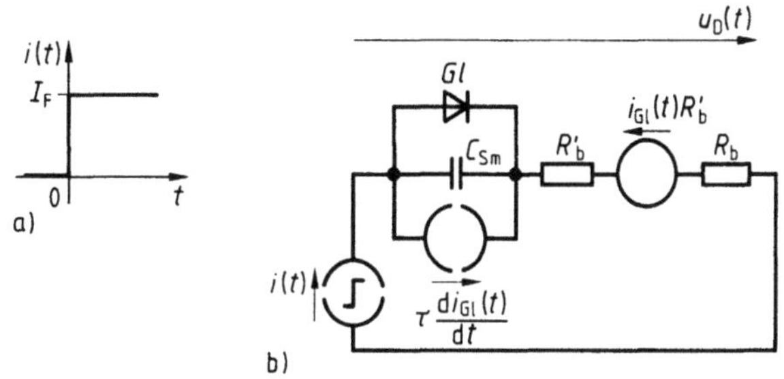

6.8
Ersatzschaltung für den Einschaltvorgang einer Halbleiterdiode mit einer Konstantstromquelle ($I_F = \text{const}$)

6.1.1.2 Einschaltvorgang. Bild **6.**8 zeigt die Ersatzschaltung einer Halbleiterdiode, die durch eine Konstantstromquelle gespeist werden soll. Zur Zeit $t=0$ geht der eingeprägte Strom von null auf $+I_F$ nach $i(t)=I_F\sigma(t)$ über. Als Zustand vor dem Einschalten soll angenommen werden, daß sich die Diode auf der statischen Kennlinie im Koordinatenursprung mit $U=0$ und $I_D=0$ befand. Nach dem Einschalten des Stromes soll die Spannung $u_{Gl}(t)$ an der Diode (Bild **6.**3) von null beginnend ansteigen. Bei leitender Diode kann angenommen werden, daß die Sperrschichtkapazität C_S gegenüber der Diffusionskapazität C_D vernachlässigt werden kann. Dann wird aus Gl. (6.8) für $i_D(t)=I_F=\text{const}$ und $t>0$

$$I_F = i_{Gl}(t) + \tau \frac{di_{Gl}(t)}{dt} = \text{const} \tag{6.9}$$

mit τ als Lebensdauer der Minoritätsträgerladungen. Gl. (6.9) stellt eine Differentialgleichung 1. Ordnung mit konstanten Koeffizienten dar. Hierfür wird eine Exponentialfunktion als Lösungsfunktion angesetzt. Danach erhält man die Lösung

$$i_{Gl}(t) = I_F(1 - e^{-t/\tau}). \tag{6.10}$$

Der Strom i_{Gl} und die Spannung u_{Gl} am PN-Übergang sind nach Gl. (6.1) entsprechend

$$i_{Gl} = I_S(e^{u_{Gl}/U_T} - 1) \tag{6.11}$$

mit $U_T = kT/e$ miteinander verknüpft. Gl. (6.11) kann nach u_{Gl} umgestellt werden, so daß man für

$$u_{Gl} = U_T \ln\left(\frac{i_{Gl}}{I_S} + 1\right) \tag{6.12}$$

berechnet. Der Ersatzschaltung (Bild **6.**3) kann für den Spannungsumlauf

$$u_D(t) = u_{Gl}(t) - R'_b i_{Gl}(t) + I_F(R_b + R'_b) \tag{6.13}$$

entnommen werden. Setzt man in Gl. (6.13) die Gl. (6.12) ein, dann wird

$$u_D(t) = U_T\left[\ln\frac{i_{Gl}(t)}{I_S} + 1\right] - R_b' i_{Gl}(t) + I_F(R_b + R_b'). \tag{6.14}$$

Gl. (6.10) kann ebenfalls in Gl. (6.14) eingesetzt werden. Dann ist

$$u_D(t) = U_T \ln\left[\frac{I_F(1-e^{-t/\tau})}{I_S} + 1\right] - R_b' I_F(1-e^{-t/\tau}) + I_F(R_b + R_b'). \tag{6.15}$$

Mit Gl. (6.15) liegt damit eine Gleichung für den Spannungsverlauf $u_D(t)$ beim Einschalten eines Konstantstroms vor. Interessant sind dabei noch die Grenzwerte für $t=0$ als $u_D(0)$ und für $t \to +\infty$ als $u_D(+\infty)$.

1. Fall: Für $t=0$ wird

$$u_D(0) = +I_F(R_b + R_b'); \tag{6.16}$$

2. Fall: Für $t \to +\infty$ wird

$$u_D(+\infty) = U_T \ln\left(\frac{I_F + I_S}{I_S}\right) + R_b I_F. \tag{6.17}$$

Zeichnet man den Einschaltvorgang mit Hilfe eines Speicheroszilloskops auf, so stellt man fest, daß sich in Abhängigkeit von der Größe des Diodendurchlaßstroms I_F unterschiedliche Verläufe von $u_D(t)$ einstellen (Bild **6.9**). So erhält man für kleine Ströme I_F kapazitives Verhalten (Kurve *1* in Bild **6.9**b) und für

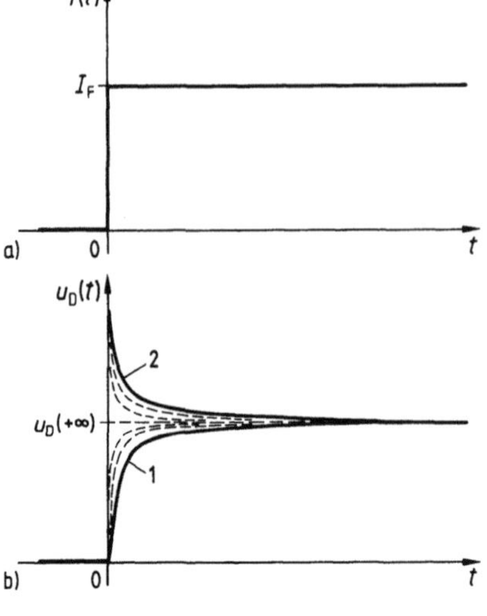

6.9
Einschaltvorgang einer Halbleiterdiode durch eine geschaltete Konstantstromquelle mit $i(t) = I_F\,\sigma(t)$ (a), unterschiedliche Verläufe der Diodenspannung $u_D(t)$:
1 kapazitives, 2 scheinbar induktives Einschaltverhalten (b)

große Ströme I_F eine scheinbar induktive Spannungsüberhöhung[1]) im Einschaltaugenblick (Kurve 2 in Bild **6.9**b). Diese Spannungsüberhöhung wird dadurch hervorgerufen, daß die Minoritätsträgerladungen im Bahngebiet erst durch einen entsprechenden Feldstrom aufgebaut werden müssen. Es kommt zu einem zusätzlichen gleichgerichteten Spannungsabfall am Bahnwiderstand. Die Bedingung für das unterschiedliche Verhalten kann man dadurch ermitteln, daß man Anfangs- und Endwert der Diodenspannung nach Gl. (6.16) und (6.17) vergleicht. Daraus kann die Differenz $\Delta u_D = u_D(0) - u_D(+\infty) = I_F R_b' - U_T \ln(I_F/I_S + 1)$ gebildet werden. Kapazitives Verhalten liegt vor, wenn $u_D(+\infty) > u_D(0)$ ist. Dann ist

$$\ln(I_F/I_S + 1) > \frac{1}{U_T} \cdot \frac{I_F}{I_S} (I_S R_b').$$

Für genügend große Werte von I_F ist diese transzendente Ungleichung jedoch nicht erfüllt. In diesem Fall liegt ein scheinbar induktives Verhalten vor. Für hinreichend kleine Werte von I_F kann die Logarithmusfunktion nach [5] für $-1 < (I_F/I_S) \leqq +1$ in eine unendliche Reihe entwickelt werden. Setzt man das Verhältnis $(I_F/I_S) = x$, dann gilt

$$\ln(1+x) = x - \frac{x^2}{2} + \frac{x^3}{3} - \frac{x^4}{4} + \frac{x^5}{5} - + \ldots .$$

Für kleine Werte von x kann näherungsweise $\ln(x+1) \approx x$ gesetzt werden. Daraus ergibt sich die angenäherte Ungleichung $U_T > R_b' I_S$. Das bedeutet, daß der Gleichrichter unter der Voraussetzung $U_T > R_b' I_S$ beim Einschaltvorgang für kleine Werte von I_F kapazitives und für große Werte von I_F ein scheinbar induktives Verhalten aufweist, da dann die Ungleichung für große Werte von I_F nicht mehr erfüllt ist. Beginnt der Einschaltvorgang von einer negativen Sperrspannung aus, so muß für den zeitlichen Verlauf des Einschaltens der Diode noch das Umladen der Sperrschichtkapazität C_S berücksichtigt werden. Da die Diode in diesem Bereich zunächst noch sperrt, tritt eine Diffusionskapazität C_D und damit die stromgesteuerte Stromquelle in der Ersatzschaltung nicht auf. Übliche mittlere Werte der Sperrschichtkapazität C_{Sm} betragen bei modernen Dioden etwa 2 pF. Wird die Diode mit Hilfe einer Spannungsquelle aus dem sperrenden in den leitenden Betrieb umgeschaltet, so bestimmen der Widerstand der Diode zwischen den Anschlüssen und der Innenwiderstand der Spannungsquelle die Zeitkonstante für die Umladung der Sperrschichtkapazität C_S. Für einen gesamt wirksamen Widerstand von z. B. 100 Ω ist die Zeitkonstante des Umladevorgangs etwa 0,2 ns. Für rechteckförmige Generatorimpulse mit einer Anstiegszeit ≧ 1 ns verläuft das Umladen der Sperrschichtkapazität C_S etwa zeitgleich mit der ansteigenden Flanke des Generatorimpulses.

---

[1]) Dieses scheinbar induktive Schaltverhalten wird auch als Leitwertträgheit bezeichnet.

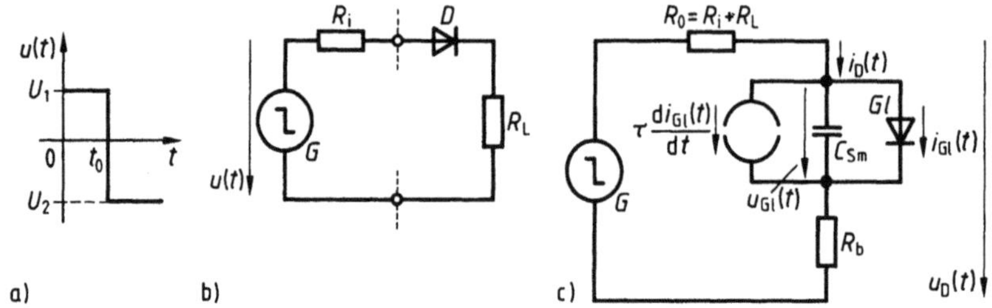

6.10 Umschaltung einer Halbleiterdiode D mit einem Generator G (Spannungen U_1 und U_2 (a), Innenwiderstand R_i) über einen Lastwiderstand R_L (b), Darstellung der geschalteten Diode D durch eine vereinfachte Ersatzschaltung mit dem Ersatzwiderstand $R_0=R_i+R_L$ (c)

6.1.1.3 Ausschaltvorgang. Bild **6.**10 zeigt eine Halbleiterdiode D, die durch einen Generator G mit den Spannungen U_1 und U_2 und dem Innenwiderstand R_i vom leitenden in den sperrenden Zustand umgeschaltet werden soll. Der Ausschaltvorgang wird noch hinreichend genau beschrieben, wenn die Ersatzschaltung der Diode (Bild **6.**3) dahingehend vereinfacht wird, daß der Widerstand R'_b des Bahngebiets innerhalb der Diffusionslänge sowie die Ersatzspannungsquelle $i_{Gl}(t)\,R'_b$ weggelassen werden. Bild **6.**10c zeigt eine vereinfachte Ersatzschaltung. Zum Zeitpunkt $t=t_0$ soll die Diode D vom leitenden in den sperrenden Zustand umgeschaltet werden. Dann kann der gesamte Abschaltvorgang dadurch beschrieben werden, daß man ihn in zwei Phasen aufteilt.

Phase 1. (*Gl* kurzgeschlossen: $u_{Gl}=0$ und $i_{Gl}>0$)
Zu Beginn soll die Reihenschaltung aus Diode D und dem Widerstand $R_0=R_i+R_L$ an einer Spannung U_1 liegen, so daß die Diode in Durchlaßrichtung betrieben wird. Dann ist der Diodenstrom in Durchlaßrichtung I_F bei kurzgeschlossenem Gleichrichter

$$I_F = U_1/(R_0+R_b). \tag{6.18}$$

In der Regel ist $R_b \ll R_0$, so daß $I_F \approx U_1/R_0$ ist. An der Diode fällt die Spannung $U_F=R_b I_F=U_1 R_b/(R_0+R_b)$ ab. Zur Zeit $t=t_0$ springt die Generatorspannung von U_1 auf U_2 ($U_2<0$), so daß dadurch der Beginn des Übergangs vom Durchlaß- in den Sperrbetrieb veranlaßt wird. Würden in der Diode keine Speichereffekte auftreten, dann müßte auch die Diodenspannung sprunghaft den Wert U_2 annehmen. Infolge des vor dem Schaltzeitpunkt geflossenen Durchlaßstroms I_F befinden sich jedoch Minoritätsträgerladungen im PN-Übergang und in den Bahngebieten. Dabei nimmt die Größe der gespeicherten Ladung mit dem Durchlaßstrom I_F zu; die gespeicherte Ladung ist aber von der Größe der Bahngebiete und der Minoritätsträgerlebensdauer τ bis zur Rekombination abhängig. Deshalb weist die Diode unmittelbar nach dem Umschalten auf die Spannung U_2 noch einen niedrigen Durchlaßwiderstand auf, so daß in Sperrichtung ein Strom fließt, der nur durch den momentanen Wert des Durchlaßwiderstands der Diode in Reihe mit dem Widerstand des äußeren Stromkreises bestimmt wird. Unter dem Einfluß der umgepolten Generatorspannung fließt in Sperrichtung ein Strom

$$I_R = U_2/(R_0 + R_b) \tag{6.19}$$

bzw. $I_R \approx U_2/R_0$ für $R_b \ll R_0$. Der Strom I_R ist näherungsweise konstant, da er im wesentlichen nach Gl. (6.19) für $R_b \ll R_0$ durch die angelegte Spannung U_2 und den äußeren Widerstand R_0 im Stromkreis bestimmt wird. Dieser Strom bewirkt den Abbau der gespeicherten Ladung. Physikalisch betrachtet werden die gespeicherten Ladungen teilweise durch Rücktransport der Minoritätsträger über den PN-Übergang hinweg sowie durch Rekombination in den Bahngebieten und an der Kontaktierung abgebaut. Bild **6.**11 zeigt qualitativ, wie sich das Konzentrationsprofil für $t > t_0$ in Abhängigkeit von der Entfernung x

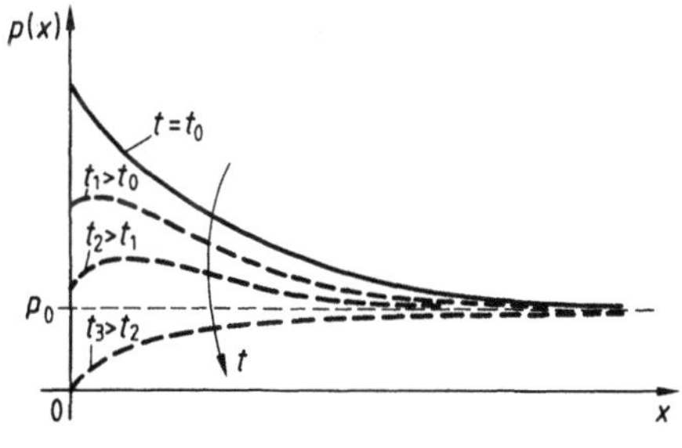

6.11
Abbau der Minoritätsträgerdichte mit veränderlichem Konzentrationsprofil während des Ausschaltvorgangs für $t \geqq t_0$ (nicht maßstäblich)
$p(x)$ Löcherkonzentration, p_0 Gleichgewichtswert der Löcherkonzentration

von der Sperrschicht bei einem sprunghaften Sperrvorgang verändert. Daher ist die Halbleiterdiode zunächst noch nicht sperrfähig. In der vereinfachten Ersatzschaltung ist die Sperrschichtkapazität C_{Sm} wegen des parallelen Kurzschlusses durch den Gleichrichter *Gl* wirkungslos. Dann gilt nach Gl. (6.8) für $R_b \ll R_0$

$$\frac{U_2}{R_0} = \tau \frac{\mathrm{d}i_{Gl}(t)}{\mathrm{d}t} + i_{Gl}(t). \tag{6.20}$$

Für den Strom $i_{Gl}(t)$ durch den Gleichrichter *Gl* wird der Ansatz gemacht

$$i_{Gl}(t) = I_0\,\mathrm{e}^{-(t-t_0)/\tau} + \frac{U_2}{R_0}.$$

Darin ist I_0 eine Konstante, die noch mit Hilfe der Anfangsbedingung $i_{Gl}(t_0) = I_F$ zu bestimmen ist. Für $i_{Gl}(t_0) = I_F$ ergibt sich mit Gl. (6.19) $I_0 = I_F - I_R$. Damit wird

$$i_{Gl}(t) = (I_F - I_R)\,\mathrm{e}^{-(t-t_0)/\tau} + I_R. \tag{6.21}$$

Aus der Ersatzschaltung folgen

$$i_{\mathrm{D}}(t) = \tau \frac{\mathrm{d}i_{\mathrm{Gl}}(t)}{\mathrm{d}t} + i_{\mathrm{Gl}}(t) = I_{\mathrm{R}} \tag{6.22}$$

und

$$u_{\mathrm{D}}(t) = i_{\mathrm{D}}(t)R_{\mathrm{b}} = I_{\mathrm{R}}R_{\mathrm{b}} = U_2 R_{\mathrm{b}}/(R_0 + R_{\mathrm{b}}). \tag{6.23}$$

Der leitende Zustand der Halbleiterdiode bleibt solange erhalten, bis $i_{\mathrm{Gl}}=0$ wird. Während dieser noch zu bestimmenden Zeit werden die Minoritätsträgerladungen aus den Bahngebieten ausgeräumt. Die dazu erforderliche Zeit wird Speicherzeit t_{S} genannt. Sie ist um so größer, je größer der Diodenstrom I_{F} in Durchlaßrichtung war. Die Speicherzeit t_{S} wird durch $i_{\mathrm{Gl}}(t_{\mathrm{S}})=0$ für $t_0=0$ bestimmt. Aus Gl. (6.21) berechnet man danach die Speicherzeit (der Zahlenwert von I_{R} ist negativ)

$$t_{\mathrm{S}} = \tau \ln\left(1 + \frac{I_{\mathrm{F}}}{|I_{\mathrm{R}}|}\right). \tag{6.24}$$

Phase 2. (*Gl* sperrt: $i_{\mathrm{Gl}}=0$ und $u_{\mathrm{Gl}}<0$)
Für $t>t_0+t_{\mathrm{S}}$ ist der Strom i_{Gl} wegen des sperrenden Gleichrichters *Gl* null. Die Sperrschichtkapazität C_{Sm} ist nicht mehr kurzgeschlossen und wird nun auf U_2 aufgeladen, so daß sich über dem Gleichrichter *Gl* die Spannung $u_{\mathrm{Gl}}(t)$ aufbaut. Dann gilt für den Spannungsumlauf in Bild **6.**10c

$$U_2 = C_{\mathrm{Sm}} \frac{\mathrm{d}u_{\mathrm{Gl}}(t)}{\mathrm{d}t}(R_0 + R_{\mathrm{b}}) + u_{\mathrm{Gl}}(t). \tag{6.25}$$

Die Anfangsbedingung folgt daraus, daß zur Zeit $t=t_0+t_{\mathrm{S}}$ sowohl $i_{\mathrm{Gl}}(t_0+t_{\mathrm{S}})=0$ als auch $u_{\mathrm{Gl}}(t_0+t_{\mathrm{S}})=0$ sind. Gl. (6.25) stellt eine Differentialgleichung 1. Ordnung mit konstanten Koeffizienten dar. Als Lösungsfunktion wird der Ansatz gemacht

$$u_{\mathrm{Gl}}(t) = U_0[1 - \mathrm{e}^{-(t-t_0-t_{\mathrm{S}})/\tau^*}]$$

mit U_0 und τ^* als Konstanten, die noch mit Hilfe der Randbedingungen zu bestimmen sind. Aus der Randbedingung $\lim_{t\to\infty} u_{\mathrm{Gl}}(t) = U_2$ folgt die Lösungsfunktion

$$u_{\mathrm{Gl}}(t) = U_2[1 - \mathrm{e}^{-(t-t_0-t_{\mathrm{S}})/\tau^*}]. \tag{6.26}$$

Wendet man die Anfangsbedingung $u_{\mathrm{Gl}}(t_0+t_{\mathrm{S}})=0$ auf Gl. (6.25) an, so erhält man für die angenommene Zeitkonstante

$$\tau^* = C_{\mathrm{Sm}}(R_0 + R_{\mathrm{b}}). \tag{6.27}$$

Die Sperrschichtkapazität C_{Sm} wird also mit der Zeitkonstanten τ^* auf den stationären Spannungsendwert U_2 aufgeladen. Da $i_{GI}=0$ und $di_{GI}(t)/dt=0$ sind, ist der Ladestrom durch C_{Sm} zugleich der Diodenstrom

$$i_D(t)=C_{Sm}\frac{du_{GI}(t)}{dt}=\frac{U_2}{R_0+R_b}\,e^{-(t-t_0-t_S)/\tau^*}. \qquad (6.28)$$

Der Strom $i_D(t)$ sinkt damit exponentiell auf null, während die Diodenspannung

$$u_D(t)=U_2\left[1-\frac{R_0}{R_0+R_b}\,e^{-(t-t_0-t_S)/\tau^*}\right] \qquad (6.29)$$

ebenfalls exponentiell dem Spannungsendwert zustrebt. Für $R_b \ll R_0$ wird $u_D(t)\approx u_{GI}(t)$. Die Aufladung der Sperrschichtkapazität kann näherungsweise als abgeschlossen angesehen werden, wenn der Diodenstrom $i_D(t)$ als Ladestrom der Sperrschichtkapazität C_{Sm} dem Betrage nach auf 10% des Anfangswerts abgeklungen ist. Damit kann die Übergangszeit t_t (engl. transition time) festgelegt werden. Man berechnet die Übergangszeit t_t, indem man in Gl. (6.28) zur Zeit $t=t_0+t_S+t_t$ 10% des anfänglichen Diodenstroms einsetzt

$$i_D(t_0+t_S+t_t)=0{,}1\,\frac{U_2}{R_0+R_b}=\frac{U_2}{R_0+R_b}\,e^{-(t_t+t_0+t_S-t_0-t_S)/\tau^*}.$$

Dann ist

$$t_t=\tau^*\ln(10)=C_{Sm}(R_0+R_b)\ln(10)\approx 2{,}30\,C_{Sm}(R_0+R_b). \qquad (6.30)$$

Der Ausschaltvorgang der Halbleiterdiode ist also in zwei Phasen zu gliedern: Phase 1 zum Ausräumen von Minoritätsträgerladungen (Speicherzeit t_S) und Phase 2 zum Aufladen der Sperrschichtkapazität C_{Sm} auf den stationären Spannungsendwert in Sperrichtung (Übergangszeit t_t). Die Summe aus Speicherzeit t_S und Übergangszeit t_t wird als Erholzeit

$$t_{rr}=t_S+t_t \qquad (6.31)$$

der Halbleiterdiode (engl. reverse recovery time) beim Übergang vom leitenden in den sperrenden Zustand bezeichnet. Bild **6.**12 zeigt für die Phasen 1 und 2 die zeitlichen Verläufe von $u_D(t)$ und $i_D(t)$, wenn die Generatorspannung zur Zeit $t=t_0$ von U_1 auf U_2 umgeschaltet wird. Die Halbleiterdiode gewinnt erst nach der Erholzeit t_{rr} ihre Sperrfähigkeit zurück. In impulsverarbeitenden Schaltungen ist dieses dynamische Verhalten in der Regel unerwünscht. Zugleich begrenzt die Erholzeit t_{rr} die maximale Schalthäufigkeit der Halbleiterdiode.

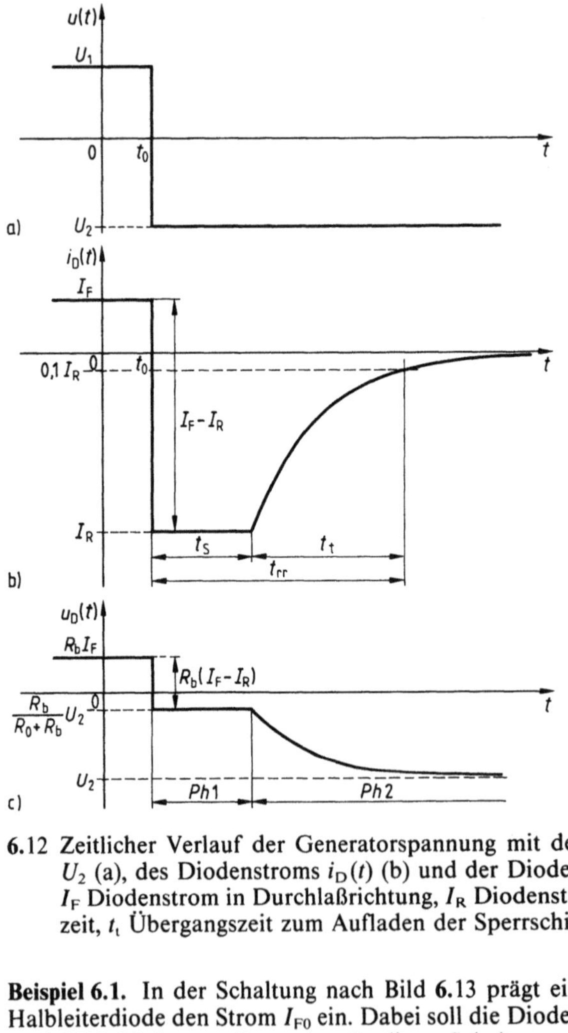

6.12 Zeitlicher Verlauf der Generatorspannung mit dem Sprung bei $t = t_0$ von U_1 auf U_2 (a), des Diodenstroms $i_D(t)$ (b) und der Diodenspannung $u_D(t)$ (c)
I_F Diodenstrom in Durchlaßrichtung, I_R Diodenstrom in Sperrichtung, t_S Speicherzeit, t_t Übergangszeit zum Aufladen der Sperrschichtkapazität, t_{rr} Erholzeit

Beispiel 6.1. In der Schaltung nach Bild **6.**13 prägt eine Konstantstromquelle Q einer Halbleiterdiode den Strom I_{F0} ein. Dabei soll die Diode als vereinfachte Ersatzschaltung nach Bild **6.**3 dargestellt werden. In dieser Schaltung sollen der Bahnwiderstand R_b' innerhalb der Diffusionslänge sowie die stromgesteuerte Spannungsquelle $i_{Gl} R_b$ fortgelassen werden. Weiter soll die Sperrschichtkapazität vernachlässigt werden, so daß $C_{Sm} \approx 0$

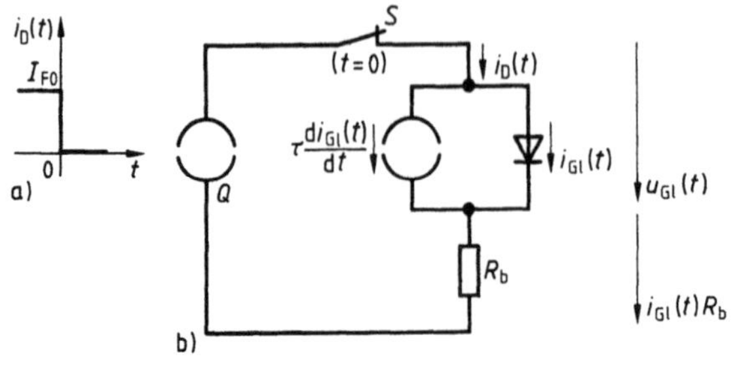

6.13
Vereinfachte Ersatzschaltung einer Halbleiterdiode beim Abschalten eines Konstantstroms zur Zeit $t = 0$

gilt. Zur Zeit $t=0$ wird der konstante Strom I_{F0} durch den Schalter S abgeschaltet. Der zeitliche Verlauf der Diodenspannung $u_D(t)$ soll berechnet und skizziert werden.

Zuerst stellt man eine Gleichung für die Stromsumme auf; danach ist

$$i_D(t)=\tau \frac{d i_{Gl}(t)}{dt}+i_{Gl}(t).$$

Für $t>0$ ist $i_D(t)=0$. Dann ist

$$0=\tau \frac{d i_{Gl}(t)}{dt}+i_{Gl}(t).$$

Mit der Anfangsbedingung $i_{Gl}(0)=I_{F0}$ berechnet man daraus die Lösungsfunktion für den Strom $i_{Gl}(t)$ im Gleichrichter *Gl*

$$i_{Gl}(t)=I_{F0}\,e^{-t/\tau}.$$

Für die Spannung $u_D(t)$ ergibt sich wegen $u_D(t)=u_{Gl}(t)$ mit Gl. (6.11)

$$u_D(t)=U_T \ln\left(\frac{I_{F0}}{I_S}\,e^{-t/\tau}+1\right).$$

In der Regel ist $I_{F0} \gg I_S$, so daß für nicht zu große Zeiten [d.h. $(I_{F0}/I_S)\,e^{-t/\tau} \gg 1$] die Näherung

$$u_D(t) \approx U_T \ln\left(\frac{I_{F0}}{I_S}\right)-\frac{t}{\tau}$$

zulässig ist. Danach liegt zu Beginn des Abschaltvorgangs ein etwa linearer Spannungsverlauf vor, der - sobald die Bedingung $(I_{F0}/I_S)\,e^{-t/\tau} \gg 1$ nicht mehr erfüllt ist - in einen exponentiellen Spannungsverlauf übergeht (Bild **6**.14). Man erkennt zunächst eine sprunghafte Abnahme der Diodenspannung bei $t=0$, da der Spannungsabfall $I_{F0}R_b$ am Bahnwiderstand wegfällt. Mit zunehmender Zeit t strebt die Diodenspannung $u_D(t)$ dem stationären Endwert $\lim_{t\to\infty} u_D(t)=0$ zu.

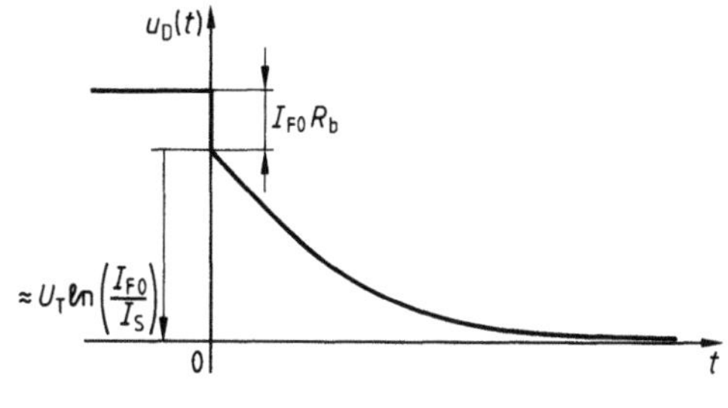

6.14
Zeitlicher Verlauf der Diodenspannung $u_D(t)$ beim Abschalten eines Konstantstroms

6.1.1.4 Dynamische Umschaltkennlinie. Schaltet man eine Halbleiterdiode mit Hilfe zweier Spannungen U_1 und U_2 ideal rechteckförmig zunächst ein und anschließend aus, so stellen sich zeitliche Verläufe für die Diodenspannung $u_D(t)$ und den Diodenstrom $i_D(t)$ ein, wie sie in Bild **6**.15a und b wiedergegeben sind. Bei gleichem Zeitmaßstab kann dann am einfachsten graphisch die Zeit t dadurch eliminiert werden, daß man für gleiche Zeiten die Werte von

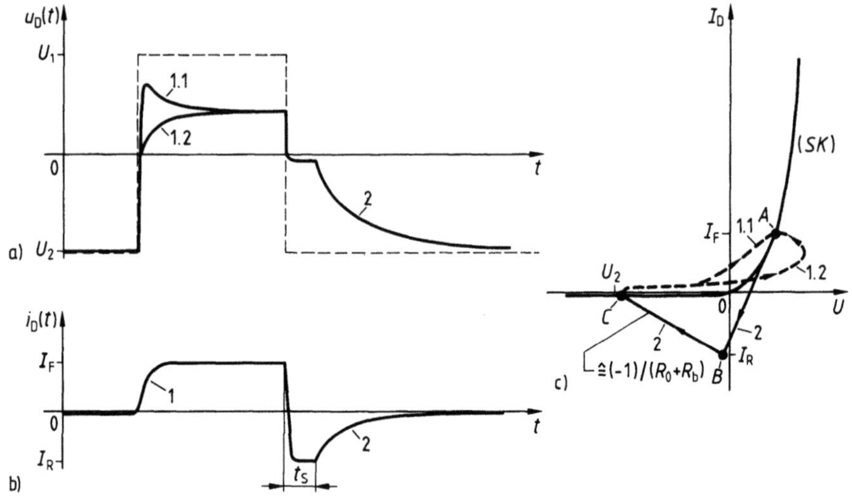

6.15 Konstruktion der dynamischen Umschaltkennlinie der Halbleiterdiode aus den Verläufen der Diodenspannung $u_D(t)$ (a) und des Diodenstroms $i_D(t)$ (b) durch graphische Elimination der Zeit t (c)
1 Einschaltvorgang, 1.1 scheinbar induktives Einschaltverhalten, 1.2 kapazitives Einschaltverhalten, 2 Ausschaltvorgang

Diodenspannung und -strom in ein gemeinsames Diagramm $I_D(U_D)$ einträgt und so die dynamische Kennlinie der Halbleiterdiode erhält (Bild 6.15c). Es ergeben sich zwei unterschiedliche Verläufe: Kurve 1.1 zeigt den kapazitiven Einschaltvorgang und Kurve 1.2 den scheinbar induktiven Verlauf mit der Spannungsüberhöhung als Leitwertträgheit im Vergleich zur statischen Diodenkennlinie. Der stationäre Einschaltzustand der Diode ist durch Punkt A gegeben. Beim Abschaltvorgang ändert sich der Diodenstrom um $(I_F+|I_R|)$. Das Teilstück A-B der dynamischen Kennlinie wird schnell durchlaufen. Der Arbeitspunkt B ist durch die Widerstandsgerade mit der Spannung U_2 und der Steigung $-1/(R_0+R_b)$ sowie die Spannung $U_2R_b/(R_0+R_b)$ festgelegt. In Punkt B verweilt der Zustand der Diode für die Speicherzeit t_S, um dann längs der Widerstandsgeraden dem stationären Kennlinienpunkt C zuzustreben. Schaltet man eine Halbleiterdiode mit Hilfe der Spannungen U_1 und U_2 bei endlicher Flankensteilheit um, so nähert sich mit abnehmender Flankensteilheit die dynamische Kennlinie der statischen Kennlinie SK an. Im theoretischen Grenzfall für unendlich große Übergangszeit von U_1 auf U_2 oder U_2 auf U_1 ist die dynamische Kennlinie mit der statischen Kennlinie identisch.

6.1.2 Schaltdioden für den Nanosekundenbereich

Für Schaltanwendungen gibt es viele spezielle Diodentypen. Dieser Abschnitt soll sich auf Diodentypen beschränken, deren Schaltverhalten auf besondere physikalische Vorgänge zurückgeht. Es sind dies die Speicher-Schaltdiode (step-recovery-diode), die Metall-Halbleiterdiode (Schottky-Diode oder auch hot-carrier-diode genannt) und die Tunnel-Diode (siehe dazu [37]). Diese Diodentypen haben weitverbreitete Anwendung in der Hochgeschwindigkeits-Impulstechnik gefunden.

6.1.2.1 Speicher-Schaltdiode. Dioden, bei denen die gespeicherte Ladung beim Ausschalten innerhalb einer definierten Zeit abgebaut wird und die anschließend nahezu sprunghaft in den sperrenden Zustand übergehen, werden Speicher-Schaltdioden genannt. Man bezeichnet den Übergang in den sperrenden Zustand als snap-off-Effekt (engl. to snap off = wegschnappen). Das besondere Kennzeichen der Speicher-Schaltdiode ist, daß nicht die Speicherzeit t_S sondern besonders die Übergangszeit t_t reduziert ist. Deshalb benutzt man diese Diode dazu, sowohl Impulse im Nanosekundenbereich zu erzeugen als auch Impulsflanken zu versteilern, um auf diese Weise schnelle Schalter zu steuern. Die dabei auftretenden steilen Impulsflanken sind jeweils mit einem breiten Amplitudendichtespektrum verknüpft. Bei einem PN-Übergang, wie er der üblichen Halbleiterdiode entspricht, nimmt die Minoritätsträgerkonzentration mit zunehmender Entfernung x von der Grenzschicht etwa exponentiell ab. Dadurch werden zunächst die zahlreichen in der unmittelbaren Nähe der Sperrschicht befindlichen Minoritätsträgerladungen abgebaut. Erst dann können die weiter von der Sperrschicht entfernten Minoritätsträgerladungen zurückdiffundieren. Ein geeignet dimensioniertes Dotierungsprofil soll nun bei der Speicher-Schaltdiode dafür sorgen, daß sich nahezu der gesamte Minoritätsträgerüberschuß in der Nähe des PN-Übergangs befindet. Dadurch können die Ladungen bereits während der Speicherzeit t_S abgebaut werden. Die Übergangszeit t_t wird sehr klein und kann den Wert von $t_t \approx 100$ ps unterschreiten. Die physikalischen Vorbedingungen für diesen sprunghaften Übergang in den sperrenden Zustand sind eine geringe Sperrschichtkapazität C_S und ein geeignetes Dotierungsprofil.

Schaltverhalten. Legt man an eine Reihenschaltung aus **S**tep-**R**ecovery-**D**iode (*SRD*) und ohmschen Widerstand z. B. eine sinusförmige Eingangsspannung (Bild **6**.16a), so stellt man den Verlauf in Bild **6**.16b für den Diodenstrom $i_D(t)$ fest. Während die Diode leitend ist, hat sie einen Durchlaßwiderstand von bis zu 1 Ω. Dabei werden Ladungsträger am PN-Übergang angesammelt. Wird die

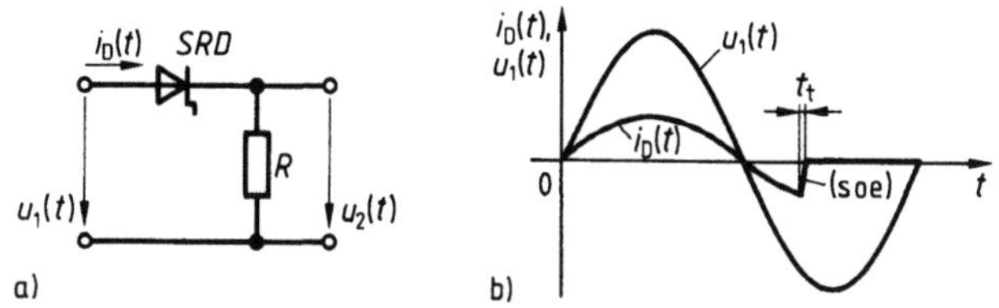

6.16 Reihenschaltung aus Speicher-Schaltdiode *SRD* (step-recovery-diode) und ohmschem Widerstand *R* (a), Verlauf des Diodenstroms $i_D(t)$ in Abhängigkeit von der angelegten Spannung $u_1(t)$ (b)
t_t Übergangszeit, soe ‚snap-off'-Effekt

Eingangsspannung negativ, fließt zunächst ein Diodenstrom in Sperrichtung, bis die Ladung am PN-Übergang ausgeräumt ist. Der Strom geht dann sprunghaft auf null zurück, ohne dabei vom Wert der Eingangsspannung abzuhängen. Der Diodenwiderstand steigt dabei auf mehrere MΩ an. Der Verlauf der Eingangsspannung $u_1(t)$ im negativen Bereich muß allerdings die Vorspannung schnell genug aufbauen, bevor die gespeicherte Ladung entweder durch Rekombination oder durch den umgekehrten Diodenstrom abgebaut werden kann. Der Übergang in den sperrenden Zustand erfolgt dann im Bruchteil einer Nanosekunde, so daß dann die gesamte angelegte Spannung über der Step-Recovery-Diode SRD abfällt. Diese Diode wirkt damit wie ein Schalter, der nach einer gewissen Verzögerungszeit (Speicherzeit t_S) plötzlich geöffnet wird.

Die besondere Eigenschaft der Step-Recovery-Diode besteht darin, daß man den Zeitpunkt für das Auftreten des ‚Snap-off'-Effektes dadurch festlegen kann, daß man den Wert des zuvor geflossenen Durchlaßstroms einstellt. Dadurch wird die gespeicherte Ladung Q festgelegt, die während der Speicherzeit t_S wieder abzubauen ist. Am Ende der Speicherzeit findet der ‚Snap-off'-Effekt als Übergang der Diode in den sperrenden Zustand statt („soe" in Bild **6.**16b).

Anwendung. Der ‚snap-off'-Effekt kann für Zwecke der Impulsformung (engl. pulse shaping) genutzt werden, so z. B. um zeitlich vorherbestimmt Impulsflanken zu versteilern. Da die eingangsseitige Impulsflanke erst nach Ablauf der Speicherzeit t_S versteilert am Ausgang auftritt, muß der Wert von t_S bekannt sein und darf nur geringen Schwankungen unterliegen.

Typische Werte für eine Speicher-Schaltdiode sind:

Maximaler Durchlaßstrom	$I_{F\,max}$	= 300 mA
Durchlaßspannung	U_F	= 0,9 V bei I_F = 100 mA
Sperrstrom	I_R	= −50 nA bei U_R = −50 V
Durchbruchspannung	U_{RD}	= −70 V bei I_R = −10 μA
Sperrschichtkapazität	C_S	= 3 pF ... 5 pF bei U_R = −10 V
Einschaltzeit (‚turn-on'-time)	t_{ON}	= 5 ns ... 2 ns bei I_F = 20 mA ... 90 mA
Übergangszeit (‚snap-off'-time)	t_t	= 250 ps ... 300 ps bei I_F = 20 mA ... 90 mA
Lebensdauer der Minoritätsträger	τ	= 80 ns ... 300 ns

Wie oft dieser snap-off-Effekt wiederholt werden kann, hängt davon ab, wie schnell die erforderliche Ladung durch die Konstantstromquelle oder eine hochohmige Stromeinspeisung wieder aufgebaut werden kann. Für die Ladungsakkumulation in der SRD kann mit hinreichender Genauigkeit der Ansatz gemacht werden

$$Q(t) = I_F \tau (1 - e^{-t/\tau}) \tag{6.32}$$

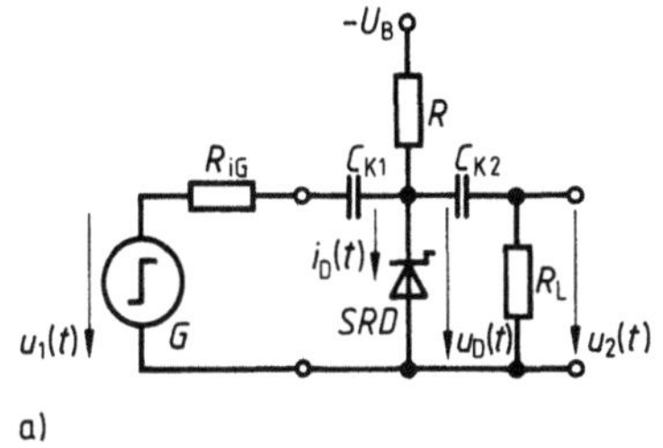

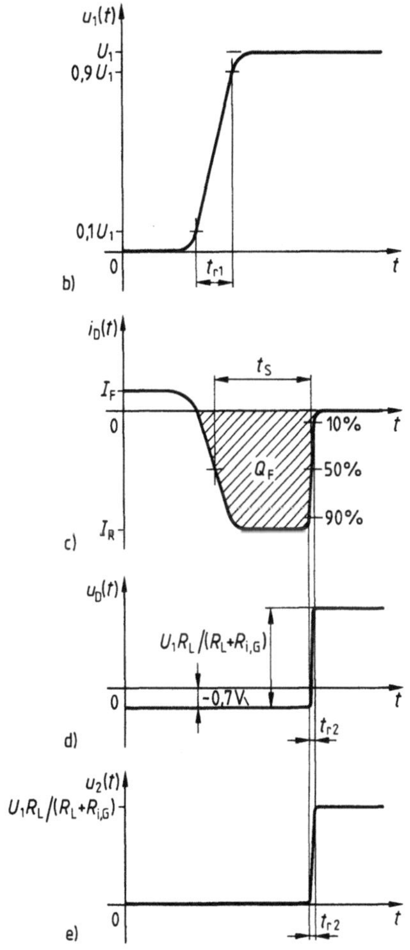

6.17
Schaltung zur Versteilerung von Impulsflanken mit dem Schaltzeichen für die Speicher-Schaltdiode *SRD* (a), zeitliche Verläufe der Eingangsspannung $u_1(t)$ mit der Anstiegszeit t_{r1} (b), des Diodenstroms $i_D(t)$ (c), der Diodenspannung $u_D(t)$ (d) und der Ausgangsspannung $u_2(t)$ mit der verkürzten Anstiegszeit t_{r2} (e)

mit τ in der Größenordnung von 10 ns. Dann wird die Ladung Q_F am PN-Übergang entsprechend

$$Q_F(t_F) = I_F\,\tau(1 - e^{-t_F/\tau}) \tag{6.33}$$

in der Zeit t_F akkumuliert. Zum Aufbau von 90% der Ladung Q_F ist bei $Q_F = 0{,}9\,I_F\,\tau$ die Zeit $t_F \approx 2{,}30\,\tau \approx 23$ ns erforderlich. Damit ist die maximal mögliche Wiederholfrequenz (engl. ‚repetition rate') für den ‚snap-off'-Effekt bei den vorgegebenen Eingangsdaten $f \leqq 1/t_F \approx 43{,}5$ MHz. Diese Überschlagsrechnung soll dazu dienen, den ‚snap-off'-Effekt zu veranschaulichen. Sie berücksichtigt nicht die sonstigen Rückwirkungen der umgebenden Schaltung. Bei geeigneter Dimensionierung sind Wiederholfrequenzen $f \geqq 100$ MHz mit solchen Schaltungen erreichbar.

In Bild 6.17a ist eine einfache Schaltung zur Versteilerung von Impulsflanken dargestellt. Die Schaltung wird durch einen Generator *G* mit dem Innenwiderstand R_{iG} gespeist, der Spannungssprünge mit endlicher Flankensteilheit abgibt. Diese Impulsflanken werden über den Koppelkondensator C_{K1} der Speicher-Schaltdiode *SRD* zugeführt. Die Spannungsquelle $-U_B$ und der Widerstand R sollen bewirken, daß der Speicher-Schaltdiode in erster Näherung ein Konstantstrom in Durchlaßrichtung eingeprägt wird. Dieser Strom wird so eingestellt, daß zwischen zwei aufeinanderfolgenden Schaltvorgängen der Diode gerade die gewünschte Ladung Q_F gespeichert werden kann. Ohne die Anschaltung der Generatorspannung wird die Diode *SRD* in Durchlaßrichtung betrieben, so daß sich an der Kathode der Diode eine Spannung von etwa −0,7 V einstellt. Gibt man nun eine ansteigende Impulsflanke mit der Amplitude U_1 (Bild **6.**17b) über den Koppelkondensator C_{K1} auf die Diode *SRD*, so fließt zunächst ein negativer Ausräumstrom I_R solange, bis die am PN-Übergang gespeicherte Ladung entsprechend der schraffierten Fläche in Bild **6.**17c ausgeräumt ist. Danach sperrt die Diode sprungartig, so daß am Ausgang ein Spannungsanstieg um $U_1 R_L/(R_L+R_{iG})$ auftritt (Bild **6.**17d). Die Spannung U_1 wird dabei im Verhältnis der Widerstände R_L und R_{iG} geteilt. Die Koppelkondensatoren C_{K1} und C_{K2} dienen der gleichstrommäßigen Entkopplung, so daß sich am Ausgang der Schaltung der in Bild **6.**17e versteilerte Spannungsverlauf ergibt. Die Kapazitäten werden so gewählt, daß sie zwischen zwei Schaltvorgängen praktisch nicht umgeladen werden. Die Schaltung verkürzt die Anstiegszeit von t_{r1} auf t_{r2}, wie der Vergleich der Bilder **6.**17b und e zeigt. Praktische Schaltungen erlauben eine Verkürzung der Anstiegszeit von 10 ns auf 0,1 ns.

6.1.2.2 Metall-Halbleiterdioden. PN-Dioden sind für schnelle Schalteranwendungen nur bedingt einsetzbar. Das gilt besonders für das Abschaltverhalten, da die PN-Diode beim Abschalten wegen der gespeicherten Minoritätsträgerladungen zunächst noch einen niedrigen Durchlaßwiderstand aufweist. Unmittelbar nach Umschalten auf Sperrbetrieb wird der Sperrstrom wesentlich vom Widerstand des äußeren Stromkreises bestimmt. Das Schaltverhalten kann dadurch verbessert werden, daß man den PN-Übergang durch einen flächenhaften Übergang zwischen Metall und einem N-Halbleiter ersetzt. Die entstehende Diode wird hot-carrier- oder Schottky-Diode genannt. Solche Dioden haben wegen der besonders kurzen Schaltzeiten eine große Bedeutung für die Nanosekunden-Impulstechnik gewonnen, da die Sperrschicht im wesentlichen durch die Diffusion von Majoritätsträgern auf- und abgebaut wird.

Schaltverhalten. Während das Einschaltverhalten von Metall-Halbleiterdioden etwas günstiger als das von PN-Dioden ist, konnte vor allem das Abschaltverhalten gegenüber PN-Dioden erheblich dadurch verbessert werden, daß es praktisch keine gespeicherten Minoritätsträgerladungen gibt, die beim Übergang vom Durchlaß- in den Sperrbetrieb erst abgebaut werden müßten. Deshalb sperrt die Diode fast augenblicklich und die Speicherzeit t_S kann auf vernachlässigbar kleine Werte reduziert werden. Metall-Halbleiterdioden erreichen daher Abschaltzeiten von unter 100 ps. Die Zuleitungsinduktivität zusammen mit der Sperrschichtkapazität der Diode bewirken Schwingungen, die sich dem Abschaltvorgang überlagern. Daher ist bei so schnellen Schaltvorgängen die Verwendung spezieller Gehäusebauformen zu empfehlen, die eine induktivitätsarme Anordnung der Metall-Halbleiterdiode gewährleisten.

Anwendung. Metall-Halbleiterdioden können für ultraschnelle Schaltaufgaben eingesetzt werden wie z. B. als schnelle Schalter im Eingang von Sampling-Oszilloskopen, als Schutzdioden für Transistorschalter mit extrem kurzer Ansprechzeit sowie allgemein in Schaltungen der ns-Impulstechnik. Bild **6.**18 zeigt die Gleichrichtung einer hochfrequenten Sinusspannung vergleichsweise mit einer schnellen PN-Diode (Bild **6.**18a) und mit einer Metall-Halbleiterdiode (Bild **6.**18b). Man erkennt in Bild **6.**18a den negativen Ausräumstrom bei der PN-Diode, der bei der Metall-Halbleiterdiode nicht auftritt.

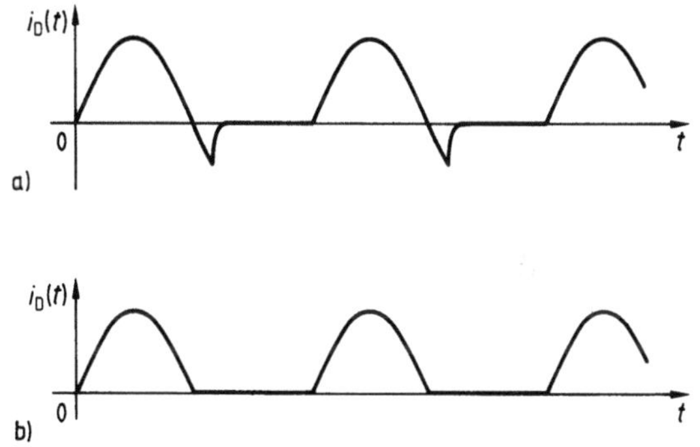

6.18
Gleichgerichtete Sinusströme $i_D(t)$ einer hochfrequenten Spannungsquelle ($f_0 = 30$ MHz) mit schneller PN-Diode (Zeitkonstante der Gleichrichtung $\tau \approx 1$ ns) und dem negativen Ausräumstrom ($i_D(t) < 0$) (a), mit hot-carrier-Diode (b)

6.1.2.3 Tunneldiode. Bild **6.**19a zeigt die statische Kennlinie $I_D(U)$ der Tunneldiode und Bild **6.**19b ihr Schaltzeichen. Der grundsätzliche Unterschied der Tunneldiode gegenüber der PN-Diode besteht darin, daß die statische Kennlinie nach Bild **6.**19a einen Kennlinienbereich mit negativer Steigung aufweist. Derartige Kennlinien erzeugt man durch hohe Dotierungen des P- und N-Gebiets. So setzt bereits bei kleinen Spannungen sowohl in Durchlaß- als auch in Sperrichtung ein hoher Strom ein. Während mit zunehmender Sperrspannung der Betrag des Diodenstroms immer mehr zunimmt, erreicht er mit zunehmender Durchlaßspannung den Höckerpunkt A_P (engl. peak = Spitze)

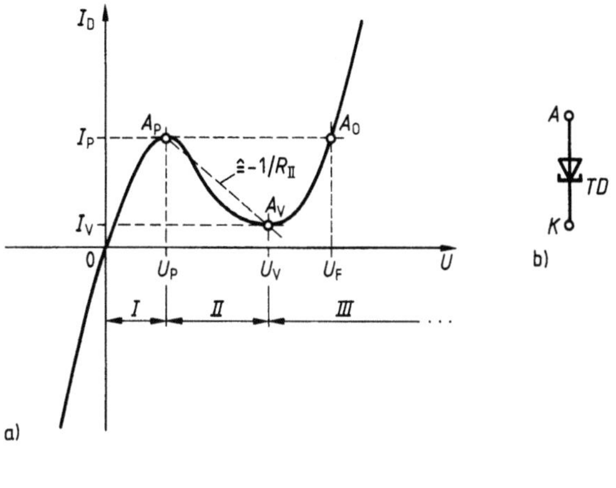

6.19
Statische Kennlinie $I_D(U)$ der Tunneldiode mit I_P Höckerstrom, U_P Höckerspannung, I_V Talstrom, U_V Talspannung, U_F Durchlaßspannung bei I_P im Punkt A_0 (a), Schaltzeichen der Tunneldiode (b)

mit dem Höckerstrom I_P bei der Höckerspannung U_P und geht dann in den Kennlinienbereich mit negativer Steigung über (differentieller Widerstand $r = \mathrm{d}U/\mathrm{d}I_D < 0$), bis der Talpunkt A_V (engl. valley = Tal) mit dem Talstrom I_V und der Talspannung U_V erreicht wird. Die Spannung U_V liegt dabei in der Größenordnung der Durchlaßspannung einer PN-Diode. Für zunehmende Spannungen in Durchlaßrichtung ($U > U_V$) geht die Kennlinie in die normale Diodenkennlinie über. Die charakteristischen Punkte der Tunneldiodenkennlinie im ersten Quadranten sind durch die Wertepaare $I_P(U_P)$, $I_V(U_V)$ und $I_P(U_F)$ gegeben. Die Kennlinie $I_D(U)$ läßt sich im ersten Quadranten (Durchlaßbetrieb) in drei charakteristische Kennlinienbereiche unter Angabe des differentiellen Widerstands $r = \mathrm{d}U/\mathrm{d}I_D$ gliedern:

Bereich I: $0 \leqq U \leqq U_P \;/\; 0 \leqq I_D \leqq I_P \;/\; r > 0$

Bereich II: $U_P \leqq U \leqq U_V \;/\; I_V \leqq I_D \leqq I_P \;/\; r < 0$

Bereich III: $U \geqq U_V \;/\; I_D \geqq I_V \;/\; r > 0$

Für den Kennlinienbereich *II* wird ein charakteristischer Widerstand R_{II} der Tunneldiode mit Hilfe des Höcker- und Talpunkts festgelegt

$$R_{II} = (U_V - U_P)/(I_P - I_V). \tag{6.34}$$

Dieser Widerstand entspricht der reziproken Steigung der Sekante durch den Höcker- und Talpunkt in der statischen Kennlinie $I_D(U)$ der Tunneldiode (Bild **6**.19).

Schaltverhalten. Geht man von einer veränderbaren Stromeinspeisung der Tunneldiode aus und steigert den Diodenstrom bei $I_D = 0$ beginnend (Punkt A_0) kontinuierlich, so bewegt sich der Arbeitspunkt vom Ursprung des Kenndiagramms (Punkt A_0) bis zum Höckerpunkt $A_P = A_1$ (Bild **6**.20). Wird der eingeprägte Strom weiter gesteigert ($I_D > I_P$), so existiert auf diesem Teil der

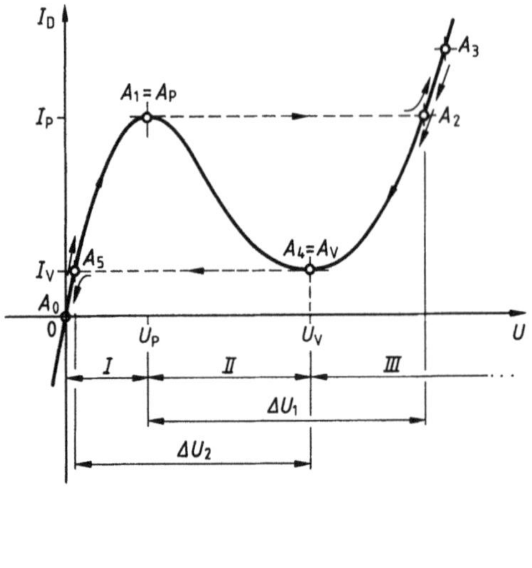

6.20
Schaltvorgänge auf der statischen Tunneldiodenkennlinie bei zyklischer Veränderung des Diodenstroms mit den auftretenden Spannungssprüngen ΔU_1 von A_1 nach A_2 sowie ΔU_2 von A_4 nach A_5

Kennlinie im Bereich *I* kein zugeordneter Arbeitspunkt mehr. Deshalb findet eine sprunghafte Verschiebung des Arbeitspunktes von A_1 nach A_2 auf die Kennlinie im Bereich *III* statt, die mit einer Spannungsänderung um ΔU_1 verknüpft ist. Wird der Strom weiter gesteigert ($I_D > I_P$), so bewegt sich der Arbeitspunkt auf dem Kennlinienast hinauf bis zum Punkt A_3. Verringert man den Diodenstrom wieder, so wandert der zugehörige Arbeitspunkt nicht auf demselben Weg zurück sondern im Bereich *III* bis zum Talpunkt $A_V = A_4$, bis es auf demselben Kennlinienast bei weiter fallendem Strom keinen zugeordneten Arbeitspunkt mehr gibt. Dann springt der Arbeitspunkt von A_4 nach A_5 auf den Kennliniendienst im Bereich *I*. Dies bewirkt eine Spannungsänderung um ΔU_2. Die auftretenden Spannungsänderungen (von A_1 nach A_2 sowie von A_4 nach A_5) laufen in außerordentlich kurzen Zeiten von 0,1 bis 1 ns ab. Bei geeigneter Dimensionierung können die sprunghaften Spannungsänderungen dazu genutzt werden, die Flanken von Spannungsimpulsen zu versteilern (Regeneration der Flankensteilheit). Bild **6**.21 gibt Ersatzschaltungen für die Tunneldiode wieder. Bei tiefen Frequenzen wird die Tunneldiode vereinfacht durch den differentiellen Widerstand r_{TD} des PN-Übergangs dargestellt (Bild **6**.21 a). Bei hohen Frequenzen sind zusätzlich noch die Sperrschichtkapazität C_S parallel zu r_{TD}, die Reiheninduktivität L_S sowie der Reihenwiderstand R_S der Zuleitungen sowie die Kapazität C_0 zwischen Anode und Kathode zu berücksichtigen (Bild **6**.21 b).

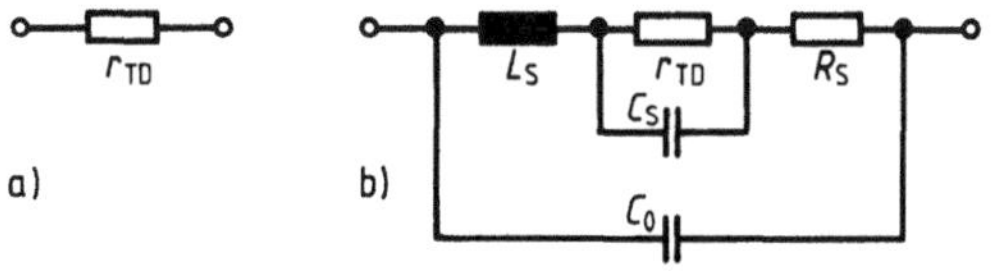

6.21 Ersatzschaltung einer Tunneldiode für den Kennlinienbereich *II* (negativer differentieller Widerstand); für tiefe Frequenzen (a), für hohe Frequenzen (b)

Wegen der in der Ersatzschaltung nach Bild **6**.21 b auftretenden parasitären Energiespeicher verlaufen Spannungsänderungen entlang der Kennlinie nicht mehr trägheitslos. Die Schaltzeit t_{TD} der Tunneldiode kann als

$$t_{TD} \approx \frac{C_0 \Delta U}{(I_P - I_V)} \tag{6.35}$$

abgeschätzt werden, da für eine Spannungsänderung ΔU die Kapazität C_0 entsprechend umgeladen werden muß [37]. Je größer die Stromdifferenz $(I_P - I_V)$ ist, desto geringer ist die überschlägig angegebene Schaltzeit der Tunneldiode.

Anwendung. Schaltet man eine Tunneldiode *TD*, einen ohmschen Widerstand *R* und eine Spannungsquelle mit der Spannung U_0 in Reihe (Bild **6**.22 a), so lassen sich in Abhängigkeit von *R* und U_0 vier charakteristische Lagen für die Arbeitsgerade angeben (Bild **6**.22 b).

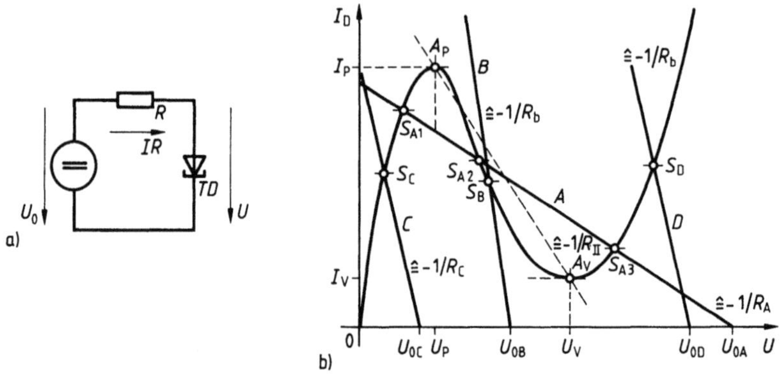

6.22 Arbeitspunkteinstellung einer Tunneldiode *TD* mit einer Gleichspannung U_0 (a), vier verschiedene Lagen der Arbeitsgeraden *A* bis *D* gegenüber der $I_D(U)$-Kennlinie (b)

Arbeitsgerade A. Für $R = R_a > R_{II}$ und die Vorspannung U_{0A} ergeben sich drei Schnittpunkte S_{A1} bis S_{A3} mit der Diodenkennlinie. Die Schnittpunkte S_{A1} und S_{A3} sind stabile Arbeitspunkte, in denen die Tunneldiode als bistabiler Schalter betrieben werden kann.

Arbeitsgerade B. Ist $R = R_B \leqq R_{II}$ und die Vorspannung durch die Bedingung $U_P \leqq U_{0B} \leqq U_V$ festgelegt, so erhält man einen Schnittpunkt S_B mit der Diodenkennlinie, der instabil ist (d.h. eine Spannungsverringerung ist mit einem Stromanstieg verknüpft und umgekehrt). Dieser Schnittpunkt liegt im Kennlinienbereich *II* mit negativem differentiellen Widerstand ($r_D < 0$). Wenn der negative differentielle Widerstand r_D den Widerstand des äußeren Stromkreises kompensiert, werden im Stromkreis Schwingungen angefacht. In dieser Betriebsart eignet sich die Schaltung als astabiler Multivibrator.

Arbeitsgeraden C und D. Für $R = R_C < R_{II}$ und $R = R_D < R_{II}$ und die zugehörigen Vorspannungen U_{0C} und U_{0D} ergeben sich die Schnittpunkte S_C und S_D mit der Diodenkennlinie. In beiden Fällen eignet sich die Schaltung als monostabiler Schalter, solange die Parallelverschiebung der Arbeitsgeraden um $\pm\Delta U$ nicht zum Verlassen des Kennlinienbereichs *I* bzw. *III* führt.

Im Bereich *II* mit negativer Kennliniensteigung eignet sich die Tunneldiode dann besonders für Schaltungen zur Schwingungserzeugung, wenn der Betrag des differentiellen Widerstandes der Tunneldiode kleiner als der Betrag des Innenwiderstands des umgebenden Stromkreises ist. Dies wird dadurch bewirkt, daß der negative differentielle Widerstand der Tunneldiode in Schwingkreisen vorhandene Dämpfungen aufhebt.

Impulsformung kann dadurch bewirkt werden, daß man die Spannungssprünge entsprechend Bild **6.**20 nutzt. Bild **6.**23a zeigt eine Schaltung zur Versteilerung von Impulsflanken. Die Summe aus Gleichspannung $U_=$ und einer beliebigen impulsförmigen Spannung $u_1(t)$ steuert über einen ohmschen Widerstand *R* die Tunneldiode *TD*. Der Widerstand *R* und die Gleichspannung $U_=$ werden so gewählt, daß die Arbeitsgerade die Kennlinie $I_D(U)$ der Tunneldiode *TD* dreimal schneidet (Bild **6.**23b). Die Gleichspannung $U_=$ ist

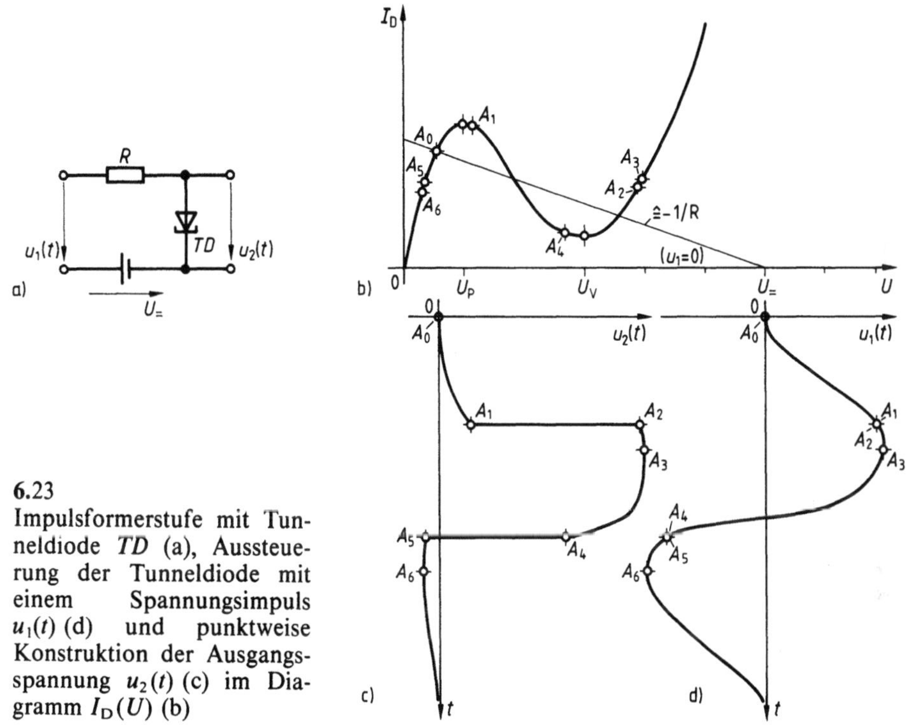

6.23
Impulsformerstufe mit Tunneldiode *TD* (a), Aussteuerung der Tunneldiode mit einem Spannungsimpuls $u_1(t)$ (d) und punktweise Konstruktion der Ausgangsspannung $u_2(t)$ (c) im Diagramm $I_D(U)$ (b)

größer als die Talspannung ($U_= > U_V$) zu wählen. Für den Widerstand R gilt als Abschätzung die Ungleichung

$$(U_= - U_P)/I_P < R < (U_= - U_V)/I_V \,. \tag{6.36}$$

Überlagert man der Gleichspannung $U_=$ die Spannung $u_1(t)$ (Bild 6.23b und d), so wird die Arbeitsgerade parallel zu ihrer Ausgangslage ($u_1 = 0$) verschoben. Der Verlauf der Ausgangsspannung $u_2(t)$ läßt sich punktweise konstruieren (Bild 6.23c). Mit dem Anwachsen der Gesamtspannung verschiebt sich die Arbeitsgerade von A_0 nach A_1, der dadurch gekennzeichnet ist, daß die Arbeitsgerade die Kennlinie $I_D(U)$ gerade noch als Tangente berührt. Bei weiterer Steigerung der Gesamtspannung existiert auf diesem Kennlinienbereich kein Arbeitspunkt mehr. Ein möglicher Arbeitspunkt existiert im Kennlinienbereich mit A_2. Nimmt die Spannung weiter zu, so stellt sich der Arbeitspunkt A_3 ein. Bei dem folgenden Abfall der Spannung läuft der Arbeitspunkt auf der Kennlinie zurück bis A_4, der ebenso dadurch gekennzeichnet ist, daß die Arbeitsgerade durch A_4 die Kennlinie $I_D(U)$ gerade noch berührt. Bei weiterer Spannungsabnahme kommt es zu einem Spannungssprung von A_4 nach A_5. Sinkt die Eingangsspannung weiter, so wird schließlich A_6 erreicht. Der Verlauf von $u_2(t)$ weist zwei sprunghafte Spannungsänderungen auf (von A_1 nach A_2 und von A_4 nach A_5), die in kurzer Zeit (etwa 1 ns) durchlaufen werden. Man erkennt an $u_2(t)$ die Versteilerung der ansteigenden und abfallenden Flanke.

6.2 Bipolarer Transistor

Vielfach wird in impulsverarbeitenden Schaltungen der bipolare Transistor als elektronischer Schalter eingesetzt. Dieser Schalterbetrieb muß als Großsignalaussteuerung angesehen werden, da die Transistoren mit Spannungshüben gesteuert werden, die durchaus die Größenordnung der Versorgungsspannung erreichen können. Die beim Schalten auftretenden Schaltzeiten sollen bestimmt werden. Bipolare Transistoren und damit auch integrierte Schaltkreise, die bipolare Transistoren enthalten, sind wegen der kleinen Abmessungen, der hohen Zuverlässigkeit und der hohen Schalthäufigkeit als Schalter besonders geeignet. Daher nimmt man auch in Kauf, daß die Schalteigenschaften bipolarer Transistoren nicht denen eines idealen Schalters entsprechen. Bild **6**.24 stellt einen technisch idealen Schalter *TIS* zusammen mit der Ausgangskennlinie $I(U_A)$ dar. Ein technisch idealer Schalter soll folgende Eigenschaften haben:

- unendlich gut leitend im eingeschalteten Zustand,
- unendlich hoher Widerstand im ausgeschalteten Zustand,
- unbegrenzt spannungsfest,
- keine Verlustleistung am Schalter (gleichbedeutend mit: kein Reststrom im abgeschalteten Zustand, kein Spannungsabfall an den Schaltkontakten im eingeschalteten Zustand),
- verzögerungsfreies Ein- und Ausschalten,
- zwischen den beiden Schaltzuständen soll möglichst schnell hin- und hergeschaltet werden,
- prellfreies Schalten,
- galvanische Trennung zwischen Steuer- und Arbeitskreis,
- Verhältnis von geschalteter Leistung im Ausgangskreis zur Steuerleistung im Eingangskreis frei wählbar,
- unbegrenzt viele Schaltspiele,
- keine Zwischenzustände zwischen den beiden Schaltzuständen,
- lastunabhängiges Schaltverhalten (gleichartiges Schaltverhalten bei ohmscher, kapazitiver und induktiver Last),
- keine parasitären Kapazitäten am Schalter (diese würden zu schaltende Signale verformen).

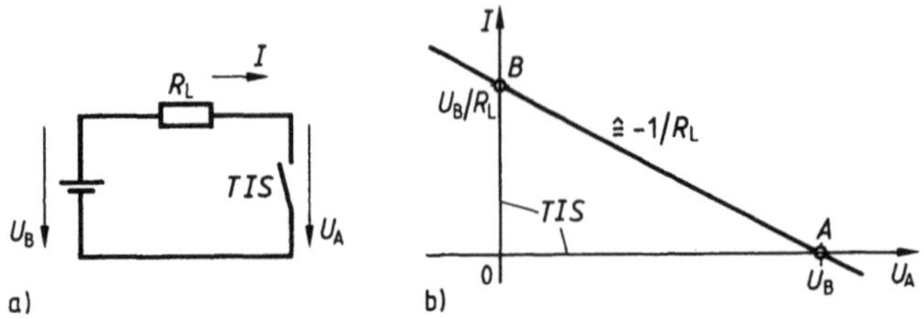

6.24 Technisch idealer Schalter *TIS* in einem Stromkreis mit ohmschem Widerstand R_L (a), Kennlinien des technisch idealen Schalters mit der Arbeitsgeraden und den beiden Arbeitspunkten (b); *A* sperrend (U_B; 0) und *B* leitend (0; U_B/R_L)

Bild 6.24b zeigt die Ausgangskennlinie $I(U_A)$ des technisch idealen Schalters *TIS*. Die Kennlinie besteht aus zwei Geraden, die durch

$$I = 0 \quad \text{für} \quad -\infty \leqq U_A \leqq +\infty \qquad \text{(Schalter geöffnet, } R \to \infty)$$
$$U = 0 \quad \text{für} \quad -\infty \leqq I \leqq +\infty \qquad \text{(Schalter geschlossen, } R = 0)$$

beschrieben werden können. Bei Betrachtung der vorgenannten Anforderungen an die Eigenschaften eines idealen Schalters muß man jedoch davon ausgehen, daß es keinen Schalter gibt, der zugleich alle genannten Anforderungen erfüllt. Bezüglich einiger Eigenschaften kommt das elektromechanische Relais z.T. dem Schaltverhalten des idealen Schalters *TIS* recht nahe. Deshalb soll es als Analogon zum elektronischen Schalter herangezogen werden. Bild 6.25 zeigt gegenüberstellend eine Relaisschaltung (Bild 6.25a), eine elektronische Schaltstufe mit einem Transistor in Emitterschaltung (Bild 6.25b) sowie eine Schaltung mit einem Optokoppler (Bild 6.25c). Dem geöffneten Relaiskontakt *r* entspricht der gesperrte Zustand des Transistors, dem geschlossenen Relaiskontakt der leitende Zustand des Transistors. Der Relaiskontakt *r* ist im eingeschalteten Zustand niederohmig (im mΩ-Bereich) und im ausgeschalteten Zustand hochohmig (im MΩ-Bereich). Dadurch ist die Verlustleistung am Schalter so gering, daß sie praktisch vernachlässigt werden kann. Durch geeignete Konstruktion der Relaiskontakte kann eine genügende Spannungsfestigkeit erreicht werden. Beim Transistor fließt im gesperrten Zustand jedoch noch ein Reststrom und im leitenden Zustand fällt zwischen Kollektor und Emitter noch eine Restspannung ab, so daß in beiden Schaltzuständen noch eine Verlustleistung auftritt, die ggfs. nicht mehr vernachlässigt werden kann. Das Verhältnis zwischen Steuerleistung und Arbeitsleistung kann in weiten Bereichen variiert werden. Nach Bild 6.25a liegt galvanische Trennung zwischen dem Steuer- und Arbeitskreis vor; eine Eigenschaft, die der Transistorschaltung in Bild 6.25b fehlt und die erst durch den Einsatz eines Optokopplers erreicht wird (Bild 6.25c). Das Relais erfüllt jedoch nicht die übrigen Anforderungen des technisch idealen Schalters *TIS*, wie z.B. prellfreies Schalten, verzögerungsfreies Ein- und Ausschalten und hohe Schalthäufigkeit. Bezüglich dieser Anforderungen ist die Transistorschaltung der Relaisschaltung eindeutig überlegen. Allerdings müssen besondere Maßnahmen ergriffen werden, um den Transistorschalter im

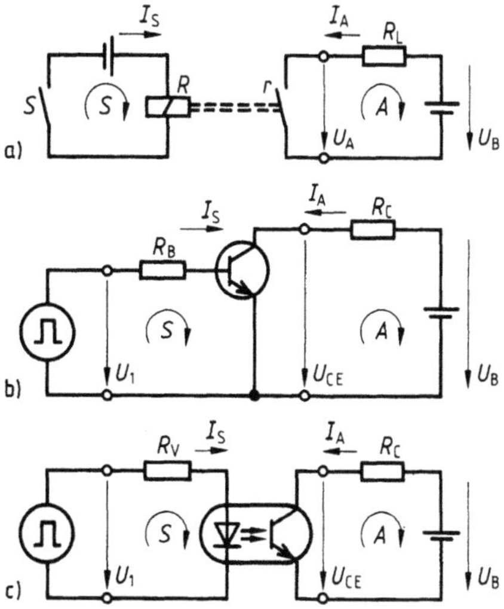

6.25
Relaisschaltung (a), Transistorschaltstufe mit Transistor in Emitterschaltung (b), Schaltstufe mit Optokoppler (c); *S* Steuerkreis, *A* Arbeitskreis

durchgeschalteten Zustand zwischen Kollektor und Emitter besonders niederohmig und im ausgeschalteten Zustand bei sperrender Kollektor-Emitter-Strecke besonders hochohmig zu machen. Das Verhältnis von Arbeits- zu Steuerleistung ist nicht frei wählbar, sondern hängt von der Dimensionierung des Transistorschalters und den Eigenschaften des Transistors ab. Das Schaltverhalten des Transistors ist zwar wesentlich günstiger als das des Relais, aber auch nicht frei von Verzögerungszeiten beim Ein- und Ausschalten. Weiter zeigt der Transistor unterschiedliches Schaltverhalten bei ohmschen, kapazitiven und induktiven Lasten. Zwar ist die Anzahl der Schaltspiele bei richtiger Dimensionierung der Transistorschaltstufe praktisch unbegrenzt, dafür geht jedoch die oftmals bedeutsame Eigenschaft der galvanischen Trennung zwischen Steuer- und Arbeitskreis verloren (Bild **6.**25b). Bild **6.**25c zeigt eine Schaltung mit einem Optokoppler. Dabei werden Steuer- und Arbeitskreis optisch miteinander gekoppelt, so daß eine galvanische Trennung zwischen Steuer- und Arbeitskreis erreicht wird.

Im folgenden wird das Impulsverhalten von bipolaren Transistoren dargestellt. Bezüglich des physikalischen Prinzips des bipolaren Transistors sowie dessen statischen Verhaltens wird auf [37] verwiesen.

6.2.1 Schaltvorgänge

Der zeitliche Verlauf von Schaltvorgängen des bipolaren Transistors hängt sowohl von den Eigenschaften des Transistors als auch von der äußeren Beschaltung des Transistors ab. Dabei ist wesentlich, nach welchem Umschaltverfahren geschaltet wird und welcher Art die zu schaltenden Lastwiderstände sind.

6.2.1.1 Schaltprinzipien. In digitalen Schaltungen werden folgende Schaltprinzipien angewandt: Das Sättigungsprinzip und das Stromschalterprinzip.

Sättigungsprinzip. Bild **6.**26a zeigt einen einfachen Stromkreis mit einem Schalter S. Dabei soll dieser Schalter einen Schalttransistor darstellen, der zwischen dem Sperr- und Sättigungsbereich hin- und hergeschaltet werden kann. Dieses Schaltverfahren wird Sättigungsprinzip (engl. saturated mode) genannt. Die Spannung an den Schaltkontakten entspricht der Kollektor-Emitter-Spannung beim Schalttransistor. Das Sättigungsprinzip findet weit verbreitete Anwendung in impulsverarbeitenden Schaltungen, da es die Funktion eines mechanischen Schalters nachbildet.

Stromschalterprinzip. Die Stromumschaltung nach dem Stromschalterprinzip (engl. current switch mode) besteht darin, daß ein eingeprägter Strom I_0 mittels zweier Schalttransistoren, die den Umschalter in Bild **6.**26b ersetzen sollen, entweder auf den einen Stromzweig (Widerstand R_{C1}) oder den anderen Stromzweig (Widerstand R_{C2}) geleitet wird. Dabei werden die Transistoren nur

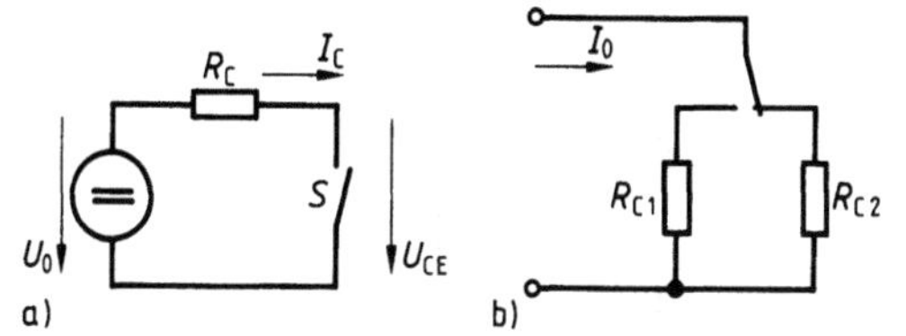

6.26
Schaltprinzipien in digitalen Schaltungen: Sättigungsprinzip (a), Stromschalterprinzip (b)

zwischen dem sperrenden und dem aktiven Bereich hin- und hergeschaltet, wobei ein gesättigter Betrieb der Transistoren vermieden wird. In Bild **6**.27 sind zwei Schaltstufen nach dem Sättigungsprinzip und dem Stromschalterprinzip dargestellt. Bild **6**.27a zeigt eine übliche Inverterstufe mit Basisspannungsteiler, Transistor und Kollektorwiderstand. Dabei wird vielfach der Basisspannungsteiler so bemessen, daß der Transistor übersteuert wird, um im leitenden Zustand die Kollektor-Emitter-Spannung möglichst klein zu halten. Bei der Schaltung nach Bild **6**.27b kann der übersteuerte Zustand des leitenden Transistors dadurch vermieden werden, daß der Arbeitspunkt in den aktiven Bereich des Ausgangskennlinienfeldes gelegt wird. Beim Stromschalterprinzip wird ein Konstantstrom I_E aus einer Stromquelle zwischen den beiden Transistoren hin- und hergeschaltet.

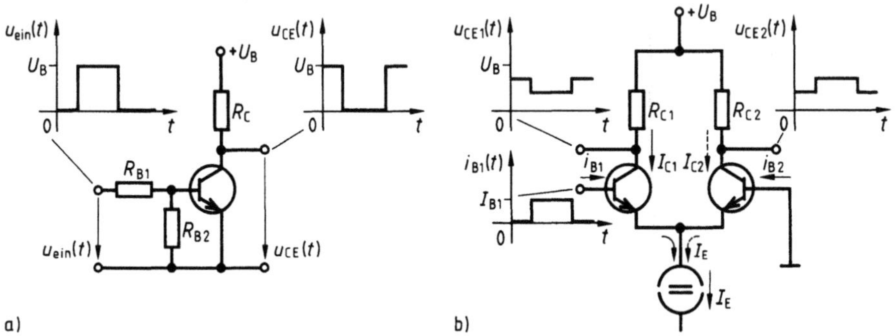

6.27 Transistorschalter nach dem Sättigungsprinzip (a) und nach dem Stromschalterprinzip (b)

6.2.1.2 Schaltvorgang bei ohmscher Last. Bild **6**.28a zeigt eine Transistor-Schaltstufe mit rein ohmscher Last. Diese Annahme stellt zwar eine Idealisierung dar, da in praktischen Schaltungen kaum reine Wirklast vorliegt. Vernachlässigt man außerdem Trägheitseffekte des Transistors (Verhalten als idealer Transistorschalter), so läßt sich das Schaltverhalten wie folgt beschreiben: Infolge des rein ohmschen Lastwiderstandes R_C bewegt sich der Arbeitspunkt entlang der Widerstandsgeraden im Ausgangskennlinienfeld, die bei rein ohmscher Last mit der dynamischen Umschaltkennlinie identisch ist. Dabei muß der Bereich der Widerstandsgeraden zwischen P_1 und P_2 hinreichend schnell durchlaufen werden, da hier Arbeitspunkte vorliegen, für die die Verlustleistung bei Dauerbetrieb oberhalb der Verlusthyperbel VH_{stat} liegt (Bild

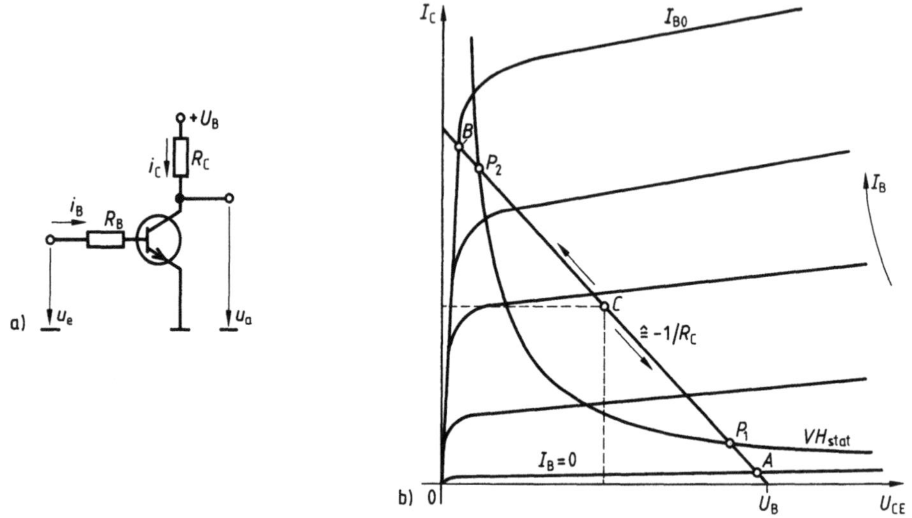

6.28 Transistor-Schaltstufe mit rein ohmscher Last (a), dynamische Umschaltkennlinie $A \rightarrow B \rightarrow A$ im Ausgangskennlinienfeld (b)
A, B stationäre Arbeitspunkte, C Arbeitspunkt maximaler Verlustleistung, VH_{Stat} Verlusthyperbel für statischen Betrieb

6.28 b). Bliebe der Arbeitspunkt während des Umschaltvorgangs z. B. in Punkt C hängen (maximale Verlustleistung bei halber Batteriespannung), so ist mit der thermischen Zerstörung des Transistors zu rechnen. Die Verlustleistungen des Schalttransistors in seinen beiden stationären Arbeitspunkten A (≙ sperrend) und B (≙ leitend) sind dagegen gering, da in Punkt A bei hoher Kollektor-Emitter-Spannung der Strom klein ist und in Punkt B bei hohem Kollektorstrom die Kollektor-Emitter-Spannung gering ist. Die Verlustleistungshyperbel VH_{stat} ist nur für Dauerbetrieb gültig. Dieser funktionelle Zusammenhang ist jedoch bei Impulsbetrieb einer Transistor-Schaltstufe nicht mehr gegeben. Daher ist bei der Dimensionierung einer Transistor-Schaltstufe zu untersuchen, ob durch die während des Umschaltens auftretenden elektrischen Verlustleistungen über einen Schaltzyklus gemittelt eine unzulässig hohe Wärmeerzeugung auftritt. Diese kann zu einer unzulässigen Erhöhung der Sperrschichttemperatur führen, die wiederum von der Wärmekapazität und Wärmeableitung des Transistorsystems abhängt. Die thermische Dimensionierung ist einer rechnerischen Behandlung nur schwer zugänglich und sollte durch Angaben aus Datenblättern sowie durch die Berücksichtigung von Wärmewiderständen unterstützt werden.

6.2.1.3 Schaltvorgang bei kapazitiver Last. Bild 6.29 a zeigt eine Transistor-Schaltstufe mit kapazitiver Last. Die Lastkapazität C_L soll sowohl die Schaltkapazitäten der Anordnung als auch die Eingangskapazität der nachfolgenden Stufe darstellen. Da sich beim Ein- und Ausschalten des Transistorschalters die Ausgangsspannung $u_a(t)$ an der Lastkapazität C_L *nicht* sprunghaft ändern

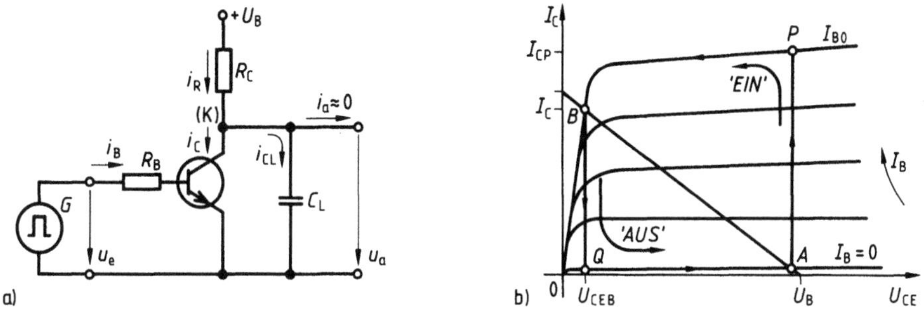

6.29 Transistor-Schaltstufe mit kapazitiver Last (a), dynamische Umschaltkennlinie $A \rightarrow P \rightarrow B \rightarrow Q \rightarrow A$ im Ausgangskennlinienfeld (b)

kann, verläuft der Übergang vom gesperrten in den leitenden Zustand und umgekehrt nicht mehr längs der Widerstandsgeraden mit der Steigung $-1/R_C$ wie bei rein ohmscher Last. Trägheitseffekte des Transistors sollen hier vernachlässigt werden. Dies ist dann zulässig, wenn die durch den Schalttransistor bewirkten Verzögerungen sehr viel kleiner als die Verzögerungen durch die umgebenden Bauelemente sind, da dann das Schaltverhalten der Transistor-Schaltstufe überwiegend durch die äußere Beschaltung bestimmt wird.

Zu Beginn der Betrachtung soll angenommen werden, daß der Transistor sperrt. Im ausgeschalteten Zustand soll praktisch kein Reststrom fließen. Dann ist die belastende Kapazität C_L auf die Batteriespannung $+U_B$ aufgeladen, sofern der Strom vom Ausgang der Schaltstufe in den Eingang der nachfolgenden vernachlässigt werden kann ($i_a \approx 0$). Der Betriebszustand des Transistors befindet sich im Arbeitspunkt A (Bild **6.**29b). Zur Zeit $t = t_0$ soll der Transistor leitend gemacht werden, indem der Strom I_{B0} an der Basis eingeprägt wird. Durch den steuernden Basisstrom I_{B0} wird eine Kennlinie $I_C(U_{CE})|_{I_{B0}}$ im Ausgangskennlinienfeld festgelegt. Da die Kapazität C_L ihre Spannung nicht sprunghaft ändern kann, fließt ein Kollektorstrom I_{CP} im Punkt P, der sich aus dem Strom durch den Kollektorwiderstand R_C und den Entladestrom der Kapazität C_L zusammensetzt. Der veränderliche Arbeitspunkt verlagert sich damit augenblicklich von Punkt A aus nahezu senkrecht (d.h. praktisch ohne Spannungsänderung an C_L) nach Punkt P auf der Ausgangskennlinie $I_C(U_{CE})|_{I_{B0}}$. Von P aus wandert der Arbeitspunkt längs der Kennlinie $I_C(U_{CE})|_{I_{B0}}$ nach Punkt B. Es kommt bei der augenblicklichen Änderung des Arbeitspunktes von A nach P zu einer Stromüberhöhung, da sich im Einschaltzeitpunkt die Ströme durch den Kollektorwiderstand R_C und der Entladestrom von C_L im Transistor addieren. Diese Stromüberhöhung kann gegebenenfalls zur Zerstörung des Transistors führen. Im Einschaltaugenblick wird der Transistor in einen Betriebsbereich hoher Verlustleistung gesteuert. Es ist dafür zu sorgen, daß dieser Bereich der dynamischen Umschaltkennlinie möglichst schnell durchlaufen wird. Nach Ablauf der Zeit τ_i soll der steuernde Basisstrom sprunghaft abgeschaltet werden. Wenn wiederum Trägheitseffekte des Schalttransistors durch Ladungsträgerspeicherung außer acht gelassen werden und sich weiter die Spannung an der Kapazität C_L nicht sprunghaft ändern kann, geht der veränderliche Arbeitspunkt von Punkt B nahezu senkrecht in den Punkt Q über. Dabei ist Q der Arbeitspunkt auf der Ausgangskennlinie $I_C(U_{CE})|_{I_B=0}$ bei der Spannung U_{CEB}. Wenn man davon ausgeht, daß der resultierende Widerstand R_{CE} zwischen Kollektor und Emitter bei sperrendem Transistor sehr viel größer als R_C wird, wird die Lastkapazität C_L praktisch allein durch den Strom über R_C mit der Zeitkonstanten $\tau \approx R_C C_L$ aufgeladen. Die Kondensatorspannung nimmt dann nach einer Exponentialfunktion zu, so daß sich der veränderliche Arbeitspunkt von Q längs der Ausgangskennlinie $I_C(U_{CE})|_{I_B=0}$ nach Punkt A bewegt. In Punkt A ist der Ausschaltvorgang der Transistor-Schaltstufe abgeschlossen. Die dynamische Umschaltkennlinie kann somit durch den Linienzug (Trajektorie) $A \to P \to B \to Q \to A$ beschrieben werden. Man erkennt, daß während des gesamten Schaltablaufs keine Spannungsüberhöhung auftritt, daß jedoch im Einschaltaugenblick mit einer Stromüberhöhung gerechnet werden muß. Reale Verläufe der dynamischen Umschaltkennlinie können dadurch ermittelt werden, daß zeitliche Verläufe des Kollektorstroms $i_C(t)$ und der Kollektor-Emitter-Spannung $u_{CE}(t)$ aufgenommen werden, aus denen nachfolgend die Zeit t graphisch eliminiert wird.

6.2.1.4 Schaltvorgang bei induktiver Last. Bild 6.30a zeigt eine Transistor-Schaltstufe mit induktiver Last bestehend aus der Induktivität L und dem ohmschen Widerstand R_L der Spule. Parallel zur Induktivität ist ein Schutzwiderstand R_S geschaltet, der beim Abschalten des Kollektorstroms den Transistor vor einem unzulässig hohen Spannungsstoß schützen soll. Schaltvorgänge mit induktiven Lasten treten z. B. in Schaltstufen mit Relais, Starkstromschützen und Motorwicklungen auf. Zu Beginn der Betrachtung soll der Transistor als gesperrt angenommen werden. Dann nimmt die Ausgangsspannung der Schaltstufe ohne äußere Belastung den Wert $U_{CEA} \approx U_B$ entsprechend dem Punkt A im Ausgangskennlinienfeld an (Bild 6.30b). Nach dem Abklingen des Einschwingvorganges der vorangegangenen Abschaltung fließt ein Kollektor-Emitter-Reststrom $I_{CA} = (U_B - U_{CEA}) \cdot (R_L + R_S)/(R_L R_S)$. Durch sprunghaft einsetzende Einprägung des Basisstroms $I_{B0} > 0$ wird der Transistor leitend gemacht. Dabei sollen Trägheitseffekte, die ursächlich auf den Transistor zurückzuführen sind, vernachlässigt werden. Durch die leitend gewordene Kollektor-Emitter-Strecke des Transistors kann nun sofort ein Strom $I_{RS} \approx U_B/R_S$ durch den Schutzwiderstand R_S fließen, wogegen die Induktivität einer Änderung des Stromes durch die Induktivität entgegenwirkt. Deshalb ist der Strom I_L zu Beginn der Einschaltung null. Der veränderliche Arbeitspunkt im Ausgangskennlinienfeld springt damit von Punkt A nach Q mit dem Kollektorstrom $I_{CQ} \approx U_B/R_S$ und der Kollektor-Emitter-Spannung U_{CEQ}. Von Punkt Q ausgehend nimmt der Strom I_L durch die Induktivität L mit der Zeitkonstanten $\tau = L/R_L$ zu, so daß sich der Arbeitspunkt von Q nach B verlagert. Im stationären Arbeitspunkt B ist der Einschaltvorgang abgeschlossen. Die dynamische Umschaltkennlinie verläuft beim Einschalten unterhalb der Verlustleistungshy-

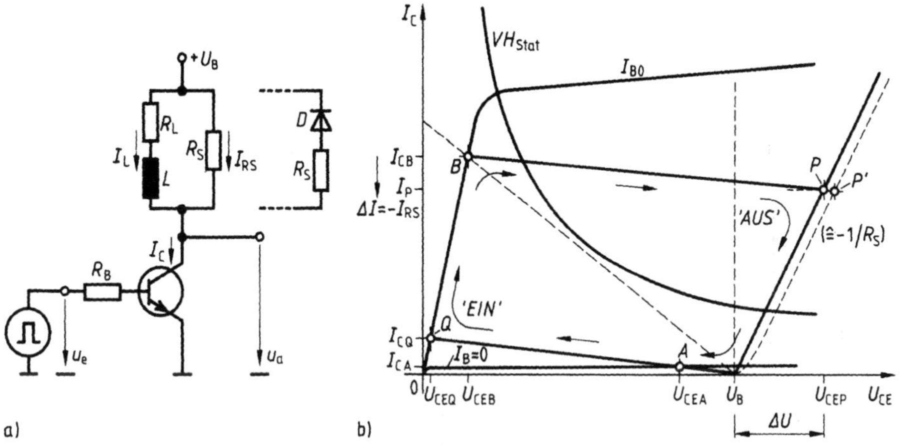

6.30 Transistor-Schaltstufe mit induktiver Last (a), bestehend aus der Induktivität L, dem ohmschen Widerstand R_L der induktiven Last und dem Schutzwiderstand R_S, dynamische Umschaltkennlinie $A \to Q \to B \to P \to A$ im Ausgangskennlinienfeld (b), VH_{Stat} Verlustleistungshyperbel für statischen Betrieb

perbel VH_{stat}, so daß keine übermäßige elektrische Beanspruchung des Transistors auftritt. Wird der steuernde Basisstrom sprunghaft von $I_B = I_{B0}$ auf $I_B = 0$ zurückgenommen, so geht der Transistor in den sperrenden Zustand über. Dadurch wird sofort der Strom I_{RS} in der in Bild **6.30** a angegebenen Richtung unterbrochen. Der Strom I_L durch die Induktivität kann sich jedoch wegen der in der Induktivität gespeicherten magnetischen Feldenergie nicht sprunghaft ändern. So tritt an der Induktivität eine Induktionsspannung auf, die nach dem Abschalten des Transistors den Strom $I_L \approx U_B/R_L$ anfänglich weiter fließen läßt. Der Strom durch den Widerstand R_S ändert dabei seine Richtung, so daß an R_S die Spannung $\Delta U \approx U_B R_S/R_L$ abfällt; die Spannung am Kollektor beträgt dann $U_{CE} = U_B + \Delta U$. Wird im theoretischen Grenzfall bei unendlich großem Sperrwiderstand der Kollektor-Emitter-Strecke des Transistors kein Schutzwiderstand vorgesehen, so strebt für $R_S \to \infty$ die Überspannung ΔU ebenfalls gegen unendlich. Für $R_S = R_L$ wird $\Delta U = U_B$ und damit erhöht sich die Kollektor-Emitter-Spannung auf $U_{CE} = 2\,U_B$. In einer realen Schaltung wird jedoch bei fehlendem Schutzwiderstand R_S der endliche Sperrwiderstand der Kollektor-Emitter-Strecke wirksam, der bei sperrendem Transistor sehr viel größer als R_L ist. Sind die Induktivität L und die zeitliche Stromänderung $\mathrm{d}i_L/\mathrm{d}t$ genügend groß, so wächst ohne besondere Schutzmaßnahmen die Spannung am Kollektor bis auf einen Wert nahe der Kollektor-Emitter-Durchbruchspannung und gefährdet damit den Transistor. In der Schaltung nach Bild **6.30** a ist ein Schutzwiderstand R_S endlicher Größe vorgesehen. Diesem entspricht eine Widerstandsgerade mit der Steigung $-1/R_S$ durch $U_{CE} = U_B$ im Ausgangskennlinienfeld. Beim Abschalten des Transistors geht der veränderliche Arbeitspunkt unmittelbar von Punkt B unter Stromabnahme um $I_{RS} \approx U_B/R_S$ in Punkt P auf der Widerstandsgeraden für R_S über. Von P aus nimmt der Strom durch die Induktivität nach einer Exponentialfunktion mit der Zeitkonstanten $\tau = L/(R_L + R_S)$ ab. Für $R_S \gg R_L$ kann die Zeitkonstante als $\tau \approx L/R_S$ angegeben werden. Nach etwa 4τ bis 5τ ist der Strom durch die Induktivität abgeklungen, so daß der stationäre Arbeitspunkt A praktisch erreicht ist. Die dynamische Umschaltkennlinie für den Abschaltvorgang verläuft von B über P nach A und damit oberhalb der Verlustleistungshyperbel VH_{stat}. Mithin wird der Schalttransistor erheblich belastet. Daher ist anzustreben, daß der veränderliche Arbeitspunkt nicht zwischen B, P und A hängenbleibt, sondern vielmehr wegen der auftretenden Verlustleistung dieser Bereich beim Umschalten schnell genug durchschritten wird. Damit ist die Entstehung der vollständigen Umschaltkennlinie $A \rightarrow Q \rightarrow B \rightarrow P \rightarrow A$ für den Ein- und Abschaltvorgang erläutert.

Nachteilig bei der Schaltungsanordnung nach Bild **6**.30a ist jedoch, daß durch den Schutzwiderstand bei leitendem Transistor ständig ein Strom I_{RS} fließt. Dieser Nachteil kann dadurch beseitigt werden, daß man in Reihe mit dem Schutzwiderstand R_S eine Diode D schaltet (Bild **6**.30a, gestrichelte Anordnung). Beim leitenden Transistor sperrt die Diode D, und der Schaltungszweig mit dem Schutzwiderstand ist stromlos. Geht der Transistor in den sperrenden Betrieb über, so kehrt sich die Richtung der Spannung an der Induktivität um. Die Diode D wird daraufhin leitend und der Schutzwiderstand begrenzt wirksam die Spannungsüberhöhung. In dieser Funktion wird die Diode auch als Freilaufdiode bezeichnet. Der Verlauf der dynamischen Umschaltkennlinie ändert sich dahingehend, daß der Abschaltvorgang von P' nach A auf einer gescherten Diodenkennlinie verläuft.

6.2.2 Schaltverhalten

Bisher sind Trägheitseffekte in bipolaren Transistoren bei der Betrachtung von Schaltvorgängen vernachlässigt worden. Läßt man diese Einschränkung fallen, so sind die Schaltzeiten des Transistors zu betrachten, die durch den Transistor selbst bewirkt werden. Es läßt sich oszillographisch zeigen, daß beim Schalten des Transistors mit rechteckförmiger Eingangsspannung das Ausgangssignal gegenüber dem Eingangssignal verformt wird (Bild **6**.31). Die folgende Darstellung soll sich auf Schaltzeiten von Transistoren in Emitterschaltung beschränken. Aus dem zeitlichen Verlauf des Kollektorstroms $i_C(t)$ in Bild **6**.31c können folgende Zeiten entnommen werden:

Einschaltzeit. Unter der Einschaltzeit t_{ein} versteht man die Zeit, in der der Kollektorstrom nach dem Einschalten der steuernden Eingangsspannung auf 90% des stationären Endwertes ansteigt. Sie setzt sich aus der Verzögerungszeit t_d (engl. delay time) und der Anstiegszeit t_r (engl. rise time) zusammen.

$$t_{ein} = t_d + t_r \tag{6.37}$$

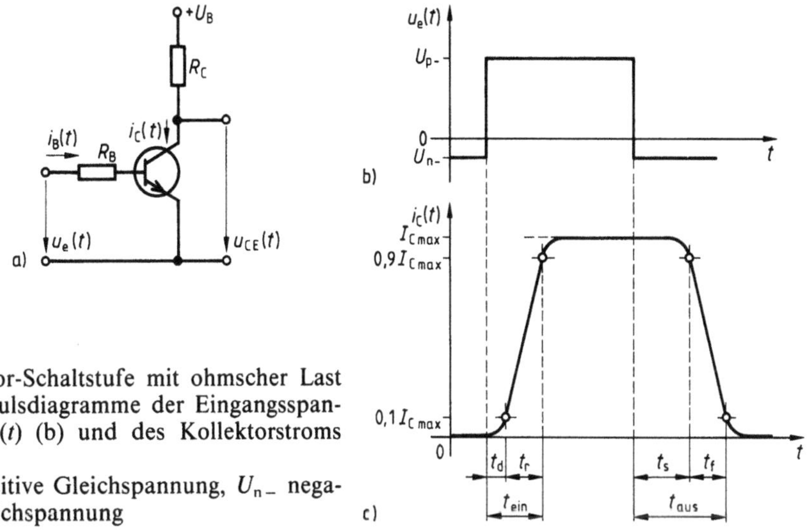

6.31
Transistor-Schaltstufe mit ohmscher Last (a), Impulsdiagramme der Eingangsspannung $u_e(t)$ (b) und des Kollektorstroms $i_C(t)$ (c)
U_{p-} positive Gleichspannung, U_{n-} negative Gleichspannung

Die Verzögerungszeit t_d ist die Zeit, in der nach dem Einschalten der Steuerspannung am Eingang der Kollektorstrom von 0% auf 10% des stationären Endwertes angestiegen ist.

Die Anstiegszeit t_r ist die Zeit, in der der Kollektorstrom von 10% auf 90% des stationären Endwertes angestiegen ist.

Ausschaltzeit. Unter der Ausschaltzeit t_{aus} versteht man die Zeit, in der nach dem Abschalten der eingangsseitigen Steuerspannung der Kollektorstrom auf 10% des stationären Endwertes abgesunken ist. Die Ausschaltzeit setzt sich aus der Speicherzeit t_S (engl. storage time) und der Abfallzeit t_f (engl. fall time) zusammen.

$$t_{aus} = t_S + t_f \tag{6.38}$$

Die Speicherzeit t_S ist die Zeit, in der der Kollektorstrom nach dem Abschalten von 100% auf 90% des stationären Endwertes absinkt.

Die Abfallzeit t_f ist die Zeit, in der der Kollektorstrom von 90% auf 10% des stationären Endwertes absinkt.

6.2.2.1 Ersatzschaltungen. Um den Übergang des Transistors zwischen dem gesperrten und leitenden Zustand sowie umgekehrt beschreiben zu können, werden für den gesperrten, aktiven und leitenden Zustand des Transistors zustandsweise gültige Ersatzschaltungen angegeben. Dabei sollen auftretende Restströme sowie die Sperrwiderstände der Kollektor- und Emitterdiode vernachlässigt werden. Bild 6.32 zeigt stückweise lineare Ersatzschaltungen für den gesperrten, aktiven und leitenden Zustand des Transistors in Emitterschaltung [37]. Transistorinterne Laufzeiten werden jedoch durch diese Ersatzschaltungen nicht berücksichtigt.

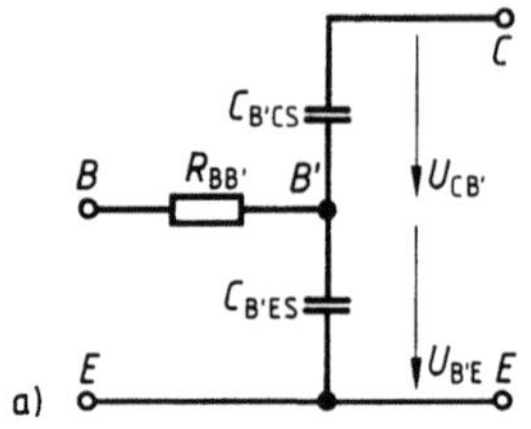

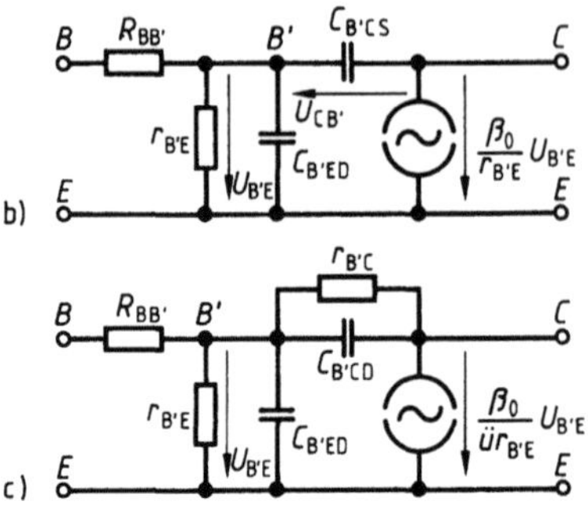

6.32
Ersatzschaltungen des Transistors als Schalter in Emitterschaltung für den gesperrten Zustand (a), den aktiven Zustand (b) und den übersteuerten Zustand (c)

Sperrender Zustand. Die vereinfachte Ersatzschaltung nach Bild **6.**32a weist einen sog. „inneren Basisanschluß" B' des Transistors auf, der real nicht existiert. Zwischen dem inneren und äußeren Basisanschluß soll der Basisbahnwiderstand $R_{BB'}$ liegen. Die Ersatzschaltung enthält außerdem die Basis-Emitter-Sperrschichtkapazität $C_{B'ES}$ und die Kollektor-Basis-Sperrschichtkapazität $C_{B'CS}$. Der Index S kennzeichnet hierbei den Sperrbetrieb des Transistors.

Aktiver Zustand. Befindet sich der Transistor im aktiven Betriebszustand (Verstärkerbetrieb), so ist die Basis-Emitter-Diode leitend und die Kollektor-Basis-Diode sperrt. Die leitende Basis-Emitter-Diode wird durch eine eingangsstromabhängige Diffusionskapazität zwischen Basis und Emitter $C_{B'ED}$ (Index D für Diffusion) parallel zum differentiellen Widerstand $r_{B'E}$ nachgebildet. Die Kollektor-Basis-Diode befindet sich im sperrenden Betrieb. Die Sperrschichtkapazität zwischen Kollektor und Basis ist durch die Sperrschichtkapazität $C_{B'CS}$ berücksichtigt. Im Ausgangskreis befindet sich eine von der Basis-Emitter-Spannung $U_{B'E}$ gesteuerte Stromquelle mit dem Strom $\beta_0(U_{B'E}/r_{B'E})$, wobei β_0 die differentielle Stromverstärkung in Emitterschaltung in der Umgebung des gewählten Arbeitspunktes bedeutet (Bild **6.**32).

Übersteuerter Zustand. Im übersteuerten Zustand des Transistors sind die Basis-Emitter-Diode und die Kollektor-Basis-Diode leitend. Dieser Zustand ist durch $U_{B'C}>0$ und $U_{B'E}>0$ gekennzeichnet. Daher wird die Kollektor-Basis-Strecke durch eine Parallelschaltung aus der Diffusionskapazität $C_{B'CD}$, die die Speicherwirkung des Basisraums für Minoritätsträger berücksichtigt, und dem parallelen differentiellen Widerstand $r_{B'C}$ dargestellt. Im Ausgangskreis befindet sich eine von der Eingangsspannung des Transistors $U_{B'E}$ gesteuerte Stromquelle. Im übersteuerten Zustand ist der Basisstrom um den Übersteuerungsgrad $ü$ größer als der zur Erzeugung des Kollektorstroms I_C erforderliche Basisstrom. Aus dem Spannungsumlauf im Kollektorkreis nach Bild **6.**31a folgt $U_B=I_C R_C+U_{CE}$, so daß es zu den Werten U_B, U_{CE} und R_C einen Kollektorstrom I_C gibt, der durch den erforderlichen Basisstrom I'_B erzeugt wird. Dabei sind I'_B und I_C durch

$$I_C=I'_B B \tag{6.39}$$

über die Gleichstromverstärkung B miteinander verknüpft. Ist der tatsächlich zugeführte Basisstrom I_B größer als der für den betreffenden Kollektorstrom erforderliche Basisstrom I'_B, so wird der Transistor übersteuert. Das Maß der Übersteuerung kann durch den Übersteuerungsgrad

$$ü = I_B/I'_B = I_B B/I_C \tag{6.40}$$

beschrieben werden. Für $I_B > I'_B$ ist der Übersteuerungsgrad $ü > 1$. Die Übersteuerungsgrenze liegt bei $ü = 1$, d.h., wenn $I_B = I'_B$ ist. Für $ü < 1$ arbeitet der Transistor im aktiven Bereich. Die Übersteuerung um den Faktor $ü$ senkt somit die wirksame differentielle Stromverstärkung von β_0 auf $\beta_0/ü$, so daß die spannungsgesteuerte Stromquelle in Bild **6**.32c als $\beta_0\, U_{B'E}/(ü\, r_{B'E})$ eingeführt wird.

6.2.2.2 Einschaltvorgang. Ein Transistor nach Bild **6**.33a mit dem Basisvorwiderstand R_B und dem Kollektorwiderstand R_C soll vom sperrenden in den übersteuerten Zustand geschaltet werden. Anfänglich ist der Transistor durch die Spannung U_{n-} gesperrt. Dann befinden sich beide PN-Übergänge im Sperrzustand, so daß für den Transistor die Ersatzschaltung nach Bild **6**.32a gültig ist. Zur Zeit $t = t_e$ springt die Spannung rechteckförmig am Eingang von $U_{n-} < 0$ auf $U_{p-} > 0$ (Bild **6**.33b). Unmittelbar nach diesem Spannungssprung

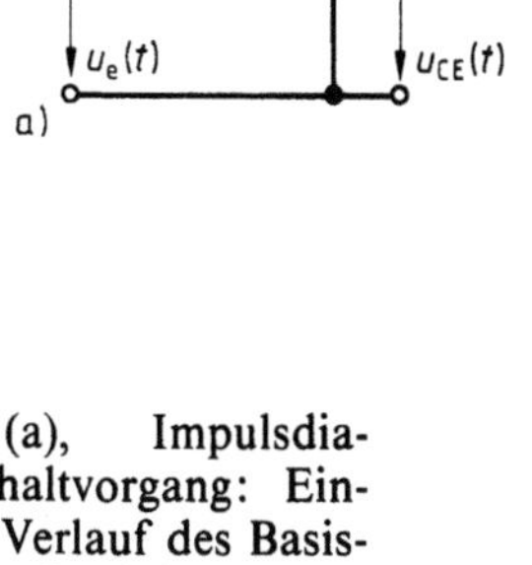

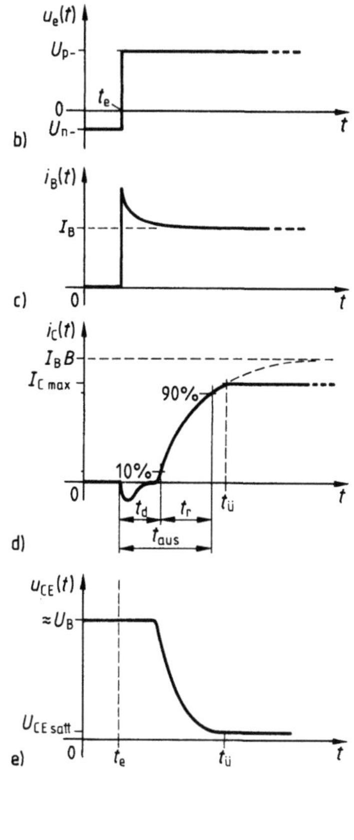

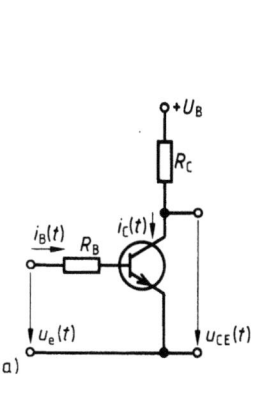

6.33
Transistor-Schaltstufe (a), Impulsdiagramme für den Einschaltvorgang: Eingangsspannung $u_e(t)$ (b), Verlauf des Basisstroms $i_B(t)$ (c), Verlauf des Kollektorstroms $i_C(t)$ (d), Verlauf der Kollektor-Emitter-Spannung $u_{CE}(t)$ (e) R_B Basisvorwiderstand, R_C Kollektorwiderstand, t_e Einschaltzeitpunkt, $t_ü$ Zeitpunkt des Erreichens der Übersteuerungsgrenze

fließt noch kein positiver Kollektorstrom, da zuvor die Sperrschichtkapazitäten $C_{B'CS}$ und $C_{B'ES}$ umgeladen werden müssen. Dabei fließt anfänglich ein erhöhter, jedoch schnell abklingender Basisstrom (Bild **6**.33 c), der sich auf beide Sperrschichtkapazitäten aufteilt. Der Umladestromanteil durch $C_{B'CS}$ wird als kurzzeitig negativer Kollektorstrom erkennbar (Bild **6**.33 d). Dieser Rückstrom kann dann vernachlässigt werden, wenn der Transistor nicht für sehr kleine Signale eingesetzt wird. Die Umladung der Sperrschichtkapazitäten $C_{B'CS}$ und $C_{B'ES}$ ist die Ursache für die Verzögerungszeit t_d. Sie dauert an, bis die Spannung $u_{B'E}$ den Wert null erreicht hat und damit die Ersatzschaltung nach Bild **6**.32 a ungültig wird, weil die Basis-Emitter-Sperrschicht in den Durchlaßzustand übergeht. Erst für $t > t_d$ beginnt ein positiver Kollektorstrom zu fließen. Befindet sich der Transistor im aktiven Zustand, so werden Minoritätsträger (Elektronen im Basisraum eines NPN-Transistors) vom Emitter in die Basis injiziert. Unter dem Einfluß eines sich mit zunehmender Zeit aufbauenden Konzentrationsgefälles für die Minoritätsträgerdichte diffundieren die Elektronen zum Kollektor und bilden so den Kollektorstrom $i_C(t)$. Bild **6**.34 zeigt den Verlauf des Konzentrationsgefälles $n(x)$ für die Minoritätsträgerdichte im Basisraum mit der Zeit t als Parameter. Wie man an den zeitlichen Verläufen der Minoritätsträgerdichte erkennt, nehmen die Fläche unter der Minoritätsträgerdichtekurve und das Konzentrationsgefälle etwa proportional zueinander zu.

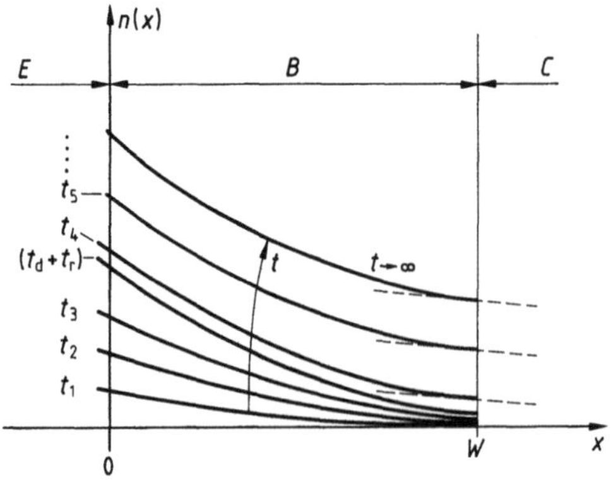

6.34
Verläufe der Elektronenkonzentration $n(x)$ für einen NPN-Transistor im Basisraum mit der räumlichen Ausdehnung W und der Zeit t als Parameter
t_r Anstiegszeit, t_d Verzögerungszeit, E Emitterzone, B Basiszone, C Kollektorzone

Nach Ablauf der Anstiegszeit t_r hat sich ein Minoritätsträgerdichtenverlauf ($n(x)$-Verlauf für $t = t_r + t_d$) ausgebildet, so daß jetzt rund 90% des maximal möglichen Kollektorstroms ($0{,}9\, I_{C\,max}$) fließen (Bild **6**.33 d). Zur Zeit $t = t_ü$ fließt der durch R_C begrenzte, maximal mögliche Kollektorstrom $I_{C\,max}$, so daß für Zeiten $t > t_ü$ die Übersteuerung des Transistors beginnt. Bild **6**.33 e zeigt den zugeordneten, zeitlichen Verlauf der Kollektor-Emitter-Spannung $u_{CE}(t)$ für den Einschaltvorgang. Wird der Transistor durch Übersteuerung ($ü > 1$) in den gesättigt leitenden Zustand gebracht, so verschiebt sich der bei der Zeit $t = t_r + t_d$ gültige Konzentrationsdichteverlauf vertikal und etwa parallel in Richtung zunehmender Minoritätsträgerdichte, bis sich dem Übersteuerungsgrad $ü$ entsprechend ein stationärer Verlauf $n(x)$ für $t \to \infty$ ausbildet. Dabei ist das Konzentrationsgefälle $\mathrm{d}n(x)/\mathrm{d}x|_{x=W}$ an der Grenzschicht zwischen Basis und Kollektor etwa konstant. Da das Konzentrationsgefälle $\mathrm{d}n(x)/\mathrm{d}x$ bei $x = W$ als räumliche Ausdehnung der Basis dem Kollektorstrom i_C proportional ist, bleibt damit auch der Kollektorstrom nahezu konstant. Dadurch wird im übersteuerten Zustand zusätzliche Minoritätsträgerladung in der Basiszone angesammelt, die aber zu einer Steigerung des Kollektorstroms wegen der Strombegrenzung durch R_C nicht mehr beitragen kann. Die zusätzliche Minoritätsträgerspeicherung (Minoritätsträgerladungsakkumulation) in der Basiszone im übersteuerten Zustand wird in der Ersatzschaltung nach Bild **6.**32c durch die Diffusionskapazität $C_{B'CD}$ beschrieben. Durch Übersteuerung des Transistors lassen sich sowohl die Verzögerungszeit t_d als auch die Anstiegszeit t_r verkürzen, indem bezüglich der Zeit t_d die Sperrschichtkapazitäten durch Einprägen eines größeren Basisstroms schneller umgeladen werden und die in der Basiszone gespeicherte Minoritätsträgerladung schneller abgebaut wird. Die Schaltzeiten des Transistors werden daher durch den Basisvorwiderstand R_B, den Kollektorwiderstand R_C und den Übersteuerungsgrad $ü$ beeinflußt.

6.2.2.3 Ausschaltvorgang. Ein Transistor nach Bild **6.**35a mit dem Basisvorwiderstand R_B und dem Kollektorwiderstand R_C soll vom übersteuerten in den sperrenden Zustand geschaltet werden. Zu Beginn der Betrachtung sei der Transistor gesättigt leitend, so daß er sich im übersteuerten Zustand befindet. Beide

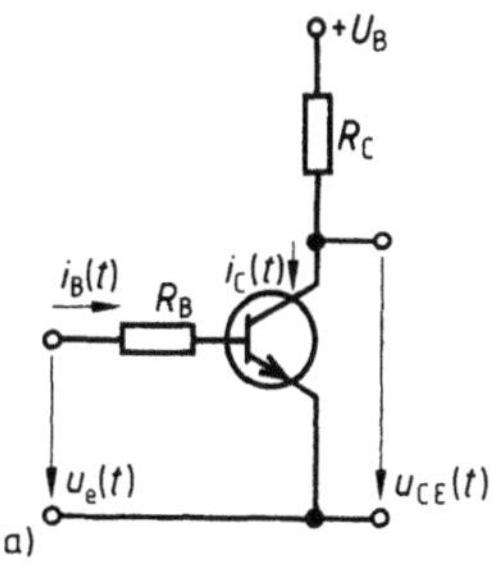

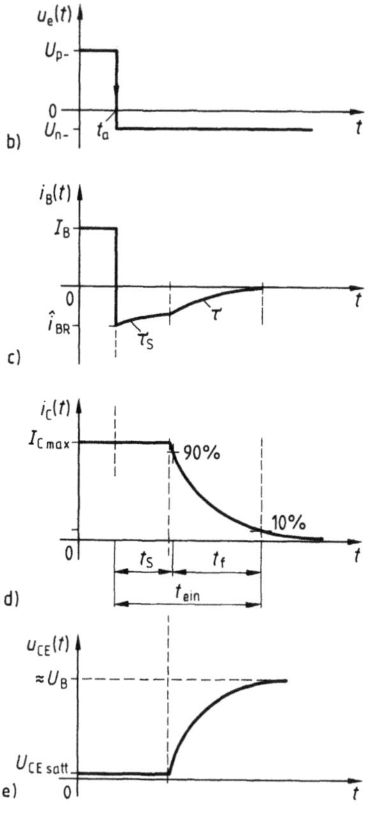

6.35
Transistor-Schaltstufe (a), Impulsdiagramme für den Ausschaltvorgang:
Eingangsspannung $u_e(t)$ (b), Verlauf des Basisstroms $i_B(t)$ mit dem Scheitelwert $\hat{i}_{BR}$ des Ausräumstroms (c), Verlauf des Kollektorstroms $i_C(t)$ mit der Speicherzeit t_S und der Abfallzeit t_f (d), Verlauf der Kollektorspannung $u_{CE}(t)$ (e)
τ_S Speicherzeitkonstante, τ Zeitkonstante für den Schaltvorgang

PN-Übergänge sind dann leitend, so daß die Transistor-Schaltstufe im übersteuerten Zustand durch die Ersatzschaltung nach Bild **6.**32c beschrieben werden kann. Zur Zeit $t=t_a$ springt die Spannung am Eingang rechteckförmig von U_{p-} auf U_{n-} (Bild 6.35b). Dadurch fällt der Basisstrom $+I_B$ weg, und es fließt ein Strom als Ausräumstrom mit dem Scheitelwert $\hat{i}_{BR}$ aus der Basis heraus. Sein Mittelwert kann als $\overline{I_{BR}} \approx (|U_{n-}|+0{,}7\ \text{V})/R_B$ abgeschätzt werden, da die Diffusionskapazitäten $C_{B'CD}$ und $C_{B'ED}$ auf ungefähr 0,7 V aufgeladen sind und am Eingang die Spannung U_{n-} liegt. Wie in Abschnitt 6.2.2.2 dargestellt wurde, werden im übersteuerten Zustand in der Basiszone mehr Minoritätsträgerladungen als für den vorgesehenen Kollektorstrom erforderlich angesammelt.

Diese überschüssige Minoritätsträgerladung wird nun durch den Ausräumstrom abgebaut. In der Ersatzschaltung in Bild **6.**32c wird die Diffusionskapazität $C_{B'CD}$ entladen. Während die Spannung an der Diffusionskapazität $C_{B'CD}$ abnimmt, bleibt der Transistor noch im leitenden Zustand, so daß der Kollektorstrom $I_{C\,max}$ nahezu unverändert noch so lange weiterfließt, bis die Spannung an der Diffusionskapazität $C_{B'CD}$ null wird. Die Minoritätsträgerdichte nimmt in Abhängigkeit von der Zeit entsprechend Bild **6.**36 ab. Man erkennt den Abbau der überschüssigen Minoritätsträgerladung zu Beginn des Abschaltvorgangs näherungsweise als vertikale Parallelverschiebung des Minoritätsträgerdichtenverlaufs über der Basisbreite W, wobei das Konzentrationsgefälle $\mathrm{d}n(x)/\mathrm{d}x|_{x=W}$ an der Grenzschicht zwischen Basis und Kollektor nahezu gleich bleibt. Diesem Wert des Konzentrationsgefälles ist der Kollektorstrom proportional und damit $I_{C\,max}$ nahezu konstant. Der Abbau der überschüssigen Minoritätsträgerladung setzt sich solange mit der Speicherzeitkonstanten τ_S fort, bis die Spannung an der Diffusionskapazität $C_{B'CD}$ null geworden ist (Bild **6.**35c). Die Zeit bis zur vollständigen Entladung der Diffusionskapazität $C_{B'CD}$ ist die Speicherzeit t_S (Bild **6.**35d). Für $t>t_S$ gilt nicht mehr die Ersatzschaltung nach Bild **6.**32c, da die Kollektor-Basis-Diode in den sperrenden Zustand übergeht, sondern die Ersatzschaltung nach Bild **6.**32b für den aktiven Betrieb.

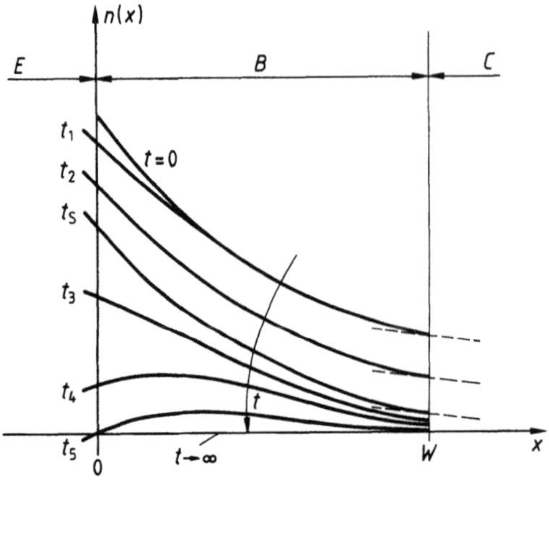

6.36
Verläufe der Elektronenkonzentration $n(x)$ für einen NPN-Transistor im Basisraum mit der räumlichen Ausdehnung W und der Zeit t als Parameter
t_S Speicherzeit, E Emitterzone, B Basiszone, C Kollektorzone

Nach Bild 6.36 nimmt für $t > t_S$ die Minoritätsträgerdichte im Basisraum weiter ab, wobei zugleich auch das Konzentrationsgefälle $dn(x)/dx$ an der Grenzschicht zwischen Basis und Kollektor und damit der Wert des Kollektorstroms abnimmt. An die Speicherzeit t_S schließt sich die Abfallzeit t_f an, die durch die Abnahme des Kollektorstroms mit der Zeitkonstanten τ auf 10% des stationären Wertes bei leitendem Transistor begrenzt ist (Bild 6.35c und d). Bild 6.35e zeigt den zugehörigen Kollektor-Emitter-Spannungsverlauf für den Ausschaltvorgang. Während der Abfallzeit t_f nimmt die Minoritätsträgerdichte weiter ab, so daß die Diffusionskapazität $C_{B'ED}$ entladen wird. Wenn schließlich die Basiszone von injizierten Minoritätsträgerladungen ausgeräumt ist und die Basis-Emitter-Diode sperrt, ist der Ausschaltvorgang abgeschlossen. Es gilt nun die Ersatzschaltung nach Bild 6.32a, und die Sperrschichtkapazitäten $C_{B'ES}$ und $C_{B'CS}$ werden auf die Spannung U_{n-} aufgeladen. Beim Ausschalt-Ausräumstrom I_{BR} heraus (Index R für reverse). Das Verhältnis von Ausräumstrom I_{BR} zum Basisstrom $I_B = I_C/B$ nennt man den Ausräumfaktor

$$a = -I_{BR}/I_B = -(B\,I_{BR})/I_C\,. \tag{6.41}$$

Wird die Minoritätsträgerladung in der Basiszone mit einem größeren Ausräumstrom abgebaut, so werden bei geeigneter Wahl des Ausräumfaktors sowohl die Speicherzeit t_S als auch die Abfallzeit t_F verringert.

6.2.2.4 Schaltzeiten. Die in Abschnitt 6.2.2 benannten Schaltzeiten sind einerseits vom Transistortyp und andererseits von der Dimensionierung der Transistor-Schaltstufe abhängig. Dabei beeinflußt die Schaltungsauslegung entscheidend den Übersteuerungsgrad $ü$ und den Ausräumfaktor a. Die Schaltzeiten t_d, t_r, t_s und t_f können mit Hilfe der Ersatzschaltungen in Bild 6.32 berechnet werden; auf eine Ableitung der Schaltzeiten soll jedoch an dieser Stelle verzichtet werden. Hinweise zur Berechnung finden sich in [12] und [24].

Nach [45] können die Schaltzeiten für eine Schaltung nach Bild 6.35a mit einem Basisvorwiderstand R_B und einem Kollektorwiderstand R_C wie folgt bestimmt werden:

Verzögerungszeit

$$t_d = R_B\left[C_{B'ES} + C_{B'CS}\left(1+\frac{R_c}{R_B}\right)\right]\ln\left(1+\frac{|U_{n-}|}{|U_{p-}|}\right) + \tau\ln\left(\frac{ü}{ü-0{,}1}\right), \tag{6.42}$$

Anstiegszeit

$$t_r = \tau\ln\left(\frac{ü-0{,}1}{ü-0{,}9}\right), \tag{6.43}$$

Speicherzeit

$$t_S = \tau_S\ln\left(\frac{|a|+ü}{|a|+1}\right) + \tau\ln\left(\frac{|a|+1}{|a|+0{,}9}\right), \tag{6.44}$$

Abfallzeit

$$t_f = \tau \ln \left(\frac{|a| + 0{,}9}{|a| + 0{,}1} \right). \tag{6.45}$$

Die Angaben für die einzelnen Schaltzeiten sollen jeweils nur die Größenordnung für die zu erwartenden Zeiten angeben. Wesentlich sind darin vor allem die Abhängigkeiten der einzelnen Schaltzeiten vom Übersteuerungsfaktor *ü* und dem Ausräumfaktor *a*.

In den Gln. (6.42) bis (6.45) sind die Zeitkonstante für die Umschaltung

$$\tau = B \left(R_C C_{B'CS} + \frac{1}{\omega_{\alpha N}} \right) \tag{6.46}$$

und die Speicherzeitkonstante

$$\tau_S = \left(\frac{1}{\omega_{\alpha N}} + \frac{1}{\omega_{\alpha I}} \right). \tag{6.47}$$

Beide Zeitkonstanten sind vom Übersteuerungsgrad *ü* und dem Ausräumfaktor *a* unabhängig. Es sind *B* die Gleichstromverstärkung in Emitterschaltung, die Grenzkreisfrequenz der Basisschaltung für den Normalbetrieb [37]

$$\omega_{\alpha N} = 1/(r_{B'E} C_{B'ED}) \tag{6.48}$$

mit

$$r_{B'E} = U_T / I_E$$

und die Grenzkreisfrequenz der Basisschaltung für den Inversbetrieb [37]

$$\omega_{\alpha I} = 1/(r_{B'C} C_{B'CD}) \tag{6.49}$$

mit

$$r_{B'C} = U_T / I_C.$$

Unter $r_{B'E}$ wird der differentielle Widerstand zwischen dem Basisanschluß B' des inneren Transistors und dem Emitter E sowie unter $r_{B'C}$ der differentielle Widerstand zwischen B' und dem Kollektor C verstanden. $U_T = (kT)/e$ ist nach Gl. (6.2) die Temperaturspannung des PN-Übergangs. Weiterhin ist zu beachten, daß die in Gl. (6.42) bis (6.45) angegebenen Schaltzeiten nur bei etwa Raumtemperatur gelten. Aus einschlägigen Datenbüchern kann man entnehmen, daß die Schaltzeiten t_d bis t_f zum Teil erheblich temperaturabhängig sind. Sind die Schaltzeiten eines Transistors bekannt, so kann die Periodendauer der höchsten Umschaltfrequenz als Summe von Ein- und Ausschaltzeit angegeben werden. Die maximale Schaltfrequenz ist dann

$$f_{max} = 1/(t_{ein} + t_{aus}). \tag{6.50}$$

Beispiel 6.2. Für eine Transistor-Schaltstufe nach Bild **6.**35 a mit dem Basisvorwiderstand R_B und dem Kollektorwiderstand R_C soll für die Ansteuerung der häufige Fall mit $U_{p-} = U_0$ und $U_{n-} = 0$ V angenommen werden. Der Einfluß des Übersteuerungsgrades *ü* und des Betrages des Ausräumfaktors *a* auf das Schaltverhalten der Transistor-Schaltstufe ist zu untersuchen. Folgende Zusammenhänge sollen ermittelt, graphisch dargestellt und analysiert werden:

a) $t_d = f(ü)$ für $U_{n-} = 0$ V,
b) $t_r = g(ü)$,
c) $t_S = h(|a|)$ für $ü = 1$ (keine Übersteuerung),
d) $t_f = k(|a|)$.

a) Für $U_{n-} = 0$ V wird in Gl. (6.42) der Faktor $\ln(1 + |U_{n-}|/|U_{p-}|) = 0$, so daß man für $t_d = \tau \ln[ü/(ü - 0{,}1)]$ erhält. Bild **6.**37 a zeigt eine normierte, graphische Darstellung der auf die Zeitkonstante τ bezogenen Verzögerungszeit t_d/τ als Funktion vom Übersteuerungsgrad *ü*. Man erkennt, daß mit zunehmendem Übersteuerungsgrad *ü* die Verzöge-

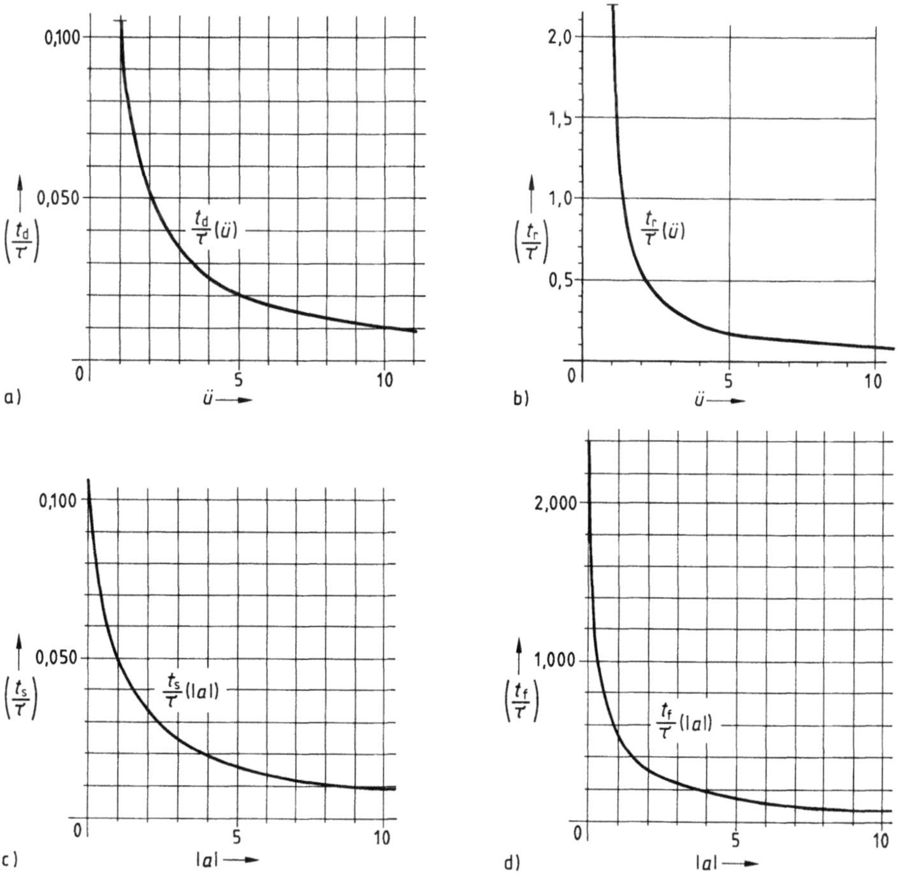

6.37 Bezogene Verzögerungszeit t_d/τ in Abhängigkeit vom Übersteuerungsgrad *ü* für $U_{n-} = 0$ (a), bezogene Anstiegszeit t_r/τ in Abhängigkeit vom Übersteuerungsgrad *ü* (b), bezogene Speicherzeit t_S/τ in Abhängigkeit vom Betrag des Ausräumfaktors $|a|$ ohne Übersteuerung ($ü = 1$) (c), bezogene Abfallzeit t_f/τ in Abhängigkeit vom Betrag des Ausräumfaktors $|a|$ (d)

rungszeit t_d abnimmt. Bezogen auf das gesamte Schaltverhalten muß man jedoch feststellen, daß die Speicherzeit t_S nach Gl. (6.44) durch eine Vergrößerung von $\ddot{u}$ zunimmt. Bei der Dimensionierung einer Transistor-Schaltstufe ist daher anzustreben, daß die Verkürzung bei t_d die Verlängerung bei t_S überwiegt. Außerdem ist kritisch zu vermerken, daß die Schaltungsauslegung mit $U_{n-}=0$ V zwar wegen der einzusparenden negativen Spannungsversorgung für U_{n-} häufig angewandt wird, daß sich dadurch jedoch das Ausräumen der Minoritätsträgerladung aus der Basiszone verlangsamt. Weiter wird die Transistor-Schaltstufe durch die fortgelassene negative Basisvorspannung insgesamt störanfälliger gegenüber elektromagnetischer Störbeeinflussung.

b) Bild 6.37b zeigt als normierte Darstellung die Anstiegszeit t_r/τ nach Gl. (6.43) in Abhängigkeit vom Übersteuerungsgrad $\ddot{u}$. Man erkennt, daß mit zunehmendem Übersteuerungsgrad $\ddot{u}$ die Anstiegszeit t_r stark abnimmt. Eine Übersteuerung wirkt sich damit zwar günstig auf das Einschaltverhalten aus, verschlechtert jedoch - wenn keine besonderen Schaltungsmaßnahmen ergriffen werden - das Ausschaltverhalten durch eine Vergrößerung der Speicherzeit t_S.

c) Wenn von einer Übersteuerung abgesehen wird ($\ddot{u}=1$), erhält man für die Speicherzeit aus Gl. (6.44) $t_S=\tau \ln[(|a|+1)/(|a|+0{,}9)]$. Bild 6.37c zeigt den normierten Verlauf der Speicherzeit in Abhängigkeit vom Betrag des Ausräumfaktors a.

d) Bild 6.37d zeigt die bezogene Abfallzeit t_f/τ in Abhängigkeit vom Betrag des Ausräumfaktors a nach Gl. (6.45) in normierter Darstellung. Man erkennt, daß die Abfallzeit t_f mit dem Betrag des Ausräumfaktors a erheblich gesenkt werden kann.

Beispiel 6.3. Eine Transistor-Schaltstufe nach Bild 6.38a soll mit einem schnellen NPN-Schalttransistor in Emitterschaltung versehen werden. Sie soll mit einer rechteckförmigen Spannung mit den Spannungswerten $U_{e0}=0$ V und $U_{e1}=+5$ V angesteuert werden (Bild 6.38b). Im Ausgangskreis soll bei leitendem Transistor der Kollektorstrom $I_C=18$ mA fließen. Das gegenüber dem Eingangssignal invertierte Ausgangssignal soll nur bezüglich der abfallenden Flanke der Ausgangsspannung weiterverarbeitet werden. Zur Verkürzung der Einschaltzeit soll der Übersteuerungsgrad $\ddot{u}=4{,}5$ gewählt werden. Es kann außer acht gelassen werden, daß nach Gl. (6.44) für $\ddot{u}>1$ die Speicherzeit t_S zunimmt, da nur die Einschaltzeit verringert werden soll (Weiterverarbeitung der abfallenden Flanke) und nicht die ansteigende Flanke. Die Gleichstromverstärkung wird bei $I_C=18$ mA mit $B=200$ angegeben. Im leitenden Zustand kann die Kollektor-Emitter-Restspannung gegenüber der Versorgungsspannung $U_B=+12$ V vernachlässigt werden,

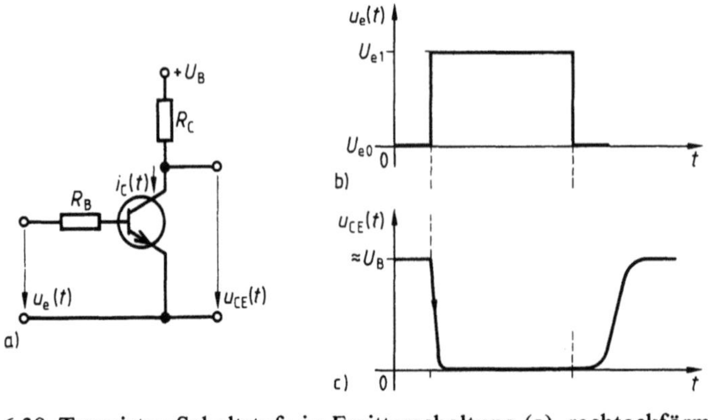

6.38 Transistor-Schaltstufe in Emitterschaltung (a), rechteckförmige Eingangsspannung $u_e(t)$ (b) und Verlauf der Kollektor-Emitter-Spannung $u_{CE}(t)$ (c)
R_B Basisvorwiderstand, R_C Kollektorwiderstand

und die Basis-Emitter-Spannung beträgt $U_{BE} = +0{,}7$ V. Der Basisvorwiderstand R_B und der Kollektorwiderstand R_C sind zu bestimmen.

Wird die Kollektor-Emitter-Restspannung im leitenden Zustand vernachlässigt, so kann der Kollektorwiderstand mit

$$R_C \approx \frac{U_B}{I_C} = \frac{+12\,\text{V}}{18\,\text{mA}} = 667\,\Omega$$

angegeben werden. Gewählt wird $R_C = 680\,\Omega$ als normierter Widerstandswert. Mit dem Kollektorstrom $I_C = 18$ mA und der Gleichstromverstärkung $B = 200$ errechnet man den erforderlichen Basisstrom

$$I'_B = I_C/B = 18\,\text{mA}/200 = 90\,\mu\text{A}.$$

Bei der vorgesehenen Übersteuerung $\ddot{u} = 4{,}5$ muß daher der Basisstrom $I_B = \ddot{u}\, I'_B = 4{,}5 \cdot 90\,\mu\text{A} = 405\,\mu\text{A}$ fließen. Dann ist der Basisvorwiderstand

$$R_B = \frac{U_{e1} - U_{BE}}{I_B} = \frac{5{,}0\,\text{V} - 0{,}7\,\text{V}}{405\,\mu\text{A}} \approx 10{,}6\,\text{k}\Omega.$$

Für den Basisvorwiderstand wird der genormte Wert $R_B = 10\,\text{k}\Omega$ gewählt.

6.2.2.5 Verbesserung des Schaltverhaltens. Nach Gl. (6.42) bis (6.45) kann das Schaltverhalten einer Transistorstufe wesentlich durch die äußere Beschaltung beeinflußt werden, indem nach Gl. (6.40) der Übersteuerungsgrad $\ddot{u}$ und nach Gl. (6.41) der Ausräumfaktor a verändert werden. Als wirksame Maßnahme zur Verbesserung des Schaltverhaltens können in einer Transistor-Schaltstufe entweder ein Beschleunigungskondensator oder Sättigungsschutzdioden eingesetzt werden.

Beschleunigungskondensator. Der beschleunigte Auf- bzw. Abbau der Minoritätsträgerladung in der Basiszone kann dadurch bewirkt werden, daß die Basisströme zeitlich begrenzt in beiden Richtungen genügend groß gewählt werden. Dabei ist jedoch zu vermeiden, daß der Transistor auf Dauer übersteuert wird, um die Speicherzeit t_S für den Ausschaltvorgang nicht noch zu vergrößern. Diese Anforderung erfüllt die in Bild **6.**39a angegebene Schaltung. Den zeitlichen Verlauf der Eingangsspannung zeigt Bild **6.**39b. Eine kurzfristige Erhöhung des Basisstroms kann dadurch erzielt werden, daß der Basisvorwiderstand R_B durch die Kapazität C_B überbrückt und in Reihe mit einem zusätzlichen Vorwiderstand R_V geschaltet wird. Im Einschaltaugenblick stellen die Kapazität C_B sowie die Sperrschichtkapazitäten $C_{B'E}$ und $C_{B'C}$ jeweils einen Kurzschluß dar, so daß der Basisstrom nur durch den Vorwiderstand R_V begrenzt wird. Um die Strombegrenzung durch R_V richtig zu dimensionieren, sollte der Wert von R_V um 1 bis 2 Zehnerpotenzen größer als die Summe aus dem Innenwiderstand R_G des ansteuernden Generators und dem Bahnwiderstand $R_{BB'}$ des Transistors sein. Ist diese Bedingung erfüllt, so kann der Spitzenwert des Basisstroms als $i_B(t_e) \approx U_{p-}/R_V$ abgeschätzt werden. Dieser Wert sollte so gewählt werden, daß es zu einer anfänglichen Übersteuerung $\ddot{u}_0 > 1$ kommt. Nach dem Abklingen des Einschaltvorganges bestimmt die Reihen-

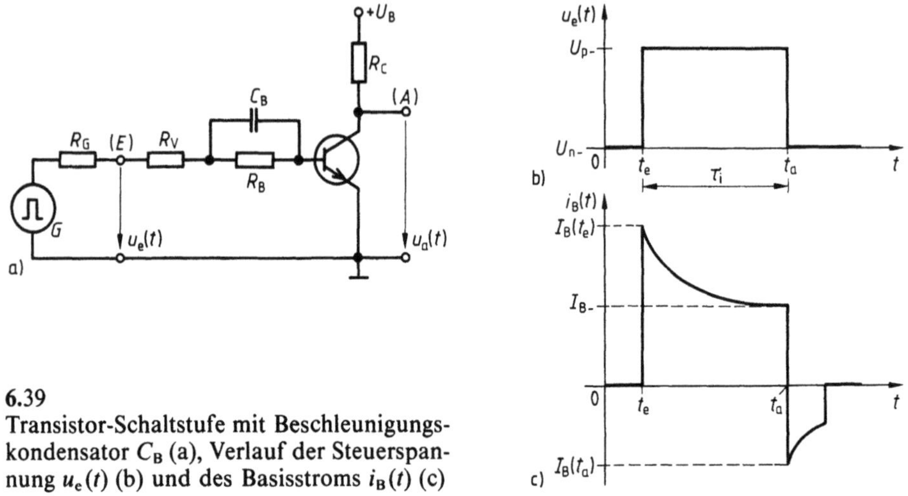

6.39
Transistor-Schaltstufe mit Beschleunigungskondensator C_B (a), Verlauf der Steuerspannung $u_e(t)$ (b) und des Basisstroms $i_B(t)$ (c)

schaltung aus R_V und R_B den durch die Steuerspannung bedingten, stationären Endwert des Basisstroms $I_{B-} \approx (U_{p-} - U_F)/(R_V + R_B)$ mit U_F als Durchlaßspannung der Basis-Emitter-Diode. Dieser Wert kann so festgelegt werden, daß praktisch keine Übersteuerung auftritt. Damit steht zum Aufbau der Minoritätsträgerladung ein größerer Basisstrom zur Verfügung als im stationären Zustand. Der Einschaltvorgang wird beschleunigt, obwohl der Transistor nicht in den gesättigten Zustand gelangt.

Eine Verkürzung des Ausschaltvorgangs durch einen erhöhten Ausräumstrom kann z. B. dadurch erreicht werden, daß man an die Basis eines NPN-Transistors eine - bezogen auf das Emitterpotential - negative Steuerspannung anlegt. Dadurch würde ein erhöhter Ausräumstrom aus der Basis heraus in Richtung der negativen Spannungsquelle fließen. Diese Vorgehensweise erfordert jedoch eine zusätzliche negative Spannungsquelle und damit erhöhten Schaltungsaufwand. Als einfachere Schaltungsmaßnahme erweist sich hier ebenfalls die Kapazität C_B in der Basiszuleitung. Der Schalttransistor soll sich so lange im leitenden Zustand befunden haben, daß sich der Beschleunigungskondensator auf den stationären Endwert der Spannung $U_{BK} = (U_{p-} - U_F) R_B / (R_V + R_B) = I_{B-} R_B$ aufgeladen hat. Während der abfallenden Flanke der Steuerspannung springt der Basisstrom von I_{B-} auf $i_B(t_a) \approx -U_{BK}/R_V$. Der Basisstrom $i_B(t)$ nimmt für $t > t_a$ exponentiell ab, bis die Minoritätsträgerladung aus der Basiszone ausgeräumt ist. Danach geht der Basisstrom auf $i_B = 0$ zurück (Bild 6.39 c). Da zu diesem Zeitpunkt der Beschleunigungskondensator noch nicht vollständig entladen ist, setzt sich die Entladung über den parallelen Basiswiderstand R_B mit der Zeitkonstanten $\tau_{CB} = C_B R_B$ fort, so daß die Basisspannung vorübergehend noch negativ bleibt, bis $u_{BE} \approx 0$ erreicht wird. Ohne den Beschleunigungskondensator C_B wäre ebenfalls ein Ausräumstrom aus der Basis herausgeflossen, der als $(-U_F)/(R_V + R_B)$ abgeschätzt werden kann, der jedoch in jedem Fall kleiner als $i_B(t_a) \approx -U_{BK}/R_V$ ist.

Die dargestellte Schaltungsmaßnahme mit Beschleunigungskondensator ist nicht frei von Nachteilen: Einerseits ist die Wirksamkeit der Schaltungsmaßnahme von der Impulsdauer und dem Tastgrad abhängig, so daß es für eine vorgesehene Impulsdauer τ_{i0} und einen Tastgrad g_0 sowie vorgegebene Werte von R_V und R_B nur einen optimalen Wert C_{B0} für die Kapazität C_B gibt; andererseits beobachtet man eine erhöhte Störbarkeit der Transistorstufe durch elektromagnetische Felder wegen der differenzierenden Wirkung des im Eingang liegenden Beschleunigungskondensators.

Sättigungsschutzdiode. Bild **6.40** a zeigt eine Transistor-Schaltstufe, deren Schaltverhalten durch das Einfügen einer Sättigungsschutzdiode verbessert ist. Der gesättigte Zustand des Transistors ist dadurch gekennzeichnet, daß der Basis-Kollektor-Übergang des Transistors leitend wird. Wenn verhindert werden kann, daß das Kollektorpotential im leitenden Zustand unter das Basispotential absinken kann (beim NPN-Transistor), so ist ein Betrieb im Sättigungsbereich ausgeschlossen. Es muß daher stets $u_{CE} \geqq u_{BE}$ gelten. Der Zustand der Übersteuerung des Transistors kann dadurch vermieden werden, daß zwischen Basis und Kollektor die Diode D_1 als Sättigungsschutzdiode geschaltet wird. Während der Transistor durch den aktiven Bereich gesteuert wird, ist die Diode D_1 gesperrt, so daß der günstige Einfluß hoher Basisströme auf die Anstiegszeit nicht eingeschränkt wird. Die Diode D_1 wird leitend, sobald das Kollektorpotential um den Betrag der Diodendurchlaßspannung unter das Basispotential fällt. Setzt man nur die Diode D_1 ein, so kann das Basispotential immer noch um die Diodendurchlaßspannung von D_1 positiver als das Kollektorpotential sein. Um auch diese Potentialdifferenz noch auszuschließen, kann zusätzlich die Diode D_2 in die Basiszuleitung als Potentialverschiebediode eingefügt werden, so daß im leitenden Zustand des Transistors Spannungsgleichheit am Kollektor und an der Basis erzwungen und dadurch der gesättigte Zustand vermieden wird. An der Grenze vom aktiven zum übersteuerten Bereich

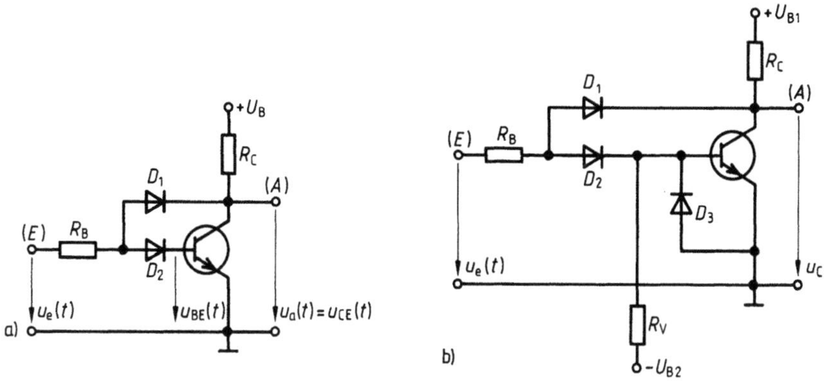

6.40 Transistor-Schaltstufe mit Sättigungsschutzdiode D_1 und Potentialverschiebediode D_2 (a) sowie Schaltstufe mit zusätzlicher negativer Vorspannung zur Vergrößerung des Ausräumfaktors a und einer Schutzdiode D_3 (b)

leitet die Diode D_1 einen Teil des Basisstroms zum Kollektor ab, und zwar genau den Anteil, der für die Sättigungsladung und deren Aufrechterhaltung gegenüber der ständig ablaufenden Rekombination nötig wäre. Für den Übersteuerungsgrad $ü = 1$ wird dann nach Gl. (6.44) die Speicherzeit t_S minimal, da der erste Term wegfällt und die Speicherzeit t_S nunmehr nur noch vom Ausräumfaktor a abhängt. Die vorgestellte Schaltung ist nicht ohne Nachteile: So wirkt der hohe Sperrwiderstand der Diode D_2 einer zügigen Ausräumung von Minoritätsträgern aus der Basiszone entgegen, da sie den Ausräumstrom I_{BR} stark begrenzt. Dadurch nimmt die Abschaltzeit t_{aus} erheblich zu. Es ist jedoch möglich, diesen Nachteil aufzuheben, indem man an die Basis eine zusätzliche negative Vorspannung legt, so daß der Ausräumstrom nun in Richtung der negativen Spannungsquelle fließen kann (Bild **6.**40b). Die zusätzliche Diode D_3 verhindert in dieser Schaltung ein Durchbrechen der Basis-Emitter-Strecke bei großen negativen Spannungen. Da die Übersteuerung vermieden wird, steigt die Kollektor-Emitter-Spannung im leitenden Zustand notwendigerweise an. Dadurch nimmt die Verlustleistung im Transistor zu und der Spannungshub bei Großsignalbetrieb ab. Bezüglich des Schaltverhaltens der Transistorstufe nach Bild **6.**40a ist zu beachten, daß gemäß Abschnitt **6.**1 die Schaltzeiten der Dioden in die gesamte Betrachtung des Schaltverhaltens mit einzubeziehen sind. Hier lassen sich jedoch z. B. Hot-carrier-Dioden einsetzen. Wegen der gegenüber Silicium-Dioden kleineren Diodendurchlaßspannung kann die Diode D_2 auch entfallen. Diese Schaltungsvariante findet in der Transistor-Transistor-Logik (TTL) Anwendung und wird dort als Schottky-TTL mit besonders kurzen Schaltzeiten bezeichnet.

6.3 Feldeffekt-Transistor

Ein **Feldeffekt-Transistor** (FET) stellt ein spannungsgesteuertes Bauelement mit einem halbleitenden Stromkanal dar, dessen Leitfähigkeit durch ein elektrisches Feld gesteuert wird. Die grundsätzliche Arbeitsweise kann mit Hilfe der stark vereinfachten Anordnung nach Bild **6.**41 veranschaulicht werden [11].

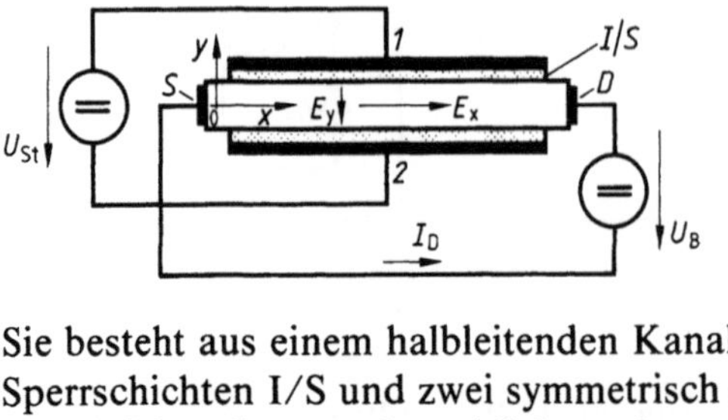

6.41
Prinzipschaltung eines Feldeffekt-Transistors zur Steuerung des Stroms I_D im Kanal zwischen Source (S) und Drain (D) durch die Steuerspannung U_{St} an zwei Steuerelektroden *1* und *2*

Sie besteht aus einem halbleitenden Kanal (z. B. n-dotiert), zwei Isolator- oder Sperrschichten I/S und zwei symmetrisch angeordneten Steuerelektroden. Die Kanalelektroden werden üblicherweise mit S (engl. source = Quelle) und D (engl. drain = Senke) bezeichnet. Die an den Steuerelektroden anliegende

Steuerspannung U_{St} erzeugt ein elektrisches Feld E_y senkrecht zur Stromflußrichtung, wobei der Strom I_D im Kanal mit einem elektrischen Feld der Feldstärke E_x als Strömungsfeld verknüpft ist. Das mit der Steuerspannung U_{St} verknüpfte elektrische Feld verändert die Leitfähigkeit des Kanals. Gleichstrommäßig kann der im Kanal fließende Drainstrom stark vereinfacht als

$$I_D = SA = -nevA = -ne\mu E_x A \tag{6.51}$$

angegeben werden. Dabei bedeuten S die als konstant über der Querschnittsfläche A des Kanals angenommene Stromdichte, n die Anzahl der Ladungsträger, e die Elementarladung, v die Geschwindigkeit und μ die Beweglichkeit der Ladungsträger im Kanal sowie E_x die elektrische Feldstärke in x-Richtung. Der Strom im Kanal fließt bei einem N-Kanal-FET als Elektronen- und bei einem P-Kanal-FET als Löcherstrom. Die Leitfähigkeit des Kanals kann auf zwei verschiedene Arten durch die Steuerspannung moduliert werden:

1. Steuerung des Kanalquerschnitts: Befinden sich zwischen den Steuerelektroden und dem Kanal in Sperrichtung betriebene PN-Übergänge oder Metall-Halbleiter-Übergänge, so verändert die Steuerspannung U_{St} den Kanalquerschnitt und damit bei konstant angenommener Stromdichte A den Strom im Kanal. Solche Feldeffekt-Transistoren werden Sperrschicht-FETs genannt. Je nach Ausführungsform werden Bezeichnungen wie PNFET, NIGFET (non-insulated-gate-FET), JFET (junction-FET) und MeSFET (metal-semiconductor-FET) benutzt.

2. Steuerung der Ladungsträgermenge im Kanal: Befindet sich zwischen den Steuerelektroden und dem Kanal jeweils eine Isolierschicht, so verändert die Steuerspannung U_{St} durch Influenz die Ladungsträgermenge im Kanal. Solche Feldeffekt-Transistoren werden Isolierschicht-FETs genannt. Je nach Ausführungsform werden Bezeichnungen wie MISFET (metal-insulator-semiconductor-FET), IGFET (insulated-gate-FET) und MOSFET (metal-oxid-semiconductor-FET) benutzt. Weiter unterscheidet man bei MOS-FETs den Anreicherungstyp (engl. enhancement type), der erst bei angelegter Gate-Source-Spannung mit richtiger Polarität einen leitenden Kanal aufweist und deshalb auch selbstsperrender FET genannt wird (engl. normally off), und den Verarmungstyp (engl. depletion type), der erst durch Anlegen einer Gate-Source-Spannung mit richtiger Polarität gesperrt werden kann und deshalb auch als selbstleitender FET bezeichnet wird (engl. normally on). Da man bei der Herstellung von MOS-FETs sowohl p- als auch n-dotierte Halbleiter verwenden kann, gibt es damit insgesamt vier Arten von MOS-FETs. Tafel **6.**42 gibt eine Übersicht über die verschiedenen FETs mit den zugehörigen Schaltsymbolen und den Anschlüssen G für gate (Steueranschluß), S für source (Quelle), D für drain (Senke) und B für bulk (Substratanschluß). Der wesentliche Vorteil von Feldeffekt-Transistoren gegenüber bipolaren Transistoren besteht darin, daß beim FET die Ansteuerung nahezu leistungslos be-

Tafel 6.42 Übersicht über Arten von Feldeffekt-Transistoren mit den Anschlüssen *S* für Source, *D* für Drain, *G* für Gate und *B* für Bulk (Substrat)
FET-Typ: selbstleitend: Innere Verbindung zwischen *D* und *S* durchgezogen
selbstsperrend: Innere Verbindung zwischen *D* und *S* unterbrochen

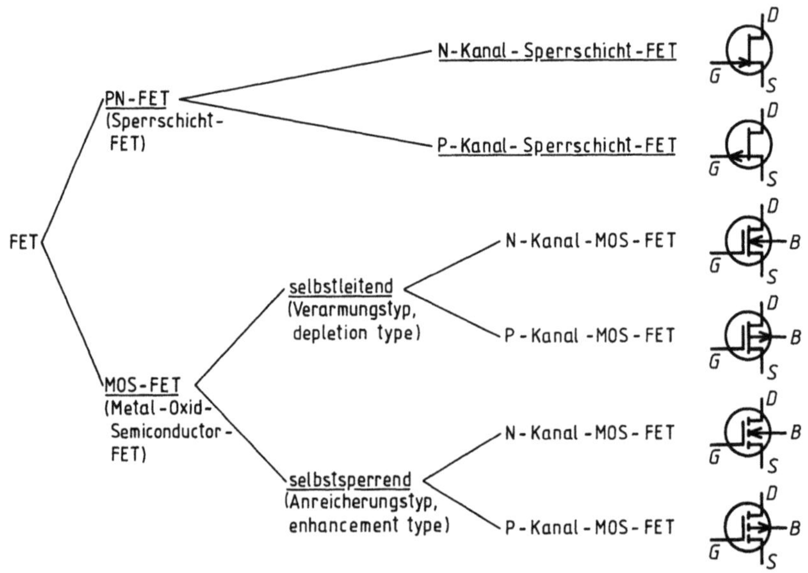

wirkt wird, da der FET am Gate-Anschluß einen sehr hohen Eingangswiderstand von $10^{12}\,\Omega \ldots 10^{18}\,\Omega$ aufweist. Zumindest im statischen Betrieb ist damit wegen des hohen Eingangswiderstandes keine Rückwirkung des Ausgangskreises auf den Eingangskreis vorhanden. Eine Beschreibung der grundsätzlichen Arbeitsweise von Feldeffekt-Transistoren findet sich in [37].

Der Feldeffekt-Transistor unterscheidet sich allgemein vom bipolaren Transistor dadurch, daß der gesteuerte Strom allein von Majoritätsträgerladungen getragen wird, also von den Ladungsträgern, die im halbleitenden Material in der Mehrheit vertreten sind. Somit zählen Feldeffekt-Transistoren zu den Unipolartransistoren, deren Wirkungsweise auf nur einer Ladungsträgerart beruht. Beim Einsatz von Sperrschicht-FETs in elektronischen Schaltern stellt man fest, daß die steuernde Gate-Source-Spannung $u_{GS}(t)$ am Eingang und die Drain-Source-Spannung $u_{DS}(t)$ am Ausgang unterschiedliche Polarität aufweisen. Daher sind solche Schaltungen je Schaltstufe zwei Spannungsquellen erforderlich. Daraus leitet sich der Nachteil ab, daß mehrere gleichartige Inverterstufen nicht ohne weiteres kaskadierbar sind. Vor allem bei einer Zusammenschaltung mehrerer Schaltstufen z. B. in Form eines integrierten Schaltkreises erweist sich diese Eigenschaft als nachteilig. Aus diesem Grund haben sich MOS-FETs gegenüber Sperrschicht-FETs weitgehend durchgesetzt. Es werden daher im folgenden für impulstechnische Schaltungen besonders die dynamischen Eigenschaften von MOS-FETs behandelt. Von diesen ist in der Impulstechnik der N-Kanal-MOS-FET dem P-Kanal-MOS-FET vorzuziehen, da die Beweglichkeit der Elektronen größer als die der Defektelektronen (Löcher) ist und dadurch entscheidend die obere Grenzfrequenz der Schaltstufe bestimmt wird. Von den N-Kanal-MOS-FETs ist wiederum der selbstsperrende dem selbstleitenden FET vorzuziehen, da bei der Gate-Source-Spannung $U_{GS}=0$ der Kanal zwischen Drain und Source vollständig sperrt und bei genügend großer Gate-Source-Spannung $U_{GS}>0$ leitend ist. Mit einem sperrenden und einem leitenden Zustand lassen sich so in einer Schaltstufe binäre Informationen eindeutiger darstellen als mit zwei unterschiedlich gut leitenden Kanalzuständen. Die folgende Beschreibung der Betriebsbereiche, Kennlinien und Ersatzschaltungen soll daher auf selbstsperrende MOS-FETs beschränkt werden.

6.3.1 Betriebsbereiche

Für impulstechnische Anwendungen sind Groß-Signal-Ersatzschaltungen, das Ausgangskennlinienfeld und die Funktionen der Kennlinien in den einzelnen Kennlinienbereichen von besonderer Bedeutung. Die Zusammenhänge zwischen Drain-Strom I_D, steuernder Gate-Source-Spannung U_{GS} und der Drain-Source-Spannung U_{DS} als $I_D=f(U_{DS}, U_{GS})$ werden für einen selbstsperrenden N-Kanal-MOS-FET gebietsweise angegeben. Für einen P-Kanal-MOS-FET sind die Zusammenhänge vorzeichengerecht übertragbar.

6.3.1.1 Groß-Signal-Ersatzschaltung. Für einen selbstsperrenden N-Kanal-MOS-FET mit dem Schaltzeichen nach Bild **6.**43a können für den Groß-Signal-Betrieb zwei stark vereinfachte Ersatzschaltungen angegeben werden: Nach Bild **6.**43b wird der Widerstand R_K im Kanal zwischen Drain und Source durch die anliegende Steuerspannung U_{GS} innerhalb des sogenannten Anlaufgebietes gesteuert. Oberhalb der sogenannten Abschnürgrenze wird der FET im Sättigungsgebiet betrieben. Für diesen Betriebsbereich soll

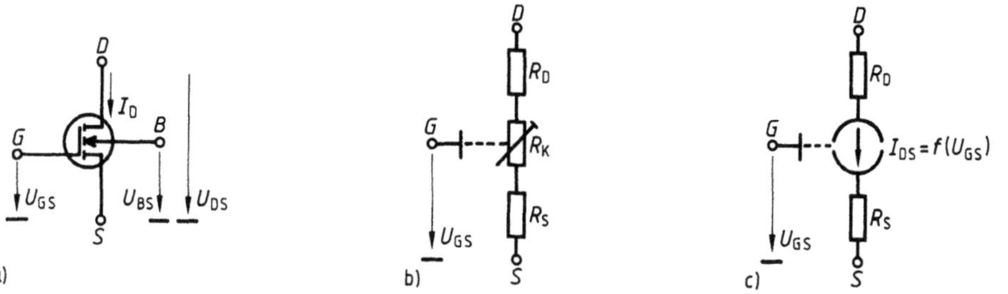

6.43 Schaltzeichen eines selbstsperrenden N-Kanal-MOS-FET mit den angetragenen elektrischen Größen (a), stark vereinfachte Ersatzschaltung des N-Kanal-MOS-FETs für das Anlaufgebiet mit dem gesteuerten Kanalwiderstand R_K (b) und für das Sättigungsgebiet mit einer gesteuerten Stromquelle $I_{DS}=f(U_{GS})$

die stark vereinfachte Ersatzschaltung nach Bild 6.43 c gelten. Während innerhalb des Anlaufgebietes der Widerstand R_K des Kanals von der Steuerspannung U_{St} beeinflußt wird, findet man für den Sättigungsbereich eine von der Steuerspannung U_{St} gesteuerte Stromquelle $I_{DS}=f(U_{GS})$ vor.

6.3.1.2 Ausgangskennlinienfeld. Das Ausgangskennlinienfeld des FETs beschreibt die Abhängigkeit des Drain-Stromes I_D von der Drain-Source-Spannung U_{DS} mit der Gate-Source-Spannung U_{GS} als Parameter. Bild 6.44 zeigt das Ausgangskennlinienfeld für einen selbstsperrenden N-Kanal-MOS-FET mit den Betriebsbereichen Anlaufgebiet und Sättigungsgebiet. Die Grenze zwischen beiden Betriebsbereichen bildet die Abschnürgrenze.

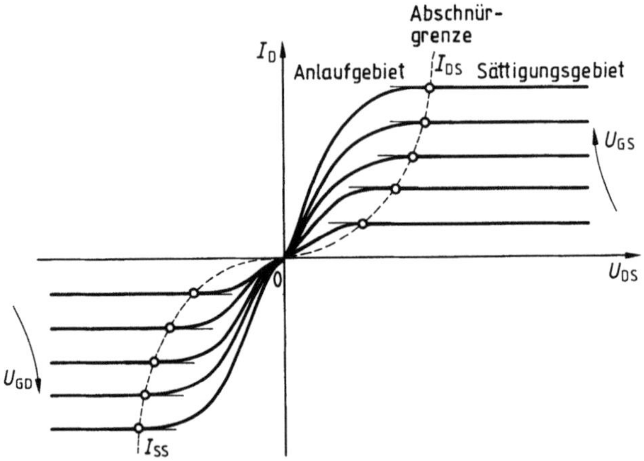

6.44 Ausgangskennlinienfeld $I_D=f(U_{DS})$ mit U_{GS} als Parameter im normalen Betrieb (1. Quadrant) und U_{GD} als Parameter im inversen Betrieb (3. Quadrant)

Schwellspannung. Zur Erläuterung der Schwellspannung geht man von einem stark vereinfachten Modell eines selbstsperrenden MOS-FETs nach Bild 6.45 aus. Auf einem isolierten Substrat sind als Drain und Source je ein stark N-dotierter Bereich und ein schwach P-dotierter Bereich als Kanal angeordnet. Zwischen dem Gate-Anschluß und dem Kanalbereich befindet sich eine Gate-Isolation (meist SiO_2), so daß ein Kondensator zwischen Gate-Elektrode und Kanalbereich entsteht. Wird an den Gate-Anschluß eine gegenüber Source positive Spannung $U_{GS}>0$ gelegt, so kommt es auf der Gate-Elektrode zu einem Überschuß an positiven Ladungen, und im Kanalbereich werden negative Ladungen erzeugt. Dadurch schlägt die Ladungsträgerkonzentration im Kanalbereich von P-dotiert auf N-dotiert um, so daß der Kanal nun für einen Elektronenstrom leitend wird. Diesen Übergang bezeichnet man als Inversion. Die Schwellspannung U_{th} (Index th für engl. threshold = Schwelle) ist die Spannung zwischen Gate und Source über dem Gate-Oxyd, die notwendig ist, um im Kanal gerade Inversion zu erzeugen.

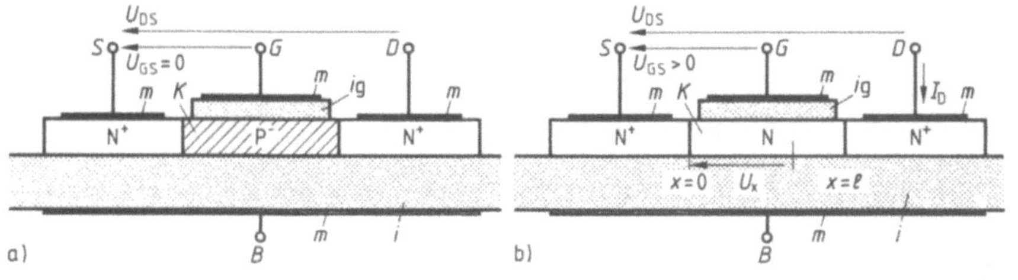

6.45 Vereinfachte Struktur eines selbstsperrenden N-Kanal-MOS-FET auf einem isolierenden Substrat bei gesperrtem Kanal ($U_{GS}=0$) (a) und bei leitendem Kanal ($U_{GS}>0$) (b)
m metallische Kontaktierungen, *i* isolierendes Substrat, *ig* Gate-Isolation, N^+ hoch dotierte Source- und Draininseln, *K* Kanalgebiet, P^- schwach p-dotiertes Kanalgebiet, N durch Elektronenanreicherung entstandener N-leitender Kanal

Normaler und inverser Betrieb. Aus der Symmetrie der geometrischen Verhältnisse des FETs nach der vereinfachten Darstellung in Bild **6.**45 geht hervor, daß ein MOS-FET zwischen Drain- und Source-Anschlüssen in beiden Richtungen im Kanal abhängig von der Polarität der Drain-Source-Spannung U_{DS} Strom führen kann. Daher existieren bei gleicher Dotierung der N^+-Bereiche sowohl der normale Betriebsbereich (1. Quadrant) als auch der inverse Betriebsbereich (3. Quadrant) im Ausgangskennlinienfeld. Außerdem sind die Kennlinien in beiden Quadranten punktsymmetrisch zum Koordinatenursprung.

Anlaufgebiet. Durch eine positive Gate-Source-Spannung $U_{GS}>0$ werden negative Ladungen im Kanalbereich influenziert (Bild **6.**45). Liegt keine Drain-Source-Spannung in Kanalrichtung an ($U_{DS}=0$), so verteilen sich die negativen Ladungen gleichmäßig im Kanalbereich, so daß es für $U_{GS}>U_{th}$ zur Inversion kommt. Legt man eine Drain-Source-Spannung $U_{DS}>0$ an, so kann im Kanal ein Strom fließen. Unter dem Einfluß des elektrischen Strömungsfeldes kommt es zu einer nicht mehr gleichmäßigen anderen Verteilung der Elektronen im Kanalbereich, so daß sich entsprechend Bild **6.**46 eine Sperrschicht aufbaut.

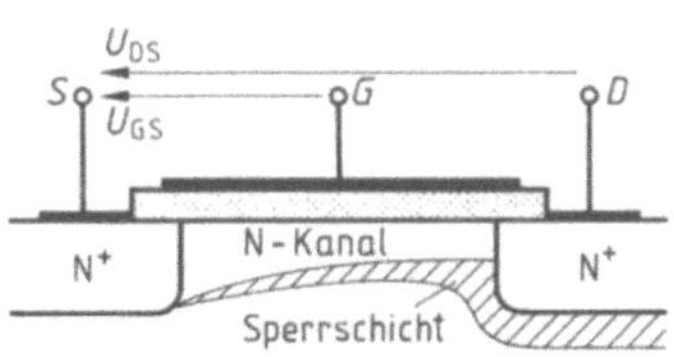

6.46
Ausbildung der Sperrschicht im Anlaufgebiet

Der Zusammenhang zwischen Drain-Strom I_D, Gate-Source-Spannung U_{GS} und Drain-Source-Spannung U_{DS} kann nach [14] im Anlaufgebiet als

$$I_D = K\left[(U_{GS}-U_{th})\,U_{DS}-\frac{U_{DS}^2}{2}\right] \tag{6.52}$$

angegeben werden. Darin ist die Konstante $K=\mu_n C_{GK}/l^2$ mit μ_n als Beweglichkeit der Elektronen, C_{GK} als Kapazität zwischen Gate und Kanal und l als Kanallänge. Aus Gl. (6.52) geht hervor, daß die Kennlinien im Anlaufgebiet parabelförmig verlaufen. Man bezeichnet das Anlaufgebiet auch als nicht gesättigten Betriebsbereich.

Abschnürgrenze. Ein Abschnüreffekt ergibt sich im Kanal bei wachsender Drain-Source-Spannung dadurch, daß sobald die wirksame Gate-Source-Spannung $U_{GS}-U_{th}$ kleiner als U_{DS} wird, zuerst an der Drain-Elektrode keine Elektronen mehr influenziert werden. Dadurch dehnt sich die bereits im Bild **6.46** angedeutete Sperrschicht weiter aus, bis schließlich der gesamte Kanalquerschnitt in der Nähe der Drain-Elektrode von der Sperrschicht eingenommen wird (Bild **6.47**). Der Drain-Strom I_D wird deshalb jedoch nicht null, sondern er fließt auch im eingeschnürten Kanalbereich weiter, da die von der Source

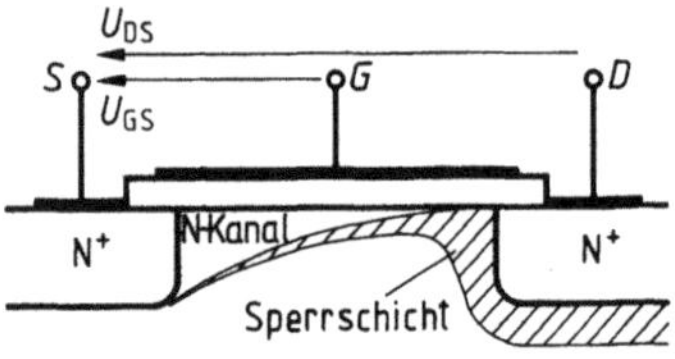

6.47
Ausbildung der Sperrschicht an der Abschnürgrenze

kommenden Elektronen unter dem Einfluß des elektrischen Feldes zwischen Drain und Source durch die Sperrschicht hindurch beschleunigt werden. Die Bedingung für das Auftreten der beschriebenen Abschnürung kann dadurch bestimmt werden, daß man für den Drain-Stromverlauf das Maximum des Drain-Stromes als Sättigungs-Drain-Strom I_{DS} in Abhängigkeit von der Drain-Source-Spannung bestimmt. Danach ergeben sich

$$\frac{\mathrm{d}I_D}{\mathrm{d}U_{DS}} = 0 = K[(U_{GS}-U_{th})-U_{DS}]$$

und

$$\frac{\mathrm{d}^2 I_D}{\mathrm{d}U_{DS}^2} = -K<0\,.$$

Der Sättigungs-Drain-Strom I_{DS} wird damit bei $U_{GS}-U_{th}=U_{DS}$ erreicht.

Sättigungsgebiet. Mit zunehmender Spannung U_{DS} gegenüber $(U_{GS}-U_{th})$ bleibt nach der Abschnürung der Strom im Kanal annähernd konstant. Setzt man die Bedingung $U_{DS}=U_{GS}-U_{th}$ in Gl. (6.52) ein, so erhält man den Sättigungs-Drain-Strom

$$I_{DS} = \frac{1}{2}K(U_{GS}-U_{th})^2\,. \tag{6.53}$$

Wie man im Ausgangskennlinienfeld nach Bild **6.44** erkennt, beginnt das Sättigungsgebiet an der Abschnürgrenze. Für inversen Betrieb im 3. Quadranten kennzeichnet der Verlauf des Source-Sättigungs-Stromes I_{SS} entsprechend die Abschnürgrenze.

6.3.1.3 Funktionen der Kennlinienabschnitte. Für die stark vereinfachten Groß-Signal-Ersatzschaltungen nach Bild **6.**43 b und c können damit näherungsweise folgende Funktionen für die einzelnen Betriebsbereiche angegeben werden. Für den normalen Betrieb (1. Quadrant) gelten:

Sperrender Betrieb

$$I_{\mathrm{D}}=0 \tag{6.54}$$

für $U_{\mathrm{DS}}>0$, $U_{\mathrm{GS}} \leqq U_{\mathrm{th}}$,

Anlaufgebiet

$$I_{\mathrm{D}}=K\left[(U_{\mathrm{GS}}-U_{\mathrm{th}})\,U_{\mathrm{DS}}-\frac{U_{\mathrm{DS}}^2}{2}\right] \tag{6.55}$$

für $U_{\mathrm{DS}}>0$, $U_{\mathrm{GS}}>U_{\mathrm{th}}$, $U_{\mathrm{GS}}-U_{\mathrm{th}}>U_{\mathrm{DS}}$,

Abschnürgrenze

$$I_{\mathrm{DS}}=\frac{1}{2}K(U_{\mathrm{GS}}-U_{\mathrm{th}})^2 \tag{6.56}$$

für $U_{\mathrm{DS}}>0$, $U_{\mathrm{GS}}>U_{\mathrm{th}}$, $U_{\mathrm{GS}}-U_{\mathrm{th}}=U_{\mathrm{DS}}$,

Sättigungsgebiet

$$I_{\mathrm{D}}=\frac{1}{2}K(U_{\mathrm{GS}}-U_{\mathrm{th}})^2 \tag{6.57}$$

für $U_{\mathrm{DS}}>0$, $U_{\mathrm{GS}}>U_{\mathrm{th}}$, $U_{\mathrm{GS}}-U_{\mathrm{th}}<U_{\mathrm{DS}}$.

Im inversen Betriebsfall – d. h. bei negativer Drain-Source-Spannung – gilt entsprechend:

Sperrender Betrieb

$$I_{\mathrm{S}}=0 \tag{6.58}$$

für $U_{\mathrm{SD}}>0$, $U_{\mathrm{GD}} \leqq U_{\mathrm{th}}$,

Anlaufgebiet

$$I_{\mathrm{S}}=K\left[(U_{\mathrm{GD}}-U_{\mathrm{th}})\,U_{\mathrm{SD}}-\frac{U_{\mathrm{SD}}^2}{2}\right] \tag{6.59}$$

für $U_{\mathrm{DS}}>0$, $U_{\mathrm{GD}}>U_{\mathrm{th}}$, $U_{\mathrm{GD}}-U_{\mathrm{th}}>U_{\mathrm{SD}}$,

Abschnürgrenze

$$I_{\mathrm{SS}}=\frac{1}{2}K(U_{\mathrm{GD}}-U_{\mathrm{th}})^2 \tag{6.60}$$

für $U_{SD}>0$, $U_{GD}>U_{th}$, $U_{GD}-U_{th}=U_{SD}$,

Sättigungsgebiet

$$I_S=\frac{1}{2}K(U_{GD}-U_{th})^2 \tag{6.61}$$

für $U_{SD}>0$, $U_{GD}>U_{th}$, $U_{GD}-U_{th}<U_{SD}$.

Den vorliegenden Gleichungen liegt die Annahme zugrunde, daß sowohl der innere Drain- als auch Source-Widerstand null sind. Mit Hilfe dieser Gleichungen kann das Groß-Signal-Verhalten von selbstsperrenden N-Kanal-MOS-FETs beschrieben werden. Praktische Kennlinienvermessungen zeigen, daß die modellmäßig berechneten Funktionen die realen Kennlinienverläufe recht gut annähern.

6.3.2 Schaltverhalten

Gegenüber dem bipolaren Transistor tritt beim MOS-FET praktisch keine Ladungsträgerspeicherung auf, so daß eine Speicherzeit entfällt. Hierdurch wird das dynamische Verhalten des FETs zwar begünstigt, jedoch erschweren die hohen Widerstände zwischen Gate und Source bzw. Gate und Drain die Umladung der zwischen den Elektroden des FETs wirksamen Kapazitäten (Interelektrodenkapazitäten) sowie der umgebenden Schaltkapazitäten. So liegt zwar die obere Grenzfrequenz für das Innere des FETs im GHz-Bereich, mit den wirksamen Kapazitäten bleibt die obere Grenzfrequenz jedoch auf den MHz-Bereich beschränkt. In der Regel ist der Einfluß der äußeren Kapazitäten größer als der Einfluß der inneren Kapazitäten. Daher wird das Schaltverhalten von MOS-FET-Schaltstufen anhand folgender Belastungsfälle erläutert:
- Inverter mit ohmscher und kapazitiver Last,
- Inverter mit FET und kapazitiver Last,
- CMOS-Inverter.

6.3.2.1 Inverter mit ohmscher und kapazitiver Last. Bild **6.48** a zeigt einen MOS-FET-Schalter mit ohmschem Lastwiderstand R_L und der ausgangsseitigen Lastkapazität C_L.

Einschaltvorgang. Zu Beginn wird der MOS-FET als sperrend angenommen, so daß die Kapazität C_L auf U_B aufgeladen ist. Durch einen Spannungssprung am Gate zur Zeit $t=t_e$ wird der MOS-FET leitend. Nahezu verzögerungsfrei springt der Drainstrom vom Wert im Arbeitspunkt A auf den Wert im Punkt P der Ausgangskennlinie $I_D(U_{DS})$, der durch die steuernde Gate-Source-Spannung festgelegt ist (Bild **6.48** b). Der Drainstrom stellt dabei die Summe aus dem Strom durch den Lastwiderstand R_L und dem Entladestrom der Lastkapazität C_L dar. Während der Entladung wandert mit abnehmender Drain-Source-

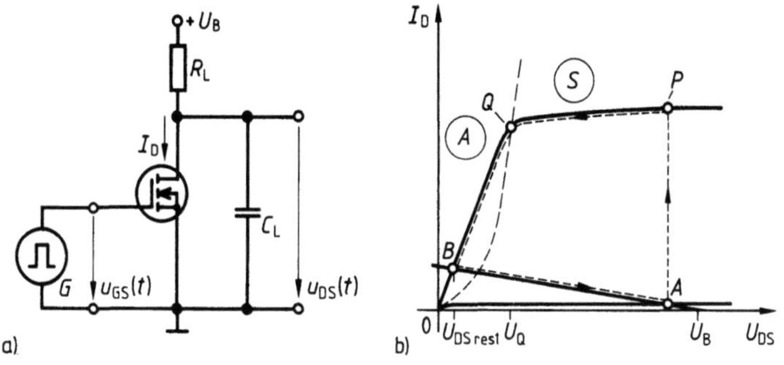

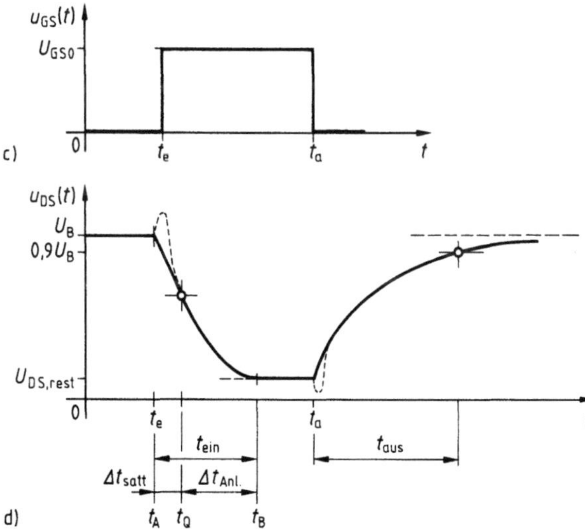

6.48
Schaltstufe mit N-Kanal-Sperrschicht-FET (a), Ausgangskennlinienfeld $I_D = f(U_{DS})$ mit $U_{GS} =$ const (b) sowie Verläufe der Gate-Source-Spannung $u_{GS}(t)$ (c) und der Drain-Source-Spannung $u_{DS}(t)$ (d)

Spannung der Arbeitspunkt von P nach Q im Ausgangskennlinienfeld. Dabei ist Q durch die Abschnürgrenze bei $U_{DS} = U_{GS} - U_{th}$ festgelegt (Bild **6.**48 b). Solange der Arbeitspunkt im Sättigungsgebiet liegt, kann man wegen der geringen Kennliniensteigung zwischen Q und P (theoretisch wurde $\mathrm{d}I_D/\mathrm{d}U_{DS} = 0$ angenommen) bei der Berechnung des Schaltvorgangs von einer Konstantstromquelle für die Kondensatorentladung ausgehen, so daß gilt

$$-C_L \frac{\mathrm{d}u_{DS}}{\mathrm{d}t} = I_D \approx I_{DS} = \text{const}\,. \tag{6.62}$$

Trennt man die Variablen und integriert man auf beiden Seiten der Gleichung mit den Randbedingungen $U_{DS(A)} = U_{DS(P)} = U_B$, $I_D = I_{DS}$ sowie für $u_{DS} \leqq U_B$ und $t \geqq t_P = t_e$, so erhält man

$$u_{DS}(t) = U_B - \frac{I_{DS}}{C_L}(t - t_e)\,. \tag{6.63}$$

Im Punkt Q an der Abschnürgrenze hat die Drain-Source-Spannung gerade den Wert $U_{GS}-U_{th}$ angenommen, so daß sich danach die Übergangszeit $t_{P\to Q}=\Delta t_{satt}$ im Sättigungsgebiet als

$$\Delta t_{satt}=C_L\,\frac{U_B-(U_{GS}-U_{th})}{I_{DS}}$$

berechnen läßt. Mit Gl. (6.56) wird

$$\Delta t_{satt}=2\,C_L\,\frac{U_B-(U_{GS}-U_{th})}{K\,(U_{GS}-U_{th})^2}\,. \tag{6.64}$$

Da der Widerstand zwischen Drain und Source nicht unendlich groß ist, wird die Übergangszeit von P nach Q eher noch etwas kleiner ausfallen. Der veränderliche Arbeitspunkt tritt bei Punkt Q in das Anlaufgebiet ein, in dem der Widerstand des MOS-FETs gegenüber dem Sättigungsgebiet abnimmt. Geht man davon aus, daß der Lastwiderstand R_L sehr viel größer als der Drain-Source-Widerstand im Anlaufgebiet ist, wird die Kondensatorentladung in diesem Kennlinienbereich wesentlich durch den Drainstrom des MOS-FETs bestimmt. Für den Kondensatorstrom kann dann vereinfachend angesetzt werden

$$i_{CL}(t)=-C_L\,\frac{\mathrm{d}u_{DS}(t)}{\mathrm{d}t}=K\left[(U_{GS}-U_{th})\,u_{DS}(t)-\frac{u_{DS}^2(t)}{2}\right]. \tag{6.65}$$

Führt man bei Gl. (6.65) wiederum eine Trennung der Variablen durch und integriert auf beiden Seiten der Gleichung mit dem Anfangswert $U_Q=U_{GS}-U_{th}$ zur Zeit $t=t_Q$, so erhält man für $t \geqq t_Q$ aus

$$(-1)\,\frac{C_L}{K}\int\limits_{U_Q}^{u}\frac{\mathrm{d}u}{(U_{GS}-U_{th})\,u-\dfrac{u^2}{2}}=\int\limits_{t_Q}^{t}\mathrm{d}t$$

den zeitlichen Verlauf der Drain-Source-Spannung

$$u_{DS}(t)=(U_{GS}-U_{th})\,\frac{2\,\mathrm{e}^{-(t-t_Q)/\tau_1}}{1+\mathrm{e}^{-(t-t_Q)/\tau_1}} \tag{6.66}$$

mit $\tau_1=C_L/[K\,(U_{GS}-U_{th})]$. Geht man im Arbeitspunkt B davon aus, daß die Ausgangsspannung $0{,}1\,U_B$ beträgt, wobei $0{,}1\,U_B<(U_{GS}-U_{th})$ gelten soll, so kann man für die Übergangszeit

$$\Delta t_{Q\to B}=\Delta t_{anl}=\tau_1\left[\ln\frac{20\,(U_{GS}-U_{th})-U_B}{U_B}\right] \tag{6.67}$$

berechnen. Somit kann die Einschaltzeit t_{ein} mit den Gln. (6.64) und (6.67) als

$$t_{ein} = \Delta t_{satt} + \Delta t_{anl} \tag{6.68}$$

abgeschätzt werden. Der zeitliche Verlauf der Drain-Source-Spannung $u_{DS}(t)$ beim Einschaltvorgang kann also in zwei Abschnitte gegliedert werden: 1. Die Konstantstromentladung der Lastkapazität C_L und 2. die exponentielle Entladung der Kapazität C_L durch den leitenden FET.

Ausschaltvorgang. Zur Zeit $t = t_a$ geht die Gate-Source-Spannung auf null zurück. Da man beim MOS-FET Ladungsträgerspeichereffekte vernachlässigen kann, kann man die Drain-Source-Strecke als nahezu ideal sperrend für $t \geqq t_a$ ansehen. Dann wird die Kondensatoraufladung allein durch die äußere Beschaltung mit dem Lastwiderstand R_L und der Lastkapazität C_L an der Versorgungsspannung $+U_B$ als Spannungsverlauf

$$u_{DS}(t) = (U_B - U_{DS\,rest})\,[1 - e^{-(t - t_a)/\tau_2}] + U_{DS\,rest} \tag{6.69}$$

mit $\tau_2 = R_L C_L$ bestimmt. Aufgrund des exponentiellen Zusammenhanges in Gl. (6.69) ist die Ausschaltzeit bis zum Erreichen von 90% der Versorgungsspannung

$$t_{aus} = \tau_2 \ln\left(\frac{U_B - U_{DS\,rest}}{0{,}1\,U_B}\right). \tag{6.70}$$

Bild **6.**48 d zeigt den zeitlichen Verlauf der Drain-Source-Spannung $u_{DS}(t)$ für einen rechteckförmigen Verlauf der Gate-Source-Spannung $u_{GS}(t)$ nach Bild **6.**48 c. Als gestrichelte Verläufe sind Spannungsüberschwinger qualitativ in Bild **6.**48 d eingezeichnet, die auf die kapazitive Kopplung zwischen Ein- und Ausgang durch die Kapazität C_{GD} zwischen Gate und Drain zurückgehen.

Beispiel 6.4. Für eine Inverterstufe mit selbstsperrendem MOS-FET nach Bild **6.**48 a sollen die Ein- und Ausschaltzeit berechnet werden, wenn für die ansteuernde Gate-Source-Spannung ein ideal rechteckförmiger, zeitlicher Verlauf mit der Amplitude $U_{GS} = 11{,}5$ V und $U_{th} = 2{,}5$ V bei $U_B = +12$ V angenommen wird. Im eingeschalteten Zustand ist die Restspannung zwischen Drain und Source $U_{DS\,rest} = 0{,}5$ V. An der Abschnürgrenze bei $U_{GS0} - U_{th} = U_{DS} = 9$ V soll der Sättigungs-Drainstrom $I_{DS} = 10$ mA fließen. Bei welchem Wert der Ausgangsspannung geht die Kondensatorentladung vom Sättigungs- in das Anlaufgebiet über? Der Lastwiderstand soll $R_L = 1{,}1$ kΩ und die Lastkapazität $C_L = 100$ pF betragen. Die zeitlichen Verläufe der Ein- und Ausgangsspannung des Inverters sind zu skizzieren.

Einschaltvorgang. Zur Zeit $t = t_e$ wird der selbstsperrende MOS-FET durch Anlegen der Gate-Source-Spannung U_{GS0} in den leitenden Zustand gebracht. Nach Gl. (6.68) setzt sich die Einschaltzeit t_{ein} aus dem Zeitintervall Δt_{satt} im Sättigungsgebiet und Δt_{anl} im

Anlaufgebiet zusammen. Zunächst wird die Konstante K mit Hilfe von Gl. (6.53) an der Abschnürgrenze bestimmt. Danach ist

$$K = \frac{2\,I_{DS}}{(U_{GS} - U_{th})^2} = \frac{20\text{ mA}}{(9\text{ V})^2} = 0{,}247\text{ mA/V}^2.$$

Nach Gl. (6.64) berechnet man für das Zeitintervall

$$\Delta t_{satt} = 200\text{ pF}\,\frac{81\text{ V}^2\,[12\text{ V} - (11{,}5\text{ V} - 2{,}5\text{ V})]}{20\text{ mA}\,(11{,}5\text{ V} - 2{,}5\text{ V})^2} = 30\text{ ns}.$$

Nimmt man in Gl. (6.63) vereinfachend $t_e = 0$ an, geht der zeitliche Verlauf der Ausgangsspannung $u_a(t)$ bei 9 V vom Sättigungs- in das Anlaufgebiet über (Punkt Q im Ausgangskennlinienfeld, Bild **6.48**b). Für Δt_{anl} berechnet man mit Hilfe von Gl. (6.67)

$$\Delta t_{anl} = \frac{100\text{ pF}}{\left(\frac{20\text{ mA}}{81\text{ V}^2}\right)\cdot(11{,}5\text{ V} - 2{,}5\text{ V})}\cdot \ln\left(\frac{20\cdot 9\text{ V} - 12\text{ V}}{12\text{ V}}\right) \approx 119\text{ ns}.$$

Damit beträgt die Einschaltzeit $t_{ein} = \Delta t_{satt} + \Delta t_{anl} \approx 149$ ns.

Ausschaltvorgang. Der zeitliche Verlauf der Ausgangsspannung für den Ausschaltvorgang wird allein von der äußeren Beschaltung bestimmt, so daß eine einfache RC-Aufladung angenommen werden kann, die bei $U_{DS\,rest} = 0{,}5$ V beginnt und gegen den stationären Endwert $U_B = +12$ V strebt. Nach $t = t_{aus}$ werden 90% von U_B erreicht, so daß

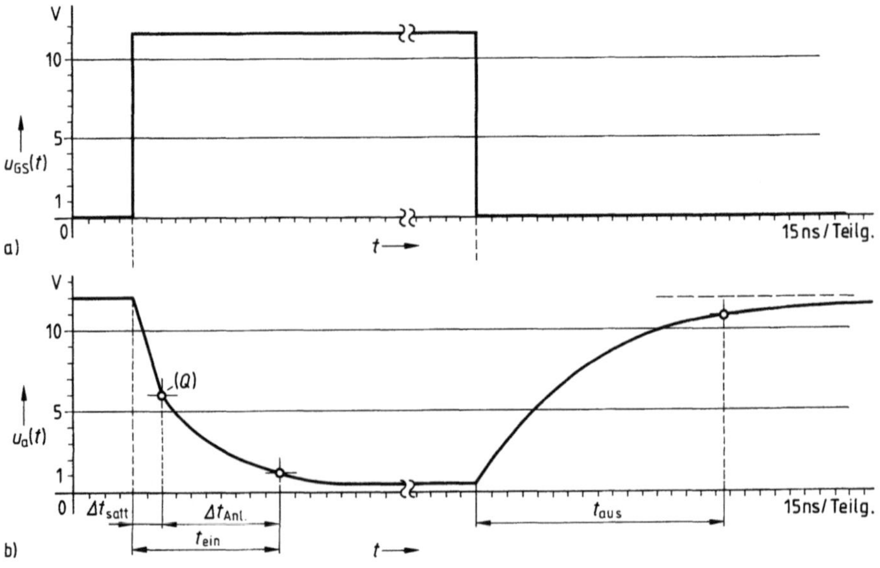

6.49 Rechteckförmiger Verlauf der Gate-Source-Spannung $u_{GS}(t)$ (a) sowie Verlauf der Ausgangsspannung $u_a(t)$ des Inverters mit der Einschaltzeit $t_{ein} = \Delta t_{satt} + \Delta t_{anl}$ und der Ausschaltzeit t_{aus}

Gl. (6.70) die Ausschaltzeit

$$t_{\text{aus}} = 1{,}1 \cdot 10^3 \,\frac{\text{V}}{\text{A}}\, 10^2 \cdot 10^{-12} \,\frac{\text{As}}{\text{V}} \cdot \ln\left(\frac{12{,}0-0{,}5}{1{,}2}\right) \approx 249\ \text{ns}$$

ergibt. Bild **6.**49 zeigt den zeitlichen Verlauf der Ausgangsspannung $u_a(t)$ (b) in Korrespondenz zum zeitlichen Verlauf der Gate-Source-Spannung $u_{GS}(t)$ (a). Man erkennt, daß der Einschaltvorgang bei dieser Dimensionierung wesentlich schneller als der Ausschaltvorgang abläuft.

6.3.2.2 Inverter mit FET- und Kapazitätslast. Für Inverter in integrierter Schaltkreistechnik ist anzustreben, daß die Last für den treibenden FET T_1 einen möglichst geringen Platzbedarf aufweist. Aus diesem Grund verwendet man eine Schaltung nach Bild **6.**82a, in der der ohmsche Lastwiderstand R_L aus Bild **6.**48a durch einen selbstsperrenden N-Kanal-MOS-FET ersetzt wird[1]). Das Gate des Lasttransistors kann entweder mit der Versorgungsspannung U_B oder mit einer zusätzlichen Spannungsquelle U_D verbunden werden, um auf diese Weise festzulegen, ob der Last-FET im Anlauf- oder Sättigungsgebiet betrieben werden soll (Bild **6.**50a). Nachteilig wirkt sich der Aufwand für eine zusätzliche Spannungsversorgung aus. Wird das Gate des Last-FETs mit der Versorgungsspannung U_B verbunden, so ist stets $u_{GS2} = U_B - u_a$ und $u_{DS2} = U_B - u_a$ und damit $u_{GS2} = u_{DS2}$ bzw. $u_{GS2} - U_{th2} < u_{DS2}$, so daß der Last-FET stets im Sättigungsgebiet betrieben wird. In beiden Fällen stellt der Last-FET einen nichtlinearen Widerstand dar, dessen Wert von der Spannung u_{DS2} und damit auch von der Ausgangsspannung $u_a = U_B - u_{DS2}$ abhängt.

Für die Inverterstufe nach Bild **6.**50a wird das Ausgangskennlinienfeld dadurch konstruiert, daß man die Ausgangskennlinie $I_D = f_2(U_{DS2})$ des Last-FETs in das Ausgangskennlinienfeld $I_D = f_1(U_{DS1})$ des Treiber-FETs wegen $u_a = U_B - u_{DS2}$ anstelle einer Widerstandsgeraden gespiegelt einträgt. Dadurch ergeben sich die Schnittpunkte *A* und *B* zwischen $I_D = f_2(U_{DS2})$ und $I_D = f_1(U_{DS1(ON)})$ und $I_D = f_1(U_{DS1(OFF)})$. Bei der Dimensionierung einer Inverterstufe mit Last-FET ist anzustreben, die Ausgangskennlinie des Last-FETs so einzustellen, daß der Ausgangsspannungshub entsprechend den statischen Arbeitspunkten *A* und *B* möglichst groß wird.

Einschaltvorgang. Um die Berechnung des zeitlichen Verlaufs der Ausgangsspannung im Sinne einer Abschätzung zu vereinfachen, soll angenommen werden, daß das Gate von T_2 an einer zusätzlichen Spannungsquelle mit der Spannung $U_D = U_B + U_{th2}$ angeschlossen ist, so daß der Last-FET stets an der Abschnürgrenze betrieben wird. Dies ist bereits im Einschaltaugenblick der Fall,

[1]) Die Substratanschlüsse beider FETs T_1 und T_2 sind jeweils mit dem Source-Anschluß verbunden. Diese Schaltungsart gilt allerdings nur für diskreten Schaltungsaufbau, während bei integrierter Schaltkreistechnik die Substrat-Anschlüsse jeweils mit dem Masse-Anschluß verbunden werden.

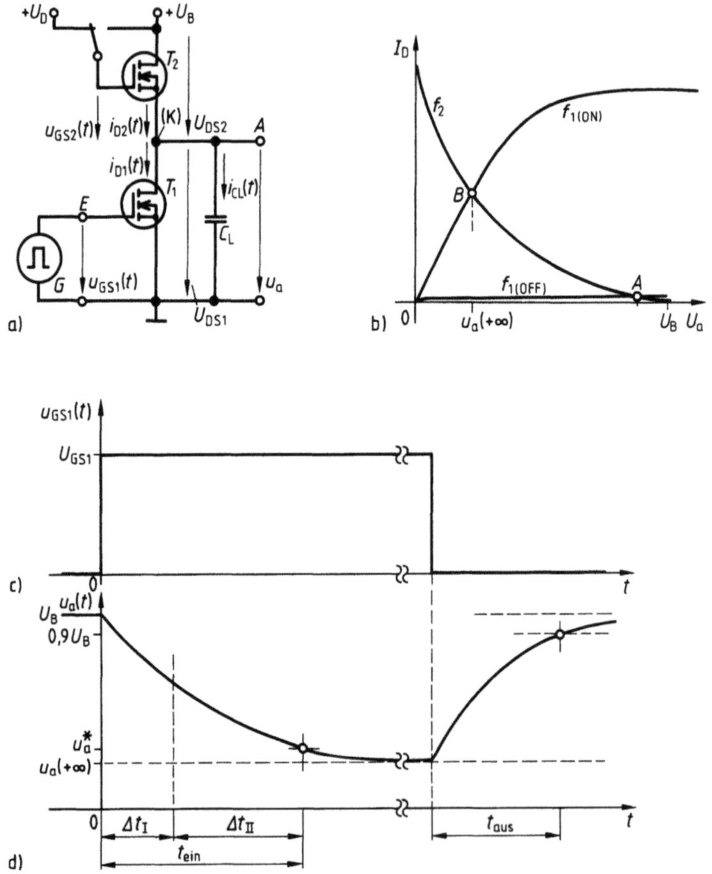

6.50 MOS-FET-Inverter mit ohmscher und kapazitiver Last (a), Ausgangskennlinienfeld $I_D(U_{DS})$ mit den statischen Arbeitspunkten A (sperrend) und B (leitend) (b), Verlauf der Gate-Source-Spannung $u_{GS1}(t)$ (c) sowie Verlauf der Drain-Source-Spannung $u_{DS}(t)$ (d)

wo $u_a = U_B$ und damit $U_{DS2} = 0$ sind, während sich U_{GS2} auf $U_{GS2} = U_D - u_a = U_D - U_B = (U_B + U_{th2}) - U_B = U_{th2}$ einstellt, so daß die Bedingung $U_{DS2} = U_{GS2} - U_{th2}$ für den Betrieb an der Abschnürgrenze erfüllt ist. Die Substratanschlüsse sollen entsprechend Bild **6.**50a jeweils mit dem Source-Anschluß verbunden sein. Weiter soll die Inverterstufe nur durch die Lastkapazität C_L belastet werden. Außerdem wird angenommen, daß vor dem Schaltvorgang der Treiber-FET sperrt und nachfolgend durch einen Spannungssprung auf $U_{GS1} = U_B$ leitend gemacht wird. Da Ladungsträgerspeichereffekte beim FET praktisch nicht auftreten, beginnt die auf U_B aufgeladene Lastkapazität sich über den leitenden Treiber-FET T_1 zu entladen. Da der Last-FET T_2 durch den Anschluß des Gates an U_D an der Abschnürgrenze betrieben wird und der Treiber-FET T_1 so lange im Sättigungsbereich betrieben wird, wie $U_B \geqq u_a \geqq U_{GS1} - U_{th1}$ ist, kann für gleichartige FETs ($K_1 = K_2 = K$) die Stromsumme

$$i_{D2}(t) - i_{CL}(t) = i_{D1}(t) \tag{6.71}$$

gebildet werden. Mit $u_{GS2} = U_B + U_{th2} - u_a$ und $u_{DS2} = U_B - u_a$ erhält man

$$\frac{1}{2} K[(U_B + U_{th2} - u_a) - U_{th2}]^2 - C_L \frac{du_a}{dt} = \frac{1}{2} K(U_{GS1} - U_{th1})^2. \tag{6.72}$$

Die Trennung der Variablen u_a und t in Gl. (6.72) führt auf

$$\int_{U_B}^{u_a} \frac{du}{(U_B - u)^2 - (U_{GS1} - U_{th1})^2} = \frac{K}{2C_L} \int_{t=0}^{t} dt$$

mit der impliziten Lösungsfunktion für $0 \leqq t \leqq \Delta t_1$

$$e^{-\frac{K(U_{GS1} - U_{th1})}{C_L} t} = \frac{(U_{GS1} - U_{th1}) - U_B + u_a}{(U_{GS1} - U_{th1}) + U_B - u_a}$$

bzw. der expliziten Lösungsfunktion

$$u_a(t) = (U_{GS1} - U_{th1}) + U_B - \frac{2(U_{GS1} - U_{th1})}{1 + e^{-\frac{K}{C_L}(U_{GS1} - U_{th1})t}}. \tag{6.73}$$

Durch die Entladung der Lastkapazität C_L nimmt die Ausgangsspannung auf $u_a = U_{GS1} - U_{th1}$ während der Zeit

$$\Delta t_1 = \frac{C_L}{K(U_{GS1} - U_{th1})} \ln \left[\frac{U_B}{2(U_{GS1} - U_{th1}) - U_B}\right] \tag{6.74}$$

mit T_1 im Sättigungsgebiet und T_2 an der Abschnürgrenze ab. Bei Ansteuerung mit $U_{GS1} = +U_B$ ergibt sich speziell

$$\Delta t_1 = \frac{C_L}{K(U_B - U_{th1})} \ln \left(\frac{U_B}{U_B - 2U_{th1}}\right).$$

Für $u_a < U_{GS1} - U_{th1}$ muß ein anderer Ansatz gemacht werden, da für eine weiter abnehmende Ausgangsspannung der Treiber-FET T_1 vom Sättigungs- in das Anlaufgebiet übergeht. Dadurch ergibt sich die Stromsumme am Drain-

Anschluß des Treiber-FETs T_I

$$\frac{K}{2}(U_B - u_a)^2 - C_L \frac{du_a}{dt} = K\left[(U_{GS1} - U_{th1})u_a - \frac{u_a^2}{2}\right]. \tag{6.75}$$

Die Trennung der Variablen u_a und t in Gl. (6.75) ergibt

$$\int_{U_{GS1}-U_{th1}}^{u_a} \frac{du}{u^2 - 2U_B u + U_{th1} u + \frac{1}{2}U_B^2} = \frac{K}{C_L}\int_{\Delta t_I}^{t} dt$$

mit der impliziten Lösungsfunktion für $\Delta t_I \leqq t \leqq +\infty$

$$e^{-A\frac{K}{C_L}(t-\Delta t_I)} = \frac{(U_{th1}+A)[2u_a - (2U_B - U_{th1}) + A]}{(U_{th1}-A)[2u_a - (2U_B - U_{th1}) - A]} \tag{6.76}$$

mit $A = \sqrt{2U_B^2 - 4U_B U_{th1} + U_{th1}^2}$. Für $t \to \infty$ errechnet man den stationären Endwert der Ausgangsspannung

$$u_a(t\to\infty) = u_a(+\infty) = \frac{1}{2}(2U_B - U_{th1}) - \sqrt{\frac{U_B^2}{2} - U_B U_{th1} + \frac{U_{th1}^2}{4}}$$

entweder dadurch, daß man in Gl. (6.75) den Entladestrom der Lastkapazität $-C_L\,du_a/dt = 0$ setzt oder in der impliziten Lösungsfunktion den Grenzwert von u_a für $t \to \infty$ ermittelt. Der stationäre Endwert $u_a(+\infty)$ ist die Ausgangsspannung, die sich durch Spannungsteilung an den nichtlinearen Widerständen T_1 und T_2 einstellt. Die Zeit vom Übergang des FETs T_1 vom Sättigungs- in das Anlaufgebiet bis zu dem Zeitpunkt, an dem die Ausgangsspannung auf $u_a^* = u_a(+\infty) + 0{,}1[U_B - u_a(+\infty)]$ abgenommen hat, soll mit Δt_{II} bezeichnet werden. Man berechnet für diese Zeit

$$\Delta t_{II} = \frac{C_L}{KA} \ln \frac{(U_{th1}-A)[2u_a^* - (2U_B - U_{th1}) - A]}{(U_{th1}+A)[2u_a^* - (2U_B - U_{th1}) + A]} \tag{6.77}$$

und für die gesamte Einschaltzeit mit Gl. (6.74) und (6.77)

$$t_{ein} = \Delta t_I + \Delta t_{II}. \tag{6.78}$$

Ausschaltvorgang. Wird der FET T_1 nach Bild **6.**50a gesperrt, dann wird die Lastkapazität C_L beginnend bei $u_a(+\infty)$ auf den stationären Endwert $+U_B$ über den FET T_2 aufgeladen.

Hierfür wird

$$\frac{1}{2} K (u_{GS2} - U_{th2})^2 = C_L \frac{du_a}{dt} \tag{6.79}$$

mit $u_{GS2} = U_B + U_{th2} - u_a$ gemacht, wobei davon ausgegangen wird, daß das Gate von T_2 mit $+U_D = U_B + U_{th2}$ verbunden wird. Trennt man in Gl. (6.79) die Variablen u_a und t, so erhält man

$$\int_{u_a(+\infty)}^{u_a} \frac{du}{(U_B - u)^2} = \int_0^t \frac{K}{2C_L} dt$$

mit der Lösungsfunktion

$$u_a(t) = \frac{[U_B - u_a(+\infty)](t/\tau^*) + 2u_a(+\infty)}{2 + \left[1 - \frac{u_a(+\infty)}{U_B}\right](t/\tau^*)} \tag{6.80}$$

mit $\tau^* = C_L/(K\,U_B)$. Setzt man für eine Abschätzung $u_a(+\infty) = 0$, so vereinfacht sich Gl. (6.80) auf

$$u_a(t) = U_B \frac{(t/\tau^*)}{2 + (t/\tau^*)}. \tag{6.81}$$

Nach Gl. (6.81) läuft die Aufladung der Lastkapazität C_L nicht exponentiell, sondern nach einer im Verlauf ähnlichen Funktion ab. Gegenüber einer Kondensatoraufladung mit ohmschem Lastwiderstand verläuft die Aufladung nach Gl. (6.81) wesentlich langsamer. Die Kondensatoraufladung beim Ausschalten von T_1 kann dadurch wesentlich beschleunigt werden, daß man die Spannung $+U_D$, an der das Gate von T_2 angeschlossen ist, erhöht. Die Ausschaltzeit für den Anstieg der Ausgangsspannung von $u_a(+\infty)$ auf 90% von U_B

$$t_{aus} = \frac{10[1{,}8\,U_B - 2u_a(+\infty)]}{U_B - u_a(+\infty)} \tau^* \tag{6.82}$$

folgt aus Gl. (6.80). Wird wiederum vereinfachend $u_a(+\infty) = 0$ angenommen, so erhält man für $t_{aus} = 18\,\tau^*$. Bild **6.50**c zeigt den zeitlichen Verlauf der steuernden Gate-Source-Spannung $u_{GS1}(t)$ als Rechteckspannung und Bild **6.50**d den zugeordneten Verlauf der Ausgangsspannung $u_a(t)$ mit dem aus zwei Abschnitten Δt_I und Δt_{II} bestehenden Einschaltvorgang sowie den Ausschaltvorgang.

Beispiel 6.5. Das unterschiedliche Ausschaltverhalten von Inverterstufen mit ohmschem Lastwiderstand R_L (Bild **6.**48 a) und Last-FET T_2 (Bild **6.**50 a) mit gleicher Lastkapazität C_L soll untersucht werden. Die zeitlichen Verläufe der Ausschaltvorgänge für beide Schaltungen sind zu vergleichen, wenn $\tau_2 = R_L C_L$ für die Schaltung nach Bild **6.**48 a gleich $\tau^* = C_L/(K\,U_B)$ für die Schaltung nach Bild **6.**50 a angenommen wird ($\tau_2 = \tau^* = \tau_0$). Für die Schaltung mit ohmschem Lastwiderstand (Bild **6.**48 a) sollen $U_{DS\,rest} = 0$ und für die Schaltung mit einem Last-FET (Bild **6.**50 a) $u_a(+\infty) = 0$ vereinfachend angenommen werden. Nach welchen Zeiten erreichen die Ausgangsspannungen der beiden Inverter 90% der Versorgungsspannung U_B? Die zeitlichen Verläufe der Aufladung der Lastkapazität C_L für beide Schaltungen sind auf die gemeinsame Zeitkonstante τ_0 zu normieren und in ein gemeinsames Diagramm einzutragen.

Der Spannungsverlauf am Inverterausgang mit der äquivalenten $R_L C_L$-Schaltung nach Bild **6.**48 a wird mit Gl. (6.69) berechnet. Für $U_{DS\,rest} = 0$ und $\tau_2 = \tau_0$ erhält man

$$u_a(t) = u_{DS}(t) = U_B[1 - e^{-(t - t_a)/\tau_0}].$$

Die Ausgangsspannung erreicht hiermit 90% der Versorgungsspannung nach der Zeit $t_{aus} = \tau_0 \ln(10) \approx 2{,}303\,\tau_0$. Für die Schaltung nach Bild **6.**50 a gilt für den Verlauf der Ausgangsspannung Gl. (6.81), wenn $u_a(+\infty)$ und $\tau^* = \tau_0$ sind.

$$u_a(t) = U_B \frac{t/\tau_0}{2 + (t/\tau_0)}.$$

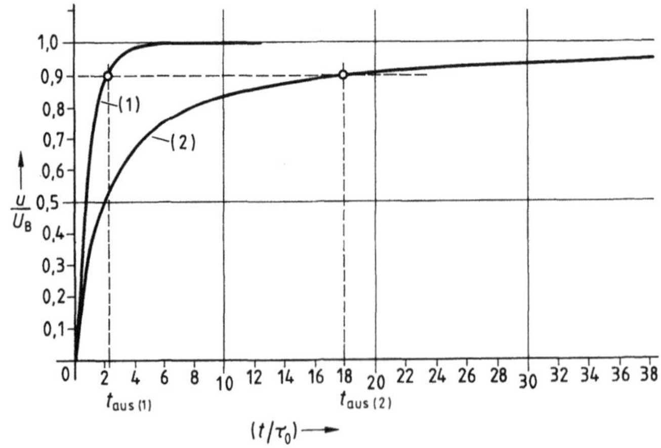

6.51 Normierte Darstellung der Verläufe der Ausgangsspannung u/U_B für einen Inverter mit ohmschem Lastwiderstand (1) und einem Inverter mit Last-FET (2)

Damit werden nach $t_{aus} = 18\,\tau_0$ genau 90% der Versorgungsspannung erreicht. Bild **6.**51 zeigt als normierte Darstellung vergleichend die zeitlichen Verläufe der Ausgangsspannung für die beiden Schaltungen. Die Ausgangsspannung strebt somit beim Inverter mit Last-FET (Schaltung 2) wesentlich langsamer als beim Inverter mit ohmschem Lastwiderstand (Schaltung 1) dem Endwert U_B zu.

6.3.2.3 CMOS-Inverter. Gegenüber den bisher behandelten Invertern mit FETs lassen sich die Schalteigenschaften einer FET-Inverterstufe dadurch wesentlich verbessern, daß der Last-FET in der Schaltung nach Bild 6.50a durch einen zum Treiber-FET T_1 komplementären Typ ersetzt wird. Dadurch entsteht eine Reihenschaltung aus einem selbstsperrenden P-Kanal-MOS-FET T_2 und einem selbstsperrenden N-Kanal-MOS-FET T_1. Beide Gate-Anschlüsse werden verbunden, so daß der Last-FET ebenfalls vom Eingang her gesteuert wird. Die beiden Drain-Anschlüsse werden verbunden und stellen den Ausgang der Inverterstufe dar. Diese komplementäre MOS-FET-Anordnung bildet einen CMOS[1])-Inverter. Bild 6.52 zeigt die Schaltung eines CMOS-Inverters mit einer ausgangsseitigen Lastkapazität C_L, die ersatzweise die Schalt- und Eingangskapazitäten nachfolgender Stufen darstellt.

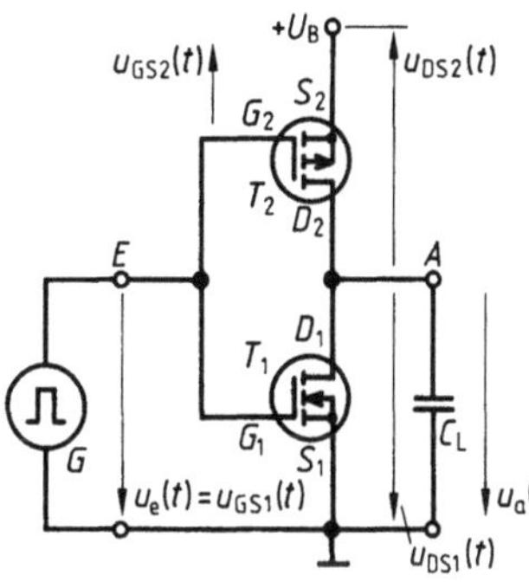

6.52 CMOS-Inverter

Steuert man den CMOS-Inverter mit einer rechteckförmigen Generatorspannung an, so können die beiden stationären Zustände des Inverters wie folgt beschrieben werden: Bei $u_{GS1} = 0$ ist der N-Kanal-MOS-FET T_1 gesperrt, der P-Kanal-MOS-FET T_2 dagegen leitend, da die Gate-Source-Spannung $u_{GS2} = -U_B$ beträgt. Da T_2 auf diese Weise niederohmig leitend ist, während T_1 sperrt, wird die Versorgungsspannung U_B nahezu ohne Spannungsabfall an den Ausgang geschaltet. Ist dagegen $u_{GS1} = +U_B$, so ist der N-Kanal-MOS-FET T_1 niederohmig, während die Spannung $u_{GS2} = 0$ ist, so daß T_2 sperrt. Dadurch wird der Ausgang nahezu ohne Spannungsabfall an der Drain-Source-Strecke von T_1 niederohmig mit Masse verbunden. Auf diese Weise ist immer ein FET gesperrt und der Ausgang der Inverterstufe über den jeweils anderen leitenden FET niederohmig mit der Spannung $+U_B$ oder Masse verbunden. Diese Schaltungsanordnung erweist sich als günstig für möglichst schnelles Umladen der Lastkapazität C_L. Die statischen Arbeitspunkte A und B des CMOS-Inverters in Abhängigkeit von der steuernden Eingangsspannung u_{GS1} können dadurch ermittelt werden, daß man in das Ausgangskennlinienfeld $I_D = f_1(U_{DS1} = U_A)$ von T_1 mit den beiden Kennlinien $f_{1(ON)}$ für den leitenden und $f_{1(OFF)}$ für den sperrenden Zustand die Ausgangskennlinien $I_D = f_2(U_{DS1} = U_B - U_a)$ von T_2 ebenfalls mit den Kennlinien $f_{2(ON)}$ für den leitenden und $f_{2(OFF)}$ für den sperrenden Zustand einträgt. Beim CMOS-Inverter ist entweder T_1 leitend und T_2 sperrt oder T_1 sperrt und T_2 ist leitend. Danach ergeben sich die statischen Arbeitspunkte als Schnittpunkte zwischen den Kennlinien $f_{1(ON)}$ und $f_{2(OFF)}$ (Bild 6.53a) sowie zwischen $f_{1(OFF)}$ und $f_{2(ON)}$ (Bild 6.53b). Will man über die Bestimmung der statischen Arbeitspunkte A und B hinaus den Verlauf der Umschaltung ermitteln, so kann man hierfür

[1]) Der Buchstabe C weist auf den komplementären FET hin.

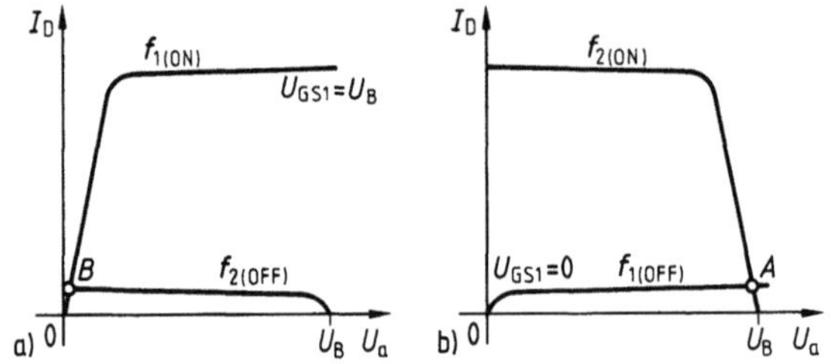

6.53 Ausgangskennlinienfelder $I_D(U_a)$ des CMOS-Inverters mit den statischen Arbeitspunkten A und B als Schnittpunkte der Ausgangskennlinien $I_D = f_{1(ON)}(U_{DS1} = U_a)$ für den leitenden FET T_1, $I_D = f_{1(OFF)}(U_{DS1} = U_a)$ für den sperrenden FET T_1 (a) und $I_D = f_{2(ON)}(U_{DS2} = U_B - U_a)$ für den leitenden FET T_2, $I_D = f_{2(OFF)}(U_{DS2} = U_B - U_a)$ für den sperrenden FET T_2 (b) (nicht maßstabsgetreu)

punktweise den momentanen Arbeitspunkt aus den beiden vollständigen Kennlinienfeldern der FETs T_1 und T_2 konstruieren, indem man dem vollständigen Ausgangskennlinienfeld von T_1 (Bild **6.**54a) wegen $u_{DS2} = U_B - u_a$ das Ausgangskennlinienfeld von T_2 gespiegelt überlagert (Bild **6.**54b). Dann werden jeweils die Schnittpunkte von Kennlinien miteinander gebildet, für deren Parameter der Gate-Source-Spannung eine vorgegebene Spannung U_{GS1} und die dazu gehörige Spannung $U_{GS2} = U_{GS1} - U_B$ gelten (Bild **6.**54c). Stellt man die Folge der veränderlichen Arbeitspunkte als $U_e = g(U_a)$ dar, so erhält man die Übertragungskennlinie des CMOS-Inverters (Bild **6.**55). Die Übertragungskennlinie gibt die Abhängigkeit der Ausgangsspannung U_a von der Eingangsspannung U_e wieder. Zusätzlich wurde in Bild **6.**55 der beiden FETs gemein-

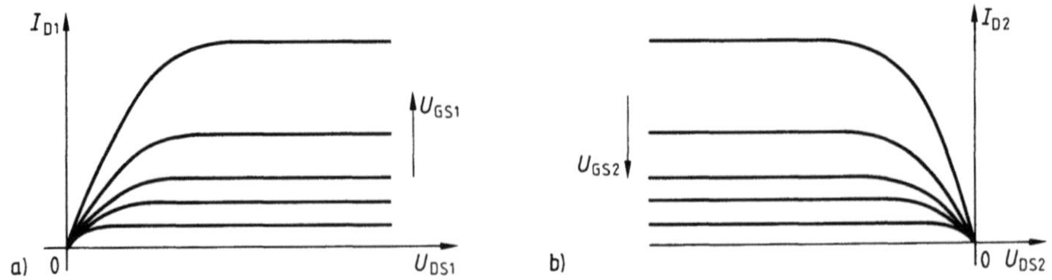

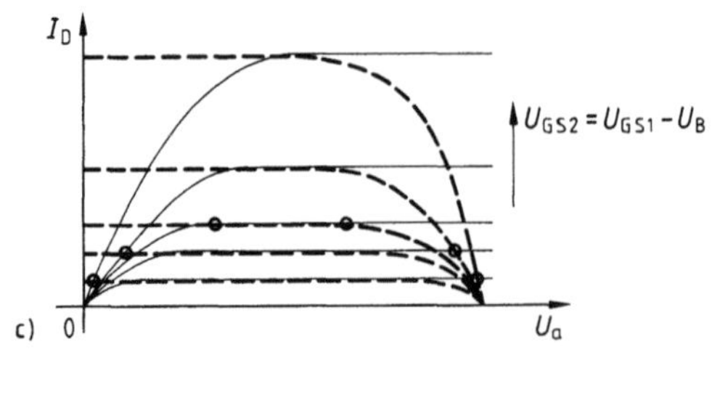

6.54
Ausgangskennlinienfeld des FETs T_1 (a), des FETs T_2 (b) und die Überlagerung beider Ausgangskennlinienfelder zu $I_D(U_a)$ (c)

6.55
Übertragungskennlinie $U_e = g(U_a)$ des CMOS-Inverters mit zusätzlich eingetragenem Verlauf $I_D(U_a)$ mit den Betriebsbereichen

	T_1	T_2
α	Anlaufgebiet	gesperrt
β	Anlaufgebiet	Sättigungsgebiet
γ	Sättigungsgebiet	Sättigungsgebiet
δ	Sättigungsgebiet	Anlaufgebiet
ε	gesperrt	Anlaufgebiet

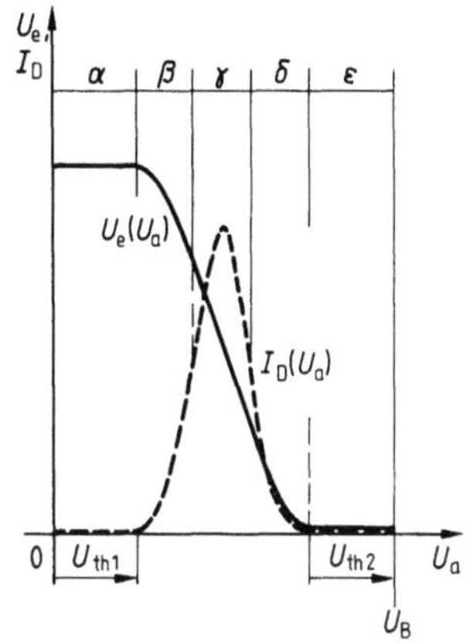

same Drainstrom in Abhängigkeit von der Ausgangsspannung U_a beim Umschalten des Inverters eingetragen. Man erkennt, daß nur während der Umschaltphase ein nennenswerter Drainstrom fließt. In beiden statischen Arbeitspunkten sind die Drain-Restströme mit etwa $I_{D1} \approx I_{D2} \approx 1$ nA außerordentlich gering und daher auch die Abweichungen der Ausgangsspannungen von den idealen Werten nur etwa 1 mV. Wegen der geringen Drain-Restströme sind damit auch die statischen Verlustleistungen in den Arbeitspunkten A und B bei z. B. $U_B = 10$ V mit etwa 10 nW sehr gering. Man erkennt aus Bild **6.**55, daß ein beiden FETs gemeinsamer Drainstrom nur im Umschaltbereich der Übertragungskennlinie fließt. Der Verlauf von $I_D(U_a)$ kann entsprechend Bild **6.**55 in fünf Bereiche α bis ε unterteilt werden: In den Bereichen α und ε ist $I_D = 0$, da die Gate-Source-Spannung eines der beiden FETs kleiner als der Betrag der Schwellspannungen U_{th1} bzw. U_{th2} ist und dadurch dieser FET sperrt, während der komplementäre FET im Anlaufgebiet betrieben wird. In den Bereichen β und δ arbeiten je ein FET im Anlaufgebiet und der komplementäre FET im Sättigungsgebiet. Nur im Bereich γ befinden sich beide FETs im Sättigungsgebiet. Der beiden FETs gemeinsame Drainstrom des Inverters erreicht somit im Umschaltbereich, wenn beide FETs vorübergehend gesättigt leitend sind, sein Maximum und nimmt außerhalb des Umschaltbereiches schnell ab. Aus dem Verlauf $I_D(U_a)$ geht damit hervor, daß nur im Umschaltbereich eine nicht mehr vernachlässigbare Verlustleistung im CMOS-Inverter auftritt.

Einschaltvorgang. Zu Beginn der Betrachtung wird angenommen, daß die Eingangsspannung $u_e = 0$ ist. Dann sperrt FET T_1 und der FET T_2 leitet. Durch einen Spannungssprung am Eingang zur Zeit $t = t_e$ auf $u_e = U_B$ wird T_1 leitend und T_2 sperrt, so daß sich nun die auf U_B aufgeladene Lastkapazität C_L entsprechend Bild **6.**56 über die leitende Drain-Source-Strecke

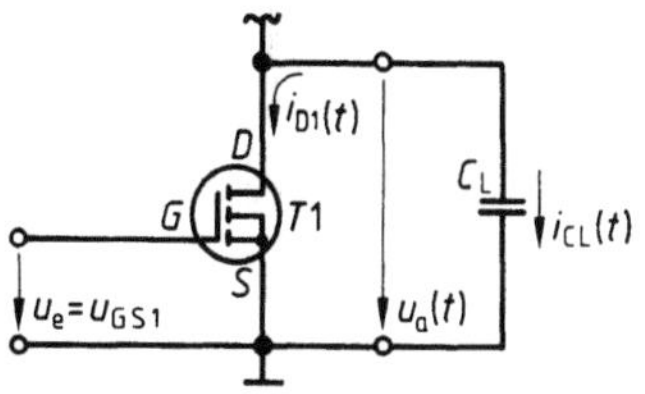

6.56 Aktiver Teil des CMOS-Inverters beim Einschalten

von T_1 entlädt. Zu Anfang befindet sich T_1 während der Zeit Δt_{satt} nicht besonders weit im Sättigungsgebiet, da $u_{GS1}(t_e) = U_B$, $u_a(t_e) = u_{DS1}(t_e) = U_B$ und damit $u_{GS1}(t_e) - U_{th1} < u_{DS1}(t_e)$ ist. Deshalb kann für den Betriebszustand im Sättigungsgebiet ein Ansatz nach Gl. (6.63) gemacht werden, so daß für $t_e \leqq t \leqq t_e + \Delta t_{satt}$ gilt

$$u_a(t) = u_{DS1}(t) = U_B - \frac{I_{DS}}{C_L}(t - t_e). \tag{6.83}$$

Die Ausgangsspannung des CMOS-Inverters nimmt dabei so lange linear ab, bis $u_{GS1} - U_{th1} = u_a(t_e + \Delta t_{satt})$ wird und T_1 vom Sättigungs- in das Anlaufgebiet übergeht. Für $u_{GS1} = U_B$ erhält man die Zeit

$$\Delta t_{satt} = \frac{2\,C_L\,U_{th1}}{K(U_B - U_{th1})^2} \tag{6.84}$$

ähnlich Gl. (6.64). Für $u_a < U_{GS1} - U_{th1} = U_B - U_{th1}$ geht der FET T_1 in das Anlaufgebiet über. Hier kann ein Ansatz wie in Gl. (6.65) gemacht werden. Daher gilt für den zeitlichen Verlauf der Ausgangsspannung entsprechend Gl. (6.66)

$$u_a(t) = u_{DS1}(t) = (U_B - U_{th1})\,\frac{2\,e^{-(t - \Delta t_{satt} - t_e)/\tau'}}{1 + e^{-(t - \Delta t_{satt} - t_e)/\tau'}} \tag{6.85}$$

mit $\tau' = C_L/[K(U_B - U_{th1})]$. Geht man davon aus, daß der Einschaltvorgang abgeschlossen ist, wenn die Ausgangsspannung auf 0,1 U_B abgefallen ist, so kann man die Zeit vom Durchgang durch die Abschnürgrenze bis auf 0,1 U_B als

$$\Delta t_{anl} = \tau' \ln \frac{20(U_B - U_{th1}) - U_B}{U_B} \tag{6.86}$$

ähnlich Gl. (6.67) bezeichnen. Der zeitliche Verlauf der Drain-Source-Spannung am Ausgang des CMOS-Inverters als $u_a(t)$ kann damit wie in Abschn. 6.3.2.2 zeitlich in zwei Abschnitte gegliedert werden: 1. Die Konstantstromentladung der Lastkapazität C_L und 2. die exponentielle Entladung durch den FET T_1. Die Einschaltzeit beträgt damit

$$t_{ein} = \Delta t_{satt} + \Delta t_{anl}\,. \tag{6.87}$$

Der Spannungsendwert beim Einschalten ist $u_a = 0$.

Ausschaltvorgang. Nimmt man an, daß der vorangegangene Einschaltvorgang bereits abgeklungen ist und die Ausgangsspannung den stationären Endwert $u_a = 0$ angenommen hat, wird am Eingang zur Zeit $t = t_a$ die Steuerspannung sprunghaft auf $u_e = 0$ zurückgenommen (Bild **6**.57). Wegen fehlender Ladungsträgerspeichereffekte ist dann der FET T_1 im sperrenden Zustand, gleichzeitig wird der FET T_2 leitend, so daß nachfolgend die Lastkapazität C_L durch T_2 von $u_a = 0$ auf U_B entsprechend Bild 6.58 umgeladen wird. Für den Ausschaltvorgang gelten wegen der komplementären FETs und der symmetrischen Anordnung gleichartige Zusammenhänge wie für den Einschaltvorgang. Die Lastkapazität C_L wird genau wie beim Einschaltvorgang (hier jedoch von $u_a = 0$ in Richtung auf $u_a = U_B$) umgeladen. Dabei befindet sich anfänglich der FET T_2 wegen $|u_{DS2}| = U_B$ im Sättigungsgebiet bis hin zur Abschnürgrenze, so daß der Ansatz

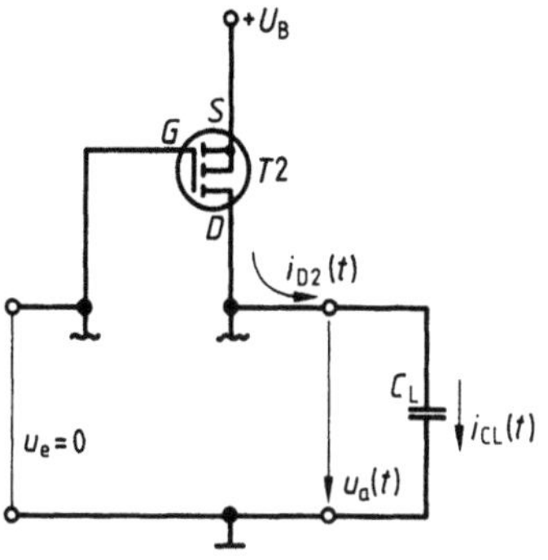

6.57 Aktiver Teil des CMOS-Inverters beim Ausschalten

$$i_{CL}(t) = C_L \frac{du_a}{dt} = \frac{1}{2} K (U_B - U_{th2})^2 \tag{6.88}$$

für $t_a \leqq t \leqq t_a + \Delta t_{satt}$ gemacht werden kann. Die Trennung der Variablen u und t sowie eine beiderseitige Integration führt auf den zeitlichen Verlauf der Ausgangsspannung

$$u_a(t) = \frac{K(U_B - U_{th2})^2}{2C_L} (t - t_a). \tag{6.89}$$

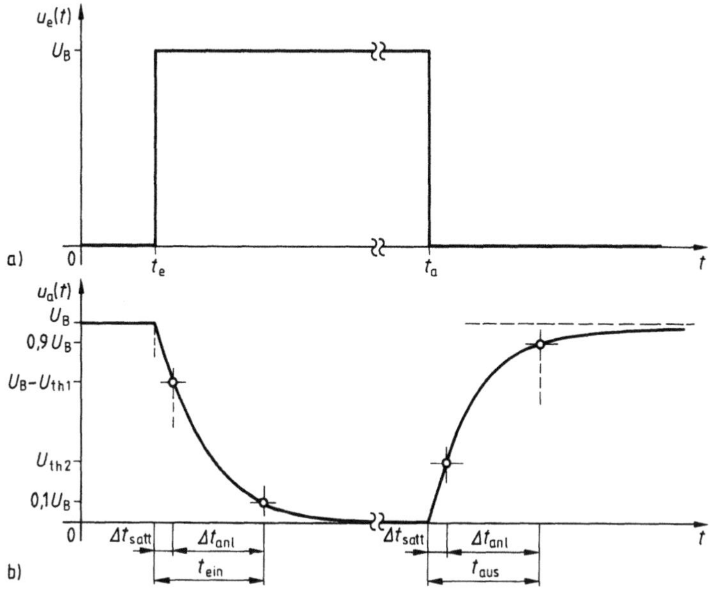

6.58 Zeitliche Verläufe der Eingangsspannung $u_e(t)$ (a) und der Ausgangsspannung $u_a(t)$ (b) des CMOS-Inverters

Gl. (6.89) gilt so lange, bis $u_{DS2} = U_{GS2} - U_{th2}$ ist. Wegen $|U_{GS2}| = U_B$ und $u_{DS2} = U_B - u_a$ wird die Abschnürgrenze für T_2 erreicht, wenn $u_a(t_a + \Delta t_{satt}) = U_{th2}$ ist. Damit kann aus Gl. (6.89) der Anteil der Ausschaltzeit im Sättigungsgebiet

$$\Delta t_{satt} = \frac{2 C_L U_{th2}}{K(U_B - U_{th2})^2} \tag{6.90}$$

bestimmt werden. Der Vergleich mit Gl. (6.84) für den Einschaltvorgang zeigt, daß die Verweilzeiten im Sättigungsgebiet für den Ein- und Ausschaltvorgang nach Gl. (6.84) und (6.90) gleich werden, wenn für die komplementären FETs Gleichheit der Schwellspannungen U_{th1} und U_{th2} hergestellt wird. Für $t \geqq t_a + \Delta t_{satt}$ geht T_2 in das Anlaufgebiet über, so daß angesetzt werden kann

$$i_{CL}(t) = C_L \frac{du_a}{dt} = K\left[(U_{GS2} - U_{th2}) u_{DS2} - \frac{1}{2} u_{DS2}^2\right]. \tag{6.91}$$

Durch Trennung der Variablen u und t für $|U_{GS2}| = U_B$ und beiderseitige Integration berechnet man für den zeitlichen Verlauf der Ausgangsspannung

$$u_a(t) = \frac{U_B[1 + e^{-(t - t_a - \Delta t_{satt})/\tau''}] - 2(U_B - U_{th2})\, e^{-(t - t_a - \Delta t_{satt})/\tau''}}{1 + e^{-(t - t_a - \Delta t_{satt})/\tau''}} \tag{6.92}$$

mit $\tau'' = C_L/[K(U_B - U_{th2})]$. Der Ausschaltvorgang gilt als abgeschlossen, wenn die Ausgangsspannung 90% der Versorgungsspannung zur Zeit $t = t_a + \Delta t_{satt} + \Delta t_{anl}$ erreicht hat. Aus dieser Bedingung folgt die Anlaufzeit

$$t_{anl} = \tau'' \ln \frac{20(U_B - U_{th2}) - U_B}{U_B}. \tag{6.93}$$

Für gleiche Schwellspannungen sind die Verweilzeiten im Anlaufgebiet beim Ein- und Ausschalten nach Gl. (6.86) und (6.93) gleich. Die Ausschaltzeit beträgt damit

$$t_{aus} = \Delta t_{satt} + \Delta t_{anl}. \tag{6.94}$$

Bild **6.**58 zeigt den zeitlichen Verlauf für einen vollständigen Umschaltvorgang. Unter der Annahme, daß die komplementären FETs gleiche Daten und Kennlinienverläufe aufweisen, ergeben sich auch gleichartige Verläufe für den Ein- und Ausschaltvorgang. Der Spannungsendwert der Ausgangsspannung ist $u_a = U_B$. Die Tatsache, daß bei gleichen Daten der komplementären FETs Ein- und Ausschaltzeit gleich groß sind, erweist sich als wertvolle Eigenschaft der

CMOS-Technik. Die Schaltzeit zum Pegelwechsel am Ausgang ist dann

$$t_{sch} = t_{ein} = t_{aus} = \frac{2 C_L U_{th}}{K(U_B - U_{th})^2} + \frac{C_L}{K(U_B - U_{th})} \ln \frac{20(U_B - U_{th}) - U_B}{U_B}. \tag{6.95}$$

Der logarithmische Faktor kann für gängige Werte von U_B und U_{th} in erster Näherung als $\ln\{[20(U_B - U_{th}) - U_B]/U_B\} \approx 2{,}7$ abgeschätzt werden. Damit ergibt sich als Näherung für die Schaltzeit

$$t_{sch} \approx \frac{C_L}{K}\left[\frac{2 U_{th}}{(U_B - U_{th})^2} + \frac{2{,}7}{U_B - U_{th}}\right].$$

Aus dieser Abschätzung geht die für CMOS-Inverter charakteristische Eigenschaft hervor, daß die Schaltzeit abgesehen vom Einfluß der Werte für C_L, K und U_{th} mit zunehmender Versorgungsspannung abnimmt.

Dynamische Verlustleistung. Nach Bild **6.**58 wird die Lastkapazität bei jedem Schaltvorgang vollständig umgeladen. Jede Umladung einer Kapazität C auch über einen beliebigen nichtlinearen Widerstand ist stets mit der Verlustenergie $CU^2/2$ verknüpft. Daher tritt außer den zu vernachlässigenden Verlustleistungen in den statischen Arbeitspunkten A und B noch eine dynamische Verlustleistung $P_{V,dyn}$ auf. Für einen Ein- und Ausschaltvorgang des CMOS-Inverters ergibt sich damit die Verlustenergie $C_L U_B^2$ auf. Geht man einmal zur Abschätzung der dynamischen Verlustleistung von einem periodischen Schaltvorgang mit einer Periodendauer als Zeit zwischen zwei aufeinanderfolgenden Schaltvorgängen aus, so kann die dynamische Verlustleistung als

$$P_{V,dyn} = C_L f U_B^2 \tag{6.96}$$

abgeschätzt werden. Steigert man also die Versorgungsspannung U_B, um die Schaltzeit t_{sch} zu senken, so nimmt zugleich die dynamische Verlustleistung $P_{V,dyn}$ durch das Umladen der Lastkapazität C_L zu. Weiter läßt sich zeigen, daß bei integrierten Schaltkreisen mit CMOS-Invertern die Schaltzeiten mit wachsendem Integrationsgrad zunehmen.

7 Schaltungen der Impulstechnik

In diesem Abschnitt werden grundlegende Schaltungen der Impulstechnik behandelt. Sie finden vielfache Anwendung z. B. bei Radaranlagen, in der Fernsehtechnik, in der digitalen Datenübertragung, bei der Nachrichtenübertragung und bei elektronischen Regelungssystemen, um nur einige typische Anwendungen zu nennen. Hier findet man Impulsverstärker, Regenerationsverstärker, Begrenzer- und Klemmschaltungen, selbstschwingende und getriggerte Impulsgeneratoren sowie Funktionsgeneratoren und Zählschaltungen.

7.1 Impulsverstärker

Je nach Einsatzart unterscheidet man lineare und nichtlineare Impulsverstärker. So sind z. B. bei Oszilloskopen lineare Impulsverstärker (Linearverstärker) einzusetzen, die impulsförmige Spannungen beliebiger Form innerhalb eines vorgegebenen Aussteuerbereiches möglichst verzerrungsfrei auf die für die Strahlablenkung im Oszilloskop erforderlichen Spannungswerte verstärken. Die Forderung nach möglichst großer Verzerrungsfreiheit kann nur durch einen Linearverstärker erfüllt werden, dessen Bandbreite von der Frequenz $f = 0$ Hz bis zu einem Vielfachen der Grundschwingungsfrequenz als obere Grenzfrequenz f_0 reicht und dessen Phasengang linear von der Frequenz abhängt. Die untere Grenzfrequenz $f_u = 0$ Hz ist erforderlich, um zeitlich andauernde Impulsdächer mit konstanter Amplitude ohne zusätzliche Dachschrägung zu verstärken, während die obere Grenzfrequenz f_0 mit einem möglichst hohen Wert die verzerrungsfreie Verstärkung von Impulsflanken gewährleisten soll. Eine wesentliche Anforderung an Linearverstärker besteht in der Driftfreiheit innerhalb vorgegebener Grenzwerte. Unter Drift versteht man die Abwanderung des Arbeitspunktes eines Verstärkers von dem dimensionierten Sollwert. Dessen Stabilität ist erforderlich, um den Linearverstärker gegenüber Temperatur- und Versorgungsspannungsschwankungen unempfindlich zu machen. Das kann dadurch erreicht werden, daß die einzusetzenden Verstärker bei hoher Leerlaufverstärkung hinreichend stark gegengekoppelt werden.

Nichtlineare Impulsverstärker haben die Aufgabe, wert- und zeitdiskrete Signale sowohl bezüglich der Amplitude als auch der zeitlichen Lage der Flanken zu regenerieren. Solche Verstärker bezeichnet man als Regenerativverstärker. Durch eine nichtlineare Übertragungskennlinie erhalten Impulse steile Flanken, so daß sie in digitalen Schaltungen mit hoher Geschwindigkeit weiterverarbeitet werden können. Die Regeneration eines Impulses (z. B. als Rechtecksignal) wird mit dem Ziel durchgeführt, daß eine weiterverarbeitende digitale Schaltung allein erkennen kann, ob und zu welchem Zeitpunkt ein Impuls auftritt.

7.1.1 Lineare Impulsverstärker

Nach Abschn. 2 läßt sich jede Impulsfolge mit Hilfe von Fourierreihen in eine Reihe sinusförmiger Schwingungen zerlegen, bestehend aus einer Grundschwingung und gegebenenfalls Oberschwingungen. Um eine verzerrungsfreie Verstärkung zu erreichen, muß theoretisch das gesamte zugehörige Spektrum übertragen werden.

7.1.1.1 Anforderungen. Korrespondiert eine Impulszeitfunktion mit einem unendlich ausgedehnten Amplitudendichtespektrum (vergl. Abschn. 2.2), so kann in einer praktischen Schaltung diese Anforderung bereits nicht mehr erfüllt werden. Will man eine Impulsfolge oder einen Einzelimpuls mit hinreichender Genauigkeit verzerrungsfrei verstärken, so ist für den Impulsverstärker eine genügend hohe obere Grenzfrequenz f_0 als Vielfaches der Frequenz der Grundschwingung zu wählen. Diese Abschätzung kann natürlich nur gelingen, wenn die zu verstärkende Impulszeitfunktion bezüglich ihrer spektralen Zusammensetzung zumindest annähernd bekannt ist. Das ist von besonderer Bedeutung, wenn Impulse mit steilen Flanken verstärkt werden sollen. Im Gegensatz dazu ist für Impulszeitfunktionen mit zeitlich andauernden Impulsdächern bzw. -sohlen mit konstanter Amplitude (z. B. beim Rechteckimpuls) eine möglichst niedrige untere Grenzfrequenz f_u erforderlich, die im Idealfall $f_u = 0$ Hz beträgt. Ein Impulsverstärker kann also durch einen Breitbandverstärker realisiert werden. Ist $f_u = 0$ Hz, so kann die Bandbreite B mit der oberen Grenzfrequenz f_0 gleichgesetzt werden. Dabei wird in Breitbandverstärkern die obere Grenzfrequenz durch parasitäre Schaltkapazitäten, innere Kapazitäten oder durch Ladungsträgerspeichereffekte (vergl. Abschn. 6) der Halbleiterbauelemente begrenzt. Die Bandbreite B eines Impulsverstärkers kann jedoch nicht unbegrenzt wegen des auftretenden Rauschens in den passiven und aktiven Bauelementen erweitert werden. Geht man vom einfachsten Fall aus, daß nur weißes Rauschen auftritt, das durch eine frequenzunabhängige, konstante Rauschleistungsdichte gekennzeichnet ist, so ist darauf zu achten, daß der zu verstärkende Impuls nicht im Rauschen untergeht, also der Signal-Rausch-Abstand genügend groß gewählt wird. Für einen linearen Impulsverstärker ist ein konstanter Verlauf der normierten Verstärkung (V/V_m) zu fordern, der an der oberen Grenzfrequenz f_0 sowie an der unteren Grenzfrequenz f_u jeweils um 3 dB gegenüber der Verstärkung in Bandmitte V_m abnimmt (Bild 7.1 a). Neben dem nahezu frequenzunabhängigen Verlauf der Verstärkung ist au-

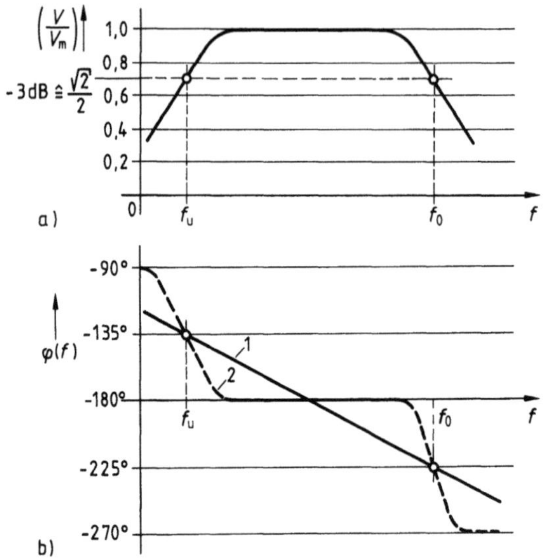

7.1
Frequenzabhängiger Verlauf der normierten Verstärkung (V/V_m) (a), Phasengang $\varphi(f)$ (b) mit den Kurven 1 idealer Phasengang, 2 realer Phasengang

ßerdem entsprechend Abschn. 3 ein linearer Phasenverlauf $\varphi(f)$ über der Frequenz f zu fordern (Bild 7.1b). Der ideale Verlauf für $\varphi(f)$ ist nach Abschn. 3 durch eine lineare Funktion gegeben, wobei der Betrag der Phasenverschiebung mit der Frequenz f zunimmt. In Bild 7.1b ist zusätzlich als Beispiel ein realer Phasenverlauf abweichend vom idealen Verlauf eingetragen.

Eine weitere Anforderung an lineare Impulsverstärker besteht darin, daß alle Frequenzanteile des Amplitudendichtespektrums einer Impulszeitfunktion gleichzeitig am Ausgang des Verstärkers eintreffen, weil sonst zusätzliche Phasenverschiebungen bezüglich der einzelnen Frequenzanteile auftreten. Die Forderung nach Gleichzeitigkeit am Verstärkerausgang kann mit dem Begriff der Gruppenlaufzeit (vergl. Abschn. 3) näher spezifiziert werden: Bei einem idealen Impulsverstärker ist die Gruppenlaufzeit t_g frequenzunabhängig konstant. In praktischen Schaltungen ist diese Forderung nicht vollständig erfüllbar, da der frequenzabhängige Phasenverlauf $\varphi(f)$ meist nur in einem begrenzten Frequenzbereich einen linearen Verlauf hat. Bild 7.2 veranschaulicht die Folgen für eine zu übertragende Impulszeitfunktion $f_1(t)$, wenn unterschiedliche spektrale Komponenten der Impulszeitfunktion frequenzabhängige Laufzeiten aufweisen. Bild 7.2a zeigt die zu übertragende Impulszeitfunktion $f_1(t)$ bestehend aus der Grundschwingung mit der Frequenz f_0 und einer der dritten Harmonischen mit der Frequenz $3f_0$. Geht man davon aus, daß beide Teilschwingungen durch einen Impulsverstärker z.B. mit gleicher Phasenverschiebung von $\pi/2$ am Ausgang des Netzwerkes überlagert werden, so ergibt sich eine Impulszeitfunktion $f_2(t)$ entsprechend Bild 7.2b, die mit der vorgegebenen Impulszeitfunktion $f_1(t)$ nach Bild 7.2a keine Ähnlichkeit aufweist. Erst wenn beide Signalanteile mit gleicher Laufzeit am Ausgang des Impulsverstärkers anlangen, ergibt sich wieder die ursprüngliche Form der Impulszeitfunktion (Bild 7.2c).

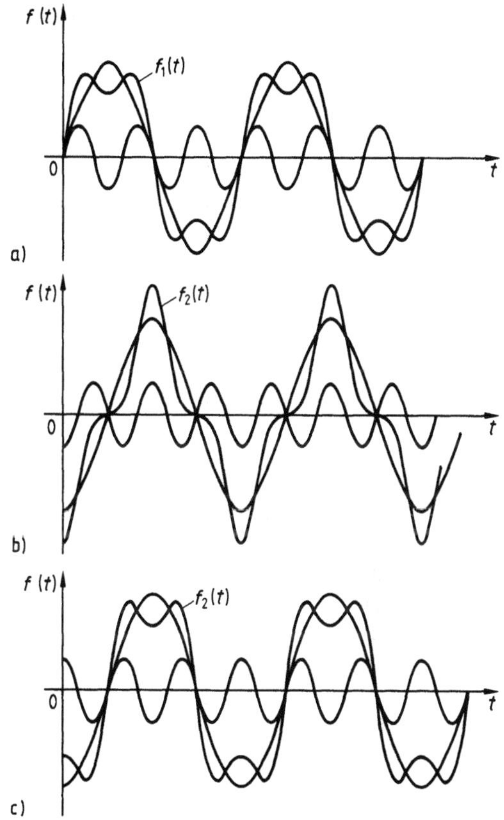

7.2
Impulszeitfunktion $f_1(t)$ bestehend aus der Grundschwingung mit der Frequenz f_0 und der 3. Harmonischen $3f_0$ (a), Konstruktion des Ausgangssignals $f_2(t)$ bei konstanter Phasenverschiebung von $\pi/2$ für beide Teilschwingungen (b), Konstruktion des Ausgangssignals $f_2(t)$ für frequenzproportionale Phasenverschiebung für die Grundschwingung und die 3. Harmonische (c)

7.1.1.2 RC-Verstärker in Emitterschaltung. Impulse beliebiger Kurvenform können von RC-Verstärkern nahezu verzerrungsfrei übertragen werden, solange der Verstärker im aktiven Gebiet des Ausgangskennlinienfeldes betrieben wird. Das bedeutet, daß der Verstärker um einen gleichstrommäßigen Arbeitspunkt herum so ausgesteuert wird, daß die Steilheit der Steuerkennlinie, die die Eingangs- und Ausgangsgröße des Verstärkers miteinander verknüpft, konstant bleibt und damit keine Funktion der steuernden Eingangsgröße ist. In praktischen Schaltungen nimmt man jedoch Änderungen der Steilheit von bis zu 10% in Kauf (s. Band XII). Die so beschriebene Betriebsart wird Kleinsignalbetrieb genannt. Ein wesentliches Kriterium zur Beurteilung der Eignung von Impulsverstärkern ist deren Schaltverhalten bei Impulsbetrieb. Dieses zeitliche Verhalten von RC-Verstärkern kann anhand von vereinfachten Ersatzschaltungen erläutert werden. Dabei soll die Verstärkerstufe durch einen Spannungssprung mit der Amplitude U_0 zur Zeit $t=0$ am Eingang angesteuert werden (Bild 7.3a). Für die Verstärkerstufe läßt sich eine stark vereinfachte Ersatzschaltung für den Betrieb in Bandmitte ohne frequenzabhängige Komponenten angeben (Bild 7.3b). Weiter wird vorausgesetzt, daß keine Rückwirkung vom Ausgang auf den Eingang der Verstärkerstufe auftritt. Die Ersatz-

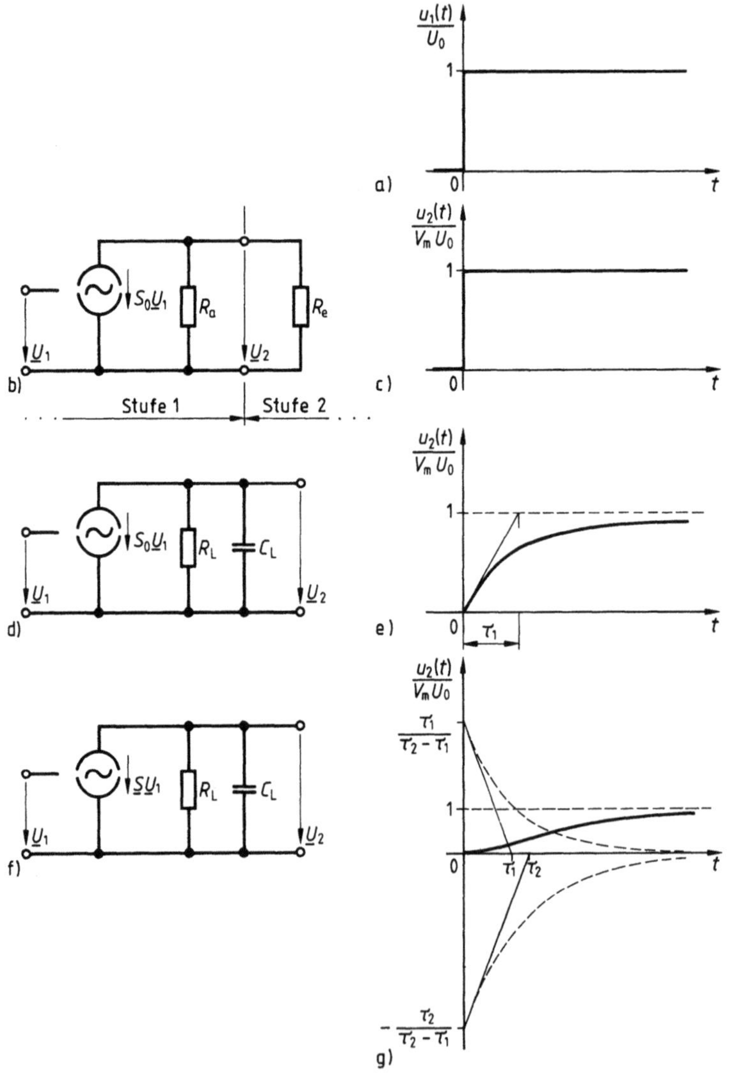

7.3 Bestimmung der Sprungantworten eines Impulsverstärkers bei Anregung mit einem Spannungssprung der Amplitude U_0 (a), vereinfachtes frequenzunabhängiges Ersatzschaltbild (b), verzerrungsfreie Sprungantwort (c), Ersatzschaltbild mit Lastkapazität C_L (d), Sprungantwort (e), Ersatzschaltbild mit frequenzabhängiger Steilheit $\underline{S}$ (f), Sprungantwort (g)

schaltung enthält eine spannungsgesteuerte Stromquelle $S_0\underline{U}_1$ mit dem Ausgangswiderstand R_a und parallel dazu den Eingangswiderstand R_e der nachfolgenden Stufe. Die Steilheit des verstärkenden Bauelementes (bipolarer Transistor oder FET) sei zunächst frequenzunabhängig angenommen. Das zeitliche Verhalten der Ersatzschaltung kann dadurch ermittelt werden, daß entweder zugeordnete lineare Differentialgleichungen im Zeitbereich aufgestellt und gelöst werden oder mit Hilfe der Laplacetransformation (s. Abschn. 3) die Antwortfunktion zunächst im Bildbereich berechnet und anschließend in den Zeitbereich zurücktransformiert wird. Dazu werden in den Ersatzschaltungen anstelle von Zeitfunktionen Frequenzfunktionen angetragen. Dann ist die Ausgangsspannung $\underline{U}_2$ in Bild 7.3b

$$\underline{U}_2 = -S_0 \underline{U}_1 \frac{R_a R_e}{R_a + R_e}. \tag{7.1}$$

Aus Gl. (7.1) ergibt sich die Spannungsverstärkung in Bandmitte

$$V_m = -S_0 \frac{R_a R_e}{R_a + R_e}. \tag{7.2}$$

Da in der Ersatzschaltung nach Bild 7.3b keine frequenzabhängigen Bauelemente enthalten sind, folgt die in der Bandmitte verstärkte Ausgangsspannung verzerrungsfrei dem Verlauf der Eingangsspannung (Bild 7.3c).

Abweichend von der Ersatzschaltung in Bild 7.3b soll nun eine Verstärkerstufe betrachtet werden, die neben einer spannungsgesteuerten Stromquelle $S_0 \underline{U}_1$ mit der frequenzunabhängigen Steilheit S_0 einen Tiefpaß 1. Ordnung bestehend aus dem resultierenden Lastwiderstand R_L und der Lastkapazität C_L enthält (Bild 7.3d). Außerdem soll wieder Rückwirkungsfreiheit vom Ausgangs- auf den Eingangskreis angenommen werden. Faßt man R_a und R_e durch den wirksamen Lastwiderstand $R_L = R_a R_e/(R_a + R_e)$ zusammen, so ist die Verstärkung in Bandmitte

$$V_m = -S_0 R_L. \tag{7.3}$$

Für die Ausgangsspannung im Bildbereich errechnet man

$$\underline{U}_2 = -S_0 \underline{U}_1 \frac{1}{\dfrac{1}{R_L} + s C_L} \tag{7.4}$$

und daraus mit Gl. (7.3) für die Verstärkung im Bildbereich

$$\underline{V}(s) = \frac{\underline{U}_2(s)}{\underline{U}_1(s)} = V_m \frac{1}{1 + s\tau_1} \tag{7.5}$$

mit $\tau_1 = R_L C_L$. Wird die Schaltung nach Bild 7.3d mit einem Spannungssprung nach Bild 7.3a angeregt, so erhält man für die Sprungantwortfunktion

$$u_2(t) = V_m U_0 (1 - e^{-t/\tau_1}). \tag{7.6}$$

Bild 7.3e zeigt den exponentiellen Einschwingvorgang, wie er bereits bei der Behandlung von Tiefpässen 1. Ordnung berechnet wurde (s. Abschn. 3).

Wird nun die bisher gültige Einschränkung der Frequenzunabhängigkeit der Steilheit S des verstärkenden Bauelements fallengelassen, so kann eine Ersatzschaltung nach Bild 7.3f angenommen werden, die sich von Bild 7.3d allein dadurch unterscheidet, daß die Steilheit $\underline{S}$ nunmehr als komplexe Größe eingetragen ist. Um die Auswirkung einer frequenzabhängigen Steilheit beurteilen zu können, wird als Beispiel angenommen, daß die Steilheit $\underline{S}$ sich ebenfalls wie ein Tiefpaß 1. Ordnung verhalten soll. Daher wird angesetzt

$$\underline{S} = S_0 \frac{1}{1 + s\tau_2}. \tag{7.7}$$

Darin sind S_0 der frequenzunabhängige Wert der Steilheit, während die Zeitkonstante τ_2 allein die Frequenzabhängigkeit der Steilheit $\underline{S}$ kennzeichnet. Sie ist damit deutlich von der Zeitkonstante $\tau_1 = R_L C_L$ zu unterscheiden, die auf die Bauelemente R_L und C_L zurückgeht. Die Verstärkung im Bildbereich ist dann

$$\underline{V}(s) = -S_0 \frac{1}{1 + s\tau_2} R_L \frac{1}{1 + s\tau_1} = \frac{V_m}{(1 + s\tau_1)(1 + s\tau_2)}. \tag{7.8}$$

Gl. (7.8) beschreibt einen Tiefpaß 2. Ordnung. Bei einer eingangsseitigen Anregung mit einem Spannungssprung als $u_1(t) = U_0 \sigma(t) \circ\!\!-\!\!\bullet\ U_0/s$ ergibt sich für die Ausgangsspannung im Bildbereich

$$\underline{U}_2(s) = V_m U_0 \frac{1}{(1 + s\tau_1)(1 + s\tau_2)s}. \tag{7.9}$$

Solange $\tau_1 \neq \tau_2$ ist, ist die Rücktransformierte im Zeitbereich die Sprungantwort

$$u_2(t) = V_m U_0 \left[1 \underbrace{- \frac{\tau_2}{\tau_2 - \tau_1} e^{-t/\tau_2}}_{A} + \underbrace{\frac{\tau_1}{\tau_2 - \tau_1} e^{-t/\tau_1}}_{B} \right]. \tag{7.10}$$

Bild 7.3g zeigt den zeitlichen Verlauf der Ausgangsspannung in normierter Form als $u_2(t)/(V_m U_0)$. Zur graphischen Konstruktion der Sprungantwort kann Gl. (7.10) in zwei Teilfunktionen A und B zerlegt werden. Die Superposition beider Graphen ergibt den zeitlichen Verlauf der Ausgangsspannung. Dabei gehen die Teilfunktion A auf die frequenzabhängige Steilheit und die Teilfunktion B auf den Tiefpaß 1. Ordnung in der Schaltung zurück. Man erkennt aus Bild 7.3g, daß typisch für einen Tiefpaß 2. Ordnung zu Beginn der Sprungantwort eine Verzögerung des Ausgangssignals gegenüber dem Eingangssignal auftritt.

Für den Sonderfall, daß $\tau_1 = \tau_2$ ist, verändert sich Gl. (7.9), so daß auch die Rücktransformierte nach Gl. (7.10) nicht mehr gilt, sondern vielmehr

$$\underline{V}(s) = \frac{\underline{U}_2(s)}{\underline{U}_1(s)} = V_m \frac{1}{(1+s\tau_1)^2}. \tag{7.11}$$

Bei Anregung mit $\underline{U}_1(s) = U_0/s$ erhält man aus $\underline{U}_2(s)$ im Bildbereich

$$\underline{U}_2(s) = V_m U_0 \frac{1}{(1+s\tau_1)^2 s}$$

$$\bullet\!\!-\!\!\circ$$

$$\frac{u_2(t)}{V_m U_0} = 1 - \left(1 + \frac{t}{\tau_1}\right) e^{-t/\tau_1} \tag{7.12}$$

mit einem ähnlichen Verlauf für die Ausgangsspannung $u_2(t)$ wie in Bild 7.3g. Aus der bisherigen Darstellung wird ersichtlich, daß sich bereits bei einfachen Ersatzschaltungen komplizierte Berechnungen der Sprungantwort ergeben. Daher kann eine andere Vorgehensweise darin bestehen, die Sprungantwort eines realen Impulsverstärkers meßtechnisch aufzuzeichnen. Dazu gibt man auf den Eingang des Impulsverstärkers innerhalb der Aussteuergrenzen einen einseitigen Rechteckimpuls und zeichnet den Verlauf des Ausgangssignals auf. Bild 7.4 zeigt als Beispiel ein verformtes Rechtecksignal im Vergleich zum eingespeisten einseitigen Rechteckimpuls (gestrichelter Verlauf). Die Eignung eines linearen Verstärkers für eine vorgesehene impulstechnische Anwendung kann durch die meßtechnische Bestimmung der A n s t i e g s z e i t t_r des Impulses und die r e l a t i v e D a c h s c h r ä g e $\Delta U/U_0$ festgestellt werden.

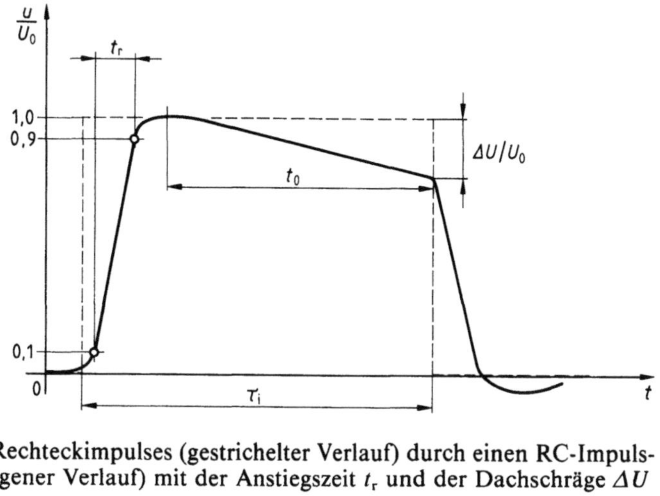

7.4 Verformung eines Rechteckimpulses (gestrichelter Verlauf) durch einen RC-Impulsverstärker (ausgezogener Verlauf) mit der Anstiegszeit t_r und der Dachschräge ΔU

Obere Grenzfrequenz. Mißt man die Anstiegszeit zwischen den 10%- und 90%-Punkten auf der ansteigenden Flanke, so kann die obere Grenzfrequenz mit Hilfe von Gl. (3.33) abgeschätzt werden, wenn man den Impulsverstärker in der Nähe der oberen Grenzfrequenz vereinfachend als Tiefpaß mit einem Energiespeicher auffaßt. So gehört z. B. zu einer Anstiegszeit von $t_r = 10$ ns eine obere Grenzfrequenz von mindestens $f_{0,\text{min}} \geqq 34$ MHz.

Untere Grenzfrequenz. Die relative Dachschräge $\Delta U/U_0$ kann dazu benutzt werden, die untere Grenzfrequenz des Impulsverstärkers näherungsweise anzugeben. Dazu bestimmt man den Wert von $\Delta U/U_0$ und die zugehörige Zeit t_0. Geht man vereinfachend von einem Hochpaß mit einem Energiespeicher in der Nähe der unteren Grenzfrequenz aus, so kann der zeitliche Verlauf der Dachschräge bei Anregung mit einem einseitigen Rechteckimpuls nach Gl. (3.79) für $t < \tau_i$ durch eine mit der Zeitkonstanten τ des Hochpasses abklingende Exponentialfunktion beschrieben werden. Dann ist die relative Dachschräge $\Delta U/U_0 = 1 - e^{-t/\tau}$. Berücksichtigt man die endliche meßtechnische Genauigkeit bei der Bestimmung der relativen Dachschräge, so kann die Exponentialfunktion auch durch $e^{-t_0/\tau} \approx 1 - t_0/\tau$ angenähert werden. Beachtet man außerdem, daß nach Gl. (3.75) die Zeitkonstante des Hochpasses mit dessen unterer Grenzfrequenz über $\tau = 1/(2\pi f_u)$ miteinander verknüpft ist, so ergibt sich aus der einfachen Beziehung

$$\Delta U/U_0 \approx t_0/\tau \tag{7.13}$$

eine Abschätzung für die untere Grenzfrequenz

$$f_u \approx \Delta U/(2\pi t_0 U_0). \tag{7.14}$$

Vielfach sind ähnlich wie in Bild 7.4 die Meßzeit t_0 für die Dachschräge und die Impulsdauer τ_i etwa gleich. Dann geht Gl. (7.13) in die Näherung

$$\frac{\Delta U}{U_0} \approx \frac{\tau_i}{\tau} \tag{7.15}$$

über, so daß für die untere Grenzfrequenz die Näherung

$$f_u \approx \Delta U/(2\pi \tau_i U_0) \tag{7.16}$$

zulässig ist. Nimmt man z. B. die Ausgangsspannung eines Impulsverstärkers auf der Dachschräge von anfänglich +10 V um 1 V auf +9 V bei einer Impulsdauer von $\tau_i = 1$ ms ab, so kann die untere Grenzfrequenz als $f_u \approx 16$ Hz abgeschätzt werden.

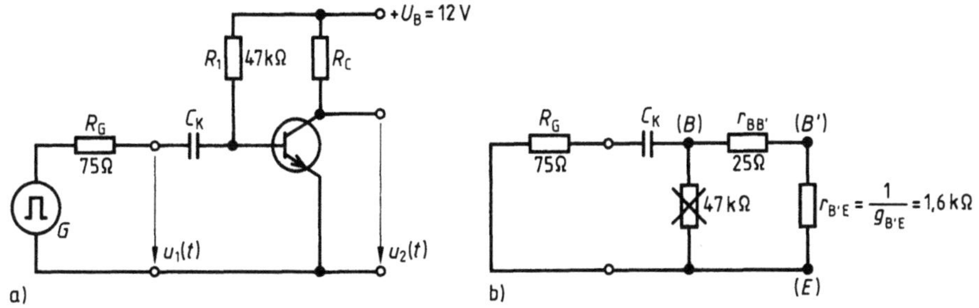

7.5 Schaltung eines Impulsverstärkers mit kapazitiver Ankoppplung über C_K (a), Ersatzschaltung des Eingangskreises (b)

Beispiel 7.1. Ein einfacher Impulsverstärker mit bipolarem NPN-Transistor in Emitterschaltung nach Bild 7.5a wird von einem Impulsgenerator *G* mit dem Generatorinnenwiderstand $R_G = 75\ \Omega$ angesteuert. Der Impulsgenerator liefert eine einseitige Rechteckspannung mit der Amplitude U_0 und der Impulsfolgefrequenz $f_0 = 100$ Hz (s. Abschn. 1). Der Tastgrad beträgt $g_0 = 0{,}5$. Der Transistor weist im statischen Arbeitspunkt folgende Daten auf: Differentieller Widerstand zwischen äußerem und innerem Basisanschluß $r_{BB'} = 25\ \Omega$, dynamischer Leitwert zwischen innerem Basisanschluß und Emitter $g_{B'E} = 0{,}625$ mS. Der Arbeitspunkt des Transistors wird durch den Widerstand $R_1 = 47\ k\Omega$ als Konstantstromquelle an einer Versorgungsspannung $U_B = 12$ V eingestellt. Wie groß muß die Koppelkapazität C_K gewählt werden, wenn eine relative Dachschräge von $\Delta U/U_0 = 3 \cdot 10^{-2}$ zugelassen werden soll?

Die relative Dachschräge am Ausgang des Impulsverstärkers ist als $\Delta U/U_0 = 3 \cdot 10^{-2}$ vorgegeben. Nimmt man vereinfachend an, daß die Meßzeit t_0 für die Dachschräge etwa gleich der Impulsdauer τ_i des einseitigen Rechteckimpulses ist, so gilt Gl. (7.15). Danach ist

$$\frac{\tau_i}{\tau} \approx \frac{\Delta U}{U_0} = 3 \cdot 10^{-2}.$$

Aus der Impulsfolgefrequenz und dem Tastgrad folgt $\tau_i = 5$ ms. Damit ergibt sich für die Zeitkonstante τ des am Eingang des Impulsverstärkers wirksamen Hochpasses $\tau \approx \tau_i/(3 \cdot 10^{-2}) \approx 167$ ms. Die Zeitkonstante des Hochpasses kann anhand einer Ersatzschaltung für den Eingangskreis nach Bild 7.5b angegeben werden. Da der wirksame Widerstand zwischen Basis und Emitter des Transistors mit etwa 1,6 kΩ sehr viel kleiner als der Widerstand R_1 mit 47 kΩ ist, wird die Zeitkonstante des Hochpasses im wesentlichen durch C_K und die Reihenschaltung aus R_G, $r_{BB'}$ und $r_{B'E}$ bestimmt. Aus $\tau = C_K(R_G + r_{BB'} + r_{B'E}) \approx 167$ ms berechnet man die Koppelkapazität $C_K \approx 98\ \mu F$. Gewählt wird der nächst größere genormte Kapazitätswert $C_K = 100\ \mu F$.

7.1.1.3 Mehrstufige RC-Verstärker. Schaltet man mehrere Impulsverstärkerstufen entsprechend Bild 7.6 hintereinander, so ist neben der Gesamtverstärkung V_{ges} auch die resultierende Bandbreite zu betrachten, da sowohl die Anstiegszeiten von Impulsflanken als auch die Dachschräge von Impulsdächern wesentlich von der Bandbreite der Anordnung beeinflußt werden. Sind die

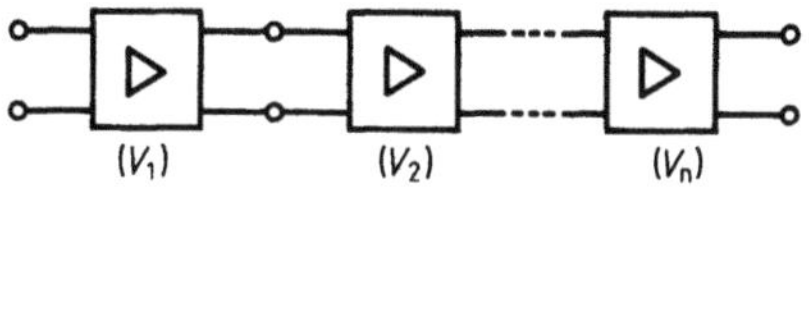

7.6
Mehrstufiger RC-Verstärker bestehend aus n Stufen mit den Verstärkungen V_1 bis V_n

Verstärkungen der Verstärkerstufen 1 bis n als V_1 bis V_n bekannt, dann beträgt die Gesamtverstärkung in Bandmitte

$$V_{ges} = V_1 \cdot V_2 \cdot \ldots \cdot V_n \tag{7.17}$$

für n kaskadierte Verstärkerstufen. Die Bandbreite der gesamten Schaltungsanordnung wird jedoch herabgesetzt. Dies läßt sich durch eine Betrachtung der Gesamtverstärkung an der Bandgrenze zeigen, wenn man davon ausgeht, daß alle Verstärkerstufen die gleiche Verstärkung V_m in Bandmitte und die gleichen Grenzfrequenzen f_u und f_0 haben sollen. An der Bandgrenze beträgt die Verstärkung einer Stufe noch $(1/\sqrt{2})\,V_m$. Eine nachgeschaltete Verstärkerstufe hat ebenso an der Bandgrenze nur noch die Verstärkung $(1/\sqrt{2})\,V_m$. Dadurch ergibt sich über die zwei kaskadierten Verstärkerstufen hinweg an der Bandgrenze die Gesamtverstärkung $V_{ges} = \frac{1}{2}\,V_m$. Man erkennt, daß durch mehrere kaskadierte Impulsverstärker die resultierende Bandbreite der Gesamtanordnung abnimmt.

Für eine vielstufige Verstärkeranordnung verändert sich auch die resultierende Anstiegszeit $t_{r,res}$, für die an dieser Stelle ohne Ableitung folgende Abschätzung angegeben wird

$$t_{r,res} \approx \sqrt{t_{r1}^2 + t_{r2}^2 + \ldots + t_{rn}^2}\,. \tag{7.18}$$

Für n gleiche, kaskadierte Verstärkerstufen mit $t_{r1} = t_{r2} = \ldots = t_{rn} = t_r$ ergibt sich aus Gl. (7.18) eine einfache Näherung für die resultierende Anstiegszeit

$$t_{r,ges} \approx t_r\sqrt{n}\,. \tag{7.19}$$

Gl. (7.19) gilt nur für vielstufige Verstärkeranordnungen ($n \geqq 5$)[1]). Man erkennt, daß korrespondierend zu abnehmender resultierender Bandbreite mit der Quadratwurzel aus der Verstärkerstufenzahl n auch die resultierende Anstiegszeit zunimmt. Andererseits kann aus den Gln. (7.18) und (7.19) geschlossen werden, daß die Anstiegszeit für die einzelne Verstärkerstufe kleiner als die Anstiegszeit für die gesamte Verstärkeranordnung sein muß.

7.1.1.4 Spannungsfolger. Verstärkerschaltungen, bei denen die Ausgangsspannung der Eingangsspannung phasengleich folgt, werden Spannungsfolger genannt. Solche Spannungsfolger können sowohl mit Hilfe von Operationsverstärkern als auch mit diskreten Halbleitern wie bipolaren Transistoren in Kol-

[1]) Die Gln. (7.18) und (7.19) gelten als Näherungen nur für solche mehrstufigen Verstärker, deren Ersatzschaltungen RC-Glieder enthalten. Die angegebenen Näherungen treffen um so mehr zu, je mehr RC-Verstärker aufeinander folgen.

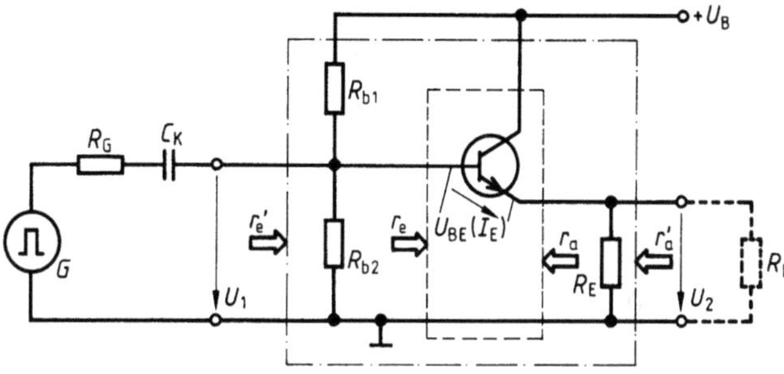

7.7 Kollektorschaltung eines bipolaren NPN-Transistors (Emitterfolger)
(----) bipolarer NPN-Transistor,
(-·-·-) Gesamtschaltung mit Basisspannungsteiler R_{b1}, R_{b2} und Emitterwiderstand R_E,
R_G Generatorinnenwiderstand, R_E Emitterwiderstand, R_L äußerer Lastwiderstand

lektorschaltung und Feldeffekttransistoren in Drainschaltung realisiert werden[1]). Im folgenden soll das Impulsverhalten von Spannungsfolgern sowie der Einsatz solcher Schaltungen für impulstechnische Anwendungen behandelt werden. Dabei soll sich die Darstellung auf den bipolaren Transistor in Kollektorschaltung nach Bild 7.7 beschränken. Ein Impulsgenerator G mit dem Innenwiderstand R_G speist über die Koppelkapazität C_K eine Verstärkerstufe in Kollektorschaltung, wobei der Arbeitswiderstand zwischen Emitter und Masse geschaltet ist. Dadurch tritt am Emitterwiderstand R_E ein Spannungsabfall auf, der der steuernden Eingangsspannung phasengleich folgt. Daher wird die Kollektorschaltung auch Emitterfolger genannt. Durch R_E bzw. die Parallelschaltung von R_E mit einem äußeren Lastwiderstand wird vollständige Stromgegenkopplung bewirkt. In Bild 7.7 sind die Wechselstromwiderstände r_e und r_a bezüglich des Ein- und Ausgangs des bipolaren Transistors sowie r_e' und r_a' am Ein- und Ausgang der gesamten Schaltung angetragen. Nach [37] gelten folgende Abschätzungen für $R_e/r_{CE} \ll 1$: Für den Eingangswiderstand r_e direkt am Transistor

$$r_e \approx r_{BE} + \beta R_E \tag{7.20}$$

ohne äußere Belastung mit dem differentiellen Widerstand r_{BE} zwischen Basis und Emitter und β als differentielle Stromverstärkung des Transistors in Emitterschaltung, für den Ausgangswiderstand r_a direkt am Transistor

$$r_a \approx \left(r_{BE} + \frac{R_G R_p}{R_G + R_p} \right) / \beta \tag{7.21}$$

[1]) Eine Beschreibung von Spannungsfolgern mit bipolaren Transistoren und Feldeffekttransistoren findet sich in Band XII. Bezüglich des Kleinsignalverhaltens des bipolaren Transistors in Kollektorschaltung wird auf [37] verwiesen.

mit dem Innenwiderstand R_G des Impulsgenerators und dem wechselstrommäßigen Ersatzwiderstand $R_p = R_{b1} R_{b2}/(R_{b1} + R_{b2})$ für den Basisspannungsteiler. Bezüglich der Gesamtschaltung des Emitterfolgers ergeben sich der Gesamteingangswiderstand

$$r'_e = R_p r_e/(R_p + r_e) \tag{7.22}$$

und der Ausgangswiderstand

$$r'_a = R_E r_a/(R_E + r_a). \tag{7.23}$$

Für eine Schaltung, bei der der Ersatzwiderstand $R_p \gg r_e$ ist, gilt ausgehend von Gl. (7.22) mit Gl. (7.20) $r'_e \approx r_e \approx r_{BE} + \beta R_E$ ohne äußere Last. Ist außerdem $r_{BE} \ll R_E$, so kann die Abschätzung auf $r'_e \approx \beta R_E$ vereinfacht werden[1]). Das bedeutet, daß der Emitterwiderstand R_E mit β multipliziert am Eingang der Emitterstufe erscheint. Wird der Emitterfolger mit dem ohmschen Lastwiderstand R_L ausgangsseitig belastet, so erscheint $\beta R_E R_L/(R_E + R_L)$ als Eingangswiderstand des Emitterfolgers. Tritt zu der Last R_L noch parallel eine Lastkapazität C_L auf (z. B. Emitterfolger als Treiberstufe für eine Leitung), dann wird der Widerstand der Parallelschaltung aus R_E, R_L und C_L am Eingang mit dem Faktor β multipliziert

$$r'_e \approx \beta \frac{1}{\dfrac{1}{R_E} + \dfrac{1}{R_L} + j\omega C_L} = \frac{1}{\dfrac{1}{\beta R_E} + \dfrac{1}{\beta R_L} + j\omega \dfrac{C_L}{\beta}} \tag{7.24}$$

wirksam. Man erkennt aus Gl. (7.24), daß die ohmschen Widerstände mit dem Faktor β multipliziert werden (Vergrößerung des Eingangswiderstandes) und die Lastkapazität C_L durch den Faktor β dividiert wird (Verringerung der Eingangskapazität). Beide Eigenschaften sind bei Impulsverstärkern sehr erwünscht. Vor allem die Verringerung der Eingangskapazität ist bedeutend, da so eine zusätzliche Verschleifung eines zu übertragenden Impulses vermieden oder nur geringfügig wirksam wird.

Bezüglich des Ausgangswiderstandes kann man am besten von Gl. (7.21) ausgehen. Für $R_p \gg R_G$ und $R_G \ll r_{BE}$ ist die Abschätzung $r_a \approx r_{BE}/\beta$ zulässig. Das bedeutet die Reduktion des differentiellen Widerstandes r_{BE} zwischen Basis und Emitter um den Faktor β. Die dargestellte Schaltung eignet sich daher als Impedanzwandler, der den hohen Innenwiderstand der Vorstufe auf den niedrigen Eingangswiderstand der Folgestufe transformiert. In dieser Eigen-

---

[1]) Diese Näherung ist zulässig, wenn man reale Werte für r_{BE}, R_E und β betrachtet. So nimmt r_{BE} etwa den Wert von 1,5 kΩ an, die differentielle Stromverstärkung in Emitterschaltung beträgt z. B. $\beta = 100$ und der Emitterwiderstand hat den Wert $R_E = 1{,}5$ kΩ. Dann ist $r_{BE} = 1{,}5\ \text{k}\Omega \ll 100 \cdot 1{,}5\ \text{k}\Omega$.

schaft wird der Emitterfolger in der Impulstechnik vielfach in End- oder Leistungsstufen eingesetzt, wo es darauf ankommt, ein impulsförmiges Signal an ausgangsseitige Impedanzverhältnisse anzupassen. Der Spannungsumlauf im Eingangskreis des Emitterfolgers mit NPN-Transistor führt auf

$$U_2 = U_1 - U_{BE}(I_E) \approx U_1 - 0{,}65\ \mathrm{V} \tag{7.25}$$

mit der nahezu konstanten Flußspannung der Basis-Emitter-Diode im leitenden Zustand von $\approx 0{,}65$ V für NPN-Transistoren. Für PNP-Transistoren ist entsprechend mit $\approx 0{,}25$ V zu rechnen. Aus Gl. (7.25) kann geschlossen werden, daß die Ausgangsspannung U_2 vom Lastwiderstand R_L nahezu unabhängig ist und daß die Ausgangsspannung der Eingangsspannung in einem konstanten Abstand folgt. Emitterfolger werden häufig zur Verstärkung von Impulsen eingesetzt, um das Klemmenverhalten am Lastwiderstand dem einer innenwiderstandsfreien Spannungsquelle anzunähern.

Emitterfolger mit kapazitiver Last. Ein häufiger Anwendungsfall des Emitterfolgers besteht darin, ausgangsseitig kapazitive Lasten bestehend aus ohmschem Lastwiderstand R_L und paralleler Lastkapazität C_L zu treiben (Bild 7.8). Das Verhalten des Impulsverstärkers bei kapazitiver Last soll für rechteckförmige Spannungen untersucht werden. Zunächst soll von Rechteckspannungen ausgegangen werden, die gegenüber dem Aussteuerbereich klein sind. Arbeitet der Emitterfolger im Kleinsignalbetrieb, so kann man eine Kleinsignal-Ersatzschaltung angeben (Bild 7.9). Danach arbeitet der Impulsgenerator G auf den differentiellen Ausgangswiderstand r_a des Transistors und auf die Parallelschaltung aus Emitterwiderstand R_E, Lastwiderstand R_L und Lastkapazität C_L. Bei Vernachlässigung des Innenwiderstandes des Impulsgenerators können r_a, R_E und R_L zu einem Ersatzwiderstand R_0 zusammengefaßt werden (Bild 7.9b). Die Umladungen der Lastkapazität C_L werden durch die aus Bild 7.9b ablesbare Zeitkonstante $\tau = R_0 C_L$ mit $1/R_0 = 1/r_a + 1/R_E + 1/R_L$ bestimmt. Es erge-

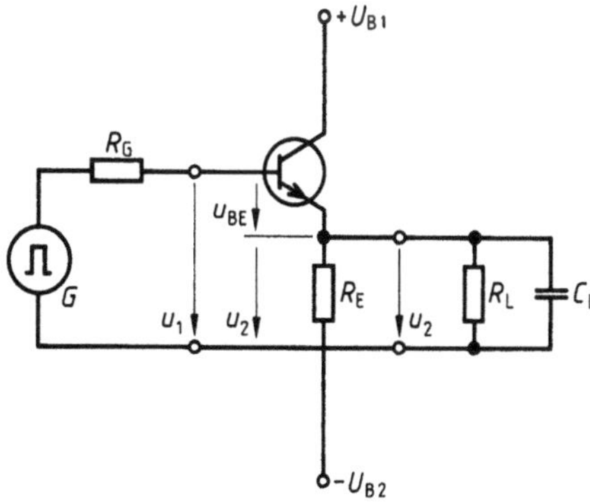

7.8 Emitterfolger mit positiver und negativer Versorgungsspannung

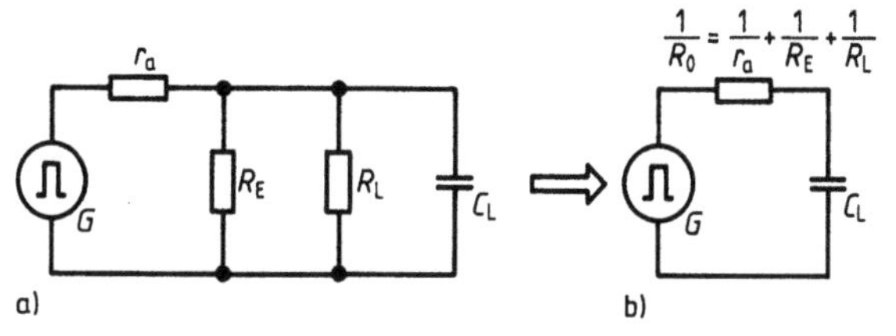

7.9 Emitterfolger mit ohmscher und kapazitiver Last, Ersatzschaltung des Emitterfolgers mit ohmscher und kapazitiver Last (a), zusammengefaßte Ersatzschaltung (b)

ben sich exponentielle Auf- und Entladevorgänge mit jeweils gleicher Zeitkonstante. So kann der Entladevorgang der Lastkapazität C_L durch

$$u_2(t) = U_{2,0}\,e^{-t/\tau} \tag{7.26}$$

mit dem Anfangswert $U_{2,0}$ der Ausgangsspannung beschrieben werden. Aus den 10%- und 90%-Punkten kann die Abfallzeit t_f und damit auch die Anstiegszeit t_r wegen der gleichen Zeitkonstanten berechnet werden. Dazu wird angesetzt:

$$\text{... bei 90\%:}\quad u_2(t_1) = 0{,}9\,U_{2,0} = U_{2,0}\,e^{-t_1/\tau}$$
$$\text{... bei 10\%:}\quad u_2(t_2) = 0{,}1\,U_{2,0} = U_{2,0}\,e^{-t_2/\tau}.$$

Daraus erhält man

$$t_r = t_f = \tau \ln 9 \approx 2{,}2\,\tau = 2{,}2\,R_0 C_L\,. \tag{7.27}$$

Da R_0 als Ersatzwiderstand für die Parallelschaltung aus r_a, R_E und R_L steht sowie wegen Gl. (7.21) $r_a \sim 1/\beta$ gilt, nimmt R_0 mit zunehmender Stromverstärkung β ab. Daher können die Anstiegs- und Abfallzeit durch Vergrößerung von β verringert werden. Außerdem läßt sich die obere Grenzfrequenz f_o als

$$f_o = 1/(2\pi R_0 C_L) \tag{7.28}$$

angeben. Allerdings ist zu beachten, daß der differentielle Widerstand des Transistors r_a am Ausgang nicht im gesamten Aussteuerungsbereich konstant ist. Nach Gl. (7.21) hängt r_a von r_{BE} und β ab. So nehmen r_{BE} z. B. in der Nähe des Sperrbereiches zu und zugleich β ab.

Der Schaltvorgang bei kleinen Rechteckspannungen kann im Kennlinienfeld des Transistors beschrieben werden. Normalerweise wird für einen Transistor das Ausgangskennlinienfeld $I_C(U_{CE})$ mit U_{BE} oder I_B als Parameter angegeben. Für den bipolaren Transistor kann wegen $I_B \ll I_C$ die Stromsumme $I_B + I_C = I_E$ in die Abschätzung $I_C \approx I_E$ überführt werden. Man kann daher in erster Näherung das Ausgangskennlinienfeld $I_C(U_{CE})$ als Kennlinienfeld $I_E(U_{CE})$ übernehmen. Auf den Eingang des Emitterfolgers soll eine Spannung $u_1(t)$ mit den Amplituden $U_{1(A)}$ und $U_{1(B)}$ gegeben werden (Bild 7.10a). Um den Schaltvorgang im einzelnen zu verfolgen, sind an der Rechteckspannung Marken von 1 bis 6 angetragen. Im Kennlinienfeld des Emitterfolgers $I_E(U_{CE})$ mit U_{BE} als Parameter sind die Arbeitsgerade mit der Steigung $-(R_E + R_L)/(R_E R_L)$ und die Versorgungsspannung U_B eingetragen (Bild 7.10b). Für konstante Steuerspannungen $U_{1(A)}$ und $U_{1(B)}$ ergeben sich die statischen Arbeitspunkte A und B als Schnittpunkte der Kennlinien $I_E(U_{CE})$ mit $U_{BE(A)}$ und $U_{BE(B)}$ als Parameter mit der Arbeitsgeraden. Dabei teilt sich in jedem Arbeitspunkt die Versorgungsspannung U_B gemäß $U_B = \text{const} = U_{CE} + U_2$ auf. Zusätzlich sind in das Kennlinienfeld gestrichelt Geraden eingetragen, die den Transistor ersatz-

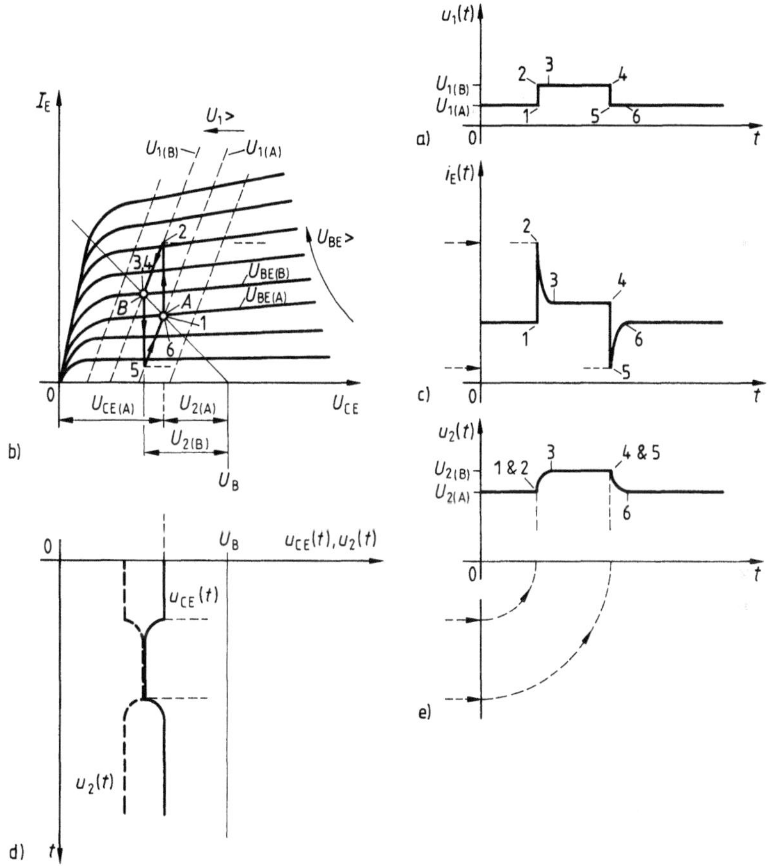

7.10 Schaltverhalten des Emitterfolgers mit kapazitiver Last für Rechteckspannungen im Kleinsignalbetrieb; zeitlicher Verlauf der Eingangsspannung $u_1(t)$ (a), Ausgangskennlinienfeld $I_E(U_{CE})$ mit den statischen Arbeitspunkten A und B (b), zeitlicher Verlauf des Emitterstroms $i_E(t)$ (c), zeitliche Verläufe von $u_{CE}(t)$, $u_2(t)$ und U_B (d), zeitlicher Verlauf der Ausgangsspannung $u_2(t)$ (e)

weise durch den differentiellen Leitwert g_{CE} zwischen Kollektor und Emitter in Abhängigkeit von U_1 charakterisieren. Bei sehr langsamer Änderung der Eingangsspannung sowie rein ohmscher Last würde sich der zeitlich veränderliche Arbeitspunkt nur auf der Arbeitsgeraden bewegen. Bei großer Flankensteilheit der impulsförmigen Spannung verläuft der Schaltvorgang nicht mehr längs der Arbeitsgeraden.

Springt auf der ansteigenden Flanke die Eingangsspannung von $U_{1(A)}$ nach $U_{1(B)}$ ($1 \rightarrow 2$), so schließt die Lastkapazität C_L durch den Spannungssprung um $(U_{1(B)} - U_{1(A)})$ vorübergehend die Parallelschaltung von R_E und R_L kurz. Dadurch wird zum Zeitpunkt des Spannungssprungs die Stromgegenkopplung durch die parallelen Widerstände R_E und R_L aufgehoben, so daß die gesamte Eingangsspannung $U_{1(B)}$ an der Basis-Emitter-Strecke wirksam wird. Daher wird der Transistor zwischen Kollektor und Emitter vorübergehend sehr gut leitend ($r_{CE} \to 0$), so daß der Arbeitspunkt von A (bei 1) senkrecht längs der ‚$r_{CE}=0$-Geraden' nach oben springt bis zum Schnittpunkt mit der Geraden für den differentiellen Leitwert des Transistors bei $U_{1(B)}$ (bei 2). Zuerst tritt eine Stromspitze auf (Bild 7.10c), und dann lädt sich die Lastkapazität C_L mit der Zeitkonstanten $\tau = R_0 C_L$ auf den stationären Endwert der Ausgangsspannung auf. Im statischen Arbeitspunkt B ist die Kondensatoraufladung abgeschlossen (bei 3).

Für die abfallende Flanke ergibt sich ein entsprechender Verlauf vom Arbeitspunkt B (bei 4) nach 5 als negativer Stromsprung mit anschließender Entladung der Lastkapazität C_L mit gleicher Zeitkonstante $\tau = R_0 C_L$ auf den stationären Spannungsendwert in Punkt A (bei 6 bzw. 1) zu. Wesentlich ist bei der Betrachtung eines vollständigen Schaltzyklus, daß der Transistor zu keinem Zeitpunkt gesperrt ist. Bild 7.10c zeigt den zeitlichen Verlauf des Emitterstroms $i_E(t)$ korrespondierend zum Kennlinienfeld in Bild 7.10b. Die Bilder 7.10d und e zeigen die zeitlichen Verläufe der Spannungen $u_{CE}(t)$, U_B und $u_2(t)$.

Der Schaltvorgang bei großen Rechteckspannungen ähnelt für die ansteigende Flanke dem Verlauf bei kleinen Amplituden bis auf die Tatsache, daß die statischen Arbeitspunkte hier weit voneinander entfernt liegen und sich vergleichsweise eine noch größere Stromspitze beim Sprung von 1 nach 2 ergibt (Bild 7.11). Von Punkt 2 aus im Kennlinienfeld lädt sich die Lastkapazität C_L auf den stationären Endwert $U_{2(B)}$ bei leitendem Transistor mit der Zeitkonstanten $\tau = R_0 C_L$ auf. Die Aufladung ist bei Punkt 3 etwa abgeschlossen. Bei der abfallenden Flanke (von 4 nach 5) wird wiederum vorübergehend die Stromgegenkopplung durch die parallelen Widerstände R_E und R_L aufgehoben, so daß der Spannungssprung der Eingangsspannung um $(U_{1(A)} - U_{1(B)})$ voll an der Basis-Emitter-Strecke wirksam wird. Die Sprungamplitude ist dabei so groß, daß der Transistor vorübergehend vollständig sperrt. Man erkennt dies daran, daß von Punkt 4 (bei B) aus ein negativer Stromsprung nahezu trägheitslos einsetzt, der eigentlich bis zur Geraden für den Leitwert g_{CE} in Punkt A bei $U_{1(A)}$ reichen müßte. Vorher wird jedoch auf der Abszisse $i_E = 0$ (bei 5) erreicht, wo der Transistor sperrt. Von nun an entlädt sich die Lastkapazität C_L in zwei Abschnitten. Da der Transistor bereits sperrt, steht für die Entladung nur die Parallelschaltung aus R_E und R_L zur Verfügung, die nun mit einer anderen Zeitkonstanten $\tau' = C_L R_E R_L/(R_E + R_L)$ verläuft. Da die Parallelschaltung aus R_E und R_L einen größeren Widerstandswert als die Parallelschaltung aus R_E, R_L und r_a hat, ist die Zeitkonstante im ersten Abschnitt größer als während der ansteigenden Flanke, so daß die abfallende Flanke zunächst flacher als die ansteigende Flanke verläuft. Wird im Kennlinienfeld der Schnittpunkt der Leitwertgeraden für $U_{1(A)}$ durch A mit der Abszisse $i_E = 0$ erreicht, so beginnt der Transistor sich nun wieder mit dem Leitwert g_{CE} an der Entladung von C_L zu beteiligen. Da sich der Leitwert um $1/r_a$ für die Entladung von C_L erhöht hat, verläuft sie im zweiten Abschnitt mit der gleichen Zeitkonstanten τ

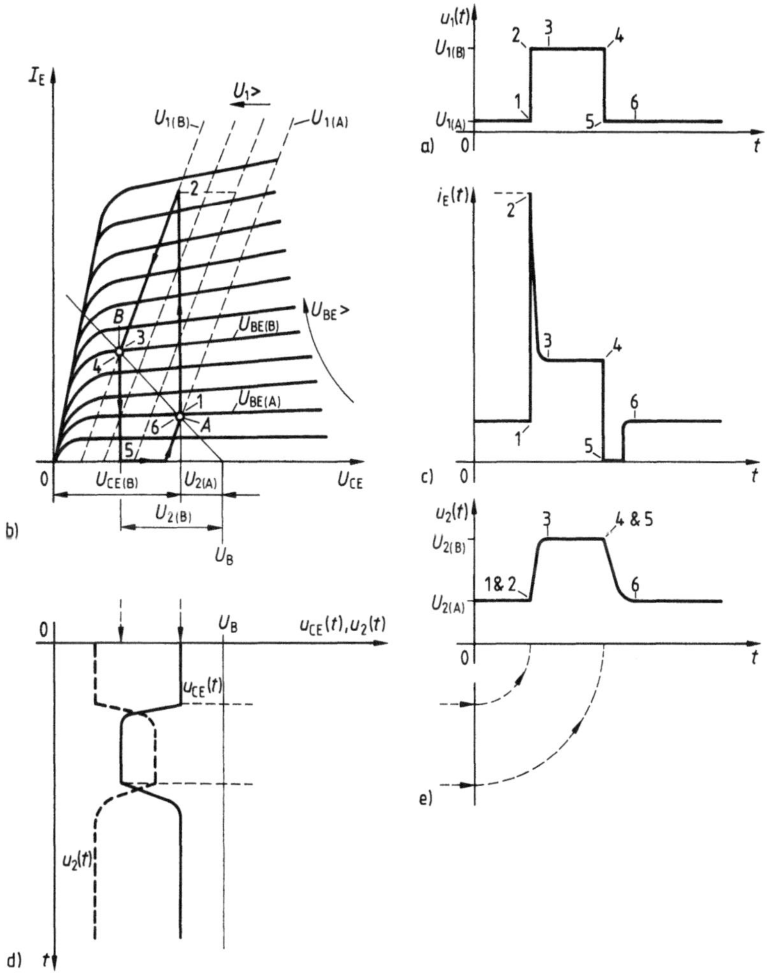

7.11 Schaltverhalten des Emitterfolgers mit kapazitiver Last für Rechteckspannungen im Großsignalbetrieb; zeitlicher Verlauf der Eingangsspannung $u_1(t)$ (a), Ausgangskennlinienfeld $I_E(U_{CE})$ mit den statischen Arbeitspunkten A und B (b), zeitlicher Verlauf des Emitterstroms $i_E(t)$ (c), zeitliche Verläufe von $u_{CE}(t)$, $u_2(t)$ und U_B (d), zeitlicher Verlauf der Ausgangsspannung $u_2(t)$ (e)

wie für die ansteigende Flanke. In Punkt A ist die Entladung abgeschlossen und damit der Schaltvorgang beendet. Bild 7.11c zeigt den Verlauf des Emitterstroms $i_E(t)$ mit einem Abschnitt beginnend bei Punkt 5, wo der Transistor sperrt. Diese Erscheinung bezeichnet man als Blockieren des Transistors, obwohl im statischen Arbeitspunkt A keine Sperrung des Transistors vorgesehen ist. Um trotz des Blockierens des Transistors bei kapazitiver Last etwa gleiche Anstiegs- und Abfallzeit zu erreichen, kann man entsprechend Bild 7.12 zu einer Gegentaktschaltung aus zwei komplementären Transi-

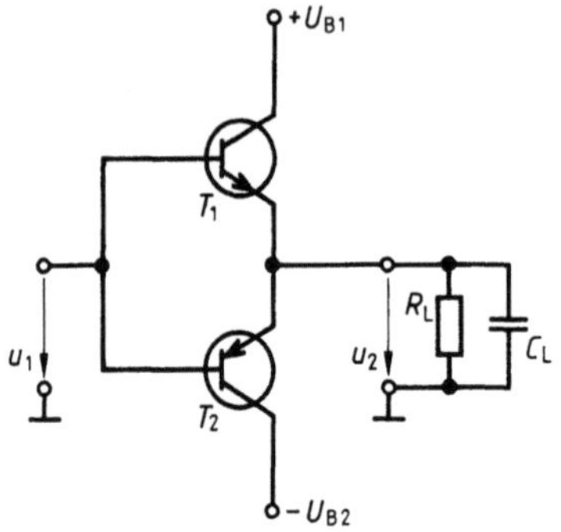

7.12 Emitterfolger in Gegentaktschaltung mit zwei komplementären Transistoren und kapazitiver Last

storen mit einer positiven und einer negativen Versorgungsspannung übergehen. In der Zeit, in der der NPN-Transistor T_1 während der Rückflanke (von 4 nach 5) sperrt (blokkiert), wird durch den negativen Spannungssprung der PNP-Transistor T_2 gerade besonders gut leitend gemacht. Er kann sich damit ersatzweise anstelle von T_1 an der Entladung der Lastkapazität C_L beteiligen. Entsprechendes gilt für die positive Flanke der Eingangsspannung, wenn T_2 sperrt und T_1 leitend ist. Auf diese Weise werden beide Impulsflanken mit der gleichen Zeitkonstanten durch den komplementären Emitterfolger übertragen.

Beispiel 7.2. Eine Verstärkeranordnung besteht aus einer Treiberstufe mit NPN-Vorstufentransistor T_1 und einem Emitterfolger mit einem NPN-Leistungstransistor T_2. Die Schaltung soll zwischen den Versorgungsspannungen U_{B1} und U_{B2} nach Bild 7.13a betrieben werden. Der Emitterfolger treibt eine Last bestehend aus der Parallelschaltung eines ohmschen Widerstandes $R_L = 75\ \Omega$ und einer Lastkapazität $C_L = 4{,}5$ nF. Sowohl die Vorstufe als auch der Emitterfolger arbeiten im Großsignalbetrieb. Die Verstärkeranordnung wird mit einer rechteckförmigen Spannung angesteuert und soll an die ausgangsseitige Last eine ebenfalls näherungsweise Rechteckspannung mit den beiden Ausgangspotentialen $\varphi_{min} = 0$ V und $\varphi_{max} = 11$ V abgeben. Für die nachfolgende Schaltung ist nur die abfallende Flanke am Ausgang des Emitterfolgers von Bedeutung. Dabei soll die Abfallzeit am Ausgang den Wert von $t_f = 700$ ns bei Einsatz eines NPN-Leistungstransistors nicht überschreiten. Der Emitterstrom von T_2 soll im sperrenden Zustand den Wert von $I_{E(A)} = 1{,}6$ mA nicht unterschreiten, damit der Transistor T_2 mit hinreichender Flankensteilheit wieder von Punkt A nach B in den leitenden Zustand übergehen kann. Außerdem soll die Kollektor-Emitter-Spannung im leitenden Zustand nicht unter $U_{CE(B)} = 0{,}8$ V sinken, um den Betrieb des Transistors im Sättigungsgebiet sicher zu ver-

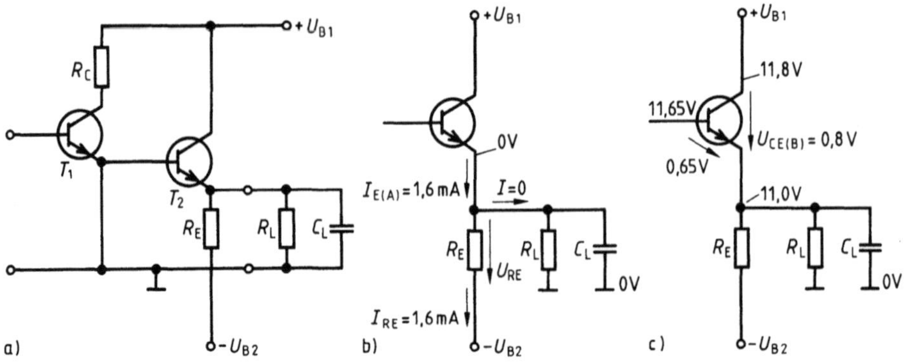

7.13 NPN-Vorstufentransistor T_1 mit NPN-Leistungstransistor T_2 als Emitterfolger (a), Potentialverhältnisse an einem Emitterfolger mit positiver und negativer Versorgungsspannung bei sperrendem (b) und leitendem (c) Betrieb meiden. Folgende Daten der Schaltung sind zu ermitteln: der Emitterwiderstand R_E und die Versorgungsspannungen U_{B1} und U_{B2}.

Die Entladung der Lastkapazität beim Ausschaltvorgang verläuft überwiegend innerhalb der Blockierphase des Transistors, wenn ein niedriger Wert für den Sperrstrom von $I_{E(A)} = 1{,}6$ mA festgelegt wird. Daher kann aus der Forderung nach einer einzuhaltenden Abfallzeit t_f auf den Emitterwiderstand R_E geschlossen werden. Sperrt der Transistor, so geht r_a gegen unendlich, so daß der Ersatzwiderstand $R_0 = R_E R_L/(R_E + R_L)$ ist. Aus Gl. (7.27) ergibt sich

$$700\ \text{ns} = t_f \approx 2{,}2 \frac{R_E R_L}{R_E + R_L} \cdot C_L$$

bzw. der Emitterwiderstand

$$R_E \approx \frac{R_L t_f}{2{,}2 R_L C_L - t_f} = 1235\ \Omega\,.$$

Gewählt wird $R_E = 1{,}2$ kΩ. Bild 7.13b und c zeigen die Potentialverhältnisse bei sperrendem und leitendem Transistor T_2 in den statischen Arbeitspunkten A und B. Im sperrenden Zustand soll das Ausgangspotential $\varphi_{min} = 0$ V betragen; zugleich soll jedoch im statischen Arbeitspunkt A noch der Emitterstrom $I_{E(A)} = 1{,}6$ mA fließen. Da R_L an beiden Anschlüssen auf Nullpotential liegt, bleibt er stromlos, so daß $I_{E(A)} = I_{RE} = 1{,}6$ mA wird. Aus $I_{RE} R_E = 1{,}6\ \text{mA} \cdot 1{,}2\ \text{k}\Omega$ errechnet man den Spannungsabfall an R_E als $U_{RE} = 1{,}92$ V. Die Spannung U_{B2} wird überschlägig auf $U_{B2} = 2$ V festgelegt (Bild 7.13b). Im leitenden Zustand soll das Potential am Ausgang $\varphi_{max} = 11{,}0$ V betragen. Zusammen mit der angegebenen Kollektor-Emitter-Spannung $U_{CE(B)} = 0{,}8$ V im Punkt B ergibt sich damit ein Kollektorpotential von $\varphi_C = 11{,}8$ V. Gewählt wird überschlägig für die Versorgungsspannung $U_{B1} = 12$ V. Nach Gl. (7.25) kann das Basispotential als $\varphi_B \approx 11{,}65$ V abgeschätzt werden.

7.1.2 Nichtlineare Impulsverstärker

In einem Nachrichtenübertragungssystem treten üblicherweise Dämpfungs- und Gruppenlaufzeitverzerrungen auf. Werden auf dem Nachrichtenkanal digitale Signale übertragen, so sind diese bezüglich ihrer Impulsform wiederholt korrigierend zu formen. Den Vorgang der Beseitigung solcher Signalverzerrungen bezeichnet man als Regeneration, die mit Hilfe von sogenannten Regenerativverstärkern bewirkt wird.

7.1.2.1 Anforderungen. Um Digitalsignale von Verzerrungen und additiven Störungen, die auf dem Übertragungsweg auf das Signal eingewirkt haben, nahezu vollständig zu beseitigen, ist die Regeneration digitaler Signale an folgende Anforderungen verknüpft:

1. Entzerrung des empfangenen Signals bezüglich der auf dem zurückgelegten Streckenabschnitt aufgetretenen Dämpfungs- und Laufzeitverzerrungen.

2. Frequenzbandbegrenzung. Das Signal wird von Störungen befreit, indem Störspannungen unterdrückt werden, die außerhalb des Frequenzbereiches des Nutzsignals liegen.

3. Gleichanteilwiedergewinnung. Bei gleichstromfreier Signalübertragung werden z. B. Rechteckimpulse verformt, indem zusätzliche Dachschrägen auftreten. Mit Hilfe einer Gleichanteilwiedergewinnung können achsparallele Impulsdächer und -sohlen wiederhergestellt werden.

4. Amplitudenregeneration (engl. reshaping) mittels eines Amplitudenentscheiders, um dem verformten Digitalsignal die vereinbarten Amplitudenwerte zuzuordnen.

5. Taktregeneration (engl. clock pulse regenerating) zur Wiederherstellung des Bittaktes nach Frequenz und Phasenlage im Empfänger.

6. Zeitregeneration (engl. retiming) als Abtastung des amplitudenregenerierten Signals mit dem regenerierten Taktsignal, um so das Digitalsignal von Phasenverzerrungen (engl. jitter) zu befreien.

7. Impulsformung (engl. pulse shaping) des Digitalsignals bezüglich seiner Hüllkurve (engl. shape), um den Bandbreitenbedarf an die Kanaleigenschaften anzupassen.

Erfüllt ein nichtlinearer Impulsverstärker die genannten Anforderungen, so kann ein Digitalsignal rekonstruiert werden.

7.1.2.2 Regenerative Signalverstärkung. Bild 7.14 zeigt den Aufbau eines Regenerativverstärkers als Blockschaltbild entsprechend den Anforderungen nach Abschn. 7.1.2.1 bestehend aus Entzerrer, Bandfilter, Gleichanteilwiedergewinnung, Amplituden-, Takt- und Zeitregeneration sowie Impulsformerstufe.

Entzerrer. Eine Entzerrung des Digitalsignals kann dadurch bewirkt werden, daß man Netzwerke bestehend aus All- und Hochpässen einsetzt, die pauschal die Verzerrung aufheben sollen (einstellbare Entzerrerschaltungen als sog. Kompromißentzerrer), oder dadurch, daß man Entzerrernetzwerke einsetzt, die sich bezüglich der vorzunehmenden Entzerrung den sich verändern-

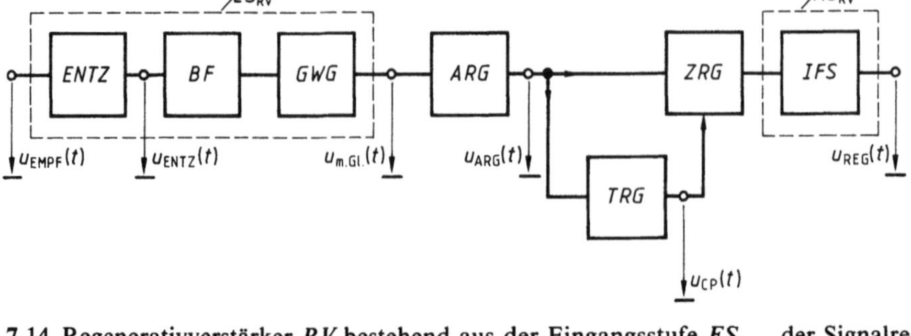

7.14 Regenerativverstärker *RV* bestehend aus der Eingangsstufe ES_{RV}, der Signalregeneration (*ARG*, *TRG* und *ZRG*) und der Ausgangsstufe AS_{RV}; *ENTZ* Entzerrerstufe, *BF* Bandfilter, *GWG* Gleichwertwiedergewinnung, *ARG* Amplitudenfilter, *TRG* Takterzeugung, *ZRG* Zeitfilter, *IFS* Impulsformerstufe, $u_{EMPF}(t)$ Spannung am Empfängereingang, $u_{REG}(t)$ regenerierte Spannung den Streckeneigenschaften selbsttätig anpassen (sog. adaptive Entzerrer, [3]), um auf diese Weise eine optimale Anpassung an z. B. wechselnde Übertragungswege (z. B. in der Vermittlungstechnik) zu erreichen. Der Ausgleich von Dämpfungs- und Phasenverzerrungen kann überschlägig durch ein pauschal arbeitendes Entzerrernetzwerk erreicht werden, dessen komplexer Frequenzgang $\underline{F}_{\mathrm{ENTZ}}(f)$ gerade die auftretenden Verzerrungen durch den Nachrichtenkanal mit dem komplexen Frequenzgang $\underline{F}_{\mathrm{NK}}(f)$ aufhebt, so daß

$$\underline{F}_{\mathrm{ENTZ}}(f) \cdot \underline{F}_{\mathrm{NK}}(f) = \mathrm{const} \tag{7.29}$$

gilt, wobei man dabei bereits vereinfachend davon ausgeht, daß der komplexe Frequenzgang des Nachrichtenkanals bekannt und außerdem zeitinvariant ist. Ist die Bedingung nach Gl. (7.29) erfüllt, so können Verformungen des Signals, die auf die Kanaleigenschaften zurückgehen, aufgehoben werden. Reale Entzerrerschaltungen weisen jedoch komplexe Frequenzgänge $\underline{F}_{\mathrm{ENTZ,techn.}}$ auf, für die bis zu einer oberen Grenzfrequenz gilt

$$\underline{F}_{\mathrm{ENTZ,techn.}} \cdot \underline{F}_{\mathrm{NK}} \approx \mathrm{const}\,. \tag{7.30}$$

Bild 7.15 zeigt als Beispiel die Schaltung eines aktiven Dämpfungsentzerrers bestehend aus einem Operationsverstärker mit den beiden RC-Kombinationen $\underline{Z}_1$ (R_1 parallel C_1) und $\underline{Z}_2$ (R_2 parallel C_2). Nimmt man an, daß der Strom i_{E} am Eingang des Operationsverstärkers vernachlässigt werden kann ($i_{\mathrm{E}} \approx 0$), so kann der Frequenzgang der Entzerrerschaltung näherungsweise als

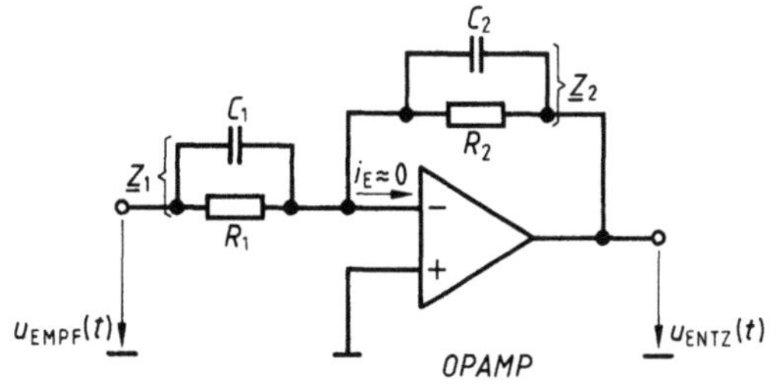

7.15 Entzerrerschaltung

$$\underline{F}_{\mathrm{ENTZ,techn.}}(f) \approx \underline{Z}_2/\underline{Z}_1 \tag{7.31}$$

angegeben werden. Mit den Ersatzwiderständen $\underline{Z}_1 = R_1/(1+\mathrm{j}\omega C_1 R_1)$ und $\underline{Z}_2 = R_2/(1+\mathrm{j}\omega C_2 R_2)$ ergibt sich für

$$\underline{F}_{\mathrm{ENTZ,techn.}} \approx \frac{R_2(1+\mathrm{j}\omega C_1 R_1)}{R_1(1+\mathrm{j}\omega C_2 R_2)}\,. \tag{7.32}$$

Mittels R_1, R_2 bzw. C_1, C_2 kann der Frequenzgang der Entzerrerschaltung geeignet geformt werden, um die Verformungen des Digitalsignals durch den Nachrichtenkanal weitgehend aufzuheben.

Bandfilter. Der Entzerrerstufe folgt ein Filter, das in der Regel als Bandfilter ausgelegt ist. Es wirkt dadurch störbefreiend, daß Störspannungen außerhalb des Durchlaßbereiches unterdrückt werden. Dabei versucht man, die Bandbreite soweit wie möglich einzuschränken, um die spektral verteilten Störsignale weitgehend auszublenden. Wird dabei die Bandbreite zu klein dimensioniert, so können die Einzelimpulse nicht mehr vollständig ausschwingen, so daß es zu Nachbarimpulsnebensprechen kommt. Nachbarimpulsnebensprechen liegt vor, wenn sich die Impulsfunktion eines Impulses der des Nachbarimpulses überlagert.

Gleichanteilwiedergewinnung. In der Regel wird von Nachrichtenkanälen Gleichstromfreiheit gefordert, d.h., es werden keine Gleichanteile übertragen. So werden bei leitungsgebundenen Verbindungen (z.B. PCM-Verbindungen, s. Abschn. 5) die Regenerativverstärker transformatorisch an die Nachrichtenkanal-Abschnitte angekoppelt. Dadurch kommt es zu einer Verformung der Einzelimpulse, indem das empfangene Signal mit seinem zeitlichen Verlauf um die Nullinie als Mittelwert schwankt (Bild 7.16). Man erkennt aus dem Vergleich

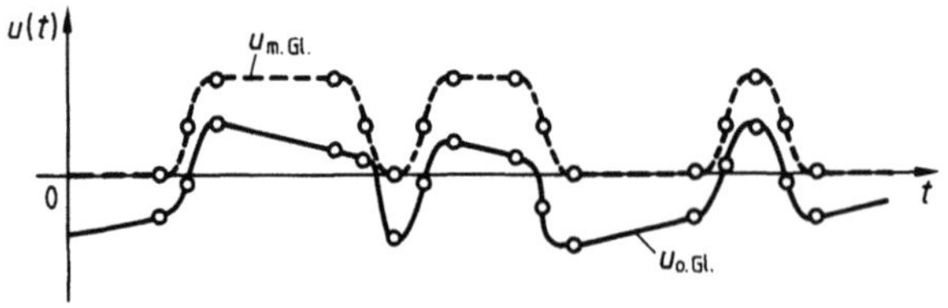

7.16 Signalverläufe $u_{m.Gl.}(t)$ (---- mit Gleichanteil) und $u_{o.Gl.}(t)$ (—— ohne Gleichanteil)

der Signalverläufe mit und ohne Gleichanteil, daß die Einzelimpulse bei gleichanteilfreier Übertragung Schrägen aufweisen, die mit Hilfe einer Gleichanteilwiedergewinnung wieder in zur Nullinie parallele Impulsdächer und -sohlen zu überführen sind. Eine Gleichanteilwiedergewinnung wird angenähert dadurch erreicht, daß aus der Ausgangsspannung des Amplitudengenerators $u_{ARG}(t)$ die darin enthaltene Gleichspannung mit Hilfe einer Tiefpaßschaltung aus R_{TP} und C_{TP} herausgefiltert wird. Die Ausgangsspannung des Tiefpasses u_{TP} wird nun in einem Summierer der Eingangsspannung ohne Gleichanteil $u_{o.Gl.}(t)$ wieder zugesetzt. Bild 7.17a zeigt ein Blockschaltbild zur Gleichanteilwiedergewinnung, die Bilder 7.17b bis d zeigen die Rekonstruktion des Gleichanteils bei geeigneter Dimensionierung des Tiefpasses und richtig eingestellter Verstärkung des Summationsverstärkers.

Amplitudenregeneration. Die Amplitudenwerte des empfangenen Signals werden dadurch regeneriert, daß das Signal ein Amplitudenfilter *ARG* durchläuft. Darunter versteht man ein Netzwerk, dessen Übertragungseigenschaften allein von der momentanen Amplitude des Signals und nicht von der Frequenz des

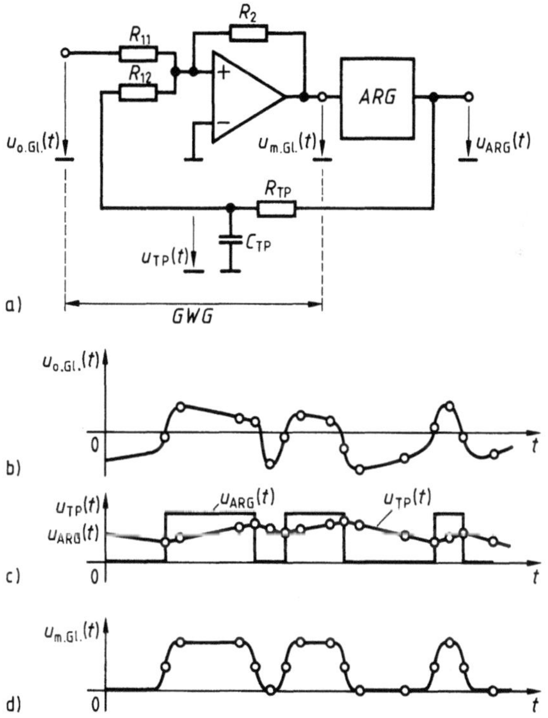

7.17
Prinzipschaltbild der Gleichanteilwiedergewinnung (a), Spannung ohne Gleichanteil $u_{\mathrm{o.Gl.}}(t)$ (b), Spannung $u_{\mathrm{TP}}(t)$ des Tiefpasses abgeleitet aus der amplitudenregenerierten Spannung $u_{\mathrm{ARG}}(t)$ (c), Spannung mit Gleichanteil $u_{\mathrm{m.Gl.}}(t)$ (d)

Signals oder der Zeit abhängen. Die Arbeitsweise der Amplitudenregeneration als Schwellspannungsschalter nach Bild 7.18a kann durch

$$u_2 = \begin{cases} U_0 & \text{für} \quad u_1 > U_{\mathrm{thr}} \\ 0 & \text{für} \quad u_1 \leqq U_{\mathrm{thr}} \end{cases} \tag{7.33}$$

beschrieben werden. Bild 7.18b zeigt die Übertragungskennlinie $u_2 = f(u_1)$ mit der Schwellspannung U_{thr} als Parameter (engl. threshold = Schwelle) und die Bilder 7.18c und d an einem Beispiel den hysteresefreien Verlauf der Aus-

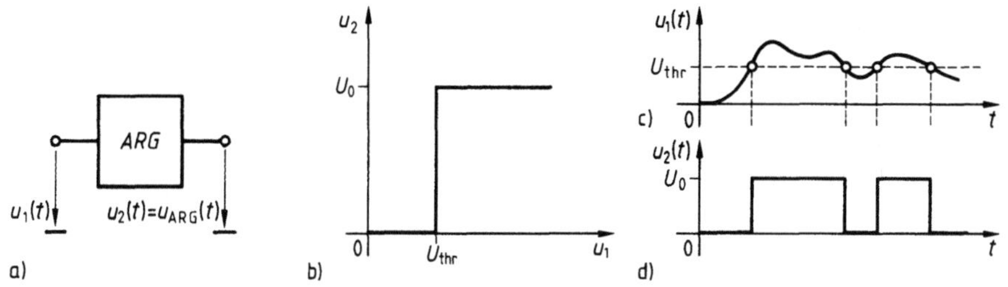

7.18 Amplitudenfilter *ARG* (a), Übertragungskennlinie $u_2 = f(u_1)$ mit der Schwellspannung U_{thr} als Parameter (b), Eingangsspannung $u_1(t)$ (c) Ausgangsspannung $u_2(t)$ am Amplitudenfilter (d)

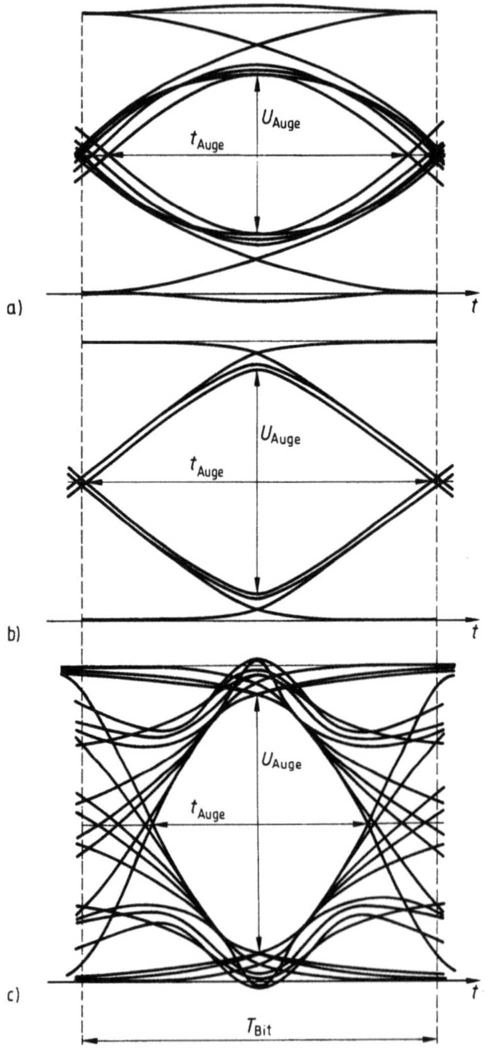

7.19 Augenmuster bei kleiner Bandbreite (a), bei vergrößerter Bandbreite (b), verändertes Augenmuster mit vergrößerter Augenöffnung U_{Auge} und verkleinerter horizontaler Augenöffnung t_{Auge} durch besondere Impulsformung auf dem Nachrichtenkanal (c)

gangsspannung $u_2(t)$ zeitlich veränderlicher Eingangsspannung $u_1(t)$. Wird die Bandbreite des Übertragungssystems zu klein dimensioniert, so werden die Amplituden durch zu langsames Einschwingen verkleinert. Dann reichen schon Störspannungen geringer Amplitude aus, um die Verfälschung einer Binärentscheidung zu bewirken. Wird die Bandbreite zu groß gewählt, so wird die Amplitudenregeneration durch zusätzliche Störsignale verfälscht. Zur Optimierung der Bandbreite kann das sog. Augenmuster (engl. eye pattern) herangezogen werden. Dieses erhält man, indem man empfangene Digitalsignale als zufällige Folge von Rechteckimpulse bitsynchron mit einem Speicheroszilloskop übereinanderschreibt. Dabei ergibt sich ein Muster, das als Augenmuster bezeichnet wird. Die Augenöffnung wird zweidimensional durch die vertikale Augenöffnung U_{Auge} und die horizontale Augenöffnung t_{Auge} eindeutig beschrieben und wird in dieser Weise auch gemessen (Bild 7.19). Solange das Augenmuster noch eine Öffnung aufweist, gelingt die Regeneration des Digitalsignals, wenn nur mit hinreichend großem Aufwand die Entscheiderschwelle und der Abtastzeitpunkt genau genug positioniert werden können. Eine möglichst große Augenöffnung in beiden Dimensionen ist anzustreben. Bei starken Störungen oder Impulsverzerrungen schließt sich das Auge. Das Augenmuster kann damit als Kriterium für die Regenerierbarkeit eines gestörten Digitalsignals herangezogen werden. Die vertikale Augenöffnung U_{Auge} hängt außer von der Bandbreite auch von der gewählten Impulsform ab. Bei geeigneter Impulsform (z. B. Gaußsche Glockenkurve, s. Abschn. 2) und relativ kleiner Bandbreite ist noch eine recht große Augenöffnung U_{Auge} zu erzielen, wenn man gleichzeitig eine Verkleinerung der horizontalen Augenöffnung t_{Auge} vornimmt. Bei der praktischen Realisierung eines Regenerativverstärkers müssen die Impulsform und die Bandbreite so gewählt werden, daß bei mittleren Störamplituden und mittlerer, vertikaler Augenöffnung die horizontale Augenöffnung nicht zu klein wird, damit der technische Aufwand für die Taktregeneration in vertretbaren Grenzen bleibt.

Taktregeneration. Durch die Amplitudenregeneration wird nur bewirkt, daß die vereinbarten Signalpegel wiederhergestellt werden. Die Lageunsicherheit der Flanken des Digitalsignals bleibt jedoch zunächst weiter bestehen. Um eine zeitliche Abtastung des binären Signalwertes vornehmen zu können, bedarf es der Wiedergewinnung des Bittaktes nach Frequenz f_{Bit} und Phase φ_{Bit}. In angewandten Schaltungen ist die Ableitung der Taktinformation nach Frequenz und Phase aus dem Empfangssignal selbst üblich. Daher wird die Taktregeneration *TRG* (Bild 7.14) auch vom amplitudenregenerierten Signal $u_{ARG}(t)$ gespeist. Man bezeichnet diese Vorgehensweise als E i g e n s y n c h r o n i s a t i o n im Gegensatz zur F r e m d s y n c h r o n i s a t i o n, bei der die Taktinformation einer zur Informationsübertragung parallel laufenden Taktleitung entnommen wird. Eigensynchronisation ist dann möglich, wenn bei der Folge der Impulse Zeichenwechsel zeitmäßig Flanken markieren, aus denen auf die Bittaktfrequenz und -phasenlage geschlossen werden kann. Hierzu eignen sich sowohl die ansteigenden Flanken bei 0-/1-Übergängen als auch abfallende Flanken bei 1-/0-Übergängen. Da bei einem kanalcodierten Digitalsignal ansteigende und

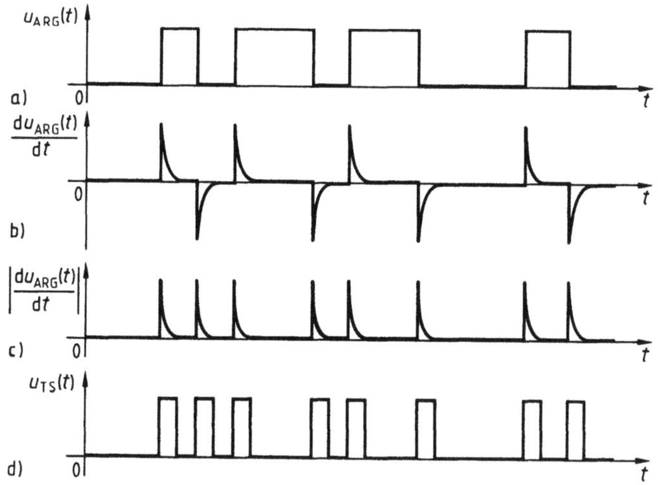

7.20 Ableitung eines bittaktstützenden Signals $u_{TS}(t)$ aus dem amplitudenregenerierten Signal $u_{ARG}(t)$ (a), Differentiation $du_{ARG}(t)/dt$ (b), Betragsbildung $|du_{ARG}(t)/dt|$ (c) und zeitliche Formung als einseitige Rechteckimpulse (d)

abfallende Flanken nicht streng periodisch auftreten, zieht man zur Bittaktregeneration beide Übergänge heran, um die Synchronisation hinreichend zu stützen. Bild 7.20 zeigt, wie aus dem stochastischen, amplitudenregenerierten Digitalsignal $u_{ARG}(t)$ (Bild 7.20a) durch Differentiation (Bild 7.20b), Betragsbildung (Bild 7.20c) und anschließende zeitliche Impulsformung ein bittaktstützendes Signal $u_{TS}(t)$ (Bild 7.20d) gewonnen wird. Für die Ableitung des Bittaktes aus dem Digitalsignal benutzt man eine phasengeregelte Oszillatorschaltung (engl. phase locked loop, Bild 7.21). Kernstück dieser Schaltung ist ein spannungsgesteuerter Oszillator *VCO* (engl. voltage controlled oscillator) als Spannungs-Frequenz-Umsetzer, dessen Ausgangssignal sowohl bezüglich der Frequenz und Phase steuerbar ist. Die Regelspannung wird in einer Phasenvergleichsschaltung *PHV* erzeugt, indem das Taktsignal des *VCO* mit dem bittaktstützenden Signal bezüglich der Phasenlage verglichen wird. Dabei wird aus der Phasendifferenz $\Delta\varphi = \varphi_{TS} - \varphi_{CP}$ eine der Phasendifferenz $\Delta\varphi$ proportionale Spannung $u(\Delta\varphi)$ abgeleitet, die durch einen Tiefpaß *TP* geglättet auf den Steuereingang des *VCO* gegeben wird. Die Bittaktregeneration mit Hilfe eines Phasenregelkreises beruht darauf, daß aus dem Amplitudendichtespektrum des stochastischen Digitalsignals die Bittaktfrequenz f_{Bit} herausgefiltert wird, wobei die Mittenfrequenz des *VCO* innerhalb des Mitnahmebereiches in Richtung auf die Spektrallinie der Bittaktfrequenz nachgeführt wird.

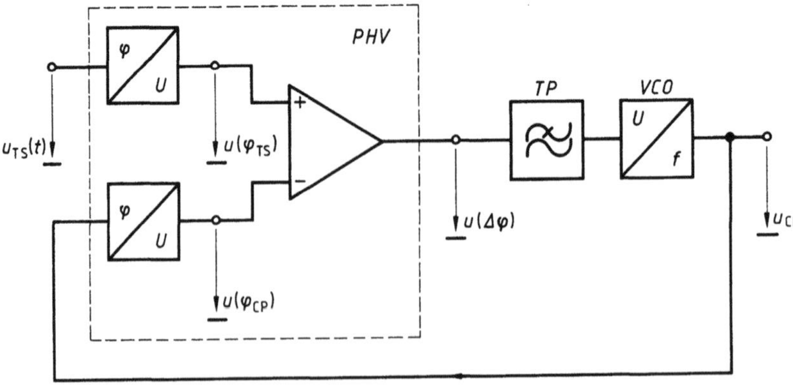

7.21 Blockschaltbild eines phasengeregelten Oszillators zur Taktregeneration: *PHV* Phasenvergleichsschaltung, *TP* Tiefpaß, *VCO* spannungsgesteuerter Oszillator, $u_{TS}(t)$ bittaktstützendes Signal, $u_{CP}(t)$ Taktsignal, $u(\Delta\varphi)$ phasendifferenzproportionale Spannung

Zeitregeneration. Durch die Zeitregeneration *ZRG* (Bild 7.14) wird die Phasenunsicherheit der Impulsflanken (Phasenjitter) beseitigt. Zu diesem Zweck wird das amplitudenregenerierte Signal durch das regenerierte Taktsignal $u_{CP}(t)$ abgetastet und der Abtastwert bis zum nächsten Abtastzeitpunkt gespeichert. Das regenerierte Taktsignal muß dazu noch entsprechend der Augenöffnung im Augenmuster zeitlich so positioniert werden, daß der Abtastzeitpunkt zum

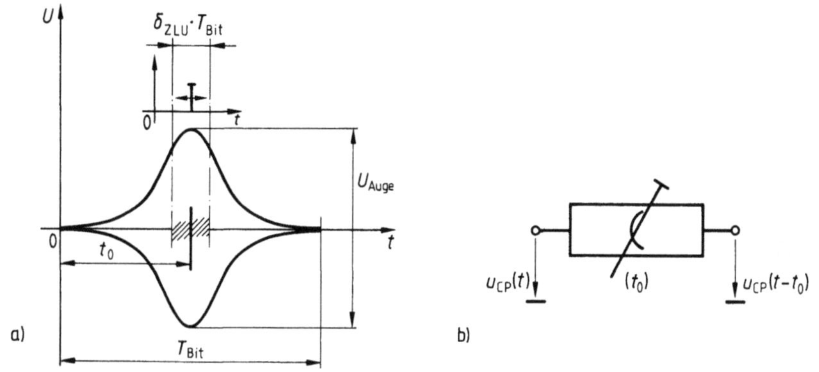

7.22 Augenmuster mit bei $t = t_0$ positioniertem Abtastimpuls (a), einstellbare Verzögerungsleitung (b), $\delta_{ZLU} \cdot T_{Bit}$ Toleranzfenster für die Positionierung des Abtastimpulses

Zeitpunkt der maximalen Augenöffnung liegt. Da der beschriebene Phasenregelkreis noch einen dynamischen Phasenfehler aufweist, der auf eine Restwelligkeit der Regelspannung $u_r(t)$ zurückgeht, kann die zeitliche Positionierung des Abtastimpulses nur innerhalb eines Toleranzfensters angegeben werden. Dadurch entsteht eine Zeitentscheidungsunsicherheit, die durch den Faktor $\delta_{ZLU} \leqq 1$ als $\delta_{ZLU} \cdot T_{Bit}$ beschrieben werden kann (Bild 7.22a). Die Positionierung des Abtastimpulses kann durch eine einstellbare Verzögerungsleitung (Bild 7.22b) bewirkt werden, die den Abtastimpuls maximal um T_{Bit} zu verschieben erlaubt. Sofern die restlichen Verzerrungen und Störeinflüsse nicht so groß sind, daß sie zu Bitfehlern führen, wird das Digitalsignal durch dieses Verfahren bis auf einen Restjitter regeneriert.

Impulsformerstufe. Bevor das regenerierte Digitalsignal auf den folgenden Nachrichtenkanal-Abschnitt gegeben wird, werden die Einzelimpulse bezüglich ihrer Hüllkurve geformt, um den Bandbreitenbedarf der Impulse an die Bandbreite des Nachrichtenkanals anzupassen.

Abschließend veranschaulicht Bild 7.23 die schrittweise Signalregeneration anhand eines mehrzeiligen Impulsdiagramms ausgehend von einer stochastischen 0-/1-Folge (Bild 7.23a), dem NRZ-Signal[1]) (Bild 7.23b) und dem Signal am Empfängereingang, das durch Nachbarimpulsnebensprechen gekennzeichnet ist (Bild 7.23c). Aus dem Signal am Ausgang der Gleichanteilwiedergewinnung (Bild 7.23d) wird mit einem Schwellspannungsschalter das amplitudenregenerierte Signal abgeleitet (Bild 7.23e). Das regenerierte Taktsignal (Bild 7.23f) wird dazu benutzt, das amplitudenregenerierte Signal abzutasten. Durch Speicherung des Abtastwertes bis zum nächsten Impuls des regenerierten Taktsignals wird das zeitlich regenerierte Signal gewonnen (Bild 7.23g). Bevor das

[1]) NRZ = non - return - to - zero

bezüglich Amplitude und zeitlicher Lage der Flanken regenerierte Digitalsignal wieder auf den Nachrichtenkanal gegeben wird (Bild 7.23 h), werden die Impulse noch so geformt, daß der Bandbreitenbedarf an die Bandbreite des Nachrichtenkanals angepaßt wird. Bild 7.23 i zeigt die im Empfänger detektierte 0-/1-Folge.

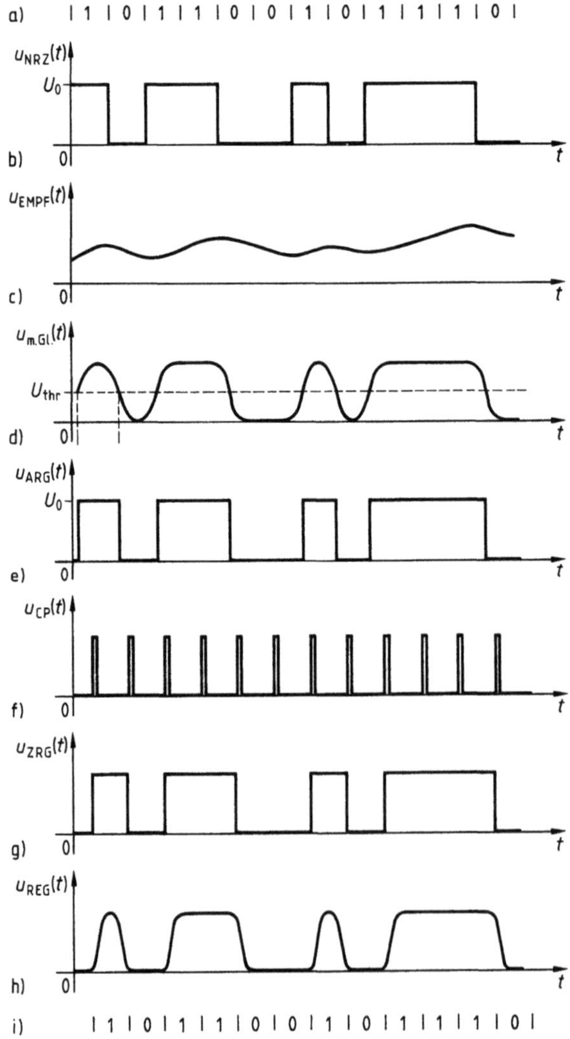

7.23 Regeneration eines stochastischen Digitalsignals, Bitfolge (a), NRZ-Signal (b), Signal am Empfängereingang (c), Signal mit wiederhergestelltem Gleichanteil (d), amplitudenregeneriertes Signal (e), regenerierter Bittakt (f), zeitlich regeneriertes Digitalsignal (g), Digitalsignal nach der Impulsformung (h), detektierte Bitfolge (i)

7.2 Begrenzer-, Klemm-, Komparator- und Torschaltungen

In diesem Abschnitt werden Schaltungen behandelt, die die Impulsamplitude einschließlich eines gegebenenfalls vorhandenen Gleichanteils, nicht jedoch die Periodendauer oder den Tastgrad bei einer Impulsfolge beeinflussen. Dazu werden sogenannte Amplitudenfilter eingesetzt, die stets Bauelemente mit nichtlinearer Kennlinie enthalten. Unter Amplitudenfiltern versteht man Netzwerke, deren Übertragungseigenschaften nur vom Augenblickswert des Signals, nicht aber von der Frequenz des Signals oder der Zeit abhängen. Solche Schaltungen sind Begrenzer- und Klemmschaltungen. Sollen elektrische Signale wertmäßig verglichen werden, so setzt man Komparatoren ein. Ist der Zeitpunkt für das Auftreten eines Impulses bedeutsam, so benutzt man Torschaltungen.

7.2.1 Begrenzerschaltungen

Begrenzerschaltungen übertragen nur den Anteil eines Eingangssignals an den Ausgang, der oberhalb oder unterhalb einer oder mehrerer festgelegter Vorspannungen liegt. In Anlehnung an Filter im Frequenzbereich können bezüglich der zu verändernden Signalamplitude Amplitudentiefpässe, -hochpässe, -bandpässe und -bandsperren unterschieden werden.

7.2.1.1 Wirkungsweise. Die Wirkungsweise eines Begrenzers (engl. limiter) wird am besten durch seine Übertragungskennlinie beschrieben. Sie weist üblicherweise einen geknickten und damit nichtlinearen Kennlinienverlauf auf. Bild 7.24 zeigt in mehreren Zeilen die Übertragungskennlinien $U_2(U_1)$ verschiedener Begrenzer und als Beispiel eine sinusförmige Spannung $u_1(t)$ am Begrenzereingang, den Verlauf der begrenzten Spannung $u_2(t)$ am Begrenzerausgang bei Leerlauf sowie eine entsprechende passive Schaltung mit einer technisch idealen Diode. Man erkennt in Bild 7.24a, wie von der Eingangsspannung $u_1(t)$ der Signalverlauf für $u_1 > U_V$ weggeschnitten wird. Dies wird dadurch bewirkt, daß die um die Spannung U_V vorgespannte Diode D für $u_1 \leqq U_V$ sperrt und dadurch die Spannung $u_2(t)$ der Eingangsspannung $u_1(t)$ theoretisch verzögerungsfrei folgt. Überschreitet u_1 den Wert der Vorspannung U_V, geht die Diode in den leitenden Zustand über, so daß die Ausgangsspannung auf dem Wert $u_2 = U_V$ festgehalten wird. Die Ausgangsspannung $u_2(t)$ folgt dann nicht mehr der Eingangsspannung $u_1(t)$. Man sagt, die Ausgangsspannung $u_2(t)$ wird auf den Wert U_V „geklemmt". Die Schaltung in Bild 7.24a stellt einen einseitigen Begrenzer dar und wirkt als Amplitudentiefpaß.

Bild 7.24b zeigt eine ähnliche Schaltung, bei der gegenüber Bild 7.24a die Polung der Diode und der Vorspannung U_V umgekehrt wird. Dadurch entsteht ein einseitiger Begrenzer als Amplitudenhochpaß.

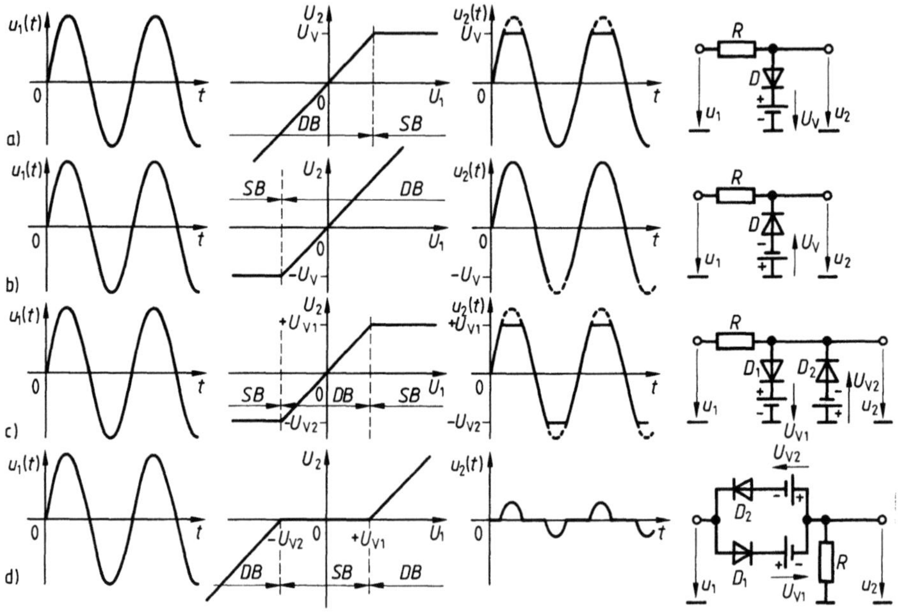

7.24 Eingangsspannungsverläufe $u_1(t)$, Übertragungskennlinien $U_2(U_1)$, Ausgangsspannungsverläufe $u_2(t)$ und entsprechende passive Schaltungen mit technisch idealen Dioden für Amplitudentiefpaß (a), Amplitudenhochpaß (b), Amplitudenbandmaß (c), Amplitudenbandsperre (d), *DB* Durchlaßbereich, *SB* Sperrbereich

Durch Antiparallelschaltung von zwei vorgespannten Dioden D_1 und D_2 mit den Vorspannungen U_{V1} und U_{V2} läßt sich eine zweiseitige Begrenzerschaltung als Amplitudenbandpaß aufbauen. Bild 7.24c zeigt eine solche Anordnung mit $U_{V1} > 0 > -U_{V2}$ mit einer Signalbegrenzung ober- und unterhalb der Nullinie. Für z. B. $U_{V1} > U_{V2} > 0$ läßt sich ein Signal im positiven Wertebereich zweiseitig begrenzen.

Ein zu der Schaltung in Bild 7.24c gegenteiliges Verhalten läßt sich dadurch erreichen, daß man die Anordnung von Längswiderstand *R* und Antiparallelschaltung von vorgespannten Dioden gegenüber Bild 7.24c vertauscht (Bild 7.24d). Die Wirkungsweise dieser Anordnung kann als zweiseitige Unempfindlichkeitsschaltung bezeichnet werden, d. h., innerhalb eines von den Vorspannungen U_{V1} und U_{V2} eingeschlossenen Spannungsbereiches bleiben beide Dioden D_1 und D_2 gesperrt, so daß am Ausgang über den Querwiderstand *R* Nullpotential abgegriffen wird. Für $u_1 > U_{V1}$ wird die Diode D_1 leitend, so daß die Ausgangsspannung u_2 der Eingangsspannung u_1 folgt. Entsprechend wird für $u_2 < U_{V2}$ die Diode D_2 leitend, so daß die Ausgangsspannung u_2 der Eingangsspannung u_1 folgt. Die beschriebene Anordnung wird als Amplitudenbandsperre bezeichnet. Mit Hilfe einer Amplitudenbandsperre lassen sich z. B. innerhalb des Sperrbereiches *SB* störende Signale unterdrücken.

Kennzeichnend für Amplitudenfilter ist, daß der an den Ausgang übertragene Anteil des Eingangssignals formtreu (d.h. verzerrungsfrei) abgegriffen werden kann. Bei Amplitudenfiltern tritt bezüglich des Impulsübertragungsverhaltens eine Besonderheit auf: Die Sprungfunktion und der daraus abgeleitete Rechteckimpuls (s. Abschn. 1) sind invariant gegenüber einer Impulsformung durch eine Begrenzerschaltung, da sich lediglich die Amplituden, nicht aber der Frequenzgang der Dämpfung und Phase ändern.

7.2.1.2 Schaltungen. Begrenzerschaltungen können sowohl passiv mit Dioden wie auch aktiv mit bipolaren Transistoren oder Operationsverstärkern realisiert werden. Aktive Begrenzerschaltungen haben dabei gegenüber passiven Schaltungen den Vorteil, daß sie neben der signalbegrenzenden Wirkung zusätzlich verstärken.

Diodenbegrenzer. Bei Begrenzern mit Dioden unterscheidet man Serien- und Parallelbegrenzer. Bei einem Serienbegrenzer liegt die Diode im Längsweg und der Widerstand im Querweg, während beim Parallelbegrenzer die Diode im Querweg und der Widerstand im Längsweg angeordnet sind.

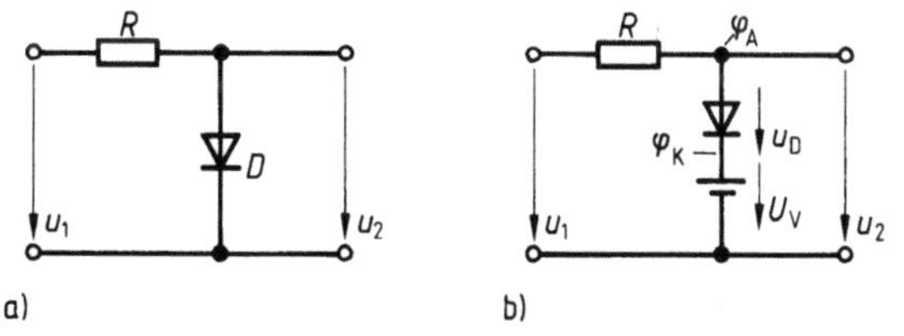

7.25
Parallelbegrenzer als Diodenbegrenzer ohne (a) und mit Vorspannung U_V (b)

Bild 7.25a zeigt zunächst einen Parallelbegrenzer mit einer Diode im Querweg. Die Schaltung wird meist noch um eine Spannungsquelle im Querweg erweitert, um die Diode D um die Spannung U_V vorspannen zu können (Bild 7.25b). Bei der Beschreibung der Arbeitsweise der Schaltung in Bild 7.25b soll vereinfachend ausgangsseitiger Leerlauf angenommen werden. In der Schaltung nach Bild 7.25b ist die Diode D um die Spannung U_V positiv vorgespannt. Solange das Potential φ_A an der Anode der Diode niedriger als das Kathodenpotential $\varphi_K = +U_V$ ist, sperrt die Diode D. Dann fließt bei ausgangsseitigem Leerlauf weder durch die Diode D noch durch den Widerstand R ein Strom, so daß an R auch kein Spannungsabfall auftritt. Daher folgt die Ausgangsspannung u_2 der Eingangsspannung u_1 praktisch verzerrungsfrei. Erst wenn die Eingangsspannung u_1 die Vorspannung U_V erreicht oder überschreitet, wird die Diode D leitend und damit der Ausgang niederohmig mit der Vorspannung U_V bzw. $(U_V + U_D)$ verbunden. Man erkennt aus diesem Verhalten, daß Eingangsspannungen $u_1 > U_V + U_D$ bei sperrender Diode über den Widerstand R an den Ausgang übertragen werden, da der Querweg offen ist, und daß Eingangsspannungen $u_1 \leqq U_V + U_D$ nicht zum Ausgang hin übertragen werden, sondern durch den Querweg bei leitender Diode die Ausgangsspannung u_2 auf die Spannung $(U_V + U_D)$ festgelegt wird. Das bedeutet, daß alle Spannungen, die den Wert $(U_V + U_D)$ überschreiten, „weggeschnitten" werden.

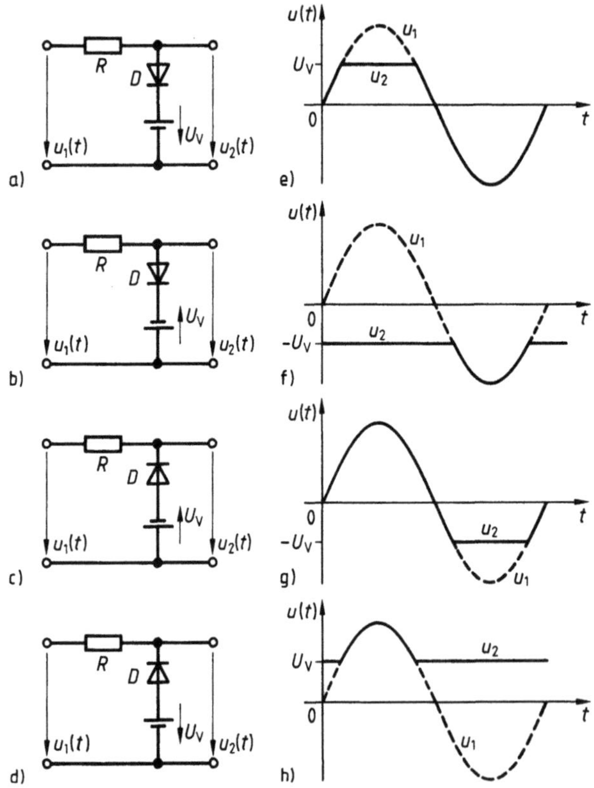

7.26 Parallelbegrenzer mit technisch idealen Dioden als Amplitudentiefpaß (a) und (b), Amplitudenhochpaß (c) und (d) mit den zugeordneten Spannungsverläufen (e) bis (h)

Die Polung der Diode und der Vorspannung eines Parallelbegrenzers kann variiert werden. Dadurch entstehen Parallelbegrenzer mit unterschiedlichen Übertragungseigenschaften (Bild 7.26). Bei den bisher dargestellten Parallelbegrenzern liegt die Diode stets im Querweg, während der ohmsche Widerstand in den Längsweg geschaltet ist. Solange die Diode im Querweg sperrt, wird das Eingangssignal über den Widerstand *R* relativ hochohmig an den Ausgang gelegt. Diese Vergrößerung des „Innenwiderstandes" einer speisenden Schaltung kann für die nachfolgende Schaltung sowohl wegen der Impedanz als auch wegen des Zeitverhaltens bei kapazitiver Last nachteilig sein. Ein niederohmiges Begrenzerverhalten kann dadurch erreicht werden, daß der ohmsche Widerstand *R* und die Diode *D* bezüglich ihrer Anordnung in einer Begrenzerschaltung vertauscht werden. Dadurch entsteht der Serienbegrenzer. Bild 7.27 veranschaulicht für unterschiedliche Polungen der Diode und des Widerstandes das Übertragungsverhalten. Wenn die Diode leitend ist, wird das Eingangssignal niederohmig an den Ausgang gegeben. Sperrt die Diode, so nimmt der Ausgang über den Widerstand *R* den Wert der Vorspannung an.

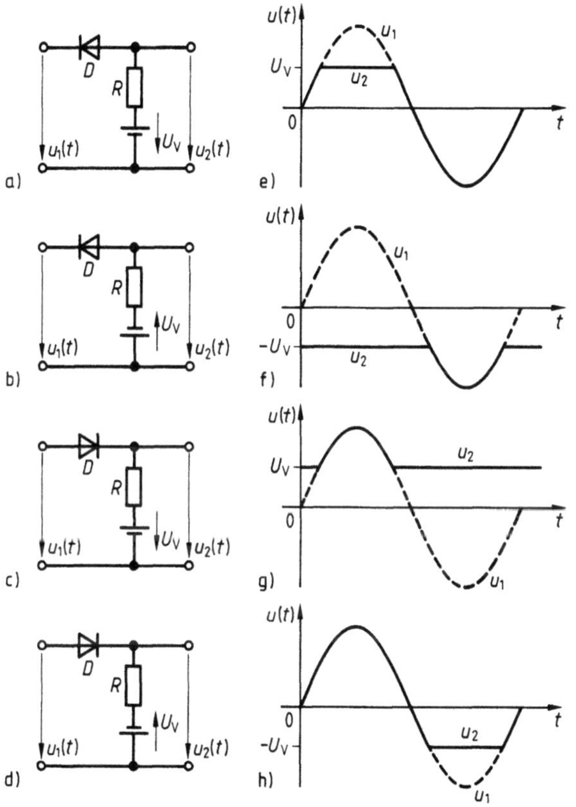

7.27
Serienbegrenzer mit technisch idealen Dioden als Amplitudentiefpaß (a) und (b), Amplitudenhochpaß (c) und (d) mit den zugeordneten Spannungsverläufen (e) bis (h)

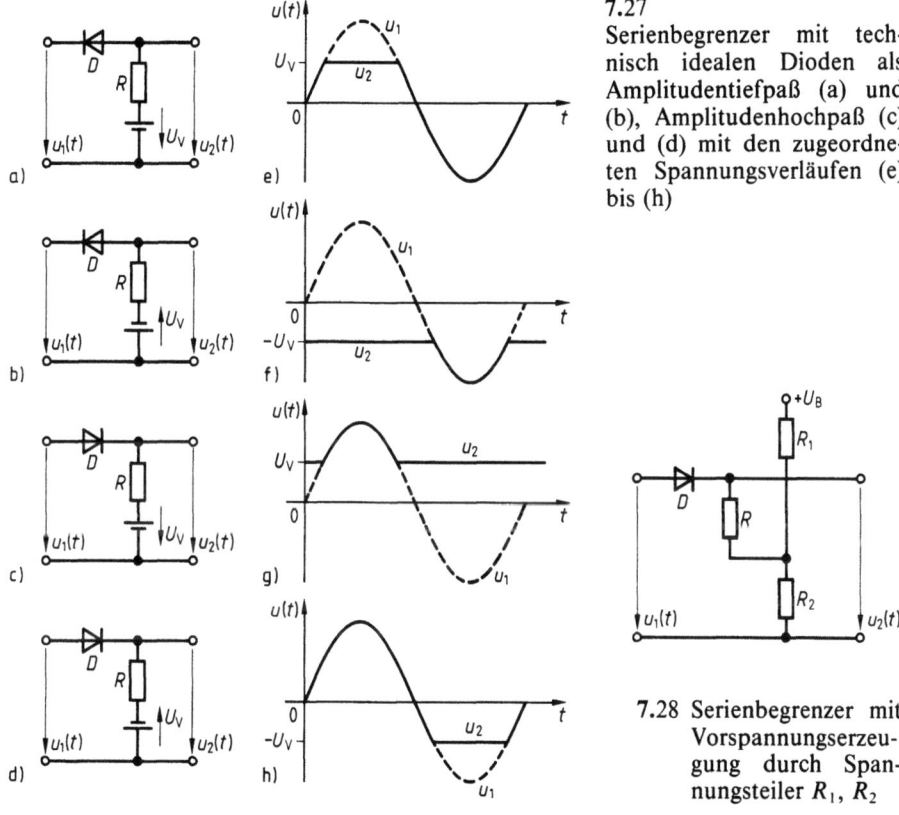

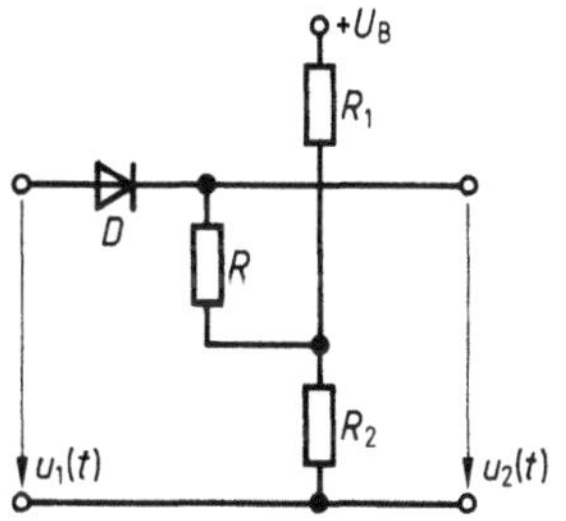

7.28 Serienbegrenzer mit Vorspannungserzeugung durch Spannungsteiler R_1, R_2

Wegen des vorgeschalteten Widerstandes im Querweg muß die Spannungsquelle für die Vorspannung nicht mehr besonders niederohmig sein. Damit eröffnet sich die Möglichkeit, die Vorspannung U_V mit Hilfe eines Spannungsteilers aus der Betriebsspannung der umgebenden Schaltung abzuleiten und so eine zusätzliche Spannungsversorgung einzusparen (Bild 7.28).

Dynamische Eigenschaften von kapazitiv belasteten Begrenzern. Im folgenden wird das dynamische Verhalten von Serien- und Parallelbegrenzern betrachtet. Dabei soll von dem häufigen Fall kapazitiver Belastung durch eine Kapazität C_0 ausgegangen werden, in der sowohl die Schaltkapazität der Begrenzerschaltung als auch die Lastkapazität der nachfolgenden Stufe zusammengefaßt sein soll. Die verschiedenen Begrenzerschaltungen weisen unterschiedliches zeitliches Verhalten auf, wobei sowohl Vorder- als auch Rückflanken verzerrt bzw. abgeflacht werden.

Bild 7.29a zeigt einen passiven Serienbegrenzer mit der Vorspannung U_V und der Lastkapazität C_0. Abweichend von den Ersatzschaltungen der Diode in Abschn. 6 soll die Ersatzschaltung der Diode dadurch vereinfacht werden, daß die Diode im sperrenden Zustand durch die Kapazität C_{ak} zwischen Anode und Kathode und im leitenden Zustand durch eine Parallelschaltung der

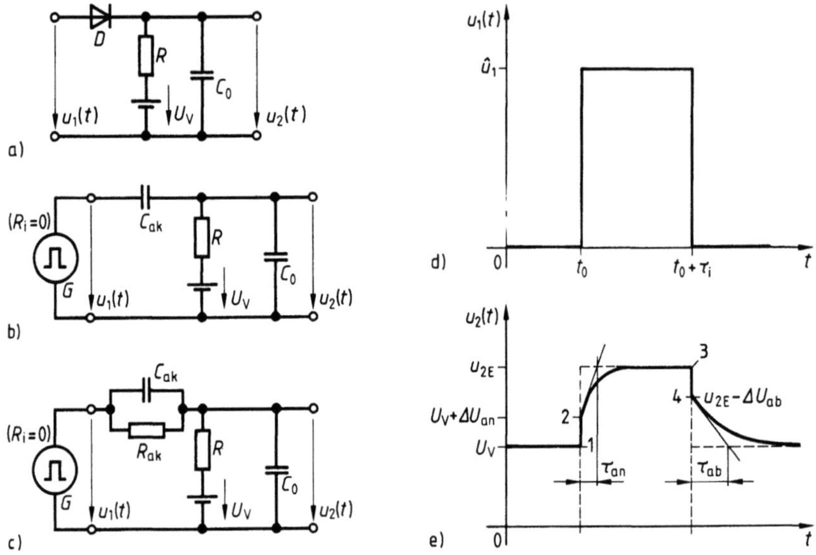

7.29 Passiver Serienbegrenzer (a), Ersatzschaltungen bei sperrender (b) und leitender Diode (c), rechteckförmige Eingangsspannung $u_1(t)$ (d), Ausgangsspannung $u_2(t)$ (e)

Kapazität C_{ak} und des Durchlaßwiderstandes R_{ak} der Diode dargestellt wird. An den Begrenzereingang wird eine ideale Rechteckspannung mit der Amplitude $\hat{u}_1$ und der Impulsdauer τ_i gelegt. Der Innenwiderstand des speisenden Impulsgenerators sei als $R_i=0$ angenommen. Für $t<t_0$ sperrt die Diode, so daß die Ausgangsspannung $u_2(t<t_0)=U_V$ beträgt. Springt die Eingangsspannung zur Zeit $t=t_0$ auf den Wert $\hat{u}_1$, so kann die Diode anfangs noch als sperrend mit einer stark vereinfachten Ersatzschaltung nach Bild 7.29b angesehen werden. Zufolge des Spannungssprungs kommt es zu einer kapazitiven Spannungsteilung an den Kapazitäten C_{ak} und C_0, wobei sich die Spannungsabfälle umgekehrt wie die Kapazitäten verhalten. Damit tritt zunächst ein Spannungssprung der ansteigenden Flanke (von Punkt 1 nach 2) am Ausgang in Höhe von $\Delta U_{an}=(\hat{u}_1-U_V)\,C_{ak}/(C_{ak}+C_0)$ auf, der sich zum Wert der Vorspannung U_V addiert. Weiter wird vereinfachend angenommen, daß die Diode D anschließend leitend wird und durch die Parallelschaltung von R_{ak} und C_{ak} dargestellt werden kann (Bild 7.29c). Dann lädt sich die Lastkapazität C_0 am Begrenzerausgang exponentiell mit der Zeitkonstante τ_{an} auf, die sich aus der Parallelschaltung von C_{ak} und R_{ak} mit R und C_0 als $\tau_{an}=(C_{ak}+C_0)\,R_{ak}\,R/(R+R_{ak})$ ergibt (der Innenwiderstand R_i des Impulsgenerators sei null). Nach einer Zeit von etwa $(4\ldots5)\,\tau_{an}$ wird der Spannungsendwert der Ausgangsspannung $u_{2E}=U_V+(\hat{u}_1-U_V)\,R/(R_{ak}+R)$ angenähert erreicht. Ergänzend wird angenommen, daß die Impulsdauer des Rechteckimpulses $\tau_i>(4\ldots5)\,\tau_{an}$ ist. Zur Zeit $t_0+\tau_i$ springt die Eingangsspannung von $\hat{u}_1$ auf $u_1=0$ zurück. Dann ist die

Diode noch leitend, so daß die Ersatzschaltung entsprechend Bild 7.29c noch gilt. Es kommt wiederum zu einem kapazitiven Spannungssprung durch Spannungsteilung an C_{ak} und C_0 vom Betrag $\Delta U_{ab}=(\hat{u}_1-U_V)C_{ak}/(C_{ak}+C_0)$ (von Punkt 3 nach 4). Anschließend soll die Diode in den sperrenden Zustand übergehen entsprechend Bild 7.29b. Die Kapazitäten C_{ak} und C_0 laden sich um, wobei die Ausgangsspannung u_2 für $t \gg t_0+\tau_i$ dem Spannungsendwert U_V zustrebt. Diese Umladung verläuft mit der Zeitkonstanten $\tau_{ab}=R(C_{ak}+C_0)$. Man erkennt, daß die ansteigende und abfallende Flanke unterschiedliche Zeitkonstanten τ_{an} und τ_{ab} aufweisen, so daß die beiden Flanken unterschiedlich abgeflacht werden.

In ähnlicher Weise kann das dynamische Verhalten anderer passiver Diodenbegrenzer mit kapazitiver Last abgeleitet werden. Abhängig von der Polung und Lage der Diode im Längs- bzw. Querweg bilden sich bei rechteckförmiger Eingangsspannung unterschiedliche Verzerrungen der Vorder- und Rückflanke aus.

In praktischen Schaltungen werden überwiegend Serienbegrenzer eingesetzt, da bei diesen Schaltungen nur der Durchlaßwiderstand der Diode im Längsweg liegt, während beim Parallelbegrenzer stets ein gegenüber der Signalamplitude nicht mehr zu vernachlässigender Spannungsabfall am Widerstand im Längsweg auftritt. Sowohl aus Gründen der ausgangsseitigen Impedanz als auch des zeitlichen Verhaltens bei kapazitiver Last ist der Serienbegrenzer dem Parallelbegrenzer vorzuziehen.

Begrenzer mit Transistoren. In Abschn. 6 wurden verschiedene Arbeitspunktlagen für bipolare Transistoren im Ausgangskennlinienfeld $I_C(U_{CE})$ mit I_B als Parameter dargestellt. Die Arbeitspunktlage kann man dazu nutzen, impulsförmige Signale zu begrenzen und zugleich die begrenzten Signale zu verstär-

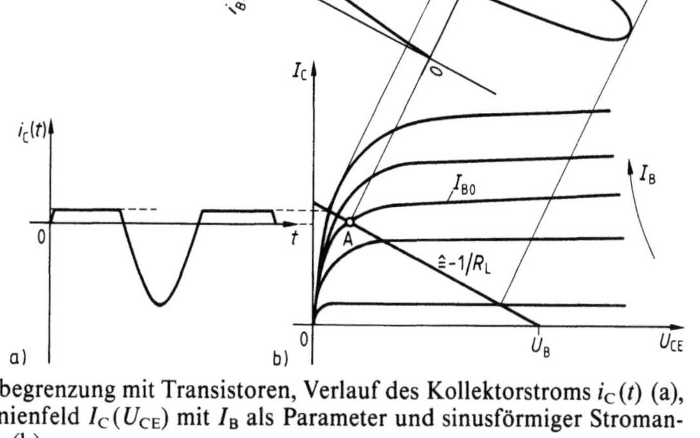

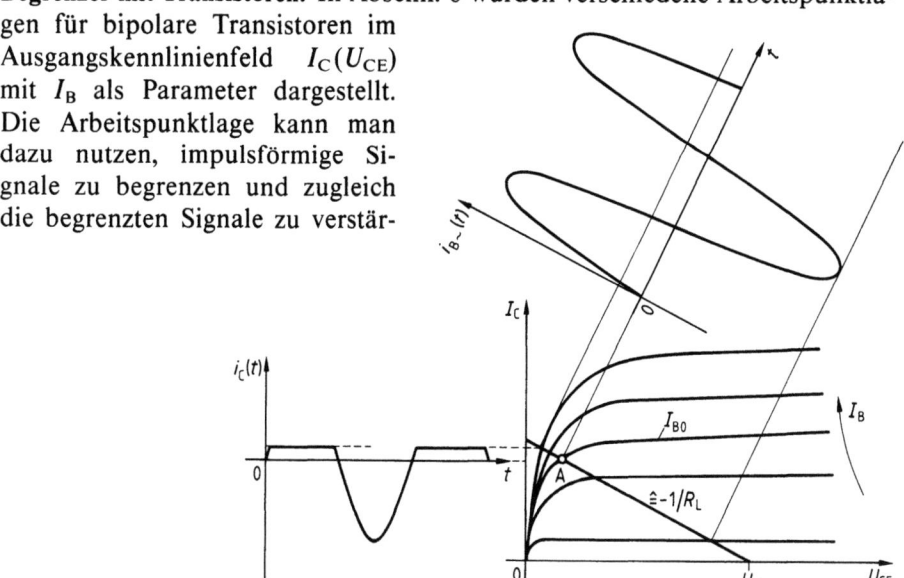

7.30 Sättigungsstrombegrenzung mit Transistoren, Verlauf des Kollektorstroms $i_C(t)$ (a), Ausgangskennlinienfeld $I_C(U_{CE})$ mit I_B als Parameter und sinusförmiger Stromansteuerung $i_{B\sim}(t)$ (b)

ken. Mit bipolaren Transistoren können Signale dadurch begrenzt werden, daß man den Arbeitspunkt entweder an die Grenze zum Sättigungsbereich oder zum Sperrbereich legt. Die in diesen Grenzbereichen auftretenden Nichtlinearitäten kann man zur Begrenzung heranziehen. Bild 7.30 zeigt bei eingangsseitiger sinusförmiger Stromansteuerung für $i_B(t)$ die begrenzende Wirkung auf den zeitlichen Verlauf des Kollektorstroms $i_C(t)$, wobei der statische Arbeitspunkt A an der Grenze zum Sättigungsbereich liegt (Sättigungsstrombegrenzung). Entsprechend stellt Bild 7.31 die Begrenzerwirkung für ebenfalls sinusförmige Stromansteuerung $i_B(t)$ dar, indem der statische Arbeitspunkt A an der Grenze zum Sperrbereich liegt (Reststrombegrenzung). Da die Ausgangskennlinien einen verhältnismäßig scharfen Knick aufweisen, sind die eingestellten Begrenzungspegel weitgehend stabil.

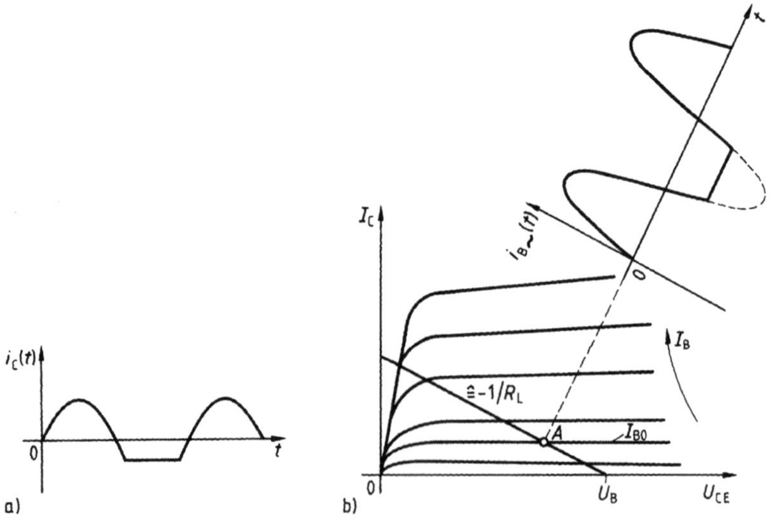

7.31 Reststrombegrenzer mit Transistoren, Verlauf des Kollektorstroms $i_C(t)$ (a), Ausgangskennlinienfeld $I_C(U_E)$ mit I_B als Parameter und sinusförmiger Stromansteuerung $i_{B\sim}(t)$ (b)

Begrenzer mit Operationsverstärkern. Eine Beschreibung der Arbeitsweise von Operationsverstärkern befindet sich in Band XII. Die Übertragungskennlinie eines Operationsverstärkers kann zur Signalbegrenzung herangezogen werden. Bild 7.32a zeigt das Schaltsymbol eines Operationsverstärkers mit der Eingangsspannung U_{12} und der Ausgangsspannung U_A sowie in Bild 7.32b die Übertragungskennlinie $U_A = f(U_{12})$ mit den positiven und negativen Begrenzungsbereichen PB und NB. Beide Begrenzungsbereiche schließen den analogen Arbeitsbereich AA ein, der durch die Leerlaufspannungsverstärkung $v_{ul} = \Delta U_A / \Delta U_{12}$ gekennzeichnet ist. Der Analogbereich wird durch die Versorgungsspannungen U_{B1} bzw. U_{B2} und durch eine jeweilige Restspannung U_{Rest}

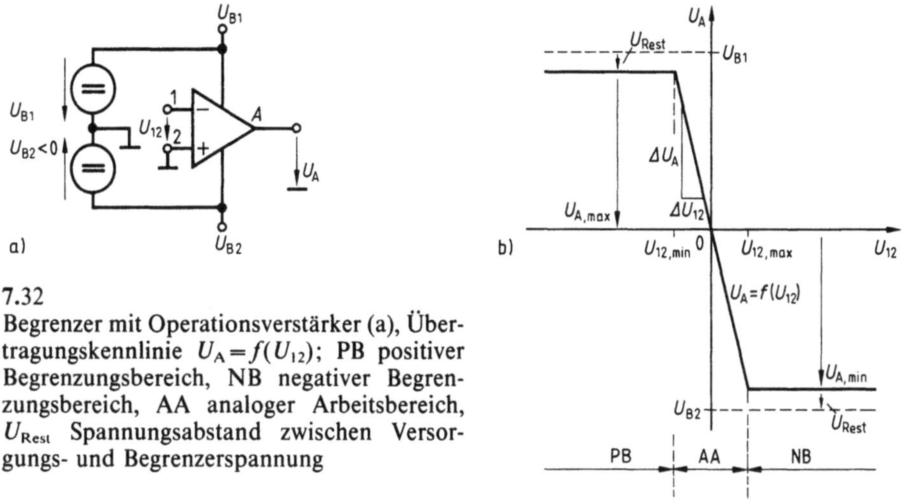

7.32
Begrenzer mit Operationsverstärker (a), Übertragungskennlinie $U_A = f(U_{12})$; PB positiver Begrenzungsbereich, NB negativer Begrenzungsbereich, AA analoger Arbeitsbereich, U_{Rest} Spannungsabstand zwischen Versorgungs- und Begrenzerspannung

eingegrenzt, so daß

$$U_{A,max} = U_{B1} - U_{Rest} \tag{7.34}$$

und

$$U_{A,min} = U_{B2} + U_{Rest} \tag{7.35}$$

gelten. Außerhalb des Analogbereiches hat die Eingangsspannung U_{12} keinen Einfluß mehr auf die Ausgangsspannung. Für die Eingangsspannung $U_{12} > U_{12\,max}$ liegt negative Signalbegrenzung und für die Eingangsspannung $U_{12} < U_{12\,min}$ positive Signalbegrenzung vor. Soll die Signalbegrenzung nicht einfach durch die Versorgungsspannung als Anschlag bewirkt werden, so kann in den Gegenkopplungszweig eine Spannungsquelle mit der Vorspannung U_V in Reihe mit einer Diode D geschaltet werden (Bild 7.33). Solange die Ausgangsspannung U_A kleiner als U_V ist, sperrt der Diodenzweig und die Ausgangsspannung folgt der Näherung $U_A \approx -U_{12} R_2/R_1$. Sobald die Ausgangsspannung U_A den Wert der Vorspannung U_V erreicht bzw. überschreitet, beginnt die Diode zu leiten (bei Vernachlässigung der Diodendurchlaßspannung) und die Ausgangsspannung steigt nicht weiter an, sondern wird auf den Wert U_V festgehalten, auch wenn die Eingangsspannung U_{12} noch weiter erhöht wird.

7.2.1.3 Anwendungen. Begrenzerschaltungen finden zahlreiche Anwendungen in der Impuls-, Nachrichten-, Steuer- und Regelungstechnik als Amplitudenfilter. Es sollen an dieser Stelle nur einige typische Anwen-

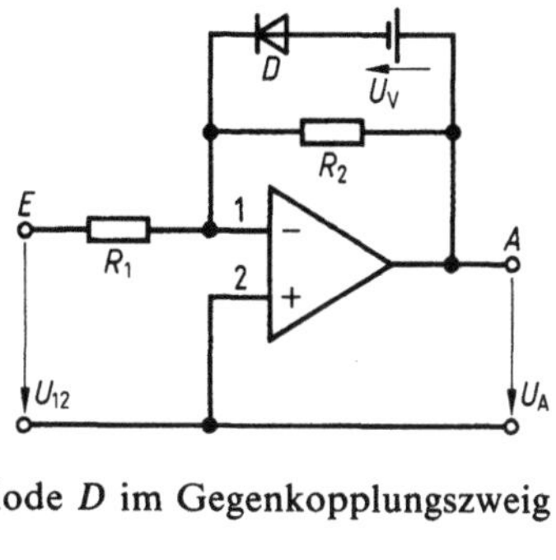

7.33
Begrenzer mit Operationsverstärker und Diode D im Gegenkopplungszweig

dungsschaltungen beispielhaft vorgestellt werden, so z. B. der zweiseitige Begrenzer zum Schutz einer nachfolgenden Schaltung gegenüber Störspannungsspitzen, die zweiseitige Unempfindlichkeits-Schaltung und eine Amplitudenweiche für ein Fernsehsignal.

Doppelseitiger Begrenzer. Bild 7.34a zeigt einen doppelseitigen Parallelbegrenzer, wie er aus den Grundschaltungen nach Bild 7.26 zusammengestellt werden kann. Die vorliegende Schaltung kann dazu benutzt werden, aus einem sinusförmigen Signal nahezu ein rechteckförmiges Signal mit endlicher Flankensteilheit zu machen. Aus Bild 7.34b ist ersichtlich, daß die Flankensteilheit durch die vorweggenommene Verstärkung des Signals über die Amplitude am Begrenzereingang beeinflußt werden kann. Nach Bild 7.27 lassen sich entsprechende doppelseitige Serienbegrenzer zusammenstellen.

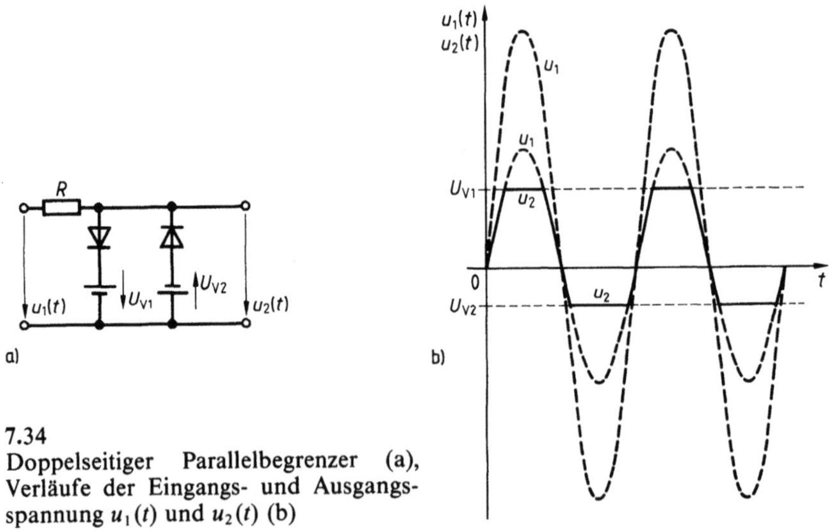

7.34
Doppelseitiger Parallelbegrenzer (a), Verläufe der Eingangs- und Ausgangsspannung $u_1(t)$ und $u_2(t)$ (b)

Zweiseitige Unempfindlichkeitsschaltung. Ein invertiertes Verhalten gegenüber der zweiseitigen Begrenzerschaltung nach Bild 7.34 zeigt die sog. zweiseitige Unempfindlichkeitsschaltung (Bild 7.35a). Innerhalb eines Spannungsbereiches von $U_{V2} < 0 < U_{V1}$ verhält sich die Schaltung unempfindlich gegenüber Eingangssignalen, die in diesem Bereich liegen, wobei ausgangsseitig Nullpotential erscheint. Die Diode D_2 wird leitend, wenn $u_1(t)$ so groß ist, daß das Potential des Punktes B einen positiven Wert annimmt. Erst dann kann eine positive Spannung am Ausgang auftreten. Eine negative Eingangsspannung kann andererseits am Ausgang nur auftreten, wenn der Punkt A zufolge einer ausreichenden negativen Eingangsspannung negatives Potential annimmt. Bild 7.35b veranschaulicht die Arbeitsweise dieser Schaltung durch die gemeinsame Darstellung von Ein- und Ausgangsspannung.

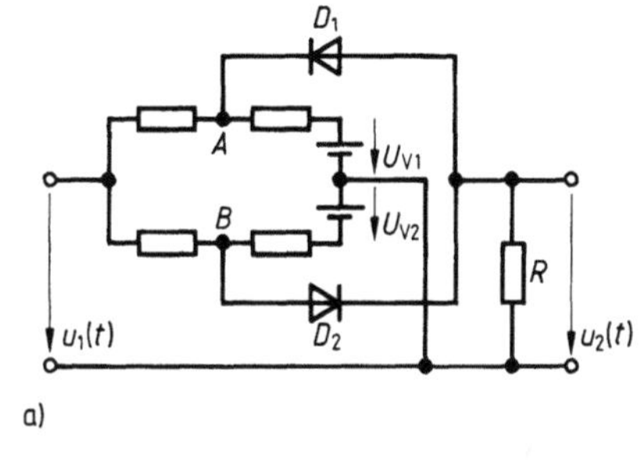

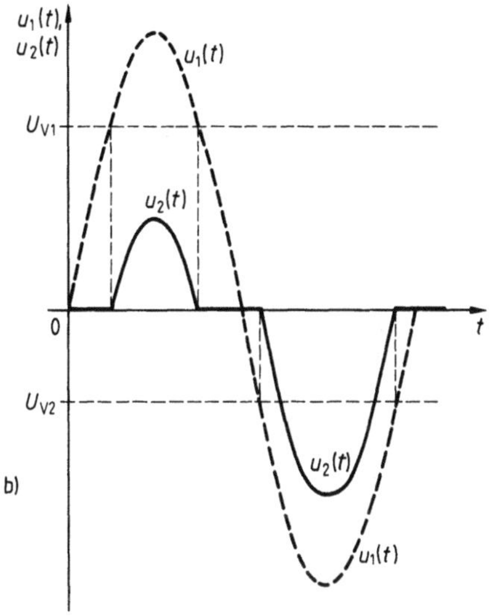

7.35
Zweiseitige Unempfindlichkeitsschaltung (a), Verläufe der Eingangs- und Ausgangsspannung $u_1(t)$ und $u_2(t)$ (b)

Amplitudenweiche für *BAS*-Signal. Das Fernsehsignal für Schwarz-Weiß-Übertragung besteht aus dem Bildinhalt (*B*-Signal), dem Austastimpuls (*A*-Signal) zur Austastung des Elektronenstrahls bei der Rückführung vom Zeilenende zum folgenden Zeilenanfang und den Synchronimpulsen (*S*-Signal) zur Synchronisation der Zeilen- und Bildwechsel im Empfänger. Diese drei Signalteile bilden zusammen das Bild-Austast-Synchron-Signal (*BAS*-Signal) mit den Pegeln y_1 für den Weißpegel, y_2 für den Schwarzpegel, y_3 für den Austastpegel und y_4 für den Synchronpegel (Bild 7.36a). Das *BAS*-Signal kann mit Hilfe eines Amplitudenhochpasses (*AHP*) in den Bildanteil und die Austastinformation (*BA*-Signal) und mit Hilfe eines Amplitudentiefpasses (*ATP*) in das Synchronsignal (*S*-Signal) aufgespalten werden (Bild 7.36b und c). Analog zu einer Frequenzweiche kann diese Schaltung als Amplitudenweiche oder Amplitudendiskriminator bezeichnet werden.

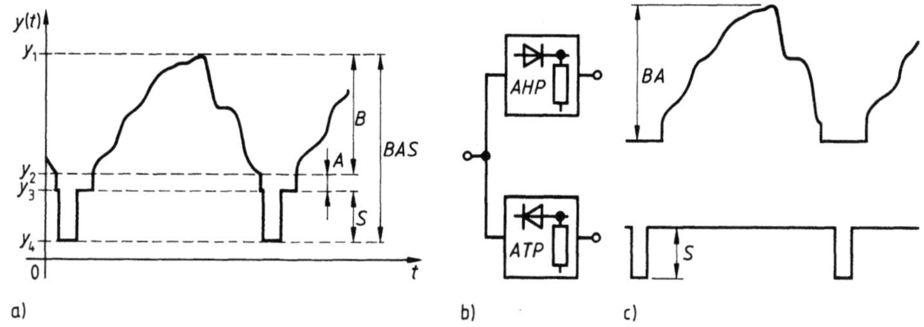

7.36 *BAS*-Signal bestehend aus dem Bildsignal (*B*-Signal), dem Austastsignal (*A*-Signal) und dem Synchronsignal (*S*-Signal) (a), Amplitudenhochpaß *AHP* und Amplitudentiefpaß *ATP* (b), *BA*- und *S*-Signal (c)

7.2.2 Klemmschaltungen

Beim Durchgang von Impulsfolgen mit unterlegtem Gleichanteil durch ein Hochpaßglied oder einen Übertrager mit Potentialtrennung geht der Gleichanteil verloren, da er von der Längskapazität bzw. durch die gleichspannungsgetrennten Wicklungen des Transformators nicht übertragen wird. Auf der Ausgangsseite stellt sich die Lage der Impulsfolge stets so um die Nullinie ein, daß die Impuls-Zeit-Flächen der positiven Impulsanteile gleich denen der negativen Impulsanteile sind. Bild 7.37 veranschaulicht den Verlust des Gleichanteils für Impulsfolgen mit der Periodendauer T_0 mit unterschiedlichem Tastgrad g beim Durchgang durch einen Hochpaß. Dabei soll vereinfachend angenommen werden, daß die untere Grenzfrequenz des Hochpasses sehr viel kleiner als die Impulsfolgefrequenz ist, so daß praktisch keine Verzerrungen auftreten. Obwohl alle eingangsseitigen Rechteckimpulsfolgen den gleichen Scheitelwert U_0 für die Impulsdächer und Nullpotential für die Impulssohlen aufweisen (Bild 7.37b bis d), haben doch alle Ausgangssignale verschiedene Lagen gegenüber der Nullinie (Bild 7.37e bis g). Bild 7.37f veranschaulicht die Einstellung des Ausgangspegels durch Ausgleich der Impuls-Zeit-Flächen. Bild 7.38 zeigt zwei Impulsfolgen mit unterschiedlichen Gleichanteilen, wobei im einen Fall die Impulssohle auf der Nullinie steht (Bild 7.38a) und im anderen Fall das Impulsdach an der Nullinie hängt (Bild 7.38b). Die Übertragung beider Si-

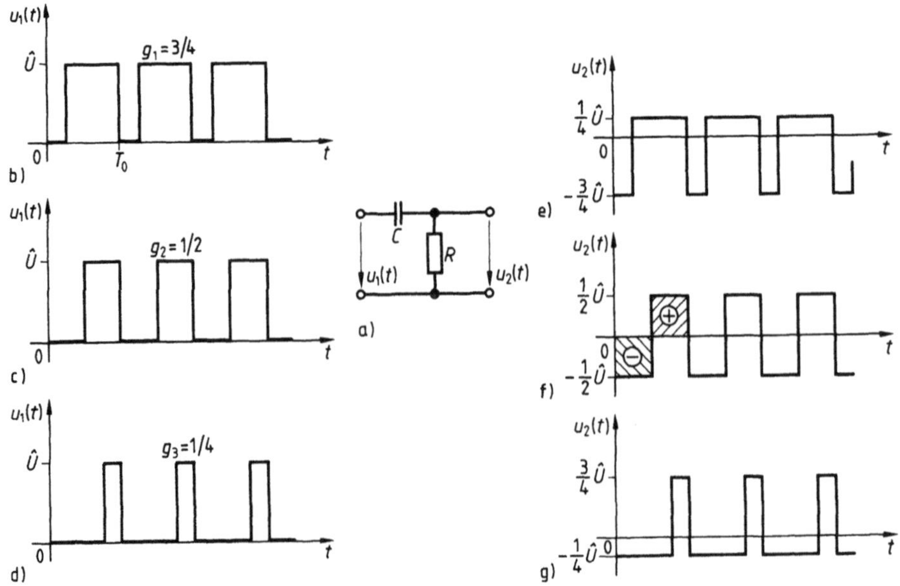

7.37 Verlust des Gleichanteils einer Impulsfolge beim Durchgang durch einen Hochpaß (a), eingangsseitige Rechteckimpulsfolgen mit unterschiedlichem Tastgrad g_1 bis g_3 (b bis d), ausgangsseitige Rechteckimpulsfolgen für Tastgrade g_1 bis g_3 (e bis g)

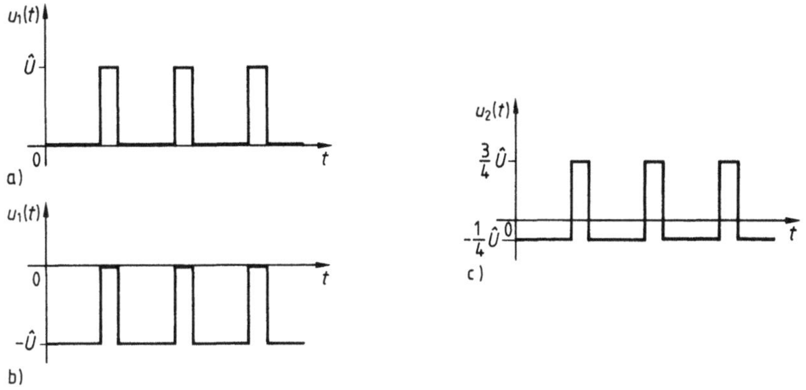

7.38 Verlust des Gleichanteils bei Rechteckimpulsfolgen (a und b) als Ursache für einen gemeinsamen Verlauf der ausgangsseitigen Rechteckimpulsfolge (c)

gnale über einen Hochpaß führt zu ein und demselben Ausgangssignal $u_2(t)$ (Bild 7.38c), dessen Lage gegenüber der Nullinie allein vom Tastgrad g bestimmt wird. Die potentialmäßige Zuordnung der Impulsfolge geht damit verloren. Für nachfolgende Schaltungen kann es wesentlich sein, den Gleichanteil der Impulsfolge wiederherzustellen, d.h. die Lage von Impulsdach und -sohle zu rekonstruieren. Schaltungen, die ein solches Betriebsverhalten aufweisen, werden Klemm- oder Klammerschaltungen genannt (engl. clamp circuit oder dc-restorer), da man das Ausgangssignal eines Hochpasses auf einen vorgegebenen Gleichanteil festklemmt.

7.2.2.1 Wirkungsweise. Die Wiederherstellung des Gleichanteils einer Impulsfolge kann durch zwei Arten von Klemmschaltungen bewirkt werden: Man unterscheidet nichtsynchronisierte Klemmschaltungen, bei denen die zeitliche Dauer der Klemmwirkung allein auf das zu klemmende Eingangssignal zurückgeht, und synchronisierte Klemmschaltungen, bei denen die Schaltung durch ein Hilfssignal gesteuert wird, das die Dauer der Klemmwirkung bestimmt.

Nichtsynchronisierte Klemmschaltung. Bild 7.39a zeigt eine Klemmschaltung zur Wiederherstellung des Gleichanteils einer Impulsfolge bei der Übertragung über ein CR-Hochpaßglied mit nachgeschalteter Diode D und einer Spannungsquelle mit der Vorspannung U_V. An den Eingang des Hochpasses wird eine periodische Rechteckimpulsfolge der Amplitude $\hat{U}$ mit einer unterlegten Gleichspannung U_0 gelegt (Bild 7.39b). Dabei soll angenommen werden, daß der Generator für die Impulsfolge innenwiderstandsfrei sein soll. Die Arbeitsweise der Klemmschaltung kann durch geeignete Ersatzschaltungen erläutert werden. So beschreibt die Ersatzschaltung nach Bild 7.39c das Verhalten der Klemmschaltung für die ansteigende Flanke und das Impulsdach der Eingangsspannung $u_1(t)$. Für Zeiten $0 \leqq t < t_0$ liegen der Eingang auf $u_1 = U_0$ und

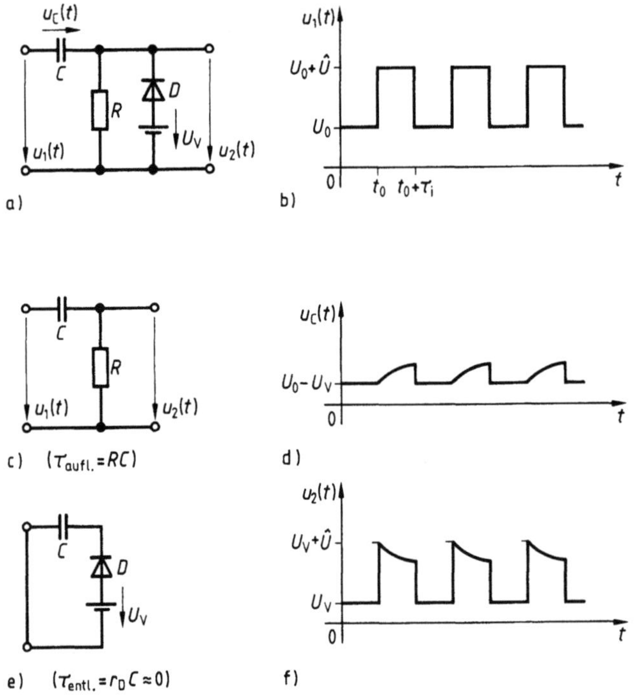

7.39 Nichtsynchronisierte Klemmschaltung (a), periodische Rechteckimpulsfolge mit Gleichspannungsanteil U_0 (b), Ersatzschaltung für die Kondensatoraufladung (c), zeitlicher Verlauf der Kondensatorspannung $u_C(t)$ (d), Ersatzschaltung für die Kondensatorentladung (e), zeitlicher Verlauf der Ausgangsspannung $u_2(t)$ (f)

der Ausgang auf $u_2 = U_V$, so daß sich die Längskapazität C auf die Differenzspannung $U_0 - U_V$ aufgeladen hat. Zur Zeit $t = t_0$ springt die Spannung u_1 auf $U_0 + \hat{U}$. Dieser Spannungssprung um $\hat{U}$ wird durch die Kapazität an den Ausgang übertragen. Im Anschluß an diesen Schaltzeitpunkt lädt sich die Kapazität C mit der Zeitkonstanten $\tau_{\text{aufl.}} = RC$ auf. Wegen $u_2 = u_1 - u_C$ nimmt die Ausgangsspannung u_2 entsprechend der Kondensatoraufladung ab, so daß eine Dachschräge mit exponentiellem Verlauf im Verlauf der Ausgangsspannung erscheint. Solange die Ausgangsspannung u_2 größer als die Vorspannung U_V ist, wird die Diode D in Sperrichtung betrieben und taucht deshalb in der Ersatzschaltung von Bild 7.39c nicht auf. Zur Zeit $t_0 + \tau_i$ setzt die Rückflanke ein. In einem linearen Netzwerk – d.h. ohne die Diode – würde die Ausgangsspannung u_2 die Vorspannung U_V unterschreiten. Sieht man von einer Diodendurchlaßspannung ab, so wird die Diode D leitend, sobald die Ausgangsspannung den Wert der Vorspannung U_V unterschreitet. Die Ausgangsspannung wird damit auf den Wert der Vorspannung U_V festgeklemmt (Bild 7.39f). Für die Rückflanke und die Impulssohle gilt die Ersatzschaltung nach Bild 7.39e bestehend aus der Kapazität C und dem niedrigen Durchlaßwiderstand r_D der Diode, so daß der parallele Widerstand R des CR-Hochpasses gegenüber r_D vernachlässigt werden kann. Daher kann sich die Kapazität C mit sehr niedriger Zeitkonstante $\tau_{\text{entl.}} = r_D C \approx 0$ entladen, so daß ein nahezu sprungartiger Verlauf der Kondensatorspannung $u_C(t)$ auf den Wert der Vorspannung U_V zurück entsteht (Bild 7.39d).

Synchronisierte Klemmschaltung. Bei der in Bild 7.39a dargestellten Schaltung übernimmt die Eingangsspannung $u_1(t)$ selbst die Steuerung der Klemmwirkung. Will man eine Klemmschaltung unempfindlich gegenüber Störspannungen machen, so kann man dazu übergehen, die Klemmwirkung einer Schaltung durch einen Hilfsimpuls zu steuern. Da dieser Hilfsimpuls mit dem zu klemmenden Signal im wesentlichen (d.h. bezüglich Tastgrad und zeitlicher Lage) übereinstimmen muß, wird er auch als Synchronimpuls bezeichnet. So zeigt Bild 7.40a eine Schaltung, bei der die Klemmwirkung durch einen zugeordneten Synchronimpuls zeitlich begrenzt bewirkt wird. Dabei wirkt die CR_1-Kombination zusammen mit der Diode D und dem Widerstand R_2, an dem die Vorspannung U_V als Referenzspannung $U_{\text{Ref.}}$ auftritt, als Klemmschaltung. Die an R_2 anfallende Vorspannung wird durch die zugehörige Transistorschaltung erzeugt. Legt man an den Transistoreingang einen positiven Synchronimpuls (Bild 7.40b), so wird der Transistor T leitend und an R_2 fällt eine Vorspannung ab, die größer als die positive Eingangsspannung u_1 ist. Daher sperrt die Diode, und das Eingangssignal wird nicht auf ein vorgegebenes Spannungsniveau festgeklemmt. Fällt der Synchronimpuls am Transistoreingang weg, dann sperrt der Transistor T, und die Diode bleibt ohne Vorspannung ($U_V = 0$), so daß das Eingangssignal u_1 nun auf Nullpotential geklemmt wird. Bild 7.40c zeigt den Verlauf der Ausgangsspannung $u_2(t)$ für eine Rechteckimpulsfolge. Der erste Rechteckimpuls ist nicht auf Nullpotential geklemmt, sondern stellt sich nach der Gleichheit der Impuls-Zeit-Flächen zur Nullinie ein. Dagegen steht der zweite Rechteckimpuls bereits unter der Klemmwirkung der Diode.

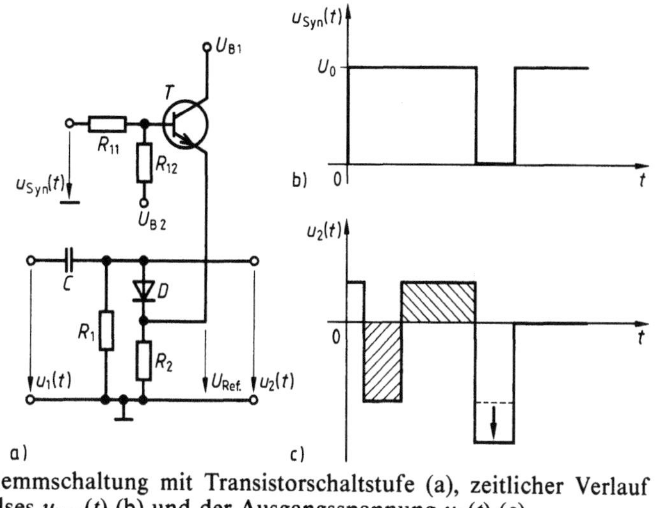

7.40 Synchronisierte Klemmschaltung mit Transistorschaltstufe (a), zeitlicher Verlauf des Synchronimpulses $u_{Syn}(t)$ (b) und der Ausgangsspannung $u_2(t)$ (c)

Dynamisches Verhalten. Der Mittelwert der Spannung am Kondensator und damit die Klemmwirkung der Schaltung nach Bild 7.39a stellt sich dadurch ein, daß die Auf- und Entladung des Kondensators über unterschiedliche Widerstände und damit unterschiedliche Zeitkonstanten verläuft. Sind die Aufladezeitkonstante nicht genügend groß und die Entladezeitkonstante nicht genügend klein (etwa weil der Durchlaßwiderstand r_D der Diode D in der Nähe der Diodendurchlaßspannung nicht klein genug ist), so stellt sich für ein rechteckförmiges Eingangssignal ein Verlauf der Ausgangsspannung $u_2(t)$ wie in Bild 7.41 ein. Das Ausgangssignal verliert noch mehr die Rechteckform. Es läßt sich zeigen, daß sich die Spannungs-Zeit-Fläche A_D bei leitender Diode zur Spannungs-Zeit-Fläche A_{Sp} bei sperrender Diode wie der Durchlaßwiderstand r_D der Diode zum Widerstand R der Klemmschaltung verhalten, so daß die Näherung $A_D/A_{Sp} \approx r_D/R$ gilt.

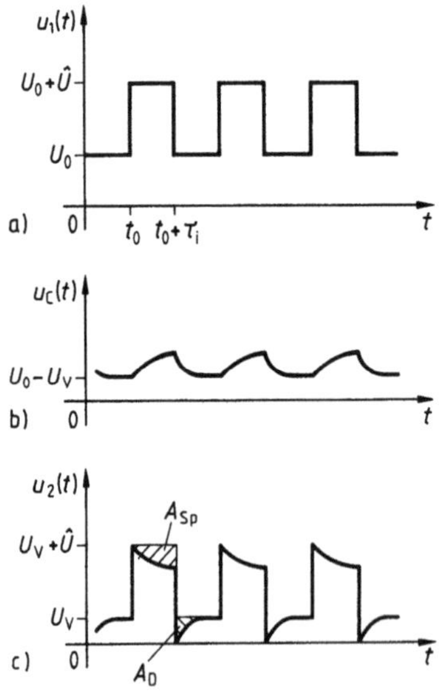

7.41
Periodische Rechteckimpulsfolge mit Gleichanteil U_0 als Eingangsspannung $u_1(t)$ (a), Kondensatorspannung $u_C(t)$ (b), Ausgangsspannung $u_2(t)$ mit den Spannungs-Zeit-Flächen A_D bei leitender Diode und A_{Sp} bei sperrender Diode (c)

7.2.2.2 Schaltungen. Für Klemmschaltungen zur Wiedergewinnung des Gleichanteils eines Signals gibt es mehrere passive Schaltungsmöglichkeiten. So zeigt Bild 7.42 verschiedene Ausführungsformen mit und ohne Vorspannung U_V und den zugehörigen Impulsdiagrammen am Ein- und Ausgang für eine technisch ideale Diode in einer systematischen Zusammenstellung. In Bild 7.42a wird der Maximalwert der Impulsfolge am Nullpotential festgeklemmt, während bei Umpolung der Diode der Minimalwert der Impulsfolge am Nullpotential festgehalten wird (Bild 7.42d). Die übrigen vier Klemmschaltungen mit Vorspannung U_V zeigen, in welcher Weise jeweils der Maximal- oder Minimalwert der Impulsfolge am Wert der Vorspannung festgeklemmt wird (Bilder 7.42b, c und e, f), wobei diese Schaltungen aus der Umpolung der Diode D und der Vorspannung U_V hervorgehen.

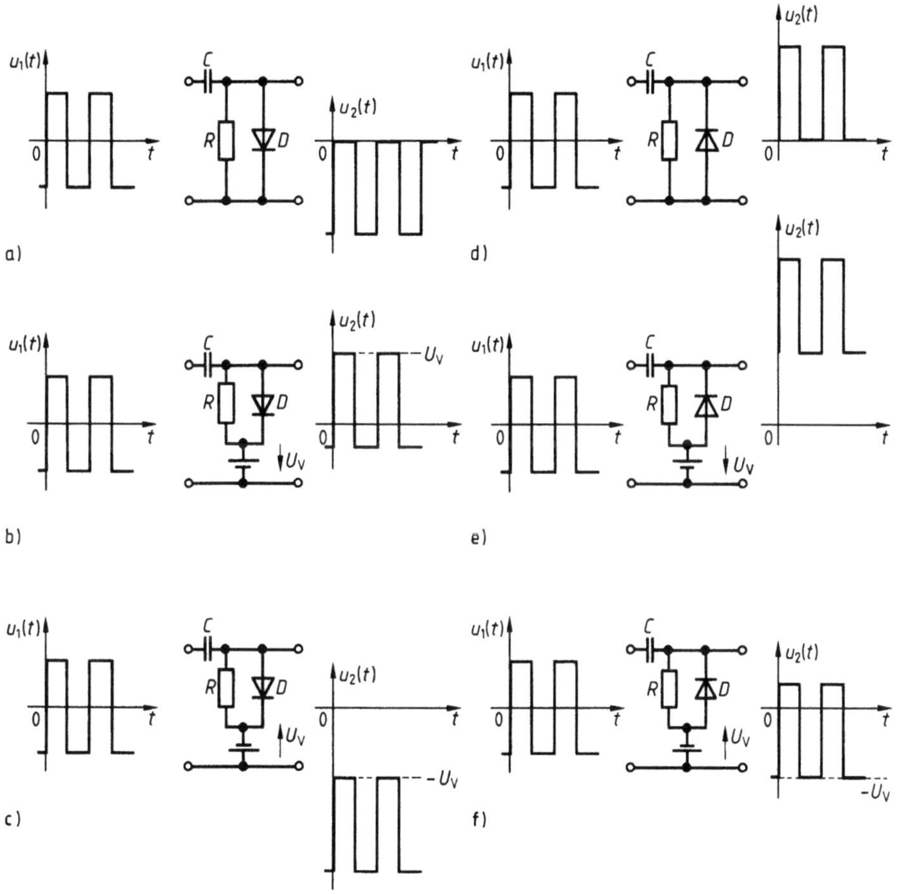

7.42 Passive Klemmschaltungen mit und ohne Vorspannung U_V

7.2.2.3 Anwendungen. Die praktische Bedeutung von Klemmschaltungen wird anhand von Bild 7.43a mit einer Sägezahnimpulsfolge deutlich, bei der die Spannung $u_{St}(t)$ die Ablenkstufe in Fernsehempfängern ansteuern soll. Dabei soll eine Strahlablenkung für $u_{St} > 0$ bewirkt werden. Bei Verlust des Gleichanteils verschiebt sich die Sägezahnimpulsfolge so, daß die positiven und negativen Impuls-Zeit-Flächen gleich groß sind. Dadurch verändert sich dann jedoch die zeitliche Lage und Dauer der Strahlablenkung (Bild 7.43b), so daß eine Klemmung mit Schaltungen nach Bild 7.42 des Ablenkimpulses erforderlich wird.

Die Wiederherstellung des S c h w a r z p e g e l s als Bezugsniveau in Farbfernsehempfängern kann mit nichtsynchronisierten und synchronisierten Klemmschaltungen bewirkt werden. In Farbendstufen von Farbfernsehempfängern werden aus den Farbdifferenzsignalen $(B-Y)$, $(G-Y)$ und $(R-Y)$ sowie dem Leucht-

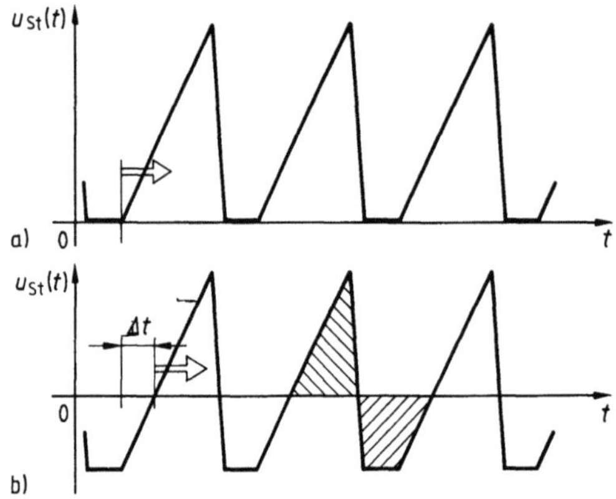

7.43
Zeitliche Verschiebung des Ablenkimpulses bei Verlust des Gleichanteils für eine Sägezahnimpulsfolge, Ablenkimpulsfolge mit (a) und ohne (b) Gleichanteil

dichtesignal Y (auch Luminanzsignal genannt) die Farbauszugsignale R (rot), G (grün) und B (blau) nach

$$\begin{aligned} (R-Y)+Y&=R, \\ (G-Y)+Y&=G, \\ (B-Y)+Y&=B \end{aligned} \tag{7.36}$$

dekodiert. Diese drei Farbsignale werden den drei Endstufen zum Ansteuern der Kathoden zugeführt. Um zu gewährleisten, daß die Potentiale der Kathoden der Farbbildröhre nicht durch wechselnden Bildinhalt driften sondern ein reproduzierbares Bezugsniveau aufweisen, nutzt man die Tatsache, daß während des Zeilenrücklaufs periodisch ein definierter Synchronpegel im *FBAS*-Signal (Farb-**B**ild-**A**ustast-Signal) auftritt. Dazu wird das empfangene *FBAS*-Signal auf einen vorgegebenen Spannungswert geklemmt.

Bild 7.44 zeigt einen RGB-Videoendverstärker bestehend aus drei identischen Verstärkern für die Signale R, G und B mit je einer nichtsynchronisierten Klemmschaltung. Jeder Verstärker enthält vier Transistorstufen mit den Transistoren T_1 bis T_4, wobei T_2 und T_3 miteinander kapazitiv gekoppelt sind. Diese kapazitive Ankopplung wird notwendig, weil die Wirkungsgrade der Leuchtstoffe des Bildschirms verschieden groß sind und deshalb unterschiedliche Strahlströme erfordern. Die Ruhestromwerte für die Strahlströme werden beim Weißabgleich getrennt eingestellt. Daher muß das *FBAS*-Signal auf einen vorzugebenden Gleichspannungswert geklemmt werden. Die Klemmschaltung in jeder Endstufe besteht aus der Diode D, dem Widerstand R und der Ankoppelkapazität C. Jedem Verstärker werden zusätzlich die Signale X, Y und Z zugeführt, wobei das Austastsignal X den Verstärker am Eingang während der Austastung sperrt, die Spannung an Y zur Arbeitspunkteinstellung der Transistoren T_1 dient und die Spannung an Z die Klemmspannung für die Kathodensteuerung darstellt, so daß auch eine Dunkelsteuerung der Bildröhre möglich ist, wenn kein *FBAS*-Signal empfangen wird.

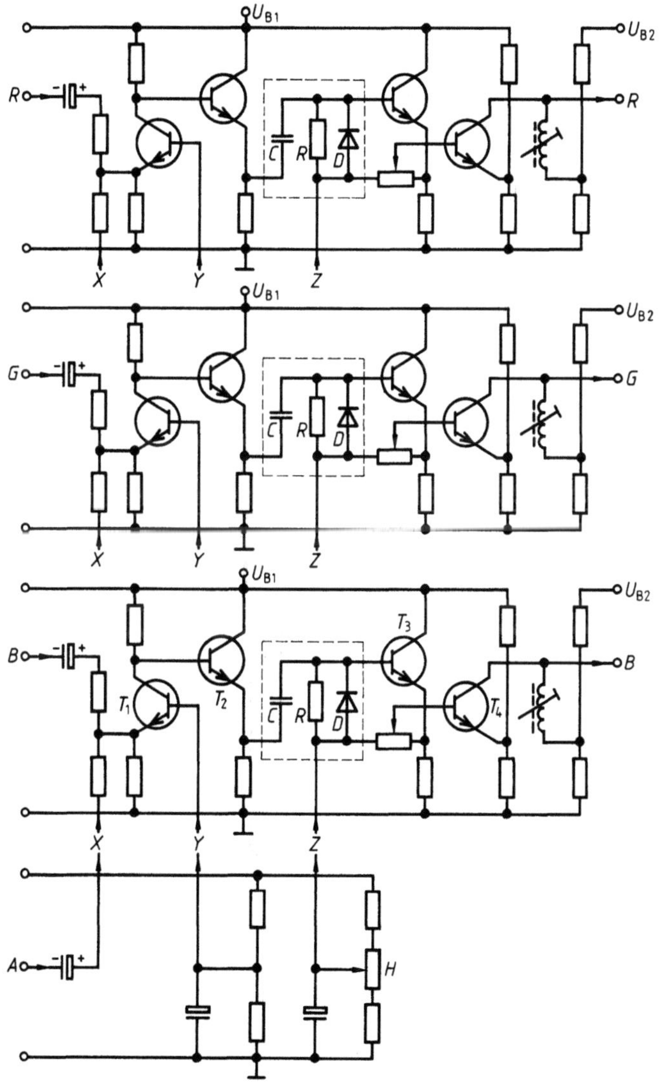

7.44 RGB-Videoendverstärker mit nichtsynchronisierter Klemmung bestehend aus *C*, *R* und *D*; *R* Rotsignal, *G* Grünsignal, *B* Blausignal, *A* Austastsignal, *H* Helligkeitseinstellung

Eine synchronisierte Klemmschaltung zeigt Bild 7.45. Hier wird die Klemmschaltung - bestehend aus der Diode *D*, dem Widerstand $R = 1\,\mathrm{k\Omega}$ und der Kapazität $C = 10\,\mathrm{nF}$ durch einen vom Zeilentransformator ausgekoppelten mit der Austastung synchronen periodischen Impuls *Z* (Klemmimpuls) gesteuert. Ist der Klemmimpuls abgeklungen, so hat sich die Kapazität *C* so aufgeladen, daß der untere Belag auf Nullpotential liegt und der obere Belag eine

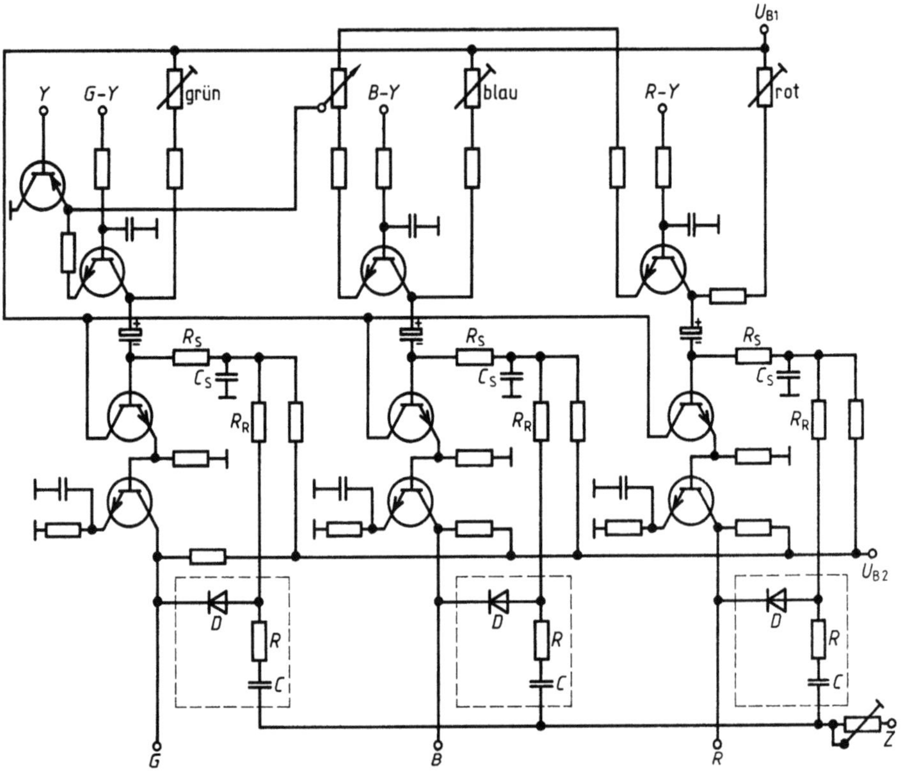

7.45 RGB-Videoendstufe mit synchronisierter Klemmung, (*G*-*Y*), (*B*-*Y*), (*R*-*Y*) Farbdifferenzsignale für grün, blau und rot, *Y* Luminanzsignal, *Z* zeilenfrequentes Signal, *R*, *G*, *B* Farbsignale an den Kathoden der Farbbildröhre

negative Spannung aufweist, die das Ausgangssignal zur Kathode der Farbbildröhre direkt klemmt. Zusätzlich wird die so erzeugte Spannung an der Anode der Diode über einen Rückführwiderstand R_R und ein Siebglied bestehend aus R_S und C_S regelnd der Basis der Endstufen-Darlington-Schaltung zugeführt (Bild 7.45).

7.2.3 Amplitudenkomparatoren

Amplitudenkomparatoren sind Schaltungen, mit deren Hilfe festgestellt werden kann, ob und zu welchem Zeitpunkt die momentane Amplitude eines Signals gleich einem konstanten oder veränderbaren Referenzsignal ist. Bild 7.46 zeigt das Schaltzeichen eines Komparators[1]), bestehend aus einem Operationsverstärker mit zwei Eingängen für die zu bewertende Spannung u_1 sowie die

[1]) lat. comparare = vergleichen

Referenzspannung u_{Ref} und den Ausgang mit der Ausgangsspannung u_2. Kennzeichnendes Merkmal von Komparatoren gegenüber Begrenzern ist, daß zu keinem Zeitpunkt der zeitliche Verlauf der Ausgangsspannung ein Abbild der Eingangsspannung darstellt. Das Ausgangssignal kennt nur zwei diskrete Signalzustände abhängig davon, ob die Eingangsspannung u_1 gleich der Referenzspannung ist oder nicht. Bezüglich der Eingangssignale werden Komparatoren für wertkontinuierliche (analoge) und wertdiskrete (digitale) Signale unterschieden. Hierzu werden geeignete Schaltungen vorgestellt.

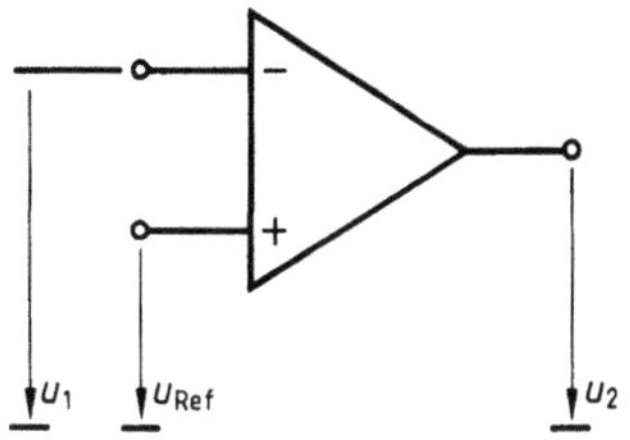

7.46 Operationsverstärker als Komparator

7.2.3.1 Wirkungsweise. Die Arbeitsweise analoger Komparatoren kann durch die Funktion

$$u_2 = \begin{cases} U_{2\,max} & \text{für} \quad u_1 > u_{Ref} \\ U_{2\,min} & \text{für} \quad u_1 < u_{Ref} \end{cases} \tag{7.37}$$

beschrieben werden. Bild 7.47a zeigt einen einfachen Komparator mit einem Operationsverstärker ohne Gegenkopplung. Der zweiseitige Begrenzer und die Widerstände R_1 und R_2 am Eingang des Operationsverstärkers sollen eine ausgangsseitige Übersteuerung und damit eine unerwünschte Vergrößerung der Schaltzeit vermeiden. Ist die Eingangsspannung u_1 größer als die Referenzspannung u_{Ref}, so wird die Eingangsspannungsdifferenz $u_D > 0$ und beim Überschreiten der Diodendurchlaßspannung durch die Diode D_2 begrenzt. Wegen der hohen Leerlaufverstärkung des Operationsverstärkers bei fehlender Gegenkopplung springt die Ausgangsspannung u_2 auf den maximalen Ausgangsspannungswert $U_{2,max}$ an der Aussteuerungsgrenze. Entsprechend nimmt

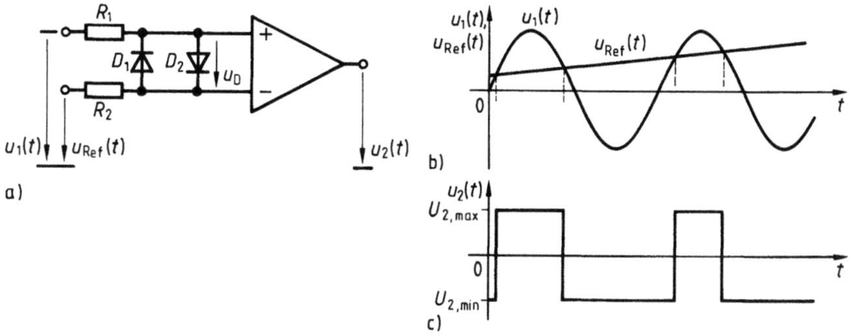

7.47 Komparator mit eingangsseitiger Begrenzung (a), zeitliche Verläufe der Eingangsspannung $u_1(t)$ und der veränderbaren Referenzspannung $u_{Ref}(t)$ (b), zeitlicher Verlauf der Ausgangsspannung $u_2(t)$ (c)

die Ausgangsspannung u_2 für $u_1 < u_{Ref}$ den minimalen Ausgangsspannungswert $U_{2,min}$ ein. Vertauscht man bei der Beschaltung des Operationsverstärkers den invertierenden und nichtinvertierenden Eingang, so kehrt die Ausgangsspannung ihr Vorzeichen um. Wegen der hohen Leerlaufspannungsverstärkung $v_{ul} > 10^4$ wird der Operationsverstärker bereits bei sehr kleinen Eingangsspannungsdifferenzen im mV-Bereich voll ausgesteuert. Die Schaltung eignet sich daher zum Vergleich der zu bewertenden Spannung u_1 mit der Referenzspannung u_{Ref} mit hoher Genauigkeit.

Jeder reale Operationsverstärker weist eine Leerlaufspannungsverstärkung v_{ul}[1]) aufgrund der Differenzspannungsansteuerung mit u_D sowie eine Gleichtaktverstärkung v_{Gl}[2]) aufgrund gleichgerichteter Spannungsdrift u_{Gl} an beiden Eingängen gemeinsam auf, so daß mit Hilfe des totalen Differentials die differentielle Änderung der Ausgangsspannung du_2 als

$$du_2 = \left.\frac{\partial u_2}{\partial u_D}\right|_{u_{Gl}=\text{const}} \cdot du_D + \left.\frac{\partial u_2}{\partial u_{Gl}}\right|_{u_D=\text{const}} \cdot du_{Gl} \tag{7.38}$$

beschrieben werden kann. Arbeitet der Operationsverstärker in einem Betriebsbereich, in dem v_{ul} und v_{Gl} weitgehend konstant sind, kann man zu

$$u_2 = v_{ul} u_D + v_{Gl} u_{Gl} \tag{7.39}$$

übergehen; d.h., die Größe der Ausgangsspannung u_2 geht sowohl auf einen Differenzspannungsanteil u_D als auch auf einen Gleichspannungsanteil u_{Gl} mit den jeweiligen Verstärkungsfaktoren v_{ul} und v_{Gl} zurück. Löst man Gl. (7.39) nach der Eingangsspannungsdifferenz u_D auf, so erhält man

$$u_D = \frac{u_2}{v_{ul}} - \frac{v_{Gl}}{v_{ul}} u_{Gl}. \tag{7.40}$$

Der Quotient v_{ul}/v_{Gl} wird als Gleichtaktunterdrückung $G = v_{ul}/v_{Gl}$ eingeführt, so daß aus Gl. (7.40)

$$u_D = \frac{u_2}{v_{ul}} - \frac{u_{Gl}}{G} \tag{7.41}$$

entsteht. Für große Werte von $v_{ul} > 10^4$ im nichtgegengekoppelten Betrieb wird

$$u_D \approx -\frac{u_{Gl}}{G}. \tag{7.42}$$

---

[1]) engl. open-loop-gain

[2]) engl. common-mode-gain

Das bedeutet, daß der Operationsverstärker als Komparator wegen der endlichen Gleichtaktunterdrückung nicht genau bei $U_D = 0$ ausgangsseitig umschaltet, sondern erst bei $U_D \approx -u_{Gl}/G$. Ist jedoch die Gleichtaktunterdrückung G hinreichend groß, kann ein Umschalten des Ausgangs des Operationsverstärkers näherungsweise bei $U_D \approx 0$ V erreicht werden. Die Schaltung nach Bild 7.47a weist den Vorteil auf, daß wegen fehlender Gegenkopplung keine Phasenkompensation erforderlich wird, so daß die Schaltzeit des Operationsverstärkers nicht unnötig verlängert wird. Bild 7.47b und c zeigen an einem Beispiel die Arbeitsweise des Komparators bei zwei verschiedenen zeitlichen Verläufen der zu bewertenden Eingangsspannung $u_1(t)$ und einer zeitlich veränderlichen Referenzspannung $u_{Ref}(t)$. Wird der Eingang, an dem die Referenzspannung liegt, auf $u_{Ref} = 0$ gelegt, so entsteht damit der in der Impulstechnik sehr bedeutende Nullspannungsschalter (zero-crossing-detector, ZCD).

In der Digitaltechnik werden häufig Vergleicher für digitale Signale benötigt, um zu entscheiden, ob zwei Bitinformationen gleich oder ungleich sind. Die Arbeitsweise dieses Vergleichers kann durch die Äquivalenzfunktion

$$z = x \equiv y \tag{7.43}$$

beschrieben werden. Aus der Wahrheitstabelle mit den Variablen x, y und z in Bild 7.48a folgt nach der Methode der Minterme[1]) die Funktion

$$z = (x \cdot y) \vee (\bar{x} \cdot \bar{y}). \tag{7.44}$$

Bild 7.48b zeigt eine entsprechende Gatterschaltung.

x	y	z
0	0	1
0	1	0
1	0	0
1	1	1

a) $z = x \equiv y$

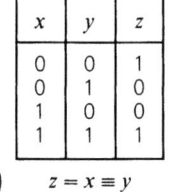

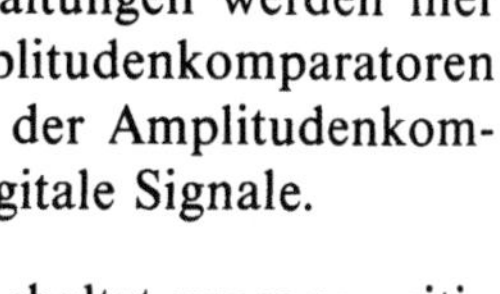

b)

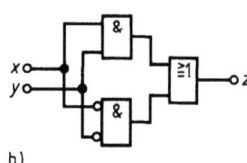

7.48
Wahrheitstabelle für die Äquivalenzfunktion (a), Gatterschaltung (b)

7.2.3.2 Schaltungen. Aus der Fülle von möglichen Schaltungen werden hier nur einige herausgegriffen, um das wesentliche von Amplitudenkomparatoren darzustellen; dazu gehören der Nullspannungsschalter, der Amplitudenkomparator für analoge Signale sowie der Vergleicher für digitale Signale.

Nullspannungsschalter. Ein Nullspannungsschalter schaltet ausgangsseitig um, wenn die Eingangsspannung den Wert $u_1 = 0$ V durchläuft. Dazu werden der invertierende Eingang über einen Vorwiderstand R mit der Eingangsspannung $u_1(t)$ und der nichtinvertierende Eingang mit Nullpotential verbunden

[1]) Unter einem Minterm versteht man eine Konjunktion, in der die vereinbarten Variablen entweder alle zugleich bejaht oder verneint auftreten (s. Band X).

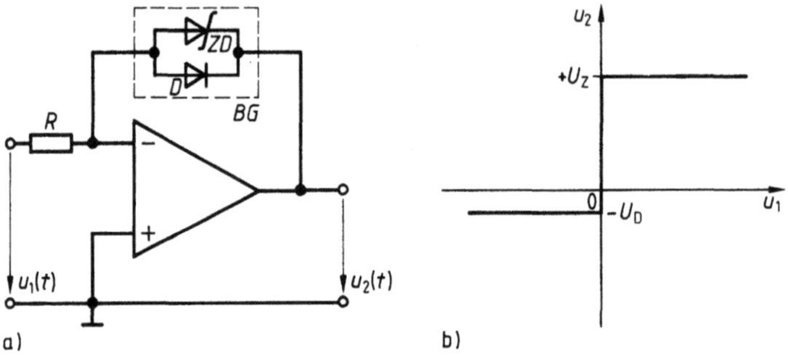

7.49 Nullspannungsschalter mit Operationsverstärker (a), Übertragungskennlinie $u_2(u_1)$ (b), *BG* Begrenzerschaltung

(Bild 7.49a). Um einen gesättigten Betrieb der Ausgangsstufe des Operationsverstärkers und eine dadurch bedingte zusätzliche Schaltverzögerung zu vermeiden, schaltet man zwischen Ein- und Ausgang eine zweiseitige Begrenzerschaltung bestehend aus einer Universaldiode *D* zur Begrenzung einer negativen Ausgangsspannung und einer Zenerdiode *ZD* zur Begrenzung einer positiven Ausgangsspannung u_2. Bild 7.49b zeigt die Übertragungskennlinie des so entstandenen Nullspannungsschalters.

Amplitudenkomparator für analoge Signale. Aus dem Nullspannungsschalter in Bild 7.49a wird ein Amplitudenkomparator für einstellbare Werte der Referenzspannung zwischen der positiven und negativen Versorgungsspannung des Operationsverstärkers, wenn man den nichtinvertierenden Eingang nicht nach Masse legt, sondern über einen Vorwiderstand mit der Referenzspannung U_{Ref} verbindet (Bild 7.50a). Aus Symmetriegründen sollten beide Vorwiderstände $R_1 = R_2 = R$ sein. Man erkennt dann in Bild 7.50b gegenüber Bild 7.49b die Verschiebung der Übertragungskennlinie $u_2(u_1)$ um die Referenzspannung U_{Ref}.

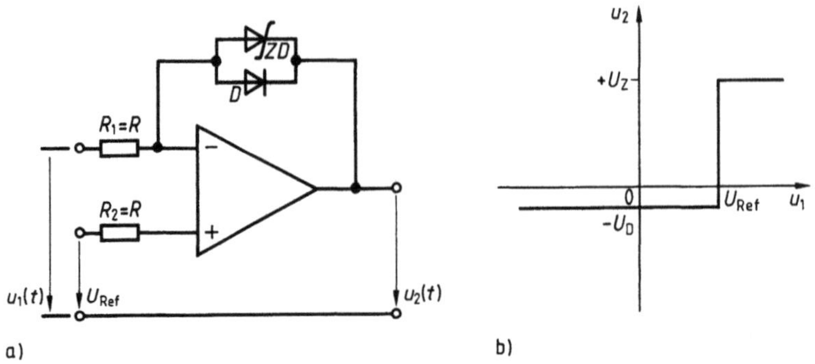

7.50 Amplitudenkomparator mit Operationsverstärker (a), Übertragungskennlinie $u_2(u_1)$ (b)

Vergleicher für digitale Signale. Die Arbeitsweise digitaler Vergleicher wird durch Gl. (7.44) beschrieben. Danach sind zur Schaltungsrealisierung die Konjunktion, Disjunktion und die Negation erforderlich. Aus wirtschaftlichen Gründen kann es sinnvoll sein, Schaltungen zu entwerfen, die entweder nur aus NOR- oder nur aus NAND-Gattern aufgebaut sind. Es läßt sich zeigen, daß Gl. (7.44) entweder in

$$z = \overline{\overline{x \vee \overline{x \vee y}} \vee \overline{\overline{x \vee y} \vee y}} \tag{7.45}$$

für eine Realisierung in NOR-Gattern oder in

$$z = \overline{\overline{x \cdot y} \cdot \overline{\overline{x} \cdot \overline{y}}} \tag{7.46}$$

für eine Realisierung in NAND-Gattern überführt werden kann (s. Band X). Bild 7.51a zeigt eine Äquivalenzschaltung allein aus NOR-Gattern und Bild 7.51b eine Äquivalenzschaltung allein aus NAND-Gattern.

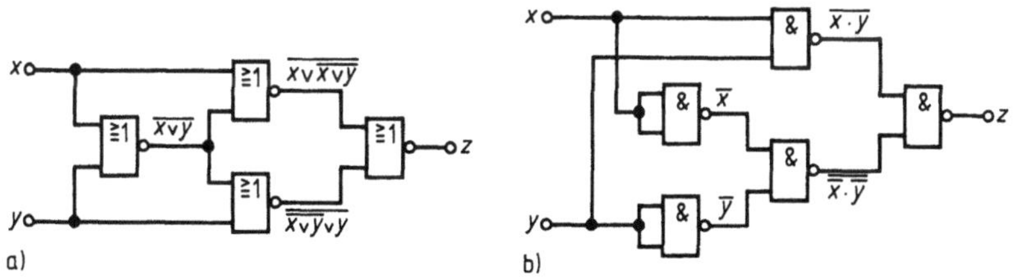

7.51 Äquivalenzschaltung aus NOR-Gattern (a), aus NAND-Gattern (b)

7.2.3.3 Anwendungen. Von den zahlreichen Einsatzmöglichkeiten für Komparatoren werden im folgenden zwei typische Anwendungen herausgegriffen: ein Nullspannungsschalter zur inkrementalen Messung der Phasenverschiebung zwischen zwei Wechselspannungen gleicher Frequenz und eine Komparatoranordnung in einem Analog-Digital-Umsetzer.

Inkrementelle Messung einer Phasenverschiebung. Es soll die Phasenverschiebung einer gegebenen Wechselspannung $u_1(t)$ gegenüber einer Referenzwechselspannung $u_{REF}(t)$ bestimmt werden. Um von Amplituden der beiden Wechselspannungen unabhängig zu sein, setzt man je einen Nullspannungsschalter ein. Nach Bild 7.52a und b liefern die beiden Nullspannungsschalter je ein zugeordnetes Rechtecksignal, die beide zu dem Torspannungssignal $u_{Tor}(t)$ (Gatesignal) verknüpft werden (Bild 7.52c). Mit Hilfe des Gatesignals werden aus einer hochfrequenten Pulsfolge (Bild 7.52d) soviele Pulse an den Eingang eines nachgeschalteten Impulszählers gegeben, wie der Phasenverschiebung zwischen den beiden Wechselspannungen entsprechen (Bild 7.52e).

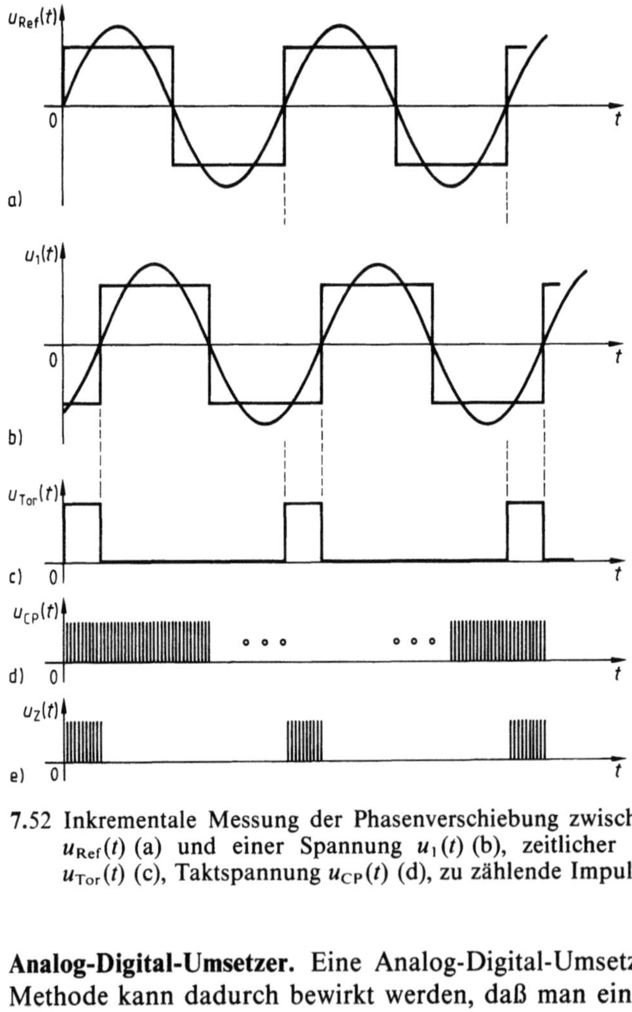

7.52 Inkrementale Messung der Phasenverschiebung zwischen der Referenzspannung $u_{Ref}(t)$ (a) und einer Spannung $u_1(t)$ (b), zeitlicher Verlauf der Torspannung $u_{Tor}(t)$ (c), Taktspannung $u_{CP}(t)$ (d), zu zählende Impulse als Spannung $u_Z(t)$ (e)

Analog-Digital-Umsetzer. Eine Analog-Digital-Umsetzung nach der direkten Methode kann dadurch bewirkt werden, daß man eine der gewünschten Stufenzahl entsprechende Anzahl von Komparatoren nach Bild 7.53 parallel anordnet und mit der Eingangsspannung $u_1(t)$ beschaltet. Die jeweiligen Vergleichsspannungen werden mit einem ohmschen Spannungsteiler aus der Spannung U_{Ref} abgeleitet. Bild **7.53**a zeigt eine einfache Anordnung mit drei Komparatoren. In Abhängigkeit davon, ob die Eingangsspannung $u_1(t)$ die erzeugten Vergleichsspannungen $0{,}25\,U_{Ref}$, $0{,}5\,U_{Ref}$ und $0{,}75\,U_{Ref}$ jeweils über- oder unterschreitet, nehmen die Ausgänge der drei Komparatoren ein 0- und 1-Signal an. Am Beispiel einer rampenförmigen Eingangsspannung $u_1(t)$ (Bild 7.53b) erkennt man, wie die Komparatoren nacheinander von 0-Signal auf 1-Signal umschalten (Bild **7.53**c bis e).

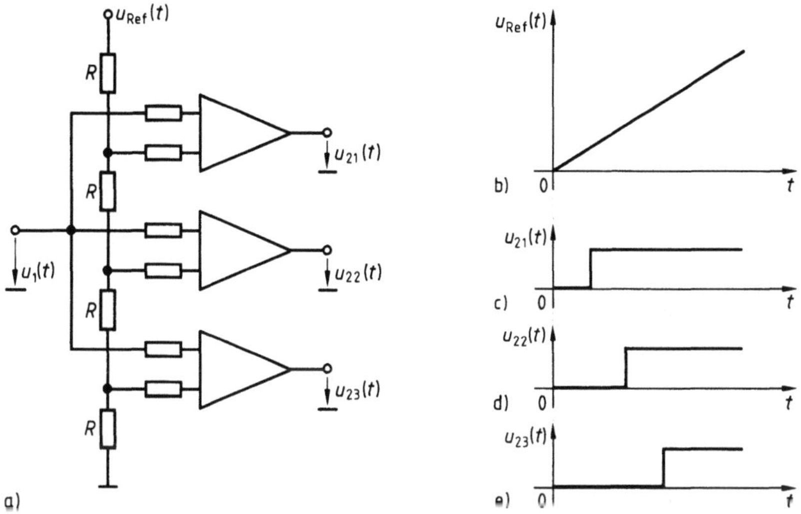

7.53 Analog-Digital-Umsetzer nach der direkten Methode mit parallel angeordneten Komparatoren (a), rampenförmige Referenzspannung $u_{Ref}(t)$ (b), Verläufe der Ausgangsspannungen $u_{21}(t)$, $u_{22}(t)$, $u_{23}(t)$ (c bis e)

7.2.4 Torschaltungen

Unter Torschaltungen versteht man Netzwerke, die aus einem Signal für eine vorgegebene Zeit einen zeitlichen Anteil des Signals herausfiltern. Man bezeichnet solche Netzwerke auch als Zeitfilter, wobei ihre Übertragungseigenschaften allein von der Zeit, nicht aber von der Frequenz oder Amplitude eines Signals abhängen. Da Zeitfilter eine vom Signal unabhängige Wirkung haben, weisen sie außer einem Eingang und einem Ausgang noch einen Steuereingang (engl. control input) auf. Allgemein kann man bezüglich der Art des Eingangssignals analoge und digitale Torschaltungen unterscheiden.

Analoge Torschaltungen. Sie übertragen ein Eingangssignal beliebiger Kurvenform im Idealfall verzerrungs- und verzögerungsfrei an den Ausgang der Torschaltung zu den Zeiten, die durch ein zugeordnetes Steuersignal festgelegt werden. Zu allen anderen Zeiten ist der Übertragungsweg gesperrt. Als Steuersignal werden Rechtecksignale benutzt.

Digitale Torschaltungen. Sie übertragen ein binäres Eingangssignal im Idealfall verzerrungs- und verzögerungsfrei an den Ausgang der Torschaltung zu den Zeiten, die durch ein zugeordnetes ebenfalls binäres Steuersignal festgelegt werden. Zu allen anderen Zeiten ist der Übertragungsweg gesperrt. Solche Schaltungen werden auch als Verknüpfungs- oder Gatterschaltungen bezeichnet.

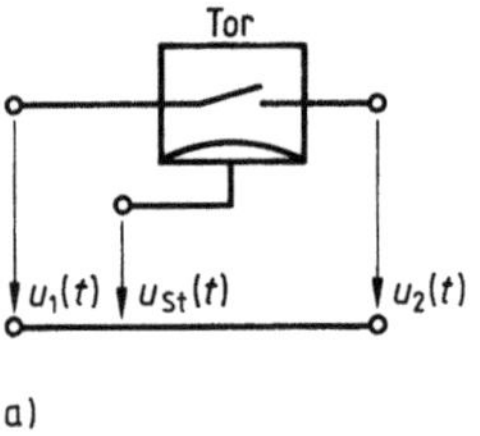

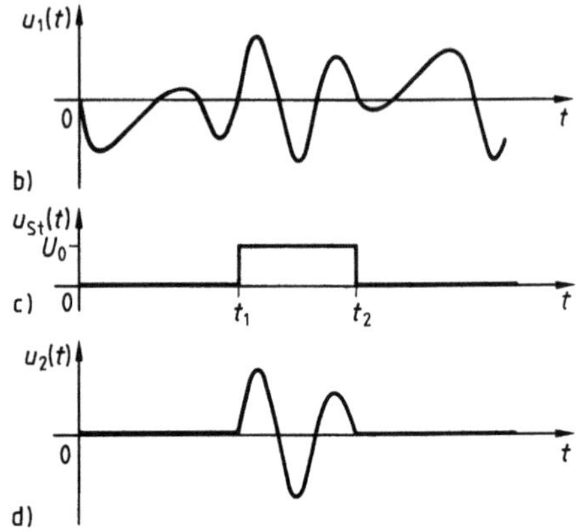

7.54
Schaltsymbol einer Torschaltung (a), beliebige Zeitfunktion für die Eingangsspannung $u_1(t)$ (b), Steuerspannung $u_{St}(t)$ (c), Ausgangsspannung $u_2(t)$ (d)

7.2.4.1 Wirkungsweise. Bild 7.54a zeigt das Schaltsymbol für eine Torschaltung mit einer Eingangsspannung $u_1(t)$, einer Ausgangsspannung $u_2(t)$ und einer Steuerspannung $u_{St}(t)$ (engl. control- oder gate-signal). Am Beispiel einer beliebigen Zeitfunktion für $u_1(t)$ wird die Arbeitsweise der Torschaltung verdeutlicht (Bild 7.54b bis d). Nach Abschn. 1.4.1 läßt sich die Funktion einer Torschaltung mit Hilfe der Sprungfunktion für einen beliebigen Spannungsverlauf $u_1(t)$ die Ausgangsspannung als $u_2(t)=u_1(t)[\sigma(t-t_1)-\sigma(t-t_2)]$ beschreiben. Torschaltungen können als Serien- und Paralleltor aufgebaut werden. Beide Grundprinzipien sind in Bild 7.55 einander gegenübergestellt.

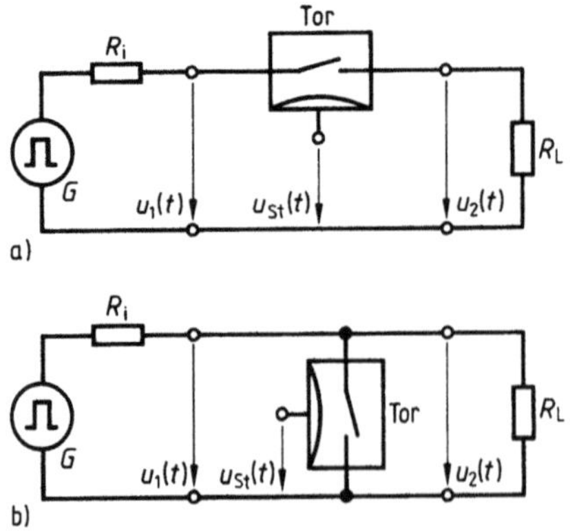

7.55 Serientorschaltung (a), Paralleltorschaltung (b)

Serientor. Die Eingangsspannung $u_1(t)$ wird durch Schließen des Schalters in der Torschaltung auf den Ausgang geschaltet. Bei offenem Schalter ist der Übertragungsweg unterbrochen. Zwar wird die Signalquelle mit dem Generator G und dem Innenwiderstand R_i nicht belastet, dafür können aber Störsignale auf dem hochohmigen Ausgangskreis eingekoppelt werden (Bild 7.55a).

Paralleltor. An den Ausgang der Schaltung wird nur dann ein Signal übertragen, wenn der Schalter in der Torschaltung geöffnet ist. Soll kein Signal vom Eingang an den Ausgang gelangen, so wird der Schalter in der Torschaltung geschlossen. Dadurch wird zwar die Signalquelle dauernd belastet, aber es treten am Ausgang keine Störimpulse auf, da der Lastwiderstand R_L durch die Torschaltung überbrückt ist (Bild 7.55b).

Für impulsförmige Vorgänge mit hoher Flankensteilheit stellt der geöffnete Schalter in einem Serientor eine Schaltkapazität dar, so daß es ausgangsseitig zu einem unerwünschten Nebensprechen kommen kann. Dagegen wirkt die Schaltkapazität des geöffneten Schalters bei einem Paralleltor bedämpfend auf hochfrequente Signalanteile in Verbindung mit einer unerwünschten Abnahme der Flankensteilheit.

7.2.4.2 Schaltungen. Im folgenden werden je eine Schaltung mit einer Diode, mit einem Operationsverstärker bestehend aus bipolaren Transistoren, mit Sperrschicht-FETs für analoge Torschaltungen und eine Schaltung für digitale Torschaltungen vorgestellt.

Torschaltung mit einer Diode. Bild 7.56 zeigt eine analoge Torschaltung mit einer Diode. Ein impulsförmiges Signal wird kapazitiv über die Kapazität C_1 eingekoppelt und über die Kapazität C_2 ausgekoppelt. Schaltelement ist die Diode D mit über den Widerstand R_1 zugeführter Steuerspannung $u_{St} = +U_0$ oder $-U_0$. Sollen erdsymmetrische Spannungen $u_1(t)$ die Torschaltung passieren, so muß an das geöffnete Tor eine positive Steuerspannung angelegt werden. Dem dann fließenden Gleichstrom überlagert sich der Wechselstrom, der durch die Eingangsspannung $u_1(t)$ verursacht wird. Bei der Festlegung der Steuerspannung U_0 ist zu beachten, daß zu keiner Zeit die positive Steuerspannung durch den negativen Spitzenwert des zu schaltenden Signals kompensiert oder sogar überkompensiert wird, so daß die Diode vorübergehend sperren würde. Nachteilig wirken sich bei dieser Schaltung die kapazitive Ein- und Auskopplung auf das zu schaltende Signal aus.

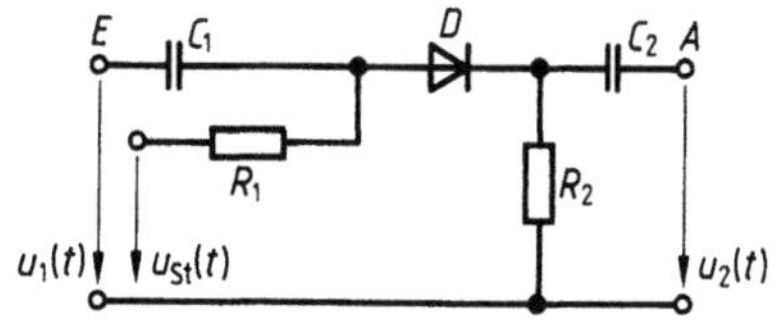

7.56 Analoge Torschaltung mit Halbleiterdiode

Symmetrischer Analogschalter mit Operationsverstärker. Die Schaltung nach Bild 7.57 schaltet Eingangsspannungen $u_1(t)$ mit beliebigem Vorzeichen ohne

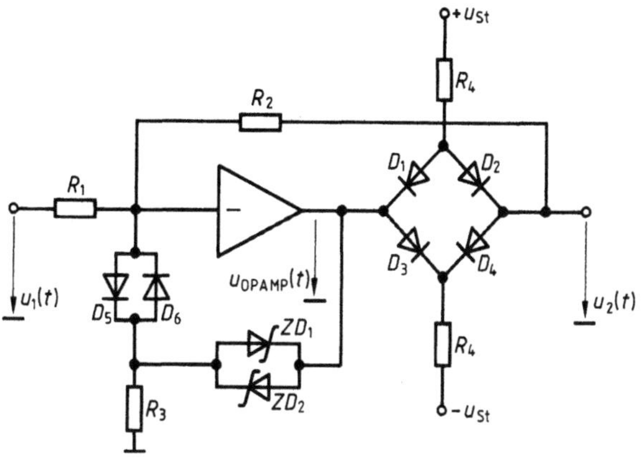

7.57 Symmetrischer Analogschalter mit Operationsverstärker und Diodenbrücke

kapazitive Kopplung. Sie besteht im wesentlichen aus einem invertierenden Operationsverstärker zur Entkopplung zwischen Ein- und Ausgang und einer Diodenbrücke bestehend aus den Dioden D_1 bis D_4 mit zwei Anschlüssen für die Steuerspannung $+u_{St}$ und $-u_{St}$. Bei positiver Steuerspannung $+u_{St}=U_0$ und $-u_{St}=-U_0$ liegen am oberen Anschluß der Brückenschaltung die Spannungen $+U_0$ und am unteren Anschluß $-U_0$ an. Dadurch werden alle vier Dioden D_1 bis D_4 leitend und damit die Ausgangsspannung $u_2 \approx u_{OPAMP}$. Dann stellt sich die Ausgangsspannung auf den Wert $u_2 \approx -(R_2/R_1)u_1$ ein, der durch den Operationsverstärker aus der Spannung u_1 hervorgeht. Die positive Steuerspannung $+u_{St}=U_0$ muß in jedem Fall größer als der positive Spitzenwert u_{OPAMP} gewählt werden, um sicherzustellen, daß die Brückenschaltung nicht durch u_{OPAMP} vorübergehend gesperrt werden kann. Wird die Steuerspannung $u_{St}=-U_0$ und damit $-u_{St}=+U_0$, dann sperren in jedem Fall die Dioden D_2 und D_4, da die Anode von D_2 negativ und die Kathode von D_4 positiv vorgespannt werden. Wird die Ausgangsspannung des Operationsverstärkers $u_{OPAMP}<U_0$, so kann zwar die Diode D_1 noch leitend werden, aber die Diode D_2 sperrt weiterhin. Entsprechend kann zwar für $u_{OPAMP}>U_0$ die Diode D_3 leitend werden, aber die Diode D_4 bleibt gesperrt. Daher bleibt der Ausgang der Torschaltung vom Ausgang des Operationsverstärkers getrennt. Über den Gegenkopplungswiderstand R_2 nimmt der Ausgang Nullpotential an. Da nun aber bei sperrender Brückenschaltung die Gegenkopplung des Operationsverstärkers aufgehoben ist, kann die Spannung u_{OPAMP} verhältnismäßig große Werte annehmen. Um eine Übersteuerung des Operationsverstärkers zu vermeiden, werden sowohl am Eingang die Dioden D_5 und D_6 als auch im Gegenkopplungszweig die Zenerdioden ZD_1 und ZD_2 vorgesehen.

Torschaltung mit Sperrschicht-FETs. Wegen der günstigen Schalteigenschaften von Sperrschicht-FETs (s. Abschn. 6) eignen sich diese besonders für analoge Torschaltungen. Bild 7.58 zeigt die Prinzipschaltung eines Analogschalters *AS*, der aus zwei Sperrschicht-FETs (*P*- und *N*-Typ) besteht, deren Gateanschlüsse invertiert angesteuert werden. Während ein Gateanschluß direkt vom Steuersignal *C* angesteuert wird, erhält das andere Gate ein durch einen CMOS-Inverter invertiertes Steuersignal.

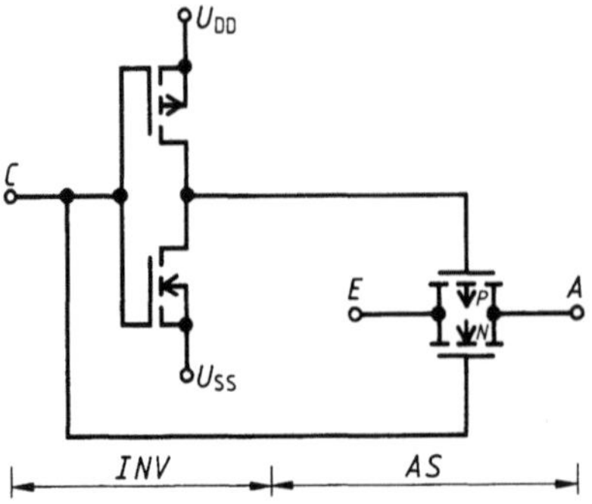

7.58
Analoge Torschaltung mit Sperrschicht-FETs, *INV* Inverter zur Gatesteuerung, *AS* Analogschalter

Torschaltung für digitale Signale. Eine Torschaltung für digitale Signale läßt sich dadurch einfach realisieren, daß man ein UND-Gatter mit n Eingängen benutzt und dabei $(n-1)$ Eingänge als Informationseingänge E_1 bis E_{n-1} und den verbleibenden Eingang E_n als Steuereingang C auffaßt (Bild 7.59). Dabei wird vorausgesetzt, daß die Wertebereiche (Pegel) für E_1 bis E_n gleich sind.

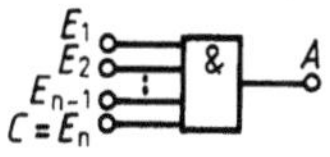

7.59 UND-Gatter mit $(n-1)$ Eingängen als digitale Torschaltung, Steuereingang $C=E_n$

7.2.4.3 Anwendungen. Die vorgestellten analogen Torschaltungen werden z. B. als elektronische Meßstellenumschalter, Chopper in Oszilloskopen, Abtasteinrichtungen in Oszilloskopen und bei Pulsmodulationsverfahren wie auch in Eingangsstufen von elektronischen Zählern eingesetzt. Dagegen finden digitale Torschaltungen vor allem auf dem Gebiet der elektronischen Datenverarbeitung weitverbreitete Anwendungen. Sowohl analoge wie auch digitale Torschaltungen lassen sich zu sog. Multiplexern zusammenfassen. Dabei sind Multiplexer Funktionseinheiten, die Informationen von einer Gruppe von Informationskanälen an eine andere Gruppe von Informationskanälen übergeben (s. Band X). Dabei sind zwei Multiplexerstrukturen besonders hervorzuheben: die konzentrierenden und die expandierenden Multiplexer, die immer dann eingesetzt werden, wenn eine Anzahl unterschiedlicher Informationen über einen Informationskanal übertragen werden muß. Bild 7.60a und b

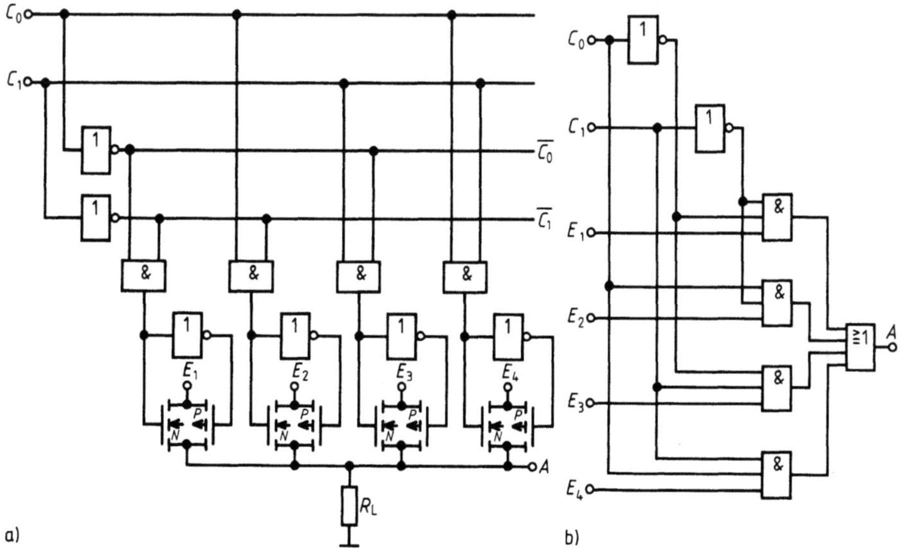

7.60 Konzentrierende Multiplexer mit vier Eingängen E_1 bis E_4 und einem Ausgang A für analoge (a) und digitale (b) Signale, C_0 und C_1 Steuereingänge

zeigen je einen konzentrierenden Multiplexer für analoge und digitale Signale mit je vier Eingangskanälen und einem Ausgangskanal. Entsprechend zeigen Bild 7.61a und b je einen expandierenden Multiplexer für analoge und digitale Signale mit je einem Eingangskanal und vier Ausgangskanälen.

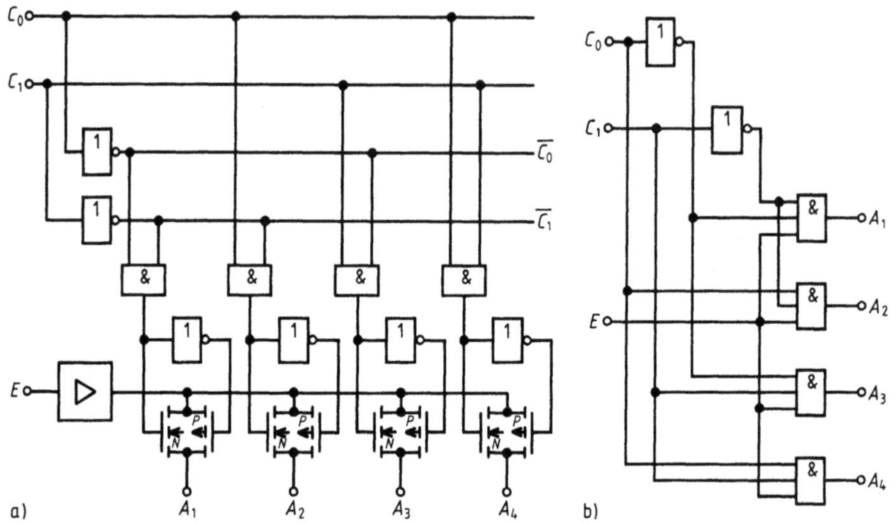

7.61 Expandierende Multiplexer mit einem Eingang E und vier Ausgängen A_1 bis A_4 für analoge (a) und digitale (b) Signale, C_0 und C_1 Steuereingänge

7.3 Kippstufen

Kippstufen erzeugen an ihren Ausgangsklemmen Signale, die nur zwei Signalzustände kennen und kein Abbild der Eingangssignale sind. Der Übergang von einem Signalzustand (üblicherweise Spannungen) zum anderen vollzieht sich sprunghaft[1]).

Zunächst soll die Entstehung von Kippvorgängen in elektronischen Schaltungen untersucht werden. Dazu geht man von einer zweistufigen Verstärkeranordnung mit den Transistoren T_1 und T_2 aus (Bild **7**.62a), in die vom Ausgang A zum Eingang E eine Rückkopplung bestehend aus einer erdfreien, niederohmigen Gleichspannungsquelle u_K und einem Schalter S eingefügt wird. Bei geöffnetem Schalter kann eine Übertragungskennlinie $u_2(u_1)$ für Großsignalbetrieb mit den charakteristischen Betriebsbereichen F, G und H angegeben werden (Bild **7**.62b). Bei negativen oder hinreichend kleinen Eingangsspannungen $u_1(t)$ sperrt der Transistor T_1. Dadurch wird bei richtiger Dimensionierung über die Widerstände R_{C1} und R_{B21} ein Basisstrom in den Transistor T_2

---

[1]) Bei Begrenzerschaltungen gibt es am Ausgang ebenfalls nur zwei Signalzustände (vgl. Abschn. 7.2.1). Der Unterschied zu Kippschaltungen besteht aber darin, daß das Ausgangssignal unmittelbar vom Momentanwert des Eingangssignals abhängt. Dagegen hängt bei Kippschaltungen das Ausgangssignal auch von den zeitlich vorausgegangenen Werten des Eingangssignals ab.

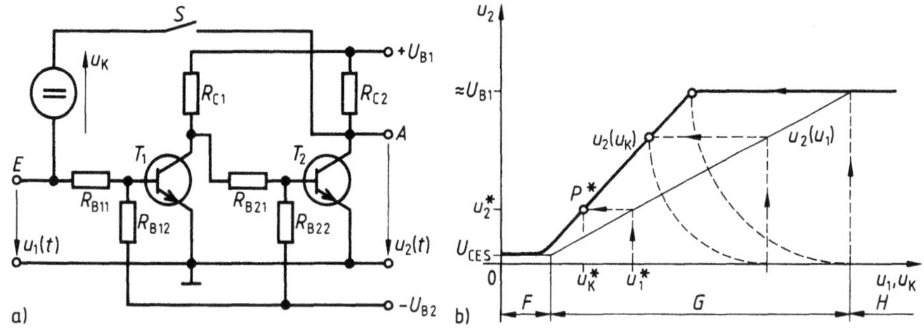

7.62 Konstruktion der Ring-Betriebskennlinie $u_2(u_K)$ (b) aus der Übertragungskennlinie $u_2(u_1)$ der offenen Verstärkeranordnung (*a*), Bereich *F*: T_2 in der Sättigung, Bereich *G*: beide Transistoren im aktiven Betrieb, Bereich *H*: T_1 in der Sättigung

eingeprägt, so daß dieser im Sättigungszustand mit der Kollektor-Emitter-Spannung u_{CES} betrieben wird (Bereich *F*). Wird am Eingang *E* eine hinreichend große positive Spannung angelegt, so wird der Transistor T_1 aus dem sperrenden Betrieb zunächst in den aktiven Verstärkerbetrieb gefahren. Durch Stromaufteilung am Kollektoranschluß von T_1 nimmt der Basisstrom für T_2 ab, so daß dieser Transistor aus dem gesättigten Betrieb ebenfalls in den aktiven Bereich gebracht wird (Bereich *G*). Vereinfachend soll angenommen werden, daß Nichtlinearitäten im aktiven Verstärkerbetrieb vernachlässigt werden sollen. Mit zunehmender Eingangsspannung wird der Transistor T_1 in die Sättigung gefahren, während T_2 sperrt und am Ausgang die Spannung $u_2 = U_{B1}$ auftritt. Eine weitere Zunahme des Kollektorstroms von T_1 führt zu keiner weiteren Änderung der Ausgangsspannung u_2 (Bereich *H*). Damit liegt die Übertragungskennlinie $u_2(u_1)$ für den Betrieb der Anordnung ohne Rückkopplung mit den Bereichen *F* und *H*, wo jeweils ein Transistor übersteuert ist, und dem Bereich *G*, in dem beide Transistoren aktiv betrieben werden, fest.

Bei geschlossenem Schalter *S* wird der Ausgang *A* mit dem Eingangswiderstand bei *E* belastet. Unter der Voraussetzung, daß der Eingangswiderstand sehr viel größer als der Ausgangswiderstand der zweistufigen Transistoranordnung ist, ändern sich durch das Schließen des Schalters *S* die Belastungsverhältnisse praktisch nicht. Unter dieser Voraussetzung gilt dann die Aussteuerkennlinie $u_2(u_1)$ für die durch den Schalter *S* zum Ring geschlossene Verstärkeranordnung. Bei geschlossenem Schalter *S* führt der äußere Spannungsumlauf auf

$$u_1 = u_K + u_2 . \tag{7.47}$$

Mit Hilfe von Gl. (7.47) kann man aus der Übertragungskennlinie $u_2(u_1)$ die sog. Ring-Betriebskennlinie $u_2(u_K)$ konstruieren, indem man zu einem Wert u_1 auf der $u_2(u_1)$-Kennlinie den zugehörigen Ausgangsspannungswert u_2 aufsucht. Subtrahiert man graphisch vom Wert u_1 den aufgefundenen Wert u_2, so erhält man nach Gl. (7.47) den zugehörigen Wert von u_K und damit einen Punkt P^* der Ring-Betriebskennlinie $u_2(u_K)$. Man erkennt, daß die so entstandene Ring-Betriebskennlinie $u_2(u_K)$ im aktiven Bereich steiler als die Übertragungskennlinie $u_2(u_1)$ verläuft. Das ist auf die Mitkopplung bei geschlossenem Schalter S zurückzuführen. Beiden Kennlinien können Verstärkungsfaktoren zugeordnet werden: Der Kennlinie $u_2(u_1)$ für die Verstärkeranordnung ohne Rückkopplung die sog. Schleifenverstärkung

$$v_S = \Delta u_2 / \Delta u_1 \tag{7.48}$$

und der Kennlinie $u_2(u_K)$ für die Verstärkeranordnung mit Rückkopplung die Ring-Betriebsverstärkung

$$v_{RB} = \frac{\Delta u_2}{\Delta u_K} = \frac{\Delta u_2}{\Delta u_1 - \Delta u_2} = \frac{v_S}{1 - v_S}. \tag{7.49}$$

Für das dynamische Verhalten der rückgekoppelten, zweistufigen Verstärkeranordnung ist der Verlauf der Ring-Betriebskennlinie $u_2(u_K)$ maßgebend. Bild 7.63 zeigt zusammenfasssend für verschiedene Verläufe der Übertragungskennlinie $u_2(u_1)$ den jeweiligen konstruierten Verlauf der Ring-Betriebskennlinie $u_2(u_K)$. Dabei sind in Bild 7.63a bis c die Schleifenverstärkung v_S und die Ring-Betriebsverstärkung v_{RB} angetragen. Man erkennt für $0 \leqq v_S < +1$, daß die Ring-Betriebskennlinie eine eindeutige Zuordnung zwischen Werten von u_2 und u_K herstellt (Bild 7.63a). Für $v_S = 1$ wird nach Gl. (7.49) v_{RB} unendlich groß ($v_{RB} \rightarrow \infty$). Mit Ausnahme des Übergangsbereiches auf der $u_2(u_K)$-Kennlinie mit unendlich großer Steigung im Übergangsbereich ist noch eine eindeutige Zuordnung zwischen Werten von u_2 und u_K gegeben (Bild 7.63b). Für Werte von $v_S > 1$ wird die Ring-Betriebsverstärkung v_{RB} sowohl nach Gl. (7.49) als auch bei der graphischen Konstruktion in Bild 7.63c negativ. Es entsteht der typische $u_2(u_K)$-Kennlinienverlauf mit einem Kennlinienbereich negativer Steigung. Man erkennt in Bild 7.63c, daß die Zuordnung zwischen den Werten von u_2 und u_K nicht mehr durchgängig eindeutig ist. Für $u_{K1} \leqq u_K \leqq u_{K2}$ ist die Zu-

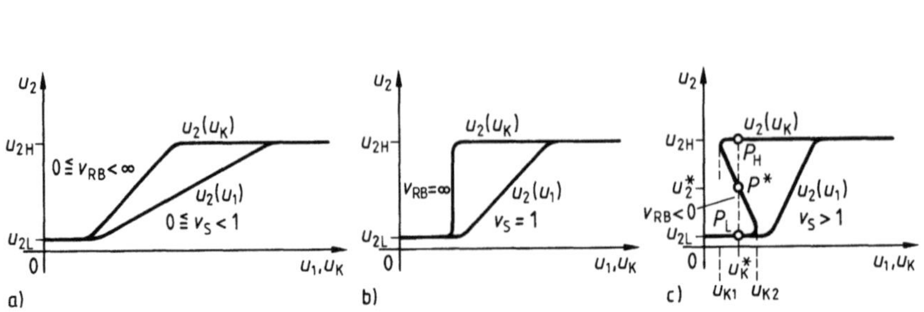

7.63 Übertragungskennlinie $u_2(u_1)$ und Ring-Betriebskennlinie $u_2(u_K)$ für $0 \leqq v_S < 1$ (a), $v_S = 1$ (b) und $v_S > 1$ mit den Arbeitspunkten P_H bei u_{2H}, P^* auf dem Kennlinienbereich mit negativer Steigung, P_L bei u_{2L} (c)

ordnung sogar dreideutig; so ergeben sich z.B. für einen Wert von u_K^* drei mögliche Arbeitspunkte, P_H, P^* und P_L auf der $u_2(u_K)$-Ring-Betriebskennlinie (Index H für high, Index L für low). Während die Arbeitspunkte P_H und P_L stabile Betriebspunkte sind, ist der Arbeitspunkt P^* wegen der negativen Steigung der $u_2(u_K)$-Kennlinie in diesem Bereich instabil. Allgemein sind stabile Arbeitspunkte nur dort möglich, wo $0 \leqq v_{RB} < \infty$ ist. Für den zeitlichen Verlauf der Änderung des Arbeitspunktes aus dem instabilen Arbeitspunkt P^* heraus gilt, daß bei der geringsten Schwankung der Spannungen u_K und u_2 die Beträge dieser Spannungen zeitlich exponentiell zu- bzw. abnehmen, bis ein Übersteuerungsbereich erreicht ist. Nimmt man schaltungstechnisch in der Rückkopplung der Verstärkeranordnung eine Potentialverschiebung um u_K^* entsprechend $u_{Tr} = u_K - u_K^*$ vor, so geht die Ring-Betriebskennlinie $u_2(u_K)$ aus Bild 7.63c in eine zum Wert $u_{Tr} = 0$ symmetrische Ring-Betriebskennlinie $u_2(u_{Tr})$ über (Bild 7.64a), wobei u_{Tr} die Triggerspannung für den Kippvorgang darstellt. Das Betriebsverhalten der rückgekoppelten Verstärkeranordnung (Schalter S geschlossen) mit $v_S > 1$ kann wie folgt beschrieben werden: Zunächst soll angenommen werden, daß sich die rückgekoppelte Verstärkeranordnung bei fehlender Triggerspannung ($u_{Tr} = 0$) im Arbeitspunkt P_L (Punkt 1) befinden soll. Nimmt die Triggerspannung $u_{Tr}(t)$ in positiver Richtung zu, so bewegt sich der Arbeitspunkt längs der $u_2(u_{Tr})$-Kennlinie, bis beim Schwellwert der Punkt 2 erreicht wird, der durch eine lotrechte Tangente an der $u_2(u_{Tr})$-Kennlinie charakterisiert ist. Wird die Triggerspannung u_{Tr} auch nur geringfügig erhöht, so existiert kein Arbeitspunkt mehr auf dem bisherigen

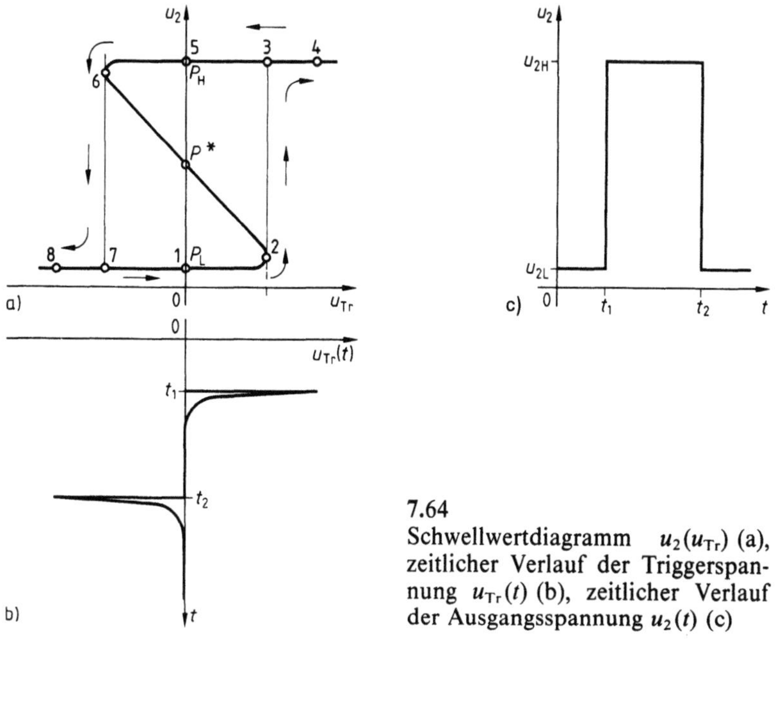

7.64
Schwellwertdiagramm $u_2(u_{Tr})$ (a), zeitlicher Verlauf der Triggerspannung $u_{Tr}(t)$ (b), zeitlicher Verlauf der Ausgangsspannung $u_2(t)$ (c)

Kennlinienbereich, so daß die Verstärkeranordnung sprungartig in die dem Punkt 3 entsprechende Einstellung mit $u_2 = u_{2H}$ übergehen muß. Nimmt u_{Tr} weiter zu, so bewegt sich der Arbeitspunkt dem oberen Kennlinienast folgend weiter nach Punkt 4. Fällt die Triggerspannung $u_{Tr}(t)$ weiter auf null ab (Bild 7.64b), dann wird zunächst der stabile Arbeitspunkt P_H (Punkt 5) erreicht. Bleibt $u_{Tr}(t)$ weiterhin null, so verharrt die Verstärkeranordnung im Punkt P_H. Tritt nach Bild 7.64b ein negativer Triggerimpuls auf, so vollzieht sich die Zustandsänderung der Schaltung mit der Reihenfolge der Betriebspunkte 5, 6, 7, 8 und schließlich wieder P_L (Punkt 1), wenn u_{Tr} wieder zu null geworden ist. Am Ende des Umschaltvorgangs geht die Schleifenverstärkung auf null zurück, da stets ein Transistor sperrt. Dadurch kann sich der einmal eingenommene Schaltzustand nicht mehr von selbst ändern. Bild 7.64c zeigt den zeitlichen Verlauf der Ausgangsspannung $u_2(t)$.

Die Ring-Betriebskennlinie $u_2(u_{Tr})$ in Bild 7.64a wird durch die Schwellwerte u_{Tr1} und u_{Tr2} der Triggerspannung charakterisiert. Diese Darstellung wird daher auch als S c h w e l l w e r t d i a g r a m m bezeichnet. In Anlehnung an die Hystereseschleife bei magnetischen Werkstoffen nennt man das Auseinanderrükken des positiv und negativ gerichteten Umschaltvorgangs die S c h a l t h y s t e r e s e der mitgekoppelten Verstärkeranordnung. Die Breite der Hysteresefigur schwankt zwischen dem Wert null für $v_S = 1$ bzw. $v_{RB} \to \infty$ und etwa der Spannungsdifferenz zwischen den Übersteuerungsbereichen $(u_{2H} - u_{2L})$ für $v_S \to \infty$ bzw. $v_{RB} = \lim\limits_{v_S \to \infty} [v_S/(1 - v_S)] = -1$ [1]). Die Höhe der Hysteresefigur ist gleich der Spannungsdifferenz zwischen den Übersteuerungsbereichen $(u_{2H} - u_{2L})$. Die im Schwellwertdiagramm von Punkt 2 nach 3 bzw. Punkt 6 nach 7 auftretenden sprunghaften Übergänge bezeichnet man als K i p p v o r g ä n g e. Schaltungen, in denen solche Kippvorgänge auftreten, werden K i p p s c h a l t u n g e n genannt. Durch Verändern der Schleifenverstärkung (jedoch stets $v_S > 1$) kann die Geschwindigkeit des Umschaltvorganges beeinflußt werden. Eine Erhöhung der Schleifenverstärkung v_S steigert wegen der zunehmenden Mitkopplung die Geschwindigkeit des Umschaltvorgangs, vergrößert aber auch die Breite der Hysteresefigur. Will man die Hysteresebreite klein halten, so muß dafür eine Verlangsamung des Umschaltvorganges in Kauf genommen werden oder aber durch schaltungstechnische Maßnahmen die Höhe der Hysteresefigur verändert werden.

Würde die mitgekoppelte Verstärkeranordnung mit $v_S > 1$ trägheitslos arbeiten, so würden die Kippvorgänge nach Bild 7.64a ebenfalls trägheitslos und damit unendlich schnell verlaufen. Durch energiespeichernde Streuinduktivitäten, parasitäre Schaltkapazitäten und vor allem Ladungsträgerspeichereffekte von Transistoren (vergl. Abschn. 6) werden Kippvorgänge zu stetig verlaufenden

---

[1]) Im Grenzfall für $v_S \to \infty$ verläuft der Kennlinienbereich von $u_2(u_{Tr})$ zwischen den Übersteuerungsbereichen in Bild 7.64a mit der Steigung -1.

Umschaltvorgängen. Die endliche Dauer des Kippvorgangs begrenzt die Schalthäufigkeit von Kippschaltungen. Demnach sind Kippvorgänge an zwei Voraussetzungen geknüpft: 1. die mitgekoppelte Verstärkeranordnung arbeitet zweiseitig begrenzend, d.h., es existieren zwei Übersteuerungsbereiche; 2. durch das Einfügen einer Mitkopplung in eine Verstärkeranordnung mit einer Schleifenverstärkung $v_S > 1$ tritt im Verlauf der Ring-Betriebskennlinie $u_2(u_K)$ zwischen zwei Übersteuerungsbereichen ein Kennlinienbereich mit negativer Steigung auf.

Kippschaltungsarten. Die mitgekoppelte Verstärkeranordnung nach Bild 7.62a kann auch als Blockschaltbild dargestellt werden, indem man die Kopplung vom Kollektor von T_1 an die Basis von T_2 als vorwärtswirkende Kopplung K_{vor} und die Rückkopplung vom Ausgang A an den Eingang E als rückwärtswirkende Kopplung $K_{rück}$ auffaßt (Bild 7.65). Bei der bisher betrachteten Schaltung bestanden die Kopplungen aus ohmschen Widerständen, so daß z. B. das

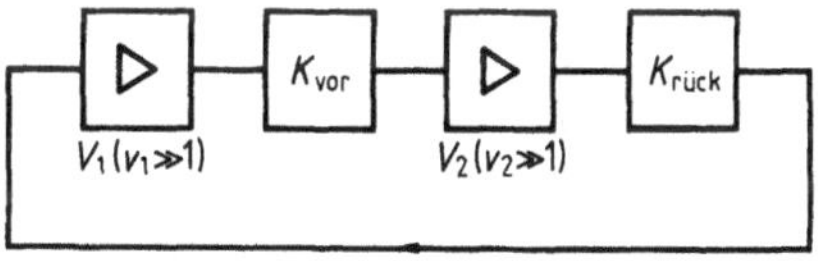

7.65
Blockschaltbild einer Kippstufe mit den Verstärkern V_1 und V_2 sowie den Kopplungsnetzwerken K_{vor} und $K_{rück}$

Ausgangssignal beliebig lange auf den Eingang gekoppelt wurde. Dabei entstanden zwei stabile Betriebszustände mit den Punkten P_L und P_H im Schwellwertdiagramm in Bild 7.64a. Werden die Kopplungsnetzwerke nun so modifiziert, daß sie Eingangsspannungen nicht mehr beliebig lange an ihren Ausgang übertragen, so entstehen Kippschaltungen, die einen bestimmten Betriebszustand nur noch für eine begrenzte Zeit einnehmen. Tafel 7.66 gibt eine Übersicht über die entsprechenden Kippschaltungen, wenn die Kopplungsnetzwerke K_{vor} und $K_{rück}$ modifiziert werden. Werden beide Kopplungen ohmsch ausgeführt, so entsteht eine bistabile Kippstufe oder Flipflop, mit der die Speicherung binärer Informationen ermöglicht werden kann. Wird ein Kopplungsnetzwerk zeitabhängig (d.h., z.B. als kapazitiver Hochpaß) gestaltet, so kann man erreichen, daß die Kippschaltung zeitlich befristet einen Signalzustand einnimmt, um dann nach dieser Zeit selbständig wieder in den anderen, stabilen Signalzustand umzuschalten. Eine solche Schaltung bezeichnet man als monostabile Kippstufe oder Monoflop. Werden beide Koppelnetzwerke zeitabhängig (d. h., z. B. als kapazitiver Hochpaß) ausgeführt, so entsteht eine astabile Kippstufe, die in jedem Betriebszustand nur eine endliche Zeit verweilt, um dann in den anderen Betriebszustand selbständig umzuschalten und so fort. Eine rückgekoppelte Kippschaltung mit binärem Schaltverhalten am Ausgang, die durch ein analoges Eingangssignal angesteuert wird, stellt einen Schwellwertschalter oder Schmitt-Trigger dar. Diese Kippschaltung schaltet ausgangsseitig um, wenn eine angelegte Eingangsspannung eine vorge-

Tafel 7.66 Wirkung der Koppelnetzwerke K_{vor} und $K_{rück}$ auf die Funktion einer Kippschaltung

Kippschaltung \ Koppelnetzwerk	K_{vor}	$K_{rück}$
BISTABIL	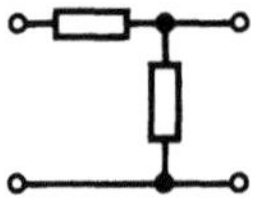 (ohmsch)	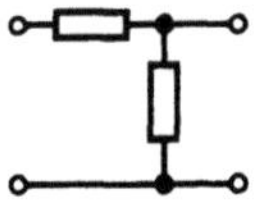 (ohmsch)
MONOSTABIL	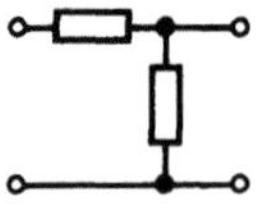 (ohmsch)	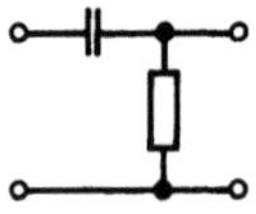 (kapazitiv)
ASTABIL	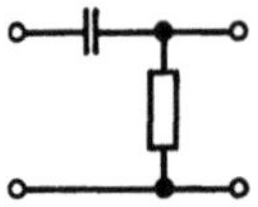 (kapazitiv)	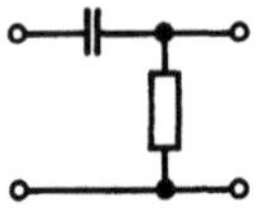 (kapazitiv)

gebene Schaltschwelle über- oder unterschreitet[1]). Wegen der großen Bedeutung von Kippschaltungen vor allem für das Gebiet der Digitaltechnik sind praktisch alle Arten von Kippschaltungen heute als integrierte Schaltungen (IS) verfügbar.

7.3.1 Bistabile Kippstufen

Besondere Bedeutung für die Impulstechnik haben bistabile Kippstufen, z. B. um Ereignisse wie das Auftreten von Impulsen speichern zu können. Eine solche Schaltung heißt nach ihrem Erfinder Eccles-Jordan-Schaltung[2]). Unter einer bistabilen Kippstufe versteht man eine rückgekoppelte binäre Schaltung mit zwei stabilen Betriebszuständen, von denen der eine mit log. 1 und der andere mit log. 0 bezeichnet wird. Welchen der beiden möglichen Betriebszu-

[1]) Eine Beschreibung des Aufbaus von Kippschaltungen mit Analysediagrammen des Schaltverhaltens und Zustandsgraphen findet sich in Band X.

[2]) In USA wurde zuerst für diese Schaltung die anschauliche Bezeichnung „Flipflop“ benutzt.

stände die binäre Kippschaltung angenommen hat, ist am Ausgang der Schaltung zu erkennen. Der zuletzt erreichte Betriebszustand wird ohne äußere Einwirkung beliebig lange beibehalten. Über einen oder mehrere Eingänge kann die Schaltung dazu veranlaßt werden, ihren Betriebszustand zu ändern. Für jedes Umschalten ist ein erneuter Impuls (im folgenden auch als Tastimpuls bezeichnet) erforderlich, so daß zwei aufeinanderfolgende Tastimpulse die bistabile Kippschaltung (Flipflop) wieder in ihre Ausgangslage bringen.

7.3.1.1 Wirkungsweise. Die Arbeitsweise einer bistabilen Kippschaltung läßt sich am besten an einer bistabilen Grundschaltung aus diskreten Bauelementen erläutern, die symmetrisch mit NPN-Transistoren aufgebaut ist (Bild 7.67). Darin sind nach Tafel 7.66 die Kollektoren mit den gegenüberliegenden Basisanschlüssen galvanisch gekoppelt. Beim Aufbau der bistabilen Grundschaltung werden üblicherweise parallel zu den Kopplungswiderständen R_{K12} und R_{K21} die Kapazitäten C_{K12} und C_{K21} vorgesehen, um den Kippvorgang zu beschleunigen (sog. Beschleunigungskondensatoren). Die bistabile Grundschaltung arbeitet mit einer zusätzlichen Spannungsquelle $-U_{B2}$, um über die Basisvorwiderstände jeweils einen Transistor gesichert sperren zu können. Unter der Voraussetzung, daß die Schleifenverstärkung $v_S > 1$ ist, existieren für die bistabile Grundschaltung nur zwei stabile Arbeitspunkte in den Übersteuerungsbereichen. In Abschn. 6.2.2 wurde der Schaltvorgang eines bipolaren Transistors erläutert. Danach treten beim Umschalten vom leitenden in den sperrenden Zustand folgende Schaltzeiten auf: die Verzögerungszeit t_d, die Anstiegszeit t_r, die Speicherzeit t_S und die Abfallzeit t_f. Mit Hilfe der Transistor-Ersatzschaltungen nach Abschn. 6 kann man den Umschaltvorgang in fünf Phasen aufteilen (Tafel 7.68):

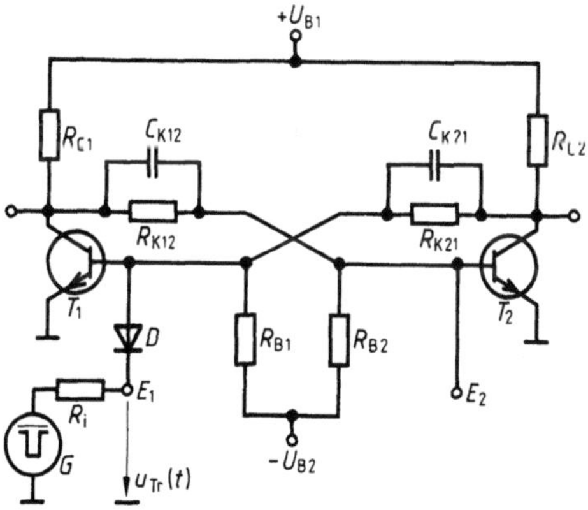

7.67
Bistabile Grundschaltung, Ansteuerung mit Impulsgenerator G (Innenwiderstand R_i)

Tafel 7.68 Phasen des Kippvorgangs

Phase	Tr1	Tr2
1	gesättigt	sperrend
2	aktiv	sperrend
3	aktiv	aktiv
4	sperrend	aktiv
5	sperrend	gesättigt

Phase 1. Zu Beginn der Betrachtung soll sich der Transistor T_1 im gesättigten und der Transistor T_2 im sperrenden Betrieb befinden. Tritt ein negativer Tastimpuls an der Basis von T_1 auf, so bleibt T_1 noch während der Speicherzeit t_S leitend und T_2 gesperrt.

Phase 2. Nach Ablauf der Speicherzeit t_S geht der Transistor T_1 in den aktiven Betrieb über und der Transistor T_2 sperrt weiterhin.

Phase 3. Der Transistor T_1 durchläuft mit seinem Arbeitspunkt den aktiven Bereich des Ausgangskennlinienfeldes $I_C(U_{CE})$. Dabei steigt die Kollektorspannung an T_1 an, so daß der Transistor T_2 aus dem sperrenden ebenfalls in den aktiven Betriebszustand gebracht wird. Die Zeitdauer dieser Phase ist im Vergleich zu den übrigen Phasen wegen der wirksamen Mitkopplung sehr kurz. Durch eine genügend große Triggeramplitude des Signals $u_{Tr}(t)$ zum Sperren eines der beiden Transistoren kann erreicht werden, daß diese Phase noch zusätzlich verkürzt wird.

Phase 4. Der Transistor T_1 geht in den sperrenden Betrieb über; die Kollektor-Emitter-Spannung u_{CE1} ist bereits so weit angestiegen, daß der Umschaltvorgang in den anderen stabilen Betriebszustand hineinläuft, wenn er auch noch nicht abgeschlossen ist. Der Transistor T_2 befindet sich im aktiven Betriebszustand.

Phase 5. Der Transistor T_1 bleibt gesperrt, während der Transistor T_2 in den gesättigten Betriebszustand übergeht. Am Ende von Phase 5 ist der Kippvorgang abgeschlossen.

In Bild 7.67 ist die bistabile Grundschaltung um eine impulsförmige Ansteuerung an der Basis von T_1 ergänzt. Der Generator G soll einen Impuls negativer Amplitude erzeugen. Um das über den Spannungsteiler R_{C2}, R_{K21} und R_{B1} eingestellte Basispotential durch den Innenwiderstand R_i des Generators nicht einseitig zu verändern, ist der Generator über die Diode D entkoppelt angeschaltet. Nur im Fall eines Impulses negativer Amplitude wird die Diode D leitend, und der Transistor T_1 kann gesperrt werden. Bild 7.69 soll den zeitlichen Verlauf des Kippvorgangs entsprechend den oben beschriebenen fünf Phasen veranschaulichen.

Zur Zeit $t=t_0$ liefert der Generator G einen negativen Rechteckimpuls der Impulsdauer τ_i (Bild 7.69a). Während für $t<t_0$ der Transistor T_1 gesättigt war, so daß seine Basis-Emitter-Spannung $U_{BEsatt1}$ betrug, nimmt für $t_0<t<t_2$ die Basis-Emitter-Spannung u_{BE1} zunächst geringfügig ab. Während der Speicherzeit t_S werden Ladungsträger aus der Basis-Emitter-Zone von T_1 ausgeräumt, und u_{BE1} bleibt während dieser Zeit etwa konstant (Bild 7.69b). Der Transistor T_1 bleibt bei einer Kollektor-Emitter-Spannung U_{CEsatt} gesättigt leitend (Phase 1). Erst nach Ablauf der Speicherzeit t_S nimmt die Kollektor-Emitter-Spannung $u_{CE1}(t)$ zu und T_1 geht in den aktiven Betriebszustand über, der Transistor T_2 sperrt jedoch immer noch (Phase 2). Der Anstieg der Kollektor-Emitter-Spannung $u_{CE1}(t)$ verläuft in kürzerer Zeit als die durch $R_K C_K$ oder R_B und die

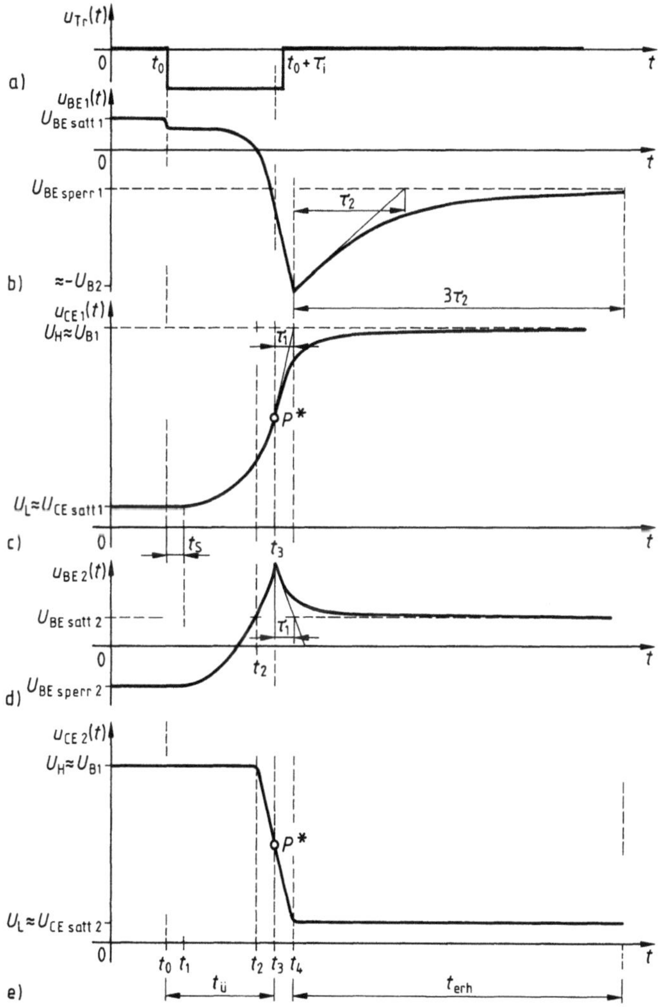

7.69 Zeitlicher Verlauf des Kippvorgangs, Triggerspannung $u_{Tr}(t)$ (a), Basis-Emitter-Spannungen $u_{BE1,2}(t)$ (b und d), Kollektor-Emitter-Spannungen $u_{CE1,2}(t)$ (c und e)

Kapazität des Transistors zwischen Basis und Emitter C_{BE} auftretenden Zeitkonstanten ausmachen (Bild 7.69c). Daher wirken C_{K12} und C_{BE2} wie ein kapazitiver Spannungsteiler, so daß der Anstieg der Spannung $u_{CE1}(t)$ unmittelbar auf die Basis von T_2 übertragen wird. Dadurch steigt die Basis-Emitter-Spannung u_{BE2} vom sperrenden Betriebswert $U_{BE\,sperr2}$ aus an und übersteigt zum Zeitpunkt $t = t_2$ den Wert $U_{BE\,satt2}$ (Bild 7.69d). Beide Transistoren befinden sich nun im aktiven Betriebszustand (Phase 3). Die Kollektor-Emitter-Spannung $u_{CE2}(t)$ beginnt für $t > t_2$ abzunehmen (Bild 7.69e). Über den Spannungsteiler R_{K21} und R_{B1} wird diese Spannungsänderung an die Basis von T_1 übertragen. Durch die vorliegende Mitkopplung wird nun der Kippvorgang eingeleitet. Zum Zeitpunkt $t=t_3$ wird der instabile Arbeitspunkt P^* erreicht, in dem die Kollektor-Emitter-Spannungen etwa den Mittelwert zwischen U_H und U_L einnehmen. Durch die kapazitive Kopplung kommt es kurzzeitig zu einer Spannungsüberhöhung an der Basis von T_2 mit dem Spannungswert $u_{BE2}(t_3)$ (Bild 7.69d). Durch die Mitkopplung entfernen sich aber die Werte der Basis-Emitter-Spannungen und der Kollektor-Emitter-Spannungen zeitlich exponentiell voneinander. Die erforderliche Zeit für den Kippvorgang ist daher im allgemeinen sehr viel kürzer als die übrigen Zeitabschnitte, so daß die Darstellung in Bild 7.69 zeitlich nicht maßstabsgerecht ist. Für $t>t_3$ ist der Transistor T_1 nicht mehr steuerbar, da die Transistoren T_1 und T_2 beim Überschreiten des instabilen Punktes P^* ihren neuen stabilen Arbeitspunkten zustreben, auch wenn der Triggerimpuls bei $t_0+\tau_i>t_3$ wieder verschwindet. Der Triggerimpuls $u_{Tr}(t)$ muß also mindestens so lange andauern, bis für $t \geqq t_3$ der instabile Arbeitspunkt P^* selbständig überschritten wird. Die Zeit vom Beginn des Triggerimpulses bis zum Überschreiten des instabilen Arbeitspunktes P^* wird Übergangszeit $t_ü$ genannt. Der Transistor T_1 geht in den sperrenden Zustand über und T_2 befindet sich noch im aktiven Betriebszustand (Phase 4). Für $t>t_ü$ lädt sich die Kapazität C_{K12} über R_{C1} und die leitende Basis-Emitter-Strecke von T_2 mit der Zeitkonstanten $\tau_1 \approx C_{K12} R_{C1}$ auf einen Endwert von etwa $U_{B1}-U_{BEsatt2}$ auf. Mit gleicher Zeitkonstante τ_1 steigt die Kollektor-Emitter-Spannung $u_{CE1}(t)$ in Richtung auf den neuen Endwert $U_H \approx U_{B1}$ an (Bild 7.69c), und $u_{BE2}(t)$ geht auf den Endwert $U_{BEsatt2}$ zurück (Bild 7.69d). Die Kapazität C_{K21} war vor dem Umschaltvorgang etwa auf $U_{BE1}-U_{BEsatt1}$ aufgeladen. Wegen der Mitkopplung läuft der Kippvorgang sehr schnell ab, so daß die Kapazität C_{K21} zunächst ihre Ladung praktisch nicht ändern kann. Dadurch nimmt die Spannung $u_{BE1}(t)$ zum Zeitpunkt t_4 unmittelbar nach dem Kippvorgang etwa die Spannung $-U_{B2}$ ein. Der Kippvorgang ist abgeschlossen, wenn die neuen stabilen Arbeitspunkte in den Übersteuerungsbereichen eingenommen sind, d.h., T_1 sperrt und T_2 ist gesättigt leitend (Phase 5). Die Kapazität C_{K21} muß sich aber noch vom Anfangswert $U_{B1}-U_{BEsatt1}$ auf den neuen Spannungsendwert $U_{CEsatt2}+U_{BEsperr1}$ ($U_{BEsperr1}<0$) über den Spannungsteiler R_{K21} und R_{B1} entladen. Dies geschieht mit der Zeitkonstanten

$$\tau_2 \approx C_{K21}(R_{B1} R_{K21})/(R_{B1}+R_{K21}). \tag{7.50}$$

Bei symmetrischem Schaltungsaufbau können die Indices fortgelassen werden, so daß $\tau_2 \approx C_K(R_B R_K)/(R_B+R_K)$ wird. Bis die Basis-Emitter-Spannung $u_{BE1}(t)$ ungefähr ihren stationären Endwert von $U_{BEsperr1}$ erreicht hat, vergeht ein Mehrfaches der Zeitkonstanten τ_2. Man kann abschätzen, daß z.B. nach $3\tau_2$ die bistabile Kippstufe wieder vollständig auslösebereit ist. Damit läßt sich die Erholzeit als

$$t_{erh} = 3\tau_2 \tag{7.51}$$

einführen. Die maximale Frequenz, mit der die bistabile Grundschaltung umgeschaltet werden kann, wird durch die Übergangszeit $t_{ü}$ und die Erholzeit t_{erh} bestimmt. Dabei hängt die Übergangszeit von den Schaltzeiten der Transistoren und diese wiederum vom Grad der Übersteuerung der Transistoren ab (s. Abschn. 6.2.2). Die Erholzeit dagegen geht auf die äußere Beschaltung der Transistoren zurück. So läßt sich für die bistabile Grundschaltung die maximal mögliche Umschaltfrequenz

$$f_{U,max} \approx 1/(t_{ü} + t_{erh}) \tag{7.52}$$

als Abschätzung angeben. Üblicherweise ist die Übergangszeit $t_{ü}$ sehr viel kleiner als die Erholzeit t_{erh}, so daß die weitergehende Abschätzung $f_{U,max} \approx 1/t_{erh}$ zulässig ist. Gl. (7.52) gilt nur für die bistabile Grundschaltung; bei anderen bistabilen Kippschaltungen wird die maximale Umschaltfrequenz noch durch die Art der Impulsansteuerung (Triggerung) bestimmt. Außerdem kann bei schnellen Schalttransistoren die Übergangszeit gegenüber der Erholzeit vernachlässigt werden. Aus Gl. (7.50) bis (7.52) erkennt man, daß man die Beschleunigungskapazitäten C_{K12} und C_{K21} nicht beliebig groß machen darf, da dann die maximale Umschaltfrequenz $f_{U,max}$ zu stark sinkt, obwohl große Werte für C_{K12} und C_{K21} beim Umschalten durch einen Basisstromstoß für eine schnelle Umsteuerung des jeweils gesperrten Transistors sorgen. Beim praktischen Schaltungsentwurf ist hierbei ein geeigneter Kompromiß zu finden. Die Kapazität des Beschleunigungskondensators kann jedoch erfahrungsgemäß wie folgt abgeschätzt werden:

$$C_K \approx 2/(\omega_\alpha R_C) = 1/(\pi f_\alpha R_C). \tag{7.53}$$

Danach hängt der Wert für C_K vom Kollektorwiderstand R_C und der Grenzfrequenz f_α des Transistors in Basisschaltung ab.
Eine exakte Berechnung der einzelnen Zeitabschnitte des gesamten Umschaltvorgangs erweist sich sehr komplex, da sich die inneren Widerstände und Kapazitäten der Transistoren während des Kippvorgangs in weiten Bereichen ändern.

7.3.1.2 Schaltungen. Bistabile Kippschaltungen können entweder ereignisgesteuert und damit unabhängig von einem zeitlichen Raster im asynchronen Betrieb oder nur zu bestimmten Zeiten im taktgesteuerten Betrieb durch Impulse umgesteuert werden. Tafel 7.70 gibt eine Übersicht über bistabile Kippschaltungen im asynchronen und taktgesteuerten Betrieb. Im folgenden werden einfache Flipflop-Arten behandelt, die sich bei der Realisierung in integrierter Schaltkreistechnik (*IS*) ergeben.

Die bistabile Grundschaltung nach Bild 7.67 besteht aus zwei Inverterstufen. Daher ergeben sich für den Aufbau bistabiler Kippschaltungen mehrere Mög-

Tafel 7.70 Einteilung bistabiler Kippschaltungen

- Kippschaltungen
  - Asynchroner Betrieb
  - Taktgesteuerter Betrieb
    - Taktzustandssteuerung
    - Taktflankensteuerung

lichkeiten in integrierter Schaltungstechnik. Dafür stehen z. B. folgende Logikfamilien zur Verfügung: TTL (Transistor-Transistor-Logik), MOS (metal-oxid-semiconductor) und ECL (emitter-coupled-logic). Die TTL-Technik verwendet bipolare Transistoren. Sie hat wegen der verhältnismäßig hohen Verarbeitungsgeschwindigkeit bei durchschnittlichem Integrationsgrad von Gatterfunktionen je Volumeneinheit weite Verbreitung gefunden. Bausteine der MOS-Technik bestehen aus Feldeffekttransistoren (FETs), wobei die jeweiligen Arbeitswiderstände ebenfalls durch FETs dargestellt werden. Besonders niedrige Verlustleistung je Gatterfunktion und damit ein hoher Integrationsgrad ergeben sich bei der Verwendung von komplementären MOS-FETs (CMOS-Technik, s. Abschn. 6.3). Strebt man dagegen hohe Verarbeitungsgeschwindigkeiten bei typischen Werten für Signallaufzeiten unter 1 ns an, so bietet sich dafür die ECL-Technik an, bei der die Übersteuerung von Transistoren systembedingt vermieden wird. Dafür steigt allerdings die Anfälligkeit der ECL-Schaltungen gegenüber Störimpulsen. Wegen der relativ hohen Verlustleistung je Gatterfunktion ist der Integrationsgrad begrenzt. Deshalb werden im folgenden TTL- und CMOS-Schaltungen betrachtet.

Bistabile Kippschaltung mit bipolaren Transistoren. Zunächst soll gezeigt werden, wie die bistabile Grundschaltung nach Bild 7.67 in Richtung auf eine integrierte Schaltung vereinfacht werden kann mit dem Ziel, alle Bauelemente nach Möglichkeit durch Transistorfunktionen mit bipolaren Transistoren zu ersetzen. Bild 7.71 zeigt eine solche vereinfachte Schaltung, in der die Kopp-

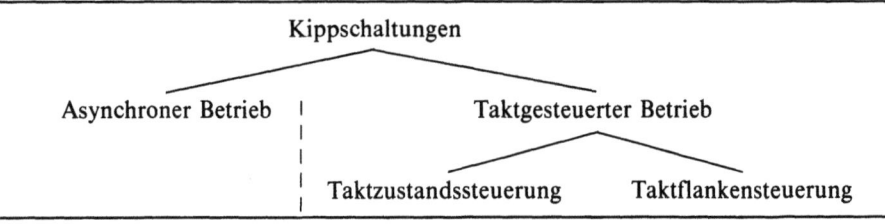

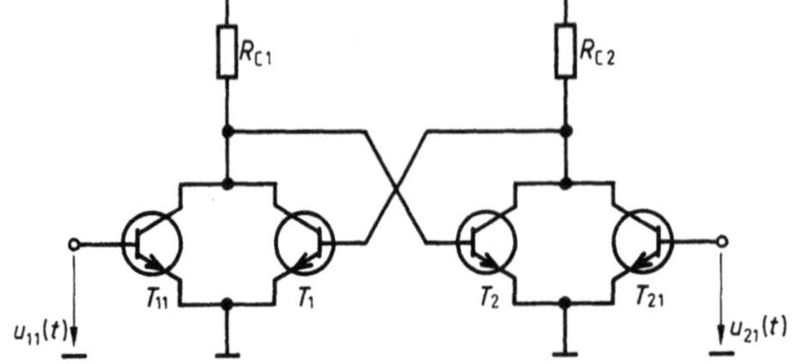

7.71
Vereinfachte Schaltung einer bistabilen Kippstufe

lungswiderstände zwischen Kollektor des einen und Basis des anderen Transistors fortgelassen sind. Dies ist dann möglich, wenn die Kollektor-Emitter-Sättigungsspannung der verwendeten Transistoren kleiner als die Basis-Emitter-Spannung im leitenden Zustand ist. Bei Silicium-Planar-Transistoren ist diese Voraussetzung wegen $U_{CE\,satt} \approx 0{,}2$ V und $U_{BE\,satt} \approx 0{,}7$ V erfüllt. Die Ansteuerung der bistabilen Kippstufe, bestehend aus T_1 und T_2, wird durch zusätzliche Transistoren T_{11} und T_{21} bewirkt. Nimmt man z. B. als Vorzustand an, daß der Transistor T_1 sperrt und T_2 leitet, und betrachtet die Wirkung eines positiven Impulses an der Basis des Ansteuertransistors T_{11}, so wird T_2 gesperrt und macht mit seinem hohen Kollektorpotential von $\approx +U_B$ den Transistor T_1 leitend. Die niedrige Kollektorspannung $U_{CE\,satt\,1} \approx 0{,}2$ V von T_1 fixiert den neuen Betriebszustand an der Basis des nun sperrenden Transistors T_2. Stellt man die Kollektorwiderstände R_{C1} und R_{C2} noch durch Transistorkombinationen dar, so ergibt sich damit eine Möglichkeit, die Schaltung in integrierter Schaltkreistechnik auszuführen, in der man PN-Übergänge einfacher als ohmsche Widerstände erzeugen kann.

Bistabile Kippstufe mit P-Kanal-MOS-FETs. Eine weitere Möglichkeit, eine bistabile Kippstufe mit P-Kanal-MOS-FETs als integrierte Schaltung aufzubauen, zeigt Bild 7.72. Die bistabile Grundschaltung besteht aus den FETs T_{11} und T_{21} mit den Ansteuertransistoren T_{12} und T_{22}. Die Transistoren T_{13} und T_{23} bilden die Arbeitswiderstände. Zu Beginn der Betrachtung sollen die Transistoren T_{11} leiten, T_{21} sperren und die Ansteuertransistoren T_{12} und T_{22} ebenfalls sperren. Ein positiver Ansteuerimpuls am Gate von T_{12} macht diesen leitend und zieht das Gatepotential von T_{21} nach Masse. Dadurch sperrt T_{21}, so daß das hohe Drainpotential von T_{21} den FET T_{11} leitend macht. Das Auftreten eines Impulses am Gate von T_{12} wurde damit gespeichert. Der Betriebszustand der bistabilen Kippschaltung verändert sich erst wieder, wenn auf den Gateeingang von T_{22} ein gleichartiger Impuls gegeben wird. Diese Bauform von bistabilen Kippschaltungen in MOS-Technik wird bevorzugt bei integrierten Halbleiterspeichern eingesetzt.

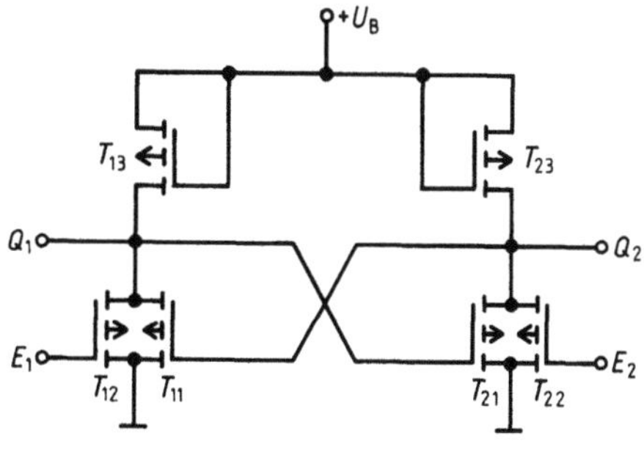

7.72 Bistabile Kippstufe mit P-Kanal-MOS-FETs

Asynchroner Rückstell-Setz-Flipflop. Aus NAND- und NOR-Gattern mit mindestens zwei Eingängen lassen sich einfache bistabile Kippschaltungen mit zwei Eingängen E_1 und E_2 und zwei Ausgängen Q_1 und Q_2 aufbauen. Bild 7.73 zeigt jeweils die Grundschaltung bestehend aus zwei Gattern und die zugehörige Analysetabelle. Für die Zeilen der Analysetabellen, die mit einem Stern (*) markiert sind, weisen beide Schaltungen Rückstell-Setz-Verhalten auf.

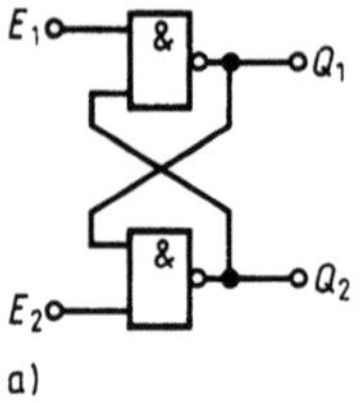

a)

b)

	E_1	E_2	Q_1^n	Q_1^{n+1}	Q_2^{n+1}
	0	0	0	1	1
	0	0	1	1	1
*	0	1	0	1	0
*	0	1	1	1	0
*	1	0	0	0	1
*	1	0	1	0	1
	1	1	0	0	1
	1	1	1	1	0

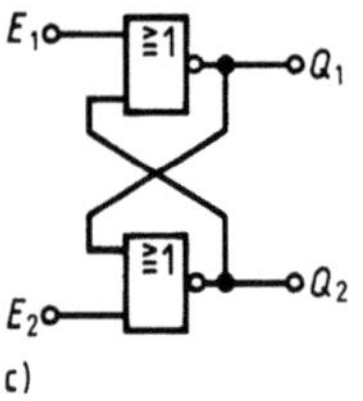

c)

d)

	E_1	E_2	Q_1^n	Q_1^{n+1}	Q_2^{n+1}
	0	0	0	0	1
	0	0	1	1	0
*	0	1	0	1	0
*	0	1	1	1	0
*	1	0	0	0	1
*	1	0	1	0	1
	1	1	0	0	0
	1	1	1	0	0

7.73
Bistabile Kippstufen bestehend aus NAND-Gattern (a) und NOR-Gattern (c) mit den zugeordneten Analysetabellen (b) und (d)

Sobald einer der Eingänge in der Schaltung nach Bild 7.73a auf log. 0 gelegt wird, nimmt der zugeordnete Ausgang ohne Rücksicht auf den Vorzustand Q^n den Folgezustand $Q^{n+1}=1$ ein. Die bistabile Kippschaltung kann am Ausgang Q_1 durch den Eingang E_1 auf log. 1 gesetzt werden (engl. to set = setzen), durch den Eingang E_2 am Ausgang Q_1 auf log. 0 zurückgestellt werden (engl. to reset = zurückstellen). Wegen der Ansteuerung mit einem 0-Signal werden den Eingängen die Bezeichnungen $\overline{S}=E_1$ und $\overline{R}=E_2$ zugeordnet[1]). Die Arbeitsweise solcher Flipflop-Schaltungen wird als a s y n c h r o n und damit diese Flipflops als a s y n c h r o n e R ü c k s t e l l - S e t z - F l i p f l o p s bezeichnet, da die Informationsübernahme ereignisgesteuert abläuft und nicht an ein vorgegebenes zeitliches Raster gebunden ist.

Taktsteuerung bei Flipflops. Taktgesteuerter Betrieb von bistabilen Kippschaltungen liegt vor, wenn die an den Eingängen anliegende Information nur dann übernommen wird, wenn zeitgleich ein Taktimpuls an einem speziellen Steuereingang für Taktimpulse auftritt. Taktimpulse[2]) können hinsichtlich Polarität, Impulsform, Impulsdauer und Wirkungsrichtung bewertet werden. Meist benutzt man als Taktimpulse Rechteck- oder Nadelimpulse. Die Impulsdauer τ_i muß mindestens so groß sein, daß der Kippvorgang eingeleitet wird und sich die bistabile Kippstufe in der neuen betrieblichen Lage halten kann. Für die Wirkungsrichtung von Taktimpulsen bestehen zwei Möglichkeiten: Ein Impuls

[1]) Weiterführende Darstellungen zum Schaltablauf von bistabilen Kippstufen finden sich in Band X.

[2]) In Schaltungen werden Taktimpulse vielfach mit T (engl. trigger = Auslöser) bezeichnet; auch die Bezeichnung Triggerimpulse ist üblich.

kann entweder einen Transistor vom sperrenden in den leitenden Zustand oder vom leitenden in den sperrenden Zustand überführen. Wegen der erforderlichen Umsteuerungsenergie sind solche Impulse ungünstig, die Transistoren vom sperrenden in den leitenden Zustand umschalten sollen.

Der Vorteil des taktgesteuerten Betriebes bei der Informationsübernahme und -speicherung besteht in einem gewissen Schutz gegenüber Störimpulsen (engl. spikes = Nadelimpulse als Bestandteil von Störsignalen), da alle Störimpulse zwischen zwei Taktimpulsen nicht zu einer Informationsübernahme führen können. Der genaue Zeitpunkt der Informationsübernahme während der Anwesenheit des Taktimpulses kann entweder an einen Taktzustand (0- oder 1-Signal) oder an eine Taktflanke (ansteigende oder abfallende Flanke) gebunden sein. In Tafel 7.70 werden daher auch die Taktzustandssteuerung und die Taktflankensteuerung unterschieden. Taktzustandssteuerung liegt vor, wenn die Informationseingänge so lange auf die bistabile Kippstufe einwirken, wie der wirksame Taktzustand am Takteingang ansteht. Eine ggf. auftretende Änderung an den Informationseingängen während des wirksamen Taktzustandes wird von der Kippschaltung noch übernommen. Bei der Taktflankensteuerung werden die Informationen von den Eingängen nur während der Änderung des Taktsignals (ansteigende oder abfallende Flanke) übernommen. Anhand von zwei Impulsdiagrammen soll die unterschiedliche Arbeitsweise bei der Taktzustands- und Taktflankensteuerung an einem Rückstell-Setz-Flipflop veranschaulicht werden (Bild 7.74a bis d und e bis h).

Bei der Taktzustandssteuerung wird für ein rechteckförmiges Taktsignal $C(t)$ (Bild 7.74a) die Setzinformation $S(t)=1$ (Bild 7.74b) an den Ausgang Q_1 übernommen (Bild 7.74d), sobald das Signal $C=1$ ist. Wird während des wirksamen Taktzustandes ($C=1$) die Rückstellinformation $R=1$ (Bild 7.74c), so wird der Ausgang Q_1 wieder auf log. 0 zurückgestellt.

Bei der Taktflankensteuerung kann eine Informationsübernahme nur während einer Taktflanke stattfinden. In Bild 7.74e ist deshalb die ansteigende Flanke durch einen Pfeil markiert worden. Trifft die Taktflanke mit der an einem Informationseingang anliegenden Information log. 1 zeitlich zusammen, so wird die entsprechende Reaktion am Ausgang Q_1 bewirkt. Für ein Signal nach Bild 7.74f wird zum Zeitpunkt der ansteigenden Flanke der Ausgang auf $Q_1=1$ gesetzt. Später noch eintreffende Informationen wie z. B. die Information $R(t)$ in Bild 7.74g beeinflussen den Schaltzustand der bistabilen Kippschaltung nicht mehr. Der Ausgang Q_1 bleibt für $t \geqq t_0$ solange auf $Q_1=1$, bis am Takteingang wieder eine ansteigende Flanke auftritt. Ein entsprechendes Impulsdiagramm kann für eine Informationsübernahme auf der negativen Flanke des Taktsignals angegeben werden. Während eine Taktzustandssteuerung einfach dadurch bewirkt wird, daß man das Taktsignal C mit einem Informationseingang statisch mit einer Gatterschaltung (z. B. UND-Gatter) verknüpft, ist eine Taktflankensteuerung nur mit Hilfe von dynamischen Takteingängen zu erreichen.

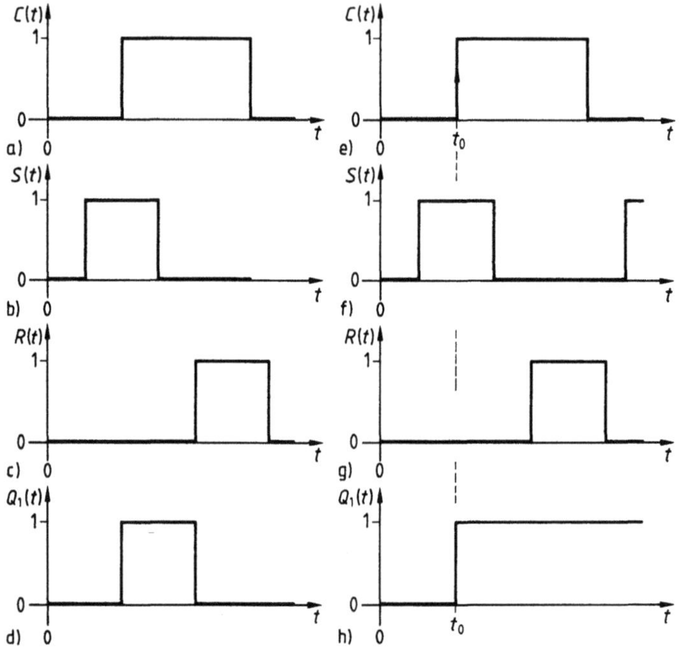

7.74 Impulsdiagramme für einen Rückstell-Setz-Flipflop bei Taktzustandssteuerung (a bis d) und Taktflankensteuerung (e bis h)

Ein dynamisch wirkender Takteingang entsteht dadurch, daß man z. B. ein vorgegebenes Rechtecksignal als Taktsignal mit einer CR-Kombination differenziert. Dabei entstehen je ein positiver und ein negativer Nadelimpuls. Durch eine nachgeschaltete Begrenzerdiode D kann ausgewählt werden, welcher Nadelimpuls zur Ansteuerung der Transistoren einer bistabilen Kippschaltung weiter verwendet werden soll (Bild 7.75). Die dargestellte Schaltung eignet sich zum Aufbau von bistabilen Kippschaltungen mit diskreten Bauelementen, jedoch weniger für die integrierte Schaltkreistechnik wegen der dann zu realisierenden Kapazität.

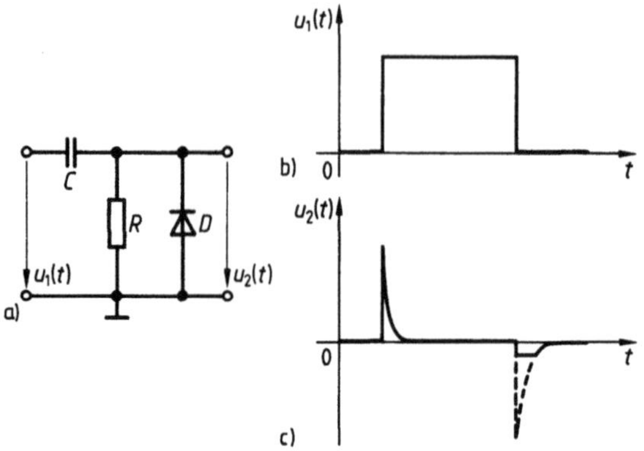

7.75
Ableitung eines einseitigen Nadelimpulses (c) aus einem Rechtecksignal (b) mit einer Differenzierschaltung (a) mit nachfolgender Begrenzung negativer Ausgangssignale

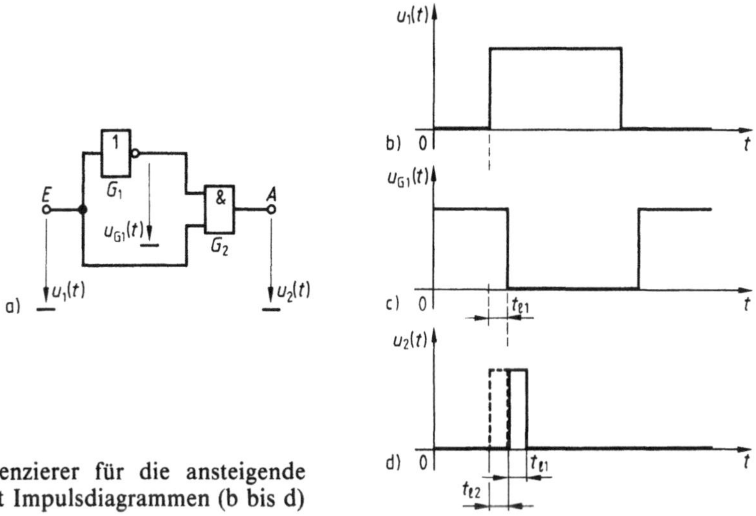

7.76
Laufzeitdifferenzierer für die ansteigende Flanke (a) mit Impulsdiagrammen (b bis d)

Um von Amplitudenwerten des zu differenzierenden Signals sowie von auftretenden Zeitkonstanten unabhängig zu sein, kann man mit Hilfe einer einfachen Gatterschaltung einen Differenzierer nachbilden. Dazu nutzt man die Signallaufzeit durch ein Gatter. Bild 7.76a zeigt einen sog. Laufzeitdifferenzierer bestehend aus einem NAND-Gatter G_1 und einem UND-Gatter G_2. Das Eingangssignal $u_1(t)$ in Bild 7.76b erscheint am Ausgang von G_1 invertiert mit einem zeitlichen Versatz um die Laufzeit t_{t1} durch das Gatter G_1 (Bild 7.76c). Verknüpft man das Eingangssignal $u_1(t)$ mit dem negierten Signal $u_{G1}(t)$ unter der Annahme einer verzögerungsfreien UND-Schaltung, so entsteht der gestrichelte Verlauf der Ausgangsspannung in Bild 7.76d. Da jedoch das UND-Gatter auch eine endliche Laufzeit t_{t2} aufweist, wird das Ausgangssignal nochmals um die Zeit t_{t2} versetzt. Man erhält so einen „differenzierten" Impuls als Rechteckimpuls mit der systemeigenen Amplitude für log. 1 und einer Dauer von t_{t1} verschoben um die Zeit t_{t2}. Bei der TTL-Technik beträgt die typische Gatterlaufzeit etwa (20...25) ns.

Anwendung. Bild 7.77 zeigt eine Schaltung zur Störbefreiung eines vom Eingang E an den Ausgang A zu leitenden Impulses. Solche Schaltungen werden z. B. bei der Übernahme eines Interruptsignals in einem Mikroprozessor eingesetzt [46]. Eine Programmunterbrechung soll nur dann eingeleitet werden, wenn das Signal an E ein erwartetes Signal von vorgegebener Impulsdauer ist. Dazu wird das Eingangssignal sowohl auf den

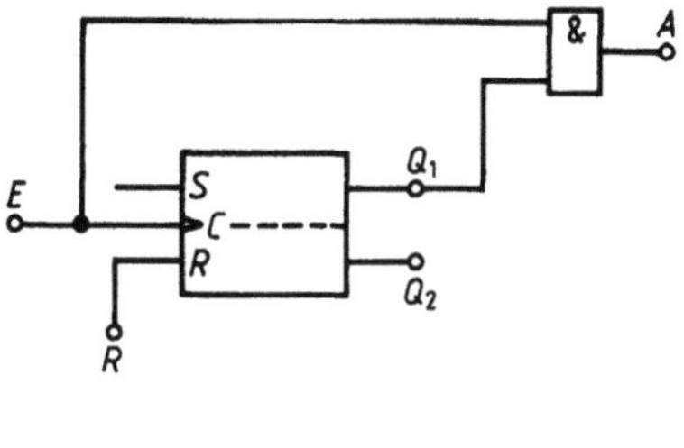

7.77
Schaltung zur definierten Impulsübernahme von E nach A zur Störimpulsunterdrükkung

Eingang des UND-Gatters als auch auf den Takteingang eines Flipflops gegeben. Nach dem letzten behandelten Interrupt wird vorbereitend der Flipflop über den Reseteingang zurückgestellt. Wenn der im Eingang eintreffende Impuls nicht die Setz- und Haltezeitbedingung erfüllt, so wird der Flipflop nicht gesetzt. Solche Impulse können dann das UND-Gatter nicht passieren. Auf diese Weise erreicht man, daß eine Interruptbehandlung nicht durch nadelförmige Störsignale ausgelöst wird.

7.3.2 Monostabile Kippstufen

Eine monostabile Kippstufe ist eine rückgekoppelte binäre Schaltung, die zwei Betriebszustände annehmen kann. Von diesen beiden Zuständen ist nur ein Zustand stabil, der andere Zustand ist quasistabil und kann nur für einen begrenzten Zeitraum, die Verweilzeit T, angenommen werden. Diese Schaltung wird auch als Monoflop bezeichnet. Wird die monostabile Kippschaltung durch einen eingangsseitigen Triggerimpuls aus dem stabilen Grundzustand in den quasistabilen Zustand gebracht, so kippt sie nach Ablauf der Verweilzeit T selbständig in den stabilen Grundzustand zurück. Das monostabile Verhalten dieser Schaltung wird durch eine zeitabhängige, kapazitive und eine zeitunabhängige, ohmsche Rückführung nach Tafel 7.66 bewirkt. Die zeitabhängige Rückführung kann entweder als Differenzierglied oder als Verzögerungsglied ausgeführt werden (s. Band X). Abhängig von der Dimensionierung des Kopplungsgliedes aus R_T und C_T kann der von außen angeregte quasistabile Betriebszustand für eine definierte Zeit T aufrechterhalten werden. Die monostabile Kippstufe wird in der Impulstechnik zur Erzeugung von Rechteckimpulsen aus schmalen oder zeitlich unregelmäßig verlaufenden Impulsen benutzt, wobei die Verweildauer T keine Funktion der Impulsdauer des Triggersignals ist. Eine andere Anwendung besteht darin, Impulsflanken zeitlich zu verzögern. Die zunehmende Integration von Gatterfunktionen in einem integrierten Schaltkreis bei gleichzeitig sinkenden Herstellkosten hat heute bereits dazu geführt, daß man in industriellen Anwenderschaltungen die Funktion einer monostabilen Kippstufe zum Aufziehen eines Zeitabschnittes durch einen Vorwahlzähler ersetzt, der durch einen auf der Baugruppe meist schon vorhandenen Taktgenerator bis zur eingestellten Vorwahl hochgezählt wird.

7.3.2.1 Wirkungsweise. Die Funktion einer monostabilen Kippschaltung wird am besten anhand einer diskreten Transistorschaltung erläutert. Bild 7.78a zeigt eine Transistorschaltung und die Teilbilder b bis e die zugehörigen zeitlichen Verläufe der Basis-Emitter- und Kollektor-Emitter-Spannungen der Transistoren T_1 und T_2. Bei geeigneter Dimensionierung sind die Transistoren T_1 leitend und T_2 sperrend. Im Ruhezustand befindet sich der rechte Belag der Kapazität C_T auf $\approx +U_{B1}$ (T_2 sperrt) und der linke Belag auf $u_{BE1satt}$ (T_1 leitend). Für $U_{BE1satt} \ll U_{B1}$ ist damit die Kapazität C_T auf $\approx U_{B1}$ aufgeladen. In

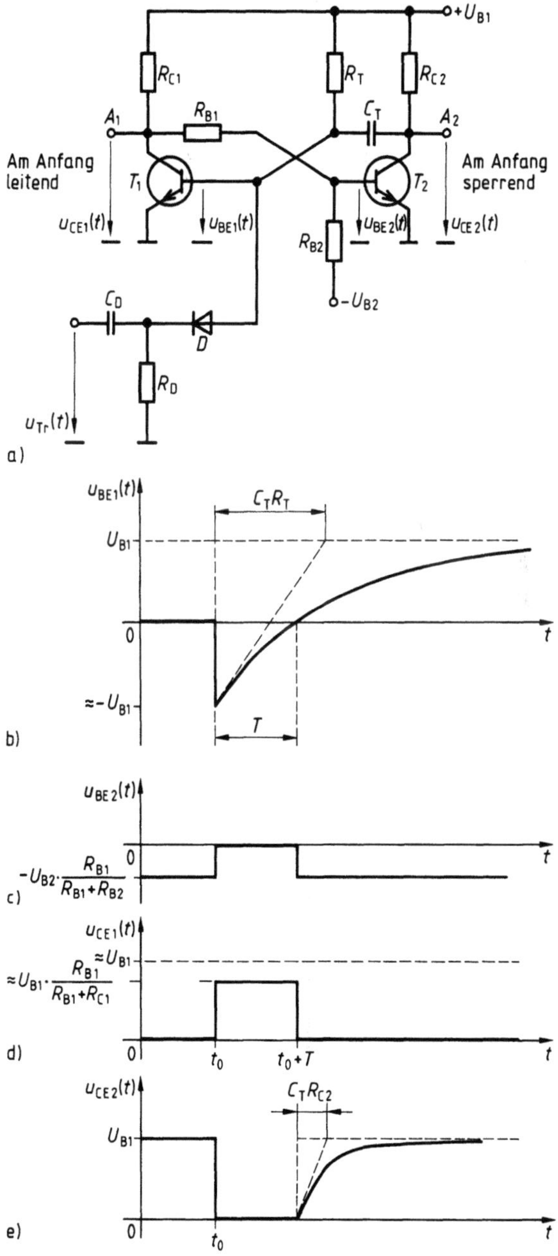

7.78
Monostabile Kippstufe mit diskreten Bauelementen und dynamischer Ansteuerung über das Differenzierglied C_D, R_D und die Diode D (*a*), Impulsdiagramm der monostabilen Kippstufe mit den zeitlichen Verläufen von $u_{BE1}(t)$ (b), $u_{BE2}(t)$ (c), $u_{CE1}(t)$ (d), $u_{CE2}(t)$ (e)

der Schaltung nach Bild 7.78a ist eine dynamische Ansteuerung mit dem Differenzierglied bestehend aus C_D und R_D vorgesehen. Ein Rechtecksignal am Eingang wird durch die Differenzierschaltung in einen positiven und einen negativen Nadelimpuls umgesetzt. Die nachfolgende Diode D läßt nur den negativen Nadelimpuls an der Basis von T_1 sperrend wirksam werden. Wenn T_1

zum Zeitpunkt $t=t_0$ in den sperrenden Zustand übergeht, steigt die Spannung u_{CE1} sprungartig auf $\approx U_{B1} R_{B1}/(R_{B1}+R_{C1})$ an (Bild 7.78d). Durch die ohmsche Kopplung R_{B1}, R_{B2} wird dieser Spannungsanstieg auf die Basis von T_2 übertragen (Bild 7.78c). Dadurch wird der Transistor T_2 nahezu sprungartig leitend, so daß die Spannung $u_{CE2}(t)$ auf etwa 0 V abfällt (Bild 7.78e). Da sich die Spannung über der Kapazität C_T nicht sprunghaft ändern kann, sinkt das Potential der linken Seite der Kapazität auf $\approx -U_{B1}$ ab (Bild 7.78b), während das Potential der rechten Seite von C_T auf ≈ 0 V abgefallen ist. Dadurch bleiben T_1 weiterhin sperrend und T_2 leitend. Da der Kollektor von T_2 etwa auf Nullpotential liegt, beginnt eine Umladung der Kapazität C_T über den Widerstand R_T. Dabei wird die Kapazität C_T zunächst entladen und dann weiter in entgegengesetzter Richtung so aufgeladen, daß das Potential am Kollektor von T_2 etwa 0 V beträgt und das Potential an der Basis von T_1 in Richtung auf $+U_{B1}$ hochläuft. Damit nimmt die Spannung $u_{BE1}(t)$ ebenfalls nach einer Exponentialfunktion zu. Die Umladung der Kapazität C_T während der Verweildauer T verläuft von $\approx -U_{B1}$ in Richtung auf $+U_{B1}$ mit der Zeitkonstanten $\tau_T = R_T C_T$. Der zeitliche Verlauf der Spannung $u_{BE1}(t)$ kann als

$$u_{BE1}(t) = U_{B1}(1-2\,e^{-(t-t_0)/\tau_T}) \tag{7.54}$$

angegeben werden. Vernachlässigt man die Basis-Emitter-Durchlaßspannungen der Transistoren gegenüber der Versorgungsspannung $+U_{B1}$, so wird der Transistor T_1 bei $u_{BE1} \approx 0$ V wieder leitend, so daß die Kollektor-Emitter-Spannung von T_1 auf $u_{CE1} \approx 0$ V abfällt. Aus Gl. (7.54) mit der Bedingung $u_{BE1}=0$ zur Zeit $t=t_0+T$ ermittelt man die Verweilzeit

$$T = \tau_T \ln 2 = R_T C_T \ln 2 \approx 0{,}69\, R_T C_T\,. \tag{7.55}$$

Ist T_1 wieder leitend geworden, wird T_2 über die ohmsche Kopplung wieder gesperrt. Am Kollektor von T_2 tritt jedoch kein Spannungssprung auf $\approx +U_{B1}$ auf, da nach dem Sperren von T_2 noch ein Ladestrom über R_{C2}, C_T und die Basis-Emitter-Strecke von T_1 fließt. Daher verläuft die ansteigende Flanke von $u_{CE2}(t)$ für $t \geqq t_0+T$ mit der Zeitkonstanten $\tau_{an} \approx C_T R_{C2}$ (Bild 7.78e). Die monostabile Kippschaltung kehrt damit nach der Verweildauer T in den stabilen Betriebszustand zurück, in dem T_1 leitend und T_2 sperrt. Nach dem Zurückkippen in den stabilen Betriebszustand vergeht noch die sog. Erholzeit, bis die stationären Spannungs- und Stromendwerte wieder erreicht werden und die monostabile Kippschaltung wieder mit Sicherheit auslösebereit ist. Diese Erholzeit ist normalerweise sehr viel kleiner als die Verweilzeit T und kann als

$$t_{erh} \approx (4\ldots5)\,\tau_{an} \tag{7.56}$$

abgeschätzt werden.

Monostabile Kippstufen können hinsichtlich der Triggerbarkeit unterschiedlich entworfen werden: Man unterscheidet nicht-triggerbare (engl. non-retriggerable) und nachtriggerbare (engl. retriggerable) monostabile Kippstufen. Bild 7.79 zeigt die entsprechenden Schaltzeichen. Die Ziffer 1 im Schaltzeichen weist darauf hin, daß die Schaltung nach Triggerung nur einen Rechteckimpuls abgibt, eine Nachtriggerung also nicht möglich ist.

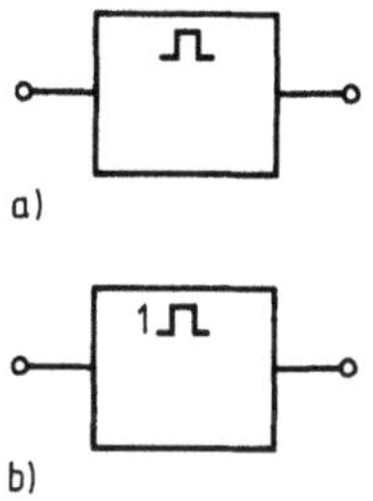

7.79 Schaltzeichen, während des Ausgangsimpulses nachtriggerbar (a), nicht-nachtriggerbar (b)

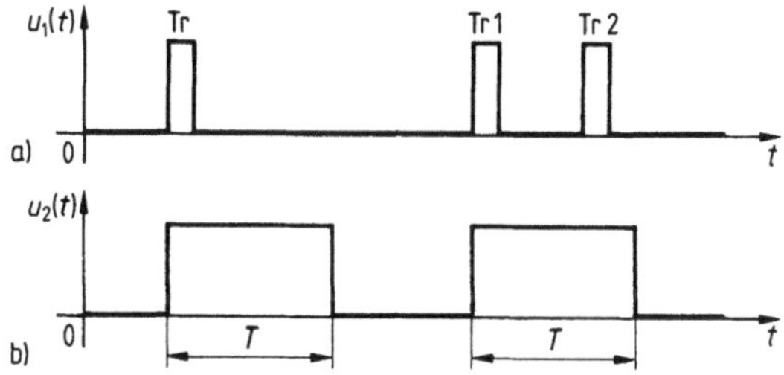

7.80 Impulsdiagramm für eine nicht-nachtriggerbare monostabile Kippstufe, Eingangssignal $u_1(t)$ mit den Triggerimpulsen Tr bzw. Tr1 und Tr2 (a), zeitlicher Verlauf des Ausgangssignals $u_2(t)$ (b)

Nicht-nachtriggerbare monostabile Kippstufe. Die Arbeitsweise einer nicht-nachtriggerbaren monostabilen Kippstufe wird durch das Impulsdiagramm in Bild 7.80 veranschaulicht. Ein Triggerimpuls Tr am Eingang verursacht einen Rechteckimpuls der Dauer T am Ausgang. Eine Nachtriggerung durch einen Impuls Tr2 in Folge von Tr1 innerhalb der Verweildauer T bleibt ohne Wirkung.

Anwendung. Macht man die Verweilzeit T im quasistabilen Zustand größer als die Periodendauer einer Impulsfolge, so kann man eine monostabile Kippschaltung zum Zweck der Frequenzteilung einsetzen. Man benutzt dazu nicht-nachtriggerbare monostabile Kippschaltungen. Bild 7.81 zeigt für eine Impulsfolge mit der Periode T_0 an einem Beispiel, wie durch einen eingangsseitigen Rechteckimpuls der Monoflop in die quasistabile Lage gebracht wird und erst für $4\,T_0 < t < 5\,T_0$ in die stabile Lage zurückkehrt. Erst der folgende eingangsseitige Impuls vermag den Monoflop wieder zu aktivieren. Auf diese Weise kann eine Frequenzteilung allerdings bei verändertem Tastgrad realisiert werden. Durch die Variation der Verweilzeit T kann man unterschiedliche, jedoch stets

7.81
Anwendung einer nicht-nachtriggerbaren monostabilen Kippstufe als Frequenzteiler für eine Pulsfolge (a) durch Überdeckung von z.B. 4 Einzelimpulsen durch einen Rechteckimpuls (b)

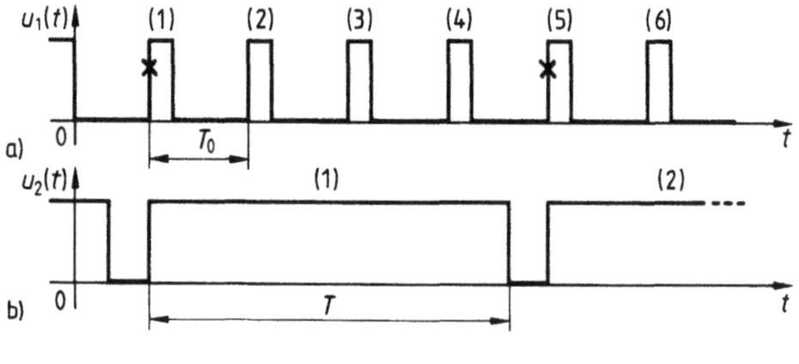

ganzzahlige Teilverhältnisse erreichen. In praktischen Schaltungen geht man jedoch über ein Teilerverhältnis von 1:6 nicht hinaus, da mit wachsender Verweilzeit die elektromagnetische Störbeeinflussung zunehmend wirksam werden kann, so daß ein sicheres Arbeiten der Schaltung nicht mehr gewährleistet ist.

Nachtriggerbare monostabile Kippstufen. Treffen am Eingang einer nachtriggerbaren monostabilen Kippstufe mehrere Triggerimpulse innerhalb der Verweilzeit *T* ein, so bleibt die monostabile Kippstufe beginnend vom zuletzt aufgetretenen Triggerimpuls für die Dauer *T* im quasistabilen Zustand (Bild 7.82).

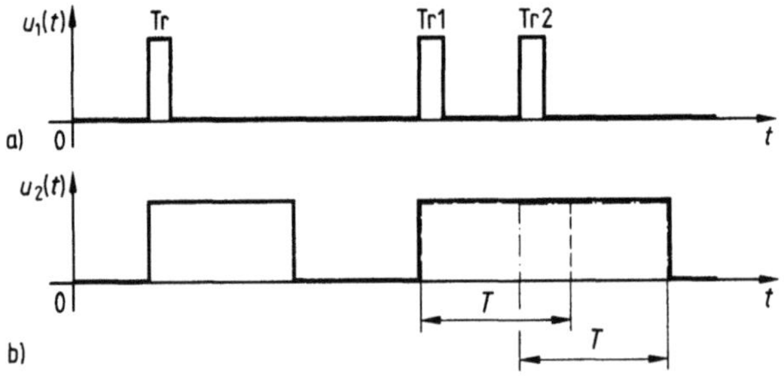

7.82 Impulsdiagramm für eine nachtriggerbare monostabile Kippstufe, Eingangssignal $u_1(t)$ mit einem Triggerimpuls Tr und einer Nachtriggerung durch Tr2 gegenüber Tr1 (a), zeitlicher Verlauf des Ausgangssignals $u_2(t)$ (b)

7.3.2.2 Schaltungen. Im folgenden werden einige Schaltungen erläutert, die mit integrierten Schaltkreisen aufgebaut sind.

Monostabile Kippstufe mit NAND-Gattern. Eine einfache Schaltung für eine monostabile Kippstufe besteht aus zwei TTL-NAND-Gattern G_1 und G_2, die durch ein Zeitglied aus R_T und C_T miteinander verbunden sind. Der Ausgang von Gatter G_2 ist auf den einen Eingang von Gatter G_1 zurückgeführt (Bild 7.83a). Die Schaltung ist weiter dadurch gekennzeichnet, daß keine besonderen Anforderungen an die Flankensteilheit der Triggerimpulse gestellt werden. Im Ruhezustand sollen der Steuereingang und der Ausgang der Schaltung auf log. 1 liegen (stabiler Zustand). Wird die Schaltung getriggert (Übergang auf log. 0), so soll der Ausgang für die Verweildauer *T* auf log. 0 übergehen (quasistabiler Zustand). Diese Zuordnung ist deshalb sinnvoll, da die meisten TTL-Schaltkreise auf den Übergang von log. 1 auf log. 0 reagieren. Der Widerstand R_T ist so zu wählen, daß der aus den Eingängen von G_2 fließende Strom an R_T einen so kleinen Spannungsabfall erzeugt, der noch als log. 0 interpretiert wird. Für TTL-Gatter ist der aus dem Eingang nach Masse fließende Strom dem Betrage nach kleiner als $\approx 1{,}6$ mA. Soll die an R_T abfallende Spannung kleiner als die Schwellspannung U_{thr}[1]) $\approx 1{,}3$ V sein, so beträgt $R_{T\,max} \approx 800\ \Omega$. Dann liegen der Ausgang von G_2 und durch die Rückführung auch der eine Eingang

[1]) Index thr für engl. threshold = Schwelle

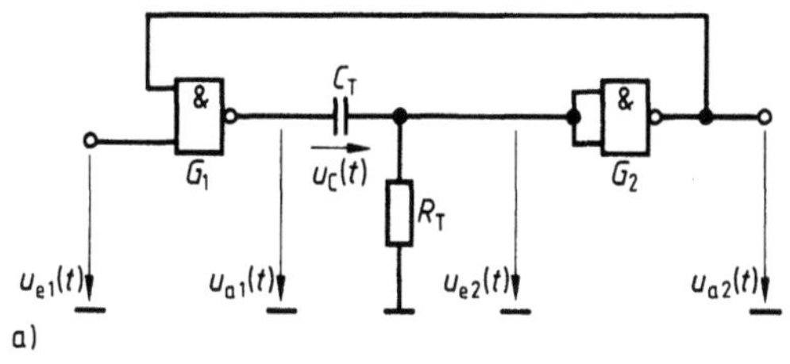

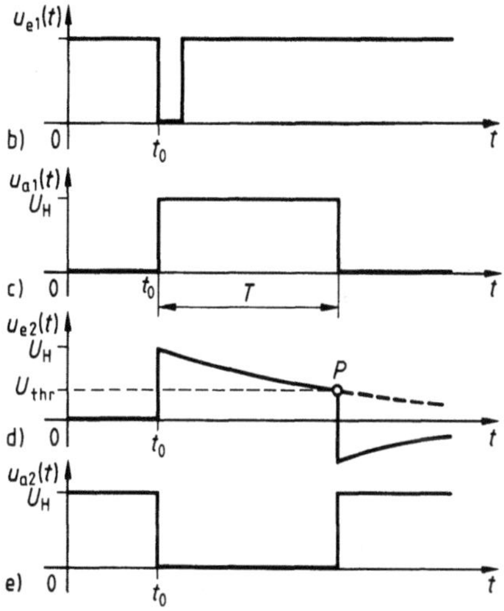

7.83
Monostabile Kippstufe aus zwei NAND-Gattern (a), Impulsdiagramme (b) bis (e)

von G_1 auf log. 1. Liegt der Steuereingang von G_1 im Ruhezustand auf log. 1, so erscheint am Ausgang von G_1 der Zustand log. 0. Damit liegt die Kapazität C_T mit beiden Anschlüssen auf etwa gleichem Potential, das log. 0 entspricht. Die Schaltung nach Bild 7.83 a wird nun dadurch getriggert, daß der Steuereingang von G_1 zur Zeit $t = t_0$ auf log. 0 gelegt wird (Bild 7.83 b). Dadurch springt die Ausgangsspannung von G_1 auf $u_{a1}(t_0) = U_H$ (Index H für High) (Bild 7.83 c). Da die Kapazität C_T nicht beliebig schnell ihre Ladung ändern kann, überträgt sich der Spannungssprung von $u_{a1}(t_0)$ in gleicher Höhe auf den Eingang von G_2 als $u_{e2}(t_0)$ (Bild 7.83 d). Ausgangsseitig schaltet daher G_2 auf $u_{a2}(t_0) = 0$ um (Bild 7.83 e). Der Spannungsumlauf während der Zeit $t_0 \leqq t < t_0 + T$ führt auf

$$u_{a1}(t) = U_H = u_C(t) + u_{e2}(t) . \tag{7.57}$$

Mit $u_C(t) = U_H[1 - e^{-(t-t_0)/\tau_T}]$ erhält man aus Gl. (7.57) den Verlauf der Eingangsspannung

$$u_{e2}(t) = U_H \, e^{-(t-t_0)/\tau_T} . \tag{7.58}$$

Solange $u_{e2}(t)$ größer als die Schwellspannung für TTL-Gatter $U_{thr} \approx 1{,}3$ V (bei 25 °C Umgebungstemperatur) ist, wird die Spannung u_{e2} am Eingang von G_2 als log. 1 interpretiert. Sobald u_{e2} die Schwellspannung erreicht bzw. unterschreitet, wird durch Gatter G_2 die Eingangsspannung als log. 0 bewertet (Umschaltpunkt P in Bild 7.83 d). Dadurch schaltet der Ausgang von G_2 nach der Verweilzeit T wieder in den Ruhezustand (log. 1) zurück. Die Verweildauer T errechnet sich mit der Schwellspannung U_{thr} aus Gl. (7.58) als

$$T = \tau_T \ln\left(\frac{U_H}{U_{thr}}\right) = R_T C_T \ln\left(\frac{U_H}{U_{thr}}\right) . \tag{7.59}$$

Mit den für TTL-Bausteine typischen Spannungswerten von $U_H \approx 4$ V und $U_{thr} \approx 1{,}3$ V kann die Verweildauer T als

$$T \approx 1{,}12\, R_T C_T \tag{7.60}$$

abgeschätzt werden. Die in Bild **7.83** a dargestellte Schaltung ist zwar einfach aufgebaut, aber mit folgenden Nachteilen verknüpft: Aus Gl. (7.59) folgt, daß die Verweilzeit T von den typischen Spannungswerten der TTL-Schaltkreise abhängt. Sowohl die Werte für U_H als auch für U_{thr} sind exemplar- und temperaturabhängig. Dennoch wird die Schaltung vielfach dort eingesetzt, wo es hauptsächlich auf die Erzeugung eines Rechteckimpulses und weniger auf die genaue Einhaltung einer beabsichtigten Verweildauer ankommt.

Monostabile Kippstufen als integrierte TTL-Schaltkreise. Für monostabile Kippstufen gibt es spezielle TTL-Schaltkreise, die nur noch mit einer externen Beschaltung zu versehen sind, um einen Rechteckimpuls vorgegebener Verweildauer T zu erzeugen[1]). Die Innenschaltungen dieser Schaltkreise sind so konzipiert, daß sie weitgehend temperatur- und betriebsspannungsunabhängig arbeiten. Der prozentuale Fehler der Verweildauer, soweit er auf die Eigenschaften des Schaltkreises zurückgeht, beträgt etwa 0,5%. Die Genauigkeit der Verweilzeit hängt somit überwiegend von den Toleranzen der Kapazität C_T und des Widerstandes R_T ab.

Bild **7.84** a zeigt die Schaltung einer nicht-nachtriggerbaren monostabilen Kippstufe. Die Eingänge A_1 und A_2 sind flankengesteuerte Eingänge und triggern die Kippstufe beim Übergang von log. 1 auf log. 0, während der Eingang B auf log. 1 liegt. Der Eingang B ist ein Triggereingang für langsame Signalflanken mit einer Flankensteilheit bis zu 1 V/s und triggert die Kippstufe beim Übergang von log. 0 auf log. 1, während entweder Eingang A_1 oder A_2 auf log. 0 liegt. Einmal getriggert erzeugt der Schaltkreis einen Rechteckimpuls von der Verweildauer

$$T \approx C_T R_T \ln 2 \approx 0{,}7\, C_T R_T\,. \tag{7.61}$$

Die Impulsdauer des Triggerimpulses muß mindestens 30 ns betragen. Für Verweilzeiten $T > 0{,}5$ s empfiehlt sich der Einsatz der Schaltung nach Bild **7.84** b, in der der in den Zeitkreis eingeschaltete NF-Transistor den Widerstand R_T um den Faktor der Gleichstromverstärkung B vergrößert, ohne dabei die Genauigkeit der Verweilzeit herabzusetzen. R_T sollte jedoch aus Gründen der Störbeeinflussung und der Langzeitstabilität des Widerstandswertes kleiner als 1 MΩ sein.

---

[1]) z. B. die Schaltkreise SN 74121 (nicht-nachtriggerbar) und SN 74122 (nachtriggerbar)

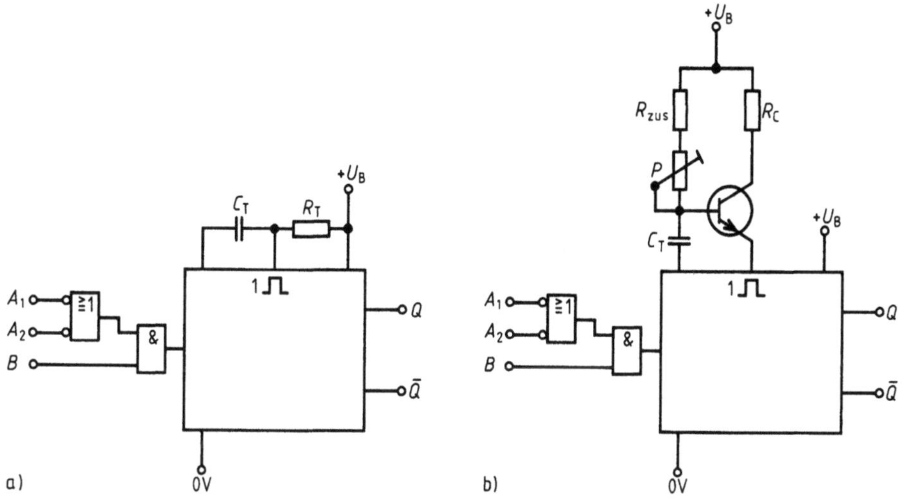

7.84 Schaltung einer nicht-nachtriggerbaren Kippstufe als TTL-Schaltkreis ähnlich SN 74121 (a), Schaltung zur Vergrößerung des wirksamen Widerstandes R_T um den Faktor der Gleichstromverstärkung B (b)

Bild 7.85 a zeigt die Schaltung einer nachtriggerbaren monostabilen Kippstufe. Die A-Eingänge triggern die Kippstufe beim Übergang von log. 1 auf log. 0, während die anderen Eingänge auf log. 1 liegen. Die B-Eingänge triggern die Kippstufe beim Übergang von log. 0 auf log. 1, während die A-Eingänge auf log. 0 und der Rückstelleingang $\bar{R}$ auf log. 1 liegen. Die Kippstufe kann im getriggerten Zustand erneut getriggert werden (Nachtriggerung), so daß die Dauer des Ausgangsimpulses vom zuletzt eingetroffenen Triggerimpuls bestimmt wird. Die Verweildauer kann als

$$T \approx 0{,}3 \frac{R_T}{\mathrm{k\Omega}} \frac{C_T}{\mathrm{pF}} \left(1 + \frac{0{,}7\,\mathrm{k\Omega}}{R_T}\right) \mathrm{ns} \qquad (7.62)$$

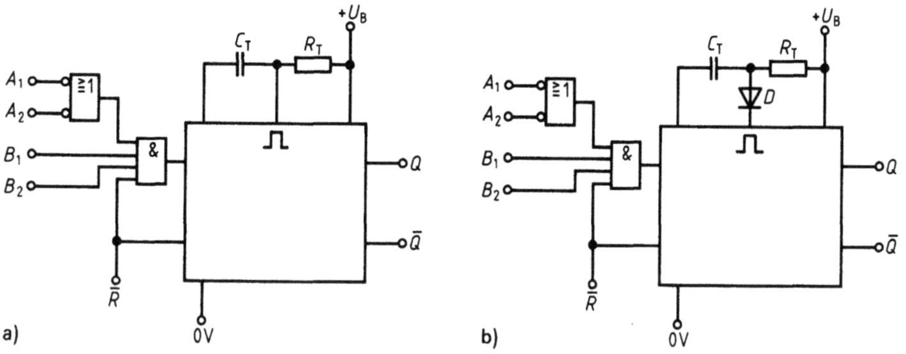

7.85 Innenschaltung einer nachtriggerbaren Kippstufe als TTL-Schaltkreis ähnlich SN 74122 (a), Schaltung mit Schutzdiode (b)

angegeben werden. Dabei sollen die Kapazität $C_T < 1$ nF und $R_T < 50$ kΩ gewählt werden. Für größere Kapazitätswerte empfiehlt sich eine äußere Beschaltung nach Bild 7.85b mit einer zusätzlichen Diode. Bei der beschriebenen externen Beschaltung mit einer Schutzdiode beträgt die Erholzeit $t_{erh} \approx 0{,}5\,T$.

Monostabile Kippstufe in CMOS-Technik. Bild 7.86a zeigt die Innenschaltung einer nachtriggerbaren, rückstellbaren monostabilen Kippstufe in CMOS-Technik [47]. Die Schaltung ist auf der ansteigenden Flanke am Eingang *A* und auf der abfallenden Flanke am Eingang *B* triggerbar. Die Schaltung liefert an den Ausgängen Q bzw. $\overline{Q}$ einen Rechteckimpuls der Verweildauer *T*, die in

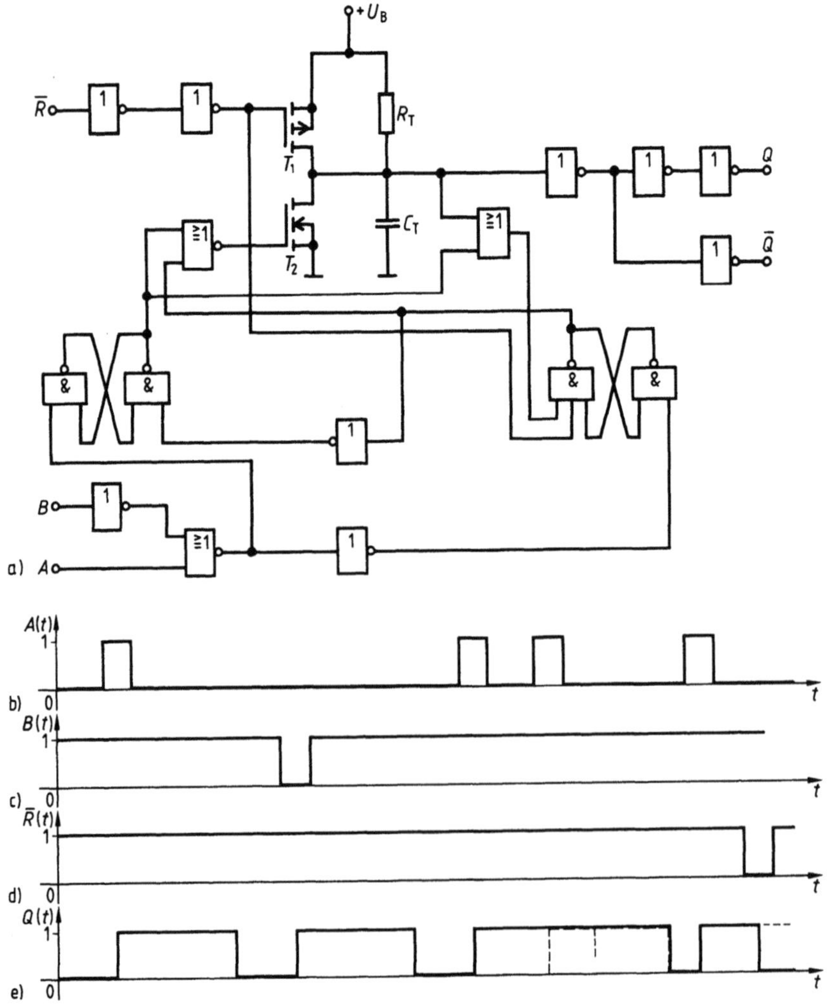

7.86 Innenschaltung einer nachtriggerbaren Kippstufe in CMOS-Technik ähnlich MC 14 528 B (a), Impulsdiagramme mit den Signalverläufen *A*(*t*) (b), *B*(*t*) (c), $\overline{R}(t)$ (d) und *Q*(*t*) (e)

weiten Bereichen recht genau eingestellt werden kann. Die Schaltung besteht im wesentlichen aus einem R_T-C_T-Glied, das durch zwei FETs T_1 und T_2 beeinflußt wird. Der Transistor T_2 wird durch zwei bistabile Schaltwerke so gesteuert, daß nach einer Triggerung die Kapazität C_T mit der sehr kleinen Zeitkonstante $\tau_{entl} = C_T R_{DSon}$ entladen wird, dann T_2 wieder sperrt und anschließend C_T über R_T aufgeladen wird. Der an der Verbindung von R_T und C_T angeschlossene ausgangsseitige Inverter schaltet bei zunehmender Kondensatorspannung bei der Schaltschwelle, die $U_{thr} \approx 0{,}55\, U_B$ beträgt, an seinem Ausgang von log. 1 auf log. 0 um. Solange die Schaltschwelle von U_{thr} noch nicht erreicht ist, kann die Kapazität C_T bei Nachtriggerung nochmals über T_2 entladen werden und die Aufladung von C_T über R_T beginnt erneut. Am Rückstelleingang kann durch $\overline{R} = 0$ am Kondensator C_T über den FET T_1 die Spannung $+U_B$ erzwungen werden, so daß der Ausgang Q auf log. 0 übergeht. Bild **7.**86b bis e zeigt ein Impulsdiagramm für diese CMOS-Schaltung mit Triggerung an den Eingängen A und B, den Fall der Nachtriggerung sowie die Rückstellung.

7.3.3 Astabile Kippstufe

Die astabile Kippstufe ist eine rückgekoppelte binäre Schaltung mit zwei quasistabilen Zuständen, da nach Tafel **7.**66 beide Rückführungen zeitabhängig sind. Die astabile Kippstufe kippt selbständig zwischen beiden Zuständen hin und her, da keiner der Zustände stabil ist. Abhängig von der Dimensionierung der Rückführungen erzeugt die astabile Kippstufe am Ausgang ein periodisches Rechtecksignal der Impulsfolgefrequenz f_0 und des Tastgrades g_0. Die zeitabhängigen Rückführungen können als Differenzierglied oder Verzögerungsglied ausgeführt werden (s. Band X). Die selbstschwingende Kippschaltung dient zur Erzeugung periodischer Rechtecksignale.

7.3.3.1 Wirkungsweise. Die Funktion einer astabilen Kippstufe kann am besten anhand einer Schaltung mit diskreten Bauelementen erläutert werden. Bild **7.**87a zeigt eine einfache astabile Kippschaltung und Bild **7.**87b bis e die Spannungsverläufe an den Transistoren T_1 und T_2. Über die Widerstände R_{T1} und R_{T2} sind die Basisanschlüsse der Transistoren T_1 und T_2 mit der Versorgungsspannung verbunden. Dadurch wird sichergestellt, daß jedem Transistor genügend Basisstrom zugeführt werden kann, um in den aktiven oder sogar in den übersteuerten Betriebszustand zu kommen. Wird die Spannungsversorgung eingeschaltet, so beginnen beide Kollektorströme zu fließen. Da jedoch wegen der Toleranzen der Bauelemente und der verschiedenen Verstärkungseigenschaften der Transistoren T_1 und T_2 vollständige Symmetrie nicht erreicht werden kann, wird der Strom durch einen Transistor, z. B. Transistor T_1, etwas größer sein als der durch T_2. Daher ist dann auch das Kollektorpotential von T_1 etwas niedriger als von T_2. Die Kapazität C_{T1} überträgt diese Potentialabnahme an die Basis von T_2, so daß T_2 noch mehr sperrt. Dadurch erhöht sich

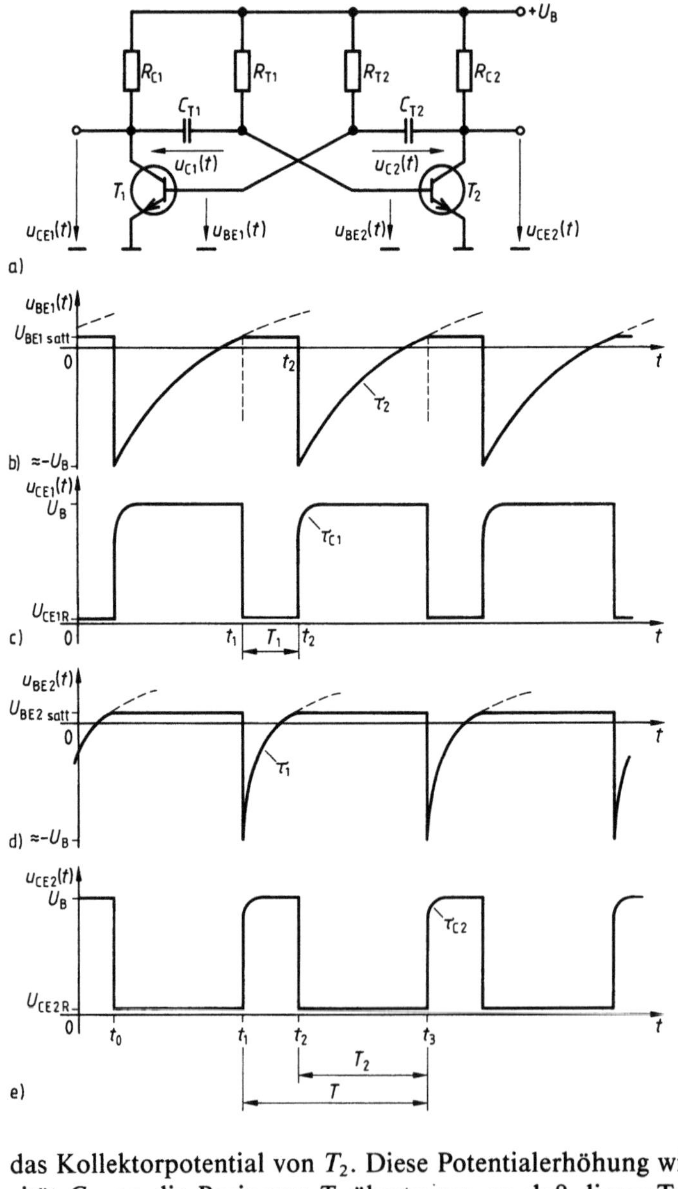

7.87 Grundschaltung einer astabilen Kippstufe mit diskreten Bauelementen (a), Impulsdiagramme (b) bis (e)

das Kollektorpotential von T_2. Diese Potentialerhöhung wird durch die Kapazität C_{T2} an die Basis von T_1 übertragen, so daß dieser Transistor noch mehr leitend wird. Die Änderungen beider Betriebszustände der Transistoren unterstützen sich gegenseitig (Mitkopplung). Dieser Vorgang läuft lawinenartig ab, bis durch T_1 der maximal mögliche Kollektorstrom $I_{C1} \approx U_B/R_{C1}$ fließt und T_2 nahezu sperrt. Die von den Transistoren eingenommenen Betriebszustände sind jedoch nicht stabil, da sich nun die Kapazität C_{T1} über R_{T1} und die Kollektor-Emitter-Strecke von T_1 umzuladen beginnt. Wenn in dieser Schaltung die Einschwingvorgänge bereits abgeschlossen sind, befinden sich während

$t_1 < t \leqq t_2$ z.B. Transistor T_1 im leitenden und Transistor T_2 im sperrenden Zustand (Bild 7.87b bis e). Da T_1 zur Zeit $t = t_1$ leitend wird, nimmt das Kollektorpotential von $+U_B$ auf $U_{CE1R} \approx 0$ ab. Diese Potentialabnahme überträgt sich sprungartig auf die Basis von T_2, da die Kapazität C_{T1} nicht sprunghaft ihre Ladung ändern kann. Daher fällt das Basispotential von T_2 zur Zeit $t = t_1$ etwa auf $-U_B$ ab. Die Kapazität C_{T1} kann nun über den Widerstand R_{T1} und die leitende Kollektor-Emitter-Strecke von T_1 zunächst entladen und dann in Richtung auf den Spannungsendwert $+U_B$ aufgeladen werden. Der Umladevorgang verläuft nach einer Exponentialfunktion mit der Zeitkonstanten $\tau_1 = R_{T1} C_{T1}$, so daß die Basis-Emitter-Spannung von T_2 durch

$$u_{BE2}(t - t_1) \approx -U_B + 2U_B[1 - e^{-(t-t_1)/\tau_1}] \tag{7.63}$$

angenähert werden kann. Erreicht die Spannung $u_{BE2}(t)$ zur Zeit $t = t_2$ den Wert $U_{BE2satt}$, so geht der Transistor T_2 vom sperrenden in den leitenden Zustand über. Für $U_{BE2satt} \leqq U_B$ kann auf die Zeit T_1 (Impulspause für $u_{CE1}(t)$) geschlossen werden. Aus Gl. (7.63) folgt für $t = t_2$

$$u_{BE2}(t_2) \approx 0 \approx -U_B + 2U_B - 2U_B\, e^{-(t_2-t_1)/\tau_1}$$

die Zeit

$$T_1 = t_2 - t_1 \approx \tau_1 \ln 2 = R_{T1} C_{T1} \ln 2\,. \tag{7.64}$$

Die Potentialabnahme am Kollektor von T_2 um $\approx U_B$ wird durch die Kapazität C_{T2} an die Basis von T_1 übertragen, so daß die Spannung an der Basis von T_1 auf $u_{BE1}(t_2) \approx -U_B$ abfällt. Dadurch wird der Transistor T_1 gesperrt und dessen Kollektorspannung $u_{CE1}(t)$ steigt in Richtung auf $+U_B$ an. Dabei ist die Kollektor-Emitter-Strecke von T_1 zwar näherungsweise sofort gesperrt, aber die Kapazität C_{T1} muß sich über R_{C1} mit der Zeitkonstanten $\tau_{C1} = R_{C1} C_{T1}$ erst noch auf den Spannungsendwert $+U_B$ umladen. In gleicher Weise wie C_{T1} lädt sich nun die Kapazität C_{T2} über R_{T2} und die leitende Kollektor-Emitter-Strecke von T_2 mit der Zeitkonstanten $\tau_2 = R_{T2} C_{T2}$ um, so daß die Spannung $u_{BE1}(t)$ während $t_2 < t \leqq t_3$ durch

$$u_{BE1}(t - t_2) \approx -U_B + 2U_B[1 - e^{-(t-t_2)/\tau_2}] \tag{7.65}$$

beschrieben werden kann. Zur Zeit $t = t_3$ wird der Transistor T_1 wieder leitend und Transistor T_2 geht in den sperrenden Zustand über. Dabei ist der Anstieg von $u_{CE2}(t_3)$ durch die Zeitkonstante $\tau_{C2} = R_{C2} C_{T2}$ geprägt. Für die Zeit $(t_3 - t_2)$, in der der Transistor T_2 leitend ist, ergibt sich

$$T_2 = t_3 - t_2 \approx \tau_2 \ln 2 = R_{T2} C_{T2} \ln 2\,. \tag{7.66}$$

Die beschriebenen Kippvorgänge setzen sich periodisch fort, weil es immer wieder zur Umladung der Kapazitäten C_{T1} und C_{T2} kommt. Aus Bild 7.87b bis e kann man ablesen, daß insgesamt vier Zeitkonstanten die Spannungsverläufe beeinflussen: Die Zeitkonstanten $\tau_1 = R_{T1} C_{T1}$ und $\tau_2 = R_{T2} C_{T2}$, die die Zeiten T_1 und T_2 festlegen, und die Zeitkonstanten $\tau_{C1} = R_{C1} C_{T1}$ und $\tau_{C2} = R_{C2} C_{T2}$, die zu einer Verringerung der Flankensteilheit der Ausgangsspannungen $u_{CE1}(t)$ und $u_{CE2}(t)$ führen. Mit T_1 und T_2 liegen die Periodendauer

$$T_0 = T_1 + T_2 \tag{7.67}$$

und damit auch die Impulsfolgefrequenz

$$f_0 = \frac{1}{T_0} = \frac{1}{(R_{T1} C_{T1} + R_{T2} C_{T2}) \ln 2} \tag{7.68}$$

fest. Bei symmetrischem Schaltungsaufbau $R_{T1} = R_{T2} = R_T$ und $C_{T1} = C_{T2} = C_T$ vereinfacht sich die Impulsfolgefrequenz zu

$$f_0 = \frac{1}{2 R_T C_T \ln 2} \approx \frac{1}{1{,}39 R_T C_T}. \tag{7.69}$$

Vergleicht man die zeitlichen Verläufe der Ausgangsspannungen $u_{CE1}(t)$ und $u_{CE2}(t)$, so sind Impulsdauer und Impulspause in beiden Signalen vertauscht. Weiter haben die Ausgangsspannungen keine ideale Rechteckform. Wegen der Zeitkonstanten τ_{C1} und τ_{C2} weisen die ansteigenden Flanken nur endliche Flankensteilheit auf, während die abfallenden Flanken bei hoher Flankensteilheit weitgehend zu der angestrebten Rechteckform beitragen.

Bezüglich des Anschwingverhaltens könnte es dazu kommen, daß beide Transistoren T_1 und T_2 in den übersteuerten Betriebszustand hineinlaufen. Das wäre dann der Fall, wenn die Basis- und Kollektorströme gleichmäßig und zeitgleich anwachsen würden, so daß die astabile Kippstufe an beiden Ausgängen log. 0 aufweist und nicht anschwingt. Dieser unerwünschte Zustand kann dadurch vermieden werden, daß bei aufgetrennter Rückführung die Schleifenverstärkung des dann vorliegenden zweistufigen RC-Verstärkers auf $v_S > 1$ eingestellt wird. Bild 7.88 zeigt das Schaltzeichen für eine astabile Kippstufe.

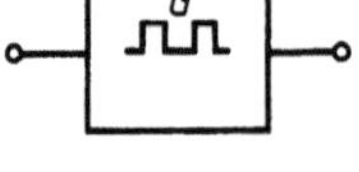

7.88
Schaltzeichen der astabilen Kippstufe

7.3.3.2 Schaltungen. Von den zahlreichen Schaltungsmöglichkeiten für astabile Kippstufen werden die symmetrische und die unsymmetrische Kippstufe mit TTL-NAND-Gattern beschrieben.

Astabile symmetrische Kippstufe. Eine astabile Kippschaltung ist symmetrisch aufgebaut, wenn die Bauelemente der zeitabhängigen Rückführungen paarweise gleich sind ($R_{T1} = R_{T2} = R_T$ und $C_{T1} = C_{T2} = C_T$). Dadurch wird ein perio-

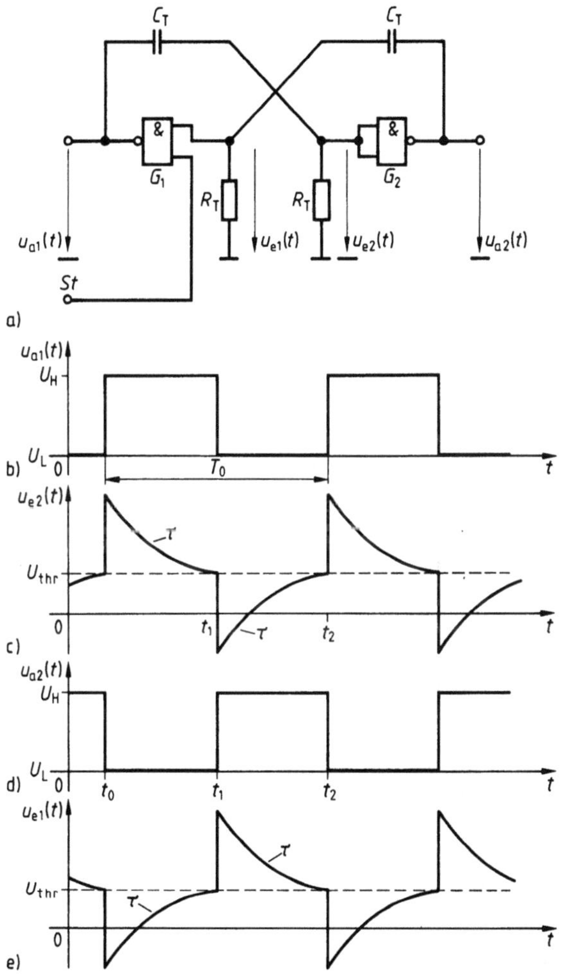

7.89
Astabile symmetrische Kippstufe mit NAND-Gattern (a), Impulsdiagramme (b) bis (e)

disches Rechtecksignal mit dem Tastgrad $g_0 = 0{,}5$ (Impulsdauer: Impulspause = 1:1) erzeugt. Der Aufbau einer solchen Schaltung entspricht der Schaltungsanordnung in Bild 7.87a, nur wurden die Transistorinverterstufen durch NAND-Gatter in integrierter Schaltkreistechnik mit genügender Verstärkung ersetzt (Bild 7.89a). Verwendet man TTL-Gatter, so muß der Widerstand R_T bei Entfernung der Kondensatoren so dimensioniert werden, daß die Arbeitspunkte beider Inverter (Gatter G_1 und G_2) gerade in der Nähe des Umschaltpunktes im Übergangsbereich der Übertragungskennlinie liegen. Der Wert von R_T berechnet sich dadurch, daß der bei TTL-Gattern aus dem Eingang des Gatters herausfließende Strom an R_T gerade einen so großen Spannungsabfall erzeugt, daß der Arbeitspunkt etwa in der Mitte des Übergangsbereiches der Übertragungskennlinie bei der Schwellspannung U_{thr} des Gatters liegt. Dadurch ergibt sich für den Wert von R_T nur ein enger Wertebereich

($R_T \approx 1{,}8$ kΩ). Eine Dimensionierung von R_T nur in engen Grenzen stellt einen Nachteil dar. Die Impulsfolgefrequenz f_0 kann daher nur noch durch Variation der Kapazität C_T beeinflußt werden. Eine genaue Herleitung der Periodendauer T_0 ist nur schwer möglich, da der zeitliche Verlauf der Gattereingangsspannungen nicht nur von den Bauelementen C_T und R_T der externen Beschaltung sondern auch vom Eingangsstrom der Gatter abhängt. Eine gute Näherung zur Dimensionierung der Schaltung liefert der Zusammenhang

$$T_0 \approx R_T C_T \ln \frac{(U_H - U_L) + U_{thr}}{U_{thr}}, \tag{7.70}$$

wobei die Differenz $(U_H - U_L)$ den ausgangsseitigen Spannungshub und U_{thr} die Schwellspannung darstellen. Man erkennt aus Gl. (7.70), daß die Periodendauer T_0 und damit die Impulsfolgefrequenz f_0 stark von der Versorgungsspannung abhängen. Ändert sich nämlich die Versorgungsspannung $+U_B$ der Gatter, so ändern sich die logischen Pegel U_H und U_L sowie auch die Schwellspannung U_{thr}. Für TTL-Gatter kann man von einem Spannungshub von $(U_H - U_L) = 3{,}2$ V und einer Schwellspannung von $U_{thr} = 1{,}3$ V ausgehen. Gl. (7.70) vereinfacht sich damit zu

$$T_0 \approx 1{,}2\, R_T C_T. \tag{7.71}$$

Bild **7.89** b bis e zeigt das zugehörige Impulsdiagramm mit den zeitlichen Verläufen der Eingangs- und Ausgangsspannungen der Gatter G_1 und G_2 im eingeschwungenen Zustand. Zur Zeit $t = t_0$ springt die Ausgangsspannung $u_{a1}(t)$ von U_L (≙ log. 0) auf U_H (≙ log. 1). Diese Spannungszunahme überträgt sich über die Kapazität C_T am Ausgang von G_1 auf den Eingang von Gatter G_2. Mit der Zeitkonstanten $\tau = R_T C_T$ entlädt sich diese Kapazität so weit, bis die Schwellspannung $U_{thr} \approx 1{,}3$ V bei $t = t_1$ erreicht wird. Solange $u_{e2} > U_{thr}$ ist, wird die Eingangsspannung u_{e2} als log. 1 interpretiert, so daß am Ausgang von Gatter G_2 die Spannung $u_{a2} = U_L$ auftritt. Für $u_{e2} = U_{thr}$ springt u_{a2} auf U_H. Die kapazitive Rückführung auf G_1 bewirkt einen positiven Spannungssprung bei $u_{e1}(t_1)$. Dadurch fällt die Spannung u_{a1} zur Zeit $t = t_1$ auf U_L. Dieser negative Spannungssprung wird kapazitiv auf den Eingang von G_2 übertragen. Die Kapazität C_T am Ausgang von G_1 lädt sich wegen des symmetrischen Schaltungsaufbaus ebenfalls mit der Zeitkonstanten τ um, bis zur Zeit $t = t_2$ die Schwellspannung U_{thr} erreicht wird, der Ausgang von G_2 wieder auf log. 0 und der von G_1 wieder auf log. 1 umschaltet. Die Kapazität C_T am Ausgang von G_2 entlädt sich mit derselben Zeitkonstante $\tau = R_T C_T$ wiederum bis zur Schwellspannung U_{thr}. Die beschriebenen Umschaltvorgänge setzen sich periodisch fort.

Die astabile Kippstufe nach Bild **7.89** schwingt nach dem Einschalten der Versorgungsspannung selbständig an. Über den zusätzlichen Eingang des NAND-Gatters G_1 (Steuereingang St) kann die periodische Rechteckimpulsfolge gestoppt werden. Beim Übergang des Steuersignals von log. 0 auf log. 1 schwingt die astabile Kippstufe an, allerdings weichen die ersten Rechteckimpulse bezüglich des Tastgrades und der Impulsfolgefrequenz noch von den stationären Endwerten g_0 und f_0 ab (Einschwingvorgang). Solche einfachen astabilen Kippstufen werden vielfach eingesetzt, wenn es darum geht, eine freilaufende Rechteckimpulsfolge zu erzeugen ohne besondere Anforderungen an die Frequenzkonstanz.

Astabile unsymmetrische Kippstufe. Bild 7.90a zeigt eine Schaltung, die an den Ausgängen Q und $\overline{Q}$ eine Rechteckimpulsfolge erzeugt. Diese Kippstufe enthält nur ein RC-Glied, dafür jedoch drei kaskadierte Inverterstufen. Der Inverter G_3 bewirkt, daß das RC-Glied stets an einer Spannung liegt, die etwa gleich dem Betrag von $(U_H - U_L)$ ist, die Richtung der Spannung sich aber bei jedem Schaltvorgang des Gatters G_2 umkehrt. Der Tastgrad g_0 des Rechtecksignals kann mittels des Widerstandes R_T nur innerhalb eines engen Wertbereiches variiert werden. Diese eingeschränkte Einstellbarkeit des Tastgrades durch R_T wird durch den unterschiedlichen Ausgangswiderstand der Gatter beeinflußt. Trennt man die Rückführung vom Mittelpunkt zwischen R_T und C_T auf den Eingang des ersten Inverters G_1 auf, so liegt eine dreifache Invertierung vor, die auch als eine einzige Invertierung aufgefaßt werden kann und eine Übertragungsfunktion ähnlich der eines Inverters mit einem steil verlaufenden Übergangsbereich enthält. Der Widerstand R_T ist dabei so zu dimensionieren, daß der Arbeitspunkt der gesamten Anordnung gerade innerhalb des steilen Übergangsbereiches liegt. Bild 7.90b und c zeigen ein Impulsdiagramm mit der Eingangsspannung $u_0(t)$ und der Ausgangsspannung $u_3(t)$. Ohne Ableitung

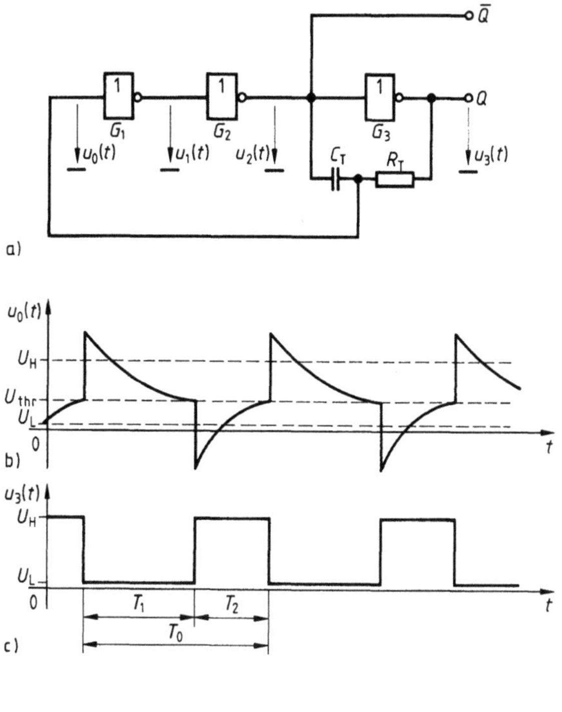

7.90
Astabile unsymmetrische Kippstufe mit drei Invertern (a), Impulsdiagramme (b) und (c)

können Abschätzungen für die Zeiten

$$T_1 \approx R_T C_T \ln \frac{U_H - 2\,U_L + U_{thr}}{U_{thr} - U_L} \tag{7.72}$$

und

$$T_2 \approx R_T C_T \ln \frac{2\,U_H - U_L - U_{thr}}{U_H - U_{thr}} \tag{7.73}$$

angegeben werden. Mit den Werten $U_H \approx 3{,}4$ V, $U_L \approx 0{,}2$ V und $U_{thr} \approx 1{,}3$ V für TTL-Schaltkreise ergeben sich $T_1 \approx 1{,}4\, R_T C_T$ und $T_2 \approx 0{,}9\, R_T C_T$ und damit die Impulsfolgefrequenz

$$f_0 = \frac{1}{T_1 + T_2} \approx \frac{1}{2{,}3\, R_T C_T}. \tag{7.74}$$

Der Tastgrad g_0 für das Ausgangssignal $u_3(t)$ kann daher als

$$g_0 = \frac{T_2}{T_1 + T_2} \approx 0{,}4 \tag{7.75}$$

abgeschätzt werden. Verwendet man als einen der Inverter ein NAND-Gatter mit zwei Eingängen, so kann die astabile Kippstufe über einen zusätzlichen Eingang angehalten und freigegeben werden.

7.3.4 Schwellwertschalter

Ein Schwellwertschalter kann durch eine rückgekoppelte zweistufige Verstärkeranordnung mit binärem Ausgangsverhalten realisiert werden. Im Gegensatz zu den bisher dargestellten Kippschaltungen wird der Schwellwertschalter am Eingang mit einem analogen (d. h., einem wert- und zeitkontinuierlichen) Signal beliebiger Kurvenform angesteuert. Überschreitet die Eingangsspannung u_1 die obere Schwellenspannung U_{SO}, so nimmt der Ausgang der Schaltung einen binären Wert an; unterschreitet die Eingangsspannung u_1 die untere Schwellenspannung U_{SU} (wobei $U_{SO} > U_{SU}$ gilt), so nimmt der Ausgang den anderen binären Wert an. Das Ausgangssignal soll möglichst sprunghaft zwischen definierten Amplitudenwerten umschalten, auch wenn die Eingangsspannung $u_1(t)$ beliebig langsam steigt oder fällt. Bild 7.91 veranschaulicht die Arbeitsweise eines Schwellwertschalters mit den Schwellenspannungen U_{SO} und U_{SU}. Man verwendet Schwellwertschalter dazu, analoge in binäre Signale umzuwandeln. Man findet deshalb Schwellwertschalter häufig an der Schnittstelle zwischen Analog- und Digitalschaltungen. Typische Anwendungen sind Spannungsdiskriminatoren und Schaltungen zur Impulsregeneration. In der Impulstechnik ist der Schwellwertschalter eine der bedeutendsten Schaltung zur Impulsformung.

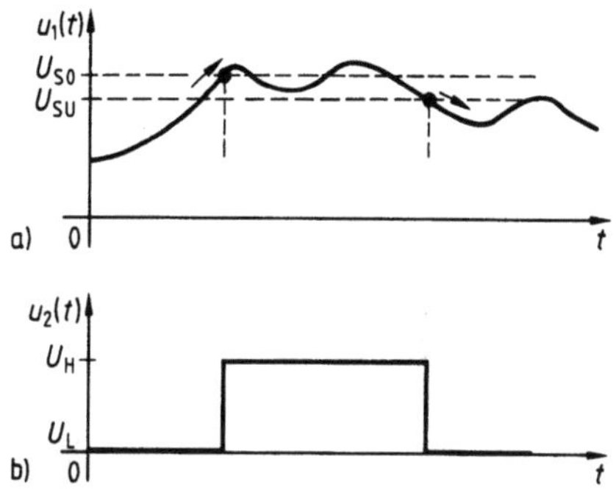

7.91
Zeitliche Verläufe der Eingangsspannung $u_1(t)$ mit der oberen Schaltschwelle U_{SO} und der unteren Schaltschwelle U_{SU} (a) und der Ausgangsspannung $u_2(t)$ (b)

7.3.4.1 Wirkungsweise. Die Funktion eines Schwellwertschalters kann man am besten anhand einer Schaltung mit diskreten Bauelementen erläutern. Ein erster Schaltungsvorschlag für einen Schwellwertschalter geht auf Otto H. Schmitt aus dem Jahr 1938 zurück. Er gab eine Triggerschaltung an, die aus einem zweistufigen, kathodengekoppelten Röhrenbegrenzer bestand und ein analoges Eingangssignal in ein zweiwertiges Ausgangssignal umsetzte. Schaltungen, die auf diesem Konzept beruhen, werden auch als Schmitt-Trigger bezeichnet. Das wesentliche Merkmal des Schmitt-Triggers gegenüber anderen Ausführungsformen von Schwellwertschaltern ist der beiden Verstärkerstufen gemeinsame Emitterwiderstand R_E. Bild 7.92a zeigt die Grundschaltung eines Schwellwertschalters mit bipolaren Transistoren. Die Kopplungen zwischen beiden Verstärkerstufen sind in beiden Richtungen galvanisch, entsprechen aber nicht mehr der Übersicht über verschiedene Kopplungsformen nach Tafel 7.66. Während die vorwärts wirkende Kopplung aus einer Spannungsteilerschaltung mit R_1 und R_2 besteht, wird die rückwärts wirkende Kopplung durch einen beiden Verstärkerstufen gemeinsamen Emitterwiderstand R_E bewirkt. Wenn zu Beginn der Betrachtung am Eingang E kein Signal anliegt ($u_1 = 0$). soll der Transistor T_1 sperren, so daß über den Spannungsteiler R_{C1}, R_1, R_2 eine positive Vorspannung an der Basis von Transistor T_2 erzeugt wird, die den Transistor T_2 im leitenden Zustand betreibt. Der Emitterwiderstand R_E ist so gewählt, daß der Spannungsabfall durch den Emitterstrom i_{E2} an R_E den Tran-

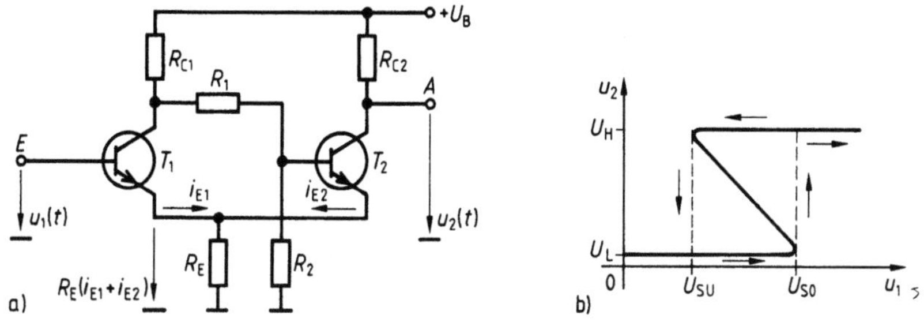

7.92 Grundschaltung eines Schwellwertschalters mit diskreten Bauelementen als Schmitt-Trigger (a), Übertragungskennlinie $u_2(u_1)$ des Schwellwertschalters mit den Schwellenspannungen U_{SU} und U_{SO} (b)

sistor T_1 durch Aufbau der Vorspannung $i_E R_E$ vollständig sperrt ($i_{E1}=0$, $i_{E2}>0$, $i_E=i_{E1}+i_{E2}$), solange die Eingangsspannung u_1 unterhalb der oberen Schaltschwelle U_{SO} bleibt. Dadurch ist der erste binäre Ausgangszustand festgelegt. Wird nun die Eingangsspannung u_1 über U_{SO} hinaus erhöht, so wird Transistor T_1 leitend und die dabei abnehmende Kollektorspannung $u_{CE1}(t)$ durch R_1 und R_2 auf die Basis von T_2 übertragen. Dadurch nimmt der Kollektor- bzw. Emitterstrom von T_2 ab, so daß der Anteil $i_{E2} R_E$ am Spannungsabfall an R_E zurückgeht. Sind die Kollektorwiderstände R_{C1} und R_{C2} so gewählt worden, daß der Kollektorstrom i_{C2} größer als i_{C1} ist (z.B.: $i_{C1} \approx 0{,}8\, i_{C2}$), nimmt i_{C2} schneller ab als i_{C1} ansteigt, wodurch der Spannungsabfall an R_E vorübergehend kleiner wird. Das führt bezogen auf die Eingangsspannung u_1 zu einer Abnahme der am Emitter von T_1 wirksamen Vorspannung, so daß ein Mitkopplungseffekt auftritt, Transistor T_1 zunehmend leitend wird und dadurch die Änderung der Ausgangsspannung Δu_2 größer als die Änderung der Eingangsspannung Δu_1 ist. In diesem Betriebsbereich ist die Schleifenverstärkung $v_S > 1$, so daß sich für die Übertragungskennlinie $u_2(u_1)$ ein Kennlinienbereich mit negativer Steigung ergibt (Bild 7.92b). Auf diese Weise kommt es zu einem beschleunigten Umschalten der Transistoren T_1 und T_2, so daß nach dem Umschalten T_1 leitet und T_2 sperrt (zweiter stabiler Zustand). Man kann die Umschaltvorgänge abhängig von u_1 auch an der Übertragungskennlinie $u_2(u_1)$ verfolgen. Nimmt u_1 vom Wert null aus ansteigend stetig zu, so wird bei $u_1 = U_{SO}$ ein Punkt erreicht, wo für wachsende Eingangsspannung ($u_1 > U_{SO}$) im gleichen Kennlinienbereich kein zugehöriger Arbeitspunkt mehr existiert. Die Ausgangsspannung springt für $u_1 > U_{SO}$ von U_L auf U_H. Für weiter wachsende Eingangsspannung bleibt $u_2 \approx U_H = \text{const}$, und die Schaltung weist die Verstärkung $\Delta u_2/\Delta u_1 = 0$ auf. Bei abnehmender Eingangsspannung u_1 läuft der Arbeitspunkt auf dem oberen Kennlinienbereich bei $u_2 \approx U_H$ solange zurück, bis wiederum auf dem gleichen Kennlinienbereich kein zugeordneter Arbeitspunkt mehr existiert. Daher springt die Ausgangsspannung u_2 für $u_1 < U_{SU}$ auf $u_2 \approx U_L$ zurück. Für weiter abnehmende Eingangsspannung läuft der Arbeitspunkt bei $u_2 \approx U_L$ im unteren Kennlinienbereich in Richtung auf $u_1 = 0$ zurück. Der im mittleren Kennlinienbereich auftretende Kennlinienabschnitt zwischen den Punkten (U_L; U_{SO}) und (U_H; U_{SU}) ist die Ursache dafür, daß bei einem vollständigen Schaltzyklus in der Übertragungskennlinie $u_2(u_1)$ unterschiedliche Wege beim ausgangsseitigen Schalten durchlaufen werden. Dieser Vorgang wird als Hysterese bezeichnet. Die Hysteresespannung kann an der Übertragungskennlinie $u_2(u_1)$ abgelesen werden; sie beträgt

$$U_{HST} = U_{SO} - U_{SU}\,. \tag{7.76}$$

Das ausgangsseitige Schaltverhalten von Schwellwertschaltern wird wesentlich durch das Schaltverhalten der Transistoren im Ausgang, aber auch durch umgebende parasitäre Schaltkapazitäten bestimmt. Die Ausgangssignale weisen daher meist nur endliche Flankensteilheit in der Größenordnung von einigen Volt je µs auf.

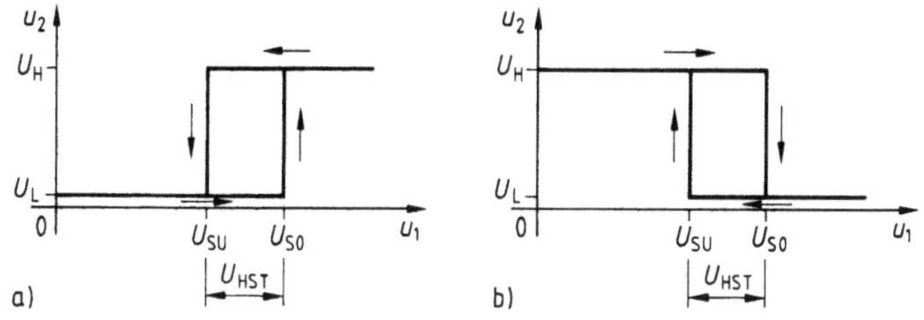

7.93 Übertragungskennlinien $u_2(u_1)$ für nicht-invertierendes (a) und invertierendes Schaltverhalten (b)

Nimmt mit der Eingangsspannung u_1 auch die Ausgangsspannung u_2 zu, so liegt ein nicht-invertierender Schwellwertschalter vor, nimmt mit zunehmender Eingangsspannung u_1 die Ausgangsspannung u_2 ab, so liegt ein invertierender Schwellwertschalter vor. Die zugehörigen Übertragungskennlinien zeigt Bild 7.93. Der Hystereseeffekt hängt von der Schleifenverstärkung v_S ab. Für $v_S = 1$ geht die Ring-Betriebsverstärkung $v_{RB} \rightarrow \infty$, und die Hysteresespannung wird $U_{HST} = 0$; für $v_S \rightarrow \infty$ geht die Ring-Betriebsverstärkung v_{RB} gegen den Wert -1, so daß die Hysteresespannung maximal gleich dem Ausgangsspannungshub $\Delta u_{a\,max} = U_H - U_L$ werden kann. Der beschriebene Hystereseeffekt wird bei folgenden Anwendungen genutzt: Entweder will man einen bestimmten Spannungswert detektieren (Funktion des Schwellwertschalters als Spannungsdiskriminator, Bild **7.94** a und b), oder aber man nutzt den Hystereseeffekt zur Beseitigung von Störungen und Verzerrungen an Impulsen (Regeneration von Digitalsignalen, Bild **7.94** c und d).

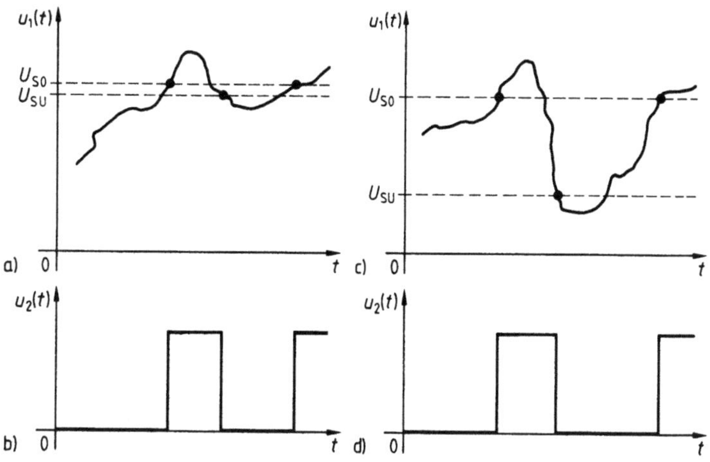

7.94 Funktion des Schmitt-Triggers als Spannungsdiskriminator (a) und (b) und zur Impulsregeneration (c) und (d) mit der oberen (U_{SO}) und der unteren (U_{SU}) Schaltschwelle

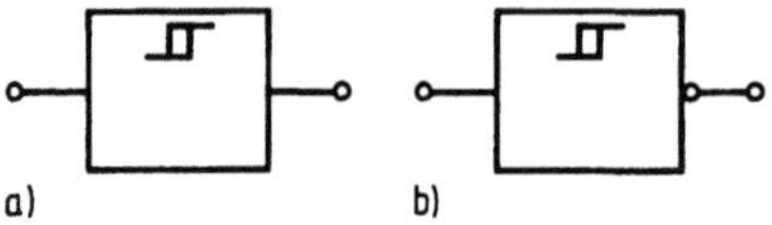

7.95
Schaltzeichen eines Schwellwertschalters mit Hysterese mit nicht-invertierendem Ausgang (a) und mit invertierendem Ausgang (b)

Bild 7.95 zeigt die Schaltzeichen für Schwellwertschalter bei nicht-invertierendem und invertierendem Betrieb.

7.3.4.2 Schaltungen. In diesem Unterabschnitt werden Schaltungen für Schwellwertschalter mit Operationsverstärkern und Invertern aus integrierten Schaltkreisen vorgestellt.

Schwellwertschalter mit Operationsverstärker. Mit Operationsverstärkern lassen sich bereits mit nur zwei Widerständen R_1 und R_2 Schwellwertschalter aufbauen. Dabei nutzt man die Tatsache, daß Operationsverstärker wegen ihrer hohen Leerlaufverstärkung ($v_u > 10^4$) schon bei recht kleinen Werten der Differenzspannung im mV-Bereich am Eingang ausgangsseitig in die Begrenzung gesteuert werden. Diese Schaltungen weisen am Ausgang nur eine geringe Flankensteilheit von $0{,}5\ \mathrm{V/\mu s} \leq |\mathrm{d}u_a/\mathrm{d}t_{max}| \leq 50\ \mathrm{V/\mu s}$ auf. Bild 7.96a zeigt eine Schaltung für einen nicht-invertierenden Schwellwertschalter und Bild 7.96b die Übertragungskennlinie $u_2(u_1)$. Unter Vernachlässigung des Eingangsstromes ($i_e \approx 0$) für den Operationsverstärker können die Schwellenspannungen wie folgt angegeben werden (Band X):

$$U_{SO} = -U_{2\,min}\left[\frac{R_1}{R_2} - \frac{1}{v_D}\left(1 + \frac{R_1}{R_2}\right)\right] \approx -U_{2\,min}\left.\frac{R_1}{R_2}\right|_{v_D \to \infty} \tag{7.77}$$

und

$$U_{SU} = -U_{2\,max}\left[\frac{R_1}{R_2} - \frac{1}{v_D}\left(1 + \frac{R_1}{R_2}\right)\right] \approx -U_{2\,max}\left.\frac{R_1}{R_2}\right|_{v_D \to \infty}. \tag{7.78}$$

Darin bedeuten $U_{2\,max}$ und $U_{2\,min}$ die maximale und minimale Ausgangsspannung, R_1 und R_2 sind die Widerstände der externen Beschaltung, und v_D ist die Differenzverstärkung des Operationsverstärkers als $v_D = u_a/u_D$. Die Spannung

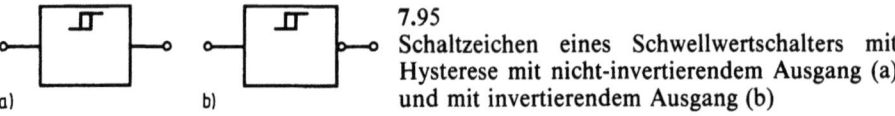

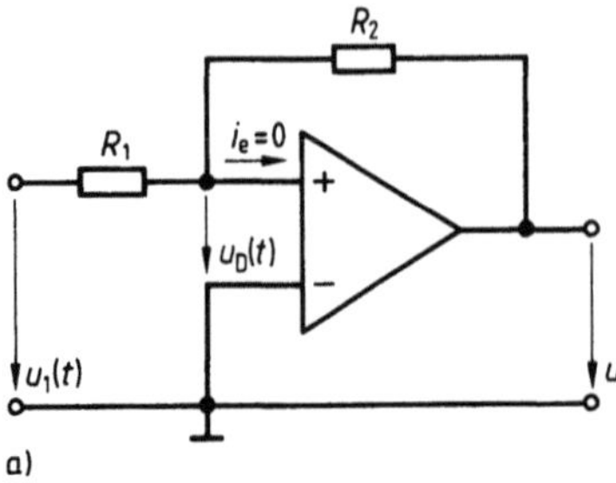

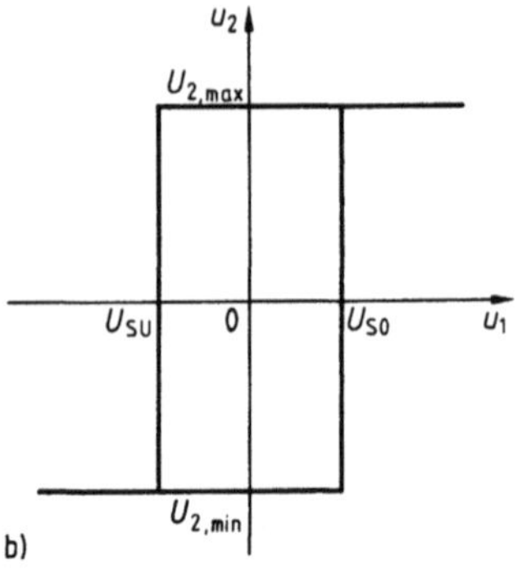

7.96 Nicht-invertierender Schwellwertschalter mit Operationsverstärker (a), Übertragungskennlinie $u_2(u_1)$ mit den Schwellspannungen U_{SU} und U_{SO} (b)

u_D ist die Differenzspannung zwischen dem nicht-invertierenden und dem invertierenden Eingang des Operationsverstärkers. Aus den Gln. (7.77) und (7.78) berechnet man die Hysteresespannung

$$U_{HST} = (U_{2\,max} - U_{2\,min}) \left[\frac{R_1}{R_2} - \frac{1}{v_D}\left(1 + \frac{R_1}{R_2}\right)\right]$$

$$\approx (U_{2\,max} - U_{2\,min}) \left.\frac{R_1}{R_2}\right|_{v_D \to \infty} . \tag{7.79}$$

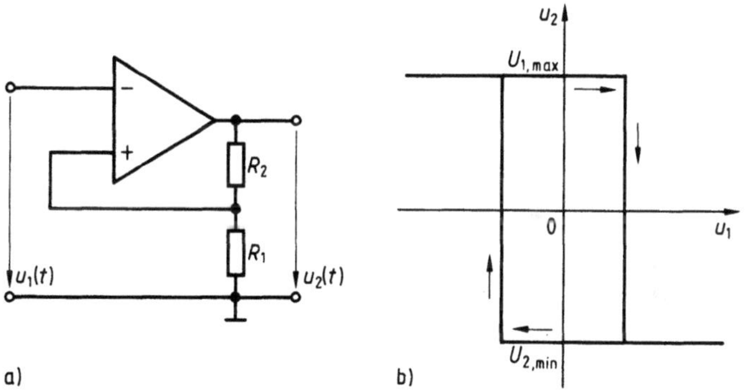

7.97 Invertierender Schwellwertschalter mit Operationsverstärker (a), Übertragungskennlinie $u_2(u_1)$ (b)

In ähnlicher Weise läßt sich auch ein invertierender Schwellwertschalter mit einem Operationsverstärker aufbauen (Bild 7.97a). Vernachlässigt man den Eingangsstrom des Operationsverstärkers, so lassen sich für

$$U_{SO} = U_{2\,max}\left(\frac{R_1}{R_1 + R_2} - \frac{1}{v_D}\right) \approx U_{2\,max} \left.\frac{R_1}{R_1 + R_2}\right|_{v_D \to \infty} \tag{7.80}$$

und

$$U_{SU} = U_{2\,min}\left(\frac{R_1}{R_1 + R_2} - \frac{1}{v_D}\right) \approx U_{2\,min} \left.\frac{R_1}{R_1 + R_2}\right|_{v_D \to \infty} \tag{7.81}$$

angeben (s. Band X). Aus den Gln. (7.80) und (7.81) berechnet man die Hysteresespannung

$$U_{HST} = (U_{2\,max} - U_{2\,min}) \left(\frac{R_1}{R_1 + R_2} - \frac{1}{v_D}\right)$$

$$\approx (U_{2\,max} - U_{2\,min}) \left.\frac{R_1}{R_1 + R_2}\right|_{v_D \to \infty} . \tag{7.82}$$

Bild 7.97b zeigt die Übertragungskennlinie $u_2(u_1)$ mit den angetragenen Schwellenspannungen. Sowohl die Übertragungskennlinie in Bild 7.96b als auch die in Bild 7.97b lassen erkennen, daß die Schwellenspannungen U_{SO} und U_{SU} symmetrisch zum Wert $u_1 = 0$ angeordnet sind. Die Schaltschwellen

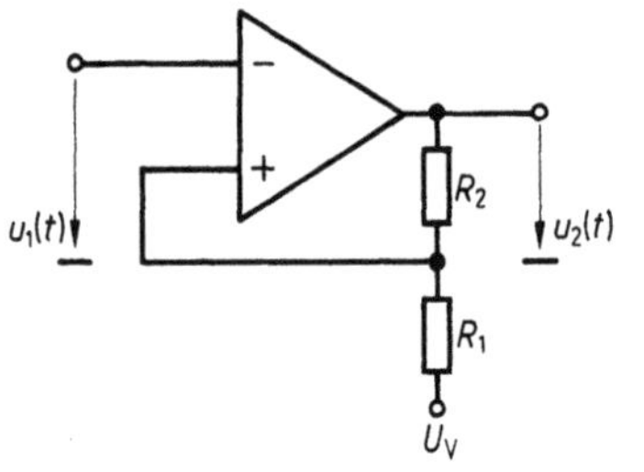

7.98
Invertierender Schwellwertschalter mit Operationsverstärker und verschiebbaren Schwellenspannungen

des Schwellwertschalters können dadurch verschoben werden, daß man z.B. beim invertierenden Schwellwertschalter nach Bild 7.97a den Fußpunkt des Widerstandes R_1 nicht auf Nullpotential sondern auf eine veränderbare Vorspannung U_V legt (Bild 7.98). Damit lassen sich die Schwellenspannungen um U_V in positiver und negativer Richtung verschieben, ohne daß die Größe der Hysteresespannung als Differenz von U_{SO} und U_{SU} dabei verändert wird.

Anwendung. Schwellwertschalter können für Aufgaben der Impulsformung eingesetzt werden. Bild 7.99 zeigt eine Schaltung zur Umwandlung eines dreieckförmigen Signals in ein rechteckförmiges Signal. Durch Einstellung der Schaltschwellen des Schwellwertschalters kann bei gleichbleibender Impulsperiode der Tastgrad des Rechtecksignals verändert werden.

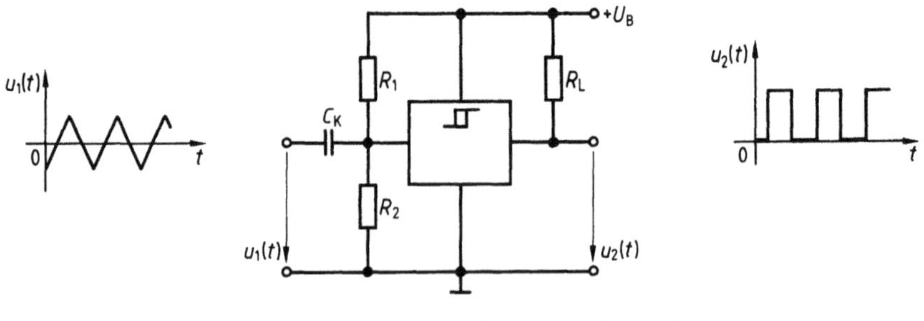

7.99 Umwandlung einer dreieckförmigen in eine rechteckförmige Spannung

Fensterdiskriminator. Mit Hilfe eines Fensterdiskriminators kann festgestellt werden, ob ein Signalwert unterhalb, innerhalb oder oberhalb eines durch zwei von außen vorgegebene Grenzwerte festgelegten Toleranzfeldes liegt. Bild 7.100a zeigt das Blockschaltbild eines Fensterdiskriminators für Spannungen, der die Höhe der Eingangsspannung u_1 bezogen auf zwei Spannungsgrenzwerte U_{GU} und U_{GO} analysiert. Die zu bewertende Eingangsspannung u_1 wird zunächst über einen Verstärker V_0 mit der Spannungsverstärkung $v_u = 1$ den Eingängen der Operationsverstärker V_1 und V_2 zugeleitet. Der Operationsverstärker V_1 bildet die Differenzspannung $\Delta U_1 = U_{GU} - u_1$ und der Operationsverstärker V_2 die Differenzspannung $\Delta U_2 = u_1 - U_{GO}$. Beide Differenzspannungen werden durch die Schwellwertschalter S_1 und S_2 in binäre Signale umgesetzt. Die Gatter G_1 bis G_3 verknüpfen die Ausgangssignale der invertierenden Schwellwertschalter S_1 und S_2 so miteinander, daß an den drei Ausgängen

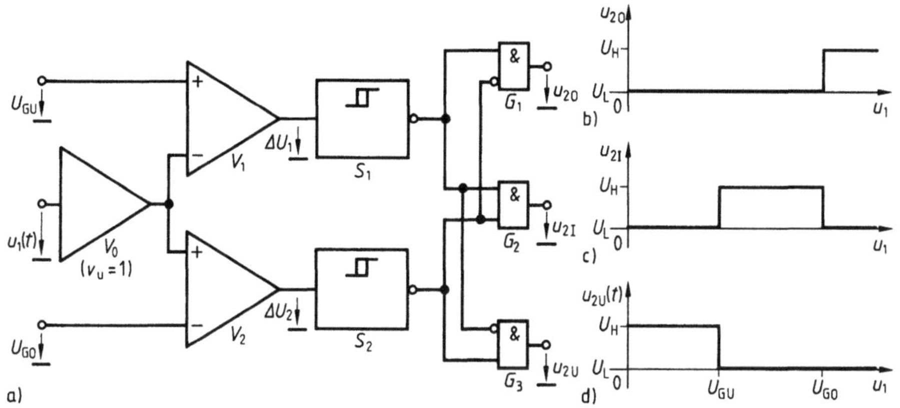

7.100 Fensterdiskriminator für die Eingangsspannung $u_1(t)$ mit den Grenzwerten U_{GU} und U_{GO} des Spannungsfensters (a), zeitliche Verläufe der drei Ausgangsspannungen $u_{2O}(t)$, $u_{2I}(t)$ und $u_{2U}(t)$ (b) bis (d)

festgestellt werden kann, ob der Wert der Eingangsspannung u_1 unterhalb, innerhalb oder oberhalb des durch die Spannungsgrenzwerte U_{GO} und U_{GU} festgelegten Fensters liegt (Bild 7.100b). Die Größe und Lage des Fensters eines Fensterdiskriminators kann auch dadurch festgelegt werden, daß man den Mittenwert des Fensters und die halbe Fensterbreite vorgibt. In jedem Fall empfiehlt es sich, die von außen anzulegenden Spannungen für die Grenzwertspannungen aus Referenzspannungsquellen abzuleiten.

7.4 Impulsgeneratoren

Impulsgeneratoren sollen Impulse bestimmter Kurvenform erzeugen. Für die Impulserzeugung können verschiedene physikalische Prinzipien angewandt werden: So kann z. B. die Hin- und Rücklaufzeit eines Spannungssprunges auf einer nicht-angepaßt abgeschlossenen Leitung zur Erzeugung eines Rechteckimpulses am Leitungsanfang herangezogen werden (s. Abschn. 4.3). Eine andere, häufig benutzte Methode der Impulserzeugung beruht auf der Auf- bzw. Entladung eines Energiespeichers (z. B. einer Kapazität). Schließlich kann man noch Impulse nahezu beliebiger Kurvenform dadurch erzeugen, daß man eine vorgegebene Impulszeitfunktion durch endlich viele Stützstellen beschreibt und zwischen den Ordinaten der Stützstellen interpoliert. Im folgenden werden Schaltungen beschrieben, die nach den vorgenannten Prinzipien arbeiten.

7.4.1 Rechteckgeneratoren

Rechteckgeneratoren sollen Impulse mit zwei definierten Amplitudenwerten und Impulsflanken von möglichst hoher Flankensteilheit erzeugen. Werden an die Flankensteilheit nicht so hohe Anforderungen gestellt, so kann man Rechteckimpulse auch mit einer astabilen Kippstufe (s. Abschn. 7.3.3), einer Schaltung mit zwei monostabilen Kippstufen (s. Abschn. 7.3.2) oder mit einem Schwellwertschalter (s. Abschn. 7.3.4) erzeugen. Periodische Rechteckimpulse als Rechteckpulsfolge von vorgegebener hoher Genauigkeit der Impulsfolgefrequenz erzeugt man am besten mit Hilfe von Quarzgeneratoren.

Zieht man die Umladung einer Kapazität zur Festlegung der Impulsdauer τ_i von Rechteckimpulsen heran, so ergibt sich z. B. für die Aufladung der Kapazität der folgende typische Ablauf: Zu Beginn der Betrachtung soll eine Kapazität C auf die Spannung U_{CU} aufgeladen sein. Zur Zeit $t = t_0$ wird eine Schalthandlung vorgenommen, die den Beginn eines Rechteckimpulses markiert, wobei nachfolgend die Kapazität C über einen Widerstand R mit der Zeitkonstanten τ in Richtung auf den oberen Spannungsendwert U_{CO} aufgeladen wird (Bild 7.101a). Vor dem Erreichen des Spannungsendwertes U_{CO} wird eine Spannungsschwelle mit der Spannung U_S durchlaufen. Bei Erreichen der Spannungsschwelle wird wiederum eine Schalthandlung ausgelöst, die das Ende des Rechteckimpulses festlegt. Die Impulsdauer τ_i des Rechteckimpulses ist damit die Zeit, die die Kapazität benötigt, um von U_{CU} auf U_S aufgeladen zu werden (Bild 7.101b). Bei nicht unterbrochenem Ladevorgang würde erst für $t \to \infty$ die Kapazität auf die Spannung U_{CO} aufgeladen. Für den zeitlichen Verlauf der Kondensatorspannung kann man

$$u_C(t) = U_{CU} + (U_{CO} - U_{CU})[1 - e^{-(t-t_0)/\tau}] \qquad (7.83)$$

mit $\tau = RC$ angeben. Zur Zeit $t = t_0 + \tau_i$ soll die Spannungsschwelle U_S erreicht werden, so daß sich für

$$u_C(t_0 + \tau_i) = U_S = U_{CU} + (U_{CO} - U_{CU})[1 - e^{-(t_0 + \tau_i - t_0)/\tau}]$$

ergibt. Daraus berechnet man die Impulsdauer des Rechteckimpulses

$$\tau_i = \tau \ln \frac{U_{CO} - U_{CU}}{U_{CO} - U_S}. \qquad (7.84)$$

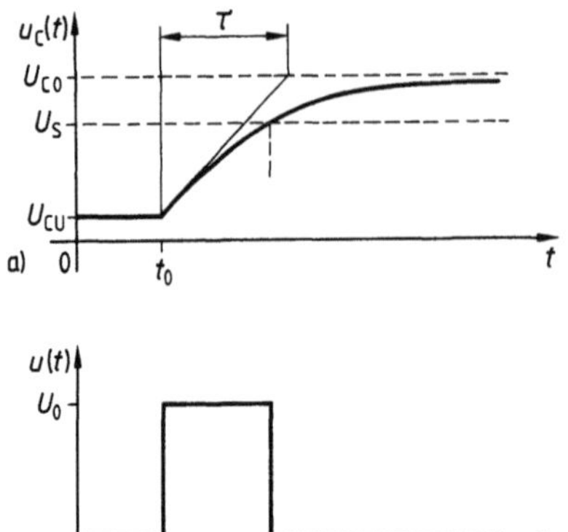

Gl. (7.84) gilt allgemein für die Fälle, wo die Dauer eines Impulses aus einer Kapazitätsaufladung abgeleitet wird. Periodische Rechteckimpulse lassen sich mit einer freilaufenden astabilen Kippstufe erzeugen (Abschn. 7.3.3). Allerdings erfüllt

7.101
Exponentialfunktion $u_C(t)$ einer Kondensatoraufladung (a) zur Festlegung der Impulsdauer τ_i eines Rechteckimpulses (b)

diese Schaltung vielfach nicht die Anforderungen an die Genauigkeit der Impulsfolgefrequenz und Flankensteilheit. Außerdem liegt der Tastgrad meist fest und ist nicht in weiten Bereichen einstellbar. Daher werden im folgenden Rechteckgeneratoren mit verbesserten Eigenschaften beschrieben.

7.4.1.1 Rechteckgenerator mit zwei monostabilen Kippstufen. Bild 7.102a zeigt eine einfache Schaltung für einen Rechteckgenerator in TTL-Technik, bei dem die Impulsfolgefrequenz f_0 und die Impulsdauer τ_i getrennt in weiten Bereichen einstellbar sind[1]). Sie besteht aus zwei monostabilen nicht-nachtriggerbaren Kippstufen M_1 und M_2 (s. Abschn. 7.3.2). Die Rückführung vom Ausgang $\overline{Q}_1$ der monostabilen Kippstufe M_1 auf ihren Eingang läßt diese Kippstufe als Oszillator arbeiten. Über das Potentiometer R_{T1} wird die Impulsfolgefrequenz f_0 eingestellt. Wegen der Rückführung steht der quasistabile Zustand des Monoflops an seinen Ausgängen Q_1 bzw. $\overline{Q}_1$ unabhängig von der eingestellten Periodendauer T_0 nur etwa (15...25) ns an. Diese Rechteckimpulse kurzer Dauer (Bild 7.102b) triggern die monostabile Kippstufe M_2, an dem die Impulsdauer τ_i durch das Potentiometer R_{T2} getrennt eingestellt werden kann (Bild 7.102c). Ein Start-Stop-Betrieb des Rechteckgenerators wird dadurch ermöglicht, daß die beiden invertierenden Takteingänge als Freigabesignal C (engl. control) zusammengefaßt werden (Bild 7.102d).

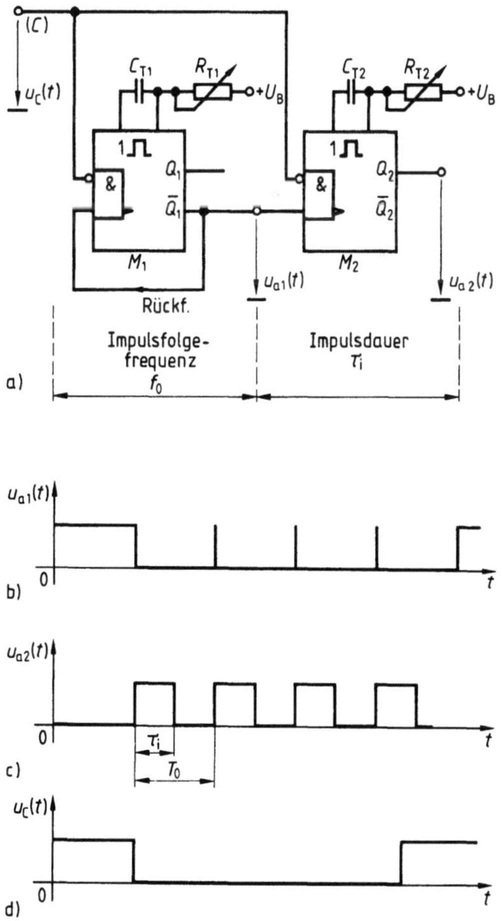

7.102 Rechteckgenerator mit zwei monostabilen Kippstufen (a), Ausgangssignal $u_{a1}(t)$ der ersten Stufe (b), Ausgangssignal $u_{a2}(t)$ der zweiten Stufe (c), Freigabesignal an C mit der Spannung $u_C(t)$ (d)

[1]) Mit Werten für 5 kΩ ≦ R_{T1} ≦ 50 kΩ und 100 pF ≦ C_{T1} ≦ 1000 µF ergibt sich ein Bereich für die Impulsfolgefrequenz von 10^{-1} Hz ≦ f_0 ≦ 5 MHz.

7.4.1.2 Rechteckgenerator mit invertierenden Schwellwertschaltern. Mit integrierten Schwellwertschaltern, wie sie z.B. in TTL-Technik verfügbar sind, können Rechteckgeneratoren aufgebaut werden. Bild 7.103 a zeigt einen Rechteckgenerator mit einem invertierenden Schwellwertschalter. Die Arbeitsweise kann wie folgt erklärt werden: Der invertierende Schwellwertschalter schaltet am Ausgang auf maximale Ausgangsspannung $U_{a,max}$, wenn die Spannung an seinem Eingang die untere Schwellenspannung U_{SU} unterschreitet. Dadurch wird die Kapazität C über den Widerstand R in Richtung auf $U_{a,max}$ hin aufgeladen. Überschreitet die Kondensatorspannung $u_C(t)$ die obere Schwellenspannung U_{SO}, so schaltet der Schwellwertschalter ausgangsseitig auf $U_{a,min}$ zurück und die Kapazität wird wieder entladen, bis die Kondensatorspannung die untere Schwellenspannung U_{SU} unterschreitet. Dann schaltet der Schwellwertschalter ausgangsseitig wieder auf $U_{a,max}$ um und die Kondensatoraufladung beginnt erneut. Die Auf- und Entladung des Kondensators wiederholt sich somit periodisch. Bild 7.103 b und c zeigen die zeitlichen Verläufe der Kondensatorspannung $u_C(t)$ und der Ausgangsspannung $u_a(t)$ des Schwellwertschalters. Für die Aufladung berechnet sich die Zeit T_1 in Bild 7.103 b nach Gl. (7.84)

$$T_1 = RC \ln \frac{U_{a,max} - U_{SU}}{U_{a,max} - U_{SO}}. \tag{7.85}$$

Entsprechend kann man für die Dauer der Kondensatorentladung zwischen U_{SO} und U_{SU} die Zeit T_2 angeben als

$$T_2 = RC \ln \frac{U_{SO} - U_{a,min}}{U_{SU} - U_{a,min}}. \tag{7.86}$$

Für die Impulsperiode ergibt sich damit

$$T_0 = T_1 + T_2 = RC \ln \left(\frac{U_{a,max} - U_{SU}}{U_{a,max} - U_{SO}} \cdot \frac{U_{SO} - U_{a,min}}{U_{SU} - U_{a,min}} \right). \tag{7.87}$$

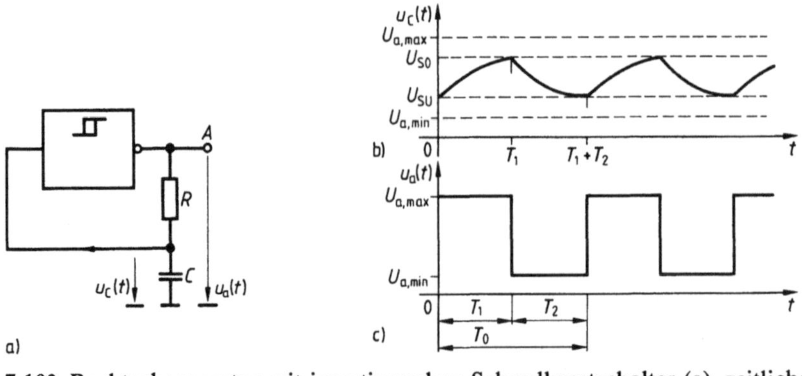

7.103 Rechteckgenerator mit invertierendem Schwellwertschalter (a), zeitlicher Verlauf der Kondensatorspannung $u_C(t)$ (b), Ausgangsspannung $u_a(t)$ (c)

Man erkennt aber auch, daß der Tastgrad g_0 bezüglich des Ausgangssignals nach Bild 7.103c nicht frei wählbar ist. Er beträgt

$$g_0 = \frac{T_1}{T_1 + T_2} = \frac{\ln\left(\dfrac{U_{a,\max} - U_{SU}}{U_{a,\max} - U_{SO}}\right)}{\ln\left(\dfrac{U_{a,\max} - U_{SU}}{U_{a,\max} - U_{SO}}\right) + \ln\left(\dfrac{U_{SO} - U_{a,\min}}{U_{SU} - U_{a,\min}}\right)}. \tag{7.88}$$

Der zeitliche Verlauf der Ausgangsspannung $u_a(t)$ in Bild 7.103c weist in realen Schaltungen nicht den dargestellten rechteckigen Verlauf auf, da das RC-Glied die Flanken des Ausgangssignals verschleift. Daher schaltet man zweckmäßigerweise an den Ausgang des als Rechteckgenerator arbeitenden Schwellwertschalters einen zweiten Schwellwertschalter zur Impulsformung, um die Flanken des Rechtecksignals zu versteilern.

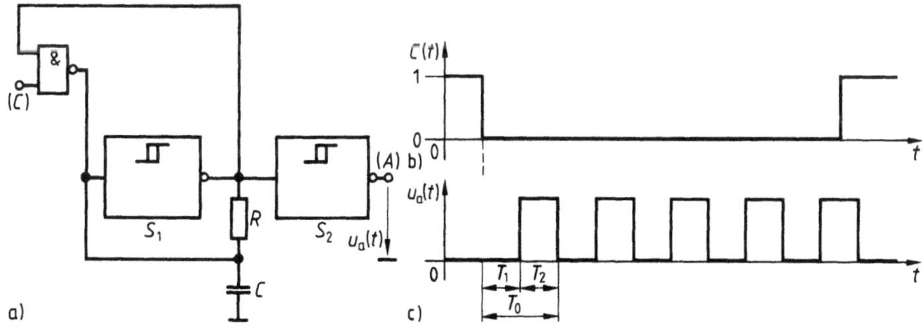

7.104 Rechteckgenerator mit zwei Schwellwertschaltern und einem NAND-Gatter für Start-Stop-Betrieb (a), zeitlicher Verlauf des Freigabesignals $C(t)$ (b), zeitlicher Verlauf der Ausgangsspannung $u_a(t)$ (c)

Bild 7.104 zeigt eine solche Schaltung mit zwei Schwellwertschaltern und einem zusätzlichen NAND-Gatter, um über den Steuereingang C Start-Stop-Betrieb zu ermöglichen. Die Bilder 7.104b und c zeigen die zeitlichen Verläufe des Steuersignals $C(t)$ und der Ausgangsspannung $u_a(t)$.

7.4.1.3 Quarzoszillator in TTL-Technik. Die Genauigkeit der Impulsfolgefrequenz der bisher beschriebenen Schaltungen reicht für viele Anwendungen nicht aus. Wesentlich bessere Frequenzkonstanz kann man bei Rechteckgeneratoren durch den Einsatz von Schwingquarzen erreichen. Diese lassen sich durch elektrische Felder zu mechanischen Schwingungen anregen. Da der Temperaturkoeffizient der Resonanzfrequenz sehr klein ist, lassen sich relative Frequenzabweichungen im Bereich von $10^{-6} \leqq (\Delta f/f_0) \leqq 10^{-10}$ realisieren. Bild 7.105 zeigt einen Rechteckgenerator mit Quarz in TTL-Technik, der aus drei NAND-Gattern aufgebaut ist. Die Gatter G_1 und G_2 bilden den Oszillator, wobei die vorwärts gerichtete Kopplung durch den Koppelkondensator C_K und die rückwärts gerichtete Kopplung durch die Kapazität des Quarzes C_Q in

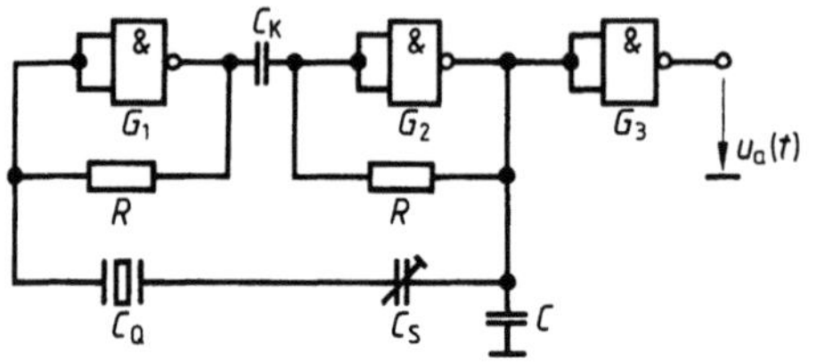

7.105
Quarzoszillator mit drei NAND-Gattern

Reihe mit der Ziehkapazität C_S bewirkt wird. Der Abgleich der Resonanzfrequenz bei Serienresonanz kann durch Reihenschaltung des Quarzes mit der Ziehkapazität C_S erreicht werden. Für den Abgleich gilt näherungsweise

$$\frac{\Delta f}{f_0} \approx \frac{C_Q}{2\,C_S}\,. \tag{7.89}$$

Frequenzbestimmend wirkt bei festen Werten der Widerstände von etwa $R = 1\ \text{k}\Omega$ die Kapazität C[1]. Die Resonanzfrequenz des Quarzes ist auf die dimensionierte Frequenz des Generators abzustimmen. Das Gatter G_3 dient allein zur Impulsformung, um eine Rechteck-Impulsfolge mit Flanken genügender Flankensteilheit zu erreichen.

7.4.2 Nadelimpulsgeneratoren

Bei vielen Anwendungen der Impulstechnik benötigt man Impulsgeneratoren, die Nadelimpulse erzeugen. Dabei sollen diese Nadelimpulse den in Abschn. 1.4 dargestellten Dirac-Impulsen möglichst nahe kommen. Ein Dirac-Impuls läßt sich nicht exakt realisieren, allerdings kann man in technischen Schaltungen Nadelimpulse dieser Impulsform gut annähern. Im folgenden werden sowohl Schaltungen beschrieben, die mit einfachen Mitteln in integrierter Schaltungstechnik Nadelimpulse nachbilden, als auch eine Schaltung für Lawinentransistoren angegeben, die Impulse von besonders hoher Flankensteilheit erzeugt.

7.4.2.1 Nadelimpulsgeneratoren mit Schwellwertschalter. Bild 7.106a zeigt einen einfachen Generator für Nadelimpulse, der mit einem Schwellwertschalter arbeitet. Die Kapazität C wird über einen Widerstand R und den Eingangsstrom des Schwellwertschalters so lange aufgeladen, bis die obere Schwellenspannung U_{SO} erreicht wird. Dann wechselt die Ausgangsspannung des Schwellwertschalters von $U_{a,max}$ auf $U_{a,min}$ und entlädt den Kondensator über die Diode D. Eine schnelle Schaltdiode an dieser Stelle bewirkt, daß der Entladevorgang der Kapazität entsprechend der Zeit T_2 in Bild 7.103c in sehr kurzer Zeit abläuft ($T_2 \rightarrow 0$). Unterschreitet die Kondensatorspannung die Schwellenspannung U_{SU}, so kehrt die Ausgangsspannung auf $U_{a,max}$ zurück, und der Ladevorgang des Kondensators beginnt erneut. Bild 7.106b zeigt eine Schal-

[1]) Für TTL-NAND-Gatter und $R = 1\ \text{k}\Omega$ gelten folgende Werte:

f_0	200 kHz	500 kHz	1 MHz	2 MHz	5 MHz
C	3,3 nF	1,2 nF	680 pF	330 pF	120 pF.

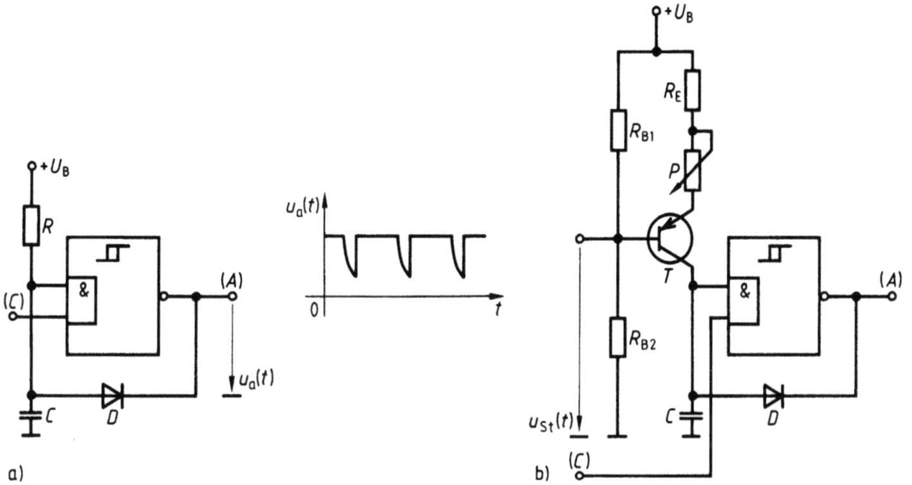

7.106 Nadelimpulsgenerator (a), für einstellbare Impulsfolgefrequenz (b)

tung für einen Nadelimpulsgenerator, bei dem die Impulsfolgefrequenz f_0 durch ein Potentiometer *P* in weiten Grenzen (etwa 1:20) einstellbar ist. Diese Schaltung eignet sich vor allem für solche Anwendungen, bei denen die Impulsfolgefrequenz f_0 durch eine Steuerspannung $u_{St}(t)$ als $f_0(u_{St})$ gesteuert werden soll. Die Steuerspannung $u_{St}(t)$ wird hier direkt auf die Basis des Transistors *T* gegeben. Über den *C*-Eingang wird Start-Stop-Betrieb ermöglicht. Liegt die Information log. 0 am *C*-Eingang, so ist der Oszillator blockiert; liegt log. 1 am Eingang *C* an, so schwingt der Oszillator selbständig an.

7.4.2.2 Impulsgenerator mit Lawinentransistor. Impulse hoher Flankensteilheit mit Anstiegszeiten $t_r \leqq 1$ ns können zwar mit Tunneldioden erzeugt werden (s. Abschn. 6.1.2.3). Allerdings sind die erzielbaren Spannungsamplituden nur klein, so daß solche Schaltungen für Impulsgeneratoren wenig geeignet sind. Schaltungen mit Lawinentransistoren erzeugen dagegen Impulse mit hoher Flankensteilheit (Anstiegszeit im ns-Bereich) und großer Spannungsamplitude. Bild 7.107a zeigt eine Schaltung mit einem Lawinentransistor, der ausgangsseitig eine kapazitive Last bestehend aus einer Reihenschaltung aus R_L und C_L treiben soll. Nimmt man an, daß der Transistor mit offenem Emitter betrieben würde (ähnlich dem Zustand bei sperrender Basis-Emitter-Diode) mit $I_E = 0$, so würde beim Anlegen einer Kollektor-Basis-Sperrspannung der verursachte Kollektor-Basis-Sperrstrom aus dem Basisanschluß herausfließen. Wird die Kollektor-Basis-Spannung in Sperrichtung weiter erhöht, so kommt es bei Lawinentransistoren in der Kollektor-Basis-Diode zum sog. Lawineneffekt[1]), bei dem es durch Stoßionisation in der Kollektor-Basis-Diode zu einer Erhö-

[1]) Eine weiterführende Beschreibung der Arbeitsweise von Lawinentransistoren findet sich in [37].

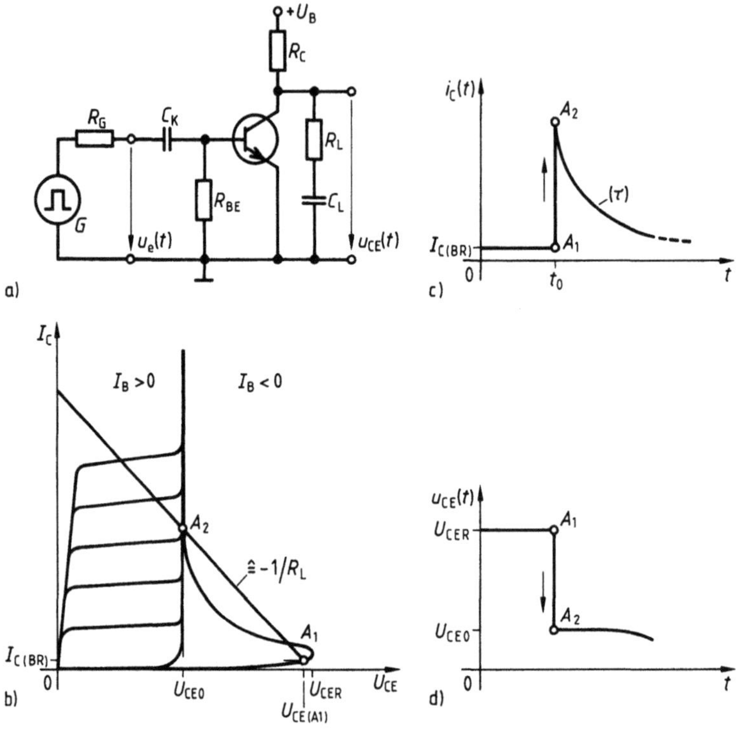

7.107 Grundschaltung einer Schaltstufe mit Lawinentransistor (a), Ausgangskennlinienfeld $I_C(U_{CE})$ für den Lawinentransistor mit den Arbeitspunkten A_1 und A_2 (b), zeitlicher Verlauf des Kollektorstroms $i_C(t)$ (c), zeitlicher Verlauf der Kollektor-Emitter-Spannung $u_{CE}(t)$ (d)

hung des Kollektorstromes kommt. Im Ausgangskennlinienfeld $I_C(U_{CE})$ entspricht dieser Betriebszustand einer Kollektor-Emitter-Spannung U_{CER} auf einer Kennlinie, die für eine Beschaltung der Basis mit einem Basis-Emitter-Widerstand R_{BE} gilt (Bild 7.107b). Der aus dem Basisanschluß herausfließende Strom bewirkt am Widerstand R_{BE} einen Spannungsabfall. Erreicht dieser Spannungsabfall schließlich den Wert $R_{BE} I_B \approx (0{,}6 \ldots 0{,}7)$ V, dann wird auch die Basis-Emitter-Diode leitend. Der Emitterstrom I_E nimmt zu und wird in der Kollektor-Basis-Sperrschicht durch Stoßionisation weiter verstärkt, wodurch wiederum der Basisstrom und damit auch die Basis-Emitter-Spannung anwachsen. Schließlich ist die Basis-Emitter-Diode so gut leitend, daß der gesamte Kollektorstrom praktisch nur noch über diese Strecke fließt und der Basisstrom gegenüber dem Emitterstrom vernachlässigt werden kann. Während des Anstieges des Kollektorstromes fällt die Kollektor-Emitter-Spannung von U_{CER} auf U_{CEO} ab. Die Spannung U_{CEO} kennzeichnet im Ausgangskennlinienfeld $I_C(U_{CE})$ die Durchbruchsgrenze bei normalem Verstärkerbetrieb des Transistors. Der Lawineneffekt, der durch Stoßionisation in der Kollektor-Basis-Diode ausgelöst wird, vollzieht sich so rasch, daß der Kollektorstrom innerhalb von etwa 1 ns von einigen mA auf einige A ansteigt und gleichzeitig die Kollektor-Emitter-Spannung um $U_{CER}-U_{CEO}$ fällt (Bild 7.107c und d). Die Lastkapazität C_L, die vor dem Erreichen des Lawineneffekts auf die Spannung U_{CER} aufgeladen war, entlädt sich nun über die leitende Kollektor-Emitter-Strecke mit der Zeitkonstanten $\tau=R_L C_L$. Mit fortschreitender Kondensatorentladung verschiebt sich die Widerstandsgerade mit der Steigung $-1/R_L$ für die Kondensatorentladung parallel im Ausgangskennlinienfeld in Richtung auf den Koordinatenursprung. Der geschilderte Lawineneffekt kann zur Erzeugung von Nadelimpulsen mit hoher Flankensteilheit dadurch gezielt ausgelöst werden, daß man im Ausgangskennlinienfeld im Ruhezustand einen Arbeitspunkt A_1 noch auf dem Kennlinienbereich mit positiver Steigung wählt (wegen der Stabilität des Arbeitspunktes), jedoch geringfügig unterhalb der Durchbruchspannung U_{CER}. Liefert der eingangsseitige Impulsgenerator G nun einen hinreichend großen positiven Triggerimpuls über den Koppelkondensator C_K, so wird der Transistor durch Kollektorstromanstieg in den Kennlinienbereich mit negativer Steigung gebracht, wobei der Kollektorstrom auf den zum neuen Arbeitspunkt A_2 gehörenden Wert ansteigt und die Kollektor-Emitter-Spannung auf U_{CEO} abfällt. Wenn der Triggerimpuls des Generators G abgeklungen ist, so sperrt der Transistor und die ausgangsseitige Lastkapazität C_L wird wieder auf die Kollektor-Emitter-Spannung $U_{CE(A1)}$ wenig kleiner als U_{CER} aufgeladen. Der Zustand des Transistors gelangt damit wieder in die Nähe des Lawineneffekts und ist für einen erneuten Triggerimpuls bereit.

7.4.3 Sägezahngeneratoren

Unter einer idealen Sägezahnfunktion versteht man eine Funktion, die während der Hinlaufdauer t_H linear mit der Zeit t ansteigt und nach Erreichen eines maximalen Funktionswertes durch einen Schaltvorgang auf den Anfangswert zurückfällt (Bild 7.108). Vielfach ist bei einem Sägezahnimpuls nur die Linearität der ansteigenden Flanke (Rampenfunktion $r(t)$, s. Abschn. 1.4.3) von Bedeutung, während der Sägezahnrücklauf ohne besondere Anforderungen an die Kurvenform meist nur in möglichst kurzer Zeit ablaufen soll. Solche Spannungen werden z. B. beim Oszilloskop als Ablenkspannung zur Darstellung der horizontalen Achse benötigt und müssen daher besondere Linearitätsanforderungen erfüllen.

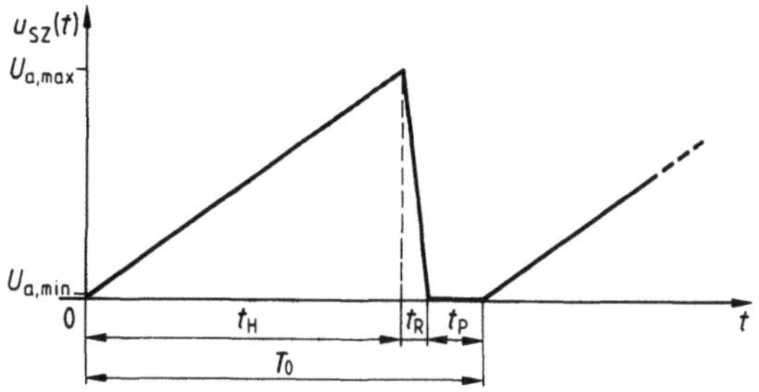

7.108
Kenngrößen einer Sägezahnspannung $u_{SZ}(t)$, t_H Hinlaufzeit, t_R Rücklaufzeit, t_p Pausenzeit, T_0 Impulsperiodendauer

Es bestehen zwei grundsätzliche Möglichkeiten, eine lineare Rampenfunktion zu erzeugen: Ein Verfahren besteht darin, eine lineare Rampenfunktion durch eine *RC*-Aufladung mit hinreichend großer Zeitkonstante anzunähern. Die andere Vorgehensweise beruht darauf, eine Kapazität mit einem möglichst konstanten Strom aufzuladen. Bild **7**.109 zeigt für beide Verfahren vereinfachte Ersatzschaltungen. In Bild **7**.109a wird ein Kondensator über einen Widerstand aus einer Gleichspannungsquelle aufgeladen, bis ein periodisch betätigter Schalter S den Kondensator entlädt und dadurch den Rücklauf der Sägezahnspannung bewirkt. In Bild **7**.109b wird ein Kondensator aus einer Stromquelle mit dem Strom I_0 aufgeladen. Der periodisch betätigte Schalter S bewirkt dabei die Sägezahnrückflanke.

Nähert man die ansteigende Flanke einer Rampenfunktion durch eine *RC*-Aufladung an, so lauten die Exponentialfunktion

$$u_C(t) = U_0(1 - e^{-t/\tau}) \tag{7.90}$$

mit $\tau = RC$ und die Gleichung für die Rampenfunktion bei gleicher Steigung $du_C/dt|_{t=0} = U_0/\tau$ im Ursprung

$$u_r(t) = \frac{U_0}{\tau}\, t. \tag{7.91}$$

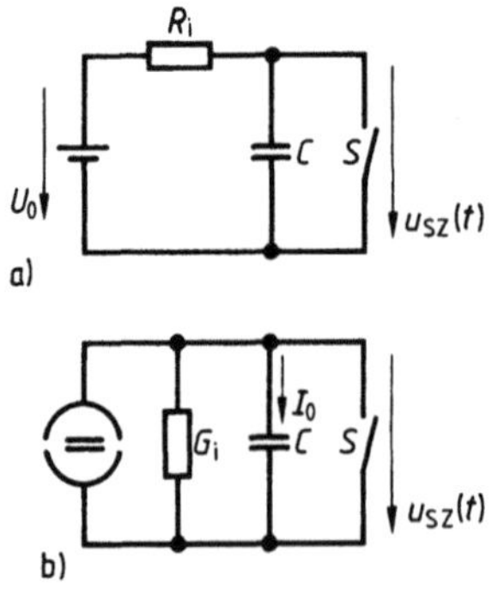

7.109 Vereinfachte Ersatzschaltungen für die Erzeugung von Sägezahnimpulsen mit einer Spannungsquelle (a), mit einer Stromquelle (b)

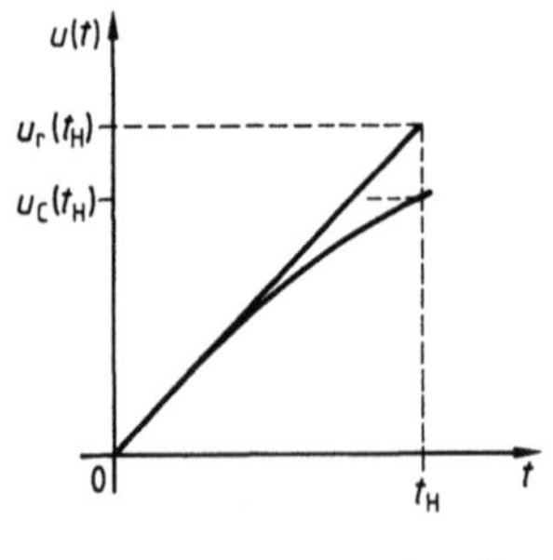

7.110 Näherungsweise Erzeugung einer rampenförmigen Spannung $u_r(t)$ durch den Anfangsbereich einer Exponentialfunktion $u_C(t)$

In Bild **7**.110 sind die Rampenspannung $u_r(t)$ und der zeitliche Verlauf der Kondensatorspannung $u_C(t)$ in ein gemeinsames Diagramm eingetragen. Man erkennt die mit zunehmender Zeit größer werdende Abweichung der Kondensatorspannung $u_C(t)$ gegenüber der rampenförmigen Spannung $u_r(t)$. Nach Gl. (1.1) läßt sich der R a m p e n f e h l e r zur Zeit $t = t_H$ als

$$\varepsilon(t_H) = \frac{f_S - f_I}{f_S} = 1 - \frac{\tau}{t_H}(1 - e^{-t_H/\tau}) \tag{7.92}$$

angeben. Der Steigungsfehler berechnet sich nach Gl. (1.2) für $t_0 = 0$ als

$$\beta = \frac{\left.\frac{df}{dt}\right|_{t_0} - \left.\frac{df}{dt}\right|_{t_0+t_H}}{\left.\frac{df}{dt}\right|_{t_0}} = \frac{\frac{U_0}{\tau} - \frac{U_0}{\tau} e^{-t_H/\tau}}{\frac{U_0}{\tau}} = 1 - e^{-t_H/\tau}. \tag{7.93}$$

Nach Ablauf der Hinlaufzeit t_H erreicht die Kondensatorspannung $u_C(t_H)$ den Wert

$$u_C(t) = U_0(1 - e^{-t_H/\tau}). \tag{7.94}$$

Dividiert man Gl. (7.93) durch Gl. (7.94), so erhält man für den Steigungsfehler eine einfache Beziehung

$$\beta = \frac{u_C(t_H)}{U_0}. \tag{7.95}$$

Das bedeutet, daß man für einen geringen Steigungsfehler einen möglichst hohen Spannungsendwert U_0 für die Kapazitätsaufladung benötigt. Man erkennt aus dem Vergleich der Spannungsverläufe $u_r(t)$ und $u_C(t)$, daß man mit der Exponentialfunktion $u_C(t)$ die Rampenspannung $u_r(t)$ nur begrenzt gut annähern kann.

Eine andere Möglichkeit, einen zeitlinearen Spannungsverlauf zu erzeugen besteht darin, eine Kapazität C mit einem konstanten Strom aufzuladen. Der Ladestrom einer Kapazität ist allgemein

$$i_C = C\frac{du_C}{dt}. \tag{7.96}$$

Unter der Annahme eines konstanten Ladestromes $i_C = I_C = \text{const}$ ergibt die Integration von Gl. (7.96)

$$\int i_C \, dt = C \int \frac{du_C}{dt} dt$$

$$u_C(t) = \frac{I_C}{C} t + U_C(t_0) \tag{7.97}$$

mit der Anfangsspannung $U_C(t_0)$ als Integrationskonstante. Mit einer idealen Stromquelle läßt sich damit theoretisch ein zeitlich linearer Verlauf der Kondensatorspannung $u_C(t)$ erreichen. Da die beiden beschriebenen Verfahren nicht allein mit passiven RC-Schaltungen realisiert werden können, benutzt man verschiedene elektronische Schaltungen, die sich jedoch auf die vereinfachten Schaltungen nach Bild 7.109 zurückführen lassen. Hierbei handelt es sich um Schaltungen mit elektronischen Verstärkern wie den Miller-Integrator und den Bootstrap-Generator.

7.4.3.1 Miller-Integrator. Von den rückgekoppelten Verstärkerschaltungen eignet sich besonders der Integrator zur Erzeugung rampenförmiger Spannungsverläufe. Bild 7.111 zeigt einen zur Integration des Eingangssignals beschalteten Operationsverstärker, der um einen Schalter S erweitert wurde. Durch das Schließen des Schalters wird der Sägezahnrücklauf verursacht, so daß dadurch ein Sägezahngenerator entsteht. Wird der Eingangswiderstand des Operationsverstärkers $R_e \to \infty$ ($i_e \approx 0$) angenommen, gelten nach dem Öffnen des Schalters folgende Gleichungen:

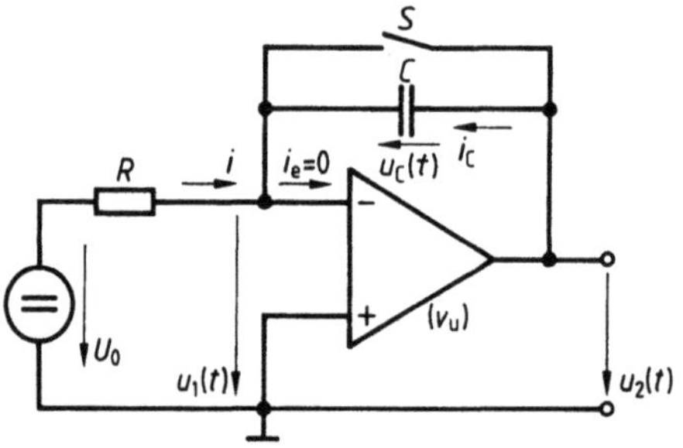

7.111
Prinzipschaltbild des Miller-Integrators

$$u_2(t) = u_C(t) + u_1(t), \tag{7.98}$$

$$u_2(t) = -v_u u_1(t), \tag{7.99}$$

$$i_C(t) = C\frac{du_C(t)}{dt}, \tag{7.100}$$

$$i = -i_C, \tag{7.101}$$

$$U_0 = i(t)\,R + u_1(t). \tag{7.102}$$

Setzt man Gl. (7.99) in Gl. (7.98) ein, so erhält man aus

$$u_C(t) = u_2(t) + \frac{u_2(t)}{v_u}$$

bzw.

$$v_u C\frac{du_C(t)}{dt} = \underbrace{C(1+v_u)}_{=C_M}\frac{du_2(t)}{dt}.$$

Hierin stellt die um den Faktor $(1+v_u)$ vergrößerte Kapazität C die sog. Millerkapazität C_M dar. Mit den Gln. (7.100) und (7.101) erhält man

$$v_u i_C(t) = C\frac{du_2(t)}{dt} = -v_u i(t)$$

und daraus die Differentialgleichung 1. Ordnung mit konstanten Koeffizienten

$$\frac{du_2(t)}{dt} + \frac{1}{RC_M}u_2(t) = -v_u\frac{U_0}{RC_M}$$

mit der Lösungsfunktion

$$u_2(t) = -U_0 v_u (1 - e^{-t/\tau^*}) \tag{7.103}$$

mit der Zeitkonstanten

$$\tau^* = C(1+v_u)R = C_M R. \tag{7.104}$$

Aus Gl. (7.104) erkennt man, daß sich die Zeitkonstante von $\tau = RC$ für eine Kapazitätsaufladung durch den eingesetzten Operationsverstärker auf $\tau^* = C(1+v_u)R = C_M R$ vergrößert hat. Damit entsteht nach Gl. (7.103) ein Spannungsverlauf $u_2(t)$, dessen Anfangsbereich deutlich länger mit einer idealen Rampenspannung $u_r(t)$ übereinstimmt.

Im Grenzfall für $v_u \to \infty$ folgt aus Gl. (7.98) $u_C(t) = u_2(t)$ und damit

$$\frac{du_2(t)}{dt} = -\frac{U_0}{RC}. \tag{7.105}$$

Die Integration von Gl. (7.105) führt auf einen idealen rampenförmigen Verlauf der Ausgangsspannung

$$u_2(t) = -\frac{U_0}{RC} t. \tag{7.106}$$

Für den zeitlichen Verlauf der Ausgangsspannung $u_2(t)$ des Miller-Integrators kann der Steigungsfehler β_M nach Gl. (1.2) für $t_0 = 0$ als

$$\beta_M = 1 - e^{-t_H/\tau^*} \tag{7.107}$$

berechnet werden. Der Wert der Ausgangsspannung zur Zeit $t = t_H$ beträgt

$$u_2(t_H) = -U_0 v_u (1 - e^{-t_H/\tau^*}). \tag{7.108}$$

Teilt man Gl. (7.107) durch Gl. (7.108), so erhält man den Steigungsfehler des Miller-Integrators

$$\beta_M = \frac{u_2(t_H)}{-U_0 v_u}. \tag{7.109}$$

Beachtet man, daß die Gln. (7.98) bis (7.102) für einen invertierenden Operationsverstärker aufgestellt wurden, so ist $u_2(t_H) < 0$ und damit β_M insgesamt positiv. Aus dem Vergleich mit dem Steigungsfehler nach Gl. (7.95) folgt, daß durch den Miller-Integrator der Steigungsfehler bei der Annäherung eines zeitlinearen Anstieges der Ausgangsspannung $u_2(t)$ um den Faktor v_u kleiner ist.

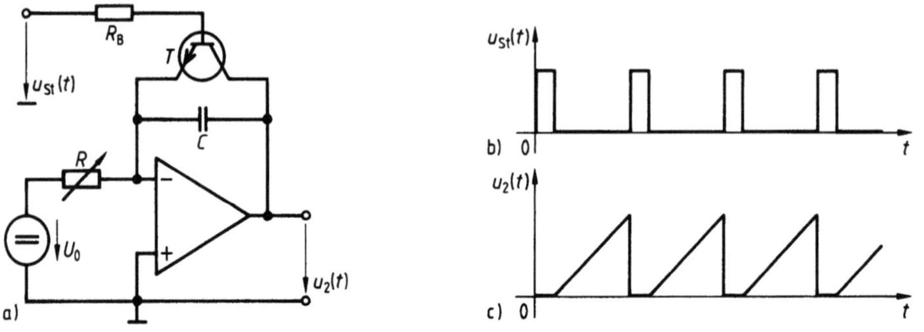

7.112 Sägezahngenerator mit Miller-Integrator und Schalttransistor *T* (a), zeitliche Verläufe der Steuerspannung $u_{St}(t)$ (b) und der Ausgangsspannung $u_2(t)$ (c)

Bild 7.112a zeigt die Schaltung eines Sägezahngenerators mit einem invertierenden Operationsverstärker und der Einleitung des Sägezahnrücklaufs durch den Schalttransistor *T*. Mit jedem positiven Impuls am Steuereingang des Transistors wird der Transistor zwischen Kollektor und Emitter leitend und entlädt die Kapazität *C* bis auf die Spannung $U_{CE\,satt}$ des Transistors. Die Ausgangsspannung u_2 fällt dabei praktisch auf null. Sie steigt wieder näherungsweise linear an, sobald der Transistor *T* wieder sperrt. Bild 7.112b und c zeigen die zeitlichen Verläufe für die Steuerspannung $u_{St}(t)$ und die Ausgangsspannung $u_2(t)$.

7.4.3.2 Bootstrap-Generator. Bei einer passiven *RC*-Schaltung wächst die Kondensatorspannung $u_C(t)$ deshalb nicht linear mit der Zeit an, weil der Ladestrom des Kondensators mit zunehmender Kondensatorspannung abnimmt. Wenn man dagegen die Spannung U_0, mit der der Kondensator aufgeladen werden soll, um die Kondensatorspannung $u_C(t)$ „aufstockt", so kann man erreichen, daß der Ladestrom konstant bleibt, so daß sich ein zeitlinearer Verlauf der Kondensatorspannung ergibt. Eine solche Schaltung wird Bootstrap-Generator[1]) genannt (Bild 7.113). Gegenüber der Schaltung in Bild 7.112a ist der Kondensator jetzt am Eingang des nicht-invertierenden Operationsverstär-

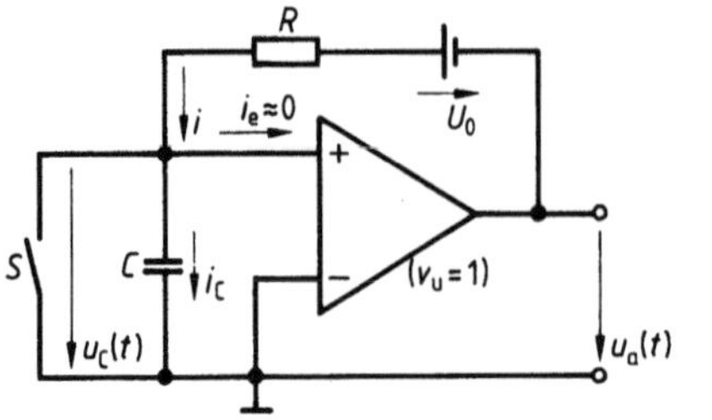

7.113
Prinzipschaltung des Bootstrap-Generators

[1]) Der Bootstrap-Generator kann auch als „Rampenspannungsgenerator mit mitlaufender Ladespannung" bezeichnet werden. Diese Bezeichnung hat sich jedoch gegenüber der englischen Bezeichnung nicht durchsetzen können.

kers angeordnet. Parallel dazu wirkt der Schalter S, um aus der Rampenspannung eine Sägezahnspannung zu machen. Wie man an der Schaltung in Bild 7.113 ablesen kann, wird die Kapazität C über den Widerstand R von der Spannungssumme $U_0 + u_a(t)$ aufgeladen. Wenn die Spannungsverstärkung v_u des Operationsverstärkers gerade $v_u = +1$ beträgt, so wirkt der Verstärker nur zur Entkopplung zwischen Kondensatorspannung und Ladespannung, so daß die Kapazität C gerade von der Spannung $U_0 + v_u u_C(t) = U_0 + (+1) \cdot u_C(t)$ aufgeladen wird. Wieder soll angenommen werden, daß der Eingangswiderstand des Operationsverstärkers $R_e \to \infty$ $(i_e \approx 0)$ gehen soll. Dann gelten nach dem Öffnen des Schalters S folgende Gleichungen:

$$u_C(t) = u_a(t) \quad \text{für} \quad v_u = +1, \tag{7.110}$$

$$U_0 + u_a(t) - u_C(t) - i(t)\, R = 0, \tag{7.111}$$

$$i = i_C, \tag{7.112}$$

$$i_C(t) = C\,\frac{\mathrm{d}u_C(t)}{\mathrm{d}t}. \tag{7.113}$$

Wendet man Gl. (7.110) auf Gl. (7.111) an, so vereinfacht sie sich zu $U_0 = i(t)R$. Wegen Gl. (7.112) kann der Strom $i(t)$ durch den Ladestrom $i_C(t)$ ersetzt werden. Mit Gl. (7.113) erhält man

$$U_0 = RC\,\frac{\mathrm{d}u_C(t)}{\mathrm{d}t} = RC\,\frac{\mathrm{d}u_a(t)}{\mathrm{d}t}.$$

Die Integration dieser Gleichung führt auf den Verlauf der Ausgangsspannung $u_a(t)$ bei geöffnetem Schalter S

$$u_a(t) = \frac{U_0}{RC}\,t, \tag{7.114}$$

wenn für $t=0$ der Anfangswert der Ausgangsspannung $u_a\,(t=0)=0$ war. Man erhält damit bei dieser Schaltung einen exakten rampenförmigen Verlauf der Ausgangsspannung unter der Voraussetzung, daß nach Gl. (7.110) die Spannungsverstärkung $v_u = +1$ ist. Der Bootstrap-Generator ist der einzige Generator, mit dem zumindest theoretisch eine ideale Rampenspannung erzeugt werden kann.

Weicht die Spannungsverstärkung v_u des Operationsverstärkers vom Wert $v_u = +1$ ab, so ergibt sich für den zeitlichen Verlauf der Ausgangsspannung

$$u_a(t) = \frac{v_u\,U_0}{1 - v_u}\,(1 - \mathrm{e}^{-t/\tau^{**}}) \tag{7.115}$$

mit $\tau^{**}=CR/(1-v_u)$. Beim Grenzübergang $v_u \to +1$ erhält man aus Gl. (7.115) wieder die Gl. (7.114) (Grenzwertberechnung nach l'Hospital). Die Gl. (7.115) ist deshalb von Bedeutung, weil in technischen Schaltungen die Bedingung $v_u = +1$ oftmals nicht exakt eingehalten werden kann. Bezüglich Gl. (7.115) berechnet man nach Gl. (1.2) für $t_0=0$ den Steigungsfehler für einen realen Bootstrap-Generator

$$\beta_B = \frac{(1-v_u)\,u_a(t_H)}{v_u\,U_0}. \tag{7.116}$$

Man erkennt auch hier wieder, daß für $v_u \to +1$ der Steigungsfehler $\beta_B=0$ wird.

Ein Verstärker, der recht gut die beschriebenen Anforderungen erfüllt, ist der Emitterfolger. Er weist eine Spannungsverstärkung im Bereich von $0{,}9<v_u<1{,}0$ auf, arbeitet ohne Phasenumkehr (nichtinvertierend) und hat einen hohen Eingangs- und einen niedrigen Ausgangswiderstand. Nachteilig in der Schaltung nach Bild 7.113 ist die Tatsache, daß man eine erdfreie Spannungsquelle U_0 benötigt. Diese kann man durch eine Kapazität $C^* \gg C$ ersetzen, die über die Diode D nachgeladen wird. Bild 7.114 zeigt die Schaltung eines Bootstrap-Generators mit Emitterfolger (T_2) und dem Kondensator C^* als Ersatz für die erdfreie Spannungsquelle. Der Schalter S, der durch den Transistor T_1 ersetzt werden kann, leitet die Sägezahnrückflanke ein.

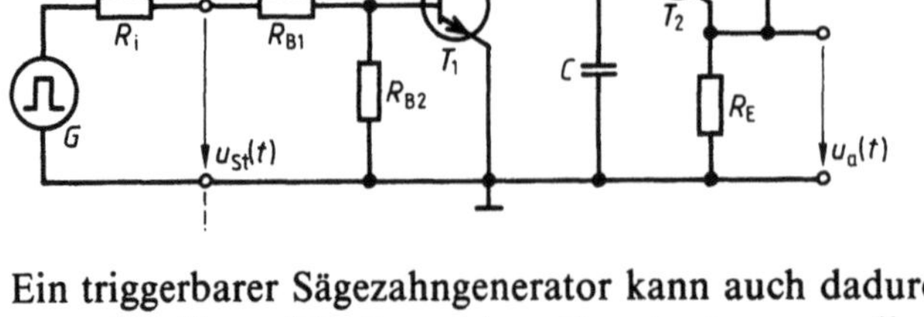

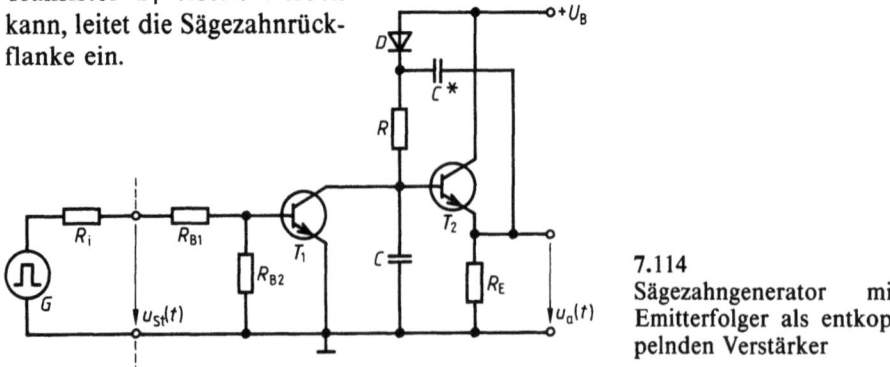

7.114
Sägezahngenerator mit Emitterfolger als entkoppelnden Verstärker

Ein triggerbarer Sägezahngenerator kann auch dadurch realisiert werden, daß man eine Kapazität C aus einer Konstantstromquelle auflädt (Bild 7.115). Die Konstantstromquelle besteht aus einem PNP-Transistor T_2, an dessen Basis durch die Zenerdiodenschaltung aus ZD und R_{ZD} eine konstante Spannung liegt, so daß in die Basis ein konstanter Strom I_{Bo} hineinfließt. Bei etwa konstanter Gleichstromverstärkung des Transistors kann damit ein Konstantstrom I_{Co} zur Aufladung der Kapazität C bereitgestellt werden. Der Transistor T_1 mit seinem Basisspannungsteiler dient wiederum als Schalter zur Erzeugung der Sägezahnrückflanke durch Entladung der Kapazität C. Da die Ausgangsspannung $u_a(t)$ direkt an der Kapazität C abgegriffen wird, verhält sich die Schal-

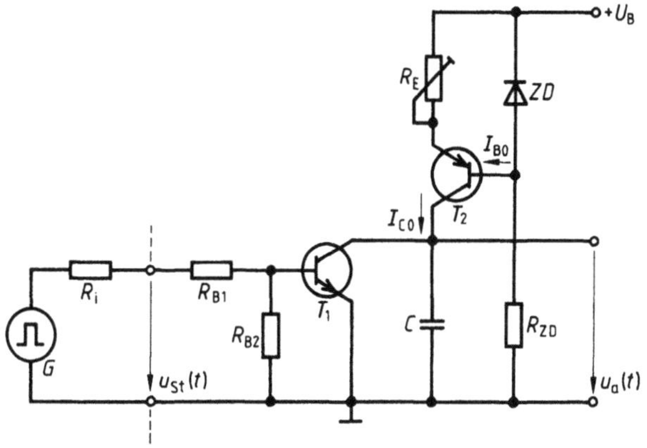

7.115
Triggerbarer Sägezahngenerator,
T_1 Schalttransistor für die Sägezahnrückflanke,
T_2 mit *ZD* als Konstantstromquelle

tung sehr lastempfindlich. Die Schaltung ist jedoch durch einfache Dimensionierung und geringen Schaltungsaufwand bei guter Linearität der Ausgangsspannung gekennzeichnet.

7.4.4 Treppenspannungsgeneratoren

Treppenspannungssignale weisen Stufenbreiten der Dauer T_S und Stufenhöhen von ΔU auf (Bild **1**.19). Das Treppenspannungssignal mit einer Amplitude von U_0 kann mit der Periodendauer T_0 wiederholt werden. Treppenspannungssignale werden z. B. bei Kennlinienschreibern für Halbleiterbauelemente eingesetzt, um stufenweise Parameter für Kennlinien durchzufahren. Während der Dauer der Stufenbreite T_S werden vom Kennlinienschreiber die unabhängige und die abhängige Variable einer Kennlinie meßtechnisch erfaßt. Treppenspannungssignale sollen möglichst steile Flanken an den Treppenstufen und Spannungskonstanz auf der Treppenstufe aufweisen. Für die Erzeugung von Treppenspannungssignalen werden im folgenden einige Verfahren beschrieben: Als analoges Verfahren kann ein Kondensator durch Stromimpulse schrittweise aufgeladen werden. Weiter können zeitlich verschobene Rechtecksignale zu einer Treppenspannung zusammengesetzt werden. Schließlich kann eine Treppenspannung noch mit Hilfe digitaler Schaltkreise erzeugt werden. Außerdem kann ein Treppensignal wie jede andere Impulszeitfunktion durch einen programmierbaren Funktionsgenerator erzeugt werden (s. Abschn. 7.4.5).

7.4.4.1 Analoges Verfahren mit Kapazitätsaufladung. Eine Treppenspannung $u_{Tr}(t)$ kann dadurch erzeugt werden, daß eine Kapazität *C* mit periodischen Stromimpulsen jeweils konstanten Ladestromes aufgeladen wird (Bild **7**.116a). Die dargestellte Schaltung kann durch eine Rechteck-Impulsfolge oder eine Sinusschwingung angesteuert werden (Bild **7**.116b). Der Transistor T_1 sorgt dafür, daß der Kondensator Ladestromimpulse konstanten Stromes erhält, so daß an der Kapazität *C* ein Treppenspannungssignal $u_{Tr}(t)$ erzeugt wird (Bild

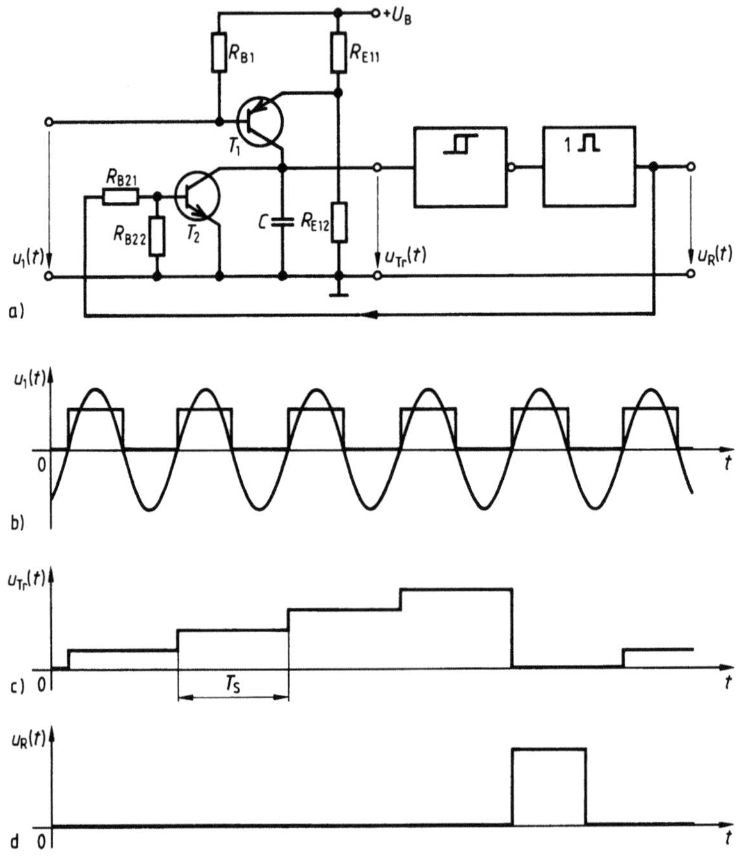

7.116 Treppenspannungsgenerator mit C-Aufladung (a), Eingangsspannungen $u_1(t)$ (b), Treppenspannung $u_{Tr}(t)$ (c), Rückstellsignal $u_R(t)$ (d)

7.116c). An die Kapazität C werden ausgangsseitig ein Schwellwertschalter und eine monostabile Kippstufe angeschlossen, um anzuzeigen, daß der Spannungsendwert U_0 der Treppenspannung erreicht ist. Die monostabile Kippstufe liefert einen Rechteckimpuls, der zum Zweck des Triggerns nachfolgender Schaltungen genutzt werden kann und die Kapazität C für die Rückflanke des Treppenspannungssignals mit Hilfe des Schalttransistors T_1 entlädt (Rückstellspannung $u_R(t)$ in Bild 7.116d).

7.4.4.2 Addition von Rechteckspannungen. Eine Treppenspannung kann auch dadurch erzeugt werden, daß zeitlich äquidistant um die Stufenbreite T_S verschobene Rechteckspannungen gleicher Amplitude addiert werden. Die Amplitude der einzelnen Rechteckspannung beträgt $\Delta U = U_0/n$, wobei der Maximalwert U_0 der Treppenspannung ein ganzzahliges Vielfaches der Stufenhöhe ΔU sein sollte. Bild 7.117 veranschaulicht das Verfahren zur Erzeugung eines Treppenspannungssignals.

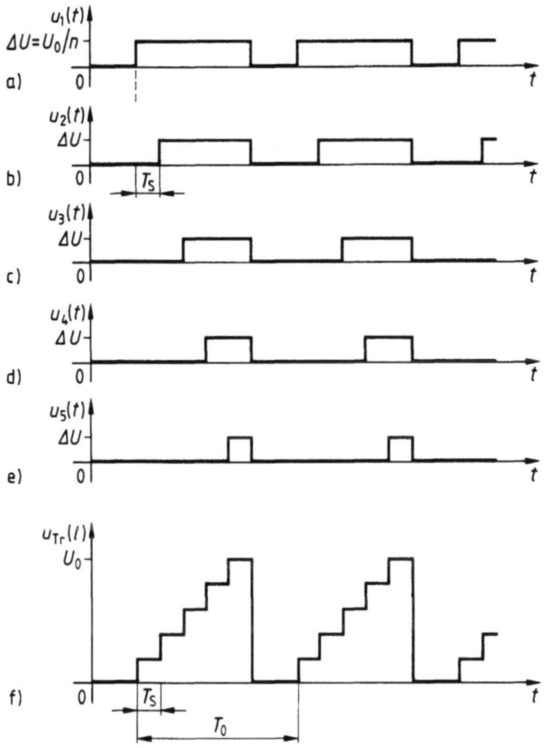

7.117
Erzeugung einer Treppenspannung (f) durch Addition zeitlich verschobener Rechteckspannungen (a) bis (e)

7.4.4.3 Impulszählung und D-/A-Wandlung. Mit digitalen Schaltkreisen kann eine Treppenspannung erzeugt werden. Bild 7.118a veranschaulicht das Verfahren, bei dem eine Rechteck-Impulsfolge auf den Eingang eines Zählers *CTR* gegeben wird. Der jeweilige Zählerstand liegt z. B. als BCD-Wert vor und wird einem Digital-Analog-Wandler zugeführt, der den Zählerstand in einen zugeordneten Amplitudenwert umsetzt. Durch einen Impuls auf den Rückstelleingang *R* des Zählers wird zur Einleitung der Rückflanke der Treppenspannung der Zählerstand auf null zurückgesetzt. Damit geht auch die Ausgangsspannung des Digital-Analog-Wandlers auf null zurück. Die Zusammenschaltung eines BCD-Zählers mit einem D-/A-Wandler geht aus Bild 7.118b hervor. Auf den Takteingang des Zählers *CTR* wird eine Rechteck-Impulsfolge nach Bild 7.118c gegeben. Die Rückflanke der Treppenspannung wird durch das Rückstellsignal $R(t)$ nach Bild 7.118d bewirkt. Die binär codierte Dezimalinformation am Zählerausgang liegt an den Steuereingängen 2^0 bis 2^3 des D-/A-Wandlers an. Liegen diese Eingänge auf Nullpotential, sperren alle Transistoren T_0 bis T_3, so daß dem Summenpunkt des Operationsverstärkers kein Strom zugeführt wird. Liegt an einem Eingang eine Spannung an, die größer als die Referenzspannung U_{Ref} ist, so wird der zugehörige Schalttransistor invers leitend (s. Abschn. 6.3). Der in der Emitterleitung liegende Widerstand bestimmt

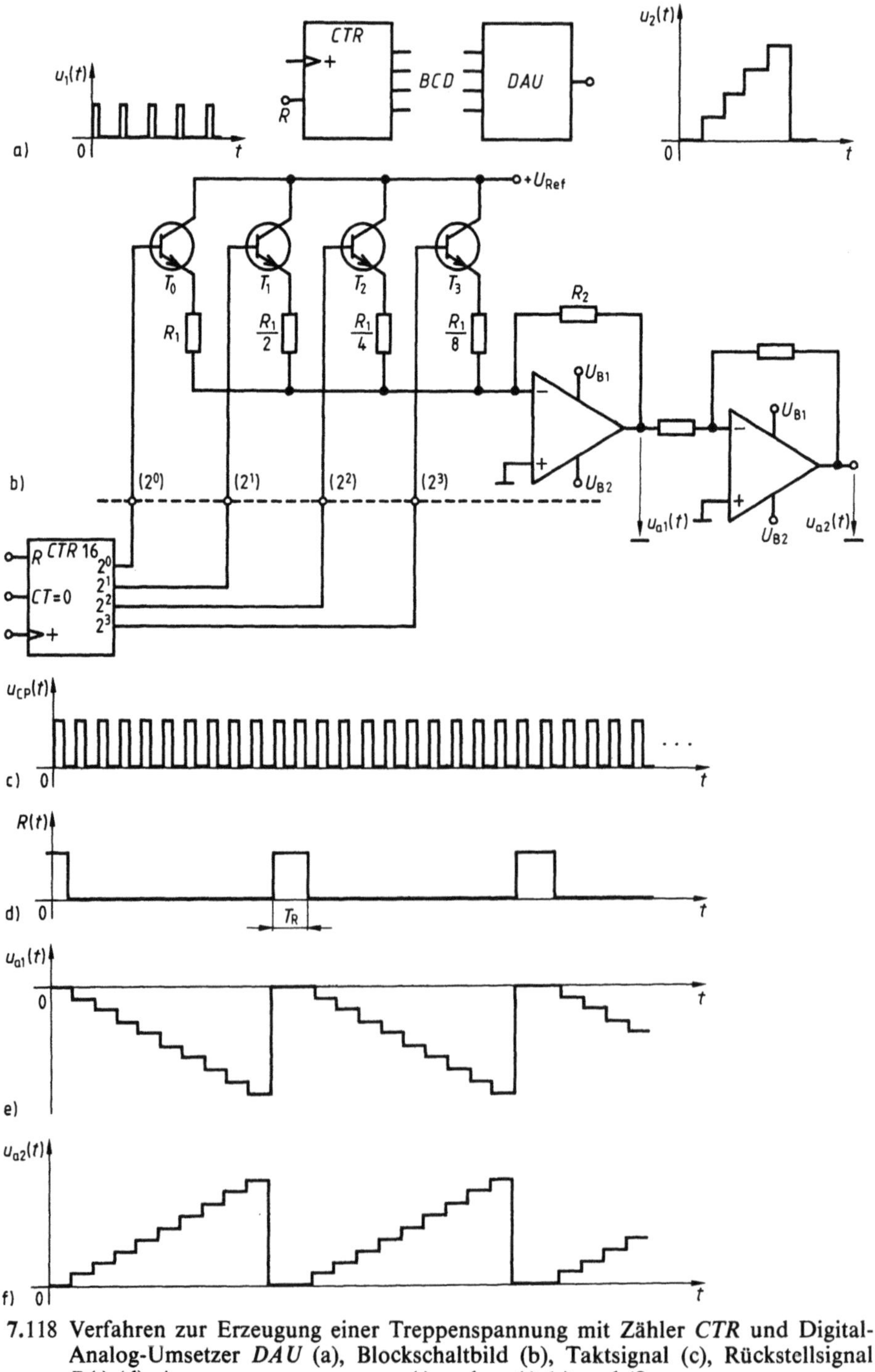

7.118 Verfahren zur Erzeugung einer Treppenspannung mit Zähler *CTR* und Digital-Analog-Umsetzer *DAU* (a), Blockschaltbild (b), Taktsignal (c), Rückstellsignal $R(t)$ (d), Ausgangsspannungen $u_{a1}(t)$ und $u_{a2}(t)$ (e) und (f)

den dort fließenden Strom, wobei sich die Emitterströme der Transistorstufen wie 1:2:4:8 verhalten. Die Stromsumme wird in die Ausgangsspannung $u_{a1}(t)$ umgesetzt (Bild 7.118e) bzw. invertiert als $u_{a2}(t)$ (Bild 7.118f).

7.4.5 Programmierbarer Funktionsgenerator

In den vorangegangenen Unterabschnitten wurden Verfahren und Schaltungen für Impulsgeneratoren beschrieben, wobei die Verfahren und die zugehörigen Schaltungen an die zu erzeugende Impulszeitfunktion gebunden waren. Von besonderem Interesse sind daher solche Generatoren, mit denen beliebige Impulszeitfunktionen erzeugt werden können. Gegeben sei eine beliebige Impulszeitfunktion $f(t)$ entsprechend Bild 7.119. Zur näherungsweisen Reproduktion der Impulszeitfunktion innerhalb eines vorgegebenen Zeitabschnittes T wird dieser in n gleich große Zeitabschnitte Δt unterteilt ($n\Delta t = T$). Dann werden die Ordinaten zu den n Stützstellen ermittelt und binär codiert. Die Folge der binär codierten Ordinaten wird in einem Schreib-Lese-Speicher abgelegt und zur Reproduktion der Impulszeitfunktion wieder aus dem Speicher ausgelesen. Die Darstellung einer Impulszeitfunktion durch Annäherung über n Stützstellen mit den zugehörigen Ordinaten bedingt einen Quantisierungsfehler. Dieser nimmt mit der Anzahl der Bits für die Codierung der Ordinaten ab. Der Wertebereich zwischen zwei benachbarten Stützstellen kann durch lineare Interpolation ausgefüllt werden. Die Größe des Speicherbereiches (RAM-Bereich) entscheidet über die Anzahl möglicher Stützstellen. Durch Einflußnahme auf den Taktgenerator kann eine Impulszeitfunktion $f(t)$ entweder einmalig oder periodisch durch das Taktsignal reproduziert werden. Kehrt man die Richtung des Auslesens der Ordinatenwerte aus dem RAM-Bereich um, so läßt sich zu einer Impulszeitfunktion deren Spiegelfunktion erzeugen. Der beschriebene Funktionsgenerator wird als programmierbar bezeichnet, da das Ein- und Auslesen von Ordinaten zusammen mit der Taktsignalsteuerung programmgesteuert durchgeführt werden kann. Aus der Vielfalt der zu erzeugenden Impulszeitfunktionen folgt ein breites Anwendungsgebiet für programmierbare Funktionsgeneratoren.

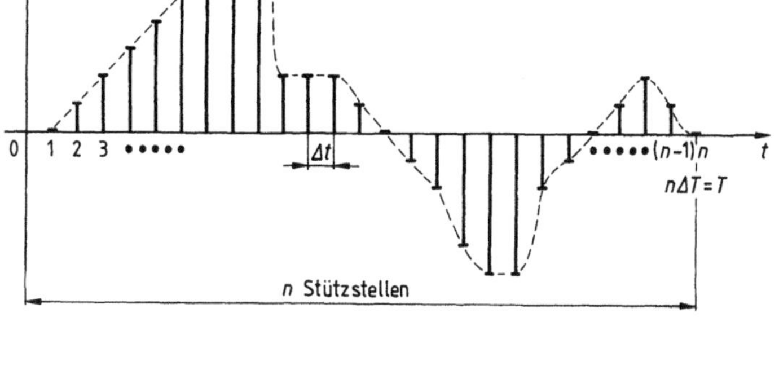

7.119
Annäherung einer Impulszeitfunktion $f(t)$ durch n Stützstellen

7.5 Impulszähler

Zähler sind Schaltungen, die eine an ihrem Zähleingang anliegende Folge von Ereignissen abzählen können. Impulszähler registrieren die Anzahl von Ereignissen, die durch Impulse repräsentiert werden. Man findet sie bei zahlreichen Anwendungen: In der Kernphysik, wo Elementarteilchen an einem Meßort zeitlich völlig unregelmäßig eintreffen, soll die Gesamtzahl von Elementarteilchen in einem Zeitabschnitt gezählt werden. In der Meßtechnik benutzt man Impulszähler, um durch das Abzählen periodischer Zeitmarken Zeiten zu messen. In der Radartechnik setzt man Impulszähler ein, um Laufzeiten und Impulsabstände inkremental zu messen. Schließlich kann noch durch das Auszählen von Schwingungen je Zeiteinheit eine Frequenz bestimmt werden, um nur einige Anwendungen zu nennen. Will man nach dem Ausbleiben weiterer Impulse die Anzahl der bis dahin aufgetretenen Impulse feststellen, müssen Zähler aus Speicherelementen aufgebaut sein. Als Speicherelemente werden getaktete bistabile Kippstufen (Flipflops) verwendet. Aus der Zusammenschaltung von Flipflops entstehen sog. sequentielle Schaltwerke, bei denen eine eindeutige Zuordnung zwischen der Anzahl der eingegebenen Impulse und den Zuständen der Flipflopausgänge besteht. Da jeder Ausgang eines Flipflops nur zwei Werte der Information annehmen kann, gibt es bei n Flipflopstufen 2^n mögliche Ausgangskombinationen. Der innere Aufbau eines Zählers hängt wesentlich davon ab, in welchem Binärcode das Zählerergebnis dargestellt werden soll. Zweckmäßig wählt man für den Zähler eine Zahlendarstellung, die sich möglichst einfach weiterverarbeiten läßt. Die einfachsten Schaltungen für Zähler ergeben sich für eine Dualzahlendarstellung. Bei vielstelligen Zahlen ist eine BCD-Darstellung günstiger, weil sich dann jede Dekade für sich weiterverarbeiten läßt und damit der Übergang zu einer Dezimalanzeige wesentlich erleichtert wird. Abhängig von der Art der Zusammenschaltung von Flipflops entstehen verschiedene Zählerarten (s. Band X). Bei Zählern unterscheidet man bezüglich der Betriebsart Vorwärtszähler, bei denen sich der Zählerstand bei Eintreffen eines Impulses jeweils um eins erhöht, und Rückwärtszähler, bei denen ein Anfangszählerstand mit jedem eintreffenden Impuls um eins verringert wird. Das elementare Speicherelement für Zähler ist der taktgesteuerte *JK*-Flipflop. Wenn beide Vorbereitungseingänge $J=K=1$ sind, kann der *JK*-Flipflop die Anwesenheit eines Impulses an seinem Takteingang speichern. Dieser Flipfloptyp eignet sich sowohl für asynchrone, synchrone und Ringzähler wegen der verschiedenen Möglichkeiten festzulegen, ob der *JK-FF* in den anderen Zustand kippen soll. Im folgenden werden der asynchrone Zähler, der synchrone Zähler und der Ringzähler beschrieben.

7.5.1 Asynchrone Zähler

Ein Zähler hat asynchrones Verhalten, wenn die hintereinander geschalteten Flipflops nicht von den zu zählenden Impulsen, sondern vom Ausgangssignal eines Vorgänger-Flipflops getaktet werden.

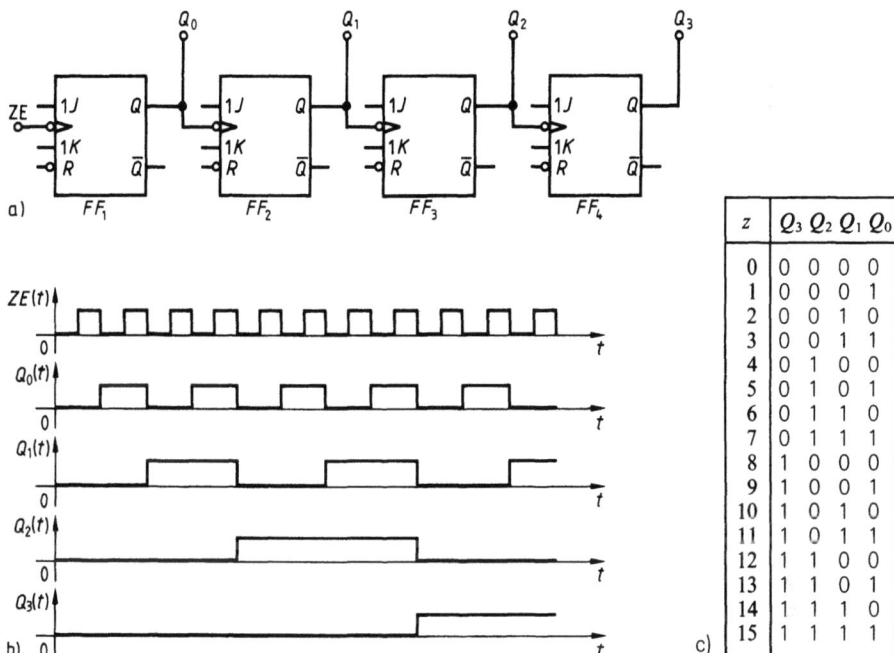

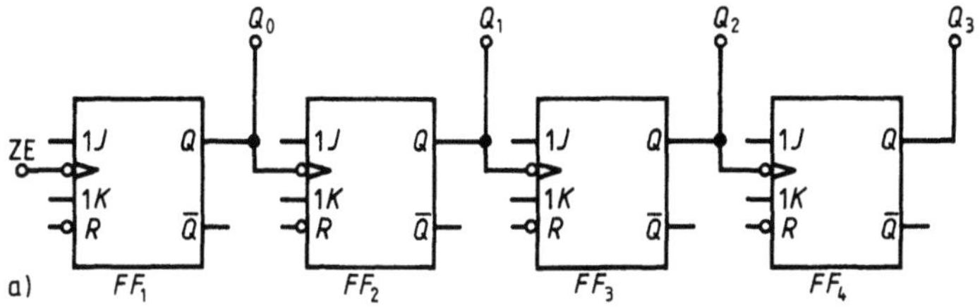

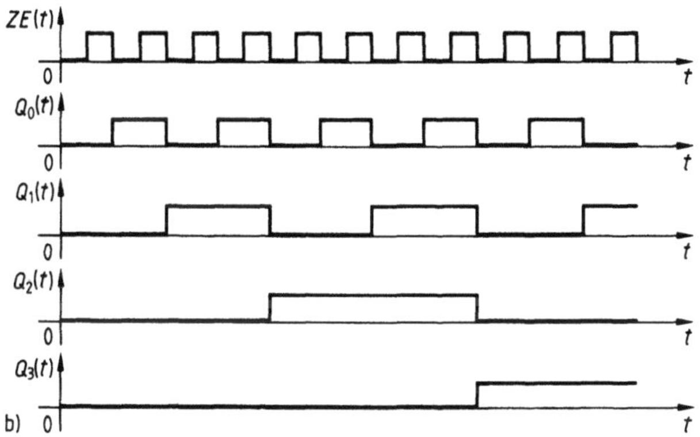

c)

z	Q_3	Q_2	Q_1	Q_0
0	0	0	0	0
1	0	0	0	1
2	0	0	1	0
3	0	0	1	1
4	0	1	0	0
5	0	1	0	1
6	0	1	1	0
7	0	1	1	1
8	1	0	0	0
9	1	0	0	1
10	1	0	1	0
11	1	0	1	1
12	1	1	0	0
13	1	1	0	1
14	1	1	1	0
15	1	1	1	1

7.120 Asynchroner Binärzähler mit vier *JK*-Flipflops (a), Impulsdiagramm (b), Tabelle der Flipflopzustände nach *z* Impulsen (c)

7.5.1.1 Wirkungsweise. Verbindet man den Ausgang eines Flipflops mit dem Takteingang des nächsten Flipflops (Bild 7.120a), so kann man anhand des Impulsdiagramms feststellen, daß jede Flipflopstufe die Frequenz des an seinem Takteingang anliegenden Rechtecksignals halbiert (Bild 7.120b). Die kettenförmige Flipflopschaltung[1]) stellt einen im Binärsystem zählenden Impulszähler dar. Aus der Tabelle in Bild 7.120c erkennt man, daß jedes Flipflop in Abhängigkeit von seiner Position im gesamten Zähler eine entsprechende Potenz von 2 anzeigt. So beginnt die Flipflopanordnung am Zählereingang *ZE* mit Flipflop FF_1 für die Zweierpotenz 2^0 am Ausgang Q_0 und endet mit dem Flipflop FF_4 für die Zweierpotenz 2^3 am Ausgang Q_3. Nach $2^4 = 16$ gezählten Impulsen kehrt der Zähler in den Anfangszustand für $z = 0$ zurück. Ein asynchroner Zähler nach Bild 7.120a bietet zwar den Vorteil besonders einfachen Aufbaus mit gleichen Bauelementen, die durch nur wenige Verbindungen miteinander verknüpft werden. Andererseits ist die Taktsignalansteuerung so organisiert, daß jeder Flipflop dem nachfolgenden ein Signal zum Weiterschalten übergibt. Das hat aber den Nachteil, daß die einzelnen Flipflops zeitlich nacheinander in ihre neuen Schaltzustände umkippen, so daß erst eine ge-

[1]) Wegen der Übersichtlichkeit wurde in der Schaltung nach Bild 7.120a die Rückstell-Leitung fortgelassen.

wisse Zeit vergeht, bevor das Zählergebnis vorliegt. Zwischenzeitlich können sogar Schaltzustände auftreten, die mit dem Zählergebnis nichts zu tun haben. Mit zunehmender Anzahl von Flipflops in einem asynchronen Zähler nimmt diese Wartezeit zu und die maximal mögliche Zählfrequenz ab.

7.5.1.2 Asynchrone Zähldekade. Die kettenförmige Anordnung von Flipflopstufen für je eine Potenz von 2 nach Bild 7.120a führt auf Dualzähler. Soll ein asynchroner Zähler jedoch im Dezimalsystem als Zähldekade arbeiten, so ist er entsprechend umzugestalten, da er nach jeweils 10 Impulsen am Zähleingang ZE wieder auf null zurückschalten und einen Übertrag an der Klemme *Ü* an den nächsten Dekadenzähler abgeben soll. Bild 7.121 zeigt eine asynchrone Zähldekade mit vier *JK*-Flipflops und einem zusätzlichen UND-Gatter. Mit dem zusätzlichen Verknüpfungsglied *G* wird bereits die rein asynchrone Arbeitsweise des Zählers verlassen, da der FF_4 über das Gatter *G* am Vorbereitungseingang *1J* und der FF_2 am Vorbereitungseingang *1J* durch die Rückführung von $\overline{Q}_3$ des Flipflops FF_4 zum Umschalten beim nächsten Impuls vorbereitet werden. Beim 10. Impuls am Zählereingang *ZE* schaltet Q_0 des Flipflops FF_1 ohnehin auf log. 0, und der Ausgang Q_2 zeigt bereits die Information log. 0. Es muß jetzt nur noch veranlaßt werden, daß auch Q_1 von FF_2 auf log. 0 bleibt und Q_3 von FF_4 auf log. 0 zurückschaltet. Diese Bedingungen werden durch die Rückführung von FF_4 auf den Vorbereitungseingang *1J* von FF_2 und die Verknüpfung der Informationen an Q_1 und Q_2 mit dem UND-Gatter *G* auf den Vorbereitungseingang *1J* des Flipflops FF_4 bewirkt. Nach dem 10. Impuls wird damit der Anfangszustand $Q_0 = Q_1 = Q_2 = Q_3 = 0$ wieder eingenommen. Der exakte Zählerstand kann erst nach Ablauf der gesamten Schaltzeiten der Flipflops abgelesen werden. Daher ist diese Schaltungsart für hochfrequenten Zählbetrieb nicht geeignet.

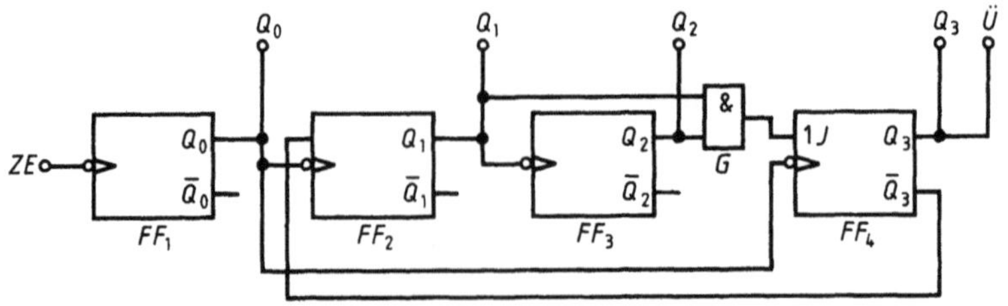

7.121 Asynchrone Zähldekade

7.5.1.3 Zählfrequenz. Da bei einem asynchronen Zähler die einzelnen Flipflops erst zeitlich nacheinander ihre neue Lage einnehmen, vergeht eine gewisse Zeit, bis das Zählergebnis geschlossen vorliegt. Für die Abschätzung der maximal möglichen Zählfrequenz besteht keine allgemeine Lösung. Vielmehr muß für jede Schaltung gesondert die maximale Zählfrequenz ermittelt werden. Die Zählfrequenz eines Zählers wird dabei durch die Zeit bestimmt, bis nach einem Impuls am Zählereingang *ZE* sämtliche Flipflops in den vorgesehenen Zustand umgekippt sind, so daß der aktuelle Zählerstand am Ausgang bereitsteht. Bezeichnet man die maximale Zählfrequenz mit $f_{Z,\max}$, so gilt

$$f_{Z,\max} = \frac{1}{T_{0,\max}}, \tag{7.117}$$

wobei $T_{0,\min}$ der minimal mögliche zeitliche Abstand zwischen zwei aufeinander folgenden Zählimpulsen ist. Man muß also nach dem letzten gezählten Impuls am Zähleingang *ZE* so lange warten, bis alle erforderlichen Flipflops umgeschaltet haben, bevor man das Zählergebnis auswerten kann. Dabei darf der zeitliche Abstand zwischen zwei aufeinander folgenden Impulsen nicht kleiner als die gesamte Verzögerungszeit der Zählkette sein. Am Beispiel einer asynchronen Zähldekade nach Bild 7.122a wird gezeigt, wie man die maximale Zählfrequenz ermitteln kann. Dabei hat man so vorzugehen, daß man für die Zählerschaltung die Umschaltfälle ermittelt, bei denen die meisten Flipflops ihren Schaltzustand ändern. Das ist für die Schaltung nach Bild 7.122a für die Umschaltung von $7_{(10)}$ nach $8_{(10)}$ bzw. von $3_{(10)}$ nach $4_{(10)}$ der Fall, da in beiden Fällen auf das Umschalten des Flipflops FF_3 für die Zweierpotenz 2^2 gewartet werden muß. Aus Bild 7.122b kann man ablesen, daß die maximale Umschalt-

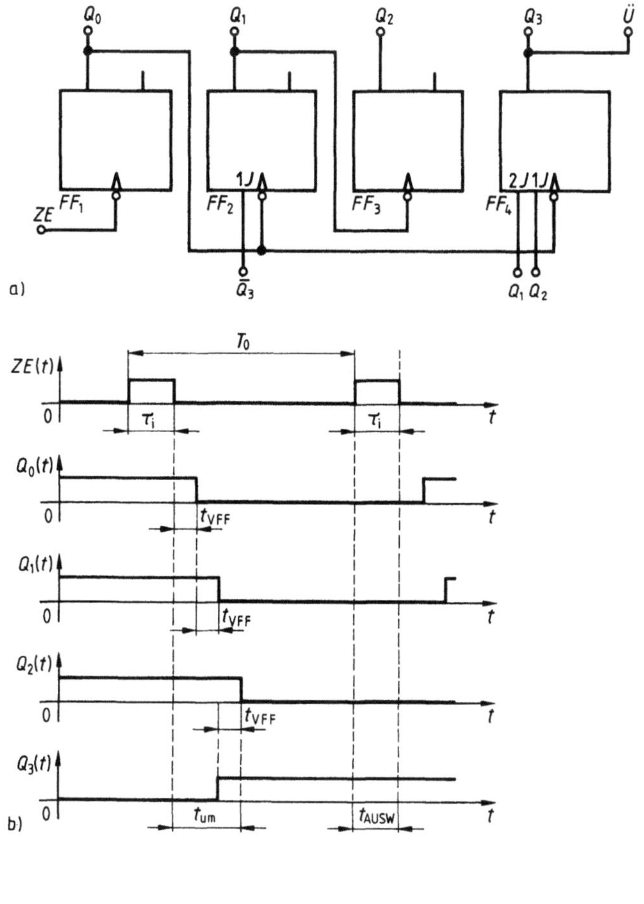

7.122
Asynchrone Vorwärtsdekade (a), Impulsdiagramm für die Umschaltung (b)

zeit $t_{\text{Um}} = 3\,t_{\text{VFF}}$ beträgt. Dabei versteht man unter der Zeit t_{VFF} die Verzögerungszeit eines *JK*-Flipflops beim Umschalten. Sie beträgt für einen *JK*-Flipflop in TTL-Technik $t_{\text{VFF}} \leqq 50$ ns. Weiter erfordert ein *JK*-Flipflop einen Taktimpuls mit einer minimalen Impulsdauer $\tau_{\text{i, min}} = 20$ ns. Bis zum Abschluß aller Kippvorgänge tauchen, wie Bild 7.122b zeigt, sogar zwischenzeitlich Zählerstände auf, die nicht dem geplanten Zählergebnis entsprechen. Man hat deshalb bei einem asynchronen Zähler gesondert festzulegen, zu welcher Zeit das Zählergebnis ausgewertet werden soll. Der nächste Impuls am Zählereingang *ZE* darf also nicht vor Ablauf der Umschaltzeit t_{Um} eintreffen. Es bietet sich an, das Zählergebnis während der Impulsdauer τ_{i} des folgenden Impulses auszuwerten, so daß die Auswertezeit $t_{\text{AUSW}} = \tau_{\text{i}}$ beträgt. Für die maximale Zählfrequenz der asynchronen Zähldekade nach Bild 7.122a kann damit die Näherung

$$f_{\text{Z, max}} \approx \frac{1}{\tau_{\text{i, min}} + 3\,t_{\text{VFF}}} \tag{7.118}$$

angegeben werden. Mit den genannten überschlägigen Werten für $\tau_{\text{i, min}} = 20$ ns und $t_{\text{VFF}} = 50$ ns ergibt sich eine maximale Zählfrequenz für die asynchrone Zähldekade nach Bild 7.122a in TTL-Technik von $f_{\text{Z, max}} \leqq 5{,}8$ MHz.

7.5.2 Synchrone Zähler

Bei synchronen Zählern werden die Takteingänge aller Flipflops einer Zählerschaltung zeitgleich vom gleichen Impuls am Zählereingang *ZE* angesteuert. Durch logische Verknüpfungsschaltungen mit zusätzlichen Gattern kann man erreichen, daß der Zählerstand mit jedem Impuls am Zählereingang um eins erhöht wird. Nach der typischen Verzögerungszeit t_{VFF} eines *JK*-Flipflops stellt sich der Ausgangszustand des synchronen Zählers ein, wobei die Umschaltzeit des gesamten Zählers im wesentlichen auf die Umschaltzeit eines Flipflops begrenzt wird. Die Umschaltzeit wird nun nicht mehr je Flipflop addiert, sondern tritt nur noch einmal auf.

7.5.2.1 Wirkungsweise. Bild 7.123a zeigt einen synchron arbeitenden Binärzähler mit vier *JK*-Flipflops und Bild 7.123b das Impulsdiagramm. Wegen $J = K = 1$ beim Flipflop FF_1 wechselt dieser Flipflop bei jedem Impuls am Zählereingang *ZE* seinen Schaltzustand. Der Flipflop FF_2 wechselt seinen Ausgangszustand nur noch, wenn der Ausgang Q_0 von FF_1 zuvor auf logisch 1 geschaltet hatte. Damit schaltet der Flipflop FF_2 nur noch beim 2., 4., 6., ... Impuls. Entsprechend schaltet der Flipflop FF_3 nur noch um, wenn zuvor die Flipflops FF_1 und FF_2 gesetzt waren. Der Schaltzustand des Flipflops FF_4 wird nur noch verändert, wenn zuvor die Flipflops FF_1 bis FF_3 gesetzt waren, d.h., bei jedem achten Impuls am Zählereingang *ZE*. Nach der Zustandstabelle in Bild 7.123c schalten die Flipflops FF_1 bis FF_4 nach dem 16. Impuls wieder auf null zurück.

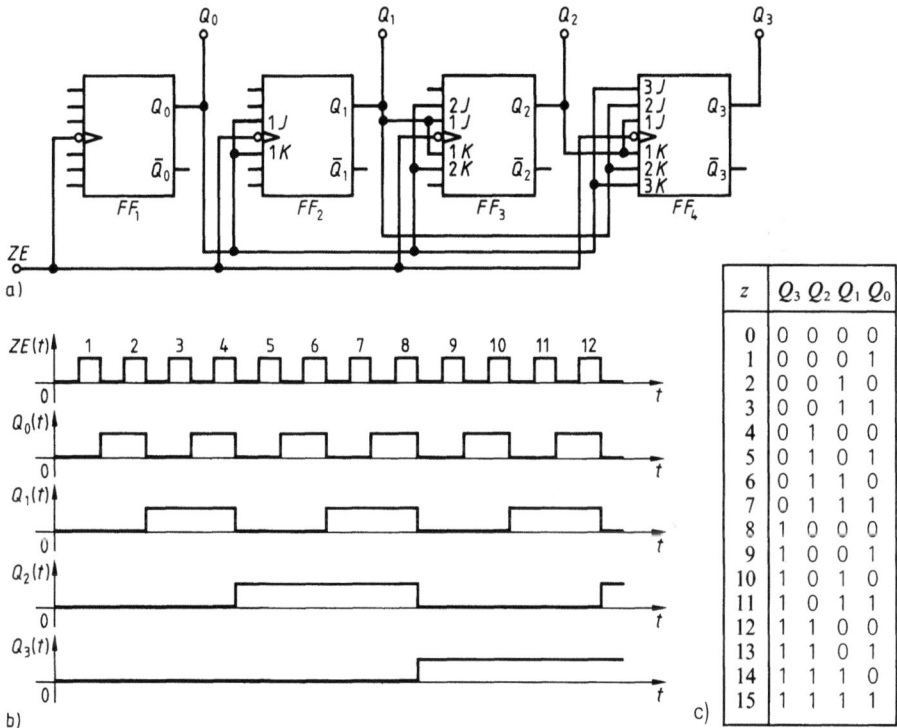

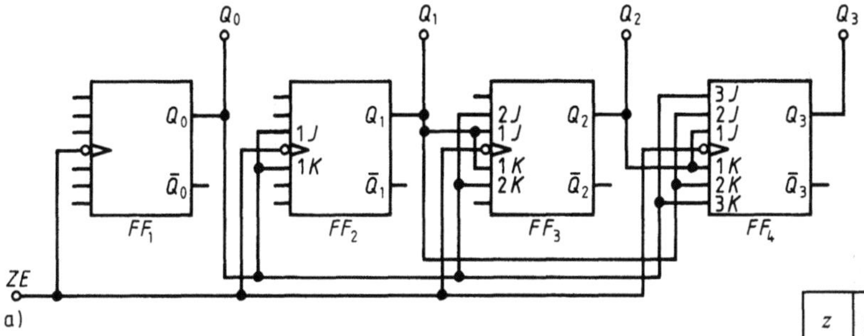

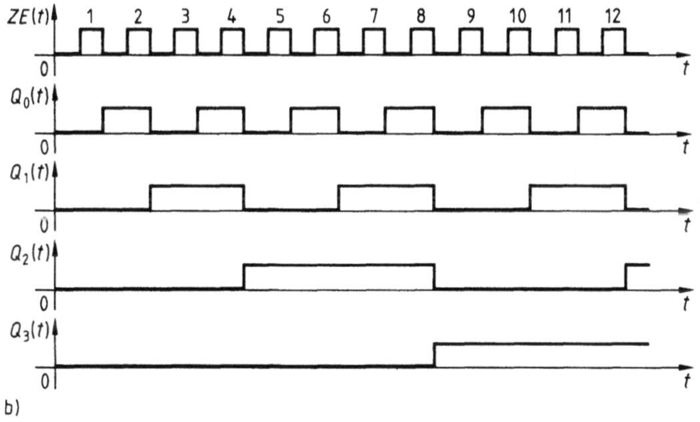

z	Q_3	Q_2	Q_1	Q_0
0	0	0	0	0
1	0	0	0	1
2	0	0	1	0
3	0	0	1	1
4	0	1	0	0
5	0	1	0	1
6	0	1	1	0
7	0	1	1	1
8	1	0	0	0
9	1	0	0	1
10	1	0	1	0
11	1	0	1	1
12	1	1	0	0
13	1	1	0	1
14	1	1	1	0
15	1	1	1	1

c)

7.123 Synchroner Binärzähler mit vier *JK*-Flipflops (a), Impulsdiagramm (b), Tabelle der Flipflopzustände nach *z* Impulsen (c)

7.5.2.2 Synchrone Zähldekade. Wenn der synchrone Zähler nicht im Dualcode sondern entsprechend einer vorgegebenen Codefolge schalten soll, benötigt man neben den Speicherelementen noch Gatterbausteine, über die bestimmte Ausgangszustände von Flipflops an den Vorbereitungseingängen vorbereitend wirken. Bild 7.124 zeigt als Beispiel die Schaltung einer synchronen Zähldekade mit vier *JK*-Flipflops. Die zusätzlich erforderlichen Gatterfunktionen finden sich in den konjunktiv verknüpften Vorbereitungseingängen der *JK*-Flipflops wieder. Während der Flipflop FF_1 mit jedem Impuls am Zählereingang umschaltet, schaltet der Flipflop FF_2 wegen der *JK*-Ansteuerung durch FF_1 nur bei jedem zweiten Impuls. Der Flipflop FF_3 schaltet wegen der Verkopplungen mit FF_1 und FF_2 nur bei jedem vierten Impuls. Beim Flipflop FF_4 bewirken die Verknüpfungen mit FF_2 und FF_3 sowie das Ausgangssignal von FF_1, daß der FF_4 nur während des 8. und 9. Impulses gesetzt ist. Die Rückführung von $\overline{Q}_3$ von FF_3 auf den Vorbereitungseingang von FF_2 verhindert beim FF_2 eine Zustandsänderung beim 10. Impuls. Zusammen mit der Rückstellung des Flipflops FF_4 wird mit dem Gatter *G* der Übertrag *Ü* an die nächste übergeordnete Zähldekade erzeugt (Bild 7.124b). Bild 7.124c zeigt eine Tabelle der Flipflopzustände nach *z* Impulsen.

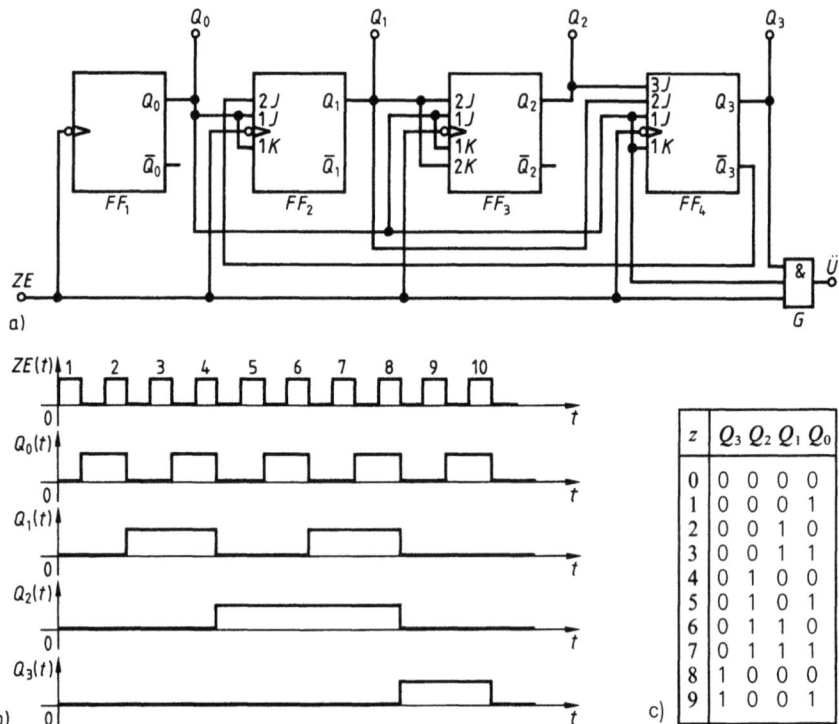

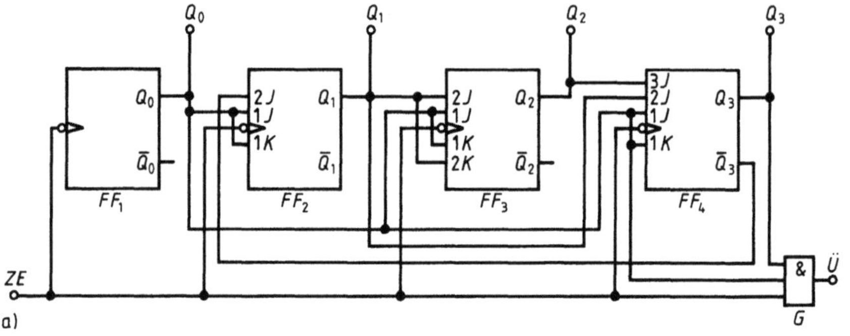

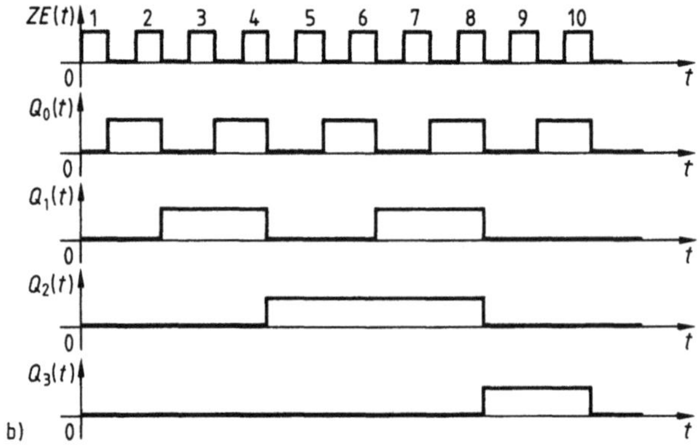

c)

z	Q_3	Q_2	Q_1	Q_0
0	0	0	0	0
1	0	0	0	1
2	0	0	1	0
3	0	0	1	1
4	0	1	0	0
5	0	1	0	1
6	0	1	1	0
7	0	1	1	1
8	1	0	0	0
9	1	0	0	1

7.124 Synchrone Zähldekade mit vier *JK*-Flipflops (a), Impulsdiagramm (b), Tabelle der Flipflopzustände nach z Impulsen (c)

7.5.2.3 Zählfrequenz. Da beim synchronen Zähler allen Flipflops zeitgleich der gleiche Impuls am Takteingang zugeführt wird, wird die maximale Zählfrequenz $f_{\mathrm{Z,max}}$ im wesentlichen durch die Verzögerungszeit des Flipfloptyps t_{VFF} bestimmt. Dazu kommt noch die minimal erforderliche Impulsdauer $\tau_{\mathrm{i,min}}$ für einen Impuls am Takteingang. Die Schaltfolge der Flipflops in einem Zähler für einen vorgegebenen Code wird dadurch festgelegt, daß die Vorbereitungseingänge der *JK*-Flipflops geeignet beschaltet werden (s. Bild 7.123 und 7.124). Hinter den Vorbereitungseingängen der *JK*-Flipflops liegen UND-Gatter, die die zugeleiteten Informationen der Ausgänge anderer Flipflops miteinander konjunktiv verknüpfen. Für die Laufzeit der Signale durch diese Gatter ist eine Verzögerungszeit t_{VG} in Ansatz zu bringen. Dabei versteht man unter der Zeit t_{VG} die mittlere Verzögerungszeit eines Gatters (z. B. eines NAND-Gatters). Zwei aufeinander folgende Zählimpulse dürfen damit nicht dichter zusammenrücken als die Summe dieser Zeiten ausmacht. Man kann die maximale Zählfrequenz synchroner Zähler als

$$f_{\mathrm{Z,max}} \approx \frac{1}{\tau_{\mathrm{i,min}} + t_{\mathrm{VFF}} + t_{\mathrm{VG}}} \qquad (7.119)$$

abschätzen.

7.5.3 Ringzähler

Ist ein Zähler aufzubauen, der ein beliebiges Zahlensystem zur Basis hat, so kann dies mit einer einfachen Schaltung als Ringzähler bewirkt werden, bei dem alle Flipflops ringförmig miteinander verbunden sind.

7.5.3.1 Wirkungsweise. Für einen Ringzähler, der im Zahlensystem der Basis n arbeiten soll, werden n Flipflops benötigt. So sind für einen Zähler im Oktalsystem acht Flipflops und für eine Zähldekade 10 Flipflops erforderlich. Die Wirkungsweise beruht darauf, daß die Ausgänge Q_ν und $\overline{Q}_\nu$ der Flipflopstufe FF_ν auf die Vorbereitungseingänge $J_{\nu+1}$ und $K_{\nu+1}$ der Flipflopstufe $FF_{\nu+1}$ geschaltet werden. Dadurch kommt es zu einer Weiterschaltung einer 1-Information von FF_ν auf $FF_{\nu+1}$. Die Anordnung wird dadurch zum Ringzähler, daß man die Ausgänge des letzten Flipflops auf die Vorbereitungseingänge des ersten Flipflops schaltet. Mit jedem Impuls wird eine 1-Information von einem zum nächsten Flipflop geschoben.

7.5.3.2 (1 aus 10)-Ringzähler. Bild 7.125a zeigt einen Ringzähler für ein Zahlensystem der Basis 10 mit 10 JK-Flipflops, wobei die Ausgänge der Flipflops Q_ν und $\overline{Q}_\nu$ auf die Vorbereitungseingänge $J_{\nu+1}$ und $K_{\nu+1}$ geschaltet sind. Durch die Rückführung der Ausgangsinformation Q_9 und $\overline{Q}_9$ auf die Eingänge $1J$ und $1K$ des Flipflops FF_1 entsteht ein dekadischer Ringzähler, der im (1 aus 10)-Code arbeitet. Aus Gründen der Übersichtlichkeit sind die Rückstelleitungen in Bild 7.125a fortgelassen. Zu Beginn des Zählbetriebes befindet sich stets ein Flipflop im gesetzten Zustand (d.h., $Q=1$ und $\overline{Q}=0$), während alle anderen Flipflopstufen zurückgestellt sind. Ein allen Flipflops zeitlich zugeführter Impuls bewirkt, daß der gesetzte Flipflop gelöscht wird und der nachfolgende Flipflop gesetzt wird. Dies wird dadurch bewirkt, daß der jeweils nachfolgende Flipflop durch die Ausgangsinformation des vorangehenden Flipflops zum Umschalten vorbereitet wird. Die Umschaltvorgänge laufen zyklisch weiter, solange Impulse am Zählereingang angelegt werden (Bilder 7.125b und c). Eine Ringzählerschaltung ähnlich der in Bild 7.125a wird auch als „elektronischer Kommutator" bezeichnet. Man erkennt aus der Zustandstabelle in Bild 7.125c, daß eine besondere Decodierung des Zählerstandes nicht erforderlich ist. Zwar steigt die Zahl der Flipflopstufen mit der Länge des Ringes, dafür spart man aber Gatterschaltungen für die Decodierung ein. Eine Anzeige des Zählergebnisses wird damit ohne zusätzliche Decodierung möglich, da jeder Flipflop eines Ringzählers seinen eigenen Ausgang hat.

7.5.3.3 Zählfrequenz. Nach Abschn. 7.5.3.2 besteht die Wirkungsweise des Ringzählers darin, daß bei zeitgleicher Zuführung des zu zählenden Impulses an alle Takteingänge der Flipflops des Ringzählers jeweils ein Flipflop zurückgestellt und der nachfolgende Flipflop gesetzt wird. Unter der Voraussetzung, daß die Umschaltzeiten der Flipflops beim Rückstellen und Setzen etwa gleich

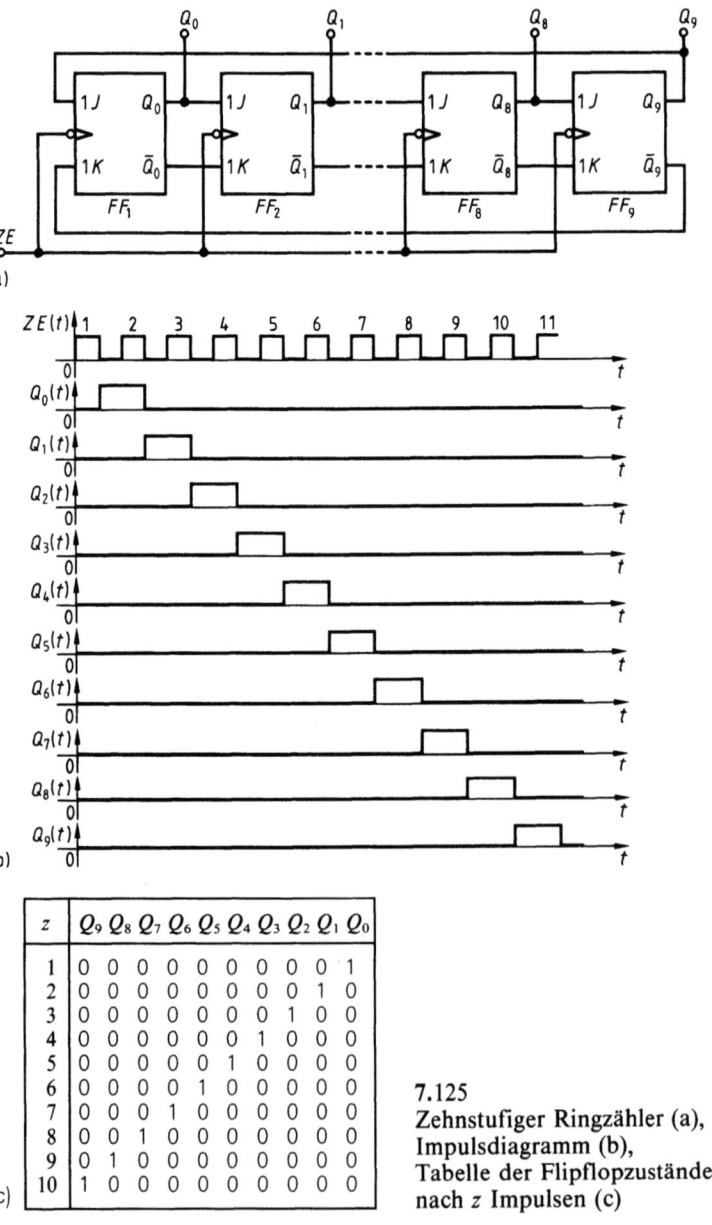

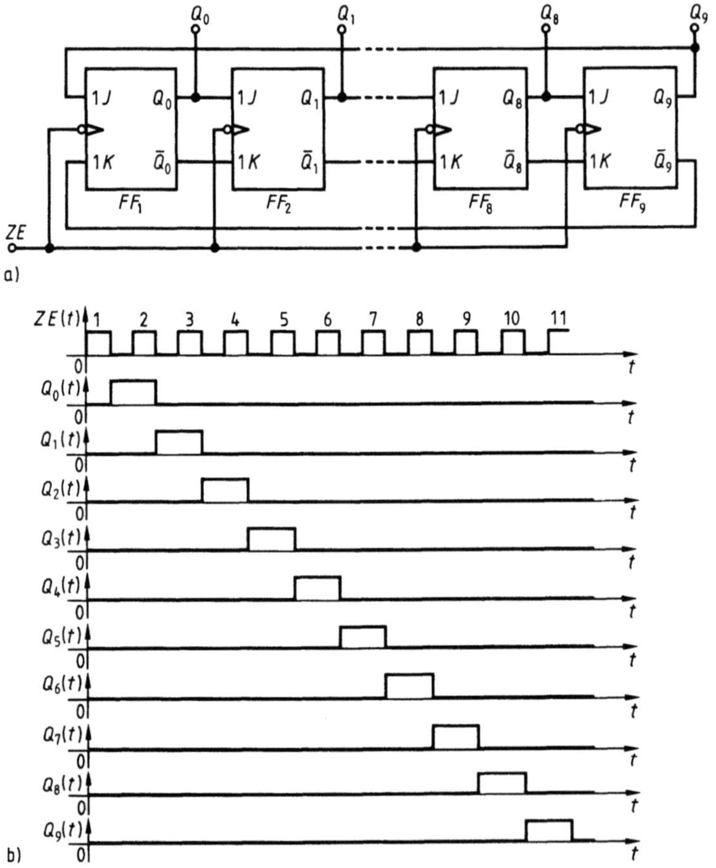

c)

z	Q_9	Q_8	Q_7	Q_6	Q_5	Q_4	Q_3	Q_2	Q_1	Q_0
1	0	0	0	0	0	0	0	0	0	1
2	0	0	0	0	0	0	0	0	1	0
3	0	0	0	0	0	0	0	1	0	0
4	0	0	0	0	0	0	1	0	0	0
5	0	0	0	0	0	1	0	0	0	0
6	0	0	0	0	1	0	0	0	0	0
7	0	0	0	1	0	0	0	0	0	0
8	0	0	1	0	0	0	0	0	0	0
9	0	1	0	0	0	0	0	0	0	0
10	1	0	0	0	0	0	0	0	0	0

7.125
Zehnstufiger Ringzähler (a), Impulsdiagramm (b), Tabelle der Flipflopzustände nach z Impulsen (c)

sind, kann die maximale Zählfrequenz des Ringzählers als

$$f_{Z,\max} \approx \frac{1}{\tau_{i,\min} + t_{VFF}} \tag{7.120}$$

abgeschätzt werden, da die typische Verzögerungszeit des Flipflops t_{VFF} nur einmal in Ansatz gebracht werden muß.

Anhang

Tafeln

A1.1 Impulsarten nach DIN 40700

Kennzeichen	Benennung und Bemerkung
	Rechteckimpuls, positiv *Positive-going pulse*
	Rechteckwechselimpuls
	Rechteckimpuls, negativ *Negative-going pulse*
	Schwingungsimpuls *Pulse of alternating current*
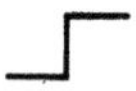	Sprungfunktion, positiv *Positive-going step function*
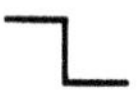	Sprungfunktion, negativ *Negative-going step function*
	Dreieckimpuls
	**Beispiel:** Rechteckimpuls, positiv, mit einer Impulsdauer von 2 µs und einer Pulsfrequenz von 10 kHz *Positive-going pulse with a pulse duration of* 2 µs *and a pulse repetition frequency of* 10 kHz

A2.1 Fourierreihenentwicklung

Reihenentwicklung mit reellen Koeffizienten

$$f(t) = a_0 + \sum_{\nu=1}^{\infty} a_\nu \cos(\nu\omega_0 t) + \sum_{\nu=1}^{\infty} b_\nu \sin(\nu\omega_0 t)$$

ν-te Teilschwingung

$$f_\nu(t) = a_\nu \cos(\nu\omega_0 t) + b_\nu \sin(\nu\omega_0 t)$$

Gleichanteil

$$a_0 = \frac{1}{T_0} \int_{t_0}^{t_0+T_0} f(t)\,\mathrm{d}t \qquad (\nu=0)$$

Reelle Fourierkoeffizienten

$$a_\nu = \frac{2}{T_0} \int_{t_0}^{t_0+T_0} f(t)\cos(\nu\omega_0 t)\,\mathrm{d}t \qquad (\nu=1,2,3,\ldots)$$

und

$$b_\nu = \frac{2}{T_0} \int_{t_0}^{t_0+T_0} f(t)\sin(\nu\omega_0 t)\,\mathrm{d}t \qquad (\nu=1,2,3,\ldots)$$

Reihenentwicklung mit komplexen Koeffizienten

$$f(t) = \sum_{\nu=-\infty}^{\infty} \underline{c}_\nu \,\mathrm{e}^{\mathrm{j}\nu\omega_0 t}\,\mathrm{d}t$$

ν-te Teilschwingung

$$\underline{c}_\nu = \frac{1}{T_0} \int_{t_0}^{t_0+T_0} f(t)\,\mathrm{e}^{-\mathrm{j}\nu\omega_0 t}\,\mathrm{d}t$$

Gleichanteil

$$a_0 = \underline{c}_0 = \frac{1}{T_0} \int_{t_0}^{t_0+T_0} f(t)\,\mathrm{d}t$$

Koeffizienten

$$\underline{c}_\nu = \frac{1}{2}(a_\nu - \mathrm{j}b_\nu) \qquad\qquad a_\nu = \underline{c}_\nu + \underline{c}_{-\nu}$$

bzw.

$$\underline{c}_{-\nu} = \frac{1}{2}(a_\nu + \mathrm{j}b_\nu) \qquad\qquad b_\nu = \mathrm{j}(\underline{c}_\nu - \underline{c}_{-\nu})$$

Verschiebung im Zeitbereich	$f(t-t_0)$	○—●	$\underline{c}_\nu\,\mathrm{e}^{-\mathrm{j}\nu\omega_0 t_0}$
Verschiebung im Frequenzbereich	$f(t)\,\mathrm{e}^{\mathrm{j}\Delta\omega t}$	○—●	$\underline{c}_{(\nu-\Delta\omega/\omega_0)}$
Differentiation im Zeitbereich	$f'(t)$	○—●	$\mathrm{j}\nu\omega_0\underline{c}_\nu$
Integration im Zeitbereich	$\int f(t)\,\mathrm{d}t$	○—●	$\dfrac{\underline{c}_\nu}{\mathrm{j}\nu\omega_0}$ (für $\underline{c}_0=0$)

A 2.1 Fourierreihenentwicklung (Fortsetzung)

Kenngrößen harmonischer Schwingungen (DIN 5483 und 40 110)	
Periodendauer	$T_0 = \dfrac{2\pi}{\omega_0}$
Kreisfrequenz der Grundschwingung	$\omega_0 = \dfrac{2\pi}{T_0}$
Frequenz der Grundschwingung	$f_0 = \omega_0/2\pi = 1/T_0$
Frequenz der ν-ten Oberschwingung	$f_\nu = \nu\omega_0/2\pi = \nu/T_0$
Scheitelwert der ν-ten Oberschwingung	$\sqrt{a^2+b^2}$
Phasenlage der ν-ten Oberschwingung	$\varphi_\nu = \arctan(b_\nu/a_\nu)$
Gleichrichtwert von $f(t)$	$\overline{\lvert f \rvert} = \dfrac{1}{T_0}\int\limits_0^{T_0} \lvert f(t)\rvert \, \mathrm{d}t$
Effektivwert von $f(t)$	$f_{\mathrm{eff}} = +\sqrt{\dfrac{1}{T_0}\int\limits_0^{T_0} f^2(t)\,\mathrm{d}t}$
Scheitelfaktor von $f(t)$	$\xi = \hat{f}/f_{\mathrm{eff}}$
Formfaktor von $f(t)$	$F = \dfrac{f_{\mathrm{eff}}}{\overline{\lvert f \rvert}}$

A 2.2 Fouriertransformation

Operation	$f(t)$ ○——●	$\underline{F}(\omega)$
Fouriertransformation $\mathfrak{F}$	$f(t)$	$\underline{F}(\omega) = \int\limits_{-\infty}^{\infty} f(t)\,\mathrm{e}^{-\mathrm{j}\omega t}\,\mathrm{d}t$
Inverse Fouriertransformation $\mathfrak{F}^{-1}$	$f(t) = \dfrac{1}{2\pi}\int\limits_{-\infty}^{\infty} \underline{F}(\omega)\,\mathrm{e}^{\mathrm{j}\omega t}\,\mathrm{d}\omega$	$\underline{F}(\omega)$
Gerade Signalfunktion	$f(t) = f(-t)$	$\underline{F}(\omega) = \underline{F}(-\omega)$
Ungerade Signalfunktion	$f(t) = -f(-t)$	$\underline{F}(\omega) = -\underline{F}(-\omega)$
Addition	$f_1(t) + f_2(t)$	$\underline{F}_1(\omega) + \underline{F}_2(\omega)$
Linearität	$a f_1(t) + b f_2(t)$	$a\underline{F}_1(\omega) + b\underline{F}_2(\omega)$
Maßstabsänderung	$f(at)$	$\dfrac{1}{a}\underline{F}\left(\dfrac{\omega}{a}\right)$
Verschiebung im Zeitbereich	$f(t - t_0)$	$\underline{F}(\omega)\,\mathrm{e}^{-\mathrm{j}\omega t_0}$
Verschiebung im Frequenzbereich	$f(t)\,\mathrm{e}^{\mathrm{j}\omega_0 t}$	$\underline{F}(\omega - \omega_0)$

A 2.2 Fouriertransformation (Fortsetzung)

Operation	$f(t)$ ○—●	$\underline{F}(\omega)$
Differentiation der Zeitfunktion	$f'(t)$ $f^{(n)}(t)$	$\mathrm{j}\omega\underline{F}(\omega)$ $(\mathrm{j}\omega)^n\underline{F}(\omega)$
Differentiation der Spektraldichtefunktion	$(-\mathrm{j}t)f(t)$ $(-\mathrm{j}t)^n f(t)$	$\dfrac{\mathrm{d}\underline{F}(\omega)}{\mathrm{d}\omega}$ $\dfrac{\mathrm{d}^{(n)}\underline{F}(\omega)}{\mathrm{d}\omega^n}$
Integration im Zeitbereich	$\int_{-\infty}^{t} f(\tau)\,\mathrm{d}\tau$	$\dfrac{\underline{F}(\omega)}{\mathrm{j}\omega}+\underline{F}(0)\dfrac{1}{2}\delta(\omega)$
Faltung im Zeitbereich	$f_1(t)*f_2(t)$	$\underline{F}_1(\omega)\,\underline{F}_2(\omega)$
Faltung im Frequenzbereich	$f_1(t)f_2(t)$	$\underline{F}_1(\omega)*\underline{F}_2(\omega)$

A 2.3 Korrespondenzen der Fouriertransformation

Gleichanteil

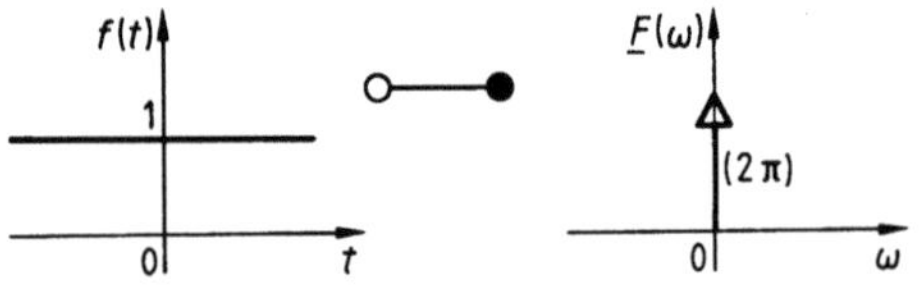

$$f(t)=1 \quad ○—● \quad \underline{F}(\omega)=2\pi\,\delta(\omega)$$

Diracimpuls

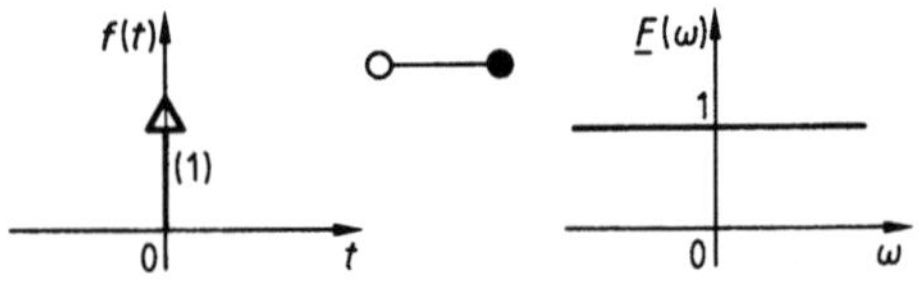

$$f(t)=\delta(t) \quad ○—● \quad \underline{F}(\omega)=1$$

Signumfunktion

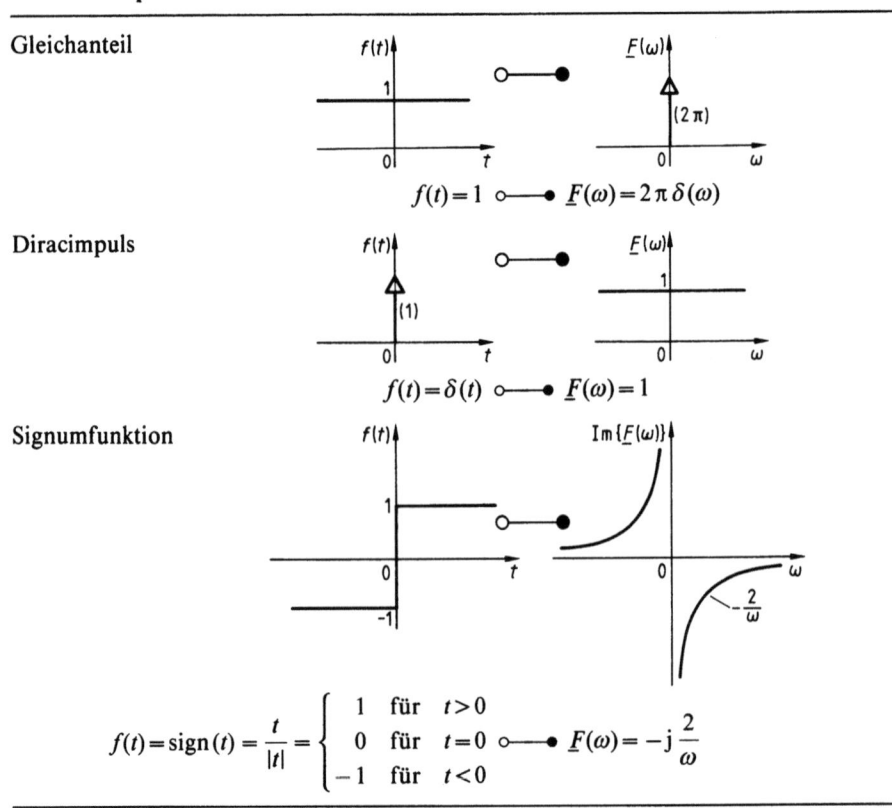

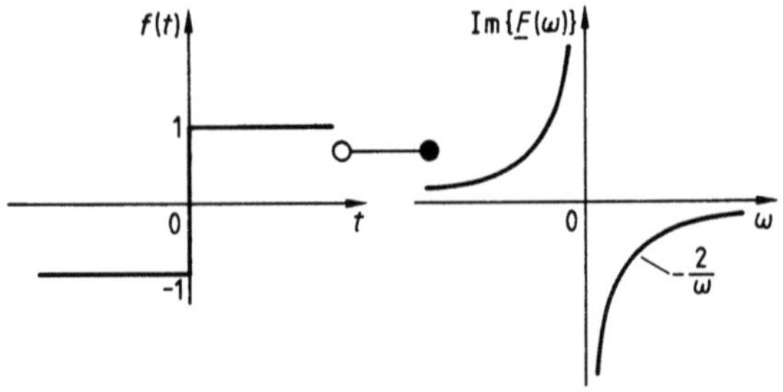

$$f(t)=\operatorname{sign}(t)=\frac{t}{|t|}=\begin{cases}1 & \text{für } t>0\\ 0 & \text{für } t=0\\ -1 & \text{für } t<0\end{cases} \quad ○—● \quad \underline{F}(\omega)=-\mathrm{j}\,\frac{2}{\omega}$$

A 2.3 Korrespondenzen der Fouriertransformation (Fortsetzung)

Sprungfunktion

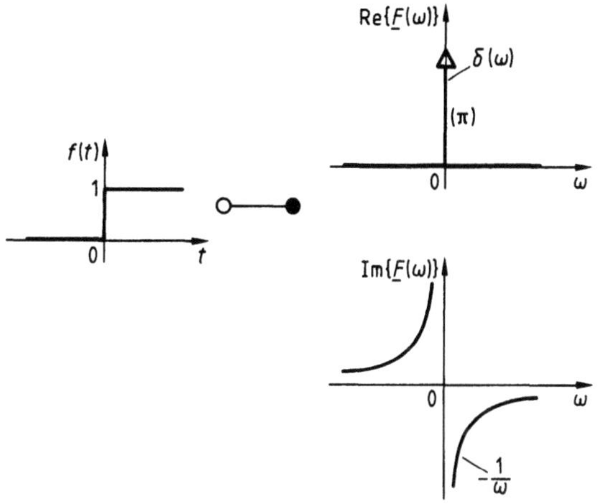

$$f(t)=\sigma(t)=\frac{1}{2}\,[1+\operatorname{sign}(t)] \;\circ\!\!-\!\!\bullet\; \underline{F}(\omega)=\pi\,\delta(\omega)+\frac{1}{\mathrm{j}\omega}$$

Cosinusschwingung

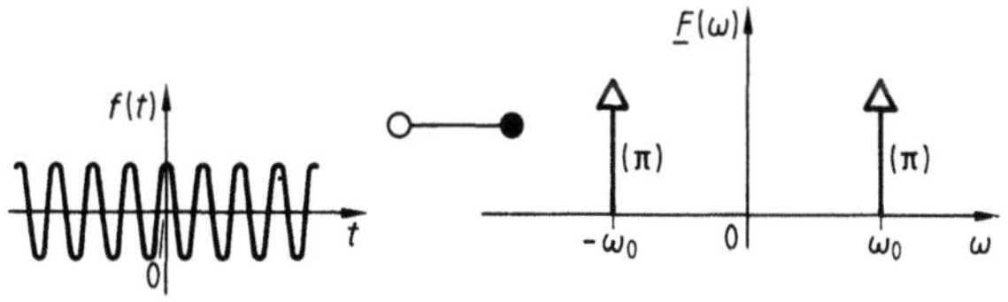

$$f(t)=\cos(\omega_0 t) \;\circ\!\!-\!\!\bullet\; \underline{F}(\omega)=\pi[\delta(\omega+\omega_0)+\delta(\omega-\omega_0)]$$

Sinusschwingung

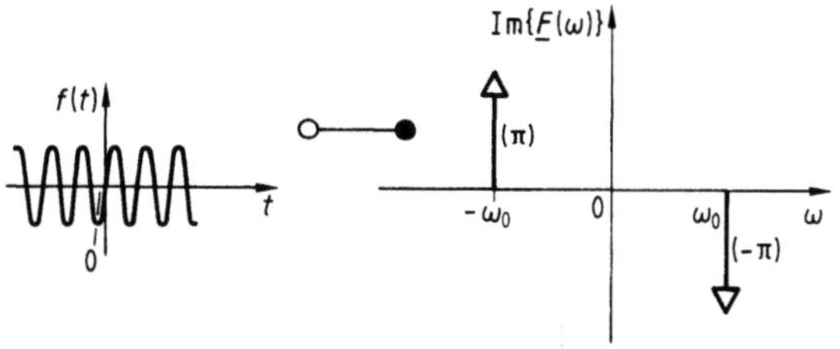

$$f(t)=\sin(\omega_0 t) \;\circ\!\!-\!\!\bullet\; \underline{F}(\omega)=\mathrm{j}\,\pi[\delta(\omega+\omega_0)-\delta(\omega-\omega_0)]$$

Rechteckimpuls

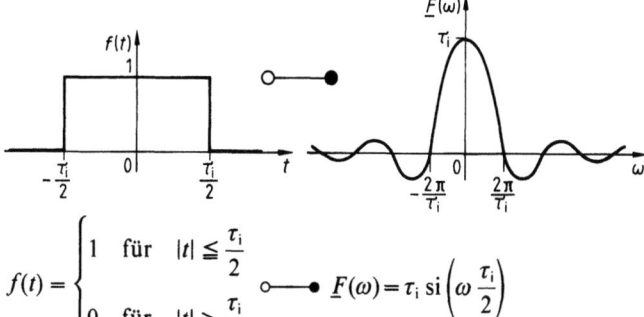

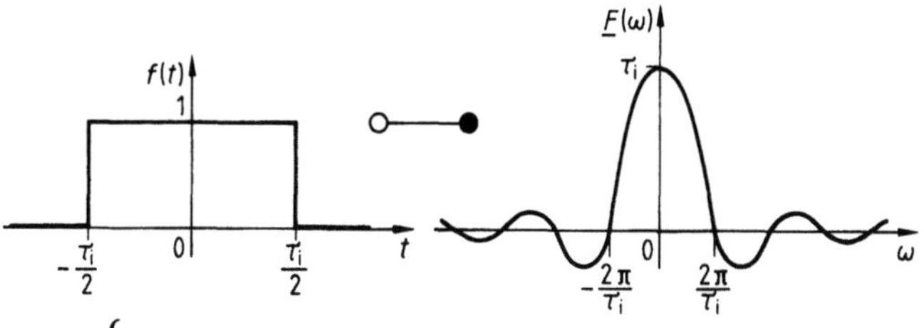

$$f(t)=\begin{cases}1 & \text{für } |t|\leqq\dfrac{\tau_\mathrm{i}}{2}\\[2ex] 0 & \text{für } |t|>\dfrac{\tau_\mathrm{i}}{2}\end{cases} \;\circ\!\!-\!\!\bullet\; \underline{F}(\omega)=\tau_\mathrm{i}\,\mathrm{si}\left(\omega\,\frac{\tau_\mathrm{i}}{2}\right)$$

A2.3 Korrespondenzen der Fouriertransformation (Fortsetzung)

si-Impuls

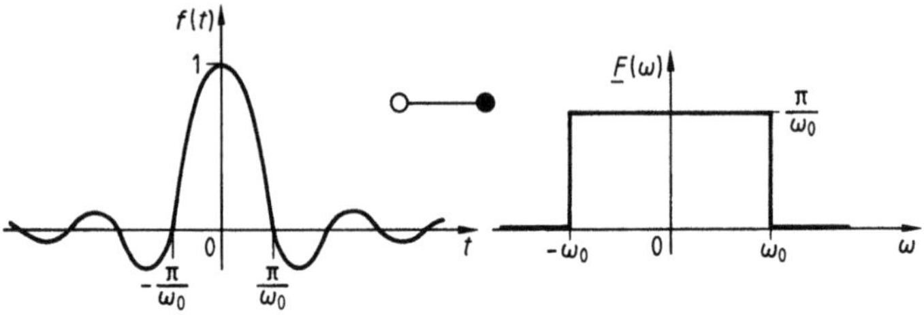

$$f(t)=\frac{\sin(\omega_0 t)}{\omega_0 t}=\mathrm{si}(\omega_0 t) \quad ○\!\!-\!\!\!-\!\!● \quad \underline{F}(\omega)=\frac{\pi}{\omega_0}\left[\sigma(\omega+\omega_0)-\sigma(\omega-\omega_0)\right]$$

Symmetrisch geschaltete Cosinusschwingung

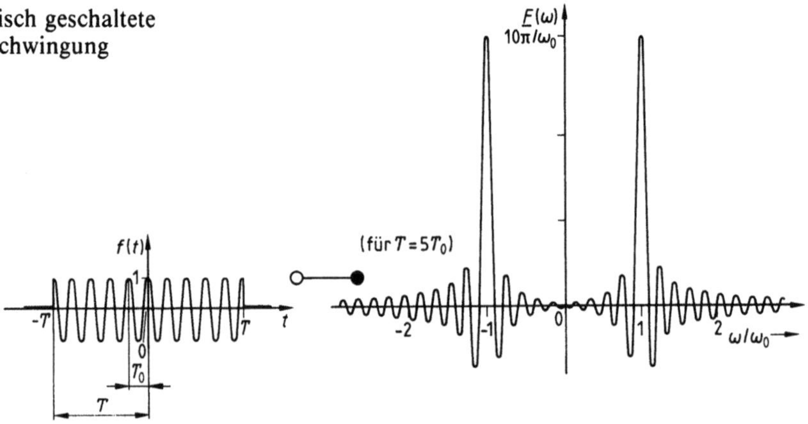

$$f(t)=\begin{cases}\cos(\omega_0 t) & \text{für} \quad |t|\leqq T\\ 0 & \text{für} \quad |t|>0\end{cases} \quad ○\!\!-\!\!\!-\!\!● \quad \underline{F}(\omega)=\frac{\sin[(\omega_0+\omega)T]}{\omega_0+\omega}-\frac{\sin[(\omega_0-\omega)T]}{\omega_0-\omega}$$

Exponentiell abklingender Nadelimpuls

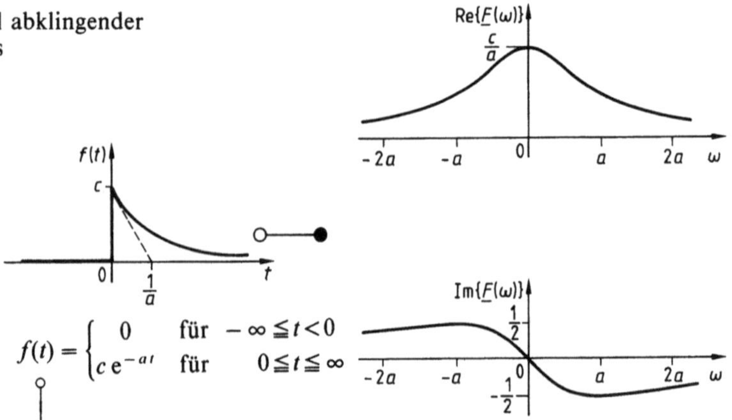

$$f(t)=\begin{cases}0 & \text{für} \quad -\infty\leqq t<0\\ c\,\mathrm{e}^{-at} & \text{für} \quad 0\leqq t\leqq\infty\end{cases}$$

$$\underline{F}(\omega)=\frac{c}{a+\mathrm{j}\omega}$$

mit: $\mathrm{Re}\{\underline{F}(\omega)\}=\dfrac{ac}{a^2+\omega^2}$ $\qquad$ $\mathrm{Im}\{\underline{F}(\omega)\}=-\dfrac{a\omega}{a^2+\omega^2}$

A 2.3 Korrespondenzen der Fouriertransformation (Fortsetzung)

Cosinusimpuls

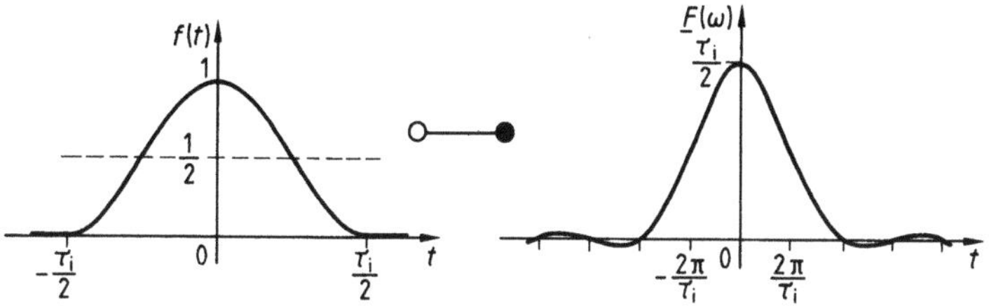

$$f(t)=\begin{cases}0 & \text{für } -\infty \leqq t \leqq -\tau_i/2\\ \frac{1}{2}[1+\cos(\omega_0 t)] & \text{für } -\tau_i/2 \leqq t \leqq \tau_i/2\\ 0 & \text{für } \tau_i/2 \leqq t \leqq +\infty\end{cases} \quad ○\!\!-\!\!\!-\!\!\bullet \quad \underline{F}(\omega)=\frac{\sin(\omega\tau_i/2)}{\omega\left[1-\left(\frac{\omega\tau_i}{2\pi}\right)^2\right]}$$

$$\left(\omega_0=\frac{2\pi}{\tau_i}\right)$$

Cosinus-Kappenimpuls

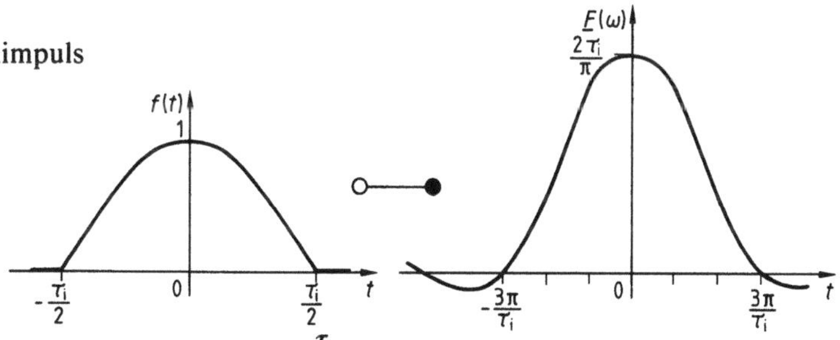

$$f(t)=\begin{cases}0 & \text{für } -\infty \leqq t \leqq -\frac{\tau_i}{2}\\ \cos(\omega_0 t) & \text{für } -\frac{\tau_i}{2} \leqq t \leqq \frac{\tau_i}{2}\\ 0 & \text{für } \frac{\tau_i}{2} \leqq t \leqq \infty\end{cases} \quad ○\!\!-\!\!\!-\!\!\bullet \quad \underline{F}(\omega)=\tau_i\,\frac{2\cos(\omega\tau_i/2)}{\pi\left[1-\left(\frac{\omega\tau_i}{\pi}\right)^2\right]}$$

$$\left(\omega_0=\frac{\pi}{\tau_i}\right)$$

Cosinusquadratimpuls

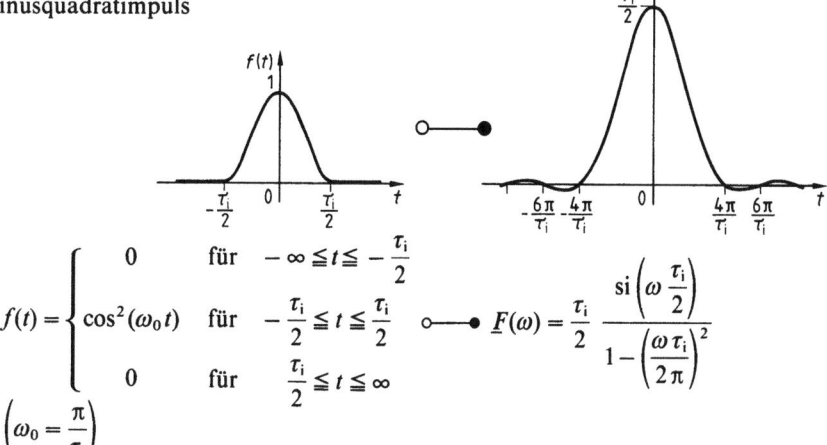

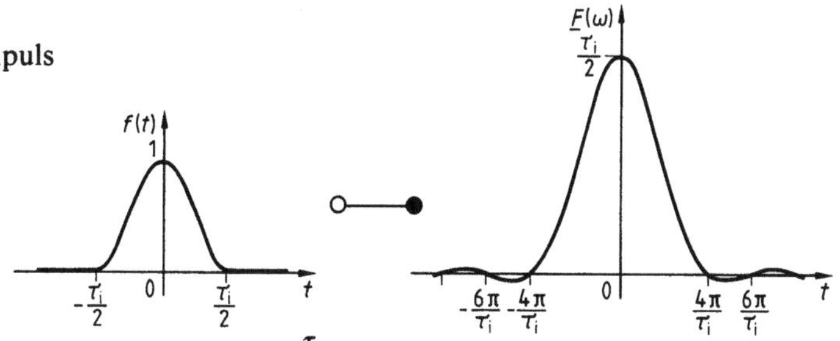

$$f(t)=\begin{cases}0 & \text{für } -\infty \leqq t \leqq -\frac{\tau_i}{2}\\ \cos^2(\omega_0 t) & \text{für } -\frac{\tau_i}{2} \leqq t \leqq \frac{\tau_i}{2}\\ 0 & \text{für } \frac{\tau_i}{2} \leqq t \leqq \infty\end{cases} \quad ○\!\!-\!\!\!-\!\!\bullet \quad \underline{F}(\omega)=\frac{\tau_i}{2}\,\frac{\mathrm{si}\left(\omega\frac{\tau_i}{2}\right)}{1-\left(\frac{\omega\tau_i}{2\pi}\right)^2}$$

$$\left(\omega_0=\frac{\pi}{\tau_i}\right)$$

A 2.3 Korrespondenzen der Fouriertransformation (Fortsetzung)

Gauß-Impuls

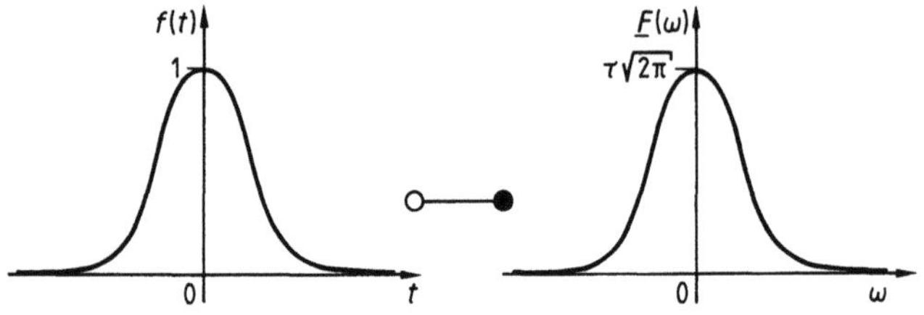

$$f(t) = \mathrm{e}^{-\frac{1}{2}\left(\frac{t}{\tau}\right)^2} \quad \circ\!\!-\!\!\!-\!\!\bullet \quad \underline{F}(\omega) = \tau\sqrt{2\pi}\,\mathrm{e}^{-\frac{1}{2}\omega^2\tau^2}$$

Begrenzter Rampenimpuls

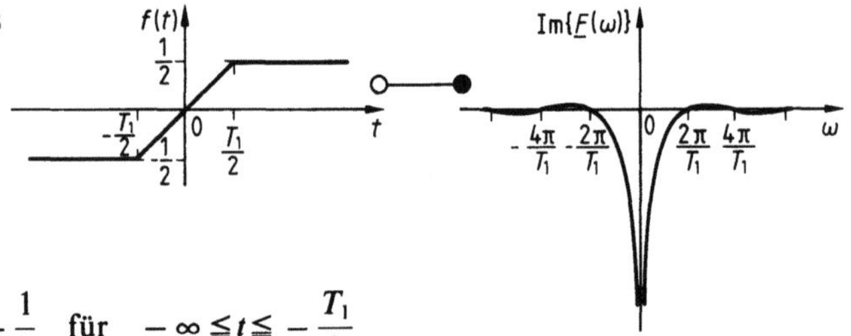

$$f(t) = \begin{cases} -\dfrac{1}{2} & \text{für} \quad -\infty \leqq t \leqq -\dfrac{T_1}{2} \\ \dfrac{t}{T_1} & \text{für} \quad -\dfrac{T_1}{2} \leqq t \leqq \dfrac{T_1}{2} \\ \dfrac{1}{2} & \text{für} \quad \dfrac{T_1}{2} \leqq t \leqq \infty \end{cases} \quad \circ\!\!-\!\!\!-\!\!\bullet \quad \underline{F}(\omega) = -\frac{\mathrm{j}}{\omega}\,\mathrm{si}\left(\omega\,\frac{T_1}{2}\right)$$

Unbegrenzte symmetrische Rampenfunktion

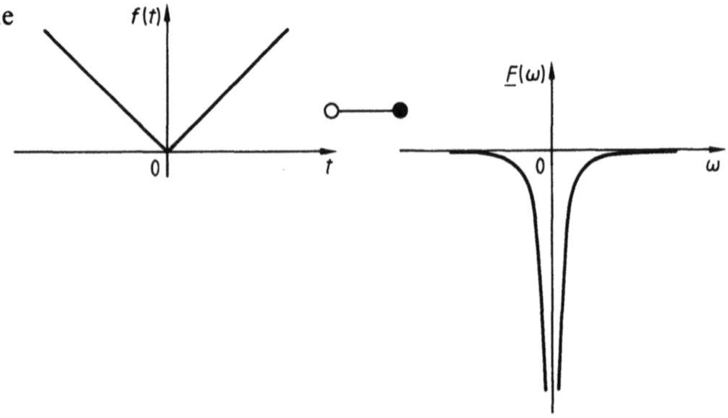

$$f(t) = |t| \quad \circ\!\!-\!\!\!-\!\!\bullet \quad \underline{F}(\omega) = -\frac{2}{\omega^2}$$

A 2.3 Korrespondenzen der Fouriertransformation (Fortsetzung)

Abklingende Rampenfunktion

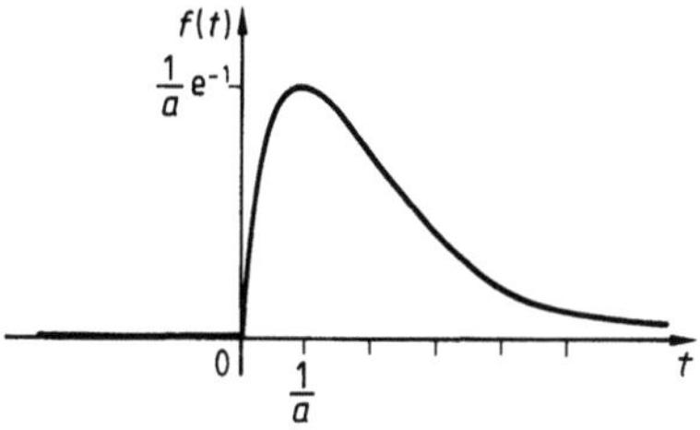

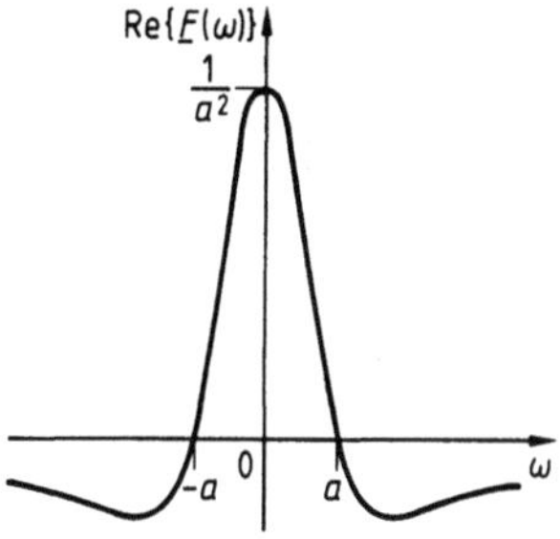

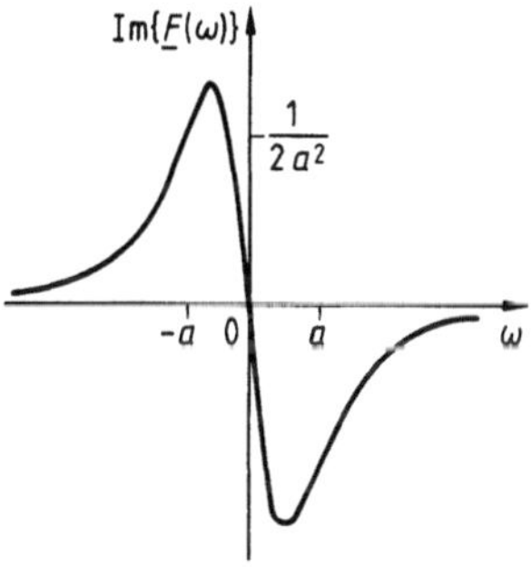

$$f(t)=\begin{cases}0 & \text{für} \quad -\infty \leqq t \leqq 0\\ t\,\mathrm{e}^{-at} & \text{für} \quad 0 \leqq t \leqq \infty\end{cases}$$

bzw.

$$f(t)=\sigma(t)\,t\,\mathrm{e}^{-at}$$

○—●

$$\underline{F}(\omega)=\frac{a^2-\omega^2-\mathrm{j}\,2a\omega}{(a^2+\omega^2)^2}$$

bzw.

$$|\underline{F}(\omega)|=\frac{1}{a^2+\omega^2}$$

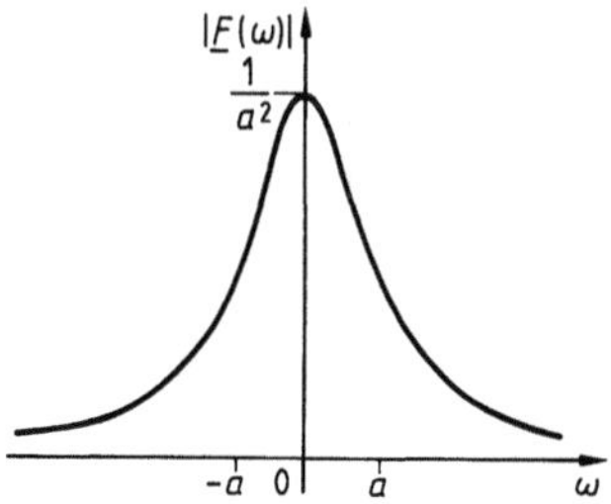

Dreiecksimpuls

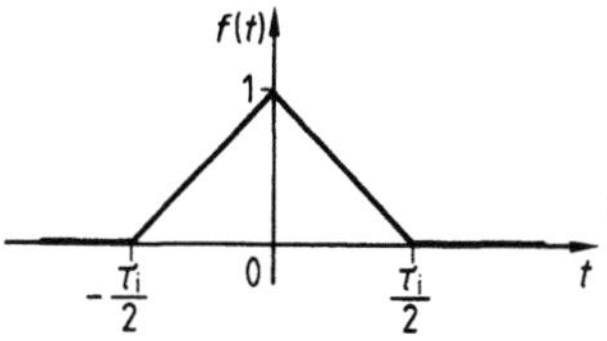

○—●

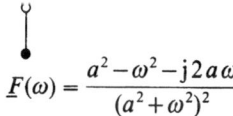

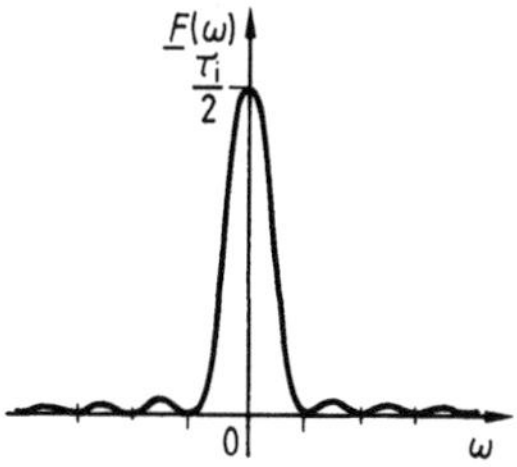

$$f(t)=\begin{cases}1-2\dfrac{|t|}{\tau_\mathrm{i}} & \text{für} \quad |t| \leqq \dfrac{\tau_\mathrm{i}}{2}\\ 0 & \text{für} \quad |t| \geqq \dfrac{\tau_\mathrm{i}}{2}\end{cases} \quad ○\!\!—\!\!● \quad \underline{F}(\omega)=\frac{\tau_\mathrm{i}}{2}\,\mathrm{si}^2\left(\omega\,\frac{\tau_\mathrm{i}}{4}\right)$$

A 2.3 Korrespondenzen der Fouriertransformation (Fortsetzung)

Eingeschaltete
Cosinusschwingung

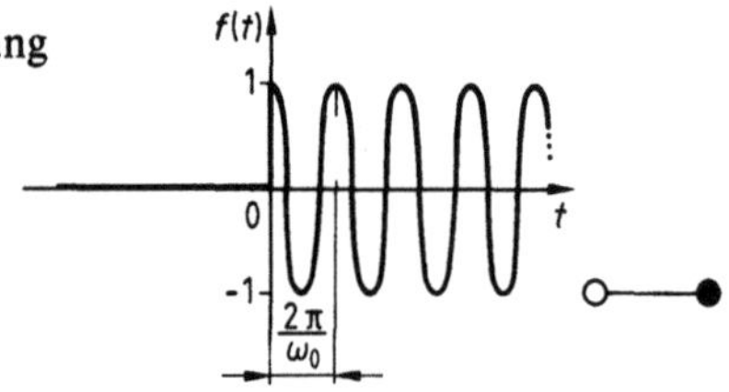

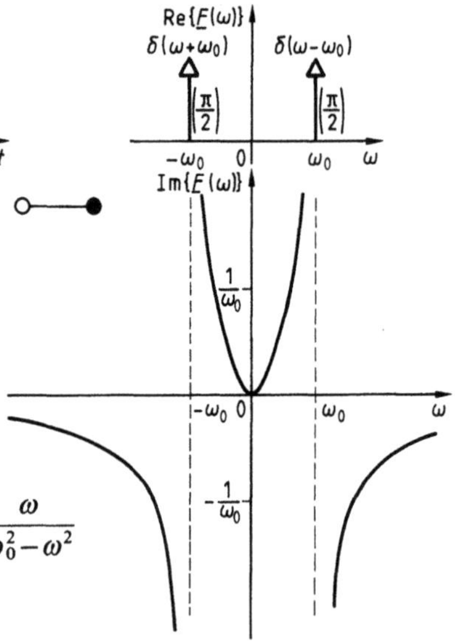

$f(t) = \sigma(t)\cos(\omega_0 t)$

○—●

$$\underline{F}(\omega) = \frac{\pi}{2}\left[\delta(\omega+\omega_0)+\delta(\omega-\omega_0)\right] + \mathrm{j}\,\frac{\omega}{\omega_0^2-\omega^2}$$

Eingeschaltete
Sinusschwingung

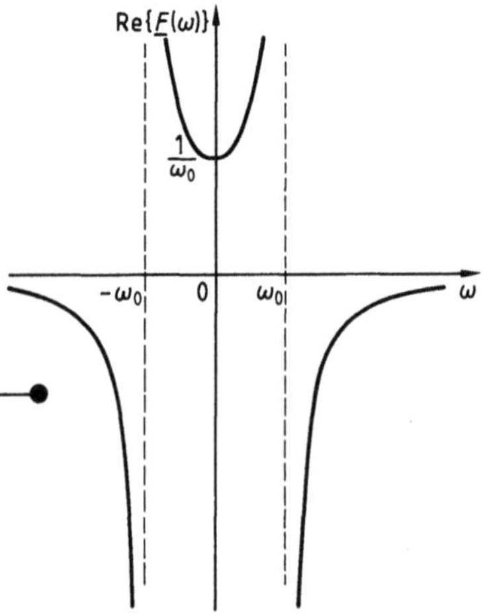

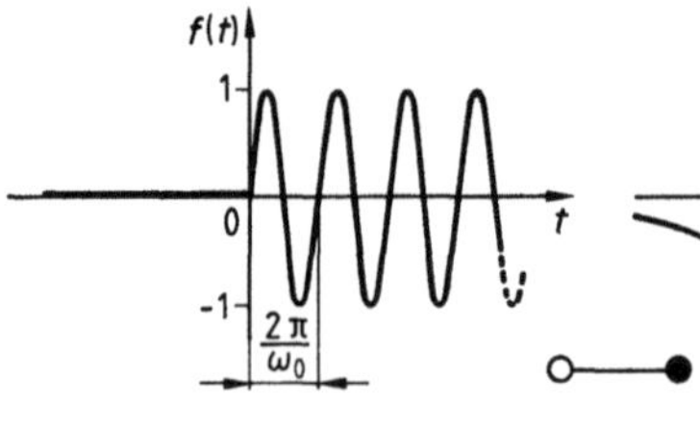

$f(t) = \sigma(t)\sin(\omega_0 t)$

○—●

$$\underline{F}(\omega) = \mathrm{j}\,\frac{\pi}{2}\left[\delta(\omega+\omega_0)-\delta(\omega-\omega_0)\right] + \frac{\omega_0}{\omega_0^2-\omega^2}$$

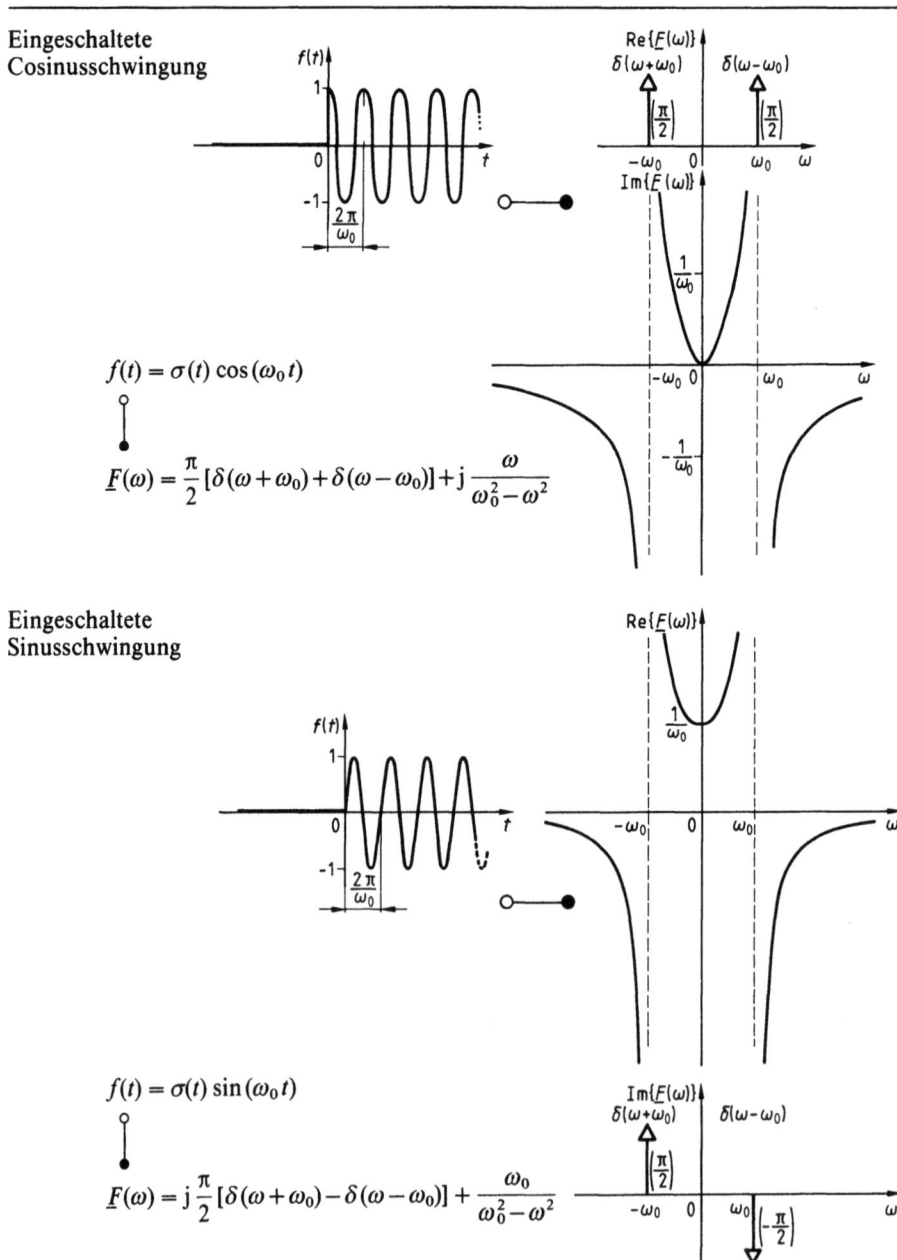

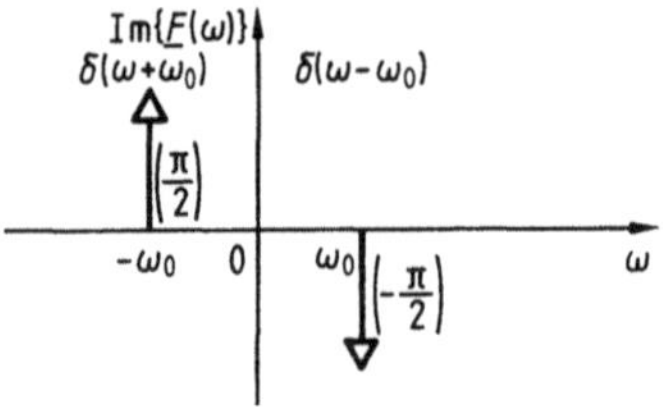

A 2.3 Korrespondenzen der Fouriertransformation (Fortsetzung)

Abklingende Sinusschwingung

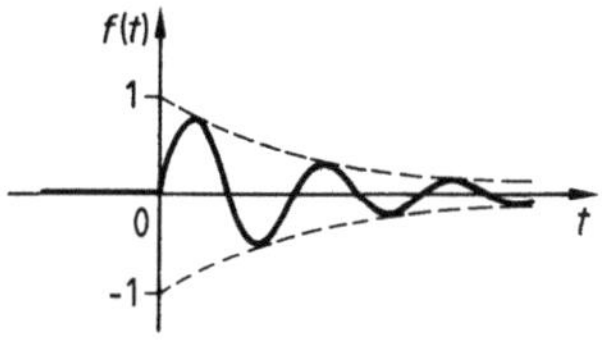

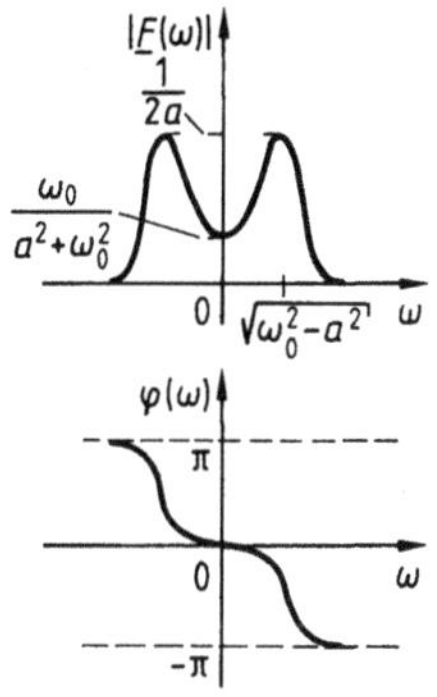

$$f(t) = \sigma(t)\,\mathrm{e}^{-at}\sin(\omega_0 t)$$

$$\underline{F}(\omega) = \frac{\omega_0}{a^2-\omega^2+\omega_0^2+2\mathrm{j}a\omega}$$

bzw.

$$|\underline{F}(\omega)| = \frac{\omega_0}{\sqrt{(a^2-\omega^2+\omega_0^2)^2+4a^2\omega^2}}$$

A 3.1 Die Gaußsche Fehlerfunktion erf(*x*) und ihr Komplement erfc(*x*)

Definitionen:

$$\mathrm{erf}(x) = \frac{2}{\sqrt{\pi}}\int_0^x \mathrm{e}^{-u^2}\,\mathrm{d}u \qquad \mathrm{erfc}(x) = 1-\frac{2}{\sqrt{\pi}}\int_0^x \mathrm{e}^{-u^2}\,\mathrm{d}u$$

Fehlerfunktion (engl.: error function)

Komplement der Fehlerfunktion (engl.: error function, complementary)

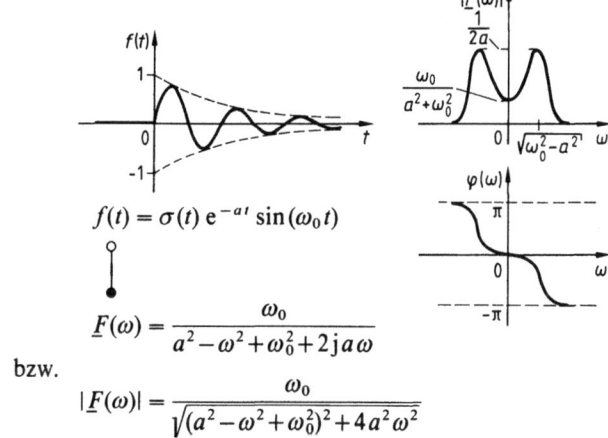

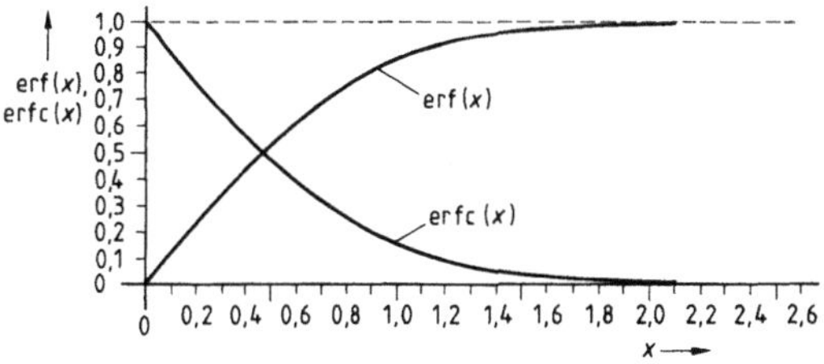

A 3.1 Graphische Darstellung der Gaußschen Fehlerfunktion und deren Komplements

x	erf(x)	erfc(x)
0,0	0,0000	1,0000
0,1	0,1125	0,8875
0,2	0,2227	0,7773
0,3	0,3286	0,6714
0,4	0,4284	0,5716
0,5	0,5205	0,4795
0,6	0,6039	0,3961
0,7	0,6778	0,3222
0,8	0,7421	0,2579
0,9	0,7969	0,2031
1,0	0,8427	0,1573
1,1	0,8802	0,1198
1,2	0,9103	0,0897
1,3	0,9340	0,0660
1,4	0,9523	0,0477
1,5	0,9661	0,0339
1,6	0,9763	0,0237
1,7	0,9838	0,0162
1,8	0,9891	0,0109
1,9	0,9928	0,0072

A3.2 Die Spaltfunktion si(x) und der Integralsinus Si(x)

Definitionen:

$$\mathrm{si}(x) = \frac{\sin(x)}{x} \qquad \mathrm{Si}(x) = \int_0^x \frac{\sin(u)}{u}\,\mathrm{d}u$$

Es gelten:

$$\mathrm{si}(x) = \mathrm{si}(-x) \qquad \mathrm{Si}(x) = -\mathrm{Si}(-x)$$

(gerade Funktion) (ungerade Funktion)

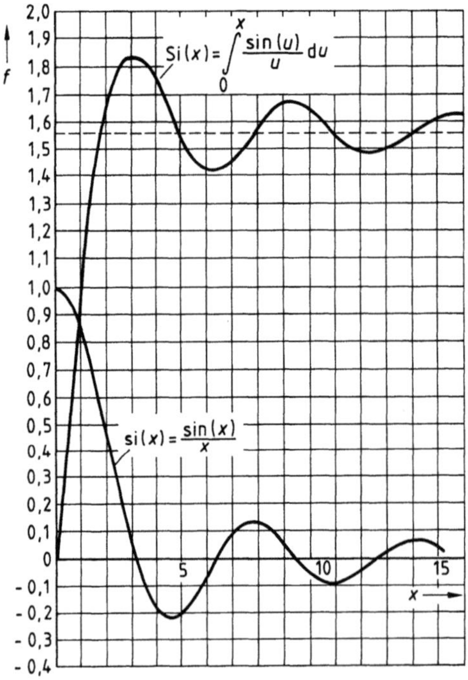

A3.2 Graphische Darstellung der Funktionen si(x) und Si(x)

x	si(x)	Si(x)
0,0	1,0000	0,0000
0,2	0,9933	0,1996
0,4	0,9735	0,3965
0,6	0,9411	0,5881
0,8	0,8967	0,7721
1,0	0,8415	0,9461
1,2	0,7767	1,1080
1,4	0,7039	1,2562
1,6	0,6247	1,3892
1,8	0,5410	1,5058
2,0	0,4546	1,6054
2,2	0,3675	1,6876
2,4	0,2814	1,7525
2,6	0,1983	1,8004
2,8	0,1196	1,8321
3,0	0,0470	1,8487
3,5	−0,1002	1,8331
4,0	−0,1892	1,7582
4,5	−0,2172	1,6541
5,0	−0,1918	1,5499
5,5	−0,1283	1,4687
6,0	−0,0466	1,4247
6,5	0,0331	1,4218
7,0	0,0939	1,4546
7,5	0,1251	1,5107
8,0	0,1237	1,5742
8,5	0,0939	1,6296
9,0	0,0458	1,6650
9,5	−0,0079	1,6745
10,0	−0,0544	1,6583

A 3.3 Laplacetransformation

Operation	$f(t)$	○——● $\underline{F}(s)$
Laplacetransformation $\mathfrak{L}$	$f(t)$	$\underline{F}(s)=\int_0^{\infty} f(t)\,\mathrm{e}^{-st}\,\mathrm{d}t$
Inverse Laplacetransformation $\mathfrak{L}^{-1}$	$f(t)=\frac{1}{2\pi \mathrm{j}}\int_{\sigma-\mathrm{j}\infty}^{\sigma+\mathrm{j}\infty}\underline{F}(s)\,\mathrm{e}^{st}\,\mathrm{d}s$ (mit $t>0$)	$\underline{F}(s)$
Addition	$f_1(t)+f_2(t)$	$\underline{F}_1(s)+\underline{F}_2(s)$
Multiplikation mit einer Konstanten	$c\,f(t)$	$c\,\underline{F}(s)$
Ähnlichkeit	$f(at)$ für $a>0$	$\frac{1}{a}\underline{F}\left(\frac{s}{a}\right)$
Verschiebung ... im Zeitbereich	$f(t-t_0)$	$\begin{cases}\mathrm{e}^{-t_0 s}\underline{F}(s) & \text{für } t_0>0\\ \mathrm{e}^{-t_0 s}\left[\underline{F}(s)-\int_0^{-t_0} f(\tau)\,\mathrm{e}^{-s\tau}\,\mathrm{d}\tau\right] & \text{für } t_0<0\end{cases}$
... im Frequenzbereich	$f(t)\,\mathrm{e}^{-s_0 t}$	$\underline{F}(s+s_0)$
Dämpfung	$f(t)\,\mathrm{e}^{-\delta t}$ $(\delta>0)$	$\underline{F}(s+\delta)$
Differentiation ... im Zeitbereich	$f'(t)$	$s\underline{F}(s)-f(+0)$ mit $f(+0)=\lim_{t\to+0} f(t)$
	$f''(t)$	$s^2\underline{F}(s)-sf(+0)-f'(0)$
	$f^{(n)}(t)$	$s^n\underline{F}(s)-\sum_{i=0}^{n-1} s^{n-1-i}f^{(i)}(+0)$
... im Frequenzbereich	$-t\,f(t)$	$\frac{\mathrm{d}\underline{F}(s)}{\mathrm{d}s}$
	$(-1)^n t^n f(t)$	$\frac{d^n\underline{F}(s)}{\mathrm{d}s^n}$
Integration ... im Zeitbereich	$\int_0^t f(\tau)\,\mathrm{d}\tau$	$\frac{1}{s}\underline{F}(s)$
... im Frequenzbereich	$\frac{f(t)}{t}$	$\int_s^{\infty}\underline{F}(u)\,\mathrm{d}u$
Faltung ... im Zeitbereich	$f_1(t)*f_2(t)$	$\underline{F}_1(s)\,\underline{F}_2(s)$
... im Frequenzbereich	$f_1(t)\,f_2(t)$	$\underline{F}_1(s)*\underline{F}_2(s)$
Grenzwertsätze: Anfangswert	$\lim_{t\to 0} f(t)=\lim_{s\to\infty} s\underline{F}(s)=f(0)$	($f(0)$ muß existieren)
Endwert	$\lim_{t\to\infty} f(t)=\lim_{s\to 0} s\underline{F}(s)=f(\infty)$	($f(\infty)$ muß existieren)
——	$\int_0^t \frac{f(\tau)}{\tau}\,\mathrm{d}\tau$	$\frac{1}{s}\int_s^{\infty}\underline{F}(u)\,\mathrm{d}u$

A 3.4 Laplacetransformierte für Impulse

$f(t)$	$\underline{F}(s)$
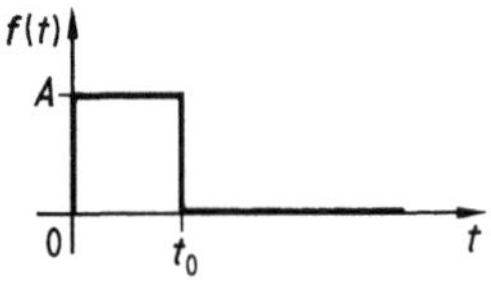	$\frac{A}{s}(1-e^{-st_0})$
	$\frac{A}{s}(e^{-st_1}-e^{-st_2})$
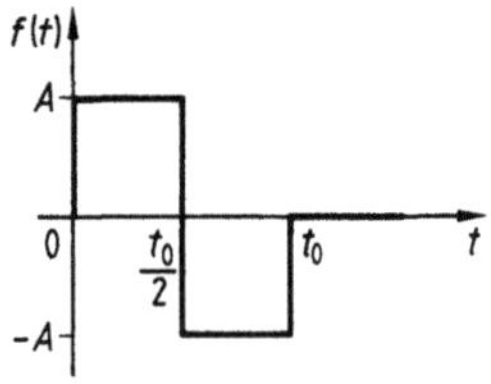	$\frac{A}{s}(1-e^{-st_0/2})^2$
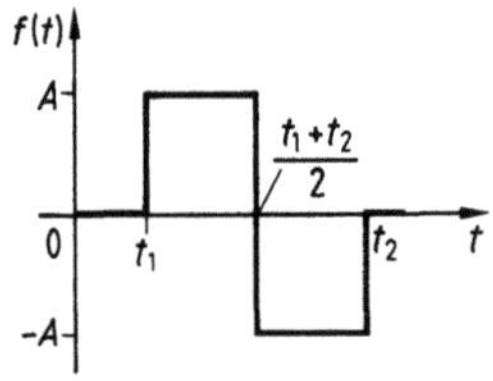	$\frac{A}{s}(e^{-st_1/2}-e^{-st_2/2})^2$
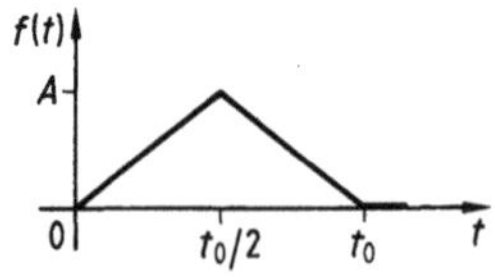	$\frac{2A}{t_0 s^2}(1-e^{-st_0/2})^2$
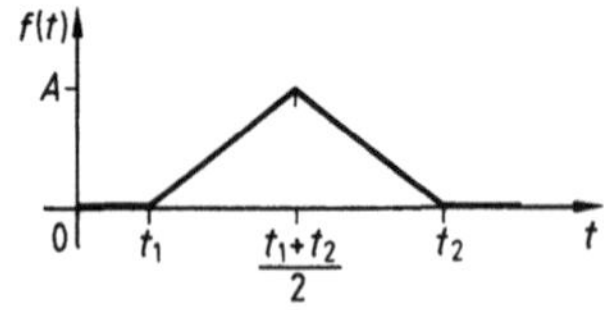	$\frac{2A}{(t_2-t_1)s^2}(e^{-st_1/2}-e^{st_2/2})^2$
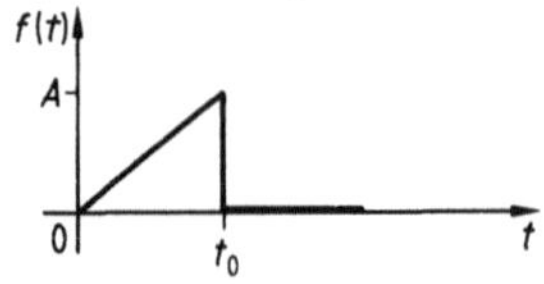	$\frac{A}{t_0 s^2}(1-e^{-st_0})-\frac{A}{s}e^{-st_0}$
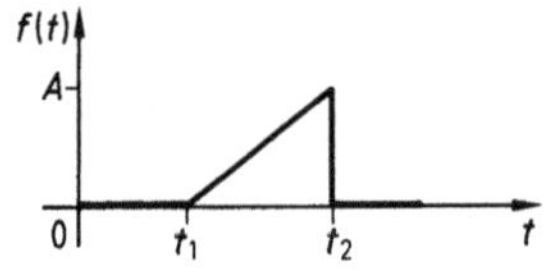	$\frac{A}{(t_2-t_1)s^2}(e^{-st_1}-e^{-st_2})-\frac{A}{s}e^{-st_2}$

A 3.4 Laplacetransformierte für Impulse (Fortsetzung)

$f(t)$	$\underline{F}(s)$
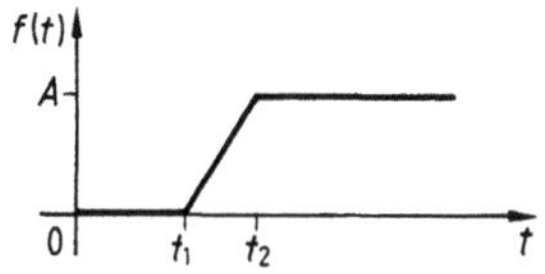	$\frac{A}{(t_2-t_1)s^2}(e^{-st_1}-e^{-st_2})$
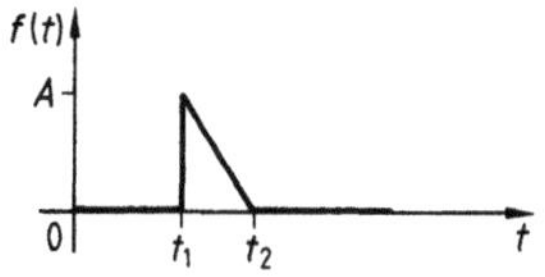	$A\left[\frac{1}{s}e^{-st_1}+\frac{e^{-st_2}-e^{-st_1}}{s^2(t_2-t_1)}\right]$
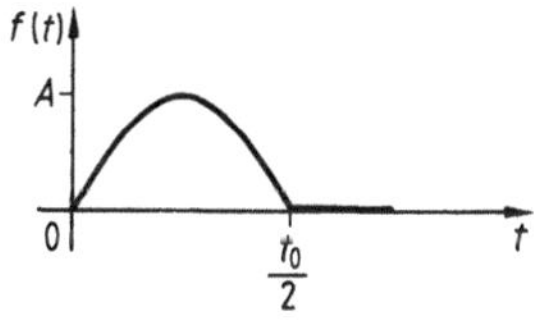	$\frac{2\pi A}{\left(s^2+\frac{4\pi^2}{t_0^2}\right)t_0}(1+e^{-st_0/2})$
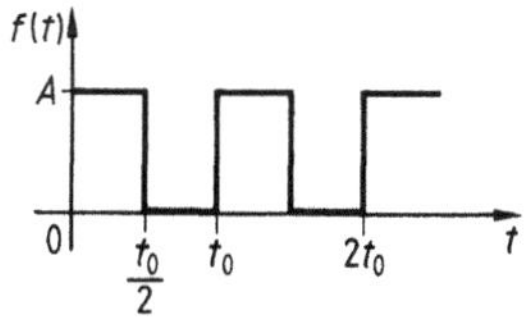	$\frac{A}{s}\,\frac{1}{1+e^{-st_0/2}}$
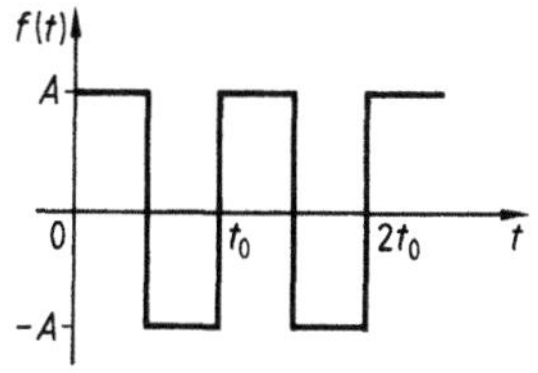	$\frac{A}{s}\,\frac{1-e^{-st_0/2}}{1+e^{-st_0/2}}$
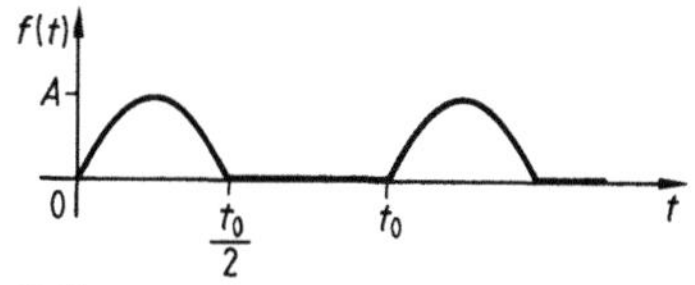	$\frac{A\omega_0}{s^2+\omega_0^2}\,\frac{1}{1-e^{-st_0/2}}$ $(\omega_0=2\pi/t_0)$
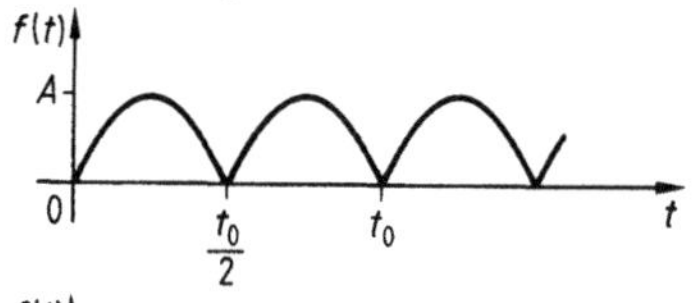	$\frac{A\omega_0}{s^2+\omega_0^2}\,\frac{1+e^{-st_0/2}}{1-e^{-st_0/2}}$ $(\omega_0=2\pi/t_0)$
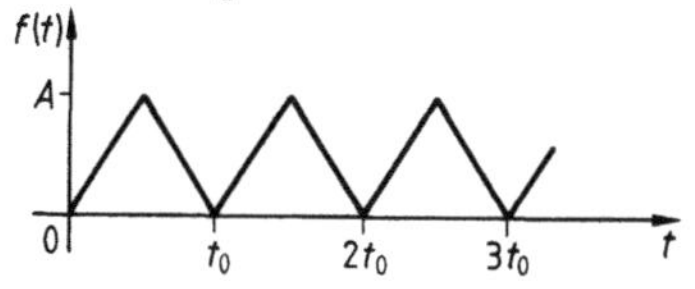	$\frac{2A}{t_0 s^2}\,\frac{1-e^{-st_0/2}}{1+e^{-st_0/2}}$

A3.4 Laplacetransformierte für Impulse (Fortsetzung)

$f(t)$	$\underline{F}(s)$
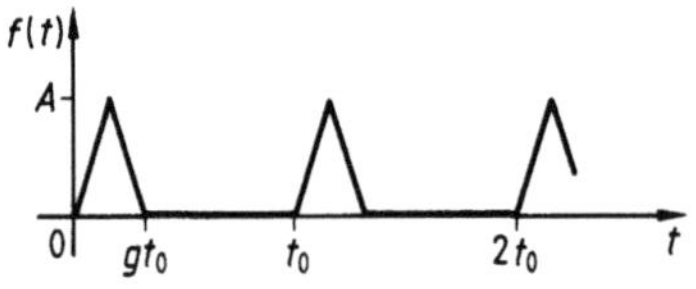	$\frac{2A(1-e^{-sgt_0/2})^2}{g t_0 s^2 (1-e^{-st_0})}$ $(0 \leqq g \leqq 1)$
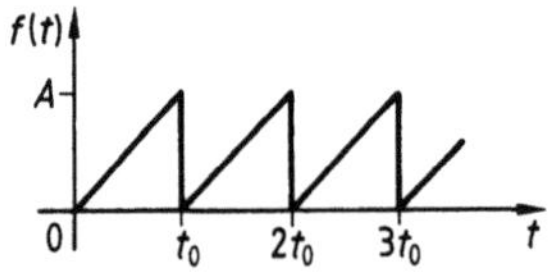	$\frac{A}{t_0 s^2}\,\frac{1-(1+st_0)\,e^{-st_0}}{1-e^{-st_0}}$
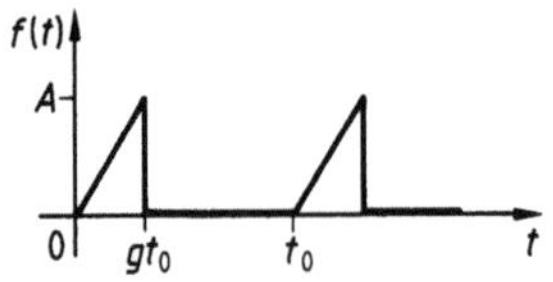	$\frac{A}{t_0 s^2}\,\frac{\frac{1}{g}-\left(\frac{1}{g}+st_0\right)e^{-sgt_0}}{1-e^{-st_0}}$ $(0 \leqq g \leqq 1)$

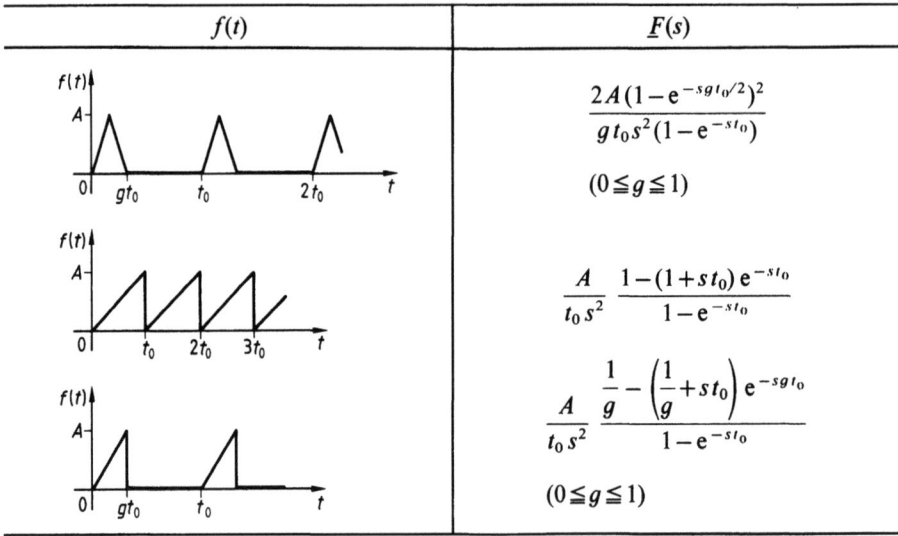

A4.1 Die Besselschen Funktionen 1. Art und ν-ter Ordnung

Die Besselschen Funktionen 1. Art und ν-ter Ordnung sind Lösungsfunktionen $y(x)$ der sog. Besselschen Differentialgleichung

$$y'' + \frac{1}{x}y' + \left(1 - \frac{p^2}{x^2}\right)y = 0$$

für beliebiges p. Sie werden auch mit $J_\nu(x)$ bezeichnet. Dabei bedeuten x das Argument und ν die Ordnungszahl. Diese Funktionen lassen sich durch folgende Potenzreihe definieren

$$J_\nu(x) = \frac{1}{0!\,\nu!}\left(\frac{x}{2}\right)^\nu - \frac{1}{1!(\nu+1)!}\left(\frac{x}{2}\right)^{\nu+2} + \frac{1}{2!(\nu+2)!}\left(\frac{x}{2}\right)^{\nu+4} - + \ldots$$

In Bild **A4.1** sind die Besselschen Funktionen 1. Art für die Ordnungszahlen 0 bis 20 dargestellt.

Es sind gerade Funktionen ($J_\nu(x) = J_\nu(-x)$) bei gerader Ordnungszahl und ungerade Funktionen ($J_\nu(x) = -J_\nu(-x)$) bei ungerader Ordnungszahl. Weiter gilt $J_{-\nu}(x) = (-1)^\nu J_\nu(x)$ (ν ganzzahlig), so daß $J_{-\nu}(x) = J_\nu(x)$ für geradzahlige Werte von ν entsteht. Für große Werte von x haben die Besselschen Funktionen 1. Art den Charakter gedämpfter Schwingungen, die ungefähr mit $1/\sqrt{x}$ in ihren Amplituden abnehmen. Die sog. Momentanfrequenz nimmt für zunehmendes x kontinuierlich zu, da die Nulldurchgänge immer dichter zusammenrücken. Für $x > \nu > 10$ können die Funktionswerte

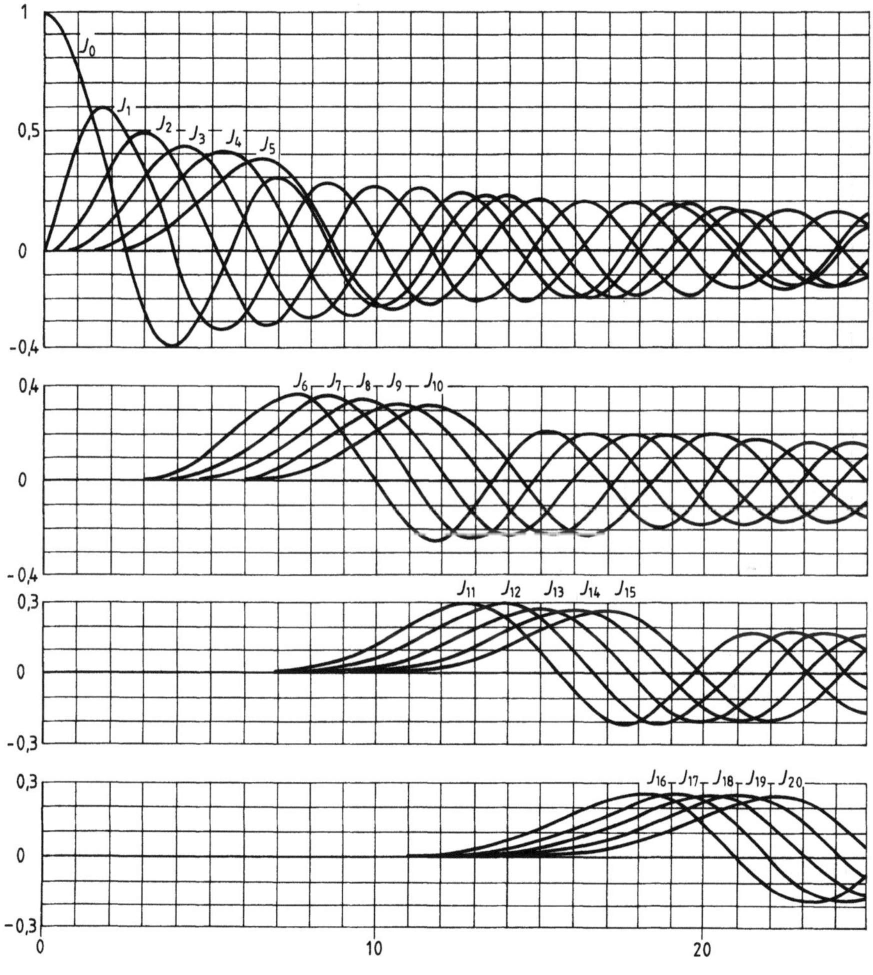

A4.1 Die Besselschen Funktionen 1. Art der Ordnung 0 bis 20

$J_\nu(x)$ durch die Näherung

$$J_\nu(x) \approx \sqrt{\frac{2}{\pi x}} \; \frac{\cos\left[\varphi(x) - \dfrac{2\nu+1}{4}\pi\right]}{\sqrt[4]{1 - \dfrac{\nu^2}{x^2}}}$$

mit $\varphi(x) = \sqrt{x^2 - \nu^2} + \nu \arcsin\left(\dfrac{\nu}{x}\right)$ bestimmt werden. Tafeln der Besselschen Funktionen 1. Art und ν-ter Ordnung finden sich bei [1].

Formelzeichen

Die Formelzeichen sind im Gegensatz zu den Bezeichnungen der Einheiten *kursiv* geschrieben und bezeichnen daher nach DIN 5483 skalare Größen bzw. Beträge. Die großen Buchstaben U, I kennzeichnen Gleichstromgrößen, die kleinen Buchstaben allgemein Zeitwerte - insbesondere von Wechselstromgrößen. Die Formelzeichen komplexer Größen sind unterstrichen. Lineare Mittelwerte werden durch einen Überstrich, wie bei $\bar{u}$, Gleichrichtwerte wie bei $\overline{|u|}$ bezeichnet.

Die zunächst angegebenen Indizes gelten für die bei den Formelzeichen am häufigsten benutzte Bedeutung. Die mit diesen Indizes versehenen Formelzeichen werden daher nicht in allen Fällen in der Formelzeichenliste aufgeführt. Selten benötigte Formelzeichen sind in der Formelzeichenliste nicht enthalten, jedoch im Text eingeführt.

Indizes

I	Stromabhängigkeit
U	Spannungsabhängigkeit
m	Scheitelwert
ν	Ordnungszahl
HP	Hochpaß
TP	Tiefpaß
IG	imaginär und gerade
IU	imaginär und ungerade
PAM	pulsamplitudenmoduliert
PCM	pulscodemoduliert
PDM	pulsdauermoduliert
PPM	pulsphasenmoduliert
RG	reell und gerade
RU	reell und ungerade

Formelzeichen

(In Klammern Abschnittsnummern der Einführung der Zeichen)

A	Amplitude, Sprunghöhe (1.4.1)
A	Fläche (6.1.1.1)
a	Ausräumfaktor (6.2.2.3)
a_ν, b_ν	Fourierkoeffizienten (2.1)
$a(\omega)$	Dämpfungsmaß (3.1)
B	Bandbreite (5.1.8)
B	Gleichstromverstärkung in Emitterschaltung (6.2.2.1)
b	Anzahl der Zeichen (5.2.4.2)
$b(\omega)$	Phasenmaß (3.1)
C	Kapazität (3.1)
C'	Kapazitätsbelag (4.1)
C_{ak}	Kapazität zwischen Anode und Kathode (7.2.1.2)
C_B	Kapazität des Beschleunigungskondensators (6.2.2.5)
$C_{B'CD}$	Diffusionskapazität zwischen der inneren Basis und dem Kollektor (6.2.2.1)
$C_{B'CS}$	Sperrschichtkapazität zwischen der inneren Basis und dem Kollektor (6.2.2.1)
$C_{B'ED}$	Diffusionskapazität zwischen der inneren Basis und dem Emitter (6.2.2.1)
$C_{B'ES}$	Sperrschichtkapazität zwischen der inneren Basis und dem Emitter (6.2.2.1)
C_D	Diffusionskapazität (6.1.1.1)
C_K	Koppelkapazität (7.3.1.1)
C_L	Lastkapazität (6.2.1.3)
C_S	Sperrschichtkapazität (6.1.1.1)

$C_{S,m}$	gemittelter Wert der Sperrschichtkapazität (6.1.1.1)
$\underline{c}_v$	komplexer Fourierkoeffizient (2.1)
D	Dämpfung (3.3.3.1)
$D_{p,n}$	Diffusionskonstante von Löchern bzw. Elektronen (6.1.1.1)
$d_a(t)$	Impulsantwortfunktion (1.5)
$d(t)$	Stoßfunktion (1.4.2)
e	Elementarladung (6.1.1.1)
$erf(x)$	Gaußsche Fehlerfunktion (3.2.2)
$\mathfrak{F}\{\ldots\}$	Fourier-Operator (2.2)
$\underline{F}_{ENTZ}(f)$	komplexer Frequenzgang des Entzerrers (7.1.2.2)
$\underline{F}(f)$	komplexe Spektralfunktion als Funktion der Frequenz (2.2)
$\underline{F}_h(s)$	Übertragungsfunktion bei hohen Frequenzen (3.3.2.2)
F_I	Formfaktor des Stroms (1.3.2)
$\underline{F}_m(s)$	Übertragungsfunktion bei mittleren Frequenzen (3.3.2.2)
$\underline{F}_{NK}(f)$	komplexer Frequenzgang des Nachrichtenkanals (7.1.2.2)
$F(s)$	Übertragungsfunktion (3.3.1)
$\underline{F}_t(s)$	Übertragungsfunktion bei tiefen Frequenzen (3.3.2.2)
F_U	Formfaktor der Spannung (1.3.2)
$\underline{F}(\omega)$	komplexe Spektralfunktion als Funktion der Kreisfrequenz (2.2)
$\underline{F}^*(\omega)$	konjugiert komplexe Spektralfunktion als Funktion der Kreisfrequenz (2.2)
f	Frequenz (2.2)
f_a	Abtastfrequenz (5)
f_B	Bezugsfrequenz an der 6 dB-Grenze (3.2.2)
f_g	Grenzfrequenz an der 3 dB-Grenze (3.2.1)
f_0	Impulsfolgefrequenz (1.3.2)
f_o	obere Grenzfrequenz (7.1.1.1)
$f(t)$	Zeitfunktion (1.3.2)
f_u	untere Grenzfrequenz (7.1.1.1)
f_{max}	maximale Schaltfrequenz des bipolaren Transistors (6.2.2.4)
$f_{U,max}$	maximale Umschaltfrequenz (7.3.1.1)
$f_{Z,max}$	maximale Zählfrequenz (7.5.1.3)
G	Gleichtaktunterdrückung (7.2.3.1)
G'	Ableitungsbelag (4.1)
g	Tastgrad (1.3.2)
$\underline{g}$	Übertragungsmaß (4.1.3)
$g(t)$	Gewichtsfunktion (3.1)
$\underline{g}_{Tr}$	komplexer Transmissionsfaktor (4.1.4)
$\underline{g}_{Tr,i}$	komplexer Transmissionsfaktor (strombezogen) (4.1.4)
$\underline{g}_{Tr,u}$	komplexer Transmissionsfaktor (spannungsbezogen) (4.1.4)
I	Effektivwert des Stroms (1.3.2)
I_B	Basisstrom (6.2.1)
I_{BR}	Ausräumstrom (6.2.2.3)
I_C	Kollektorstrom (6.2.1)
I_D	Diodenstrom (6.1.1)
I_D	Drainstrom (6.3)
I_{DS}	Sättigungs-Drain-Strom (6.3.1.2)
I_E	Emitterstrom (6.2.1)
I_F	Diodenstrom in Durchlaßrichtung (6.1.1.2)
I_{Gl}	Gleichrichterstrom (6.1.1.1)
I_P	Höckerstrom (6.1.2.3)
I_R	Diodenstrom in Sperrichtung (6.1.1.3)
I_S	Sättigungssperrstrom (6.1.1)
I_S	Source-Strom (6.3.1.3)
I_{SS}	Sättigungs-Source-Strom (6.3.1.3)
I_V	Talstrom (6.1.2.3)
i	Strom (1.3.2)
$i_{Gl}(t)$	zeitlich veränderlicher Strom im Gleichrichter (6.1.1.1)
K	Konstante der Kennlinie $I_D(U_{DS})$ (6.3.1.2)
k	Boltzmann-Konstante (6.1.1)
k	Impulsmoment der Diracfunktion (1.4.2)
L	Induktivität (3.1)
L'	Induktivitätsbelag (4.1)
$\mathfrak{L}\{\ldots\}$	Laplace-Operator (3.3.1)
L_h	Hauptinduktivität (3.3.3.2)
$L_{p,n}$	Diffusionslänge von Löchern bzw. Elektronen (6.1.1.1)
L_σ	Streuinduktivität (3.3.3.2)
L_1	primäre Induktivität (3.3.3.2)
L_2	sekundäre Induktivität (3.3.3.2)
l	Leitungslänge (4.1.3)
M	Gegeninduktivität (3.3.3.2)
m	Modulationsgrad (5.2.3)
N	Anzahl, ganzzahlig (2.2.6)

N_1	primäre Windungszahl (3.3.3.2)
N_2	sekundäre Windungszahl (3.3.3.2)
n	Anzahl der Kettenglieder (4.2.4.1)
n	Anzahl der Verstärkerstufen (7.1.1.3)
n	Anzahl der Quantisierungsstufen (5.2.4.2)
$n(x)$	ortsabhängige Elektronenkonzentration (6.2.2.2)
$P_{V,dyn}$	dynamische Verlustleistung (6.3.2.3)
$p(x)$	ortsabhängige Löcherkonzentration (6.1.1.3)
Q	Ladung (1.3.2)
$q(\nu T_a)$	Quantisierungsfehler (5.2.4.1)
R	Widerstand (3.1)
R'	Widerstandsbelag (4.1)
R_{ak}	Widerstand zwischen Anode und Kathode (7.2.1.2)
R_b	Bahnwiderstand (6.1.1.3)
R_B	Basiswiderstand des bipolaren Transistors (6.2.1)
R_b'	Bahnwiderstand innerhalb der Diffusionslänge (6.1.1.1)
$R_{BB'}$	Basisbahnwiderstand (6.2.2.1)
R_C	Kollektorwiderstand (6.2.1.2)
R_E	Emitterwiderstand (7.1.1.4)
R_G	Innenwiderstand des Impulsgenerators (7.1.1.4)
R_i	Innenwiderstand (6.1.1.2)
R_K	Kopplungswiderstand (7.3.1.1)
R_L	Lastwiderstand (6.1.1.2)
R_0	Ersatzwiderstand (6.1.1.3)
$\underline{r}$	komplexer Reflexionsfaktor (4.1.4)
$r_a(t)$	Anstiegsantwortfunktion (1.5)
r_a	differentieller Ausgangswiderstand am Transistor (7.1.1.4)
r_D	Durchlaßwiderstand der Diode (7.2.2.1)
r_e	differentieller Eingangswiderstand am Transistor (7.1.1.4)
$r(t)$	Rampenfunktion (1.4.3)
$\underline{r}_i$	komplexer Reflexionsfaktor (strombezogen) (4.1.4)
$\underline{r}_u$	komplexer Reflexionsfaktor (spannungsbezogen) (4.1.4)
S	Stromdichte (6.3)
$\underline{S}$	frequenzabhängige Steilheit, komplex (7.1.1.2)

S_0	frequenzunabhängige Steilheit (7.1.1.2)
s	komplexe Frequenz (3.3.1)
$s_{AH}(t)$	Signalfunktion am Ausgang des Abtast- und Haltekreises (5.1.6)
$s_a(t)$	abgetastete Signalfunktion (5)
$s_a(t)$	Sprungantwortfunktion (1.5)
$s_i(t)$	Modulationsträgerfunktion (5)
$s_{PDM}(t)$	pulsdauermoduliertes Signal (5.2.2)
$s_{SZ}(t)$	Sägezahnfunktion (5.1.7)
$s(t)$	Sprungfunktion (1.4.1)
$s(t)$	Signalfunktion (5)
$s_{PAM}(t)$	pulsamplitudenmoduliertes Signal (5.2.1.2)
$s_{PPM}(t)$	pulsphasenmoduliertes Signal (5.2.3.1)
$s(\nu T_a)$	Abtastwert (5.1.1)
T	absolute Temperatur (6.1.1)
T	Betrag des Übertragungsfaktors (3.1)
T	Verweilzeit (7.3.2.1)
T_a	Abtastperiode (5)
T_{Bit}	Bitzeitraum, Bittaktperiode (5.2.4.2)
T_s	Stufenbreite (1.4.1)
$\underline{T}(\omega)$	komplexer Übertragungsfaktor als Funktion der komplexen Kreisfrequenz (3.1)
T_0	Periodendauer (1.3.2)
t	Zeit (1.3.1)
t_{Auge}	horizontale Augenöffnung (7.1.2.2)
t_{aus}	Ausschaltzeit (6.2.2)
t_d	Verzögerungszeit (6.2.2)
t_{ein}	Einschaltzeit (6.2.2)
t_{erh}	Erholzeit (7.3.1.1)
t_f	Abfallzeit (1.3.1)
t_G	Ausgleichszeit (1.3.1)
$t_g(\omega)$	Gruppenlaufzeit (3.1)
t_H	Hinlaufzeit (1.3.1)
t_l	Laufzeit (4.2.3)
t_{ON}	Einschaltzeit der Halbleiterdiode (6.1.2.1)
t_R	Rücklaufzeit (1.3.1)
t_r	Anstiegszeit (1.3.1)
t_{rr}	Erholzeit der Halbleiterdiode (6.1.1.3)
$t_{r,ges}$	resultierende Anstiegszeit (7.1.1.3)
t_S	Speicherzeit der Halbleiterdiode (6.1.1.3)

t_t	Übergangszeit zum Aufladen der Sperrschichtkapazität (6.1.1.3)
t_{TD}	Schaltzeit der Tunneldiode (6.1.2.3)
$t_\varphi(\omega)$	Phasenlaufzeit (3.1)
U	Effektivwert der Spannung (1.3.2)
U_{Auge}	vertikale Augenöffnung (7.1.2.2)
U_B	Versorgungsspannung (6.3.2.2)
$U_{CB'}$	Spannung zwischen innerer Basis und Kollektor (6.2.2.1)
U_{BE}	Basis-Emitter-Spannung (6.2.2.1)
$U_{B'E}$	Spannung zwischen innerer Basis und Emitter (6.2.2.1)
U_{CE}	Kollektor-Emitter-Spannung (6.2.2.1)
U_{DS}	Drain-Source-Spannung (6.3.1.1)
U_F	Durchlaßspannung der Diode (6.1.1.1)
U_{F-}	zeitunabhängiger Anteil der Diodenspannung in Durchlaßrichtung (6.1.1.1)
U_{Gl}	Spannung am Gleichrichter (6.1.1.1)
U_{GS}	Gate-Source-Spannung (6.3.1.1)
U_{HST}	Hysteresespannung (7.3.4.1)
U_0	Gleichspannung (3.1)
U_P	Höckerspannung (6.1.2.3)
U_{SO}	Spannung an der oberen Schaltschwelle (7.3.4.1)
U_{Sp}	Sperrspannung an der Sperrschicht (6.1.1.1)
U_{SU}	Spannung an der unteren Schaltschwelle (7.3.4.1)
U_T	Temperaturspannung (6.1.1)
U_{th}	Schwellspannung (6.3.1.2)
U_{thr}	Schwellspannung (7.1.2.2)
U_V	Talspannung (6.1.2.3)
U_V	Vorspannung (7.2.2.1)
$\underline{U}_1(s)$	Eingangsspannung im Bildbereich (3.3.1.4)
$\underline{U}_2(s)$	Ausgangsspannung im Bildbereich (3.3.1.4)
u	Spannung (1.3.2)
u_D	Eingangsspannungsdifferenz (7.2.3.1)
$u_D(t)$	zeitlich veränderliche Diodenspannung (6.1.1.2)
u_{Gl}	Gleichrichterspannung (7.2.3.1)
$u_{Gl}(t)$	zeitlich veränderliche Spannung am Gleichrichter (6.1.1.1)
$u_{PAM}(t)$	pulsamplitudenmodulierte Spannung (5.2.1.4)
$u_{PDM}(t)$	pulsdauermodulierte Spannung (5.2.2.3)
$u_{PPM}(t)$	pulsphasenmodulierte Spannung (5.2.3.4)
$u_{SZ}(t)$	Sägezahnspannung (5.2.2.3)
$u_{VGL}(t)$	Vergleicherausgangsspannung (5.2.2.3)
$ü$	Übersetzungsverhältnis (3.3.3.2)
$ü$	Übersteuerungsgrad (6.2.2.1)
V	Verstärkung (7.1.1.1)
V_{ges}	Gesamtverstärkung (7.1.1.3)
V_m	Verstärkung in Bandmitte (7.1.1.2)
V_R	Schleifenverstärkung (7.1.1.2)
$\underline{V}_S$	Verstärkung im Bildbereich (7.1.1.2)
V_{uB}	Betriebsspannungsverstärkung (7.1.1.2)
V_{ul}	Leerlaufspannungsverstärkung (7.1.1.2)
v_p	Phasengeschwindigkeit (4.1.2)
v_{RB}	Ring-Betriebsverstärkung (7.3)
v_S	Schleifenverstärkung (7.3)
v_u	Spannungsverstärkung (5.1.2)
v_{ul}	Leerlaufspannungsverstärkung (7.2.3.1)
W	Energie (2.2)
w	Ausdehnung der Sperrschicht (6.1.1.1)
X	Effektivwert (1.3.2)
$\underline{X}_1$	Eingangsfunktion im Frequenzbereich (3.1)
$\underline{X}_2$	Ausgangsfunktion im Frequenzbereich (3.1)
x	Funktionswert (1.2)
x	Ortskoordinate bei Leitungen (4.1.1)
$x_1(t)$	Eingangsfunktion im Zeitbereich (3.1)
$x_2(t)$	Ausgangsfunktion im Zeitbereich (3.1)
$\underline{Z}_L$	Wellenwiderstand (4.1.2)
$\underline{Z}(s)$	komplexer Widerstand (3.3.1.4)

$\underline{Z}_{1l}$ Eingangswiderstand bei ausgangsseitigem Leerlauf (4.1.4)

$\underline{Z}_{1k}$ Eingangswiderstand bei ausgangsseitigem Kurzschluß (4.1.4)

z Codewortlänge (5.2.4.2)

α Dämpfungskoeffizient (4.1.3)

β Phasenkoeffizient (4.1.3)

β Steigungsfehler (1.3.1)

β_0 differentielle Stromverstärkung in Emitterschaltung (6.2.2.1)

γ Ausbreitungskoeffizient (4.1.3)

Δf Frequenzabweichung, Frequenzverschiebung (2.1)

ΔT Zeithub (5.2.3)

Δt_{anl} Zeitabschnitt im Anlaufgebiet (6.3.2)

Δt_{satt} Zeitabschnitt im Sättigungsgebiet (6.3.2)

ΔU Dachschräge (7.1.1.2)

Δu Quantisierungsstufe (5.2.4.1)

$\Delta \tau$ zeitliche Auslenkung von Impulsen (5.2.3)

$\Delta \tau_i$ Impulsdauerabweichung (5.2.2)

$\Delta \varphi$ Phasendifferenz (7.1.2.2)

$\delta_a(t)$ Einheitsstoßantwortfunktion (1.5)

$\delta(t)$ Diracfunktion im Zeitbereich (1.4.2)

δ_{ZLU} Faktor der Zeitlagenunsicherheit (7.1.2.2)

$\delta(\omega)$ Diracfunktion im Frequenzbereich (2.2.1)

ε Dielektrizitätskonstante (6.1.1.1)

ε Rampenfehler (1.3.1)

ε_r relative Dielektrizitätskonstante (6.1.1.1)

η Frequenzverhältnis (4.2.4.1)

ν, μ Ordnungszahl (2.1)

ξ Scheitelfaktor (1.3.2)

σ Dämpfung als Realteil der komplexen Frequenz (3.3.1)

σ Streufaktor (3.3.3.2)

$\sigma_a(t)$ Einheitssprungantwortfunktion (1.5)

$\sigma(t)$ Einheitssprungfunktion (1.4.1)

τ Zeitkonstante (2.2.5)

τ Zeitkonstante für die Umschaltung (6.2.2.4)

τ_S Speicherzeitkonstante (6.2.2.4)

τ_{HP} Zeitkonstante des Hochpasses (3.3.2.2)

τ_i Impulsdauer (1.3.1)

τ_{i0} Impulsdauer (unmoduliert) (5.2.2)

τ_p Impulspause (1.3.2)

Φ_{12} Spannungsstoß (1.3.2)

φ Phasenwinkel (2.1)

$\varphi(\omega)$ Phasenfunktion (2.2)

ω Kreisfrequenz (2.1)

ω_B Kreisbezugsfrequenz an der 6 dB-Grenze (3.2.2)

ω_g Grenzkreisfrequenz an der 3 dB-Grenze (3.2.1)

ω_T Trägerkreisfrequenz (2.2.5)

$\omega_{\alpha I}$ Grenzkreisfrequenz der Basisschaltung für den Inversbetrieb (6.2.2.4)

$\omega_{\alpha N}$ Grenzkreisfrequenz der Basisschaltung für den Normalbetrieb (6.2.2.4)

Weiterführende Bücher und Literatur

[1] Aiken, H. H.: Tables of Bessel Functions of the First Kind. Harvard University Press, Cambridge, Vol. I-VIII, 1947, USA
[2] Bertele, H.; Hochrainer, H.; Patzelt, R.; Till, P.: Einführung in die elektrischen Impulstechniken. Bd. 1. R. Oldenbourg Verlag, Wien/München, 1974
[3] Bocker, P.: Datenübertragung, Grundlagen. Bd. I. 2. Aufl. Springer Verlag, Berlin-Heidelberg-New York, 1983
[4] Brauch, W.; Dreyer, H.-J.; Haacke, W.: Mathematik für Ingenieure. 7. Aufl. B. G. Teubner Verlag, Stuttgart, 1985
[5] Bronstein, I.; Semendjajew, K.: Taschenbuch der Mathematik. 21. Aufl. Verlag Harry Deutsch, Zürich-Frankfurt/M., 1984
[6] Crawford, R. H.: MOSFET in Circuit Design. McGraw Hill Verlag, New York/Düsseldorf, 1967
[7] Doetsch, G.: Anleitung zum praktischen Gebrauch der Laplace-Transformation. 5. Aufl. R. Oldenbourg Verlag, München/Wien, 1985
[8] Doetsch, G.: Tabellen zur Laplace-Transformation. Springer Verlag, Berlin-Heidelberg-New York, 1977
[9] Elsner, R.: Nachrichtentheorie. Bd. 1, Grundlagen. B. G. Teubner Verlag, Stuttgart, 1974
[10] Elsner, R.: Nachrichtentheorie. Bd. 2, Der Übertragungskanal. B. G. Teubner Verlag, Stuttgart, 1977
[11] Gad, H.: Feldeffektelektronik. B. G. Teubner Verlag, Stuttgart, 1976
[12] Gelder, E.: Der Transistor als Schalter. Franckh'sche Verlagshandlung, Stuttgart, 1969
[13] Hilberg, W.: Impulse auf Leitungen. R. Oldenbourg Verlag, München/Wien, 1981
[14] Hilberg, W.; Piloty, R.: Grundlagen elektronischer Digitalschaltungen. 2. Aufl. R. Oldenbourg Verlag, München/Wien, 1981
[15] Hölzler, E.; Holzwarth, H.: Pulstechnik. Bd. 1, Grundlagen. 2. Aufl. Springer Verlag, Berlin-Heidelberg-New York, 1982
[16] Hölzler, E.; Holzwarth, H.: Pulstechnik. Bd. 2, Anwendungen und Systeme. 2. Aufl. Springer Verlag, Berlin-Heidelberg-New York-Tokyo, 1984
[17] Howe, H.: Stripline Circuit Design. Microwave Associates, Burlington/Mass., USA, 1974
[18] Jahnke, E.; Emde, F.; Lösch, F.: Tafeln höherer Funktionen. B. G. Teubner Verlag, Stuttgart, 1966
[19] Kaden, H.: Impulse und Schaltvorgänge in der Nachrichtentechnik. R. Oldenbourg Verlag, München/Wien, 1957
[20] Kramar, E.: Funksysteme für Ortung und Navigation und ihre Anwendung in der Verkehrssicherung. Verlag Berliner Union Kohlhammer, Stuttgart, 1973
[21] Küpfmüller, K.: Die Systemtheorie der elektrischen Nachrichtenübertragung. S. Hirzel Verlag, Stuttgart, 1974
[22] Küpfmüller, K.: Die nachrichtenverarbeitenden Funktionen der Nervenzellen. Monographien der elektrischen Nachrichtentechnik, Bd. 23, S. Hirzel Verlag, Stuttgart, 1961
[23] Leonhard, W.: Einführung in die Regelungstechnik. 3. Aufl. Vieweg Verlag, Wiesbaden, 1985
[24] Lueg, H.: Grundlegende Systeme, Netzwerke und Schaltungen der Impulstechnik. Vorlesungsskript 1970, TH Aachen
[25] Mejerowitsch, L. A.; Selitschenko, L. G.: Impulstechnik. Berliner Union Verlag, Kohlhammer, Stuttgart, 1960

[26] Millmann, J.; Taub, H.: Impuls- und Digitalschaltungen. Berliner Union Verlag, Kohlhammer, Stuttgart, 1963
[27] Neidhardt, P.: Informationstheorie und automatische Informationsverarbeitung. Berliner Union Verlag, Kohlhammer, Stuttgart, 1964
[28] Oberhettinger, F.; Badii, L.: Tables of Laplace Transforms. Springer Verlag, Berlin-Heidelberg-New York, 1977
[29] Papoulis, A.: The Fourier Integral and its application. McGraw Hill Verlag, New York/Düsseldorf, 1962
[30] Pfeiffer, W.: Impulstechnik. Carl Hanser Verlag, München/Wien, 1976
[31] Reiß, K.; Liedl, H.; Spichall, W.: Integrierte Digitalbausteine. Siemens AG, Erlangen, 1970
[32] Schönfelder, H.: Farbfernsehen, Bd. 1 bis 3. 2. Aufl. Justus von Liebig Verlag, Darmstadt, 1966
[33] Schröder, H.: Elektrische Nachrichtentechnik, Bd. 3. Hüthig und Pflaum-Verlag GmbH, München-Heidelberg, 1976
[34] Shannon, C. E.: A Mathematical Theory of Communication. July 1948, Bell System Technical Journal, No. **3**, p. 379ff
[35] Speiser, A. P.: Impulsschaltungen. Springer Verlag, Berlin-Heidelberg-New York, 1963
[36] Steinbuch, K.; Rupprecht, W.: Nachrichtentechnik. Bd. 1-3. 2. Aufl. Springer Verlag, Berlin-Heidelberg-New York, 1982
[37] Tholl, H.: Bauelemente der Halbleiterelektronik. Teil 1 und 2 (Moeller, Leitfaden der Elektrotechnik, Bd. III 1 u. 2). B. G. Teubner Verlag, Stuttgart, 1978
[38] Tietze, U.; Schenck, Ch.: Halbleiter-Schaltungstechnik. 7. Aufl. Springer Verlag, Berlin-Heidelberg-New York-Tokyo, 1985
[39] Tröndle, K. H.; Weiß, R.: Einführung in die Puls-Code-Modulation, R. Oldenbourg Verlag, München/Wien, 1974
[40] Unger, H. G.; Schultz, W.; Weinhausen, G.: Elektronische Bauelemente und Netzwerke. Bd. 1. 3. Aufl. Nachdr. Vieweg-Verlag, Wiesbaden, 1985
[41] Weber, H.: Laplace-Transformation. 4. Aufl. Teubner-Studienskripten, Bd. 69. B. G. Teubner Verlag, Stuttgart, 1984
[42] Wehrmann, W.: Einführung in die stochastisch-ergodische Impulstechnik. R. Oldenbourg Verlag, München/Wien, 1973
[43] Wolf, H.: Nachrichtenübertragung. Nachdr. Springer Verlag, Berlin-Heidelberg-New York, 1982
[44] AEG-Hilfsbuch 1, Grundlagen der Elektrotechnik. 3. Aufl. AEG-Telefunken über A. Hüthig, Heidelberg, 1981
[45] Einzelhalbleiter Industrie-Typen. Datenbuch 1976/77. Siemens AG, Bereich Bauelemente München
[46] Schaltungsunterlagen über den 8085-Mikroprozessor zur Interruptlogik. Siemens AG, Schule für Mikroelektronik, München 1985
[47] CMOS Integrated Circuits. Semiconductor Data Library Motorola Inc., Austin/Texas, USA

DIN-Normen (Auswahl)

DIN 1301	Einheiten, Kurzzeichen
DIN 1302	Mathematische Zeichen
DIN 1304	Allgemeine Formelzeichen
DIN 1311	Schwingungslehre

DIN 1313	Schreibweise physikalischer Gleichungen in Naturwissenschaft und Technik
DIN 1344	Formelzeichen der elektrischen Nachrichtentechnik
DIN 1357	Einheiten elektrischer Größen
DIN 5475	Komplexe Größen
DIN 5483	Formelzeichen für zeitabhängige Größen
DIN 5487	Fourier-Transformation und Laplace-Transformation
DIN 5488	Zeitabhängige Größen
DIN 5494	Größensysteme und Einheitensysteme
DIN 19229	Übertragungsverhalten dynamischer Systeme
DIN 40110	Wechselstromgrößen
DIN 40146	Begriffe der Nachrichtenübertragung
DIN 40148	Übertragungssysteme und Zweitore
DIN 45020	Elektrische Nachrichtentechnik
DIN 41785	Halbleiterbauelemente
DIN 41862	Halbleiterbauelemente und integrierte Mikroschaltungen
DIN 44300	Informationsverarbeitung
DIN 40900	Teil 12 Schaltzeichen (Ersatz für DIN 40700 Teil 14)

Sachverzeichnis

Moeller, Leitfaden der Elektrotechnik

Herausgegeben von Prof. Dr.-Ing. **H. Fricke,** Braunschweig, Prof. Dr.-Ing. **H. Frohne,** Hannover, und Prof. Dr.-Ing. **P. Vaske**

Band I

Grundlagen der Elektrotechnik

Teil 1: Elektrische Netzwerke

Von Prof. Dr.-Ing. **H. Fricke,** Braunschweig, und Prof. Dr.-Ing. **P. Vaske**

17., neubearbeitete und erweiterte Auflage. XVIII, 733 Seiten mit 567 teils mehrfarbigen Bildern, 34 Tafeln und 553 Beispielen. Geb. DM 64,– ISBN 3-519-06403-0

Teil 2: Elektrische und magnetische Felder

Von Prof. Dr.-Ing. **H. Frohne,** Hannover

In Vorbereitung ISBN 3-519-06404-9

Teil 3: Elektrische und magnetische Eigenschaften der Materie

Von Prof. Dr. **W. von Münch,** Stuttgart

X, 278 Seiten mit 210 Bildern, 44 Tafeln und 40 Beispielen. Geb. DM 54,– ISBN 3-519-06409-X

Band II

Elektrische Maschinen und Umformer

Teil 1: Aufbau, Wirkungsweise und Betriebsverhalten

Von Prof. Dr.-Ing. **P. Vaske**

12., neubearbeitete und erweiterte Auflage. XII, 289 Seiten mit 248 teils zweifarbigen Bildern, 12 Tafeln und 61 Beispielen. Kart. DM 44,– ISBN 3-519-16401-9

Band III

Bauelemente der Halbleiterelektronik

Von Prof. Dr. rer. nat. **H. Tholl,** Hamburg

Teil 2: Feldeffekt-Transistoren, Thyristoren und Optoelektronik

XII, 323 Seiten mit 309 Bildern, 32 Tafeln und 77 Beispielen. Kart. DM 46,– ISBN 3-519-06419-7

Band IV

Grundlagen der elektrischen Meßtechnik

Von Prof. Dr.-Ing. **H. Frohne,** Hannover, und Prof. Dr.-Ing. **E. Ueckert,** Hannover

XII, 548 Seiten mit 271 Bildern, 48 Tafeln und 111 Beispielen. Geb. DM 68,– ISBN 3-519-06406-5

Band V

Grundlagen der Regelungstechnik

Von Prof. Dr.-Ing. **F. Dörrscheidt,** Paderborn, und Prof. Dr.-Ing. **W. Latzel,** Paderborn

In Vorbereitung ISBN 3-519-06421-9

Band VI

Hochspannungstechnik

Von Prof. Dr.-Ing. **G. Hilgarth,** Braunschweig/Wolfenbüttel

X, 162 Seiten mit 138 Bildern, 13 Tafeln und 35 Beispielen. Kart. DM 38,– ISBN 3-519-06422-7

B. G. Teubner Stuttgart

Moeller, Leitfaden der Elektrotechnik (Fortsetzung)

Band VII

Programmierbare Taschenrechner in der Elektrotechnik

Anwendung der TI 58 und TI 59

Von Prof. Dr.-Ing. **P. Vaske,** Prof. Dr.-Ing. **F. Dörrscheidt,** Paderborn, und Prof. Dr.-Ing. **D. Selle,** Braunschweig/Wolfenbüttel
unter Mitwirkung von Prof. Dipl.-Ing. **R. Flosdorff,** Aachen, und Prof. Dr.-Ing. **G. Hilgarth,** Braunschweig/Wolfenbüttel

XII, 425 Seiten mit 143 Bildern, 32 Tafeln, 129 Beispielen und 40 Programmen. Kart. DM 44,–
ISBN 3-519-06420-0

Band IX

Elektrische Energieverteilung

Von Prof. Dipl.-Ing. **R. Flosdorff,** Aachen, und Prof. Dr.-Ing. **G. Hilgarth,** Braunschweig/Wolfenbüttel

5., überarbeitete Auflage. XIV, 352 Seiten mit 274 Bildern, 46 Tafeln und 72 Beispielen. Kart. DM 48,–
ISBN 3-519-46411-X

Band X

Grundlagen der Digitaltechnik

Von Prof. Dipl.-Ing. **L. Borucki,** Krefeld
unter Mitwirkung von Prof. Dipl.-Ing. **G. Stockfisch,** Moers

2., neubearbeitete und erweiterte Auflage. XIV, 302 Seiten mit 292 Bildern, 76 Tafeln und 31 Beispielen. Kart. DM 46,– ISBN 3-519-16415-9

Band XI

Grundlagen der elektrischen Nachrichtenübertragung

Von Prof. Dr.-Ing. **H. Fricke,** Braunschweig, Prof. Dr.-Ing. habil. **K. Lamberts,** Clausthal, und Prof. Dipl.-Ing. **E. Patzelt,** Braunschweig/Wolfenbüttel

XV, 375 Seiten mit 302 Bildern, 15 Tafeln und 39 Beispielen. Geb. DM 56,– ISBN 3-519-06416-2

Band XII

Grundlagen der Verstärker

Von Prof. Dr.-Ing. **H. Gad,** Lemgo, und Prof. Dr.-Ing. **H. Fricke,** Braunschweig

XII, 306 Seiten mit 202 Bildern, 1 Tafel und 90 Beispielen. Kart. DM 52,– ISBN 3-519-06417-0

Band XIII

Grundlagen der Impulstechnik

Von Dr.-Ing. **G.-H. Schildt,** Braunschweig

XII, 444 Seiten mit 364 Bildern, 9 Tafeln und 34 Beispielen. Kart. DM 68,– ISBN 3-519-06412-X

Preisänderungen vorbehalten

B. G. Teubner Stuttgart

MIX
Papier aus verantwortungsvollen Quellen
Paper from responsible sources
FSC® C105338
FSC
www.fsc.org

If you have any concerns about our products,
you can contact us on
ProductSafety@springernature.com

In case Publisher is established outside the EU,
the EU authorized representative is:
Springer Nature Customer Service Center GmbH
Europaplatz 3, 69115 Heidelberg, Germany

Printed by Libri Plureos GmbH
in Hamburg, Germany